Praxishandbuch Social Media Recruiting

Ralph Dannhäuser
(Hrsg.)

Praxishandbuch Social Media Recruiting

Experten Know-How/Praxistipps/ Rechtshinweise

2. Auflage

 Springer Gabler

Herausgeber
Ralph Dannhäuser
Filderstadt
Deutschland

ISBN 978-3-658-06572-0   ISBN 978-3-658-06573-7 (eBook)
DOI 10.1007/978-3-658-06573-7

Die Deutsche Nationalbibliothek verzeichnet diese Publikation in der Deutschen Nationalbibliografie; detaillierte bibliografische Daten sind im Internet über http://dnb.d-nb.de abrufbar.

Springer Gabler
© Springer Fachmedien Wiesbaden 2015

Lektorat: Eva-Maria Fürst

Gedruckt auf säurefreiem und chlorfrei gebleichtem Papier

Springer Gabler ist eine Marke von Springer DE. Springer DE ist Teil der Fachverlagsgruppe Springer Sci-
ence+Business Media
www.springer-gabler.de

Vorwort von Professor Dr. Martin-Niels Däfler: Sieben Thesen zu Social Media (Recruiting)

Als Leser des *Praxis*handbuchs Social Media Recruiting haben Sie ein ganz konkretes, praktisches Interesse an den hier behandelten Themen. So sollen Sie an dieser Stelle nicht mit theoretischen Erörterungen aufgehalten werden. Gleichwohl will dieser kurze, einleitende Beitrag ein „Fakten-Fundament" legen, auf dem die folgenden Beiträge aufbauen und das Grundlage jedweder Social-Media-Strategien sein sollte.

1. Drei Missverständnisse über Social Networks, Social Media und Social Recruiting

Der Begriff „Social" wird im täglichen Sprachgebrauch immer häufiger benutzt. Selbst Experten bringen dabei Fachbegriffe durcheinander. Um ein gemeinsames Verständnis zentraler Begriffe zu schaffen, wollen wir zunächst drei grundlegende Missverständnisse beseitigen.

Erstens: Der Begriff „Social Networks" (Netzwerke, Netze) ist nicht gleichbedeutend mit dem Schlagwort „Web 2.0", obwohl beide Ausdrücke in Theorie und Praxis häufig synonym gebraucht werden. Web 2.0 ist vielmehr ein Oberbegriff für verschiedene Anwendungen, in denen Nutzer Inhalte nicht nur konsumieren, sondern auch zur Verfügung stellen (Stichwort: „User Generated Content"). Dazu zählen unter anderem:

- **Wikis:** Verzeichnisse, Kataloge, Lexika und Ähnliches, die von verschiedenen Nutzern erstellt und kontinuierlich redigiert, überarbeitet oder ergänzt werden.
- **Blogs:** Eine Art Online-Tagebuch, in dem die Einträge in chronologisch umgekehrter Reihenfolge aufgelistet werden. Oft können Leser die Einträge kommentieren.
- **Podcasts:** Nutzer stellen Audio- und Videodateien zum Download bereit.
- **Social Bookmarks:** Nutzer speichern ihre persönlichen Web-Lesezeichen („Favoriten") im Internet und teilen sie mit anderen Personen.
- **Social News:** Nutzer verfassen, bewerten oder kommentieren Nachrichten.
- **Media-Sharing-Plattformen:** Nutzer legen ein Profil an und speichern eigene Mediendaten (zum Beispiel Fotos und Videos), die andere Personen konsumieren und bewerten bzw. mit Kommentaren versehen können.

- **Social Networks:** Nutzer erstellen ein Profil im Internet und verwalten dort ihre Kontakte. Die Mitglieder eines Social Netzworks tauschen sich zu verschiedensten Themen untereinander aus.

Insofern sollte Klarheit darüber bestehen, dass die in diesem Handbuch behandelten Kanäle lediglich eine Teilmenge aller möglichen Social-Media-Aktivitäten von Unternehmen darstellen. Gleichwohl sind es eben gerade die Social Networks, die am besten zur Personalbeschaffung/zum Active Sourcing geeignet sind; die anderen Anwendungen sind primär für Marketing, Public Relations, Stakeholder-Management sowie Employer Branding von Relevanz. Darauf wird in These 4 noch eingegangen.

Zweitens: „Social Media/Networks" heißt auf Deutsch nicht „Soziale Medien/Netzwerke". Das englische Wort „social" ist nämlich nicht gleichbedeutend mit dem deutschen Wort „sozial", das wir zumeist im Sinne von „mildtätig" gebrauchen, sondern wird korrekterweise mit „gemeinschaftlich" übersetzt. Demnach sollten wir besser von „gemeinschaftlichen Medien/Netzwerken" sprechen. Da sich dies zugegebenermaßen reichlich umständlich anhört, soll im Folgenden der angelsächsische Terminus „Social Media" bzw. „Social Networks" verwendet werden, wohl wissend, wie die korrekte deutsche Übersetzung lautet.

Drittens: Gelegentlich wird Social Media Recruiting mit E-Recruiting gleichgesetzt. Das ist so nicht richtig! Denn: Social Media Recruiting bezeichnet die Personalbeschaffung über Social-Media-Angebote, wie etwa XING oder LinkedIn. Unter E-Recruiting hingegen versteht man die Unterstützung der Personalbeschaffung durch den Einsatz von elektronischen Medien und Personalsystemen, wie etwa Online-Formulare für Bewerber oder die Verwaltung des Bewerbungsprozesses mit Standardsoftware-Programmen.

2. Die Mehrheit der Internetnutzer ist bereits in Social Networks vertreten

78 % der Internetnutzer in Deutschland sind in einem Social Network angemeldet und zwei Drittel (67 %) nutzen dieses auch aktiv. Diese Zahlen hat der Hightech-Verband BITKOM in einer Studie vom Oktober 2013 zur Verbreitung von Social Networks ermittelt. Vor allem bei den Älteren ist die Nutzung stark gestiegen: 55 % der Internetnutzer in der Generation 50plus sind derzeit in Social Networks aktiv. Zum Vergleich: Im Jahr 2011 waren es erst 46 %. Der BITKOM-Vizepräsident Achim Berg bringt es auf den Punkt: „Die Nutzerstruktur sozialer Netzwerke entspricht heute nahezu der Internetbevölkerung in Deutschland." (Quelle: http://www.bitkom.org/de/markt_statistik/64018_77780.aspx).

Genauere Angaben zu den Nutzerzahlen der einzelnen Kanäle werden in den entsprechenden Buchbeiträgen genannt.

3. Die „Generation Y" kann über klassische Kanäle kaum noch erreicht werden

Die für viele Unternehmen als potenzielle Arbeitnehmer höchst relevante Zielgruppe der 20- bis 30-Jährigen (die „Generation Y") unterscheidet sich in ihrem Mediennutzungs-

und Kommunikationsverhalten – trotz der gerade erwähnten Zunahme an Social-Media-Nutzung – deutlich von den Älteren. Das Web 2.0 – insbesondere Social Networks – hat die Art und Weise, wie die „Ypsiloner" kommunizieren, geändert: Der Austausch wird offener. Klassische Eins-zu-eins-Kommunikation wird ersetzt durch Gruppenkommunikation, mit der Folge, dass traditionelle Kanäle – wie Telefon und E-Mail – an Bedeutung verlieren und dafür Web-2.0-basierte Anwendungen – wie Skype oder Facebook – deutlich häufiger genutzt werden. In einem Beitrag in der Süddeutschen Zeitung hieß es dazu: „Für jüngere Menschen ist die E-Mail ähnlich zeitgemäß wie ein berittener Bote oder die Postkutsche." Das bedeutet: Wer die unter 30-Jährigen erreichen möchte, kommt nicht umhin, geeignete Social-Media-Kanäle zu nutzen.

4. Eine Gesamt-Social-Media-Strategie ist erforderlich

Social Media gewinnen in der Unternehmenskommunikation zunehmend an Bedeutung. Folgerichtig machen sie auch vor dem Personalwesen nicht halt. In den „Recruiting Trends 2014" hat das Centre of Human Resources Information Systems (CHRIS) der Universitäten Bamberg und Frankfurt am Main mit Unterstützung und im Auftrag von Monster Worldwide Deutschland die Personalbeschaffung in den Top-1000-Unternehmen aus Deutschland untersucht. Darin heißt es: „Die mit Abstand wichtigsten externen und damit vonseiten der Unternehmen nicht oder zumindest nicht direkt beeinflussbaren Trends für die Personalbeschaffung sind für die Studienteilnehmer der demografische Wandel, der Fachkräftemangel („War for Talents") und Social Media." (Quelle: https://www.uni-bamberg.de/fileadmin/uni/fakultaeten/wiai_lehrstuehle/isdl/RecruitingTrends_2014.pdf).

Die ehemals getrennten Aufgabenbereiche von Human Resources Management und Unternehmenskommunikation vermischen sich immer mehr. Mitarbeiter berichten in Social Networks über ihre Erfahrungen und Erlebnisse am Arbeitsplatz – damit werden sie zum inoffiziellen „Sprachrohr" des Unternehmens. Gleichzeitig informieren sich die Beschäftigten auf Facebook, Twitter und anderen Seiten, was ihre Kollegen sagen, und verfolgen genau, was ihr Arbeitgeber postet.

Nicht nur diese beiden Abteilungsgrenzen werden durch Social Media aufgebrochen, sondern noch weitere: Mitarbeiterkommunikation, Public Relations, Marketing, Produktentwicklung, Kundenservice, Employer Branding und E-Recruiting können durch Social Media immer seltener klar voneinander abgegrenzt werden. Freilich lassen sich die jeweils unterschiedlichen Ziele nicht nur mit einem Angebot erreichen. Das führt dazu, dass Unternehmen in mehreren Social-Media-Kanälen präsent sind. Dies wiederum bedingt einen aufeinander abgestimmten Auftritt und eine koordinierte Vorgehensweise. Um ein konsistentes äußeres und inhaltliches Erscheinungsbild zu gewährleisten, ist daher eine abteilungsübergreifende Zusammenarbeit unerlässlich. Mit anderen Worten: Wer über Social-Media-Aktivitäten Bewerber ansprechen will, sollte zuvor mit den Verantwortlichen aus der Kommunikations-, Marketing- und Serviceabteilung sprechen.

Hinsichtlich der Personalbeschaffung muss zudem eine Grundsatzfrage beantwortet werden: Soll eine Pull- und/oder Push-Strategie verfolgt werden? Auf gut Deutsch: Geht es darum, sich in Social Networks lediglich als Arbeitgeber (möglichst attraktiv) darzustellen, und/oder betrachtet man Social Networks als vielversprechendes Reservoir möglicher Kandidaten, die man aktiv ansprechen und mit denen man in Dialog treten kann?

5. Die Social-Media-Aktivitäten sollten kontinuierlich auf ihre Wirksamkeit hin überprüft werden

Um es deutlich zu sagen: Social Media sind kein Betätigungsfeld für die digitalen Apologeten im Unternehmen – ökonomische Ziele, Gesetze und Regeln gelten auch hier. Allein das Argument, dass es „chic ist, in Social Media zu machen", oder die Befürchtung, den Anschluss zu verpassen, rechtfertigen es nicht, finanzielle und personelle Ressourcen in entsprechende Aktivitäten zu stecken. Vielmehr muss so genau wie möglich analysiert werden, ob es sich, gemessen an betriebswirtschaftlichen Maßstäben, lohnt, Social Media Recruiting zu betreiben. In vielen Fällen wird dies der Fall sein. Personalbeschaffung über XING & Co. – das zeigen etliche Praxisbeispiele – ist unter Kosten- und Zeitaspekten oftmals der Personalbeschaffung über traditionelle Wege überlegen. Bei der Deutschen Telekom etwa konnten durch gezieltes Active Sourcing die Besetzungskosten um 83 % von durchschnittlich über 24.000 € pro Vakanz auf 4.100 € verringert werden, und die Zeit zur Besetzung von Fachkraftstellen reduzierte sich von durchschnittlich 126 Tagen auf 31 (Quelle: Pesch, Ulli: „Die Qual der Wahl", in: Personalwirtschaft 5/2014 [41. Jahrgang], S. 29).

Allerdings lassen sich nicht immer solche positiven Ergebnisse verzeichnen! Damit ist klar: Kosten und Nutzen müssen regelmäßig untersucht werden, wobei neben einer quantitativen Betrachtung stets auch die qualitativen Aspekte berücksichtigt werden sollen, also etwa die (positiven) Auswirkungen auf das (Arbeitgeber-) Image.

Mit einer Einmalanalyse ist es jedoch nicht getan. Selbst wenn eine Kosten-Nutzen-Untersuchung des reinen Personalbeschaffungsprozesses zu zufriedenstellenden Ergebnissen führt, muss das nicht heißen, dass in der Gesamtbetrachtung ebenfalls ein positives Resultat zu verzeichnen ist. Zu beachten sind nämlich noch weitere Aspekte: Führt die Beschränkung der Personalsuche in Social Networks zu einer reduzierten Bewerberauswahl? Wie zufrieden ist man mit Mitarbeitern, die über Social Media Recruiting ins Unternehmen gelangt sind, insbesondere verglichen mit Bewerbern, die man über traditionelle Wege verpflichtet hat? Neigen über Social Networks akquirierte Mitarbeiter dazu, das Unternehmen schneller wieder zu verlassen als Beschäftigte, die über konventionelle Kanäle gewonnen wurden?

6. Die Nutzung von Social Media erfordert die Einhaltung der Web-2.0-Spielregeln

Ein konstituierendes Merkmal von Social Media ist der Austausch der Nutzer untereinander. Ein Unternehmen hat keinen Einfluss darauf, was über es geschrieben wird. Das ist Chance und Risiko zugleich. Die eigene Reputation kann – zumindest vorübergehend – erheblich unter ablehnenden Kommentaren leiden. Dabei müssen die zugrunde liegenden

Vorfälle/Ereignisse gar nicht den Tatsachen entsprechen. Umgekehrt lassen sich jedoch auch vorteilhafte Imagewirkungen durch virale Effekte erzielen.

Egal, ob in positiver oder negativer Hinsicht: Persönliche Äußerungen von Nutzern besitzen eine wesentlich höhere Glaubwürdigkeit als Unternehmensbotschaften. Was bedeutet dies nun für die Praxis? Unternehmen, die sich – in welcher Form auch immer – auf Social-Media-Plattformen betätigen, müssen sich an die Web-2.0-Spielregeln halten, was für das Social Media Recruiting vor allem bedeutet, ehrlich zu sein und schnörkellos zu formulieren. Außerdem – und dies ist das Geheimnis aller Organisationen, die in Social Networks erfolgreich sind – gilt es zuzuhören. Man sollte also die Nutzer nicht mit eigenen Informationen bombardieren, sondern aufmerksam zur Kenntnis nehmen, was diese mitzuteilen haben. Insofern ist die Präsenz in Social Networks stets auch immer (Personal-) Marktforschung.

Hinzu kommt eine – allgemeingültige – Erkenntnis, die auch (oder: gerade) für den Web-2.0-Auftritt zutrifft: Unternehmen werden – wie Menschen – nicht an dem gemessen, was sie sagen, sondern an dem, was sie machen. Mit Erich Kästner ausgedrückt: „Es gibt nichts Gutes, außer, man tut es!" Das heißt: Wer in seinen Social-Media-Angeboten nur vollmundige Regierungserklärungen abgibt, wer beim Active Sourcing nur „heiße Luft" produziert, wer seinen Worten keine Taten folgen lässt, verliert schnell seine Glaubwürdigkeit. Und wessen Äußerungen im Widerspruch zum tatsächlich Gelebten stehen, wird an den medialen Pranger gestellt. Die banale Botschaft ist: Unternehmen müssen konkret und korrekt informieren, auch wenn dies nachteilig sein sollte – im Krisenfall genauso wie im Alltag. Eine dauerhaft ehrliche Informationspolitik wirkt wie eine Impfung – sie macht immun gegenüber ungerechtfertigten Attacken („Shitstorms") und zahlt auf das wohl wichtigste Konto ein, das Unternehmen im Web 2.0 besitzen: das Vertrauenskonto.

7. Die klassischen Rekrutierungskanäle dürfen nicht vernachlässigt werden

In These 2 wurde erwähnt, dass zwei Drittel der aktiven Internetnutzer ein eigenes Profil auf einer Social Network Website pflegen. Das heißt im Umkehrschluss allerdings auch, dass etwa ein Drittel dies nicht tut. Das bedeutet im Klartext: Unternehmen sind gut beraten, weiterhin – zumindest mittelfristig – traditionelle Instrumente der Personalbeschaffung zu nutzen. Diese gilt es intelligent mit den Social-Media-Recruiting-Werkzeugen zu kombinieren. In der Social-Media-Recruiting-Studie 2014 (#SMR14) heißt es dazu: „Der Hype rund um die Online-Personalsuche anhand von Social Media ist vorbei. Das wurde auch Zeit! Nun können sich Recruiter den tatsächlich wichtigen Dingen widmen, nämlich der Ausarbeitung einer wirkungsvollen Strategie und dem damit für ihr Unternehmen passenden Recruiting-Mix." (Quelle: http://www.socialmedia-recruiting.com/Downloads/ SMR14-DE-Report.pdf).

Dr. Martin-Niels Däfler ist Professor für Kommunikation an der FOM Hochschule, Studienzentrum Frankfurt/Main.

Vorwort des Herausgebers

Liebe Leserin,
lieber Leser,

dass der (vermeintliche) Fachkräftemangel und die immer wichtiger werdende Rolle von Social Media viele Unternehmen intensiv fordern, ist nichts Neues mehr. Dennoch fehlte es vor gut zwei Jahren an aktueller und praxisorientierter Literatur, die das Thema Social Media Recruiting umfassend beleuchtet. Es war unsere Idee, diese Lücke zu schließen – und aus der Idee entstand dieses Praxishandbuch. Wie wichtig und aktuell die Thematik ist, zeigte und zeigt die positive Resonanz auf die 1. Auflage. Dafür zunächst meinen herzlichen Dank an alle Käufer, Leser, Multiplikatoren, Meinungsführer und Rezensenten! Meine Mitautoren und ich haben das Feedback und die Anmerkungen gesammelt, ausgewertet und in die Beiträge der 2. Auflage einfließen lassen.

Was ist neu in der 2. Auflage?

Neu aufgenommen wurde beispielsweise das Kapitel „Steigerung des Wirkungsgrades von Social Recruiting in der Praxis". Innerhalb der letzten zwei Jahre war deutlich zu beobachten, dass viele Unternehmen auf den „Zug" der neuen, guten „Recruiting-Tools" von Social- Media-Plattformbetreibern aufspringen. Allerdings bedeutet das Kaufen dieser „Recruiting-Tools" nicht automatisch, dass diese auch „erfolgreich angewendet werden können", wie wir in der Praxis festgestellt haben. Es gibt interessanterweise eine große „Wissens- und Könnenbandbreite" aufseiten der Nutzer. Die Schere geht enorm auseinander. Flankierend dazu zeigen neue Beispiele im Kapitel „Fortgeschrittenes Recruiting" die unterschiedlichen Möglichkeiten bei der Stichwortsuche, der Booleschen- und Semantischen Suche nach Kandidaten, bei denen bis zu 20-mal mehr Ergebnisse in derselben Grundgesamtheit erreicht werden können.

Neu sind auch die Interviews zu den Themen „Recruiting in Kooperation", „Talent Relationship Management", „Ansätze im Mobile Recruiting", „Fach- und Führungskräftegewinnung aus dem Ausland" oder „Referral-Programme" (Mitarbeiter-Empfehlungsprogramme) in dem Kapitel „Trends im Recruiting". Alle Beiträge wurden auf eventuelle Neuerungen angepasst sowie auf den neuesten Stand gebracht. Insbesondere die umfangreichen Kapitel wie „XING", „LinkedIn" und „Facebook". Das von vielen Lesern gewünschte Stichwortverzeichnis haben wir in der 2. Auflage ebenfalls integriert.

Neue Ideen müssen her!

Der Fachkräftemangel ist das Topthema vieler Unternehmen in Deutschland, Österreich und der Schweiz! Bisher gängige Wege scheinen nicht mehr so zu funktionieren. Fieberhaft wird darüber nachgedacht, wo und wie geeignete Mitarbeiter gefunden werden können. Welche Kanäle funktionieren zur Ansprache potenzieller Mitarbeiter noch? Die Personalsuchenden halten daher händeringend Ausschau nach neuen Ideen, um die besten Talente gewinnen und langfristig an das Unternehmen binden zu können!

Social Media Recruiting gilt als das neue Wundermittel im Wettbewerb gegen den Fachkräftemangel. Zu Recht, denn mittlerweile steht diese Lösung neben den Online-Stellenanzeigen und Karriereseiten von Unternehmen ganz oben auf der Liste unter den beliebtesten Rekrutierungskanälen im deutschsprachigen Raum. Aufgrund des demografischen Wandels hat sich diese Situation in den letzten Jahren spürbar zugespitzt und wird sich in den nächsten Jahren weiter zuspitzen. Diverse Studien aus Forschung, Wirtschaft, Politik und von Branchenverbänden bestätigen diesen Trend ganz eindeutig. Jetzt gilt es mehr denn je, sich die beste Ausgangsposition zu sichern, die eigenen unternehmerischen Hausaufgaben zu machen und zu lernen, wie man das kostbare Gut „qualifizierte Mitarbeiter" für sich gewinnen und binden kann, bevor es andere Unternehmen tun!

Massive Veränderungen in der Kommunikation!

Die Art und Weise der Kommunikation zwischen Bewerbern und Unternehmen hat sich durch das Internet und Web 2.0 im letzten Jahrzehnt fundamental verändert. Die sogenannte „Generation Y" drängt auf den Arbeitsmarkt. Sie ist nach 1980 geboren und damit die erste Generation, die weitestgehend mit dem Internet und mit mobiler Kommunikation aufgewachsen ist. Sie organisiert sich weltweit über soziale Netzwerke und tauscht sich über diese Netzwerke zu privaten, aber auch beruflichen Themen aus. Vor diesem Hintergrund verlieren die Unternehmen nach und nach die „Hoheit über den internen und externen Kommunikationsfluss", das heißt die Hoheit darüber, wie, wann, wo und vor allem was über das eigene Unternehmen gesprochen wird. Experten sehen in diesem „Verlust der Informationshoheit" einen Paradigmenwechsel in der Kommunikation!

Revolution des Bewerberverhaltens

Als Ergebnis erleben wir eine Revolution des Bewerberverhaltens. Die Machtverhältnisse haben sich verschoben. Die Übermacht der Arbeitgeber gehört der Vergangenheit an. Auf einmal haben die Bewerber die Auswahl, Unternehmen buhlen um die besten Mitarbeiter und müssen in sozialen Netzwerken „Farbe bekennen"! Je nach Zielgruppe und Zielrichtung nutzen Personalsuchende einschlägige Social-Media-Kanäle, wie zum Beispiel XING, LinkedIn, Google+, Facebook, Twitter, YouTube, Kununu oder Karriere-Blogs für aktives oder passives Social Recruiting.

Veränderungen der Arbeitswelten

Die Schlagworte „fortschreitende Digitalisierung", „demografischer Wandel" und „Wertewandel durch die Generation Y" sind die entscheidenden Treiber für die einschneidenden Veränderungen in den Arbeitswelten der Unternehmen. Statussymbole und klassische Belohnungssysteme begeistern die anspruchsvollen Berufseinsteiger und Young Professionals eher nicht. Stattdessen werden bestehende Systeme und der Sinn der Arbeit hinterfragt und es wird kritisch geprüft, wie sich der Job mit den eigenen Interessen und Werten in Einklang bringen lässt. Dazu werden persönlicher Freiraum sowie zeitliche und räumliche Flexibilität vom Arbeitgeber gefordert. Diese neuen Gegebenheiten zwingen Unternehmen zum massiven Umdenken und Handeln. Auch und gerade im Umgang mit potenziellen Bewerbern, den hauseigenen Recruiting-Prozessen, der Unternehmenskultur, dem Führungsverhalten sowie dem vielfach zitierten „Employer Branding"!

Das Praxishandbuch

Social Recruiting gewinnt für Personalsuchende zunehmend an Bedeutung! Aus der Praxis für die Praxis zeigen in dieser 2. Auflage 13 erfahrene Experten, wie man die wichtigsten Social-Media-Kanäle für das Personal-Recruiting erfolgreich nutzen kann. Die Autoren geben Einblicke in ihre Erfolgsgeheimnisse und zeigen auf, wie Sie zum Beispiel mit proaktiver Personalsuche mehr und die besseren Bewerber finden oder welche Möglichkeiten es mit „Employer Branding" für Ihr Unternehmen gibt, um im „War for Talents" den Wettbewerbern einen Schritt voraus zu sein. Rechtshinweise, Praxisbeispiele, Interviews, Checklisten und Leitfäden sowie eine klare und systematische Gliederung bieten Ihnen beim Recruiting 2.0 wichtige Hilfestellungen.

Wer und was erwartet Sie in diesem Buch?

Daniela Chikato ist seit Jahren spezialisiert auf Personalsuche und Personalmarketing mit neuen Medien und Internettechnologien – insbesondere unter Einsatz von XING. Aus ihrer täglichen Praxis kennt sie die Vorzüge von XING im anzeigengestützten sowie proaktiven Recruiting und weiß die facettenreichen, oft sogar kostenfreien Möglichkeiten bestmöglich zu nutzen. Diese Erfahrung gibt sie seit mehreren Jahren im deutschen Sprachraum als lizenzierte Trainerin der offiziellen „XING-Recruiter-Seminare" weiter. Im gemeinsamen Buchbeitrag „Zünden Sie mit XING Ihren Recruiting-Turbo!" skizziert sie zusammen mit mir als Herausgeber die verschiedenen Einsatzszenarien von XING für die Personalarbeit. Dazu liefern wir Ihnen Profitipps für die Entwicklung und Umsetzung Ihrer Recruiting-Strategie mit optimalen Rücklaufquoten in der Ansprache von aktiv und latent Jobsuchenden.

Wolfgang Brickwedde wird, auf Basis seiner langjährigen Berufserfahrung im Management von Recruitment-Abteilungen bei Philips und SAP, die Möglichkeiten und Grenzen von LinkedIn und Google+ für das Recruiting beleuchten. Im Beitrag zum fortgeschrittenen Recruiting zeigt er, wie man Kandidaten findet, die nicht bei XING oder LinkedIn aktiv sind, und wie man das „Active Sourcing" auch automatisieren kann. Schließlich geht er in einem Kapitel auf die Frage ein, wie man Erfolge im (Social Media) Recruiting erzielt und bewertet.

In dem Kapitel zu Facebook erhalten Sie einen fünfstufigen Fahrplan, mit dem Sie Ihr Engagement systematisch aufbauen können. So möchte der Autor, **Prof. Dr. Martin Grothe**, sehr bewusst verhindern, dass Arbeitgeber diesen Einstieg weder allzu unüberlegt oder unvorbereitet angehen noch unnötig hinausschieben. Entlang dieses Fahrplans geben Expertenbeiträge, Fallstudien und Interviews einen tiefen Einblick in die notwendigen Online- und Inhouse-Überlegungen und -Prozesse. Durch diese Beiträge von Adecco, Bertelsmann/Medienfabrik, BMW, DEBA, EY, Siemens, wbpr und aus dem complexium-Team entsteht ein facettenreicher und runder Blick auf die zielgerichtete Nutzung von Facebook für Employer Branding und Recruiting.

Michaela Schröter-Ünlü beschreibt in ihrem Beitrag die Chancen des Corporate Bloggings für Employer Branding und Recruiting. Aus zahlreichen Beratungsprojekten weiß sie, dass ein Blog mit einer zielgerichteten Strategie und durchdachtem Konzept den „lebendigen" Dreh- und Angelpunkt einer integrierten Social-Media-Personalmarketing-strategie darstellt und damit zum Recruiting-Erfolg eines Unternehmens beiträgt. Die Autorin interviewt für ihren Beitrag Experten aus der Praxis und bietet so wertvolle Einblicke in die Blogging-Realität erfolgreicher Unternehmen.

Die „Reputation" hat sich über die letzten Jahre zu einer harten Währung im Internet gemausert. Der gute Ruf, insbesondere als potenzieller Arbeitgeber, hat heute einen signifikanten Einfluss auf die Qualität und Quantität der eingehenden Bewerbungen. Unabhängige Online-Arbeitgeberbewertungsportale agieren dabei als Filter und begünstigen oder konterkarieren die Bemühungen im Kampf um Talente. **Nikolaus Reuter**, Gründer und Vorstandsvorsitzender des auf IT-Freelancer spezialisierten Personaldienstleisters Etengo (Deutschland) AG, teilt sein seit Jahren angesammeltes Wissen für den optimalen Umgang mit Arbeitgeberbewertungsportalen und erläutert, wie man diese effektiv nutzt. In einem weiteren Kapitel zeigt Nikolaus Reuter auf, dass ein professionelles Verknüpfen aller Social-Media-Aktivitäten wie ein Turbo wirkt, sowohl für den ROI als auch das User-Erlebnis.

Die HR-Bloggerin und Jobbörsen-Expertin **Eva Zils** zeigt in ihrem Beitrag, wie wichtige Online-Stellenmärkte die sozialen Medien zur Verbreitung von Stellenanzeigen einsetzen.

Da Jobbörsen, sowohl für Recruiter als auch Bewerber, das beliebteste Medium zur Personal- und Jobsuche darstellen, ist es sehr sinnvoll, die verschiedenen Mechanismen, Kooperationen und Möglichkeiten der Social-Media-Anbindung von Jobbörsen zu kennen, zu verstehen und zu nutzen. Das Kapitel zeigt die Vorgehensweisen relevanter Online-Stellenbörsen in Deutschland, Österreich und der Schweiz, die soziale Netzwerke gezielt einsetzen, um mehr Reichweite für Stellenausschreibungen ihrer Kunden zu generieren. Weiterhin werden Möglichkeiten und Produkte aufgezeigt, die Jobbörsen und Jobsuchmaschinen den Unternehmen anbieten, um mit sozialen Medien und Communitys geeignete Mitarbeiter zu finden und Kandidatenpools aufzubauen.

Tobias Kärcher bringt uns in seinem Beitrag das Videoportal YouTube näher – mit über einer Milliarde Nutzern im Monat das Synonym für Online-Video schlechthin. Wer immer heute Bewegtbild in Digital-Kampagnen einsetzen möchte, wird an YouTube kaum vorbeikommen. Mehr über die technischen Hintergründe, das Nutzerverhalten und die Chancen des Personalmarketings auf dieser Plattform erfahren Sie im Kapitel „YouTube".

Rechtsanwalt **Dr. Carsten Ulbricht**, langjähriger Experte für Internet und soziale Medien, beleuchtet die rechtlichen Implikationen, die im Bereich Social Media Recruiting beachtet und umgesetzt werden sollten. Angefangen von den rechtliche Anforderungen von Social-Media- Präsenzen über grundsätzliche Fragen des Arbeitnehmerdatenschutzes, wie also in und über soziale/n Netzwerke/n nach Bewerbern recherchiert und was an Daten erhoben werden darf, berichtet Rechtsanwalt Dr. Ulbricht auch über klare rechtliche Grenzen, die keinesfalls überschritten werden sollen. Neu in dieser 2. Auflage sind zudem aktuelle Ausführungen zu den rechtlichen Grenzen des Active Sourcing und der Zusammenarbeit mit Recruiting-Portalen. Der Teil des Buches gibt damit einen guten Überblick über die wichtigsten rechtlichen „Stolpersteine" sowie notwendige Maßnahmen und hilft damit, entsprechende Risiken zu vermeiden.

Barbara Braehmer ist Talentfinderin und Social Recruiting Coach und damit eine herausragende Expertin im Finden und Gewinnen talentierter Mitarbeiter. Ihre langjährige Erfahrung als Personalmanagerin in renommierten Industrieunternehmen und als Partnerin bei Top-10-Personalberatungen lässt sie in dieses Praxishandbuch einfließen. Im gemeinsamen Kapitel „Steigerung des Wirkungsgrades durch Social Recruiting in der Praxis" erfahren Sie von uns beiden, mit welchen Stufen Sie Schritt für Schritt Ihren persönlichen Wirkungsgrad mit Social Recruiting deutlich steigern können. Durch die Erklärung und Definition der einzelnen Stufen können Sie durch eine Art Selbstreflexion eruieren, wo Sie stehen, über welches Wissen sowie Anwendungskönnen Sie bereits verfügen und wo es noch Lern- und Entwicklungsbedarf gibt.

Im Kapitel „Warum Sie heutzutage im Recruiting nicht auf Twitter verzichten können" zeigt Barbara Braehmer die grundsätzlichen Einsatzmöglichkeiten von Twitter auf und hält eine ganze Reihe von Praxistipps für Sie bereit.

Hans Fenner bringt seine eigene Managementerfahrung als Direktor eines globalen Unternehmens und die Erkenntnisse der Recruiting-Praxis vieler Unternehmen, die er als internationaler Berater, Trainer und Coach seit 16 Jahren unterstützt, ein. In seinem Beitrag „Erfolgsfaktoren für Social Media Recruiting in Unternehmen" setzt sich Hans Fenner unter anderem mit den Anforderungen an den modernen Recruiter 2.0 auseinander. Die Art und Weise, geeignete Kandidaten zu finden, hat sich verändert, ebenso die Art und Weise, wie man diese Kandidaten für das Unternehmen und ihre zukünftigen Aufgaben begeistert und professionell integriert, um sie nicht wieder zu verlieren, bevor sich die Recruiting-Investition amortisiert hat.

Gero Hesse, langjähriger Berater und Blogger im Themenfeld Social Media, stellt heraus, wie Social Media Recruiting zum Treiber für Change-Management und Kulturwandel in Organisationen werden kann. Angefangen bei relevanten Trends im Kontext Recruiting über die Bedeutung langfristiger Talentbeziehungen bis zum Dialog auf Augenhöhe, skizziert Gero Hesse die Notwendigkeit für einen Kulturwandel in vielen Organisationen. Welche Implikationen haben Transparenz und Authentizität für die Rolle der Kommunikations- und Personalabteilungen, wo liegen Chancen und Risiken einer Enterprise-2.0-Organisation? – Dieses Buchkapitel verdeutlicht, dass es mit dem puren Einsatz von Social Media nicht getan ist, sondern eine Enterprise 2.0 ermöglichende Unternehmenskultur eine Voraussetzung dafür ist.

Hinweis:

Sollte in diesem Buch nur die männliche Form der Inhalte und Begriffe genannt sein, so möchte ich darauf hinweisen, dass in jedem Fall sowohl das weibliche als auch das männliche Geschlecht gemeint ist.

Danksagung

Ein herzliches Dankeschön geht zunächst an alle Mitautoren, die es geschafft haben, einen Teil ihrer kostbaren Freizeit der Erstellung dieses Fachbuches zu widmen und ihr Wissen – ganz im Sinne des Social-Media-Gedankens – zu teilen. Des Weiteren möchte ich mich bei Herrn Prof. Dr. Martin-Niels Däfler für die sehr guten Anregungen und den inspirierenden Gedankenaustausch bedanken. Auch meiner Lektorin, Eva-Maria Fürst, gebührt für die tolle Unterstützung und super Zusammenarbeit mein Dank! Viele weitere interessante Persönlichkeiten und Interviewpartner haben ihren Beitrag zu diesem Kompendium geleistet. Alle einzeln aufzuführen würde den Rahmen sprengen, daher möchte ich ihnen an dieser Stelle für ihren Einsatz danken.

Ich wünsche Ihnen viele praktische Impulse beim Lesen dieses Kompendiums und viel Erfolg beim Finden und Gewinnen Ihres Wunschkandidaten im „War for Talents"! Über Ihr Feedback und Ihre Anregungen freue ich mich.

Stuttgart-Filderstadt, Herbst 2014

Ralph Dannhäuser
Geschäftsführer on-connect
Berater und Trainer für wirksames
Social Recruiting & Social Marketing
www.erfolgreich-netzwerken.de

Inhaltsverzeichnis

Die Autoren

Barbara Braehmer, geboren 1963, ist Talentfinderin, Expertin im Finden und Gewinnen talentierter Mitarbeiter sowie Social Recruiting Coach. Nach einem Studium in Deutschland an der Universität Bayreuth und in Großbritannien an der University of Leeds, sammelte sie langjährige Erfahrung als Personalmanagerin in renommierten Qualitätsunternehmen der Industrie (Carl Zeiss, Oberkochen und Grundig AG, Fürth) und als Partnerin bei Top-10-Personalberatungen (Dr. Heimeier & Partner Managementberatung GmbH und Steinbach & Partner GmbH). 2005 gründete sie die Intercessio Personalberatung GmbH (www.intercessio.de) und 2010 die Intercessio Akademie (www.academy.intercessio.de) in Bonn.

Intercessio ist ein Recruiting-Consulting- und Service-Unternehmen sowie Trainings-Akademie mit der Kernkompetenz Social Recruiting und Talent Sourcing. Als Recruiting-Efficiency-Partner hilft, berät und trainiert es Unternehmen, die richtigen Recruiting-Strategien, -Prozesse, -Systeme und Werkzeuge zu finden und zu implementieren und unterstützt seine Kunden ebenso durch modulare Recruiting-Outsourcing Services (RPO), einfach besser zu rekrutieren.

Als Dozentin der Hochschule Bonn-Rhein-Sieg hält Frau Braehmer den Kontakt zur Wissenschaft, ist versierte Fachautorin, hält Vorträge und moderiert Trainings. Privat lebt sie seit vielen Jahren Social Responsibility vor, spendet für ihre bedürftigen Patenkinder in Asien und rettet als aktive Tierschützerin selbst Hunde und Katzen aus Notlagen und leitet den europaweit tätigen Verein Fellgesichter e. V.

www.intercessio.de

 **Wolfgang Brickwedde** ist Leiter des Institute for Competitive Recruiting (ICR). Das ICR unterstützt und berät Unternehmen bei der Verbesserung der Ergebnisse ihrer Recruitingprozesse mit dem Ziel, ihre Wettbewerbsfähigkeit im Kampf um Talente zu steigern. Das ICR bildet eine Plattform, die das Ziel verfolgt, das Recruitment in Deutschland insgesamt zu verbessern. Dazu werden Studien zum Status des Recruitments (ICR Recruiting Reports) und Benchmarks zur Nutzung und Zufriedenheit mit Recruitinglösungen wie z. B. Jobbörsen, Bewerbermanagementsystemen oder Personalberatungen durchgeführt. Das ICR hat darüber hinaus die Jobbörse RecruitingJobs.de gegründet und mit CandidateReach das erste Multi-Channel-Posting speziell für KMUs in Deutschland eingeführt.

Bis Ende 2009 verantwortete Wolfgang Brickwedde bei SAP die Personalbeschaffung und das operative Personalmarketing in der Region EMEA. Vor seiner Zeit bei SAP war Wolfgang Brickwedde bei Royal Philips Electronics in unterschiedlichen Management Funktionen in den Bereichen Employer Branding, Recruitment und Management Development für verschiedene Länder verantwortlich.

Er ist Gründungsmitglied und war von 2007 bis 2009 Sprecher des Vorstandes des dapm/queb (www.queb.org) und Vorstandsmitglied der HR Alliance (www.hr-alliance.eu) von 2008 bis 2009. In seiner Zeit bei Philips, als auch bei SAP hat sich Wolfgang Brickwedde mit den Themen (Social Media) Recruitment, Active Sourcing, Employer Branding und Talent Management beschäftigt.

 **Daniela Chikato,** geboren 1973, ist Betriebswirtin und Verlagskauffrau und lebt in Hamburg. Sie verfügt über eine 20-jährige Vertriebspraxis und 13-jährige Expertise im E-Recruiting: im Online-Personalmarketing, im Management einer weltweit führenden Internet-Jobbörse sowie als Sales Director eines Recruiting-2.0-Portals. Zudem war sie als Consultant in einer internationalen Personalberatung tätig.

2009 gründete Daniela Chikato ihr Beratungsunternehmen mit Spezialisierung auf Sales & Recruitment Consulting: Sie unterstützt Internet-Start-ups in der Monetarisierung ihrer Geschäftsmodelle sowie beim Auf- und Ausbau ihrer Vertriebsorganisationen und entwickelt E-Recruiting-Strategien. Als freiberufliche Recruiterin sucht sie operativ Personal für ausgewählte Unternehmen. Zudem ist sie Geschäftsführerin der Online-Projektbörse www.projektwerk.com.

Daniela Chikato nutzt XING seit Jahren als Recruiting-Kanal sowie zur Generierung neuer Aufträge und Geschäftskontakte. Ihre Erfahrung gibt sie als lizenzierte Trainerin der offiziellen „XING-Recruiter-Seminare" in D-A-CH weiter. Sie referiert u. a. für die

DGFP e. V. (Deutsche Gesellschaft für Personalführung) bzw. für die ZfU International Business School.

Entspannung vom multimedialen Alltag findet Daniela Chikato beim Schlagzeug- und Klavierspielen; als Seglerin genießt sie Wind und Wellen.

www.chikato.de | www.xing.to/danielachikato

Martin-Niels Däfler, geboren 1969, ist Professor an der FOM Hochschule in Frankfurt/Main. Er unterrichtet dort im Fachbereich Marketing und Kommunikation. Zu diesen Themen hat er in den vergangenen Jahren zahlreiche Unternehmen beraten, publiziert und Vorträge gehalten. Einen Schwerpunkt seiner Forschungs- und Lehrtätigkeit hat Däfler auf Social Media und Corporate Communication gelegt. Außerdem führt er Führungskräftetrainings mit Pferden durch.

Nach seinem BWL-Studium an der Universität Würzburg sowie in Adelaide/Australien hat Däfler promoviert. Seitdem arbeitet er als selbstständiger Coach, Berater und Trainer. Und anderem war er lange Zeit für die Boston Consulting Group (München) und den Deutschen Sparkassen- und Giroverband (Berlin) tätig.

Däfler lebt in Aschaffenburg. In seiner Freizeit kocht er gern, reitet und unternimmt ausgedehnte Mountainbike-Touren.

Mehr über Däfler erfahren Sie unter www.daefler.de sowie www.sattelfeste-manager. de

Ralph Dannhäuser, geboren 1975, ist Gründer und Kopf von „on-connect", einem innovativen und dynamischen Beratungsunternehmen in Stuttgart-Filderstadt, das sich auf Social Recruiting und Social Marketing spezialisiert hat. Sein Ziel ist es, Firmen erfolgreich bei der Positionierung und Personalbeschaffung über Social-Media-Kanäle wie z. B. XING oder LinkedIn zu begleiten.

Zum Kundenstamm gehören namhafte Konzerne sowie mittelständische Unternehmen aller Branchen. Die Dienstleistungsbereiche umfassen die operative Personalbeschaffung, die Beratung sowie die Positionierung. Zudem gibt Dannhäuser sein Wissen mit großer Leidenschaft als Autor, Speaker sowie Trainer in Seminaren bei Unternehmen und Bildungsanbietern weiter.

Dannhäusers Kompetenz gründet auf mehr als zwei Jahrzehnten Vertrieb- und Beratungstätigkeit sowie auf zahlreichen Beratungs- und Vermittlungsprojekten zu strategischen und operativen Themen im Social-Media-Bereich.

Ralph Dannhäuser lebt mit seiner Familie im Großraum Stuttgart und geht in seiner Freizeit verschiedenen sportlichen Aktivitäten nach.

www.erfolgreich-netzwerken.de | www.xing.to/dannhaeuser

Hans Fenner, geboren 1950, ist Elektrotechniker, diplomierter Biologe, selbständiger Unternehmensberater und Trainer. In seine Beratung bringt er seine umfangreiche Erfahrung aus unterschiedlichen Management-Funktionen kleiner und globaler Unternehmen, mit einer Umsatzverantwortung von bis zu 400 Mio. €, ein. Seine internationale Verantwortung umfasste die Bereiche: Geschäftsführung, Entwicklung, Produktion, Qualitätsmanagement, Kommunikation, Marketing, Vertrieb und Weiterbildung, für die er Fachkräfte für viele Länder rekrutierte und für deren professionelle Einarbeitung, Weiterentwicklung und Kontinuität sorgte.

Seit 15 Jahren ist Hans Fenner selbstständiger Unternehmensberater der Capita-Consulting GmbH und bildet Manager aller Kulturen in 25 Ländern, in den Bereichen moderner Unternehmens- und Menschenführung aus. Die Kunden der Capita-Consulting GmbH können inzwischen auf ein professionelles Partnernetzwerk in über 70 Ländern zugreifen.

In der Beratungspraxis von Hans Fenner bestätigt sich immer wieder, dass sich Personen zu einem Unternehmen hingezogen fühlen und früher oder später wegen des Managements zum Wettbewerb wechseln. Deshalb zielt seine Recruiting-Beratung auf eine nachhaltige Wettbewerbsfähigkeit ab, das bedeutet: Die idealen Kandidaten für das Unternehmen zu interessieren, sie effizient zu suchen und zu finden, die Besten auszuwählen, einzustellen und sie effektiv zu integrieren, um deren Potenzial voll und ganz auszuschöpfen. Jedes Unternehmen muss diejenigen Leistungsträger, die ein hohes Potenzial haben und für die Wettbewerbsfähigkeit des Unternehmens stehen, unbedingt langfristig an das Unternehmen binden.

www.Capita-Consulting.de | www.xing.com/companies/capita-consultinggmbh

Prof. Dr. Martin Grothe ist geschäftsführender Gesellschafter der complexium GmbH und Honorarprofessor an der Universität der Künste (UdK) in Berlin.

Das Beratungsunternehmen complexium unterstützt seit 2004 renommierte Klienten darin, ihre Strategie-, Kommunikations-, Marketing- und Arbeitgeberentscheidungen in der Social-Media-Dialogwelt fundiert zu gestalten. Grundlage sind innovative Analysen, die die Social-Media-Kommunikation inhaltlich erschließen, schwache Signale erkennen und Zielgruppen pragmatisch entschlüsseln. Arbeitsfelder sind Market & Competition, Risk & Security und Employer & Enterprise 2.0.

Als Honorarprofessor an der UdK für das Fach „Digitale Kommunikation/Leadership, Social Media Management" steht das berufsbegleitende Master-Programm „Leadership in digitaler Kommunikation" im Mittelpunkt.

Grothe ist zudem Beirat von Quality Employer Branding (Queb) e. V. und Vorstand des Deutschen Competitive Intelligence Forums (dcif) e. V.: Arbeitgeber(-marken) stehen im Wettbewerb, insbesondere im Social Web.

Mit zahlreichen Vorträgen und Publikationen wurden in den letzten Jahren viele Beiträge geleistet, um für Unternehmen die notwendige Weiterentwicklung ihrer Strukturen und Abläufe zu beschreiben. Aktuell stehen Social Business Controlling und das Thema Sicherheit im Fokus.

Alma Mater ist die Wissenschaftliche Hochschule für Unternehmensführung WHU.

Gero Hesse beschäftigt sich bereits seit 1998 mit dem Thema Arbeitgeberattraktivität. Als Berater von Andersen Consulting implementierte er damals die erste Karriere-Website der heutigen Unternehmensberatung Accenture für den deutschsprachigen Raum.

Im Sommer 2000 stieg Gero Hesse bei der Bertelsmann AG in der Zentralen Managemententwicklung ein. Dort war er als Senior Vice President Human Resources u. a. für das Employer Branding der Bertelsmann AG mit der „Create-Your-Own-Career"-Initiative, die 2009 mit dem HR Alliance Award sowie dem Personalwirtschaftspreis ausgezeichnet wurde, verantwortlich.

Seit Januar 2011 ist Gero Hesse Mitglied der Geschäftsleitung der Medienfabrik Gütersloh GmbH, der Marketing- und Kommunikationsagentur des Bertelsmann-Konzerns. Dort verantwortet er den Geschäftsbereich Medienfabrik | embrace, der sich das Thema Talent Relations auf die Fahne geschrieben hat und langfristige Beziehungen zwischen Talenten und Arbeitgebern schafft. Einerseits berät embrace in diesem Kontext Unternehmen in den Themenfeldern Employer Branding, Personalmarketing und Recruiting, andererseits hat embrace im März 2012 das innovative Karrierenetzwerk www.careerloft. de mit inzwischen mehr als 20.000 Mitgliedern und aktuell 13 Partnerunternehmen (u. a. Audi, BCG, Deutsche Telekom und SAP) gegründet. Weitere Netzwerke sind in Planung. Aktuell läuft die Konzeption für ein Berufs- und Studienorientierungsportal, das sich an Schüler mit und ohne Hochschulreife wendet.

Neben seinen beruflichen Aktivitäten betreibt Gero Hesse den Blog www.saatkorn. com, der Ende 2012 mit dem HR Excellence Award als „HR-Blog des Jahres" ausgezeichnet wurde und monatlich zwischen 15.000 und 20.000 Leser erreicht. Auch über seinen Blog hinaus ist Gero Hesse immer wieder als Autor und Referent tätig.

Als ehemaliger Vorstandssprecher von Quality Employer Branding (Queb) e. V. ist er heute Beirat der mit aktuell 43 Unternehmen größten Vereinigung von an Employer Branding interessierten Unternehmen in Deutschland.

Tobias Kärcher ist Konzepter und Berater bei der Woll-milchsau GmbH, einer auf HR-Marketing und Employer Branding spezialisierten Digitalagentur in Hamburg. Vom Online-Journalismus und -Marketing kommend, fand er 2010 den Weg zum Personalmarketing. Auch heute arbeitet er hauptsächlich an Online-Kampagnen, sieht aber die Grenzen zwischen Klassik, Digital und Social mehr und mehr verschwinden.

Bei der Wollmilchsau GmbH entwickelt Tobias Kärcher gemeinsam mit seinen Kunden digitale Markenauftritte für alle Plattformen, steuert die Umsetzung und steht Unternehmen im Alltag der laufenden Kampagnen zur Seite. Er ist Koautor des Agenturblogs wollmilchsau.de, mit 25.000 Lesern monatlich eines der reichweitenstärksten Blogs der deutschen HR-Szene. Dort schreibt er über Werbung und Marketing im HR-Bereich, das Web 2.0, die Chancen für Unternehmen und den Aufbau von Arbeitgebermarken.

Er ist davon überzeugt, dass Recruiting, Personalmarketing und Employer Branding noch ganz am Anfang einer neuen Entwicklung stehen, die durch eine veränderte Unternehmenskultur angestoßen wurde. Offene Kommunikation, Respekt vor dem Wunschkandidaten und technisches wie strategisches Know-how werden zukünftige Kampagnen prägen.

www.wollmilchsau.de | www.xing.to/kaercher

Nikolaus Reuter, geboren 1977, absolvierte zunächst eine Ausbildung zum Industriekaufmann beim Pharmakonzern GlaxoSmithKline. Dem betriebswirtschaftlichen Studium an der Hochschule Pforzheim und der Warsaw School of Economics folgten Stationen bei Renault sowie Hewlett-Packard. Als Unternehmensberater und Projektleiter für strategisches Marketing und marktorientierte Unternehmensführung sammelte er weitere wertvolle Erfahrungen bei namhaften Großunternehmen wie Lufthansa, T-Systems und Daimler. Der Schritt in die spezialisierte Personaldienstleistung erfolgte mit dem Eintritt in die Hays AG, wo Reuter bis Anfang 2008 den Bereich Research in der D-A-CH-Region verantwortete.

Im April 2008 gründete er die nun seit einem halben Jahrzehnt erfolgreich am Markt agierende Etengo (Deutschland) AG und verantwortet diese seither als Vorstandsvorsitzender. Etengo ist heute der erfolgreichste Personaldienstleister für die Rekrutierung von freiberuflichen IT-Experten auf Projektbasis. Neben dieser Tätigkeit ist Reuter ein gefragter Vortragsredner und findet mit mehr als 60 veröffentlichten Beiträgen, Interviews und Reportagen auch breiten Zuspruch bei der Fach- und Wirtschaftspresse.

http://www.xing.com/profile/Nikolaus_Reuter | Etengo in 2:52 min: www.youtube.com/etengo

Michaela Schröter-Ünlü, geboren 1980, beschäftigt sich seit 2009 professionell mit der Konzeption und Kommunikation in sozialen Medien. In ihrer dreijährigen beratenden Tätigkeit hat die studierte Politikwissenschaftlerin Unternehmen bei der Konzeption von Social Media-Präsenzen unterstützt und als Sparringspartner bei Fragen zu Employer-Branding-Kampagnen in sozialen Medien zur Seite gestanden. Zudem war sie für den redaktionellen Aufbau des personalmarketingblog.de mitverantwortlich.

Seit 2012 verantwortet die Autorin bei der VEDA GmbH das strategische Brandmanagement. In dieser Funktion hat sie die Social Media Präsenzen des Unternehmens aufgebaut, u.a. hat sie den Talentmanagementblog von VEDA konzipiert und betreut diesen redaktionell.

Dr. Carsten Ulbricht ist auf Internet und Social Media spezialisierter Rechtsanwalt bei der Kanzlei Bartsch Rechtsanwälte (Stuttgart/Karlsruhe) mit den Schwerpunkten IT-Recht, Marken-, Urheber- und Wettbewerbsrecht sowie Datenschutz. Im Rahmen seiner anwaltlichen Tätigkeit berät Dr. Ulbricht nationale und internationale Mandanten in allen Rechtsfragen des E- und Mobile Commerce sowie zu allen Themen im Bereich Social Web. Seine Schwerpunkte liegen dabei auf der rechtlichen Prüfung internetbasierter Geschäftsmodelle und Vermeidung etwaiger Risiken bei Aktivitäten in und über die sozialen Medien, datenschutzrechtlichen Themen aber auch dem Umgang mit nutzergenerierten Inhalten.

Neben seiner Referententätigkeit berichtet er seit dem Jahr 2007 regelmäßig in seinem Weblog zum Thema „Web 2.0, Social Media & Recht" unter www.rechtzweinull.de nicht nur über neueste Entwicklungen in Rechtsprechung, Diskussionen in der Literatur und über eigene Erfahrungen, sondern analysiert auch Internet Geschäftsmodelle und -projekte auf ihre rechtlichen Erfolgs- und Risikofaktoren.

 **Eva Zils,** geboren 1975, ist seit mehr als zehn Jahren in der Branche der internationalen Online-Recruiting-Beratung tätig. Nach ihrem Studienabschluss in französischer und englischer Sprach- und Literaturwissenschaft arbeitet sie im Marketing und in der Kundenberatung in internationalen HR-Kommunikationsagenturen in Lyon und Straßburg.

2007 startet sie ihren Blog www.online-recruiting.net, der inzwischen zu den führenden und meistgelesenen Informationsquellen für Recruiter und Personaler zählt. Darin kommentiert und beschreibt sie die internationalen Trends des Online-Recruiting mit Fokussierung auf Jobbörsen und Social Media. Daraus entsteht 2012 ihr gleichnamiges Beratungsunternehmen.

Ihre internationale Themen-Expertise stellt Zils regelmäßig in Studien, Gastartikeln und Interviews in Fachmagazinen, wie beispielsweise OnRec Magazine, Ingenieurkarriere, Personalmagazin oder der WUV, unter Beweis. Darüber hinaus referiert sie in drei Sprachen (englisch, deutsch, französisch) auf HR-Messen und -Events in verschiedenen Ländern.

Heute lebt Eva Zils in Straßburg. In ihrer Freizeit reist und radelt sie gerne, wo sie an der frischen Luft Kraft auftankt. In ruhigeren Momenten begeistert sie sich für englischsprachige Kriminalromane, französische Humorsendungen und Musik.

www.online-recruiting.net | www.socialmedia-recruiting.com | http://www.linkedin.com/in/evazils/de

Trends im Recruiting

1

Ralph Dannhäuser

Inhaltsverzeichnis

Zusammenfassung

In diesem Kapitel erhalten Sie einen Überblick über die aktuellen Trends im Recruiting. Sie finden Beispiele aus der täglichen Praxis, Interviews mit interessanten Persönlichkeiten namhafter Unternehmen sowie eine kleine Auswahl an validierten Studienergebnissen, die die Trends belegen.

R. Dannhäuser (✉)
on-connect Ralph Dannhäuser e.K., Uhuweg 20, 70794 Filderstadt, Deutschland
E-Mail: rd@erfolgreich-netzwerken.de

© Springer Fachmedien Wiesbaden 2015
R. Dannhäuser (Hrsg.), *Praxishandbuch Social Media Recruiting,*
DOI 10.1007/978-3-658-06573-7_1

1.1 Vom „Post and Pray" zum „aktiven Recruiting" in sozialen Netzwerken

Sicher kennen Sie als Personalchef, als Recruiter oder Firmeninhaber folgende Situation: Sie schalten eine Stellenanzeige in Fachmedien oder auf Online-Jobbörsen, warten ab und hoffen/beten, dass der passende Bewerber dabei ist. Die im englischen Sprachraum gebräuchliche Redewendung „Post and Pray" beschreibt dieses Verhalten sehr treffend. Die goldenen Zeiten, in denen es darum ging, welche der 300 eingegangenen Bewerbungen aussortiert werden sollen, sind bei den meisten Unternehmen leider vorbei. Heutzutage müssen Unternehmen kreativer und proaktiver in ihren Personalbeschaffungsmaßnahmen werden, denn die verfügbaren Fachkräfte werden immer rarer beziehungsweise stehen in festen, ungekündigten Arbeitsverhältnissen. Daher gilt es, vergleichbar mit der Identifikation potenzieller Kunden im aktiven Vertrieb, die Fachkräfte effizient ausfindig zu machen, sie aktiv und auf Augenhöhe anzusprechen, von sich als Arbeitgeber zu überzeugen und schließlich auch für eine Vertragsunterschrift zu gewinnen.

Aus der täglichen Recruiting-Praxis und eigener Erhebung weiß ich, dass beispielsweise auf der Business-Plattform XING nur ca. 10 % der potenziellen Kandidaten aktiv und offenkundig kommunizieren, dass sie aktiv auf Jobsuche sind. Circa 30 % der Kandidaten kategorisiere ich in „latent suchende Kandidaten". Diese kommunizieren ihr Wechselinteresse entweder verborgen oder sind aktuell nicht auf der Suche, aber durchaus offen für interessante Jobangebote. Der Großteil, nämlich über 60 % aller potenziellen Kandidaten, sind passive Kandidaten, die sich aktuell, laut den Angaben in den einzelnen XING-Profilen, nicht für Jobangebote interessieren. Die „Talent Trends 2014" von LinkedIn Deutschland zeigen – und das kommt erschwerend hinzu –, dass 47 % der (passiven) Kandidaten zwar nicht aktiv auf Stellensuche sind, sie aber dennoch offen dafür wären, mit einem Personalberater/Recruiter über eine Karrierechance zu sprechen, um zu sehen, ob diese interessant für sie sein könnte.

Das bedeutet, dass der Großteil Ihrer klassischen Personalmarketingmaßnahmen verpuffen kann, da diese Maßnahmen von vielen der interessanten Kandidaten, die zwar nicht aktiv auf Jobsuche sind, aber dennoch aktiv angesprochen werden wollen, einfach nicht wahrgenommen werden. Es geht sehr viel Wirkung und Aufmerksamkeit verloren. Werbefachleute sprechen hier von Streuverlusten. Wer liest sich schon freiwillig den Stellenmarkt in der Samstagszeitung oder in Online-Jobbörsen durch, wenn er aktuell mit dem Job und seinem Umfeld zufrieden ist? Ich kenne diese Situation noch gut aus meiner Zeit als Angestellter. Der Drang zur aktiven beruflichen Veränderung kam immer nur dann, wenn ich über- oder unterfordert war, das Umfeld (Führungskraft, Kollegen, Freiräume, Verantwortung, Entlohnung und sonstige Rahmenbedingungen) nicht gestimmt hat und ich mich nicht im sogenannten „Flow" fühlte.

1.2 Personaler und Vertriebler haben das gleiche Problem!

Ich behaupte: Der Recruiter im Personalbereich hat das gleiche Problem wie der Verkäufer im Vertrieb. Beide kennen den Entscheidungszeitpunkt ihrer Zielgruppe nicht!

Für den Recruiter ist der Zeitpunkt des Wechselinteresses seines Kandidaten entscheidend, für den Vertriebsmitarbeiter das Kaufinteresse seines Kunden! Also gilt es im Recruiting wie im Verkauf die „Pipeline" ordentlich zu füllen und den Zeitraum zwischen Interesse und Wechselbereitschaft mit entsprechenden kommunikativen Maßnahmen, z. B. in Social Media, zu überbrücken. Das bedeutet, dass Sie es sich zur Aufgabe machen sollten, parallel zu Ihren klassischen Recruiting-Maßnahmen eine attraktive Arbeitgebermarke positiv im Hinterkopf Ihrer potenziellen Kandidaten zu verankern. Um das zu realisieren, benötigen Sie wichtige Informationen von Ihrer Zielgruppe. Heutzutage ist das mit Social Media möglich, da die Menschen freiwillig mehr von sich preisgeben, als es vor zehn Jahren noch der Fall war. Wenn Sie sich dies zunutze machen und Beziehungen aufbauen, werden Sie hocherfolgreich sein! Dieses Fachbuch wird Ihnen diverse Maßnahmen und Möglichkeiten zur effizienten Nutzung von Social Media, für Recruiting und auch zur Stärkung der eigenen Unternehmensmarke aufzeigen. Sie bedienen sich einfach am Buffet und nehmen das, was Ihnen am besten schmeckt und zu Ihrer Situation und Ihrem Umfeld passt.

Beispiel

Wenn irgendwann beispielsweise ein neuer Autokauf fällig wird, sollte bei mir im Hinterkopf der Verkäufer meines Vertrauens auftauchen. Falls es ein Verkäufer einer anderen Automarke ist, hat dieser alles richtig gemacht, denn er hat während der Zeit meines Desinteresses eine Beziehung zwischen ihm, seiner Marke und mir geschickt aufgebaut, ohne aufdringlich zu wirken. So ist die Chance für einen Kauf bei ihm deutlich gestiegen! Gleiches gilt für Ihre Arbeitgebermarke und Sie! Egal wie groß und mächtig oder klein und unbekannt Ihre Firma ist, das Schöne an Social Media ist, dass sie für alle fast die gleichen Chancen bieten; nicht immer sind die größten Budgets für den Erfolg entscheidend! Kreativität und Aktivität sind gefragter denn je!

1.3 Proaktive Kandidatensuche – und -gewinnung im Web 2.0

▶ Die sogenannte **„proaktive Kandidatensuche"** kann eine Lösung im „Kampf um die besten Talente" sein. Im Fachjargon tauchen auch Begriffe auf wie „Active Sourcing", „Active Candidate Sourcing" oder „People Sourcing", wie diese Dienstleistung in den USA auch genannt wird.

Analyse und Herleitung:
Einige von Ihnen kennen den Begriff „Sourcing" wahrscheinlich als Teil der Beschaffungsstrategie in der Materialwirtschaft. Zentrales Ziel ist hier die Sicherstellung der Versorgung des Unternehmens mit Ressourcen aller Art bei gleichzeitig so geringen Kosten wie möglich. Der wesentliche Unterschied vom Personalwesen zur Materialwirtschaft liegt hier in den „Menschen und ihren Beziehungen". Für mich als erfolgreicher, aktiver Recruiter im Web 2.0 bedeutet **„Active Sourcing"** im Personalmanagement schlussendlich:

Active Sourcing ist das gleichzeitige **Suchen, Finden und Gewinnen** von Talenten mit dem **Ziel des Netzwerkens**.

Koautor Wolfgang Brickwedde ergänzt: *„Active Sourcing" ist kein Patentrezept für alle Unternehmen und für alle Arten von Vakanzen. Es kommt auf die Verfügbarkeit der Kandidaten und auf die Dringlichkeit der zu besetzenden Stellen an. Braucht ein Unternehmen die neuen Mitarbeiter sehr zeitnah oder aufgrund der strategischen Planungen vielleicht erst in zwei bis drei Jahren? Im ersten Fall kann „Active Sourcing" Verwendung finden, um zielgenau interessante Kandidaten, die zeitnah starten können, anzusprechen. Im zweiten Fall kann „Active Sourcing" genutzt werden, um Talentpools aufzubauen, damit im definierten Zeitraum das Personal in der gewünschten Qualität und Quantität vorhanden ist.*

Neben dem „Direct Sourcing" ist das „Active Sourcing" Teil des „proaktiven Recruiting" im Internet. Das „Active Sourcing" (proaktive Kandidatenansprache) ist onlinebasiert und nutzt soziale Plattformen wie XING, Twitter, YouTube oder LinkedIn – ferner auch Suchmaschinen wie Google oder Bing. „Direct Sourcing" wird überwiegend in der „Offline-Welt", zum Beispiel bei der Zielfirmenansprache, bei Messen, Recruiting-Events oder bei persönlichen Treffen, angewandt.

Durch proaktive Kandidatenansprache werden Sie mit Social Recruiting schneller, effektiver und kostensparend mehr **passende Kandidaten** finden! Wenn das Unternehmen nicht nur konkrete Stellen besetzen, sondern auch sich und die eigene Arbeitgebermarke in sozialen Netzwerken stärken will, spricht man auch von **Social Media Recruiting**. Schließlich wollen Bewerber wissen, welche Stärken den potenziellen neuen Arbeitgeber auszeichnen.

Wie bereits zuvor erwähnt, befinden sich in beruflichen sozialen Netzwerken zum Großteil latent suchende Kandidaten, die den Talentpool eines Unternehmens signifikant erhöhen können. Mit einer aktiven Kandidatenansprache werden Sie deutlich mehr Erfolg haben, indem Sie einen Dialog mit Ihrem potenziellen Kandidaten eröffnen. Falls dieser nicht sofort wechselmotiviert ist, wird er Ihnen eventuell mitteilen, wann und unter welchen Umständen dies der Fall sein wird. Darüber hinaus besteht die Möglichkeit, sich aktiv Empfehlungen aus dessen Netzwerk einzuholen. Das erweitert Ihren Radius spürbar und macht aus einer „Kaltakquise" eine „Warmakquise". Gerade für Unternehmen, die nicht so bekannt sind, bietet diese Methode die Möglichkeit, sich bei den potenziellen Kandidaten vorzustellen. Sie sind nur mit dem aktuellen Job im Wettbewerb und nicht wie sonst mit der großen Konkurrenz an Arbeitgebern. Wenn Sie Bezug nehmen auf die Qualifikationen, Referenzen oder Arbeitsproben des Kandidaten, fühlen sich viele geehrt und freuen sich darüber, wahrgenommen zu werden und interessant sowie begehrt zu sein.

1.4 Recruiter 2.0 müssen Vertriebler und Berater sein

Zwischen dem Recruiter 1.0, wie Sie ihn aus der Vergangenheit kennen, und dem in der heutigen Zeit notwendigen Recruiter 2.0 liegen Welten! Die Anforderungen an die Fähigkeiten, an den Recruiter selbst und an das Aufgabenfeld haben sich deutlich erweitert.

War der Recruiter 1.0 eher „verwaltender Administrator", so ist der Recruiter 2.0 mehr „Berater und Verkäufer".

▶ **Topanforderungen** Aus meiner Sicht müssen proaktive Recruiter 2.0 eine sehr hohe Vertriebsorientierung mitbringen, hochkommunikative Fähigkeiten besitzen, eine aktive Vorgehensweise mit hoher Lernbereitschaft im Web 2.0 haben und gewinnende Persönlichkeiten sein. Gleichzeitig müssen sie den Arbeitsmarkt für ihre Zielgruppen gut kennen und die Erwartungen der Fach- und Führungskräfte managen.

Dazu muss der proaktive Recruiter nicht unbedingt ein personalwissenschaftliches Studium oder eine einschlägige Ausbildung im Personalbereich absolviert haben. Um in Zukunft erfolgreiches Recruiting betreiben zu können, benötigen Sie neben einem Umdenken in Ihrem Unternehmen auch einen neuen Typ von Recruiter! Das Kompetenzprofil eines Recruiter 2.0, entwickelt vom ICR, Institute for Competitive Recruiting, besteht aus neun funktionalen und neun geschäftsbezogenen Kompetenzen. An dieser Stelle verweise ich auf das Kapitel **„Erfolgsfaktoren Social Media Recruiting in Unternehmen" von Hans Fenner,** der sich detaillierter mit den Skills eines Recruiters beschäftigt.

1.5   Recruiter 2.0 werden verstärkt inhouse tätig werden

Aufgrund der zunehmend steigenden Personalbeschaffungskosten müssen sich Firmen genau überlegen, welche Kanäle sie belegen wollen, um an ihre Wunschkandidaten heranzukommen. Mittlerweile werden für Stellenvermittlungen zwischen 20 und 30 % vom Bruttojahresgehalt – in Engpasszielgruppen wie der IT-, Engineering- oder Medizinbranche bis zu 40 % – als Erfolgsprovisionen für die Vermittlung einer Festanstellung an beauftragte Personalberater oder Headhunter bezahlt. Zu diesen externen Beschaffungskosten kommen eventuell kostenpflichtige Jobanzeigen in Online-Jobbörsen und gelegentlich auch teure Print-Anzeigen noch hinzu. Nicht zu vergessen die internen Kosten der Personalabteilung, die als – umgangssprachlich – „Ohnehin-da-Kosten" gelegentlich bei der Vollkostenrechnung unter den Tisch fallen.

Aufgrund dieses steigenden Kostendrucks für die Personalbeschaffung und aufgrund der Veränderung der „klassischen" Personalgewinnungskanäle werden Unternehmen verstärkt dazu übergehen, sich Kompetenz im eigenen Hause aufzubauen.

Zum einen, um die eigene Wertschöpfung im Wissen um die Gewinnung der besten Talente für sich zu steigern sowie das Employer Branding permanent weiterzuentwickeln, und zum anderen, um die Kosten überschaubarer zu halten.

Dazu werden sich Unternehmen zwei Wege überlegen und diese kalkulieren:

1. Recruiter 2.0 in Festanstellung,
2. Recruiter 2.0 als Freelancer/Interim.

Je nachdem, in welcher Fristigkeit (kurz-, mittel-, langfristig) und in welcher Quantität der Personalbedarf vorhanden ist und gedeckt werden muss, wird man sich für den einen oder anderen Weg entscheiden. Bei beiden Wegen sind in jedem Falle verschiedene Herausforderungen zu meistern und Grundlagen dafür zu schaffen.

1.6 Recruiting von ausländischen Fach- und Führungskräften

Personaler richten bei der Suche nach geeigneten Fach- und Führungskräften den Blick verstärkt ins Ausland. Laut der Studie „Migration von Fach- und Führungskräften nach Deutschland" der Bitkom Research GmbH im Auftrag des Online-Business-Netzwerkes LinkedIn verzeichnet Deutschland zurzeit die dritthöchste Zuwanderung von Fachkräften, direkt nach den kleineren Nachbarn Schweiz und Luxemburg. Deutschland gehört also zur ersten Wahl qualifizierter Kandidaten aus dem Ausland. Um dem Fachkräftemangel entgegenzuwirken, haben 58 % der Großunternehmen bereits Fach- und Führungskräfte aus dem Ausland rekrutiert. 38 % planen dies in den nächsten zwölf Monaten zu tun [1].

Über diesen Trend spreche ich mit Till Kästner

Er verantwortet als Geschäftsleiter D-A-CH bei LinkedIn das Geschäft in Deutschland, Österreich und der Schweiz. Mit über fünf Millionen Mitgliedern im deutschsprachigen Raum und über 300 Mio. Mitgliedern weltweit verfügt das Business-Netzwerk über einzigartige Einsichten in aktuelle Herausforderungen und Trends im Recruiting-Markt.

Herr Kästner, welche Veränderungen sehen Sie im deutschsprachigen Markt in Sachen Personal-Recruiting?
Kästner: In Deutschland ist das Wettrennen um die besten Köpfe in vollem Gange, was zu einer Vielzahl von Trends führt, die das Personal-Recruiting hochkomplex machen. Eine klare Entwicklung, die wir seit Langem beobachten, ist die Fokussierung auf passive Bewerber – Kandidaten, die (noch) nicht auf der Suche nach einer neuen Stelle sind. Unsere jährliche Erhebung „Recruiting Trends" zeigt hier für Deutschland einen Anstieg von 54 auf 66 % in nur einem Jahr [2]. Internes Recruiting ist ein weiterer Trend, mit dem Organisationen sicherstellen wollen, dass sie Toptalente halten und ideal weiterentwickeln. Besonders in Zeiten immer kürzer werdender Verweildauern – ein weiterer Trend – ist es äußerst wertvoll, die Weiterentwicklung einzelner Mitarbeiter kontinuierlich im Blick zu behalten und aktiv zu gestalten. Für Unternehmen sind diese Themen verständlicherweise in hohem Maße kostenrelevant.

Ein weiteres Thema, das Unternehmen nach wie vor stark beschäftigt, ist das Employer Branding. Unternehmen sind sich bewusst, dass ihr langfristiger Erfolg bei der Gewinnung und beim Erhalt ihrer Topleute maßgeblich von ihrer Fähigkeit abhängen wird, eine starke Arbeitgebermarke aufzubauen. 84 % der Befragten in unserer „Recruiting-Trends"-Studie glauben, dass eine gute Arbeitgebermarke ausschlaggebend bei der Gewinnung von Toptalenten sein kann. Auf die Frage, welche Aktivitäten ihrer

Wettbewerber ihnen den Schlaf rauben, war die „Investition in ihre Employer Brand" unter den drei meistgenannten Aktivitäten. Unternehmen schätzen deshalb Tools, die ihre Mitarbeiter zu Markenbotschaftern machen, indem sie die Arbeitgebermarke nach innen stärken und nach außen – Stichwort Empfehlungen im Netzwerk – messbar das Recruiting unterstützen.

Wenn man sich all diese Punkte vor Augen führt, ist ein weiterer Recruiting-Megatrend nur die logische Schlussfolgerung: Der starke Vormarsch der Online-Business-Netzwerke, die mit einer Zunahme von 12 % als wichtigstes Tool für die Gewinnung von Fach- und Führungskräften genannt wurden. Oft genannt werden die Vorteile bei der Ansprache der passiven Kandidaten: Diese nutzen Online-Business-Netzwerke regelmäßig, um für ihren beruflichen Kontext relevante Mehrwerte zu finden, halten ihre Daten auf dem aktuellen Stand und sind somit für Personaler einfacher anzusprechen. Doch die Plattformen ermöglichen es nicht nur Personalverantwortlichen, potenzielle Kandidaten zu identifizieren und gezielt anzusprechen. Unternehmen können sich dort auch präsentieren und ihre Markenwahrnehmung aktiv gestalten, etwa durch die Einbindung von Mitarbeitern und die Verbreitung eigener Inhalte. Tools wie die LinkedIn Talent Solutions bieten zudem beispielsweise die Möglichkeit, interne Stellenempfehlungen an aktuelle Mitarbeiter heranzutragen.

Vor welchen Herausforderungen stehen Unternehmen Ihrer Meinung nach jetzt und in den nächsten zwei bis drei Jahren?
Kästner: Vorrangig lässt sich hier sicher der oft diskutierte Fachkräftemangel nennen. Wie unsere Studie „Migration von Fach- und Führungskräften aus dem Ausland" zeigt, ist das Thema bereits für jedes zweite deutsche Unternehmen Wirklichkeit. Drei Viertel der Großunternehmen und fast die Hälfte der kleinen und mittelständischen Unternehmen sehen sich betroffen. Trends wie Employer Branding lassen sich zudem nicht von heute auf morgen umsetzen und werden Unternehmen auch in den kommenden Jahren begleiten.

Welche Beispiele sehen Sie konkret für die Rekrutierung ausländischer Fach- und Führungskräfte? Lassen sich die Einstellungen auch quantifizieren?
Kästner: Der Blick der Personaler wandert schon länger über Landesgrenzen hinaus: Um dem Engpass entgegenzuwirken, beschäftigen 58 % der Großunternehmen bereits ausländische Fach- und Führungskräfte. Im letzten Herbst 2013 gaben bereits 38 % der im Rahmen unserer Migrationsstudie befragten Unternehmen an, in den kommenden zwölf Monaten Personal aus dem Ausland rekrutieren zu wollen. Die Studie zeigt weiterhin, dass in erster Linie Berufseinsteiger (62 %) und Young Professionals (59 %) eingestellt werden. Aus geografischer Sicht liegt Südeuropa (Spanien, Griechenland, Italien) vorn, von dort rekrutiert mehr als die Hälfte der Unternehmen (56 %). Weitere 46 % rekrutieren aus westeuropäischen EU-Ländern wie Frankreich, Großbritannien oder Belgien. Weniger häufig werden Mitarbeiter aus Osteuropa, Asien und den USA rekrutiert.

Herr Kästner, inwiefern helfen soziale Netzwerke, wie z. B. LinkedIn, bei der Personal-gewinnung im internationalen Bereich? Wie werden diese Netzwerke hauptsächlich genutzt?

Kästner: Laut Bitkom-Research-Studie nutzen bereits 72 % der befragten Unternehmen soziale Netzwerke für die Rekrutierung, und wir erwarten, dass sich dieser Trend aufgrund der positiven Erfahrungen in den kommenden Jahren verstärken wird. Personalverantwortliche schätzen an Business-Netzwerken wie LinkedIn insbesondere zwei Vorteile: Einerseits erlauben sie ihnen, ein umfassenderes Bild von einem Kandidaten zu erhalten, als dies über klassische Bewerbungsunterlagen möglich ist. Das ist vor allem dann der Fall, wenn Kandidaten nicht nur ihren Lebenslauf präsentieren, sondern sich aktiv in Gruppen etc. engagieren. In Zeiten, in denen der sogenannte „Cultural Fit", also wie ein Kandidat ins Team passt, oftmals genauso entscheidend ist wie dessen Fachkompetenz, ist das ein entscheidender Vorteil. Außerdem ermöglichen es Business-Netzwerke, mit einem vielversprechenden Kandidaten oder Alumnus langfristig im Austausch zu bleiben. Längst geht es Personalverantwortlichen nicht mehr nur darum, eine offene Position schnell zu besetzen, sondern für wichtige Funktionen eine langfristige Kandidatenbindung aufzubauen. Ein Beispiel: Über ein Business-Netzwerk kann das Unternehmen den Dialog mit dem vielversprechenden Praktikanten aufrechterhalten und seine Entwicklung verfolgen, um ihn gegebenenfalls zu einem späteren Zeitpunkt noch einmal anzusprechen. Seine Bewerbungsmappe im Archiv ist dann längst wertlos.

Besten Dank für das angenehme und interessante Gespräch und viel Erfolg weiterhin, Herr Kästner. Wir sind gespannt auf die Neuauflage der Studie im kommenden September!

1.7   Employee Referral Programs – Mitarbeiterempfehlungsprogramme per Mausklick

Mitarbeiterempfehlungen sind nicht wirklich neu. Verschiedene Programme werden seit Jahren von Unternehmen angeboten. Trotz hoher Prämien für die erfolgreiche Vermittlung eines neuen Mitarbeiters scheinen diese Programme nicht so zu fruchten, wie man das gerne hätte. Der Grund liegt meistens darin, dass der Aufwand der Empfehlungsprozesse für den Empfehlungsgeber (Mitarbeiter) zu groß ist. Erschwerend kommt hinzu, dass es auch nicht sein Kerngeschäft ist. Die USA und Großbritannien sind oft Vorreiter in Sachen Personalbeschaffungsmaßnahmen. So auch beim Thema „Referral-Programme", bei dem sich Firmen Social-Media-Kanäle erfolgreich zunutze machen. Die potenziellen Vorteile von Social Recruiting sind enorm, denn die sozialen Netzwerke ermöglichen heute eine viel schnellere und effizientere Kontaktaufnahme mit einem deutlich größeren Publikum als jemals zuvor. Nach dem Motto „Mund-zu-Web-" anstatt „Mund-zu-Mund-Propaganda" scheint sich hier ein Trend zu entwickeln, von dem mittelfristig auch hiesige Unternehmen profitieren könnten.

Über diesen Trend spreche ich mit Joachim Skura und Manuel Koch von Oracle

Joachim Skura ist Sales Development Manager HCM und verantwortet die strategischen HCM-Themen in Deutschland und der Schweiz. Manuel Koch ist Produktexperte für cloudbasierte HCM-Lösungen.

Was ist unter einem Referral-Programm in Verbindung mit Social Media zu verstehen? Wie unterscheiden sich diese neuen Programme von den bisherigen?

Skura: Mit den Gemeinsamkeiten zu starten, erleichtert in diesem Falle das Verständnis. Auch bei Referrals geht es um die Mund-zu-Mund-Propaganda. Jemand bewirbt eine vakante Stelle in seinem Bekanntenkreis, meist animiert von einem Dritten, dem Arbeitgeber.

Mitarbeiterempfehlungen stellen eine hervorragende Quelle für überdurchschnittlich motivierte, hochqualifizierte und loyale neue Kandidaten dar. Diese neuen Kollegen durchlaufen zudem einen kürzeren Onboarding-Prozess und werden schneller produktiv. Deswegen wurden in zahlreichen Unternehmen Mitarbeiterempfehlungsprogramme zwar eingeführt, jedoch sind diese Initiativen aufgrund des relativ hohen Aufwands, den die empfehlenden Mitarbeiter treiben müssen, um auch tatsächlich passende Kandidaten zu finden, trotz Prämienzahlungen nicht immer so erfolgreich, wie man annehmen würde.

Das Kommunikationsverhalten hat sich jedoch gewandelt. Es sind neue Kanäle durch Social-Media-Plattformen sowie Smartphones und Tablets in den letzten Jahren in den Markt gestoßen. Es wird „gesimst, geforwardet, gelikt oder getwittert".

Social Recruiting trägt dieser Entwicklung Rechnung. Die Integration von Social-Media-Plattformen in die firmeninternen Refererral-Tools macht den Mitarbeitern das Finden und Empfehlen von geeigneten Kandidaten durch automatisierte, ausgeklügelte Algorithmen nicht nur einfacher, sondern erweitert den Kandidatenpool um zahlreiche passive Kandidaten, die nun auf einfachste Weise direkt kontaktiert werden können.

Der Faktor Mitarbeiter ist für die Zukunft eines Teams, einer Abteilung und auch eines Unternehmens der erfolgsentscheidende. Diese Veränderung hat meiner Ansicht nach zwei Ausprägungen: Zum einen ist es den eigenen Mitarbeitern klar, dass sie ohne die richtigen Kollegen kaum langfristig erfolgreich sein können; zum anderen wandelt sich der Arbeitsmarkt stärker in einen Käufermarkt. Der zukünftige Kollege hat also mehr Wahlmöglichkeiten. Kennt man sich, versteht man sich wahrscheinlich auch. Eine bessere Basis für ein gutes Arbeitsklima gibt es wohl nicht.

Frage: Welche Herausforderungen gilt es zu meistern? Auf was sollten Verantwortliche in Personalabteilungen besonders achten?

Skura: Die Zeiten der „auswählenden" Recruiting-Abteilung sind vorbei. Geschwindigkeit, Präzision und ein hohes Verständnis für „die andere Tischseite" sowie das Business müssen Einzug in die Personalabteilungen halten.

Werden Kandidaten über die eigenen Mitarbeiter an das Unternehmen herangetragen, gilt es diese Gelegenheit zu nutzen und den Kandidaten schnell an Board zu holen

– zum einen durch klare Kommunikation und zum anderen durch einen schnellen Onboarding-Prozess. Die Gefahr ist sonst gegeben, dass der Kandidat womöglich wieder
abspringt, weil er ein ebenso gutes Angebot vom Mitbewerber erhalten hat, dieser Mitbewerber aber in seinen Prozessen schneller ist und dem Kandidaten so ein größeres
Sicherheitsgefühl gibt.

Unternehmen brauchen also einen schnelleren Prozess und einen geänderten Umgang mit Kandidaten. Sie benötigen Recruiting-Verantwortliche, die die Balance aus
Werben und Auswählen beherrschen. Mitunter bedeutet dies, dass andere Personen
oder ein spezielles Recruiting-Team eingesetzt werden muss. Der althergebrachte ad-
ministrative Personaler muss ergänzt oder ersetzt werden.

Ein moderner Recruiting-Prozess sollte von einem Softwaresystem unterstützt
werden, das Funktionen für das Social Recruiting integriert hat und mit einschlägigen Plattformen kommunizieren kann. Nur dann erhält solch ein Prozess die nötige
Geschwindigkeit, dass repetitiv Stellen gepostet werden können, schnell personalisierte Standardkommunikation erstellt und versendet werden kann und die Incentives für
Empfehlungen passend verteilt werden können. Ein ganzes Bündel an Maßnahmen
muss integriert bearbeitet werden.

Welche Fallstudien gibt es bereits? Was können Sie uns berichten?
Skura: Oracle ist selbst eine exzellente Fallstudie. Wir sind ein innovativer Technologiekonzern mit weltweit über 120.000 Mitarbeitern. Die Zusammenarbeit in Projekt-
teams über Ländergrenzen hinweg ist Tagesgeschäft. Wir müssen daher alle Möglichkeiten der Flexibilisierung nutzen, um auch den unterschiedlichen Zeitzonen gerecht
zu werden.

Vor etwa sieben Jahren begann Oracle sein Recruiting in eine eigene Abteilung aus-
zugliedern. Sie gehört also nicht mehr zur klassischen Personalabteilung. Gleichzeitig
wurde ein Team ehemaliger Headhunter und Recruiting-Profis eingestellt und so ein
hocheffektives und agiles Team aufgebaut. Bei Oracle können sich die einstellenden
Abteilungen die Dienstleistungen dieses Teams sozusagen kaufen.

Der gesamte Prozess wird von unseren innovativsten Produkten unterstützt. Wir leben, was wir predigen, und haben die Daten natürlich in unserer HCM-Cloud. Aus diesem vollintegrierten HR-System kann man direkt Aktivitäten auf Plattformen, wie z. B.
LinkedIn, lancieren. Darüber hinaus stehen alle Daten des Kandidaten später, wenn er
Mitarbeiter ist, für einen professionellen Talent-Management-Prozess zur Verfügung.

Mit welchen Erfolg?
Skura: Wir konnten unsere externen Anzeigen im Jahr von 40 % aller zu besetzenden Stellen auf gerade noch 4 % reduzieren. Ein enormer Einspareffekt um Faktor 10,
flankiert von einigen positiven Nebeneffekten, wie etwa gesunkener durchschnittlicher
Dauer im Onboarding.

Anbieter für elektronische Lösungen im Bereich Social Recruiting sprießen ja förmlich aus dem Boden. Welche Kriterien sollten von Personalabteilungen beachtet werden, die erstmalig Software selbst einkaufen und implementieren wollen?

Koch: Ähnlich wie der Trend im E-Recruiting vor einigen Jahren erlebt der Bereich Social Recruiting derzeit einen Boom. Die Qualität und der Umfang der angebotenen Lösungen variieren jedoch stark. Wichtig ist für Personalabteilungen zu verstehen, was einzelne Terminologien bedeuten und welche Thematiken damit unterstützt werden können. So gehen die Themen vom einfachen Bereitstellen von Jobs auf Facebook ohne jegliche Kontrolle des Zeitpunkts bis hin zum vollintegrierten Social Recruiting Tool inklusive Mitarbeiterempfehlungen, interner Mobilität und Talent-Community weit auseinander.

Die meisten Softwarelösungen sind im Bereich der Standardsoftware angesiedelt, wo dann durch Anpassungen und Konfigurationen eine ideale Lösung für den einzelnen Kunden erzielt wird. Diese Lösungen haben den Vorteil, dass sie schneller Trends aufnehmen und generell etablierter sind.

Gerade die Flexibilität und Konfigurierbarkeit sind kritische Bereiche von Lösungen im sich laufend verändernden Unternehmen. Stellen Sie sich vor, Sie würden ein Auto kaufen, ohne die Möglichkeit zu haben, Winterreifen aufzuziehen, wenn es schneit. Das ist meistens unangenehm und nicht zielführend, manchmal sogar gesetzlich bedenklich. Sie würden dieses Auto nicht kaufen. Ähnlich verhält es sich im Bereich Personalsoftware gerade in Deutschland mit Themen wie Social Recruiting. Hier trennt sich die Spreu vom Weizen, wenn man schaut, wo und wie die Software betrieben wird.

Von einer funktionellen Sichtweise aus ist es wichtig, dass idealerweise jeder Mitarbeiter in der Lage sein sollte, mit der Lösung zu arbeiten, und die Personaler, die für die Verwaltung zuständig sind, von einer einfachen Benutzeroberfläche und Bedienbarkeit profitieren können. Hilfen, wie der automatische Vorschlag von geeigneten Kandidaten aus einem meiner Netzwerke (z. B. LinkedIn), können für den Mitarbeiter die Benutzung derart vereinfachen, dass es sogar Spaß macht, mit einer Software zu arbeiten, was sicherlich vor fünf Jahren noch Kopfschütteln und Staunen verursacht hätte. Ein weiterer Aspekt für den langfristigen Erfolg eines Empfehlungsprogramms ist die Klarheit für den Mitarbeiter. Weiß er, wie erfolgreich er Stellen bewirbt, ob seine Kontakte auf die Stellenausschreibung schauen und ob ein Kandidat noch im Bewerbungsprozess ist, oder tappt er im Dunkeln und verliert die Lust an der Sache?

Für eine technisch moderne Social-Recruiting-Lösung sind die Bereiche mobile-first, also eine für mobile Endgeräte optimierte Benutzeroberfläche, Reporting, die Aufbereitung von Daten sowohl für den Prozess selbst als auch für Informationszwecke der Geschäftsleitung sowie die einfache Einbindung in die IT-Infrastruktur sehr wichtig.

Warum ist gerade diese Integration ein so wichtiges Thema? Schließlich befassen wir uns hier ja lediglich mit Mitarbeiterempfehlungen.

Koch: Der Bereich Mitarbeiterempfehlungen ist nur ein Teilaspekt der Personalbeschaffung, der wiederum nur ein Teilbereich des gesamten Personalwesens ist. Eine nahtlose Einbindung der Systeme ist oftmals die Königsdisziplin der System-Architekten und anderer IT-Spezialisten. Gerade die Personalabteilung sollte jedoch verstehen, warum auch sie sich mit dem Thema auseinandersetzen sollte:

Wenn Mitarbeiter Stellen bewerben sollen, muss zum einen die Kommunikation mit den Mitarbeitern gewährleistet sein, was die Bereitstellung der Basisinformationen, wie z. B. Name und E-Mail-Adresse, erforderlich macht, jedoch auch häufig die derzeitige Position und der Ort der Tätigkeit, um gezielt auf das aktuelle Profil Stellen vorzuschlagen. Diese Daten kommen meistens aus einem Stammdaten- oder Lohnabrechnungsprogramm. Weiterhin muss die Stellenbeschreibung samt Einordnung im Unternehmen – wo im Organigramm sitzt die Position? – bekannt sein. Dies liegt häufig im sogenannten Applicant Tracking System (ATS) vor.

Danach arbeitet ein Social Recruiting Tool meist autark, idealerweise auch mit direkter Integration in sozialen Netzwerken, ohne Notwendigkeit einer Anbindung an andere Systeme bis zu dem Punkt, an dem sich ein Kandidat bewerben möchte. Hier wird dann natürlich eine automatische Übergabe der Daten zum ATS gewünscht, um die manuellen Prozesse und die daraus resultierende Fehleranfälligkeit zu minimieren.

Gerade diese Einbettung in bestehende Systeme ist ein Knackpunkt für Lösungen in diesem Bereich, da der Trend klar zur Automatisierung von Prozessen geht, die nur durch eine nahtlose Integration erreicht wird. Daher sollte man sich frühzeitig Input von der internen IT-Abteilung holen, um sicherzustellen, dass die gewünschten Prozesse auch tatsächlich technisch umsetzbar sind.

Abschließend die Frage, Herr Skura, welche Tipps können Sie unseren Lesern noch geben?

Skura: Tipp 1: Machen Sie die Gewinnung neuer Mitarbeiter zur strategischen Business-Sache, indem Sie Ihr Recruiting-Team schneller, moderierender und sprachfähiger in Sachen Business machen.

Tipp 2: Werben Sie intern für dieses Projekt. Es muss Chefsache sein. Erklären Sie der Belegschaft nachvollziehbar die Vorteile. Bleiben Sie in der internen und externen Kommunikation glaubwürdig.

Tipp 3: Sehen Sie Social Recruiting nicht als Stand-alone-Maßnahme. Sie ist Teil einer businessorientierten HR-Arbeit und lässt sich am leichtesten mit einem vollintegrierten HR-System realisieren.

Meine Herren, haben Sie vielen herzlichen Dank für das ausführliche und aufschlussreiche Interview mit Ihnen beiden!

1.8 Gesellschaftlicher Wandel beeinflusst auch das Recruiting – Talent Relationship Management, Employer Branding etc.

Die Arbeitswelt der Zukunft wird sich mittelfristig deutlich von der heutigen unterscheiden. Vor dem Hintergrund stabiler konjunktureller Verhältnisse wird es in florierenden Volkswirtschaften aufgrund des demografischen Wandels und zunehmender Transparenz durch die Digitalisierung somit zu massiven Machtverschiebungen zwischen Arbeitgebern und Arbeitnehmern kommen. Dies bedeutet, dass Recruiting strategisch gedacht und gelebt werden muss. Die Unternehmen werden dazu gezwungen sein, in die Beziehung zu Talenten (und mit dem Begriff meine ich nicht High, sondern Right Potentials) sehr frühzeitig und langfristig zu investieren. Das heißt: Der Fokus auf junge Zielgruppen – auch Schüler – wird zunehmen. Über den gesamten Berufslebenszyklus werden Unternehmen Kontakte und Pools zu relevanten Zielgruppen aufbauen. Talent Relationship Management wird die Überschrift zu den Themen Employer Branding, Personalmarketing und Recruiting sein. Unternehmen müssen flexibler auf die Erwartungen ihrer Mitarbeiter/-innen eingehen. Das bedeutet für diese auch im Hinblick auf Führung und Organisationsstrukturen erhebliche Veränderungen. Kontinuität liegt in der Zukunft im Wandel – noch mehr als heute!

► **Koautor Gero Hesse stellt dazu folgende These auf** Gesellschaftliche Entwicklungen führen zum größten Wandel der Arbeitswelt seit der industriellen Revolution und zwingen Unternehmen zum Change-Management und Kulturwandel. Allerdings gilt dies nur unter der Prämisse stabiler Volkswirtschaften.

An dieser Stelle referenziere ich auf das Kapitel „**Auf dem Weg zum Enterprise 2.0: Digitalisierung, Demografie und Wertewandel als Treiber für Change-Management und Kulturwandel" von Gero Hesse**, der sich eingehender mit den gesellschaftlichen Trends in Bezug auf das Thema Recruiting und Talent Relationship Management beschäftigen wird.

1.9 Talent Relationship Management (TRM)

Viele Unternehmen haben von „Talent Relationship Management" (TRM) noch nie etwas gehört. Vielleicht liegt es auch den Anglizismen. Möglicherweise können Sie sich mit der Umschreibung „Beziehungspflege zu potenziellen Kandidaten – Aufbau und Pflege langfristiger Beziehungen zwischen Talenten und Arbeitgebern" mehr darunter vorstellen. Allerdings glaube ich nicht, dass es an dem englischen Begriff liegt. Vielmehr ist es die „Post-and-Pray-Denkweise", die in vielen Unternehmen immer noch vorherrscht.

Das TRM wird gerade für mittlere und größere Unternehmen massiv an Bedeutung zunehmen.

Ich möchte die Gelegenheit nutzen und mit Christoph Fellinger über das Thema „Talent Relationship Management" sprechen

Christoph Fellinger ist verantwortlich für das Talent Relationship Management bei der Beiersdorf AG. Er kennt sich strategisch wie auch operativ mit dem TRM aus und befasst sich seit Jahren mit dem Personalmarketing und Employer Branding des Hamburger Kosmetikkonzerns. Während sein Schwerpunkt zunächst die Zielgruppe der Studenten und Absolventen war, hat sich der Fokus in den letzten Jahren deutlich in Richtung der Berufserfahrenen verschoben. Neben seiner Arbeit befasst er sich als Experte mit der Veränderung der Arbeitswelt und schreibt dazu unter www.RecruitingGenerationY.com ein erfolgreiches deutsches Blog.

Herr Fellinger, seit wann beschäftigen Sie sich bei der Beiersdorf AG mit TRM? Wie müssen sich unsere Leser den Beginn Ihrer Aktivitäten vorstellen? Wie sind Sie dabei vorgegangen und was war Ihre damalige Zielsetzung?

Fellinger: TRM für die Zielgruppe der Studenten und Absolventen gab es schon lange vor mir bei Beiersdorf: als klassisches Praktikantenbindungsprogramm. Seit Mitte der 90-Jahre konnten Praktikanten, die besonders positiv aufgefallen sind, von ihren Betreuern für ein Bindungsprogramm empfohlen werden. Um aufgenommen zu werden, durchliefen diese ein von HR gesteuertes Assessment-Center – allerdings immer unter Einbeziehung der Fachbereiche. Mit der Zeit öffneten wir dieses Programm auch für Nichtpraktikanten, die dafür allerdings einen erweiterten Auswahlprozess mit Interviews absolvieren mussten.

Einmal im Programm aufgenommen stand den Mitgliedern ein Vertreter der Fachbereiche – häufig der ehemalige Betreuer – als Mentor zur Verfügung, ein fester Ansprechpartner im Personalbereich hielt Kontakt zu ihnen, und regelmäßige Veranstaltungen sorgten für einen persönlichen Kontakt zwischen den Mitgliedern und dem Unternehmen. Clou des Programms war die Möglichkeit eines bezahlten Auslandspraktikums, was in der Zielgruppe sehr begehrt war. Das Ziel des Programms war natürlich die schnelle Besetzung von Einstiegspositionen mit Kandidaten, die vorausgesucht waren, mit dem Unternehmen vertraut waren und idealerweise ihren Einstiegsbereich bereits kannten.

Welche Erfahrungswerte konnten Sie seither sammeln? Was hat sich eventuell im Laufe der Zeit verändert?

Fellinger: Die gemeinsame Auswahl der Teilnehmer durch HR und Fachbereich hat sich als Erfolgsmodell bewährt. Nicht allein aufgrund der Empfehlung des Betreuers zu entscheiden, sondern diese Kandidaten gemeinsam in einem standardisierten Auswahlverfahren zu validieren, dient zum einen der Qualitätssicherung und sorgt zum anderen für eine größere Akzeptanz der Kandidaten in den Fachbereichen. Darüber hinaus hat die externe Öffnung des Programms für einen weiteren Qualitätsschub gesorgt: Der Pool, aus dem wir Mitglieder rekrutieren konnten, vergrößerte sich dadurch deutlich. Mit dem anspruchsvollen Auswahlprozess haben wir zudem dafür gesorgt, dass alle Teilnehmer auf einem ähnlichen Level waren. Das schweißt zusammen und lässt schnell ein Gruppengefühl entstehen. Die Positionierung als kleines und feines Programm war bewusst gewählt: lieber wenige, richtig gut ausgewählte Kandidaten als eine große Gruppe, aus der noch ausgewählt werden muss.

Auf der anderen Seite hat die tatsächliche Bindung des Programms über die Jahre nachgelassen. Mit dem Aufkommen von mehr und mehr Bindungsprogrammen von Unternehmen nahm auch die Zahl der Studenten zu, bei denen im Vordergrund stand, den Auswahlprozess als Training und die Mitgliedschaft als Auszeichnung für ihren Lebenslauf mitzunehmen. Als Reaktion darauf bekamen bevorzugt die Mitglieder Jobangebote, bei denen ein echtes Interesse deutlich war.

Wie würden Sie die notwendigen Erfolgsfaktoren für ein gutes TRM beschreiben? Welche kritischen Fehler sollten Unternehmen unbedingt vermeiden?

Fellinger: Über den Erfolg von TRM-Maßnahmen entscheidet zunächst einmal deren Relevanz für die Zielgruppe. Die Angebote müssen einen spürbaren Vorteil für die Teilnehmer haben, um attraktiv zu sein. Gleichzeitig sollten sie es dem Unternehmen erlauben, etwas über sich zu erzählen und somit einen Eindruck als Arbeitgeber vermitteln. So ist zum Beispiel ein Standard-Präsentationstraining vielleicht attraktiv für die Teilnehmer, letzten Endes ist das aber austauschbar. Mit einem gemeinsamen Unternehmensbesuch oder der Bearbeitung einer Fallstudie aus einem Fachbereich bietet man einen viel besseren Einblick und macht das Unternehmen erlebbar. Der Schlüssel liegt dabei in der Einbindung der eigenen Mitarbeiter – und damit meine ich nicht einzig die des Personalbereichs. Nichts bindet besser als das Zusammentreffen mit möglichen zukünftigen Kollegen oder Vorgesetzten aus der Funktion. Dieser persönliche Kontakt schafft eine emotionale Bindung zum Unternehmen, die bei der Arbeitgeberwahl den entscheidenden Ausschlag geben kann.

Herr Fellinger, abschließend noch ein Ausblick in die Zukunft. Wohin geht die Reise mit dem TRM bei Beiersdorf in Zukunft? Gibt es weitere Talentpools und Zielgruppen, an denen Sie arbeiten?

Fellinger: Die nächste Stufe des TRM liegt in der Bindung von Kandidaten mit Berufserfahrung. Ein klassisches Bindungsprogramm wie bei Studenten sehe ich hier allerdings nicht. Wir arbeiten stattdessen an dem Aufbau eines Pools an Kandidaten, mit denen wir schon einmal Kontakt hatten, um diese aktiv bei Stellenbesetzungen ansprechen zu können. Das können zum einen die sogenannten „Second Winner" sein, die wir durch Bewerbungen kennengelernt haben, die aber bei der Besetzung der Stelle nicht zum Zuge gekommen sind.

Vielfach eignen sie sich für eine spätere Stelle oder für eine vergleichbare Position in einem anderen Bereich. In Engpass-Bereichen, wie etwa dem Controlling, möchten wir es uns nicht erlauben, gute Kandidaten wieder aus den Augen zu verlieren. Dasselbe gilt für verdiente Mitarbeiter, die das Unternehmen verlassen. Schon heute rekrutieren wir diese nicht selten nach ein paar Jahren wieder. Diese Kontakte – natürlich mit Einverständnis der Kandidaten – systematisch zu erfassen und sie bei der Rekrutierung zu nutzen, ist neben dem Active Sourcing unser erklärtes Ziel. Post and Pray allein ist nicht mehr zielführend. Der aktiven Ansprache gehört die Zukunft.

Lieber Herr Fellinger, ich bedanke mich recht herzlich bei Ihnen für die sehr interessanten Einblicke, die Sie uns gegeben haben. Viel Erfolg weiterhin mit Ihren TRM-Aktivitäten und mit Ihrem Blog www.RecruitingGenerationY.com.

1.10   Die Generation Y drängt auf den Arbeitsmarkt

Wer um das Jahr 2000 zu den Teenagern zählte, ist heute etwa zwischen 20 und 34 Jahre alt. Diese Altersgruppe wird als „Generation Y" oder kurz „Gen Y" bezeichnet. Des Weiteren kursieren Begriffe wie „Digital Natives" oder „Millennials" auf dem Markt. Dieser Personenkreis in unserer Gesellschaft ist entweder mit der Ausbildung fertig, hat meistens schon die ersten Berufsjahre hinter sich, steht kurz davor, sein Studium abzuschließen, oder hat es bereits seit wenigen Jahren abgeschlossen. Aktuell ist es so, dass diese Generation nun auf den Arbeitsmarkt drängt und die Art und Weise unserer gesellschaftlichen Kommunikation wie keine andere Generation davor beeinflusst. Dies ist deutlich im gesamten Umfeld des Recruiting-Prozesses und auf dem Stellenmarkt zu spüren! Die „Generation Y" ist damit die Nachfolgegeneration der sogenannten „Babyboomer" der Geburtsjahrgänge 1946 bis 1964 und der „Generation X" der Jahrgänge 1965 bis 1979.

Was charakterisiert die Generation Y?
Die Ypsiloner sind eine äußert selbstbewusste und sehr anspruchsvolle Generation, die genau weiß, was sie will und in welcher Position sie sich auf dem aktuellen Arbeitsmarkt befindet.
Sie gilt als gut ausgebildet und verfügt oft über einen Fachhochschul- oder Universitätsabschluss. Tendenz steigend! Sie ist die erste Generation, die weitestgehend mit dem Internet und mit mobiler Kommunikation aufgewachsen ist, sich weltweit über soziale Netzwerke austauscht und organisiert. Insgesamt zeichnet sie sich durch einen sehr technikaffinen Lebensstil aus.
    Die „Generation Y" mag keine ausgeprägten Unternehmenshierarchien, sondern arbeitet lieber in virtuellen Projektteams zusammen. Am besten wann und am liebsten wo sie will!
Den meisten Firmen ist noch gar nicht klar, wie sie ihre internen Prozesse, ihre Unternehmenskultur und ihre Werte ändern müssen, wenn sie den Kampf um die wichtige „Generation Y" gewinnen wollen. Noch weniger ist ihnen bewusst, wie sie die Fach- und Führungskräfte von morgen gewinnbringend in ihrem Unternehmen einsetzen können.

1.11 Mobile Recruiting

Bereits in der 1. Auflage dieses Praxishandbuches haben wir das Thema „Mobile Recruiting" aufgegriffen. Aufgrund aktueller Befragungen und Entwicklungen haben wir festgestellt, dass sich dieser Trend weiter verstärken wird.

Darüber spreche ich mit Stefan Scheller

Stefan Scheller ist verantwortlich für das Personalmarketing sowie die Arbeitgebermarkenkommunikation der DATEV eG. Er verbindet 14 Jahre Erfahrung in verschiedenen Unternehmensbereichen mit der Marktkenntnis eines HR-Bloggers. Er versteht Personalarbeit als strategische Aufgabe und gestaltet durch seine Projekte Unternehmenskultur aktiv mit. Auf seinem persönlichen Blog schreibt er kritisch zu aktuellen Personalmarketingthemen, Employer Branding und Recruiting.

Herr Scheller, wie definieren Sie Mobile Recruiting und welche möglichen Anwendungsszenarien aus Recruiter-Sicht sehen Sie?
Scheller: Die Definition von Mobile Recruiting ist uneinheitlich. Teilweise stellt man in Befragungen von Personalern fest, dass diese bereits dann von Erfolgen im Mobile Recruiting sprechen, wenn die Bewerber sich über ein Tablet oder Smartphone auf den Karriereseiten des Unternehmens bewegt haben. Dabei ist zu unterscheiden, ob es sich um mobil optimierte Internetseiten handelt, auf denen die Stellenangebote zu finden sind, oder ob keine eigene Mobilversion verfügbar ist.

Im letzten Fall liegt aus meiner Sicht kein klassisches Mobile Recruiting vor. Vielmehr stellt die optimierte Darstellung auf einem Mobilgerät den definitorischen Einstieg ins Mobile Recruiting dar. Die Weiterentwicklung sind native Apps, die es sowohl als ausschließliche Recruiting-Apps gibt als auch gebündelt mit anderen Zielsetzungen, z. B. Produktinformationen oder mobilen Webshops.

Bei all diesen Ansätzen stellt sich letztlich die Frage, ob der gesamte Recruiting-Prozess, von der Erstinformation zum Unternehmen bzw. zu einer offenen Stelle bis hin zur Abgabe der Bewerbungsunterlagen, mobil unterstützt wird.

Was hat sich seither bei diesem Thema getan? Warum sprechen Sie von einem Trend?
Scheller: Das Thema Mobile Recruiting erfährt in den letzten Jahren zunehmend Aufmerksamkeit, weil insbesondere die technikaffinen jüngeren Zielgruppen eine starke Verbundenheit mit ihren Mobilgeräten aufweisen. Die Mobilgeräte sind Teil des Lebensgefühls. In einer aktuellen Studie der Plattform ABSOLVENTA vom Mai 2014 äußern sich über 60 % der Stellensuchenden aus der sogenannten Generation Y, dass sie mobil via Smartphone oder Tablet auf Jobjagd gehen. Knapp 80 % von ihnen verlangen angeblich sogar nach mobil optimierten Stellenanzeigen.

Wer jetzt meint, dass die Unternehmen sich auf das geänderte Surfverhalten ihrer Zielgruppen bereits eingestellt haben, der irrt sich: Die Mobile-Recruiting-Studie 2013 des

Personalerportals Wollmilchsau (vormals Atenta) zeigt, dass gerade einmal 7 % von
160 getesteten Unternehmen mobil optimierte Karriereseiten nutzen, Karriere-Apps
setzen gerade einmal 4 % ein.

Das hat zahlreiche Gründe. Aus meiner Sicht ist die Einsicht, dass mobile Stellenanzeigen notwendig sind, bei den meisten Recruiting-Verantwortlichen zwar vorhanden.
Allerdings scheuen viele den Umstellungsaufwand, weil die Prozesse softwareseitig
nicht optimal unterstützt werden. Eine optimale Mobile-Recruiting-Lösung verbindet
die Karriere-Website (oder App) mit dem Bewerbermanagementsystem sowie idealerweise auch mit der Software zum Talent Relationship Management. Jedoch haben
längst nicht alle etablierten Anbieter hierzu ausgereifte Lösungen.

*Wie gehen Unternehmen mit diesem Thema um? Welche positiven Beispiele gibt es
bereits, Herr Scheller?*

Scheller: Unternehmen steigen mangels umfassender Prozessunterstützung entweder
erst zögerlich ins Mobile Recruiting ein oder gehen nur den ersten Schritt, indem sie
zwar mobil optimierte Informationen und Stellenanzeigen anbieten, das Absenden der
Bewerbungsunterlagen aber weiterhin nicht mobil erfolgt.

Als Lösung hierfür gelten sogenannte One-Klick-Bewerbungen. Dabei werden statt der
umfassenden Bewerbungsunterlagen inklusive ausführlichem Lebenslauf, Anschreiben
und Zeugnissen nur die in sozialen Netzwerken wie XING oder LinkedIn vorhandenen
Informationen übertragen bzw. für die Recruiter zugänglich gemacht. Solche verkürzten
Bewerbungen sind bereits heute möglich und werden, z. B. von der Allianz, bei sogenannten „Hot Jobs" genutzt. Bei Fresenius erhält der Bewerber nach mobiler Eingabe seiner
Kontaktdaten zumindest einen Link zum Online-Bewerberportal via E-Mail zugesandt.

Für einen solchen verkürzten Bewerbungsprozess bedarf es jedoch einer bewussten
Entscheidung im Unternehmen, dass für die erste Sichtung des Bewerbers stark reduzierte Informationen ausreichend sind. Unternehmen mit Personalern, die gerne sofort
sämtliche Unterlagen in ihren Systemen vorliegen haben, beschreiten diesen Weg aktuell noch mit Vorsicht.

Im nicht europäischen Ausland sind hingegen bereits umfassende Recruiting-Apps im
Einsatz, bei denen über das Mobilgerät in der Cloud hinterlegte Bewerbungsunterlagen
(bis hin zum eigenen Bewerbungsvideo) per Klick übertragen werden können. Die App
ZIMM (www.zimm.com) ist ein Beispiel für eine solche prozessoptimierte Mobile-
Recruiting-App.

*Was meinen Sie, Herr Scheller, welche Relevanz hat das Mobile Recruiting in
2014/2015?*

Scheller: Der Druck seitens der Bewerber wird weiter steigen. Schon heute nennen
laut ABSOLVENTA-Studie 60 % der befragten Vertreter der Generation Y die Mobil-
optimierung von Karriereseiten als wichtiges Attraktivitätsmerkmal von Unternehmen.
Im Zeitalter des Employer Branding sowie knapper werdender Talentmärkte ist es für
mich nur eine Frage der Zeit, wann die Unternehmen in der Breite entsprechende Lösungen anbieten.

Vorher geklärt werden müssen erstens technische Fragen bei Schnittstellen und zweitens die Auswirkungen auf den Recruiting-Prozess.

Lieber Herr Scheller, ich bedanke mich recht herzlich für das informative Interview. Ich wünsche Ihnen weiterhin viel Erfolg mit Ihrem HR-Blog „www.perso-blogger.de".

1.12 Allgemeine Trends im Recruiting

Das Centre of Human Resources Information Systems (CHRIS) der Universitäten Bamberg und Frankfurt am Main untersucht mit Unterstützung und im Auftrag von Monster Worldwide Deutschland in den „Recruiting Trends 2014" die Personalbeschaffung in den Top-1000-Unternehmen aus Deutschland. Die Studie wird bereits seit zwölf Jahren durchgeführt und ist eine der führenden Studien in diesem Bereich. Seit 2003 wurden Antworten von über 3000 teilnehmenden Unternehmen gesammelt. Parallel dazu gibt es die jährliche Kandidatenstudie „Bewerbungspraxis" mit bislang über 110.000 Teilnehmern.

▶   Die Studienergebnisse der letzten Jahre finden Sie unter diesem Link:
    Unternehmensstudie: https://www.uni-bamberg.de/isdl/leistungen/
    transfer/e-recruiting/recruiting-trends/
    Kandidatenstudie: https://www.uni-bamberg.de/isdl/leistungen/
    transfer/e-recruiting/bewerbungspraxis/

Ich möchte die Gelegenheit nutzen und hierzu mit Prof. Dr. Tim Weitzel, Inhaber des Lehrstuhls für Wirtschaftsinformatik und Dienstleistungen der Otto-Friedrich-Universität Bamberg und Gründer sowie Leiter des Centre of Human Resources Information Systems (CHRIS), sprechen.

Seit über zehn Jahren erarbeitet er jährlich in Unternehmens- und Kandidatenstudien mit Unterstützung von Monster Worldwide Deutschland Trends in der Personalbeschaffung.

Herr Prof. Dr. Weitzel, was waren vor zehn Jahren die großen Themen und welche Themen zeichnen sich aktuell ab? Was sind die großen Recruiting-Trends 2014/2015, die die Unternehmen beschäftigen werden?
Prof. Dr. Weitzel: Vor zehn Jahren kam das „E" in E-Recruiting. Unternehmen und Kandidaten lernten, über das Internet miteinander zu kommunizieren. Online-Stellenanzeigen und elektronische Bewerbungen wurden der Standard. Gleichzeitig zeigten sich bleibende Probleme bei der Besetzung etlicher Stellen aufgrund demografischer Effekte, nicht immer arbeitsmarktgerechter Studien- und Ausbildungswahl der Kandidaten und auch geringer Bewerbermobilität. Seitdem stehen alle großen Trends von Employer Branding über Professionalisierung mit Bewerbermanagementsystemen, Re-

krutierungscontrolling und Prozess-Standardisierung bis hin zu Netzwerkrekrutierung und Social Media im Zeichen des „War for Talents". Besetzbarkeitsprobleme führten dazu, dass aktuell schon jeder fünfte Kandidat sagt, die Unternehmen bewerben sich eher beim Kandidaten als umgekehrt.

In meiner täglichen Recruiting-Praxis erlebe ich immer wieder, dass potenzielle Kandidaten keine Lust mehr haben, sich aktiv zu bewerben. Die Erwartungshaltung der Kandidaten scheint sich in den letzten Jahren massiv verändert zu haben. Viele Bewerber wollen von Personalbeschaffern oder Unternehmen aktiv, beispielsweise über Social-Media-Kanäle, angesprochen werden. Was ist an dieser Feststellung dran?
Prof. Dr. Weitzel: Die passive Bewerbung ist schon lange der Favorit der Kandidaten und der Fachkräftemangel ist Wasser auf Kandidatenmühlen. Aktuell nutzen 65 % häufig Lebenslaufdatenbanken von Internetstellenbörsen, um sichtbar zu werden, und 60 % haben ein öffentliches Profil in einem Karrierenetzwerk wie XING, danach kommen mit gut 40 % Lebenslaufdatenbanken von Unternehmen. Zum Vergleich: Vor zehn Jahren war der Wert bei Stellenbörsen etwa halb so hoch und die elektronischen Karrierenetzwerke gab es quasi gar nicht.

Haben sich auch die Erwartungen der Kandidaten an Job und Arbeitgeber geändert? Hat beispielsweise der Fachkräftemangel die Kandidaten anspruchsvoller werden lassen?
Prof. Dr. Weitzel: Vier von fünf Unternehmen sehen sich derzeit in der Tat höheren Anforderungen vor allem von Kandidaten aus knappen Profilgruppen gegenüber. Und die Mehrzahl der Unternehmen reagiert wegen erheblicher Besetzbarkeitsprobleme auch hierauf, z. B. je nach Zielgruppe durch stärkeren Social-Media-Einsatz oder das Ermöglichen flexiblerer Arbeitszeiten und von Homeoffice.

Was erwarten die Unternehmen von den Bewerbern, wonach suchen die Recruiter besonders?
Prof. Dr. Weitzel: Während Studienfach und Note erwartungsgemäß wichtige Selektionskriterien sind, schauen die Unternehmen sogar noch stärker auf Persönlichkeit und Soft Skills. Zwei Drittel halten explizit Soft Skills für wichtiger als Hard Skills. Ich denke, dies liegt daran, dass Soft Skills schwieriger entwickelbar sind. Entsprechend hält auch nur jeder fünfte Recruiter Soft Skills für erlernbar. Dies unterstreicht natürlich erneut die fundamentale Bedeutung des Recruiting.

Abschließend noch eine Frage. Welche weiteren wichtigen Trends sehen Sie in der Entwicklung von Social Media und Recruiting kurz- und mittelfristig? Wohin geht die Reise?
Prof. Dr. Weitzel: Die letzten Jahre haben eine deutliche Professionalisierung im Umgang mit Social Media gezeigt. Es wurde klar, dass ein Social-Media-Engagement ernsthaft betrieben sein will, mit Redaktionsplänen und organisationalen Änderungen einhergehen muss und idealerweise Teil eines Kommunikationsportfolios ist, das mit anderen Maßnahmen – online und offline – abzustimmen ist. Die Social-Media-Reali-

tät hängt aber den Plänen noch etwas hinterher und nur jedes vierte Großunternehmen in Deutschland hat derzeit eine explizite Social-Media-Strategie. Während nach wie vor Social Media für Active Sourcing oder auch Anzeigenschaltung in der Breite keine allzu große Rolle spielen, nutzen inzwischen bis zu 30 % der Unternehmen regelmäßig Social-Media-Kanäle für Employer Branding.

Interessanterweise denken nicht nur Unternehmen, dass Kandidaten sie in Social Media erwarten, sondern fast jeder zweite Kandidat denkt, die Unternehmen erwarten von Kandidaten, dass diese sich dort über Jobs informieren. Zur Suche nach Arbeitgeberinformationen oder Stellenanzeigen liegen die elektronischen Karrierenetzwerke dabei deutlich vor Facebook. Insgesamt sehen wir als wichtigste langfristige Entwicklung den Weg zu immer besserer Zielgruppenorientierung: Kandidatengruppen, und zwar alle wichtigen Profile und nicht nur Gen Y, in ihren Zielen, Werten und Verhaltensweisen besser verstehen und respektieren lernen, dann Individuen – und eventuell Gruppen – finden und binden. Das Ziel ist die Zielgruppe der Größe 1 – und zielgruppenorientiert eingesetzte Social-Media-Plattformen werden hierbei helfen.

Lieber Herr Prof. Dr. Weitzel, haben Sie vielen Dank für das sehr interessante sowie aufschlussreiche Gespräch und weiterhin viel Erfolg mit Ihren Studien!

1.13 Recruiting in Kooperation

Beim Lesen des **Sachbuchs „Mythos Fachkräftemangel"** stieß ich durch viele Praxisbeispiele auf das Thema „Recruiting in Kooperation", das sich meines Erachtens auch zu einem Trend entwickeln wird.

Über dieses Thema spreche ich mit Martin Gaedt, Autor des oben genannten Sachbuchs sowie Gründer und Geschäftsführer der YOUNECT GmbH.
Seit über sieben Jahren startet er webbasierte Innovationen im Recruiting, die mehrfach prämiert wurden. Er behauptet, mit der gesellschaftlich anerkannten Ausrede „Fachkräftemangel" verschließen viele Unternehmen ihre Augen vor den echten Mängeln. Zum Beispiel einer permanenten Verschwendung von Topbewerbern.

Wieso behaupten Sie, die Mehrzahl guter Bewerber bekäme Absagen?
Gaedt: Die Rechnung ist ganz einfach. Im Bewerbungsverfahren ist das Ziel, mehrere gute Bewerber in der engeren Wahl zu haben. Eine Wahl setzt voraus, dass ich mehrere Kandidaten zur Auswahl habe. Ein Bewerber wird eingestellt. Und die anderen Topbewerber in der engeren Wahl? Sie werden weggeschickt. Viele Personalverantwortliche sagen mir, dass sie oft am liebsten mehrere Kandidaten einstellen würden. Aber sie müssen diese Qualität nach Hause schicken. Bereits erkanntes Potenzial wird sehenden Auges verschwendet! Hand aufs Herz: Ist das sinnvoll und zeitgemäß? Dass es immer so war, ist kein gutes Argument …

*Herr Gaedt, Sie sagen, eine vergleichbare Bewerberqualität gibt es nur in Koopera-
tion. Wieso?*

Gaedt: Im Bewerbungsverfahren eines einzelnen Unternehmens gibt es Gold oder gar
nichts. Bei Olympia gibt es hingegen neben Gold- auch wertvolle Silber- und Bronze-
medaillen. Im Bewerbungsverfahren kann ein Unternehmen alleine das nicht leisten.
Es ist eben nur eine Stelle zu besetzen. Aber Personalverantwortliche, die Silber- und
Bronzequalität bei Bewerbern erkannt haben, können die zwei, drei oder acht Topbewerber einladen, sich im Partnernetzwerk aus 20, 200 oder 2000 Unternehmen zu
präsentieren. Ein Drittel der Unternehmen könnte die anderen zwei Drittel der Betriebe
mit Fachkräften versorgen. GANZ EINFACH.

*Das klingt für mich sehr idealistisch. Aber das macht doch niemand, sonst würde der
gute Bewerber ja direkt zur Konkurrenz gehen, oder?*

Gaedt: Wenn Sie die Bewerberin oder den Bewerber nicht einstellen, geht er immer
zur Konkurrenz. Sie haben Ihre Wahl getroffen, die anderen Bewerber suchen weiter.
Logisch. Oder? Außerdem: Wie viel echte Konkurrenz gibt es? Vielmehr gibt es Liefe-
rantenketten und Wertschöpfungskreisläufe, die voneinander abhängen. Zudem gibt es
in Deutschland rund 10.000 Partnernetzwerke, Verbände, Einkaufsverbünde, Cluster,
Innungen, Kammern. Viele Unternehmen kooperieren mit Konkurrenten im Einkauf
und in der Forschung, weil es die Qualität steigert bei sinkenden Preisen. Dasselbe
Prinzip gilt im Recruiting, aber da macht bisher jeder seins.

*In Ihrem Buch habe ich auch gelesen, dass besonders das Employer Branding unter
Absagen leidet. Wie ist das gemeint?*

Gaedt: Das Personalmarketing investiert immer mehr Geld ins Recruiting. Über 200
Arbeitgeber-Siegel-Wettbewerbe pimpen Unternehmenskulturen. Machen Recruiter ihren Job gut, kommen mehr qualifizierte Bewerber. Das bedeutet, je besser das
Personalmarketing, desto mehr Absagen an Topbewerber muss dieses Unternehmen
aussprechen. Und Negatives wird häufiger weitererzählt als positive Erfahrungen. Die
Studie Staufenbiel JobTrends 2013 und 2014 hat für 250 Unternehmen nachgerechnet.
Durchschnittlich wurden 13 % aller Bewerber zum Vorstellungsgespräch eingeladen.
5200 Arbeitsverträge mit positiver Botschaft an Freunde und Familie, aber 18.800 Absagen an Bewerber in der engeren Wahl, die das durchschnittlich 8,25-mal weitersagen.

*Herr Gaedt, Sie haben eine technische und strategische Lösung auf die Beine gestellt,
wie Talentpools sinnvoll genutzt und aufgebaut werden können, damit die „Umver-
teilung" der mühsam handverlesenen Talente auch wirklich stattfindet. In einem Satz:
Was ist „cleverheads"?*

Gaedt: Unternehmen empfehlen sich untereinander die besten Bewerber. Sie refi-
nanzieren damit ihre eigenen Recruiting-Kosten, sie stärken ihre eigene Branche und
Region und sorgen dafür, dass nicht mehr die Mehrzahl guter Bewerber Absagen bekommt.

Welche Entwicklung sehen Sie bei diesem Trend? Wohin geht die Reise in den nächsten
Jahren Ihrer Meinung nach?
Gaedt: Empfehlungs-Recruiting wird der neue Standard, der Stellenbörsen ablöst.
Kandidaten kommen zukünftig auf Empfehlung von Mitarbeitern, von Kunden, von
Unternehmen im Netzwerk, von Bildungspartnern wie Schulen, Hochschulen, Men-
toren. Alle diese Partner wissen mehr über Bewerber als Stellenanzeigen. Menschen
empfehlen Menschen. Ganz einfach. Und clever.

**Besten Dank für das interessante und aufschlussreiche Gespräch, lieber Herr
Gaedt.**

1.14   Job-Aggregatoren und klassische Jobbörsen – wer profitiert von wem in Zukunft?

Jobsuchmaschinen (auch Job-Aggregatoren genannt) etablieren sich zunehmend am Bewerbermarkt, denn die dort aufgeführten Anzeigen sind durch gezielte Suchmaschinenoptimierung (SEO) sehr gut in den Google-Suchergebnislisten platziert. (Die genaue Definition von „Jobsuchmaschinen", „Jobbörsen" und „Jobportalen" finden Sie im Kapitel
„Online-Jobportale mit Social-Media-Anbindung in Deutschland, Österreich und der
Schweiz" von Koautorin Eva Zils.) Da die meisten Kandidaten ihre Arbeitssuche über
einen Anbieter wie Google starten, landen sie sehr schnell bei den gelisteten Stellen auf
einer Jobsuchmaschine [3]. Diese wiederum leitet den Bewerber auf die Internetseite
weiter, auf der sich das ursprüngliche Stellenangebot befindet. Dies kann sowohl eine
firmeneigene Karriereseite als auch eine kommerzielle Jobbörse sein. Jobsuchmaschinen
„aggregieren" mittels eines Internetroboters („Spider") möglichst alle online verfügbaren
Stellenausschreibungen und stellen diese den Jobsuchenden zur Verfügung Jobsuchmaschinen nehmen hier eindeutig eine Rolle als „Verteiler" ein, um Bewerber und personalsuchende Unternehmen zusammenzubringen. Die Herausforderung der Jobsuchmaschinen liegt heute und zukünftig darin, die Qualität der Suchergebnisse zu verbessern:
Momentan treten zu häufig Anzeigen-Dubletten oder gar Verdreifachungen auf, da Firmen
ihre Anzeigen oftmals auf kommerziellen Jobbörsen, der eigenen Karriereseite, bei Personalberatern und -dienstleistern platzieren. Diese müssen in Zukunft sinnvoll gefiltert werden. Eine weitere Schwierigkeit liegt auch darin, den Anzeigenbestand auf dem neuesten
Stand zu halten: Da Jobsuchmaschinen die Stellenangebote so lange im Sortiment führen,
wie sie in irgendeiner Quelle online zu finden sind, kommt es hier regelmäßig zu zeit-
lichen Verzerrungen. Manche Jobangebote sind beispielsweise nicht mehr aktiv oder sind
bereits besetzt worden – die Weiterleitung führt ins Leere, der Bewerber ist enttäuscht. Es
ist davon auszugehen, dass es auf dem Markt der kommerziellen Jobbörsen in den nächsten Jahren eine Bereinigung und ein Überdenken der jeweiligen Geschäftsmodelle geben
wird. Allerdings werden Jobbörsen durch die **Jobsuchmaschinen nicht generell vom
Markt verdrängt** werden. Beide Jobportal-Arten werden zusammen bestehen bleiben,

da sie voneinander abhängig sind: Jobbörsen profitieren von mehr Bewerbungen auf die Anzeigen (Bewerber-Traffic), die Jobsuchmaschinen benötigen das „frische" und aktuelle Anzeigenmaterial der Jobbörsen, um eine gute Google-Platzierung zu bewahren und wirtschaftlich weiter zu bestehen – denn die meisten Job-Aggregatoren erhalten pro weitergeleitetem Bewerber von den Jobbörsen einen finanziellen Benefit ausbezahlt.

Co-Autorin Eva Zils schreibt am 29.5.2014 in ihrem Recruiting-Blog http://www.online-recruiting.net/alles-cpc-oder-was-auch-linkedin-mit-aggregierten-jobs/ Folgendes zu den aktuellen Entwicklungen von Jobbörsen, Jobsuchmaschinen & Co. [4]:

Zitat (Auszug): … Nein, nein, was wir hier sehen, ist die graduelle Veränderung der Jobportal-Landschaft und des (Online-) Recruiting generell: **Jobbörsen und Jobsuchmaschinen nähern sich an**, die Business-Modelle verschmelzen. Diese Entwicklung ist unvermeidlich. Je flexibler und agiler Jobportale auf die Marktgegebenheiten reagieren, umso eher werden sie in Zukunft weiter bestehen.

Bedrohungen für Jobbörsen und Recruiting-Anbieter gibt es schließlich jede Menge, und die Blitzgeschwindigkeit, mit der Technologien und Standards im Netz bereits morgen schon wieder veraltet sind, verlangt allen Marktteilnehmern viel ab. Konstante Wissens- und Informationsbeschaffung sowie Marktbeobachtung sind hier entscheidend.

Fast 22.000 Bewerber und über 1300 Arbeitgeber hatten bis zum 31.8.2013 über Deutschlands beste Jobportale abgestimmt. [5]

Bei dem Qualitätstest „Deutschlands Beste Jobportale" werden die Kriterien Nutzungshäufigkeit, Zufriedenheit und Ergebnisqualität zugrunde gelegt und für verschiedene Kategorien ausgewertet. Die Gütesiegel für „Deutschlands Beste Jobportale" wurden in drei Jobportal-Gattungen verliehen:

A. Allgemeine Jobbörsen
B. Spezial-Jobbörsen
C. Jobsuchmaschinen

Als einzige Studie basiert „Deutschlands Beste Jobportale" dabei auf Beurteilungen von Jobsuchenden und Arbeitgebern, die in einem gewichteten Gesamtranking zusammengefasst werden. Die Gewinner 2013 (Plätze 1 bis 3) und die weiteren Rangplätze in den einzelnen Jobportal-Gattungen:

Allgemeine Jobbörsen:

1. StepStone.de
2. Jobware.de
3. Meinestadt.de
4. Stellenanzeigen.de
5. kalaydo.de
6. Arbeitsagentur.de
7. XING.com
8. Monster.de
9. JobScout24.de

Spezial-Jobbörsen:

1. Jobvector (Naturwissenschaften, Life-Science, MINT)
2. Yourfirm (Fach- und Führungskräfte für den Mittelstand)
3. HOTELCAREER.deDE (Hotel- und Gastronomiebranche)
4. ABSOLVENTA.de
5. Experteer.de
6. Kliniken.de

Jobsuchmaschinen:

1. Kimeta
2. iCjobs
3. Jobrapido
4. Gigajob
5. Indeed
6. JOBworld
7. Cesar
8. Jobturbo
9. JobRobot
10. JOBSUMA

1.15   Marktdaten und Studienergebnisse

Inzwischen gibt es eine Reihe von fundierten und aussagekräftigen Studien rund um die Trends auf dem Personalbeschaffungsmarkt. Ich möchte Ihnen in diesem letzten Abschnitt zusammengefasst einige interessante Ergebnisse von verschiedenen Studien vorstellen, damit Sie diese aus unterschiedlichen Blickwinkeln betrachten können. Insgesamt beschäftigen sich immer mehr Firmen mit Social Media Recruiting, da bisherige Kanäle nicht mehr so funktionieren, wie das bisher der Fall war.

Social Media Recruiting gewinnt in Deutschland zunehmend an Bedeutung. Allerdings ist dieser Kanal auch nicht das Allerheilmittel. Er muss sinnvoll in die Personalmarketing-strategie eingebunden werden. Auch scheint die Messbarkeit der Erfolge für viele Unternehmen schwierig zu sein.

Der erste große Hype der letzten Jahre ist vorbei. Bei manchen Firmen scheint eine gewisse Ernüchterung einzutreten, wie wir in Gesprächen feststellen und wie auch die ersten Studien zeigen. Social Media Recruiting ist kein Selbstläufer. Man muss auf einmal etwas tun. Es ist zeitaufwendiger und mit deutlich mehr Proaktivität verbunden. Gut gemachtes Social Media Recruiting hat meines Erachtens viel mit automatisierten Prozessen und einem hohen Individualisierungsgrad zu tun. Darin liegt gleichzeitig die Herausforderung: Wie kann ich als Unternehmen standardisierte Tools so effizient einsetzen und trotzdem bei den Kandidaten eine hohe Individualisierung in Form von gefühlter persönlicher und wertschätzender Eins-zu-eins-Ansprache erreichen?

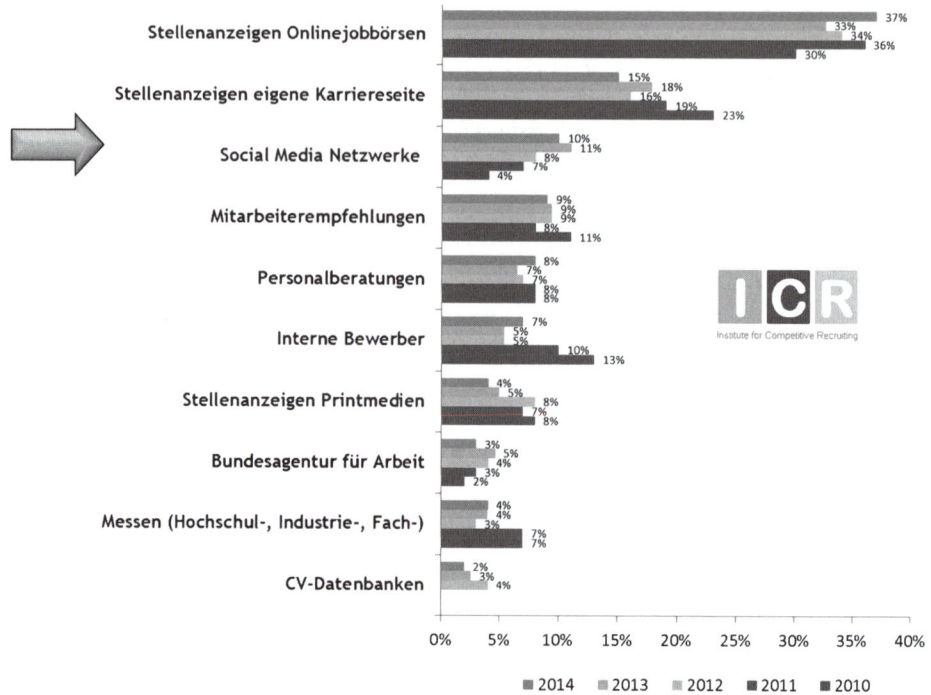

Abb. 1.1 Über welche Kanäle kommen die Einstellungen? (Quelle: Social Media Recruiting Report 2014, Institute for Competitive Recruiting, Heidelberg, Ergebnisstand bei 350 Teilnehmern, Angaben in %)

Wie Abb. 1.1 zeigt, wird eine von zehn Stellen über Social-Media-Netzwerke besetzt. Damit sind Social Media Shootingstar bei den Einstellungsquellen. Dieser Kanal ist in drei Jahren von Platz 7 auf Platz 3 gestiegen und weist die höchsten Zuwachsraten auf!

Dass E-Recruiting den Kommunikationsmix auf den ersten drei Plätzen beherrscht, verdeutlicht Abb. 1.2. Wwobei Online-Jobbörsen vor der eigenen Karriereseite und Social-Media-Business-Netzwerken liegen.

Für Social-Media-Business-Netzwerke (XING und LinkedIn) sowie für Mitarbeiterempfehlungen und Stellenanzeigen bei Online-Jobbörsen wollen die teilnehmenden Unternehmen im Durchschnitt in 2014 mehr Geld ausgeben (s. Abb. 1.3).

Unternehmen sind mehr als doppelt so proaktiv wie vor vier Jahren. Die Proaktivität der Unternehmen stabilisiert sich auf hohem Niveau. Abb. 1.4 veranschaulicht diese aktuelle Entwicklung.

Dass Arbeitgeber mehr und bessere Kandidaten durch proaktive Kandidatensuche und -ansprache in sozialen Netzwerken finden, macht Abb. 1.5 deutlich.

Wie Abb. 1.6 zeigt, rangieren XING, Arbeitgeberwertungsplattformen und LinkedIn auf den ersten drei Plätzen, wenn Arbeitgeber soziale Netzwerke für das Recruiting nutzen.

Über welche Kanäle kommunizieren Sie Ihre Stellenangebote? (Schätzung ausreichend)

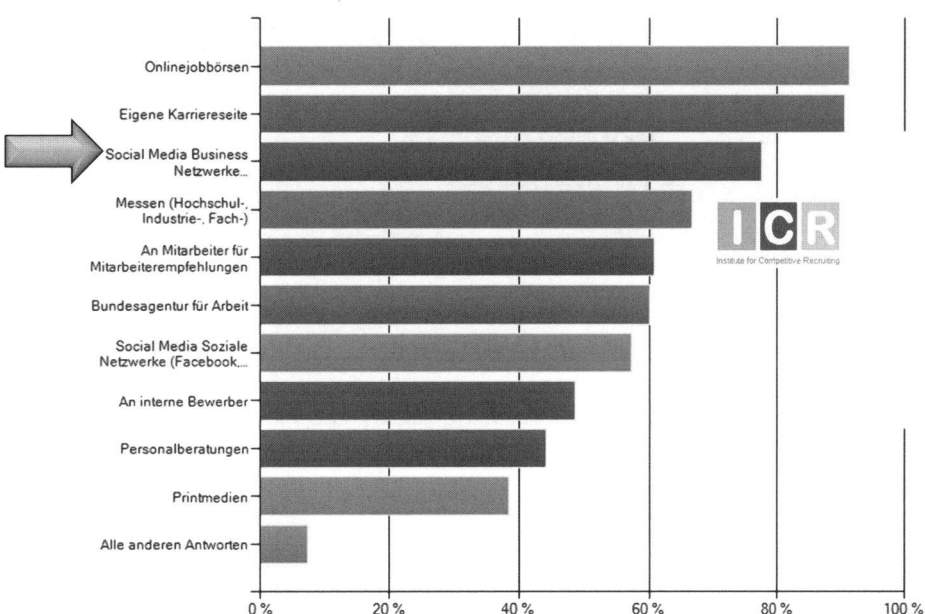

Abb. 1.2 Wo werden Stellenanzeigen geschaltet? (Quelle: ICR, Institute for Competitive Recruiting, Heidelberg (Hrsg.), Social Media Recruiting Report 2014, Zwischenstand der Umfrage am 20.06.2014: 350 Teilnehmer, Angaben in %)

Wie werden sich die Ausgaben für die Recruiting Kanäle in Ihrem Unternehmen 2014 ändern? (Schätzung ausreichend)

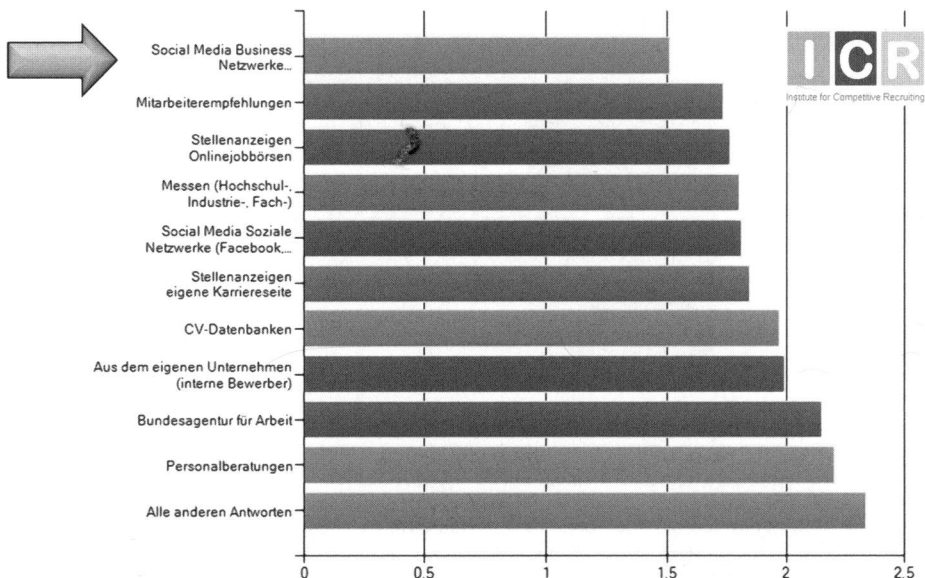

Abb. 1.3 Wie werden sich die Ausgaben ändern? (Quelle: Social Media Recruiting Report 2014, Institute for Competitive Recruiting, Heidelberg, Ergebnisstand bei 350 Teilnehmern, ausgabenänderungen (1 = höhere Ausgaben, 3 = geringere)

„Wir suchen zusätzlich zur Anzeigenschaltung (Print oder Online) proaktiv (z.B. in Xing, LinkedIn, Facebook oder mit Hilfe von Google) nach potentiellen Kandidaten"

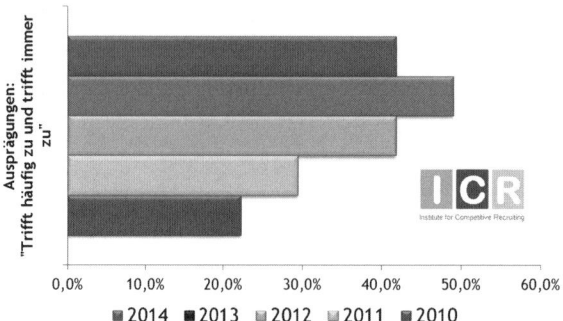

Abb. 1.4 Entwicklung der Proaktivität bei Unternehmen. (Quelle: ICR, Institute for Competitive Recruiting, Heidelberg (Hrsg.), Social Media Recruiting Report 2014, Zwischenstand der Umfrage am 20.06.2014: 350 Teilnehmer, Angaben in %

„Falls Sie proaktiv rekrutieren (z.B. in Xing, Linkedin oder Google), inwiefern haben sich Ihre Recruiting Ergebnisse verändert"

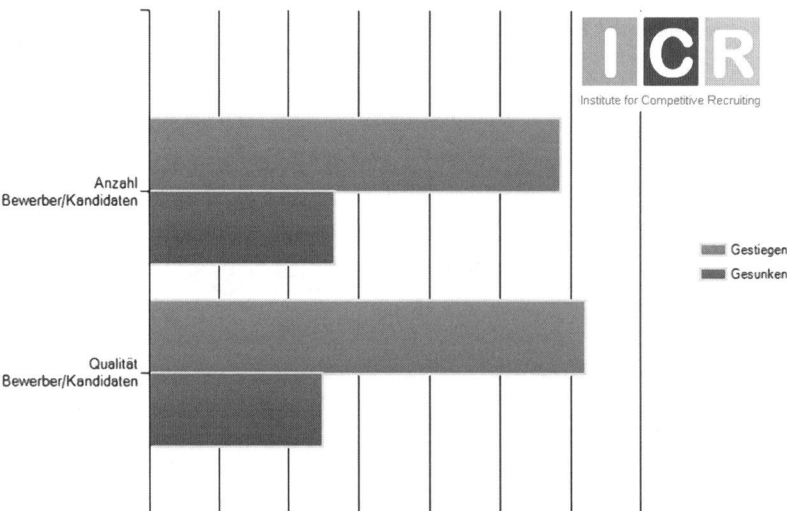

Abb. 1.5 Nutzen durch proaktive Suche für das Recruiting. (Quelle: ICR, Institute for Competitive Recruiting, Heidelberg (Hrsg.), Social Media Recruiting Report 2014, Zwischenstand der Umfrage am 20.06.2014: 350 Teilnehmer, Angaben in %)

Nutzung von Social Media Recruiting. Bitte wählen Sie die passende Ergänzung in Bezug auf Ihr Unternehmen für folgende Sätze:In unserem Unternehmen nutzen wir für Recruiting ...

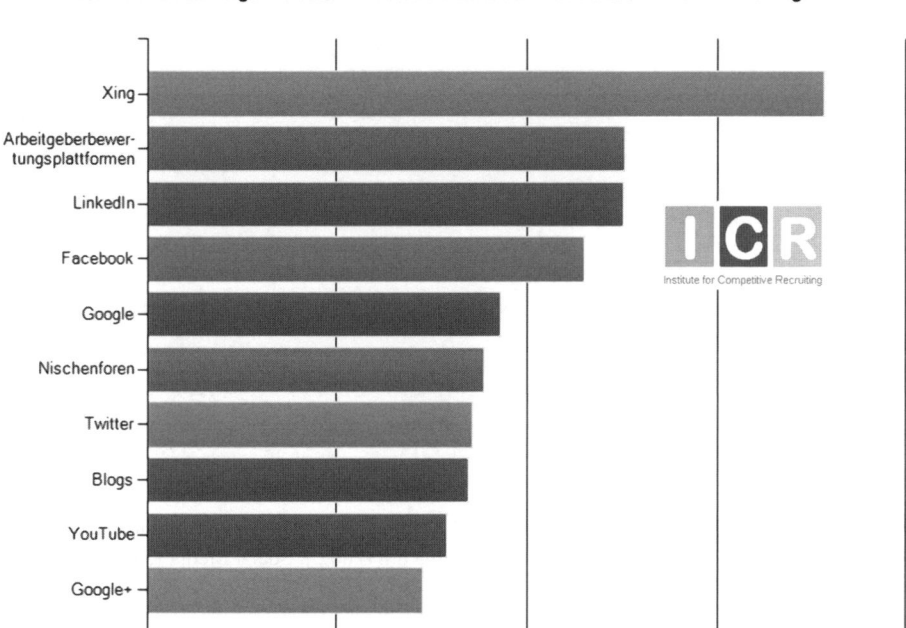

Abb. 1.6 Nutzung von Social Media Tools für das Recruiting (relativ). (Quelle: ICR, Institute for Competitive Recruiting, Heidelberg (Hrsg.), Social Media Recruiting Report 2013, 650+ Teilnehmer, Nutzung (Rangmittelwert 1= trifft gar nicht zu, 5 = trifft immer zu))

43 % der Befragten haben konkret dank Social Media Stellen besetzen können, 29 % davon zwischen ein und fünf Jobs. 31 % haben keinerlei Stellen mittels sozialer Medien besetzt – und mehr als ein Viertel der Teilnehmer weiß es nicht (s. Abb. 1.7)!

Dass für Social Recruiting eher wenig Zeit aufgewendet wird, veranschaulicht Abb. 1.8: 36 % der Befragten veranschlagen ca. eine Stunde pro Woche; 39 % verbringen zwischen fünf Stunden (21 %) und 40 h (2 %) für diese Tätigkeit.

Social Media werden inzwischen eher für das „Active Sourcing" als fürs Personalmarketing und Employer Branding eingesetzt. Jedoch werden für die aktive Direktansprache und die Personalgewinnung nicht nur Social Media genutzt, sondern vor allem auch eigene und externe Lebenslaufdatenbanken, Recruiting-Messen (50 %), das Intranet und das eigene Netzwerk eingesetzt. Den Zusammenhang verdeutlicht Abb. 1.9.

Abbildung 1.10 zeigt, dass der Einsatz von Social Media in der Rekrutierung von 64,8 % der größten deutschen Unternehmen als grundsätzlich positiv beurteilt wird, was einem Anstieg um 14,8 Prozentpunkte im Vergleich zum Vorjahr entspricht. Allerdings sehen die Studienteilnehmer hierbei auch Herausforderungen.

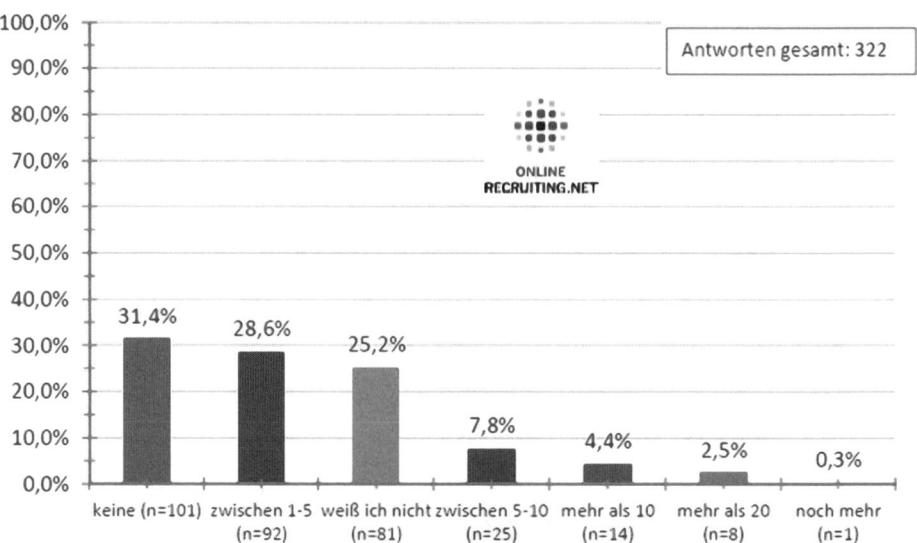

Abb. 1.7 Wie viele Stellen haben Sie mit Social Media Recruiting konkret in den letzten sechs Monaten besetzt? (Quelle: © Socialmedia-Recruiting.com (Hrsg.), Social Media Recruiting Studie Deutschland 2014, 422 Teilnehmer)

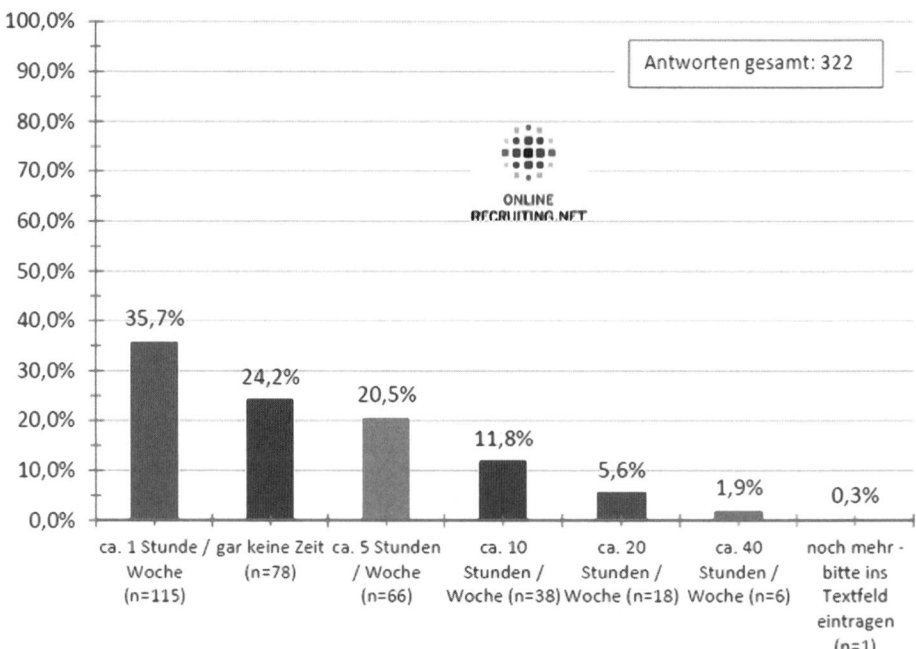

Abb. 1.8 Social Media Monitoring. (Quelle: © Socialmedia-Recruiting.com (Hrsg.), Social Media Recruiting Studie Deutschland 2014, 422 Teilnehmer)

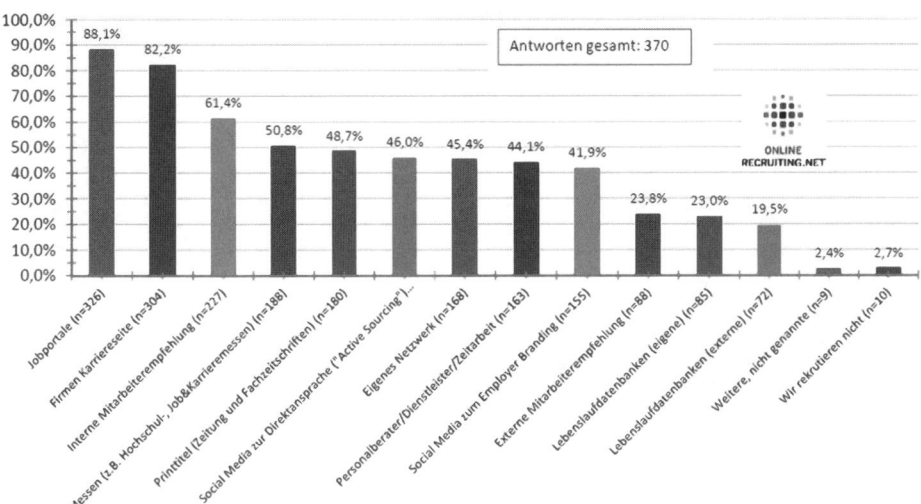

Abb. 1.9 Welche Kanäle nutzen Sie heute, um Kandidaten auf Ihre Stellen/Ihr Unternehmen aufmerksam zu machen? (Quelle: © Socialmedia-Recruiting.com (Hrsg.), Social Media Recruiting Studie Deutschland 2014, 422 Teilnehmer)

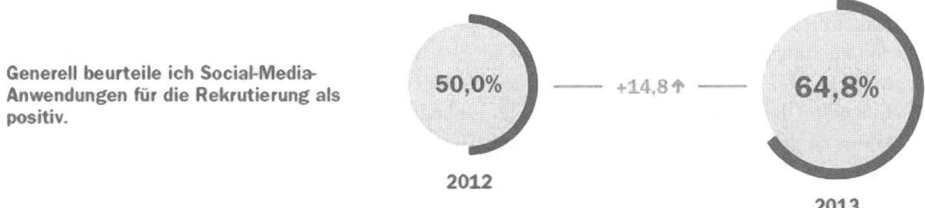

Abb. 1.10 Die Einstellung gegenüber einem Einsatz von Social Media in der Rekrutierung. (Quelle: © Centre of Human Resources Information Systems (CHRIS), Otto-Friedrich-Universität Bamberg und Goethe-Universität Frankfurt am Main (Hrsg.). In Auftrag gegeben von Bernd Kraft, Monster Worldwide Deutschland GmbH, Studie Recruiting Trends 2014, 128 Teilnehmer, zugegriffen am 23.06.2014, Seite 8)

So denken beispielsweise 84,3 %, dass der Einsatz entsprechender Kanäle in der Personalbeschaffung bedeutet, dass die Recruiter zusätzliche, neue Fähigkeiten erlernen müssen. Darüber hinaus sind lediglich 36,8 % der Ansicht, dass die durch Social Media notwendig gewordenen Veränderungen in der Rekrutierung, wie z. B. eine aktive Rolle der Recruiter oder ein verstärkter Dialog mit den Kandidaten, auch einfach umsetzbar sind [6].

Unternehmens-Websites (+ 4,8 %) und Social Media (+ 1,5 %) verzeichnen in 2013 die größten Zuwachsraten bei den generierten Einstellungen gegenüber 2012, wie Abb. 1.11 noch einmal grafisch verdeutlicht.

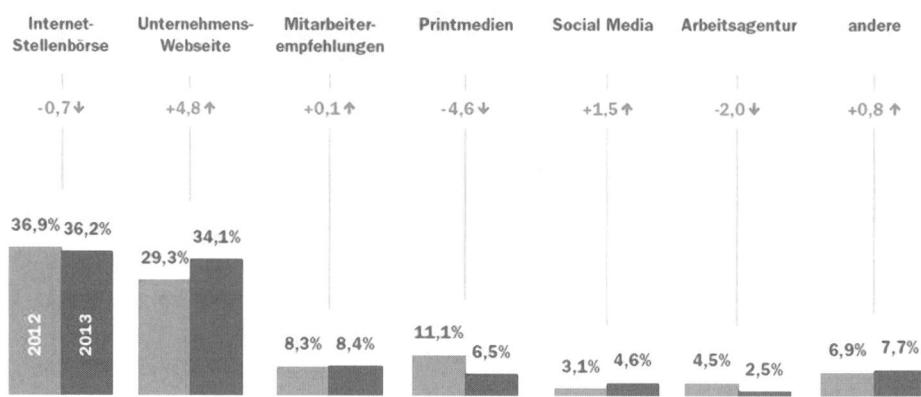

Abb. 1.11 Anteile der über verschiedene Recruiting-Kanäle generierten Einstellungen. (Quelle: © Centre of Human Resources Information Systems (CHRIS), Otto-Friedrich-Universität Bamberg und Goethe-Universität Frankfurt am Main (Hrsg.). In Auftrag gegeben von Bernd Kraft, Monster Worldwide Deutschland GmbH, Studie Recruiting Trends 2014, 128 Teilnehmer, zugegriffen am 23.06.2014, Seite 7)

Literatur

1. Bitkom Research GmbH im Auftrag von LinkedIn DACH (Hrsg), Studie Migration von Fach- und Führungskräften nach Deutschland, Oktober 2013, 102 Teilnehmer. http://www.bitkom.org/de/themen/77428_77419.aspx. Zugegriffen: 4. Juni 2014
2. LinkedIn Global Recruiting Trends Studie: LinkedIn lässt seit 2011 jährlich weltweit HR-Fach- kräfte zu den Trends in der Personalbeschaffung befragen. 2013 wurden zwischen April und Mai 3379 Personaler auf Unternehmensseite befragt. http://www.slideshare.net/linkedin-talent-solutions/global-recruiting-trends-2013-germany-final. Zugegriffen: 23. Juni 2014. http://www.mynewsdesk.com/de/linkedin-deutschland/pressreleases/online-businessnetzwerke-und-emp-loyer-branding-bestimmen-recruiting-trends-2013-890956. Zugegriffen: 23. Juni 2014
3. Online-Recruiting.net, Eva Zils (Hrsg) Suchverhalten von Bewerbern im Internet. http://www.online-recruiting.net/suchverhalten-von-bewerbern-im-internet. Zugegriffen: 27. Mai 2013
4. Online-Recruiting.net, Eva Zils (Hrsg) Alles CPC? Auch LinkedIn mit aggregierten Jobs Inter-net. http://www.online-recruiting.net/alles-cpc-oder-was-auch-linkedin-mit-aggregierten-jobs/
5. © ICR, Institute for Competitive Recruiting, Wolfgang Brickwedde, Deutschlands beste Jobpor-tale. www.deutschlandsbestejobportale.de. Zugegriffen: 17. Juni 2014
6. Centre of Human Resources Information Systems (CHRIS) Otto-Friedrich-Universität Bamberg und Goethe-Universität Frankfurt a. M. (Hrsg) In Auftrag gegeben von Bernd Kraft Monster Worldwide Deutschland GmbH, Studie Recruiting Trends 2014, 128 Teilnehmer, S. 8. Zugegrif-fen: 23. Juni 2014

Zünden Sie mit XING Ihren Recruiting-Turbo!

Ralph Dannhäuser und Daniela Chikato

Inhaltsverzeichnis

Zusammenfassung

Social Media Recruiting mit XING funktioniert – das ist Fakt: mit oder ohne Ihr Unternehmen! Der Hype ist vorbei. XING ist aus den Kinderschuhen herausgewachsen und hat das sogenannte „Plateau der Produktivität" erreicht. Das bedeutet, dass die Vorteile von XING als Recruiting-Kanal allgemein anerkannt und akzeptiert sind. Aus unserer täglichen, operativen Personalsuche können wir Autoren bestätigen, dass mit XING Kandidaten selbst aus Engpasszielgruppen erfolgreich rekrutiert werden.

XING als größtes Business-Netzwerk im deutschsprachigen Raum bringt Unternehmen und Kandidaten zusammen: Rund 14 Millionen Mitglieder nutzen die Internetplattform weltweit für Geschäft, Job und Karriere, davon über sieben Millionen in Deutschland, Österreich und der Schweiz. Auf www.xing.com vernetzen sich Berufstätige aller Branchen, suchen und finden Jobs, Mitarbeiter, Aufträge, Kooperationspartner, fachlichen Rat oder Geschäftsideen. Die Mitglieder tauschen sich online in über 66.000 Fachgruppen aus und treffen sich persönlich auf XING-Events. Betreiber

R. Dannhäuser (✉)
on-connect Ralph Dannhäuser e. K., Uhuweg 20, 70794 Filderstadt, Deutschland
E-Mail: rd@erfolgreich-netzwerken.de

D. Chikato
Chikato Sales + Recruitment Consulting, Dreistücken 21, 22297 Hamburg, Deutschland
E-Mail: dc@chikato.de

© Springer Fachmedien Wiesbaden 2015
R. Dannhäuser (Hrsg.), *Praxishandbuch Social Media Recruiting,*
DOI 10.1007/978-3-658-06573-7_2

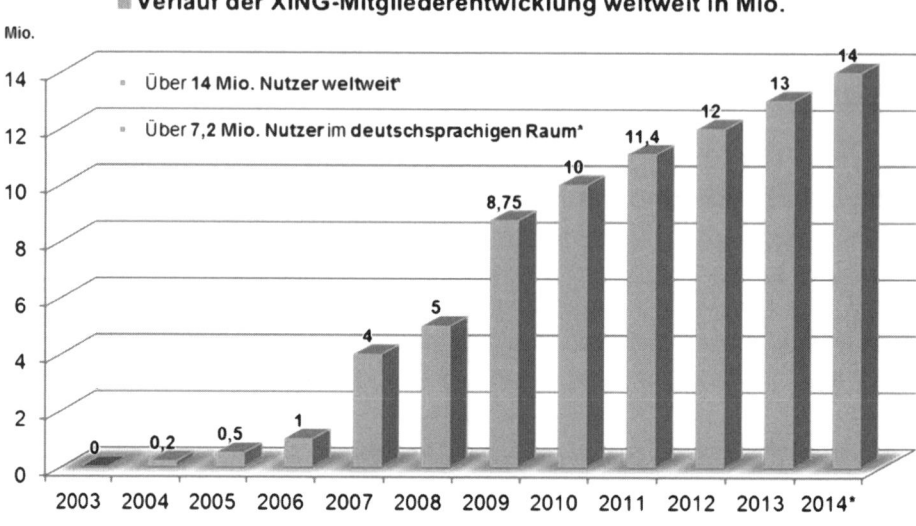

*Stand Frühjahr 2014

Abb. 2.1 Verlauf der XING-Mitgliederentwicklung weltweit in Millionen

der Plattform ist die XING AG in Hamburg. Abb. 2.1 zeigt die Entwicklung der Mitgliederzahlen von XING.

In diesem Kapitel erhalten Sie Praxistipps aus erster Hand, wie Sie mit XING Ihren Recruiting-Turbo zünden!

2.1 Worin unterscheidet sich XING von anderen Recruiting-Kanälen?

Bedeutet Social Media Recruiting via XING, dass Sie Ihre Stellenanzeige auf XING veröffentlichen oder dass Sie mit Ihrem Profil auf XING vertreten sind? Ja und nein: Als Social Media Recruiting, häufig auch Social Recruitment oder Social Recruiting genannt, wird das Verwenden von Daten aus sozialen Netzwerken zur zielgerichteten Platzierung von Werbebotschaften durch Arbeitgeber und Personalvermittler bezeichnet, die sich am Interesse der Zielpersonen – potenzieller Kandidaten – orientieren. Ein sogenannter One-to-one-Dialog im besten Fall (Abb. 2.1).

XING vereint die Vorzüge anzeigengestützter Personalsuche mit Web-2.0-Funktionalität und bietet ein ganzes Feuerwerk an Dialogchancen zwischen Ihnen als Arbeitgeber und Ihren potenziellen Mitarbeitern.

Doch worin unterscheidet sich XING spürbar von anderen Recruiting-Kanälen – und welche Vorzüge resultieren daraus für Kandidaten und für Sie als Personalsuchende?

XING-Mitglieder nutzen das Business-Netzwerk nicht ausschließlich, um ihre Karriereziele zu verfolgen – im Unterschied zu Online-Jobbörsen, die ausschließlich zum Zweck der Jobsuche genutzt werden und daher von vornherein eine limitierte Zielgruppe ansprechen. XING dagegen bietet Recruitern auch Zugang zu Personen, die nur teilweise über die klassische Stellenanzeige erreichbar sind.

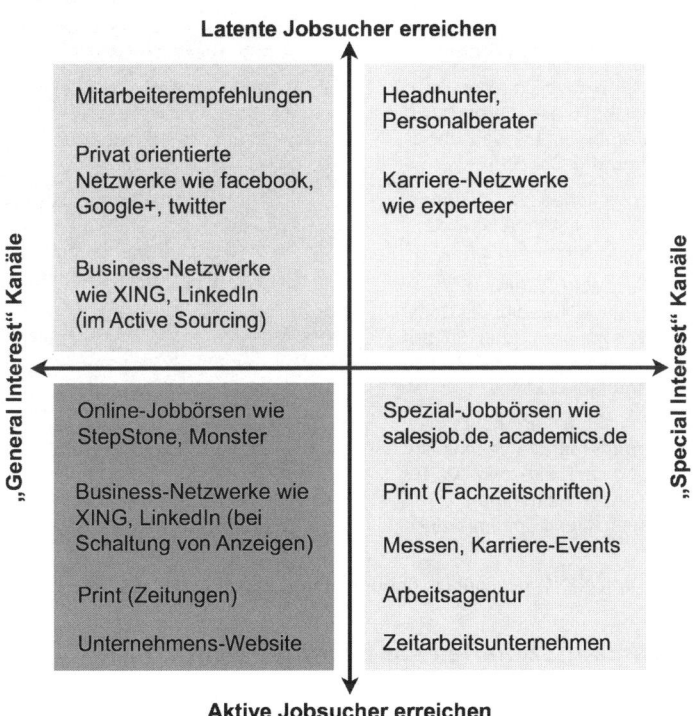

Abb. 2.2 Segmentierung der Recruiting-Kanäle

In Zeiten des soziodemografischen Wandels, der bereits spürbar qualifizierte, verfügbare Kandidaten verknappt hat, muss es gelingen, relevante Zielpersonen dort aufzuspüren, wo sie sich auch jenseits ihrer Karriereplanung bewegen.

Abbildung 2.2 skizziert, wie sich etablierte Rekrutierungskanäle hinsichtlich der Erreichbarkeit aktiver und latenter Jobsucher einteilen, wobei General-Interest-Portale für Plattformen stehen, die verschiedenartig genutzt werden, während Special-Interest-Portale reduziert sind auf wenige Nutzungsszenarien. Segmentierungen können alternativ auch nach anderen Kriterien erfolgen, z. B. hinsichtlich der nationalen/internationalen oder branchengeneralistischen/branchenspezifischen Ausrichtung.

► **Für XING spricht** Aufgrund der starken Reichweite und Verbreitung von XING in verschiedenstenFachrichtungen und Karrierestufen, Bildungsgraden, Altersgruppen sowie Regionen generieren Sie für die meisten Vakanzen erstaunlich hohe Trefferquoten an Mitgliederprofilen. Kein anderes soziales Netzwerk bietet derzeit in Deutschland so umfangreiche und aussagekräftige Kandidatenprofile für Ihre aktive Personalsuche.

Was XING – jenseits spezifischer Werkzeuge und Funktionalitäten – positiv abhebt von anderen Instrumenten zur Personalgewinnung, zeigt Abb. 2.3.

Vorteile von XING gegenüber traditionellen Kanälen

Aus Kandidaten-Sicht

1. Ohne dass ich aktiv suche, präsentieren Personaler mir passende Karriere-Chancen.

2. Jobs finden zu mir, denn XING blendet passende Stellenanzeigen ein.

3. Ich nutze „Vitamin B", denn XING zeigt mir Jobs aus meinem Netzwerk an und wer mich für den Job empfehlen kann.

4. Ich sehe, wer Ansprechpartner für die Vakanz ist und kann direkt via XING Kontakt aufnehmen: schnell und unkompliziert.

Aus Recruiter-Sicht

1. Ich erreiche aktive Jobsucher, vor allem aber auch die begehrten latenten Jobsucher.

2. Ich finde aktuelle Profile: User nutzen XING nicht nur zur Jobsuche und halten ihre Daten up-to-date.

3. User-Profile vermitteln einen ehrlichen Eindruck jenseits der klassischen Bewerbungsmappe.

4. Wir kommunizieren „auf Augenhöhe": Kandidaten sind gelöster, agieren weniger förmlich und sind damit authentischer.

Abb. 2.3 Vorteile von XING gegenüber traditionellen Kanälen

2.1.1 Anwendungsszenarien aus Recruiter-Sicht

Im Tagesgeschäft ist XING als Recruiting-Kanal für vier Zielsetzungen etabliert:

1. Schaltung von Stellenanzeigen
2. Active Sourcing
3. Employer Branding/Imagewerbung
4. Suche nach Informationen über bereits identifizierte Kandidaten

In den folgenden Kapiteln erfahren Sie praxisnah, wie Sie das Potenzial von XING für alle vier Einsatzszenarien ausschöpfen.

Generell gilt, dass das **Schalten von Stellenanzeigen** für viele Recruiter der am leichtesten umzusetzende Weg ist, mit XING zu rekrutieren: Job-Postings auf XING funktionieren ähnlich wie auf klassischen Online-Jobbörsen – allerdings bietet XING zusätzliche Funktionen, damit Ihre Stellenanzeigen auch latent Jobsuchende erreichen und sich viral in der relevanten Zielgruppe verbreiten.

Signifikante Recruiting-Erfolge können Sie mit XING im **Active Sourcing** erzielen: durch die aktive Suche und Ansprache potenzieller Kandidaten aus der XING-Mitgliederdatenbank. Insbesondere mittelständische Unternehmen punkten mit pfiffigen Kontaktstrategien und schnellen Auswahlprozessen – und machen so vermeintliche Nachteile gegenüber bekannten Arbeitgebermarken wett: bei vergleichsweise kleinem Mitteleinsatz! Es ist längst ein offenes Geheimnis, dass Active Sourcing aufgrund des Fachkräftemangels im sogenannten War for Talents zum wichtigen Stellhebel wird.

Wie Abb. 2.4 zeigt, ist die Diskrepanz zwischen Wunschdenken und Realität jedoch frappierend: Acht von zehn Recruitern halten den eigenen Talentpool für den besten Ac-

Active Sourcing in der Praxis: Recruiter-Sicht 2013

Eignung verschiedener Kanäle fürs Active Sourcing

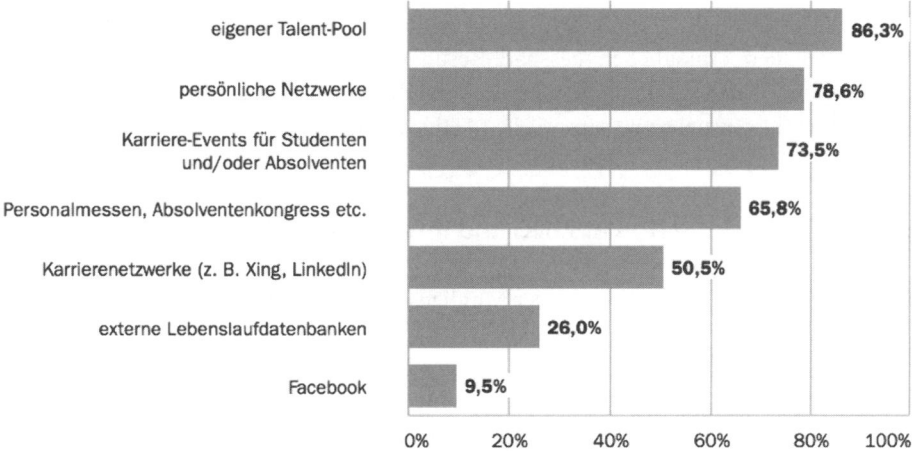

Anzahl der im eigenen Talent-Pool abgespeicherten Lebensläufe

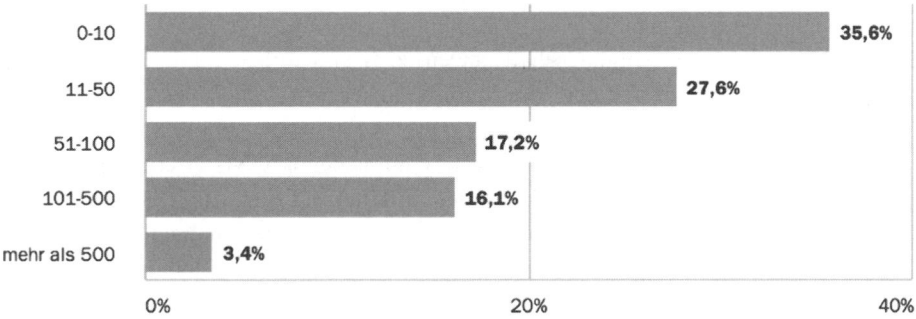

Abb. 2.4 Active Sourcing in der Praxis: Recruiter-Sicht 2013. (Quelle: Studie Recruiting Trends 2013; eine empirische Studie unter Top-1.000-Unternehmen aus Deutschland, Centre of Human Resources Information Systems (CHRIS), Otto-Friedrich-Universität Bamberg und Goethe-Universität Frankfurt am Main (Hrsg.). Mit Unterstützung von Monster Worldwide Deutschland GmbH, Studie Recruiting Trends 2012; eine empirische Studie unter Top-1.000-Unternehmen aus Deutschland)

tive-Sourcing-Kanal, obgleich 35 % der Unternehmen nur bis zu zehn Profile in ihren internen Talentpools bevorraten.

Mit 7,17 Mio. Mitgliedern (Stand März 2014) allein für den deutschen Sprachraum ist der Schatz, den Sie mit XING heben können, ungleich größer! Eine professionelle Präsentation Ihrer Arbeitgebermarke auf XING, z. B. mit einem Unternehmensprofil, ist inzwischen Pflichtprogramm für Ihr **Employer Branding**: Bereits jeder vierte Kandidat sucht gezielt auf XING nach Unternehmensinformationen – während nur 12 % der Kandidaten Facebook zur Recherche nach Arbeitgebern ansteuern [1].

Auch der „googelnde Personaler" ist längst Realität: Auf XING recherchieren Personalverantwortliche **Informationen über bereits identifizierte Kandidaten**, um sich jenseits der klassischen Bewerbungsmappe einen authentischen Eindruck vom potenziellen Mitarbeiter zu verschaffen.

Was heißt das nun für Ihre Praxis: Müssen Sie auf vier Feldern agieren, um Social Recruiting erfolgreich zu betreiben? Nicht zwingend; auch Maßnahmen auf einzelnen Handlungsfeldern ermöglichen messbare Resultate. Wenn Sie jedoch XING ganzheitlich einsetzen und Ihre Aktivitäten verzahnen, vervielfachen Sie Ihre Erfolgschancen in der aktiven Kandidatensuche und -ansprache (Active Sourcing).

2.1.2   Mitgliedschaften in XING und ihre Eignung fürs Recruiting

XING offeriert aktuell drei Formen der Mitgliedschaft, nämlich:

1. die kostenfreie Basis-Mitgliedschaft,
2. die kostenpflichtige Premium-Mitgliedschaft,
3. die kostenpflichtige Nutzung des Talentmanagers als Zusatz-Tool zur Premium-Mitgliedschaft.

Viele – auch fürs Recruiting nützliche – Grundfunktionen von XING sind verfügbar, wenn Sie persönlich die Basis-Mitgliedschaft nutzen: z. B. das Anlegen und Veröffentlichen eines eigenen Personenprofils oder das Veröffentlichen von Stellenanzeigen bzw. eines Unternehmensprofils.

Da Sie als Basis-Mitglied jedoch nur reaktiv mit anderen XING-Usern kommunizieren können und „Active-Sourcing"-Funktionen nicht nutzbar sind, ist die Basis-Mitgliedschaft definitiv ungeeignet für professionelles Recruiting und Personalmarketing.

Die Premium-Mitgliedschaft erlaubt es Ihnen, nach potenziellen Kandidaten zu suchen und proaktiv mit ihnen zu kommunizieren. Kurzum: Einfache Formen des Active Sourcing sind hiermit möglich. Allerdings drosselt XING die Funktionalität zur Suche und Interaktion stark, sodass Sie als Premium-Mitglied vergleichsweise ineffektiv und mühsam agieren.

Das Profiwerkzeug für Personalsuchende ist der XING-Talentmanager, dessen Stärken insbesondere beim „Active Sourcing" zum Tragen kommen: Mit dem Talentmanager identifizieren Sie präzise und effizient passende Kandidaten aus dem XING-Mitgliederpool, kommunizieren mit ihnen und können im Recruiter-Team nachhaltig auf die gesammelte Korrespondenz zugreifen. Vereinfacht gesagt, ist der XING-Talentmanager Ihr externer Talentpool.

Lernen Sie nun die Möglichkeiten der Basis- und Premium-Mitgliedschaft sowie des Talentmanagers im detaillierten Vergleich kennen.

2.1.2.1   Die Basis-Mitgliedschaft: die virtuelle Visitenkarte auf XING

Diese Mitgliedschaft ist eine personenbezogene Privat-Mitgliedschaft, z. B., um sich ein eigenes Profil auf XING einzurichten und mit eingeschränktem Umfang kostenfreie Funktionalitäten zu nutzen – im Gegenzug präsentiert Ihnen XING Werbeeinblendungen.

Rund 85 % der XING-User sind Basis-Mitglieder (Stand Februar 2013). Um sich passiv mit einem aussagekräftigen Personenprofil anderen Nutzern zu empfehlen, ist die Basis-Mitgliedschaft gut geeignet. Aus diesem Grund sind die meisten Kandidaten, die sich latent für Karrierechancen interessieren, auch Basis-Mitglied: Schließlich können sie von Recruitern gefunden und kontaktiert werden sowie erhaltene Nachrichten beantworten. Zwar können Sie als Basis-Mitglied auch kostenpflichtige Zusatzservices nutzen, die für Personalsuche und -marketing relevant sind (z. B. Stellenanzeigen schalten und ein Unternehmensprofil veröffentlichen) – wie Abb. 2.5 zeigt. Da Sie aber kaum proaktiv mit anderen XING-Mitgliedern interagieren können, empfiehlt sich die Basis-Mitgliedschaft definitiv nicht als Arbeitsmittel für professionelles Recruiting.

2.1.2.2   Die Premium-Mitgliedschaft: Ihr Tool für professionelles Networking auf XING

Diese Mitgliedschaft ist eine personenbezogene Privat-Mitgliedschaft; sie ist werbefrei und beinhaltet alle Funktionalitäten der kostenfreien Basis-Mitgliedschaft. Zusätzlich ermöglicht die Premium-Mitgliedschaft eine zielgerichtete Mitgliedersuche, gepaart mit umfangreichen Extras im Nachrichtenversand an Kontakte und Nichtkontakte.

Ergänzend dazu ist – wie auch bei Basis-Mitgliedern – die Nutzung weiterer Services für Personalsuche und -marketing gegen Aufpreis möglich, z. B. Stellenanzeigen schalten und ein Unternehmensprofil veröffentlichen (s. Abb. 2.6).

Auch wenn sich damit die Premium-Mitgliedschaft in gewisser Hinsicht fürs Active Sourcing eignet, sprechen folgende **Argumente gegen den Einsatz als professionelles Recruiting-Tool:**

1. Jegliche Kandidatensuche und -korrespondenz ist alleinig mit der Premium-Mitgliedschaft des Recruiters verknüpft. Sind mehrere Recruiter Ihres Unternehmens mit Active Sourcing betraut, agiert jedes Premium-Mitglied für sich: Es gibt keinen Überblick, welche Kandidaten möglicherweise von Teamkollegen identifiziert bzw. kontaktiert wurden und in welchem Prozessschritt sich der Kandidat beim Kollegen befindet. Parallelansprachen eines Kandidaten von mehreren Recruitern sind die Folge, was beim Kandidaten den Eindruck eines unkoordinierten Handelns entstehen lässt. Synergieeffekte im Aufbau Ihres externen Talentpools verpuffen.

2. Selbst wenn das Unternehmen seinen Recruitern die Premium-Mitgliedschaft finanziert, kann der Arbeitgeber gemäß der AGB der XING AG von seinen Recruitern nicht die Herausgabe der geschlossenen Kontakte und Korrespondenzen verlangen – nicht einmal bei Austritt des Recruiters aus dem Unternehmen. Verlässt daher ein Recruiter das Unternehmen oder wechselt in einen andern Geschäftsbereich, verliert das Unternehmen den Zugriff auf geknüpfte Kandidatenbeziehungen.

3. Auch ist – wenn das Unternehmen seinen Recruitern die Premium-Mitgliedschaft finanziert – gemäß der AGB der XING AG kein Übertragen der bezahlten Mitgliedschaft von einem Recruiter auf einen anderen Kollegen möglich.

4. Operativ stoßen Sie sehr rasch an die Grenzen der Premium-Mitgliedschaft: In der Personensuche werden Ihnen maximal 300 Trefferergebnisse angezeigt. Zur Verfeinerung der Suchergebnisse stehen Ihnen zwar einige effiziente Filter zur Verfügung. Unsere Praxis zeigt jedoch immer wieder, dass Sie für viele Vakanzen nur mit großem manuellen Aufwand und fachlichem Geschick in der Definition Ihrer Suchkriterien gemäß der sogenannten Booleschen Logik zahlenmäßig überschaubare und inhaltlich relevante

Wesentliche generelle Funktionalität	Spezielle Funktionalität fürs Recruiting
Passive Präsentation eines **aussagekräftigen Personenprofils**: ▸ Berufliche Interessen und Erfahrungen, Qualifikationen, Auszeichnungen, Sprachkenntnisse ▸ Aktuelle Einträge unter „Ich suche" und „Ich biete" ▸ Außerberufliche Engagements in Organisationen, Vereinen etc. ▸ Links zu Web-Profilen (z.B. in anderen Netzwerken), Blogs und anderen Websites ▸ Kontaktdaten	Veröffentlichen von **Stellenanzeigen**: ▸ Kostenpflichtige Stellenanzeige TEXT (Abrechnung nach Pay-per-Click-Modell, Laufzeit je nach Click-Kontingent) ▸ Kostenpflichtige Stellenanzeige LOGO (zum Festpreis, Laufzeit von 30, 60 oder 90 Tagen) ▸ Kostenpflichtige Stellenanzeige DESIGN (zum Festpreis, Laufzeit von 30, 60 oder 90 Tagen) ▸ Kostenfreie Ausschreibung von Praktika, Studentenjobs, Abschlussarbeiten, Ausbildungsplätze: als Textanzeige ▸ Abschluss von Paketen oder Rahmenverträgen (kostenpflichtig)
Mitgliedersuche und Netzwerken mit Kontakten: ▸ Feld zur allgemeinen Volltextsuche für das Finden von Personen, Jobs, Unternehmen, Events und Gruppen: allerdings werden max. 200 Suchergebnisse angezeigt ▸ Kontakte knüpfen (durch Versenden von Kontaktanfragen), bestehende Kontakte verwalten, merken und mit ihnen kommunizieren	▸ Kostenpflichtige technische Lösungen zur automatisierten Anzeigenschaltung ▸ Gezieltes Empfehlen Ihrer Jobs zur viralen Verbreitung in der relevanten Zielgruppe (z.B. an Kandidaten, mit denen Sie auf XING vernetzt sind) oder durch Einsatz von XING als externes Mitarbeiter-Empfehlungs-Programm
Neuigkeiten, Empfehlungen und Wissenswertes Ihrer Kontakte **verfolgen** und selbst **veröffentlichen** ▸ **Gruppen** für Fachaustausch mit Experten finden oder selbst gründen, in Foren diskutieren, Gruppenveranstaltungen besuchen ▸ **Events** besuchen oder selbst veranstalten (auch mit Ticketverkauf und -versand), z.B. Vorträge, Fachkongresse, Seminare, Gruppen-Events	▸ Veröffentlichen eines **Employer Branding Profils auf XING.com und kununu.com** (Unternehmensprofil): ▸ Gratis-Profil auf XING für Minimalisten: „Über uns"-Seite mit Logo, Einbindung Ihrer auf XING-Jobs geschalteten Anzeigen, Unternehmensneuigkeiten schreiben, autmatisch generierte Mitarbeiterliste ▸ Kostenpflichtiges Employer Branding Profil auf XING.com und kununu.com: Ausführliche, individuelle Unternehmensdarstellung mit umfangreicher Funktionalität (Videos, Bilder, Präsentationen, Gütesiegel, Jobanzeigen, Statistiken etc.), Einbindung Ihrer auf XING-Jobs geschalteten Anzeigen. automatische generierte Mitarbeiterliste
▸ **Nachrichten-Versand an Nicht-Kontakte** ▸ **Besucher** des eigenen Profils sehen ▸ **Automatische (Kandidaten-)Suche** mit abgespeicherten Suchaufträge ▸ Aussagekräftige **Dokumente hinzufügen zum Profil** (z.B. aus Kandidatensicht: Zeugnisse, Referenzen; aus Recruitersicht: Job-Anzeigen, Unternehmensbroschüre, Produkt-Infos)	Kein **Active Sourcing** möglich: ▸ Keine erweiterten Suchoptionen zur Kandidaten-Identifikation in der Mitglieder-Datenbank ▸ Kein Speichern oder Filtern der Suchergebnisse; Anzahl von max. 200 Treffern ist absolut unzureichend ▸ keine professionelle Kandidatenansprache: Nachrichten/Kontaktanfragen stark limitiert
Geeigneter Nutzerkreis	
▸ **Kandidaten**, die latent einen neuen Job suchen und mit ihrem Profil „Flagge zeigen" ▸ **Mitarbeiter** Ihres Unternehmens **ohne aktiven Außenkontakt**, die mit dem Profil Präsenz zeigen, ohne zu interagieren	▸ **Personalentscheider** Ihres Unternehmens ▸ **Mitarbeiter** Ihres Unternehmens, die **aktiv mit externen Personen interagieren** (z.B. aus den Bereichen Vertrieb, Human Resources, Marketing, Einkauf, Marketing)

Abb. 2.5 Übersicht Funktionalitäten Basis-Mitgliedschaft

Wesentliche generelle Funktionalität	Spezielle Funktionalität fürs Recruiting
✓ Passive Präsentation eines **aussagekräftigen Personenprofils**: ▷ Alle Funktionen für Profile von Basis-Mitgliedern sind inklusive ▷ Zusätzlich: **Einbinden aussagekräftiger Dokumente** (z.B. aus Kandidatensicht: Zeugnisse, Referenzen; aus Recruitersicht: Job-Anzeigen, Unternehmensbroschüre, Produkt-Infos)	✓ Veröffentlichen von **Stellenanzeigen**: ▷ Kostenpflichtige Stellenanzeige TEXT (Abrechnung nach Pay-per-Click-Modell, Laufzeit je nach Click-Kontingent) ▷ Kostenpflichtige Stellenanzeige LOGO (zum Festpreis, Laufzeit von 30, 60 oder 90 Tagen) ▷ Kostenpflichtige Stellenanzeige DESIGN (zum Festpreis, Laufzeit von 30, 60 oder 90 Tagen)
✓ **Mitgliedersuche, Nachrichtenversand von und Netzwerken mit Kontakten**: ▷ Feld zur allgemeinen Volltextsuche sowie Maske mit **erweiterten Suchoptionen** fürs Finden von Personen, Jobs, Unternehmen, Events und Gruppen: allerdings werden max. **300 Suchergebnisse** angezeigt ▷ Kontakte knüpfen, verwalten, merken und mit ihnen kommunizieren ▷ **Nachrichten-Versand an Nicht-Kontakte**: limitiert auf **20 Nachrichten pro Monat** (gilt für alle ab 26.09.2012 geschlossenen Premium-Mitgliedschaften); Versand von **Dateianhängen von bis 100 MB** möglich (z.B. Jobprofile) ▷ **Automatische (Kandidaten-)Suche** mit (max. 20) abgespeicherten Suchaufträgen	▷ Kostenfreie Ausschreibung von Praktika, Studentenjobs, Abschlussarbeiten, Ausbildungsplätze: als Textanzeige ▷ Abschluss von Paketen oder Rahmenverträgen (kostenpflichtig) ▷ Kostenpflichtige technische Lösungen zur automatisierten Anzeigenschaltung ▷ Gezieltes Empfehlen Ihrer Jobs zur viralen Verbreitung in der relevanten Zielgruppe (z.B. an Kandidaten, mit denen Sie auf XING vernetzt sind) oder durch Einsatz von XING als externes Mitarbeiter-Empfehlungs-Programm
✓ **Neuigkeiten, Empfehlungen und Wissenswertes** Ihrer Kontakte **verfolgen** und selbst **veröffentlichen** ▷ **Gruppen** für Fachaustausch mit Experten finden oder selbst gründen, in Foren diskutieren, Gruppenveranstaltungen besuchen ▷ **Events** besuchen oder selbst veranstalten (auch mit Ticketverkauf und -versand) , z.B. Vorträge, Fachkongresse, Seminare, Gruppen- ▷ **Referenzen** von anderen erhalten und auf dem eigenen Profil anzeigen ▷ **Rabatte von XING-Vorteilsaktionen** nutzen	✓ Veröffentlichen eines **Employer Branding Profils auf XING.com und kununu.com** (Unternehmensprofil): ▷ Gratis-Profil auf XING für Minimalisten: „Über uns"-Seite mit Logo, Einbindung Ihrer auf XING-Jobs geschalteten Anzeigen, Unternehmensneuigkeiten schreiben, autmatisch generierte Mitarbeiterliste ▷ Kostenpflichtiges Employer Branding Profil auf XING.com und kununu.com: Ausführliche, individuelle Unternehmens-darstellung mit umfangreicher Funktionalität (Videos, Bilder, Präsentationen, Gütesiegel, Jobanzeigen, Statistiken etc.), Einbindung Ihrer auf XING-Jobs geschalteten Anzeigen. automatische generierte Mitarbeiterliste
	✗ ▷ **Keine Kandidaten-Verwaltung** (Status, Zuordnung zu Vakanzen) ▷ **Keine Recruiting im Team abbildbar** (jedes Premium-Mitglied hat nur Zugang zu eigenen Suchen, Kontakten, Nachrichten) ▷ **Kein Verbleib der Daten im Unternehmen** bei Austritt des Recruiters
Geeigneter Nutzerkreis	
✓ ▷ **Proaktiv netzwerkende Kandidaten** ▷ **Mitarbeiter** Ihres Unternehmens, die **aktiv mit externen Personen interagieren** (z.B. aus den Bereichen Vertrieb, Human Resources, Marketing, Einkauf, Marketing)	✗ ▷ **Recruiter, Personalentscheider oder Fachvorgesetzte** Ihres Unternehmens, die in professionellem Umfang proaktiv Kandidaten identifizieren und mit ihnen kommunizieren

Abb. 2.6 Übersicht Funktionalitäten Premium-Mitgliedschaft

Suchtreffer erzielen. Ist Ihnen dies gelungen, lauern die nächsten Hürden im limitierten Nachrichtenversand: Als Premium-Mitglied dürfen Sie maximal 20 Nachrichten pro Monat an Nichtkontakte versenden (für alle vor dem 26.9.2012 geschlossenen Premium-Mitgliedschaften gilt: 20 pro Tag). Sie benötigen also je nach Abschlussdatum Ihrer Premium-Mitgliedschaft bis zu fünf Monate, um z. B. 100 Kandidaten anzuschreiben, die nicht schon zu Ihren direkten Kontakten zählen. Es liegt auf der Hand, dass Sie mit dieser Schlagzahl den Zieleinlauf nicht ausreichend schnell erreichen werden. Auch die Administration der Kandidaten, z. B. hinsichtlich Status im Auswahlprozess für diese oder weitere Vakanzen, ist nicht möglich. Bildlich gesprochen, sind Sie als Premium-Mitglied also mit angezogener Handbremse unterwegs.

Die Premium-Mitgliedschaft eignet sich allerdings sehr wohl für den professionellen Einsatz in Ihrem Unternehmen: z. B. damit Ihre Vertriebsmitarbeiter oder die Fachvorgesetzten verschiedener Bereiche mit einem aussagekräftigen Profil vertreten sind und Networking mit bestehenden sowie potenziellen Geschäftskontakten – inklusive Kandidaten – betreiben. Vor diesem Hintergrund hat es sich bewährt, dass Unternehmen ihren Mitarbeitern die Premium-Mitgliedschaft finanzieren, zumal diese bereits für wenige Euro monatlich erhältlich ist – mit unterschiedlichen Vertragslaufzeiten.

2.1.2.3 Der XING-Talentmanager: Ihr externer Talentpool in XING

Im Unterschied zur Basis- und Premium-Mitgliedschaft ist die Nutzung des Talentmanagers von vornherein eine Firmen-Mitgliedschaft: Unternehmen erwerben die gewünschte Anzahl von Talentmanager-Lizenzen à 12 Monate für ausgewählte Mitarbeiter. Dieser Nutzerkreis erhält von XING zusätzlich und ohne Aufpreis den vollen Funktionsumfang der Premium-Mitgliedschaft für sein eigenes Personenprofil freigeschaltet.

Um es gleich vorwegzunehmen: Der Talentmanager – von XING auch in externer Kommunikation häufig XTM genannt – versetzt Sie in die Lage, Active Sourcing strukturiert, effizient und nachhaltig zu betreiben, und zwar im Team. Absolut irrelevant ist der Talentmanager dagegen für die anzeigengestützte Personalsuche, für Employer Branding mit einem aussagekräftigen Unternehmensprofil oder aber für das Veranstalten von Karriere-Events bzw. für das Nutzen von XING-Gruppen.

Elementare Vorteile des Talentmanagers gegenüber der Premium-Mitgliedschaft

1. Wechselt ein Recruiter den Aufgabenbereich oder Arbeitgeber, verbleibt sein Kandidatennetzwerk einschließlich Korrespondenz im Unternehmen.
2. Recruiter erkennen untereinander, welche Kandidaten bereits für diese oder andere Positionen angesprochen wurden – unprofessionell wirkende Mehrfachkontaktierungen werden vermieden.
3. Die Übertragung von Talentmanager-Lizenzen von einem Teammitglied auf einen anderen Recruiter ist möglich.
4. Die Mitgliedersuche erlaubt dank diverser leistungsfähiger Filter eine sehr genaue Skalierung Ihrer Suchergebnisse: Mit nur wenigen Klicks optimieren Sie anhand Ihrer

Suchkriterien die Ergebnisliste und erhalten auf elegante Art sehr passende und quantitativ überschaubare Kandidatenprofile.

5. Pro Monat sind mit jeder Talentmanager-Lizenz bis zu 1.020 Nachrichten an Nichtkontakte möglich. Bei durchschnittlich 23 Arbeitstagen pro Monat können Sie jeden Tag bis zu 44 Kandidaten anschreiben. Damit sind Sie selbst als Power-User gut aufgestellt.

6. XING-Premium-Mitglieder können in ihren Profilen gesonderte Informationen hinterlegen, die nur Nutzern mit einer Talentmanager-Lizenz zugänglich sind, z. B.: Umzugsbereitschaft, Gehaltsvorstellung sowie bevorzugte Arbeitsorte, Tätigkeitsfelder und Branchen. Zudem ist für Sie – wie auch für Basis- und Premium-User – auf einen Blick erkennbar, ob ein XING-Premium-Mitglied aktiv auf Jobsuche bzw. nicht auf Jobsuche, aber offen für Angebote ist oder derzeit kein Interesse an Jobangeboten hat. Diese Angaben unterstützen Sie in der zielgerichteten Auswahl passender Kandidaten für Ihre Vakanzen.

Fazit Der Talentmanager ermöglicht Ihre professionelle Kandidatensuche und -ansprache – qualitativ und quantitativ. Zudem schafft er die Voraussetzung, dass Sie als Recruiter-Team Ihren Talentpool verwalten.

Da die Gewinnung latent Jobsuchender in Deutschland in den nächsten Jahren einen entscheidenden Bedeutungszuwachs erfährt, zählt der Talentmanager zu den Kernwerkzeugen von morgen. Er findet Einsatz sowohl in Personalberatungen und -dienstleistungen sowie in den Recruiting-Abteilungen der Unternehmen.

Der **Talentmanager ist ein vergleichsweise mächtiges Tool**, das sich in erfreulich übersichtlichem Gewand präsentiert und intuitiv bedienbar ist. Die XING AG stellt außerdem eine Benutzeranleitung in deutscher und englischer Sprache bereit, die komprimiert und leicht verständlich die Handhabung des Talentmanagers visualisiert.

Zugang zum Talentmanager und dessen Startseite
Die Einwahl in Ihren Zugang zum XING-Talentmanager ist ausschließlich unter der Adresse http://www.xing.com/xtm möglich. Nach Aufruf dieser Internetadresse geben Sie Ihren regulären XING-Benutzernamen und Ihr reguläres Passwort ein: Anschließend erreichen Sie die Startseite des Talentmanagers (s. Abb. 2.7).

Auf dieser ist links außen die Hauptnavigation erreichbar, mit der Sie zu

1. Ihren Recruiting-Projekten (Ihren Vakanzen),
2. Ihrem Postfach (Ihren Nachrichten an bzw. von Kandidaten) und
3. Ihren Kandidatensuchen (der Suchmaske für Ihre detaillierte Kandidatensuche)

gelangen. Wenn Sie in Ihrem Unternehmen mit mehreren Anwendern den Talentmanager nutzen, erhält ein Nutzer Administrator-Rechte. Diesem Recruiter wird in der Hauptnavigation links außen zusätzlich der Menüpunkt für den Admin-Bereich angezeigt.

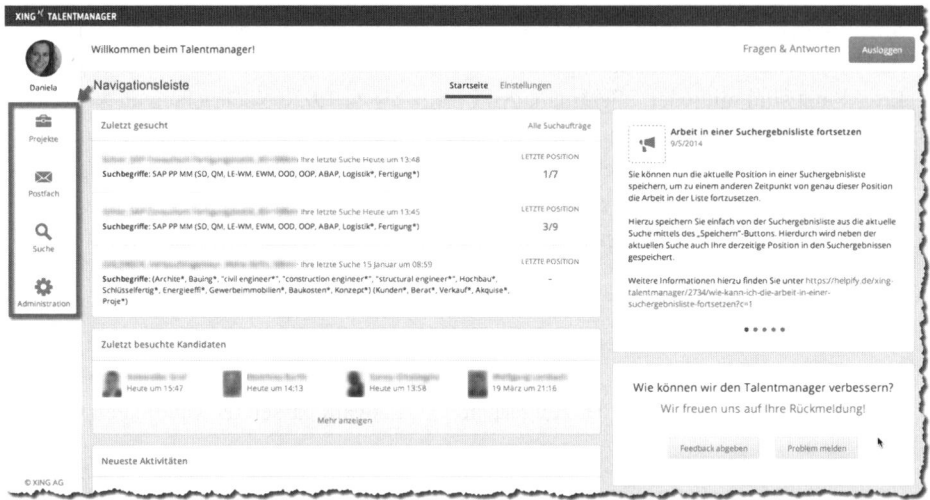

Abb. 2.7 Startseite XING-Talentmanager. (Quelle: https://www.xing.com/xtm, zugegriffen am 11.5.2014)

Der Hauptbereich der Seite ist wie ein Dashboard aufgebaut: Es zeigt Ihnen in einzelnen Boxen Ihre zuletzt ausgeführten Suchen, die zuletzt besuchten Kandidatenprofile sowie Ihre letzten Aktivitäten im Talentmanager an. Des Weiteren gibt es eine Textbox mit der Funktionalität eines sogenannten „Change Log": XING informiert Sie über neueste Funktionserweiterungen/-änderungen des Talentmanagers. Ebenfalls erreichen Sie über die Startseite einen Button, über den Sie XING Feedback zur Verbesserung des Talentmanagers bzw. Fehlermeldungen senden können.

Am Kopf der Startseite rechts oben befindet sich der Bereich zum Abmelden (Logout) aus dem Talentmanager sowie ein Bereich zu Fragen & Antworten.

Administration

Sind Sie der einzige Anwender des Talentmanagers in Ihrem Unternehmen, erhalten Sie automatisch die Admin-Berechtigungen. Wenn mehrere Kollegen aus Ihrem Unternehmen je eine Talentmanager-Lizenz nutzen, definieren Sie bei der Auftragserteilung an XING, welcher Nutzer Admin-Rechte erhält. Der Administrator kann per Klick auf das Zahnrad in der Hauptnavigation links auf der Startseite des Talentmanagers

1. Teammitglieder hinzufügen, ersetzen, löschen und sortieren;
2. Kandidatenstatus definieren, hinzufügen, bearbeiten und löschen;
3. Projektstatus festlegen, hinzufügen, bearbeiten und löschen;
4. Nachrichten der Teammitglieder einsehen und
5. alle von Ihrem Recruiting-Team angelegten Suchprojekte erreichen.

Mit dem Talentmanager kann Ihr Team Recruiting-Projekte gemeinsam und gleichzeitig bearbeiten.

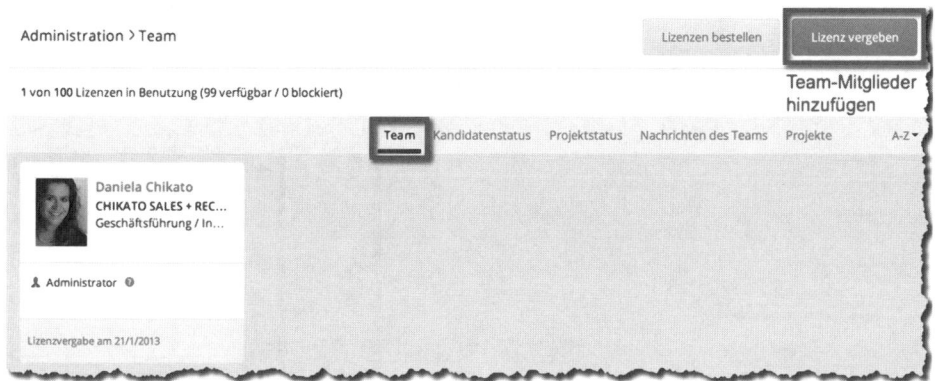

Abb. 2.8 Administrator-Ansicht XING-Talentmanager: Team verwalten. (Quelle: https://www.xing.com/xtm, zugegriffen am 11.5.2014)

Der Administrator kann im Reiter „Team" neue Kollegen zum Nutzerkreis des Talentmanagers hinzufügen (sofern entsprechende Lizenzen bei XING gebucht wurden) oder auch löschen. Innerhalb von 30 Tagen können Sie Talentmanager-Nutzer durch andere Teammitglieder ersetzen, z. B. im Fall von Urlaubs-/Krankenvertretung oder bei Wechsel des Aufgabenbereichs bzw. Unternehmensaustritt eines Recruiters (s. Abb. 2.8).

Zur effizienten Kandidatenverwaltung ermöglicht es der Talentmanager den Nutzern, identifizierte bzw. kontaktierte Kandidaten einem oder mehreren Recruiting-Projekten, also Vakanzen, zuzuordnen und für jedes Recruiting-Projekt einen Kandidatenstatus innerhalb des Auswahlprozesses zu definieren. Die allgemein für Ihr Unternehmen und alle im Talentmanager zu bearbeitenden Projekte geltenden Kandidatenstatus legt der Administrator im Reiter „Kandidatenstatus" fest. Im Talentmanager sind einige Standardeinträge als Vorschläge hinterlegt. Diese kann der Administrator ändern bzw. zusätzliche Status editieren. Maximal zehn verschiedene Kandidatenstatus sind möglich (s. Abb. 2.9).

Wir empfehlen, dass Sie die Kandidatenstatus so editieren, dass diese die einzelnen Prozessschritte Ihrer Stellenbesetzung abbilden: So erhalten Ihre Recruiter im Praxiseinsatz des Talentmanagers per Klick auf einen Kandidatenstatus alle Kandidaten aufgelistet, die für diese Vakanz einem konkreten Prozessschritt zugeordnet sind (z. B. eine Liste aller Kandidaten aus XING, die für eine Vakanz zum Interview eingeladen sind). Unseren Praxisvorschlag für individuell angepasste Kandidatenstatus zeigt Abb. 2.10.

Analog zu den Kandidatenstatus können Sie im Reiter „Projektstatus" den Status Ihrer Recruiting-Projekte anpassen. Als Standard bietet XING drei Status an:

1. In progress („in Arbeit)",
2. Position filled („Position besetzt"),
3. Talent pool („Talentpool)".

Diese Status können Sie umbenennen oder löschen bzw. einen vierten eigenen Status hinzufügen, wie Abb. 2.11 veranschaulicht.

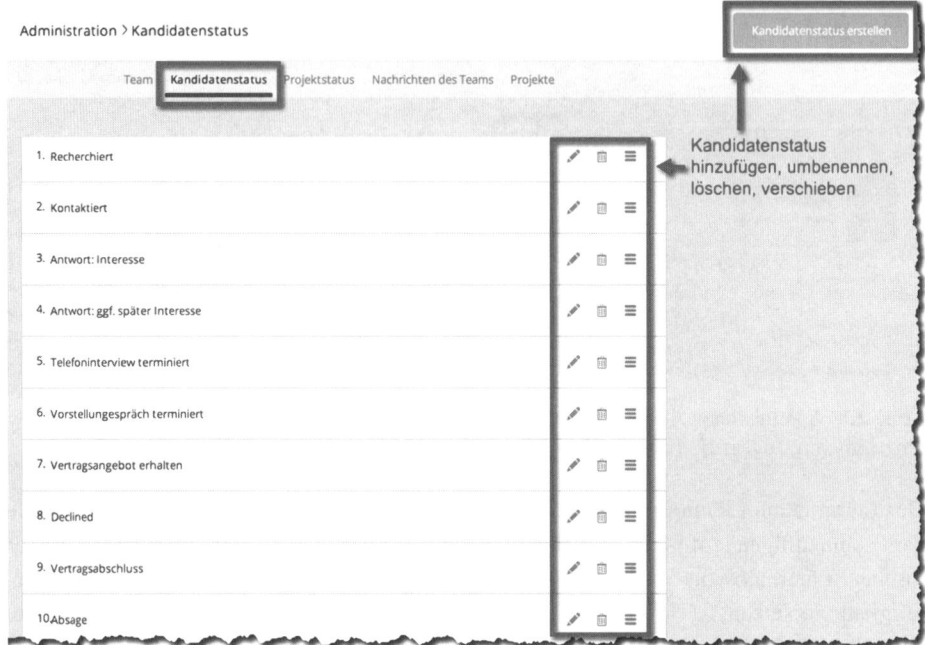

Abb. 2.9 Administrator-Ansicht XING-Talentmanager: Kandidatenstatus verwalten. (Quelle: https://www.xing.com/xtm, zugegriffen am 11.5.2014)

Praxis-Tipp: Kandidatenstatus individualisieren

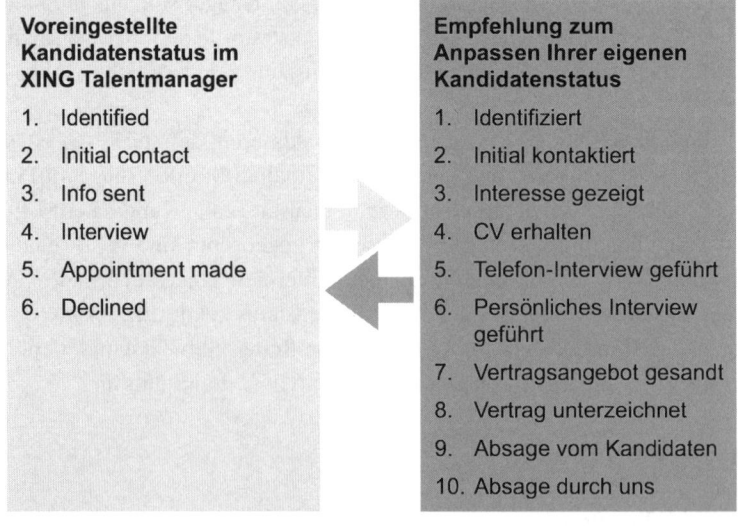

Abb. 2.10 Praxistipp: Kandidatenstatus individualisieren

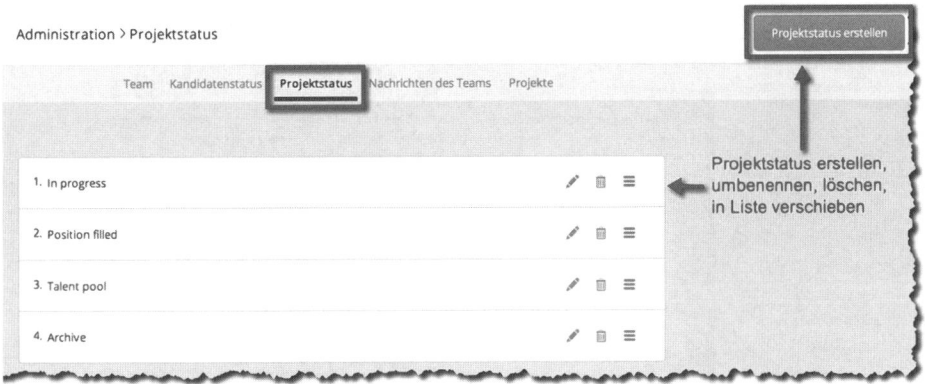

Abb. 2.11 Administrator-Ansicht XING-Talentmanager: Projektstatus verwalten. (Quelle: https://www.xing.com/xtm, zugegriffen am 11.5.2014)

Alle aus dem Talentmanager versandten Nachrichten kann der Administrator über den Reiter „Korrespondenz" einsehen und bei Bedarf nachträglich mit dem Team teilen.

Wie Abb. 2.12 verdeutlicht, kann der Administrator sämtliche Recruiting-Projekte, die vom Team über den Talentmanager angelegt wurden, über den Reiter „Projekte" einsehen, nach verschiedenen Kriterien filtern und bei Bedarf direkt von hier aus bearbeiten.

Kollaboratives Arbeiten

Jede Vakanz, die Sie mithilfe des Talentmanagers besetzen, können Sie wahlweise alleinverantwortlich oder gemeinsam und gleichzeitig mit Ihren Teamkollegen bearbeiten. Für jede zu besetzende Stelle legen Sie im Talentmanager ein neues (Recruiting-) Projekt an: Bearbeiten Sie es alleinverantwortlich, deaktivieren Sie beim Anlegen Ihres Projekts die Checkbox „als Teamprojekt freigeben". So haben nur Sie Zugriff auf Ihre für dieses Projekt realisierte Kandidatensuche inklusive sämtlicher Korrespondenzen mit den jeweiligen Kandidaten und Ihren Notizen bzw. Status. Andere Talentmanager-Nutzer Ihres Unternehmens haben keinen Zugang zu den mit diesem Recruiting-Projekt verknüpften Inhalten. Dieses Vorgehen eignet sich in der Praxis zum Beispiel für vertrauliche Besetzungen von Führungspositionen, die intern nur Ihnen zugänglich sein dürfen.

Vakanzen, die Sie im Team betreuen, speichern Sie stattdessen im Talentmanager ab unter „Teamprojekte". Dazu aktivieren Sie einfach beim Anlegen des Projekts die Checkbox „als Teamprojekt freigeben". Damit haben Sie und sämtliche Anwender des Talentmanagers Ihres Unternehmens Zugriff auf alle Kandidaten, Kandidatenstatus, -notizen und -korrespondenzen, die diesem Projekt zugeordnet sind. Alle Involvierten erhalten lückenlose Kenntnis über die Historie zur Vakanz-Besetzung und Interaktion mit bestimmten Kandidaten, was insbesondere im Vertretungsfall praxisrelevant ist. Ein weiterer Vorteil des Teilens von Projekten samt ihren Inhalten mit dem Team ergibt sich für Ihren Talentpool: Behandeln Sie Ihre Vakanzen im Talentmanager als „Teamprojekte", sind alle darin gespeicherten Kandidaten automatisch Teil des Talentpools, den sich Ihr Unternehmen mit dem Talentmanager aufbaut. Vorteilhaft ist außerdem, dass Ihre Recruiter-Kollegen, die einen Kandidaten für ihre Vakanz identifizieren, sofort erkennen, dass Sie mit ihm beispielsweise für eine andere Stelle im Austausch stehen – und Sie sich bei Bedarf intern

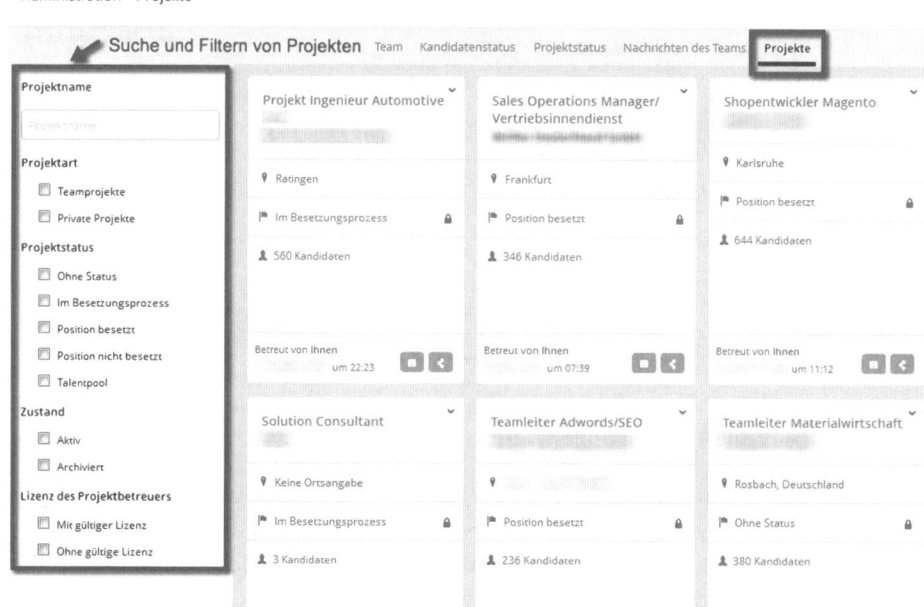

Abb. 2.12 Administrator-Ansicht XING-Talentmanager: Projekte verwalten. (Quelle: https://www.xing.com/xtm, zugegriffen am 11.5.2014)

abstimmen, für welche Position der Kandidat am besten passt. Im Ergebnis ziehen alle an einem Strang und vermeiden Mehrfachansprachen von Kandidaten.

Ihre Kandidatensuche starten

Der XING-Talentmanager bietet Ihnen seit Herbst 2013 zwei verschiedene Herangehensweisen für Ihre Suche:

1. Sie lassen sich bequem von XING automatisiert die passenden Kandidaten vorschlagen: Besonders empfehlenswert ist dieses „leichte Finden ohne Suche" für diejenigen, die den Talentmanager neu für sich entdecken und noch ungeübt sind mit der Datenbanksuche.
2. Sie durchsuchen die Mitglieder-Datenbank manuell nach selbst definierten Kriterien: Besonders empfehlenswert ist diese „Profisuche" für diejenigen, die unabhängig vom automatisierten Matching von XING anhand eigener Parameter unter Einsatz der Booleschen Logik die Datenbank durchforsten und ggf. mit ausgefeilten Suchen „Nischen auskehren".

Für welche Variante Sie sich entscheiden, ist ganz Ihnen überlassen. Sie können auch beide Wege parallel beschreiten. Nachfolgend beschreiben wir Ihnen das Vorgehen für beide Varianten.

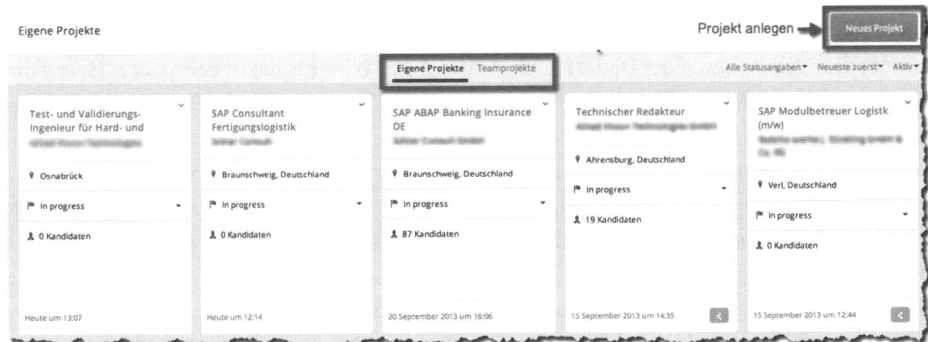

Abb. 2.13 Recruiting-Projekt anlegen im Talentmanager: Schritt 1. (Quelle: https://www.xing.com/xtm, zugegriffen am 11.5.2014)

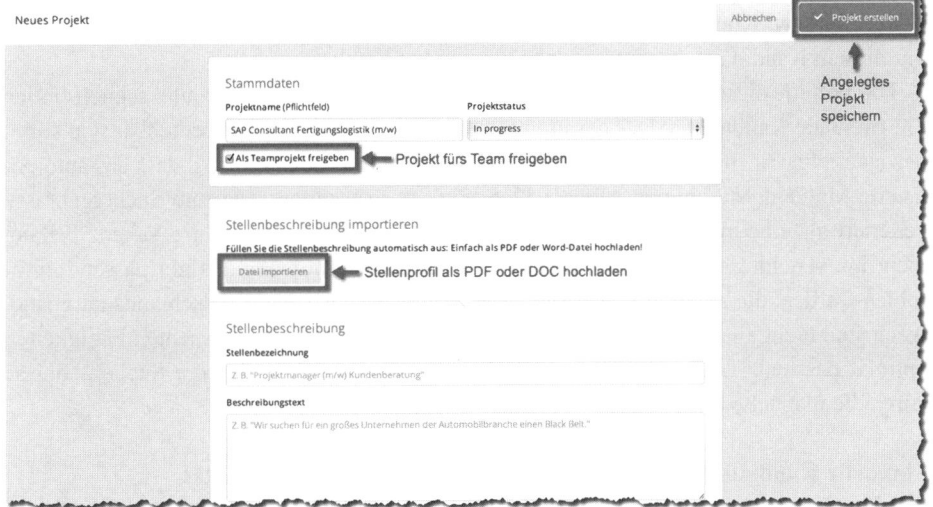

Abb. 2.14 Recruiting-Projekt anlegen im Talentmanager: Schritt 2. (Quelle: https://www.xing.com/xtm, zugegriffen am 11.5.2014)

Automatisierte Kandidatensuche – unterstützt durch das Matching von XING

Um eine Vakanz zu besetzen, erstellen Sie im Talentmanager ein Projekt. Dazu klicken Sie in der Navigationsleiste links außen auf „Projekt", gelangen somit auf die Seite Ihrer eigenen Projekte und klicken nun rechts oben auf den Button „Neues Projekt". Sie erreichen damit ein Formular, in das Sie die Eckdaten Ihrer Vakanz eintragen.

Wie Sie in zwei Schritten ein Recruiting-Projekt anlegen und als eigenes oder Teamprojekt speichern, zeigen Abb. 2.13 und 2.14.

Fleißige Anwender füllen alle Felder händisch aus – smarte Nutzer bestücken das erste Feld mit dem Namen des Projekts, laden über das folgende Formularfeld „Stellenbeschreibung importieren" ihr Stellenprofil als PDF- oder Word-Datei hoch – und lassen dann XING für sich arbeiten:

XING überträgt automatisch aus Ihrem Dokument die Inhalte in das Formular der Projektdetails – Sie nehmen bei Bedarf noch Änderungen oder Ergänzungen vor (z. B. um die Karrierestufe oder Berufserfahrung zu spezifizieren, was die Passgenauigkeit des automatischen Matchings verbessert) und speichern diese. Jetzt können Sie sich quasi schon zurücklehnen, denn nun wirkt XING für Sie im Hintergrund, und zwar rasend schnell. Die Angaben des hochgeladenen Stellenprofils gleicht XING automatisch mit den Mitgliederprofilen ab. Die sogenannten Matching-Resultate präsentiert XING im jeweiligen Projekt im Reiter „Empfehlungen". Dort warten die intelligent identifizierten Mitgliederprofile nur noch auf Ihre Sichtung und Kontaktaufnahme. Hinweis: Links vom Reiter „Empfehlungen" ist der Reiter „Kandidaten" platziert, der ausschließlich Treffergebnisse aus einer manuellen Suche aufführt.

Jeder Kandidat aus der Empfehlungsliste kann nun dem Suchprojekt hinzugeordnet und mit einem Kandidatenstatus gekennzeichnet bzw. mit Notizen versehen werden. Das Profil des Kandidaten ist mit einem Klick erreichbar, ebenso die Möglichkeit, ihm eine Nachricht bzw. Kontaktanfrage zu senden. Auch sämtliche XING-Nachrichten, die Sie mit diesem Kandidaten ausgetauscht haben, sind erreichbar.

Die Vorteile dieses Suchweges liegen auf der Hand: Radikal einfach und schnell finden Sie passende Kandidaten. Der gesamte Suchprozess ist sehr intuitiv bedienbar und somit besonders für Einsteiger gut geeignet. Zu berücksichtigen ist allerdings, dass das automatisierte Matching durch eine gewisse Unschärfe auch weniger relevante Suchergebnisse generiert als eine manuelle Suche. So wird z. B. der Arbeitsort für Ihre Vakanz bislang nicht im Matching berücksichtigt, sodass Ihnen auch Kandidaten als gut passend empfohlen werden, die an entfernten Orten innerhalb oder außerhalb Deutschlands tätig sind. Auch sind nicht alle vorgeschlagenen Kandidaten hinsichtlich der gesuchten Fähigkeiten optimal passend. Trifft dies auf Ihre Suche zu, generieren Sie bessere Suchergebnisse durch die manuelle Suche über den XING-Talentmanager.

Manuelle Kandidatensuche – genaue Skalierung der Trefferqualität

Auf diesem Weg suchen Sie in der XING-Datenbank zielgerichtet und skalieren Suchergebnisse individuell: Im Unterschied zur automatischen Suche können Sie in einem definierten Ortsradius suchen oder Mitgliederprofile anzeigen lassen, die nur in bestimmen Feldern Ihres Profils inhaltliche Übereinstimmungen zu Ihren Kriterien aufweisen. Zudem können Sie mit zahlreichen Filtern die Passgenauigkeit der Treffer verfeinern.

Das Vorgehen ist zeitaufwendiger als die zuvor beschriebene automatische Suche und erfordert Know-how im Einsatz der sogenannten Booleschen Operatoren – Ihr Einsatz wird aber mit qualitativ und quantitativ überzeugenden Treffergebnissen belohnt. Wir wissen aus Erfahrung: Mit etwas Übung erlangen Sie rasch die Routine, um wie ein Profi zu suchen.

Ihre manuelle Kandidatensuche können Sie auf zwei Wegen starten
1. **Suchlauf oder Klick auf die „Suche-Lupe" links in der Navigationsleiste:**
    Sie rufen die Suchmaske auf, editieren Ihre Suchkriterien, führen die Suche aus und bearbeiten Ihre Treffergebnisse. Wenn Sie anschließend gefundene Kandidatenprofile sichten und für Ihre Vakanz als relevant erachten, können Sie diese direkt einem Recrui-

ting-Projekt und einem Kandidatenstatus zuordnen: Das Recruiting-Projekt haben Sie wahlweise vor Start Ihres Suchlaufs im Talentmanager angelegt oder legen es unmittelbar vor dem Zuweisen des gefundenen Kandidatenprofils an.

2. **Suchlauf aus einem angelegten Recruiting-Projekt heraus:**
   Sie legen ein neues Recruiting-Projekt an: Dazu betiteln Sie Ihr Suchprojekt und definieren, ob Sie dieses allein oder im Team bearbeiten möchten. Sie speichern Ihr Projekt per Klick auf den grünen Button „Projekt erstellen" und gelangen auf eine Seite mit drei Reitern, von denen nur der erste – „Kandidaten" – relevant ist. Nach dem Klick auf den Reiter „Kandidaten" erreichen Sie eine Seite mit dem Button „Kandidaten suchen"; per Klick darauf zeigt XING Ihnen die Maske zur erweiterten Suche (s. Abb. 2.15).

Diese Maske beinhaltet verschiedene Felder. Sie können einzelne oder zeitgleich mehrere Felder nutzen. Die meisten Felder sind Freitextfelder, die Sie mit Ihren individuellen Suchbegriffen bestücken. Das Feld „Ortsradius" ist aktiviert, sobald Sie im Feld „Arbeitsort" Ihren Standort editiert haben. Im Feld „Kontaktgrad" treffen Sie Ihre Auswahl aus dem Pull-down-Menü – sofern Sie Ihre Suche nicht über alle XING-Mitglieder erstrecken möchten.

Welche Felder Sie für Ihre Suche verwenden, bleibt Ihnen überlassen. Unsere ausführlichen Praxistipps finden Sie im Teilkapitel „Aktive Kandidatensuche und -ansprache".

Haben Sie alle Suchparameter eingetragen, führen Sie die Suche per Klick auf den Button „Suchen" rechts oben am Formular aus.

> ▶   Direkt nach Definition Ihrer Suchkriterien führen Sie die Suche aus und erhalten die Trefferliste, die Sie unmittelbar bearbeiten können: Sie weisen Kandidaten einem Projekt zu, definieren ihren Kandidatenstatus, hinterlegen eine Notiz oder kontaktieren sie direkt via XING-Nachricht oder Kontaktanfrage.

Nachdem Sie Ihre Suche ausgeführt haben, präsentiert Ihnen der Talentmanager die Treffer. Dabei werden Ihnen am Seitenkopf die Anzahl der Treffer sowie die Zusammenfassung Ihrer Suchparameter angezeigt. Sie haben Zugriff auf maximal 2000 Suchergebnisse, auch wenn die tatsächliche Treffermenge größer ist. Beträgt Ihre Treffermenge bis zu 2000 Treffer, können Sie sich theoretisch in Ihrer Trefferliste alle 2000 Profile ansehen – was Sie vermutlich aus Zeitgründen nicht tun wollen, weshalb Sie u. U. Ihre Suchergebnisse weiter verfeinern möchten. Umfasst die in Klammern angezeigte Treffermenge mehr als 2000 Profile, so müssen Sie Ihre Suche verfeinern, da Sie mit nur 2000 einsehbaren Profilen Gefahr laufen, relevante Kandidaten auszugrenzen.

Für das Verfeinern Ihrer Suche gibt es zwei Wege: Am Seitenanfang Ihrer Suchergebnisse befindet sich ein Textlink „Suchbegriffe ändern". Per Klick darauf gelangen Sie zurück zur Suchmaske und können durch modifizierte Suchkriterien ein kleineres Trefferergebnis generieren. In der eleganteren – weil sehr viel schnelleren – Variante verfeinern Sie Ihre Suche mit den Filtern, die sich rechts außen in der Ergebnisliste befinden. Welche Filter wir in unserer Praxis besonders häufig einsetzen, lesen Sie im Teilkapitel „Aktive Kandidatensuche und -ansprache".

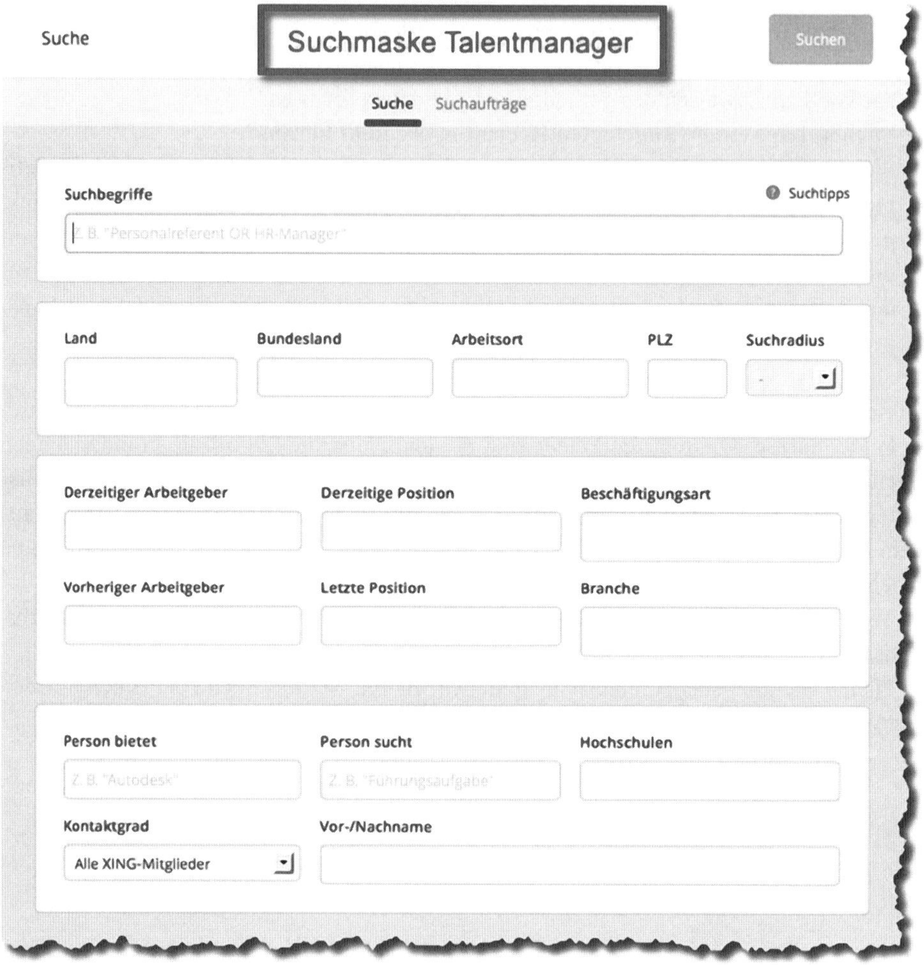

Abb. 2.15 Maske zur erweiterten Kandidatensuche im Talentmanager. (Quelle: https://www.xing.com/xtm, zugegriffen am 11.5.2014)

Rechts über den Treffergebnissen finden Sie einen Button zum Speichern Ihrer Suche, d. h. zum Anlegen eines Suchauftrags. Per Klick darauf speichert der Talentmanager Ihre Suchparameter und -ergebnisse. Ihre Suche können Sie jederzeit aufrufen und weiterbearbeiten. In der Anzahl gespeicherter Suchaufträge sind Sie unbegrenzt.

Die Liste der Suchergebnisse bildet die gefundenen Kandidatenprofile in moderner Kacheloptik ab und umreißt sie in Kurzform: Sie ersehen Profilfoto, Namen und Standort sowie Angaben zur aktuellen und vorherigen Funktion mit jeweiligem Arbeitgeber. Sie können das Kandidatenprofil aufrufen und ganzheitlich einsehen oder direkt aus der Ergebnisliste eine Nachricht senden bzw. diesem Kandidaten ein Recruiting-Projekt inkl. Kandidatenstatus zuordnen oder eine Notiz zuweisen. Die Notiz, Projekt- sowie Statuszuordnung sind für den Kandidaten natürlich nicht ersichtlich. Zugänglich ist diese Information nur Ihnen bzw. Ihren Teamkollegen, sofern Sie Ihr Recruiting-Projekt als Teamprojekt angelegt haben.

Per Klick auf den Namen eines Kandidaten öffnet sich in einem selben Browser-Tab dessen vollständiges Profil. Um zur Trefferliste zurückzukehren, klicken Sie im Browser den Pfeil zum Aufruf zur vorherigen Seite. Diesen Schritt können Sie umgehen, wenn Sie Kandidatenprofile aus der Ergebnisliste per rechter Maustaste in einem neuen Browser-Tab öffnen.

Suchaufträge speichern – über neue passende Profile informiert werden
Nach unserer Erfahrung erfolgt eine Kandidatensuche in den meisten Fällen nicht punktuell, sondern ist vielmehr ein Prozess, der sich über einen gewissen Zeitraum erstreckt: Sie starten heute Ihre Suche unter Verwendung bestimmter Suchbegriffe und sichten der Reihe nach das Ergebnis.
Natürlich nimmt die Kontaktierung der Kandidaten auch Zeit in Anspruch – insbesondere da Sie jeden Kandidaten individuell anschreiben. Anschließend starten Sie eventuell einen Suchlauf nach alternativen Kriterien – z. B. indem Sie gezielt nach Unternehmen suchen, in denen potenzielle Kandidaten tätig sind. Daher empfehlen wir, Ihre Suchen im Talentmanager als Suchauftrag abzuspeichern. Im Ergebnis knüpfen Sie zu späteren Zeitpunkten nahtlos und zeitsparend an Ihre vorigen Prozessschritte in der Kandidatensuche an.

Sobald Sie künftig Ihren gespeicherten Suchauftrag aufrufen, können Sie wahlweise auf alle zu Ihren Kriterien gefundenen Mitgliederprofile zugreifen oder aber gezielt alle neuen Profile sichten, die seit Ihrem letzten Aufruf des Suchauftrags auf XING hinzugekommen sind. Optional können Sie sich auch per E-Mail von XING über neu hinzugekommene Treffergebnisse informieren lassen: täglich oder wöchentlich. Somit behalten Sie nach Anlegen Ihrer Suchkriterien stets alle passenden Profile potenzieller Kandidaten bequem und zeitsparend im Blick. Den Suchauftrag mit Kandidatenprofilen im Talentmanager veranschaulicht auch Abb. 2.16.

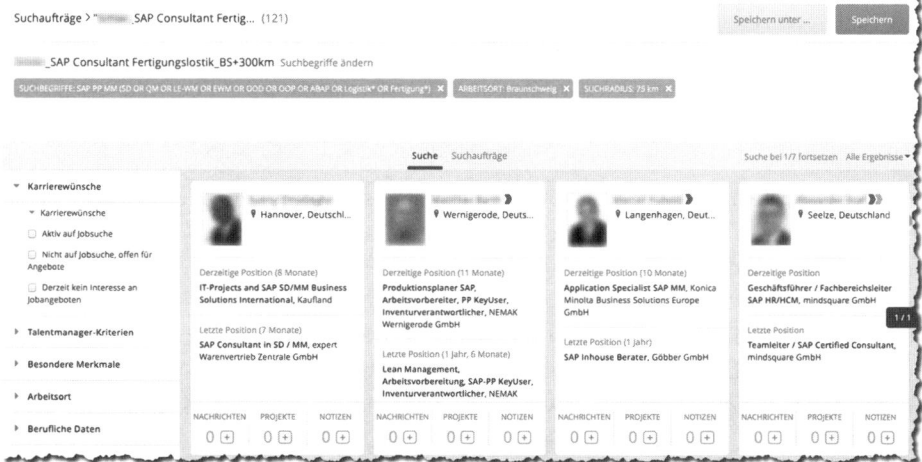

Abb. 2.16 Suchauftrag mit Kandidatenprofilen im Talentmanager. (Quelle: https://www.xing.com/xtm, zugegriffen am 11.5.2014)

XING merkt sich beim Speichern des Suchauftrags Ihre aktuelle Position in den Suchergebnissen. Am einfachsten setzen Sie Ihre Suche fort, indem Sie auf der Startseite des
Talentmanagers – also im Dashboard – in der obigen Box unter „Zuletzt gesucht" Ihr
jeweiliges Suchprojekt anklicken: Dort ist übrigens verzeichnet, auf welcher Seite der
Suchergebnisse Sie Ihre letzte Sichtung der gefundenen Profile beendet haben. Wenn Sie
von hier zu Ihrem Suchergebnis gelangen und die Trefferliste nach unten scrollen, zeigt
Ihnen rechts außen ein Zähler an, auf welcher Seite der Treffergebnisse Sie sich gerade
befinden und wie viele Seiten das Treffergebnis insgesamt umfasst. Um erneut Ihre Position im Suchergebnis zu speichern, klicken Sie wieder auf „Speichern" – sobald Sie im
Dashboard auf der Talentmanager-Startseite die Suche erneut ausführen, führt XING Sie
direkt zur Ihrer letzten Position innerhalb der Treffergebnis-Ansicht.

Selbstverständlich können Sie Suchparameter auch nachträglich anpassen und speichern. Um einen vorhandenen Suchauftrag zu aktualisieren, speichern Sie einfach den
Suchauftrag erneut. Wenn Sie dagegen einen neuen Suchauftrag mit Ihren neuen Parametern anlegen möchten, wählen Sie die Option „Speichern unter": Es wird ein neuer Suchauftrag angelegt, und Ihr originärer Suchauftrag bleibt mit den vorherigen Suchkriterien
unverändert bestehen.

Profilansicht und Kandidatenverwaltung

In der Profilansicht eines Kandidaten verschaffen Sie sich einen detaillierten Überblick
über seine Expertise und sonstigen Angaben, z. B. seine Karriereziele.

Am Kopf des Profils sind das Profilfoto, die XING-Mitgliedschaft sowie die aktuelle
Funktion mit Arbeitgeber und Tätigkeitsort platziert. Darunter befindet sich eine Leiste
mit Navigations-Reitern. Aktuell befinden Sie sich im Reiter „Profildetails". Rechts davon erreichen Sie folgende Reiter, deren Inhalte auch Einträge Ihrer Kollegen anzeigen,
wenn dieser Kandidat in der Vergangenheit einem Recruiting-Projekt zugeordnet war, das
als Teamprojekt bearbeitet wurde:

1. „Zugeordnete Projekte":
   Hier erkennen Sie, welchen Projekten dieses XING-Mitglied aktuell zugewiesen ist
   und bereits früher zugeordnet war. Neue Projekte können zugewiesen werden.
2. „Notizen":
   Sie erreichen manuell editierte Notizen, chronologisch sortiert, die Sie oder Ihre Teamkollegen diesem Kandidaten aktuell oder früher hinzugefügt haben. Neue Notizen können editiert werden.
3. „Korrespondenz":
   Sie haben Zugriff auf sämtliche Nachrichten, die Sie mit diesem Kandidaten ausgetauscht haben. Darunter fallen Nachrichten, die Sie selbst dem Kandidaten gesandt
   bzw. von ihm erhalten haben sowie die Korrespondenz Ihrer Teamkollegen mit dem
   XING-Mitglied, die über den Talentmanager erfolgte. Somit herrscht hinsichtlich der
   Kommunikation mit dem Kandidaten völlige Transparenz für alle Recruiter – für sämtliche Recruiting-Projekte.

Im grau schraffierten Bereich unter den Navigationsreitern werden Ihnen die Karriereziele des XING-Mitglieds angezeigt. Nachfolgend finden Sie folgende Angaben des XING-Mitglieds:

1. Berufserfahrung
2. Ausbildung
3. Qualifikation
4. Auszeichnungen
5. Interessen
6. Geschäftliche Kontaktdaten
7. Ihre gemeinsamen XING-Kontakte
8. Angaben, die das XING-Mitglied unter „Ich biete" sowie „Ich suche" hinterlegt hat
9. Sprachkenntnisse
10. Beschäftigungsart
11. Weitere Profile des XING-Mitglieds im Internet

All diese Angaben sind auch Nutzern der Premium- oder Basis-Mitgliedschaft zugänglich – sie werden im Talentmanager lediglich in anderer Optik präsentiert.

▶   Per Klick auf einzelne Einträge im Bereich „Berufserfahrung" bzw. auf den Link „Details zu dieser Position" klappt der jeweilige Eintrag nach unten auf – und Sie erhalten für Ihre Kandidatenauswahl relevante Angaben wie: Branche, Unternehmensgröße, beruflicher Status, Karrierestufe und eine textliche Beschreibung des Aufgabenbereichs. Letzteres ist keine Pflichtangabe – nicht alle XING-Mitglieder füllen dieses Feld aus. Ist es jedoch benutzt, verbergen sich hier oft wertvolle Hinweise zur Expertise des Kandidaten.

Rechts oben am Seitenkopf des Profils befinden sich diverse Buttons zur Kandidatenverwaltung:

1. Sie weisen dem Kandidaten ein oder mehrere Recruiting-Projekte zu und vergeben ihm pro Projekt einen Kandidatenstatus.
2. Sie senden dem Kandidaten eine Nachricht. Der Nachrichtenversand entspricht dem Zusenden einer E-Mail via XING.
3. Sie fügen dem Kandidaten eine Notiz hinzu.
4. Sie senden eine Kontaktanfrage. Damit laden Sie den Kandidaten ein, Ihr direkter Netzwerkkontakt – also ein Kontakt ersten Grades – zu werden. Bestätigte Kontaktanfragen können Sie jedoch nicht innerhalb des Talentmanagers bearbeiten, sondern nur über die XING-Premium-Mitgliedschaft.
5. Sie drucken das Profil aus: auf Papier oder als PDF – automatisch auf A4 optimiert. Diese Funktion ist sehr nützlich, weil Sie mit dem Papier- oder PDF-Druck des Profils quasi einen Kurz-CV generieren und diesen bei Bedarf dem Fachvorgesetzten übermitteln können.

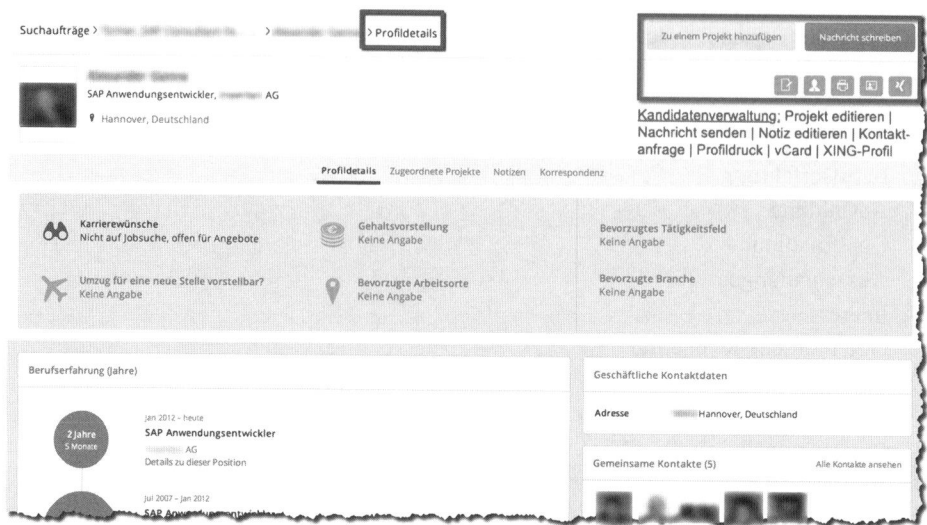

Abb. 2.17 Profildetails und Kandidatenverwaltung im Talentmanager. (Quelle: https://www.xing.com/xtm, zugegriffen am 11.5.2014)

6. Sie laden sich die vCard herunter. Dies ermöglicht das automatische Abspeichern der Kontaktdaten des Kandidaten im elektronischen Adressbuch Ihres Computers, z. B. in Outlook. Besonders nützlich ist die Funktion, nachdem ein Kandidat Ihr direkter XING-Kontakt geworden ist. Dann hat Ihnen der Kandidat seine Kontaktdaten, z. B. Telefon- und/oder Mobilfunk-Nr. sowie seine E-Mail-Adresse, freigeschaltet. Sofern Sie Ihr Adressbuch des Rechners mit Ihrem Smartphone synchronisieren, werden die Kontaktdaten auch automatisiert auf Ihr Handy übertragen. Für ein bevorstehendes Telefoninterview haben Sie die Kontaktdaten somit auch offline parat.
7. Sie rufen das Kandidatenprofil in der regulären XING-Maske – also außerhalb des Talentmanagers – auf.

Zum Thema Profildetails und Kandidatenverwaltung im XING-Talentmanager s. auch Abb. 2.17.

Der Talentmanager im Praxiseinsatz: Nutzen Sie den kostenfreien Testzugang
Die Vorzüge und Funktionalität des Talentmanagers erschließen sich Ihnen am leichtesten im Praxiseinsatz, z. B. durch Nutzung eines **kostenfreien Testzugangs**. Dieser ist für mehrere Tage und sogar für mehrere Teamkollegen möglich – vorausgesetzt, die Nutzer des Tests sind bereits XING-Mitglied.

▶ **Ausblick für 2014** Der Funktionsumfang des XING-Talentmanagers wird laufend erweitert. So ist für 2014 z. B. eine Metrik zur Messung relevanter Kennzahlen (KPI) Ihrer Talentmanager-Aktivitäten geplant. Auch eine stärkere Integration zwischen dem Talentmanager und dem Bereich XING Jobs (für Stellenanzeigen) ist für Ende 2014/Anfang 2015 avisiert. Generell fließt das Kundenfeedback

über gewünschte Funktionalitäten in die Planung bei XING ein. Auf der Startseite des XING-Talentmanagers finden Sie rechts außen einen Button, um an
XING Ihr Feedback zu übermitteln. Direkt darüber platziert ist eine Nachrichten-
box, in der XING zuletzt implementierte Funktionen vorstellt. Damit hält XING
Sie up to date über neue, innovative Impulse für Ihren Rekrutierungsprozess.

2.1.3   Aktive Kandidatensuche und -ansprache (Active Sourcing)

2.1.3.1   Optimale Suchstrategie – systematisch und effizient Talente finden

Das Kapitel Mitgliedschaften hat Sie mit der grundsätzlichen Funktionalität des Talentmanagers als Profiwerkzeug zur aktiven Kandidatensuche und -ansprache vertraut gemacht.
In diesem Kapitel erfahren Sie, welche Such- und Kontaktierungsstrategien hinsichtlich
des taktischen Vorgehens und der inhaltlichen Botschaften optimale Bewerbungsrückläufe
generieren. Unsere Erfahrung im Austausch mit vielen Recruitern, die XING sowie andere
Kanäle einsetzen, zeigt, dass die richtige Strategie ein entscheidendes Erfolgskriterium
ist. Die folgenden Überlegungen sind daher genereller Art und gelten unabhängig vom
genutzten XING-Tool, also gleichlautend für die Premium-Mitgliedschaft bzw. für den
Talentmanager.

**Identifizieren Sie passende Kandidaten systematisch und effizient – Ihre Suchstra-
tegie**

Grundsätzlich empfehlen wir für Ihre Kandidatensuche zwei parallele Lösungsansätze:

1. die auf Kenntnisfelder bezogene Suche und
2. die auf Arbeitgeber bezogene Suche.

Bei der auf Kenntnisfelder bezogenen Suche durchforsten Sie die XING-Mitgliederdatenbank nach Profilen, die bestimmte Stichworte hinsichtlich Erfahrungen bzw. Qualifikationen aufweisen.

Beispiel

Nehmen wir an, VW sucht für Wolfsburg einen Embedded Softwareentwickler mit Er-
fahrung in der Automobilbranche, dann identifiziert die auf Kenntnisfelder bezogene
Suche Kandidatenprofile mit Begriffen wie embedded, C, C++, Microcontroller, AU-
TOSAR usw. Flankierend dazu überlegen Sie sich, in welchen Unternehmen passende Kandidaten tätig sein könnten. Sie legen sich also eine sogenannte Zielfirmenliste,
z. B. in Excel, an und tragen dort alle potenziellen Arbeitgeber aus der gewünschten
Region zusammen. Im Fallbeispiel VW wären das z. B. Automotive-Konzerne wie
Continental, WABCO, Faurecia, Johnson Controls – aber auch Engineering-Dienst-
leister wie Bertrandt, IAV, Ferchau Engineering u. a. Für Ihre Mitgliedersuche in XING
heißt das: Sie realisieren einen Suchlauf oder mehrere Suchläufe anhand der auf Kennt-

Praxis-Tipp:
Vom Stellenprofil zum Suchergebnis – in 7 Schritten zur Kandidatenliste

1. Definieren Sie aus dem Stellenprofil relevante Suchbegriffe: Sog. Hard Skills sind geeignet, Soft Skills dagegen nicht.

2. Stellen Sie alternative Suchbegriffe zusammen: Synonyme, Abkürzungen u.ä.

3. Erstellen Sie eine Zielfirmenliste potenzieller Arbeitgeber.

4. Verwenden Sie Suchoperatoren (Boolesche Operatoren) zur Verknüpfung Ihrer Suchbegriffe zu sog. Suchketten.

5. Editieren Sie Ihre Suchketten in relevante Felder der Suchmaske und führen Sie die Suche aus.

6. Sichten Sie stichprobenartig Treffergebnisse aus der Suchergebnisliste und verfeinern Sie Ihre Suche anschließend, bis die gewünschte Qualität und Quantität erreicht ist: durch manuelle Eingabe zusätzlicher Suchbegriffe in der Suchmaske bzw. durch Einsatz der Suchfilter rechts außen neben der Suchergebnisliste.

7. Speichern Sie Ihre Suche ab, um künftig auf Ihre Kandidaten zugreifen zu können und automatisch neue, passende Kandidatenprofile zu finden.

Abb. 2.18 Vom Stellenprofil zum Suchergebnis: in sieben Schritten zur Kandidatenliste

nisfelder bezogenen Suche (mitunter ist es schwierig, alle relevanten Stichworte mit nur einer Suche abzudecken) und durchsuchen anschließend die XING-Datenbank nach Kandidaten, die bei bestimmten Arbeitgebern tätig sind, ohne dabei alle relevanten Kenntnisfelder abzufragen (denn u. U. hinterlegen Kandidaten nicht die Stichworte in ihren Profilen, weshalb sie Ihnen bei der auf Kenntnisfelder bezogenen Suche nicht angezeigt würden).

► **Praxistipp** Legen Sie sich zu Beginn Ihrer Kandidatensuche eine (Excel-) Liste an, auf der Sie die Stichworte für die gewünschten Kenntnisse und relevante Zielfirmen zusammentragen. Achten Sie darauf, dass Ihre Stichwortliste auch alternative bzw. synonyme Begriffe umfasst. Meist liefert die kurze Eingabe eines Suchbegriffs auf Google oder Wikipedia alternative Bezeichnungen oder Abkürzungen. Potenzielle Zielfirmen identifizieren Sie in Adressverzeichnissen, z. B. auf wer-zu-wem.de, über Google oder auch über XING (z. B. unter XING Unternehmen). Übrigens ist für die Suche in der XING-Suchmaske Groß- bzw. Kleinschreibung irrelevant – beides wird gefunden. Eine Checkliste, wie Sie in sieben Schritten vom Stellenprofil zum Suchergebnis gelangen, finden Sie in Abb. 2.18.

Nachdem Sie Ihre Suchparameter aufgelistet haben, ist zu überlegen, wie Sie Ihre Suchbegriffe logisch verknüpfen – d. h., welche Booleschen Operatoren Sie einsetzen – und in welche Felder in der Suchmaske von XING Sie Ihre jeweiligen Suchkriterien editieren.

In Abb. 2.19 sind die für XING geltenden Suchoperatoren zusammengefasst und mit Praxisbeispielen erklärt.

Suche mit der „Booleschen Logik" auf XING: Suchbegriffe

SUCHOPERATOREN

1. Operator AND:

   Syntax: Suchbegriffe mit Leerzeichen trennen
   Ziel: Sie finden Profile, die alle genannten Suchbegriffe enthalten.
   Beispiel: Embedded C++ generiert Profile, die „Embedded" und „C++" enthalten.

2. Operator OR:

   Syntax: Suchbegriffe mit OR trennen – jeweils mit Leerzeichen vor und nach OR.
             OR zwingend in Großbuchstaben schreiben.
   Ziel: Sie finden Profile, mindestens einen der Suchbegriffe enthalten.
   Beispiel: Embedded OR Hardwarenah generiert Profile, die „Embedded" oder
             „Hardwarenah" enthalten, aber auch Profile mit beiden Suchbegriffen.

3. Operator „":

   Syntax: Mehrere Suchbegriffe in Anführungsstriche setzen.
   Ziel: Sie finden Wortgruppen bzw. zusammenhängende Begriffe.
   Beispiel: „Key Account Manager" generiert Profile, in denen die Worte Key und
             Account sowie Manager direkt hintereinander stehen.

4. Operator *:

   Syntax: An das Ende eines Wortstamms oder -anfangs ein „*" setzen.
   Ziel: Sie finden Begriffe mit gleichen Wortanfängen, aber unterschiedlichen
             Wortenden.
   Beispiel: Manage* generiert Profile, die die Begriffe Manager, Managerin,
             Management enthalten. Im Feld PLZ finden Sie mit 2* alle Profile, deren
             PLZ mit 2 beginnen.

5. Operator -:

   Syntax: Vor den gewünschten Begriff ein „-" setzen – ohne Leerzeichen
   Ziel: Sie finden Profile, die den Suchbegriff ausschließen/nicht enthalten.
   Beispiel: -Luftfahrt generiert Profile, in denen Luftfahrt nicht vorkommt.

SUCHKETTEN

Eine Suchkette ist die Aneinanderreihung verschiedener Suchwörter unter
Verwendung von Klammern, Booleschen Operatoren und erweiterten Suchbefehlen
(auf die wir hier aus Gründen der Vereinfachung nicht näher eingehen).

Grundregel: Erst definieren, welche Informationen gesucht werden – danach
festlegen, welche Informationen von der Suche ausgeschlossen sein sollen

Beispiele:

1. (Embedded OR Hardwarenah) C++
   Sie finden Profile, die entweder Embedded und C++ oder Hardwarenah und C++
   enthalten bzw. Embedded und Hardwarenah und C++.

2. „Key Account Manage*"
   Sie finden Profile, die den Wortstamm Manage und unmittelbar davor die Worte
   Key Account beinhalten, also: Key Account Manager, Key Account Managerin,
   Key Account Management.

3. („Embedded OR Entwickl*) Automo* -Luftfahrt
   Sie finden Profile, in denen das Wort Embedded oder Begriffe mit dem
   Wortstamm Entwickl (also Entwickler/in oder Entwicklung) in Kombination mit
   Begriffen mit dem Wortstamm Automo (also Automobil, Automobilzulieferer u.ä.
   bzw. Automotive) vorkommen; die aber nicht das Wort Luftfahrt beinhalten.

Abb. 2.19 Überblick Suchoperatoren für Talentmanager und Premium-Mitgliedschaft

Die Suchmasken von XING unterscheiden sich in Optik und Funktionalität – je nach-dem, ob Sie die Premium-Mitgliedschaft nutzen oder den Talentmanager. Der wichtigste funktionale Unterschied betrifft die Umkreissuche: Mit der Premium-Mitgliedschaft ist keine Suche nach Kandidaten an einem bestimmten Ort und einem gewissen Kilome-ter-Radius um diesen Ort herum möglich. Als Premium-Mitglied können Sie die Suche in einer Region mit folgenden Kriterien definieren: Ort (wobei dann nur Nutzer aus dem jeweiligen Ort gefunden werden – was daher nicht ideal ist für Ihre Suche, da Sie in der Regel auch Kandidaten aus dem Umkreis eines Ortes finden möchten), PLZ in Kombination mit dem Land (mehrere Postleitzahlen können mit der Booleschen Logik durchsucht werden, z. B. liefert „2*" alle Nutzer, deren Geschäftsadresse mit 2 beginnt, oder „20* OR 21* OR 22*" liefert alle Nutzer, deren Geschäftsadresse mit Hamburg und dem engeren Umkreis Hamburgs angegeben ist – sofern Sie zusätzlich als Land „Deutschland" auswählen). Zu beachten ist allerdings, dass das PLZ-Feld kein Pflicht-feld für XING-Nutzer ist; folglich gibt es auch Profile, in denen keine PLZ enthalten ist und die Sie über diese Suchmethode nicht finden. Nach unserer Erfahrung betrifft das rund 10 % der Mitgliedsprofile. Gleiches gilt für das Feld „Bundesland": Auch dieses ist kein Pflichtfeld und wird daher nicht von allen Mitgliedern ausgefüllt – verwenden Sie es für Ihre Suche, schließen Sie somit einen gewissen Anteil potenziell passender Kan-didaten aus. In der Praxis wählen Sie somit am besten den Weg, alle passenden PLZ mit den Booleschen Operatoren einer Sternchensuche und OR-Suche zu kombinieren – und nehmen damit leider in Kauf, dass Sie Profile ohne PLZ-Angabe ausschließen. Noch ein Tipp: Übersichtlich abgebildet sind zweistellige PLZ mit Ortsangaben unter http://bit. ly/PLZ-DE.

Deutlich komfortabler ist die Umkreissuche mit dem Talentmanager: Wenn Sie im Feld „Arbeitsort" nach „Hamburg" suchen und zusätzlich im Feld „Suchradius" die Auswahl „50 km" treffen, finden Sie alle Profile aus dem entsprechenden Umkreis – ohne die ver-gleichsweise mühselige PLZ-Suche. Der Einsatz des Suchradius im Talentmanager funk-tioniert übrigens auch länderübergreifend, z. B. wenn Sie nach Kandidaten aus dem Drei-ländereck am Bodensee (D-A-CH) suchen, genügt die Angabe eines relevanten Ortes und des Suchradius – Sie finden Kandidatenprofile aus allen drei Ländern.

Wie Sie die wichtigsten Suchfelder in der Praxis optimal einsetzen, fasst Abb. 2.20 zusammen.

Nachdem Sie Ihre Suche definiert und gesandt haben, zeigt XING Ihnen die Ergeb-nisliste. Gerade zu Beginn eines Suchlaufs wird es erforderlich sein, die Suchparameter zu verfeinern, um die Trefferliste zu optimieren hinsichtlich Qualität und Quantität. Falls diese zahlreiche Treffer (z. B. mehrere Hundert oder Tausend Treffer) beinhaltet, können Sie Ihre Suche auch mithilfe der voreingestellten Filter durch wenige Klicks zielgerichtet verfeinern. Diese Filter befinden sich rechts neben der Ergebnisliste. Der Talentmana-ger bietet viel umfangreichere Filtermöglichkeiten als die Premium-Mitgliedschaft, wie Abb. 2.21 zeigt.

Praxis-Tipps: Einsatz der Suchmasken-Felder im Talentmanager bzw. mit der Premium-Mitgliedschaft

Das Freitextfeld zur allgemeinen Volltextsuche am Kopf der Suchmaske durchsucht alle XING-Mitgliederprofile nach Ihren Suchbegriffen – egal an welcher Stelle die Kandidaten die Suchbegriffe in Ihrem Profil hinterlegt haben.

Beispiel:
Sie suchen einen Java-Entwickler suchen und tragen „Java" in das Suchfeld ein. XING präsentiert Ihnen Software-Entwickler mit Schwerpunkt „Java", aber eventuell auch einen Fotografen, der einen Bildband über die indonesische Insel Java in seinem XING-Profil erwähnt.

Fazit: Mit diesem Feld erzielen Sie viele Treffer, die nicht zwingend relevant sein müssen in Ihrem Suchkontext.

Das Feld „Person bietet" garantiert eine hohe Passgenauigkeit, wenn Sie dort nach bestimmten Skills suchen.

Beispiel:
Würden wir hier z.B. „Java" editieren, ist die Wahrscheinlichkeit sehr hoch, dass das Trefferergebnis ausschließlich Java-Programmierer ausgibt. Berücksichtigen Sie aber, dass das Feld „Person bietet" kein Pflichtfeld ist – es gibt zahlreiche Profile auf XING, in denen dort keine Angaben hinterlegt sind.

Fazit:
Mit Ihrer Suche explizit in diesem Feld schließen Sie daher potenziell relevante Profile aus, die dieselben Inhalte zwar aufweisen, aber an anderer Stelle im XING-Profil.

Das Feld „Position (jetzt)" verwenden Sie für Ihre Suche, um gezielt nach aktuellen Funktionen/Jobtiteln von Kandidaten zu suchen: Es liefert ebenfalls Suchergebnisse hoher Relevanz. Jedoch ist zu beachten, dass für zahlreiche Stellen ein Wildwuchs an Jobtiteln herrscht: Ihre Suchkriterien sollten daher sinnvolle Synonyme beinhalten.

Beispiele:
1) Wenn Sie Vertriebsmitarbeiter suchen, empfiehlt sich folgende Suchkette: „Account Manage*" OR Sales* OR Vertrieb* OR Verkauf*
2) Wenn Sie Projektmanager suchen und diesen Begriff genauso editieren, schließen Sie andere Schreibweisen und gängige englische Jobtitel aus. In diesem Fall ist der kleinste gemeinsame Nenner für Ihre Suche die Eingabe des Suchbegriffs Proje*.

Fazit:
Definieren Sie sorgsam Ihre Suchparameter, um nicht zu viele passende Treffergebnisse auszuschließen.

Das Feld „Beschäftigungsart" bietet verschiedene Auswahlmöglichkeiten. In der Maske kann jedoch nur eine Auswahl erfolgen.

Beispiel:
Für eine Position in Festanstellung wären die Optionen „angestellt" und „arbeitsuchend" relevant; es kann aber aus dem sog. Pulldown-Menü nur eine Auswahl getroffen werden.

Fazit:
Da oftmals die Kombination mehrerer Einträge sinnvoll ist, empfehlen wir, das Feld in der Suchmaske nicht auszufüllen, sondern im Suchergebnis mithilfe von Filtern relevante Parameter zu selektieren.

Abb. 2.20 Praxistipp: Einsatz der Suchmasken-Felder im Talentmanager bzw. mit der Premium-Mitgliedschaft

Einsatz von Filtern zum Verfeinern der Suchergebnisse: Talentmanager im Vergleich zur Premium-Mitgliedschaft

Talentmanager	Premium Mitgliedschaft
Besonders empfehlenswerte Filter:	**Limitierte Filtermöglichkeiten:**
▸ Spezielle Kandidatenfilter (um gezielt „an Karrierechancen interessiert"e Mitglieder zu finden)	▸ Kontaktgrad
	▸ Derzeitiges Unternehmen
▸ Derzeitige Position	▸ Sprache
▸ Sprache (um besondere Sprachkenntnisse zu selektieren)	▸ Land
	▸ Ort (geschäftlich)
	▸ Beschäftigungsart
▸ Beschäftigungsart (z.B. um Freiberufler und Selbständige auszuschließen)	▸ Branche
▸ Karrierestufe (um gezielt Berufseinsteiger, Führungskräfte u.ä. zu selektieren)	
Weitere Filtermöglichkeiten:	
▸ Kontaktgrad	
▸ Derzeitiges Unternehmen	
▸ Vorherige Firma	
▸ Vorherige Position	
▸ Land	
▸ PLZ-Bereich	
▸ Ort (geschäftlich)	
▸ Branche	
▸ Berufserfahrung (berechnet)	
▸ In derzeitiger Position seit	
▸ Unternehmensgröße	

Abb. 2.21 Einsatz von Filtern zum Verfeinern der Suchergebnisse: XING-Talentmanager im Vergleich zur Premium-Mitgliedschaft

Nachdem Sie Ihre Treffergebnisse mithilfe von Filtern passgenau verfeinert haben, sichten Sie die einzelnen Mitgliederprofile und entscheiden, welche der potenziellen Kandidaten Sie anschreiben möchten.

▸   **Praxistipps**   Wir empfehlen, systematisch in Blöcken zu arbeiten, da Sie damit effizienter sind: Im ersten Schritt definieren Sie Ihre Suche. Im zweiten Schritt sichten Sie alle relevanten Suchergebnisse und kennzeichnen bzw. notieren sich die Kandidaten, die Sie kontaktieren möchten. Im dritten Schritt adressieren Sie alle vorgesehenen Kandidaten. Noch ein Hinweis zum Vormerken zu kontaktierender Kandidaten: Als Premium-Mitglied können Sie Kandidaten keinen Status (z. B. „identifiziert") zuweisen – diese Möglichkeit bietet nur der Talentmanager. Alternativ können Sie als Premium-Mitglied Kandidaten auf die Merkliste setzen (die Sie dann über den Menüpunkt „Kontakte" und dort im Reiter „Gemerkte Personen" finden) – dazu sollten Sie den Kandidaten aber eine interne Notiz vergeben, um später zuordnen zu können, für welche Vakanz Sie ihn sich vorgemerkt haben. Die zweite Option ist, von passenden Kandidaten die Links zu ihren XING-Profilen aus der Browser-Zeile herauszukopieren und in einer separaten Datei (z. B. Excel, Word) zu speichern.

Interview mit Marek Schmidt, Leiter SAP Consulting, tätig bei der Schier Consult GmbH

Herr Schmidt, zur Verstärkung Ihres Berater- und Entwicklerteams bei der Schier Consult GmbH sind Sie stets auf der Suche nach erfahrenen SAP-Spezialisten. Wie beurteilen Sie den Arbeitsmarkt in Ihrem Segment?

Marek Schmidt: Wir bemerken, dass es seit geraumer Zeit schwieriger wird, auf traditionellem Weg unsere Vakanzen schnell und mit der gewünschten Qualifikation zu besetzen. Als mittelständischer IT-Dienstleister mit rund 20 Mitarbeitern sind wir in Braunschweig ansässig und beraten Kunden aus der Automobilindustrie und Finanz- bzw. Versicherungswirtschaft in der Metropolregion Wolfsburg – Braunschweig – Hannover. Um qualifizierte Mitarbeiter in unseren Projekten einzusetzen, setzen wir primär auf die Einstellung bereits qualifizierten Personals – der sogenannten SAP-Spezialisten – und erst im zweiten Schritt auf die eigene Ausbildung. Aufgrund unserer regionalen Prägung sind unsere Berater fast ausschließlich in Pendelnähe rund um Braunschweig tätig. Wir suchen daher Mitarbeiter, die die Umgebung von Braunschweig zu ihrem Lebensmittelpunkt machen. Für unsere Personalsuche scheiden daher Mitarbeiter aus, die in beliebten Metropolen außerhalb unserer Region leben, denn für sie ist es oft nur bedingt attraktiv, nach Ost-Niedersachsen zu ziehen. Die Erfahrung zeigt, dass Kandidaten mit den von uns gesuchten Qualifikationen häufig in den klassischen Consulting-Hochburgen wie München, Frankfurt, Köln oder Berlin ansässig sind. Es gilt also, den Markt der regional angesiedelten oder aus der Region abstammenden, jedoch weggezogenen Kandidaten konsequent auszuschöpfen, wenn wir weiter wachsen wollen.

Welche Kanäle haben sich für Ihre Personalsuche bewährt?

Marek Schmidt: Um berufserfahrene SAP-Spezialisten einzustellen, haben wir in der Vergangenheit vorrangig Anzeigen in Online-Jobbörsen, z. B. StepStone, geschaltet. Im Laufe der letzten Jahre ging der Bewerbungsrücklauf allerdings stark zurück, da SAP-Spezialisten sehr umworben sind. Zwar nehmen wir eine strukturell hohe Wechselbereitschaft in der Branche wahr, aber aktiv auf Stellensuche geht diese Zielgruppe kaum. Folglich haben wir Personalvermittler engagiert, was zu einem starken Anstieg der Recruiting-Kosten führte. Anfang 2012 haben wir begonnen, andere Kanäle auszuprobieren – und sind seither mit XING erfolgreich.

Wie setzen Sie XING konkret ein?

Marek Schmidt: Für uns war klar, dass das Schalten von Stellenanzeigen nicht infrage kommt. Wir wollten gezielt Kandidaten auf der Plattform identifizieren und über Direktansprache für uns gewinnen. Wir haben uns entschieden, dass ich selbst über mein XING-Profil mit Kandidaten in Verbindung trete: Wir hatten gehofft, dass es gut ankommt, wenn der künftige Chef seinen potenziellen Mitarbeiter kontaktiert. Genau das ist eingetreten.

Worauf führen Sie Ihre guten Recruiting-Ergebnisse zurück? Welches sind Ihre wichtigsten Stellschrauben?

Marek Schmidt: Im ersten Schritt haben wir uns damit auseinandergesetzt, wie wir XING professionell einsetzen. Anschließend haben wir unsere Strategie für die Suche und Kontaktierung von Kandidaten definiert. Mein XING-Profil habe ich um Informationen zu unseren Karrierechancen erweitert. Für die Kandidatensuche lautet unsere Strategie: Wir suchen vorrangig regional, um die Hürde eines möglichen Umzugs zu umschiffen. In der Kandidatenansprache sind wir erfolgreich, weil wir unsere Wunschkandidaten mit individuellem Bezug auf ihre Profile kontaktieren. Zusätzlich benennen wir konkret, welche Vorzüge unser Arbeitsumfeld bietet: Unter anderem machen wir Beratertätigkeit und geregeltes Familienleben vereinbar, denn unsere Consultants verbringen ihren Feierabend zu Hause. Indem wir diese Tatsache klar in der Erstansprache kommunizieren, wecken wir Gesprächsinteresse.

Zudem pflegen wir unsere Kandidatenkontakte nachhaltig: Möchten sich Zielpersonen aktuell nicht beruflich verändern, signalisieren aber Interesse am weiteren Kontakt, so behalten wir sie in unserer Wiedervorlage und fassen später erneut nach. Unsere gesamte Kommunikation ist wertschätzend und verbindlich. Seit Mitte 2012 konnten wir mehrere Positionen mit XING besetzen – vergleichsweise schnell und kostengünstig. Aufgrund der guten Ergebnisse, die wir in der Einstellung von SAP-Spezialisten erzielten, konnten wir die eigene Ausbildung auf die gewünschte Qualifikation von geringer qualifizierten Mitarbeitern einstellen. Somit konnten wir schneller wachsen, da einerseits das qualifizierte Personal zeitlich eher zur Verfügung steht und andererseits wichtige Unternehmensressourcen nicht in der Personalausbildung gebunden waren.

Vielen Dank für das informative Gespräch!

2.1.3.2 Erfolgreiche Kontaktstrategie – eine Kunst!

Das Herzstück für erfolgreiches XING-Recruiting ist eine ausgefeilte Kontaktstrategie. Wir sprechen hier über proaktives Kandidaten-Recruiting, d. h. die aktive Ansprache potenzieller Kandidaten im XING-Netzwerk. Proaktives Recruiting ist hervorragend geeignet, um in Engpasszielgruppen passende Kandidaten zu finden, die oftmals über klassische, anzeigengestützte Maßnahmen nicht erreichbar sind. So erreichen wir auch latent Suchende, die an Karrierechancen interessiert sind, aber nicht offensiv nach Stellen suchen.

Der Vorteil des proaktiven Recruiting ist, dass Sie als Personalsuchender mit dem Kandidaten in einen Dialog „vor der offiziellen Bewerbung" treten können. An dieser Stelle ist es wichtig, dass dieser Dialog auf Augenhöhe und mit Wertschätzung erfolgt. So erfahren Sie Beweggründe, Wechselmotivationen oder Antriebe des Kandidaten. Zum Beispiel melden uns Kandidaten zurück, dass sie aktuell nicht an einem Wechsel interessiert sind, aber gerne die Stellenausschreibung lesen würden, um zu prüfen, ob die Karrierechance interessant für sie oder einen Bekannten aus ihrem Netzwerk sein könnte. Spannend wird es, wenn Sie erfahren, ab wann ein Wechsel infrage kommt bzw. welche Voraussetzungen vorhanden sein müssen, um einen Wechsel anzustreben. Diese Informationen sind sehr wertvoll, um Recruiting-Projekte auch zu einem späteren Zeitpunkt zum Erfolg zu bringen. So viel vorweg: Mit intelligenter und zielgerichteter aktiver Ansprache erhalten wir Antwortquoten bis 65 % auf unsere Ansprachen.

Vorteile für Recruiter im Überblick

* Sie erreichen Ihre Zielgruppe direkt und persönlich im Eins-zu-eins-Dialog.
* Sie erreichen Kandidaten, die aktiv an Karrierechancen interessiert und aktuell wechselmotiviert sind.
* Sie erreichen auch latent Suchende, die an Karrierechancen interessiert sind, aber nicht offensiv nach Stellen suchen.

XING-Regeln und Hinweise zur aktiven Kandidatenansprache
Bevor Sie Kandidaten aktiv anschreiben, empfehlen wir Ihnen die Vorbereitung eines auf die zu besetzende Position bezogenen Ansprachetextes. Nehmen Sie sich dazu unbedingt die notwendige Zeit. Dieser Text dient Ihnen als Basis für die einzelnen Ansprachen, wobei Sie den Text mithilfe von Textbausteinen individuell auf das persönliche Profil des Kandidaten anpassen können. Die Bausteine helfen Ihnen Zeit zu sparen.

▶   **Wichtig** Beachten Sie die XING-Netiquette (XING-Regeln). Wir möchten an dieser Stelle darauf hinweisen, dass in XING **keine unpersonalisierten Massenansprachen**, SPAM- oder Multi-Level-Marketingnachrichten erlaubt sind. Sie dürfen nicht einfach wahllos XING-Mitglieder kontaktieren, ohne Bezug auf das jeweilige XING-Profil zu nehmen oder diese persönlich zu kennen. Sie laufen sonst Gefahr, abgemahnt zu werden und Ihren XING-Account inklusive Ihrer Netzwerkdaten zu verlieren. Darüber hinaus werden Sie keine nennenswerten Rücklaufergebnisse erzielen! In der schriftlichen Kommunikation fällt der visuelle Eindruck weg – das kann zu Missverständnissen führen. Ihr Tonfall und der Inhalt Ihrer Nachrichten müssen unmissverständlich sein, wählen Sie deshalb eine eindeutige und angemessene Sprache. Versetzen Sie sich in die Lage des Kandidaten, wenn Sie unschlüssig sind. Würden Sie auf Ihre eigene Nachricht antworten? Achten Sie besonderes darauf, dass Sie keine XING-Mitglieder aktiv anschreiben, die im „Ich-suche"- Feld z. B. „keinen neuen Job", „keine Jobangebote", „keine neue Herausforderung" oder Ähnliches vermerkt haben. Sie könnten hier von XING gerügt oder abgemahnt werden, da der Adressat feststellt, dass Sie sich nicht ernsthaft mit seinem Profil beschäftigt haben.

Vermeiden Sie das „Gießkannen-Prinzip": Die Erfahrung zeigt, dass es wenig sinnvoll ist, große Massen von Kandidaten mit „Copy-und-Paste-Texten" anzuschreiben und zu hoffen, dass sich daraus die richtigen Kandidaten melden. Es ist nicht effizient und verprellt viele Kandidaten, die eventuell für andere interessante Stellen infrage kommen könnten.

Die acht wichtigsten Bausteine für eine responseorientierte Ansprache
Mit den folgenden Bausteinen können Sie Ihre Ansprache optimieren und werden Ihre Rücklaufquoten deutlich erhöhen. Die Höhe und die Qualität Ihres Rücklaufs sind entscheidend für die Effizienz Ihrer Arbeit bei Ihrer Stellenbesetzung.

▶   **Checkliste: die acht wichtigsten Bausteine**
       1. Ansprechender Betreff
       2. Persönliche Anrede
       3. Bezug zum Profil des Adressaten
       4. Wechselmotivation und Karriereziele klären
       5. Kurzbeschreibung des Jobangebots
       6. Networking betreiben
       7. Schlussformel und Handlungsaufforderung
       8. Ihre Kontaktdaten

1. Ansprechender Betreff
Zunächst einmal müssen Sie es erreichen, dass der potenzielle Kandidat Ihre Nachricht im Posteingang öffnet. Gerade bei heißbegehrten Kandidaten oder XING-Mitgliedern mit großen Netzwerken müssen Sie davon ausgehen, dass Sie nicht der Einzige sind, der im Posteingang auftaucht. Denken Sie an Ihr tägliches E-Mail-Postfach. Welche Nachrichten öffnen Sie zuerst?

2. Persönliche Anrede
Sollte Ihnen der Empfänger nicht persönlich bekannt sein, sprechen Sie ihn in der Anrede höflich und direkt mit Namen an. Ansonsten könnte beim Adressaten schnell der Eindruck einer Massen-Mail entstehen!

3. Bezug zum Profil des Adressaten
Es ist sehr wichtig, dass Sie einen Bezug zum Profil des Kandidaten herstellen. Zunächst schützen Sie sich selbst, indem Sie die XING-Regeln einhalten. Zum Zweiten erhalten Sie mehr Aufmerksamkeit beim Adressaten und steigern somit Ihre Erfolgsquoten nachhaltig. Den Bezug zum Profil stellen Sie her, indem Sie bestimmte Schlagworte oder Kriterien Ihrer Suche, Ihr Matching, in der Ansprache erwähnen. Über welche Suchworte sind Sie auf den Kandidaten aufmerksam geworden? Warum schreiben Sie gerade diesen Kandidaten an? Das ist Ihre Legitimation und der Grund für Ihre Kontaktaufnahme! Es ist am besten, wenn Sie den Bezug direkt am Anfang Ihrer Ansprache herstellen. Falls Sie eine

innovativere Einleitung gewählt haben, sollte spätestens im zweiten Absatz Bezug genommen werden.

Beispiele für einen Bezug zum Profil können sein

- Sie sehen oben rechts im Feld „Karrierewünsche", dass der Kandidat aktiv auf Jobsu-
  che ist.
- Sie sehen oben rechts im Feld „Karrierewünsche", dass der Kandidat nicht auf Jobsu-
  che, aber offen für Jobangebote ist.
- Der Kandidat erwähnt, dass er neue Herausforderungen oder interessante Jobangebote
  sucht.
- Der Kandidat beschreibt im Feld „Ich biete" genau das, was Sie suchen.
- Sie haben das XING-Mitglied über seine aktuelle Position gefunden.
- Sie sehen in den Qualifikationen entsprechende Übereinstimmungen.
- Sie beziehen sich auf die einschlägige Berufserfahrung, die Ihr gefundener Kandidat
  mitbringt.

4. Wechselmotivation und Karriereziele klären

Fragen Sie an dieser Stelle nach, wie groß das grundsätzliche Interesse an dem beschriebenen Jobangebot ist und ob der Kandidat mehr über die Position und seinen potenziellen
neuen Arbeitgeber erfahren möchte. Wie aktuell ist seine Suche nach Karrierechancen?
Was sind seine nächsten Karriereziele? Es kommt immer wieder vor, dass Kandidaten
bestimmte Hinweise in ihrem Profil angegeben haben, diese aber nicht mehr aktuell sind,
weil sie zum Beispiel den Arbeitgeber bereits gewechselt haben und dies im XING-Profil
noch nicht ersichtlich ist. Theoretisch könnten Sie diese „Bedarfs- und Situationsanalyse"
bereits am Anfang Ihrer Ansprache durchführen. Allerdings verschenken Sie dann eventuell wertvolle Chancen, weil der Kandidat sich Ihr Angebot nicht vollständig durchliest
und bereits am Anfang abbricht.

5. Kurzbeschreibung des Jobangebots

Um welches Jobangebot handelt es sich, das Sie bieten? Welche konkreten Tätigkeiten
werden im Alltag gefordert? Vermeiden Sie Worthülsen, die zwar schön klingen, aber
keiner versteht. Um welchen Arbeitgeber handelt es sich? Ist es Ihr Unternehmen, bei dem
Sie als Führungskraft oder Personaler arbeiten, oder handelt es sich um einen Kunden, für
den Sie als Recruiter tätig sind? Beschreiben Sie kurz und kompakt das Besondere der
Position. Verwenden Sie wirkungsvolle Formulierungen, die Appetit auf mehr machen.
Welcher Mehrwert wird dem potenziellen Neueinsteiger geboten? Gehen Sie weg von der
klassischen Stellenausschreibung und überlegen Sie sich aus Kandidatensicht, was interessant wäre, um einen Jobwechsel attraktiv zu machen. Gerade der letzte Punkt ist relevant, um latent Jobsuchende für den Dialog mit Ihnen zu öffnen: Je klarer Sie die Vorzüge
Ihres Jobangebots formulieren – und diese der jeweiligen Kandidatenzielgruppe anpassen
-, umso höher Ihre Rücklaufquoten. Ein Beispiel aus unserer Praxis: Wir waren beauftragt

mit der Rekrutierung von erfahrenen Consultants und Projektleitern aus der Topmanagement-Strategieberatung. Diese Zielgruppe sucht für gewöhnlich nicht aktiv nach neuen Stellen. Ihr Arbeitsumfeld ist geprägt von Überstunden und starker Reisetätigkeit – zulasten des Privatlebens. In unserer Kandidatenansprache erwähnten wir explizit, dass die Stelle unseres Auftraggebers spannende Projekte in der Strategieberatung vereinbar macht mit geregeltem Familienleben. Diverse via XING angeschriebene Kandidaten meldeten sich zurück, um mehr über die Aufgaben und Unternehmenskultur zu erfahren, weil die sogenannte Work-Life-Balance in der Tat ein wunder Punkt ihres aktuellen Jobs war.

6. Networking betreiben

Nehmen wir an, Ihr angeschriebener Kandidat ist mit seiner Situation und seinem Job zufrieden, findet aber Ihr Jobangebot und die Art und Weise, wie Sie mit ihm in Kontakt getreten sind, interessant; hier empfehlen wir Ihnen eine weitere bewährte Möglichkeit, um Ihre Besetzungschancen deutlich zu erhöhen und am Ende doch zum Ziel zu kommen. Fragen Sie in diesem Baustein Ihren Adressaten, ob ihm im Falle seines Nichtinteresses jemand in seinem Netzwerk einfällt, der infrage kommen könnte. Bieten Sie ihm an, dass er Ihr Anschreiben weiterleiten darf. So erhalten Sie automatisch virale Effekte im Netzwerk des Angeschriebenen. Gerade in Engpasszielgruppen mit hoher Spezialisierung kennen sich oftmals „Spezialisten" auch firmen- und branchenübergreifend – getreu dem Motto: Gleich und Gleich gesellt sich gern.

7. Schlussformel und Handlungsaufforderung

Mit diesem vorletzten Abschnitt steigern Sie Ihre Response-Rate entscheidend. Fordern Sie Ihren Kandidaten zu einer aktiven Handlung auf, damit er den nächsten Schritt geht. Bieten Sie ihm dazu verschiedene Kanäle an. Dies könnte die Anforderung Ihrer Stellenausschreibung als PDF-Datei per E-Mail sein. Die Formel könnte wie folgt lauten: „Gerne sende ich Ihnen die/das offizielle Stellenausschreibung/Jobangebot zu, sodass Sie in Ruhe prüfen können, ob mein Angebot für Sie interessant ist. Die alles entscheidende Frage lautet nun: An welche private E-Mail-Adresse darf ich Ihnen diese senden?" Der Vorteil dieses Weges ist, dass der Kandidat nun selbst aktiv werden muss und bei Ihnen etwas anfordern darf. Des Weiteren verlagern Sie Ihre Kommunikation auf Ihren E-Mail-Kanal. Aus unserer langjährigen Erfahrung wissen wir, dass E-Mails schneller gelesen und besser wahrgenommen werden als XING-Nachrichten. Dies hat viele unterschiedliche Gründe. Wichtig ist, dass Sie sich im Betreff Ihrer E-Mail auf den Dialog in XING und das Jobangebot beziehen, sodass der Kandidat Ihrer E-Mail auch große Beachtung schenkt.

Eine weitere Möglichkeit könnte sein, dass Sie den Kandidaten aktiv zu einem kurzen Telefontermin mit Ihnen einladen. Bieten Sie ihm hierzu zwei konkrete Termine an zwei aufeinanderfolgenden Abenden zwischen 19.00 und 20.00 Uhr an. Fragen Sie ihn, welcher Termin für ihn besser passt und wie Sie ihn am besten telefonisch erreichen können.

8. Ihre Kontaktdaten

Beenden Sie Ihr Anschreiben mit Ihren kompletten Kontaktdaten. Halten Sie sich vor Augen, dass Sie mit dem Kandidaten (noch) nicht vernetzt sind und er deswegen von Ihnen keine Kommunikationsdaten hat, da diese in den meisten Fällen nicht sichtbar sind. Am besten nutzen Sie dazu die automatische Signatur aus Ihrer Firmen-E-Mail. Dies erzeugt Vertrauen und verschafft dem Kandidaten mehrere Möglichkeiten zur Kontaktaufnahme mit Ihnen. So kann er direkt über die „XING-Antwortfunktion", per E-Mail oder auch telefonisch zu Ihnen Kontakt aufnehmen.

Oft ist man geneigt, diese Möglichkeiten zu unterschätzen.

Die prozentuale Aufteilung unserer Rückmeldekanäle sieht wie folgt aus:

- 90 % direkte Antwortfunktion in XING,
- 7 % direkte Antwort per E-Mail,
- 3 % direkte telefonische Kontaktaufnahme.

Über den „Telefonkanal" mit 3 % Rücklauf hatten wir schon Kandidaten, die wir in kurzer Zeit vermittelten. Das bedeutet, dass ohne diesen Kanal dieses Vermittlungsgeschäft eventuell nicht stattgefunden hätte, weil es dem Kandidaten unter Umständen zu kompliziert gewesen wäre. Mit dieser weiteren Möglichkeit bieten Sie ihm viele Möglichkeiten, mit Ihnen in Kontakt zu treten, und die Chance, dass Sie eine Antwort bekommen, steigt.

▶   **Praxistipp rund um Ihre Kontaktdaten und die Privatsphäre Ihrer Kandi-
    daten**   Wir stellen immer wieder fest, dass bei vielen Recruitern und Kontakt-
    personen die privaten Telefonnummern und E-Mail-Adressen als geschäftliche
    Kontaktdaten in XING hinterlegt sind. Dies passiert meist unbewusst. Das
    könnte sich möglicherweise zum Problem für Sie entwickeln, wenn Ihnen Kan-
    didaten die Lebensläufe und Bewerbungen an Ihre private E-Mail-Adresse sen-
    den oder Sie auf Ihrem privaten Handy anrufen.
    Füllen Sie deswegen die Felder der Kontaktdaten in Ihrem XING-Profil so aus,
    wie XING es vorgibt. Gerne auch Ihre privaten Kontaktdaten in den definier-
    ten Feldern. Zunächst sind alle Ihre Kontaktdaten geschützt, sodass „Nicht-
    kontakte" diese auch nicht ersehen können. Erst wenn Sie die Datenfreigabe
    erteilen – zum Beispiel beim Kontakt hinzufügen –, werden Ihre Kontaktdaten
    demjenigen öffentlich zugänglich. Hierbei können Sie bequem per Mausklick
    entscheiden, ob dieser beispielsweise nur Ihre geschäftlichen oder auch Ihre
    privaten Daten erhält. Um es für den Alltagsgebrauch zu erleichtern, macht es
    Sinn, einmal einen Standard für die Datenfreigabe in XING zu definieren.
    Privatsphäre der Kandidaten
    Des Weiteren empfehlen wir Ihnen, Ihre Kontaktliste in XING für niemanden
    sichtbar zu machen. Dies widerspricht im Kern dem Social-Media- und Netz-
    werk-Gedanken, bietet aber wechselmotivierten Kandidaten in Ihrem Talent-
    pool, den Sie sich aufbauen, einen größeren Schutz seiner Privatsphäre.

Praxisbeispiel „Kontaktempfehlung"

Im Schnitt werden für die Rekrutierung eines festangestellten IT-Mitarbeiters in Deutschland rund sechs Monate investiert. Unser Kunde suchte für den IT-Bereich bereits seit mehreren Monaten einen „Webshop-Entwickler Magento" zur Festanstellung. Über XING suchten wir in dessen Auftrag aktiv nach passenden, an Karrierechancen interessierten Kandidaten. Die Ergebnisse in der Region des Kunden waren zunächst recht überschaubar, so weiteten wir die Suche aus. Es meldeten sich einige Kandidaten zurück, für viele kam der Standort leider nicht infrage. Jedoch kam ein qualifizierter IT-Experte aus Kroatien und war an einem Wechsel nach Deutschland hochinteressiert. Leider entschied er sich innerhalb von zwei Wochen für einen anderen Arbeitgeber in Deutschland und sagte uns ab. Wir vernetzten uns anschließend über XING und hielten weiterhin Kontakt. Dazu boten wir unsere Unterstützung in Form von Informationen rund um den Wechsel nach Deutschland an. Falls sich seine Erwartungen beim neuen Arbeitgeber nicht erfüllen würden, könne er sich gerne bei uns wieder melden. Zwei Wochen später schrieb er uns mit einer Kontaktempfehlung aus seinem Kollegenkreis an. Dieser Kontakt stellte sich ebenfalls als qualifizierter IT-Experte passend zu unserer Vakanz heraus. Drei Wochen später war der Arbeitsvertrag unterschrieben!

Chronologie des Besetzungsprozesses:

19.2.2013: Aktive Empfehlung aus dem Netzwerk

Direkte E-Mail-Kontaktaufnahme zum empfohlenen Kandidaten

20.2.2013: Einreichung Lebenslauf durch den Kandidaten

21.2.2013: Kandidateninterview via Skype-Konferenz

22.2.2013: Weiterleiten des Lebenslaufs, der Zeugnisse und Referenzen an den Kunden

26.2.2013: Einladung zum Vorstellungsgespräch

6.3.2013: Flug von Kroatien nach Deutschland zum Vorstellungsgespräch

11.3.2013: Kandidat unterschreibt den Arbeitsvertrag mit Beginn zum 01.04.2013

Aufgrund der behördlichen Vorbereitungen und Umzugsplanung der Familie wurde der Arbeitsbeginn im Nachhinein auf den 1.5.2013 verlegt.

Original-Nachricht in XING vom 19.2.2013 um 12:31 Uhr:

Hallo Herr Dannhäuser,
wie bereits telefonisch mitgeteilt, sende ich Ihnen eine Empfehlung für einen Kollegen hier aus Kroatien, der vielleicht auch an Ihrem Jobangebot interessiert wäre.
Er ist auch „Magento Certified Developer", arbeitet seit zwei Jahren in … und seit ungefähr neun Jahren als Developer für …
Viel Erfolg bei der Besetzung und vielen Dank für Ihre Hilfe!
Mit freundlichen Grüßen

Praxisbeispiel „Besetzungsgeschwindigkeit und Rückmeldung eines Kandidaten"

Das nächste Beispiel zeigt Ihnen, welchen Sog Sie erreichen können, wenn Sie eine zielgerichtete und intelligente Art und Weise des Anschreibens gewählt haben. Des Weiteren erkennen Sie, welche wichtigen Kontaktdaten ein interessierter Kandidat von sich aus preisgibt.

Interessant ist auch zu sehen, in welcher Geschwindigkeit von der Erstansprache über die Vertragsunterschrift bis hin zum Arbeitsbeginn über XING offene Stellen besetzt werden können.

Für uns ist dieses Beispiel kein Einzelfall!

Chronologie des Besetzungsprozesses:

7.1.2013: Kundenauftrag zur Suche eines „Produkt- und Projektmanagers Online-Shop"

13.1.2013: Vormittags: aktive Ansprache des Kandidaten via XING

Abends: Interessenbekundung und Rückmeldung des Kandidaten

14.1.2013: Einreichung des Lebenslaufs, der Zeugnisse und Referenzen, telefonisches Interview

16.1.2013: Erstes Vorstellungsgespräch beim Kunden

22.1.2013: Zweitgespräch beim Kunden

28.1.2013: Unterzeichnung des Arbeitsvertrags

18.2.2013: Arbeitsbeginn beim neuen Arbeitgeber

Original-Nachricht in XING vom 13.1.2013 um 21:54 Uhr:
Sehr geehrter Herr Dannhäuser,
vielen Dank für die mehr als ‚interessante' Nachricht!
Gerne möchte ich weitere Details erfahren. Sie können mir gerne weitere Informationen an meine private E-Mail-Adresse ….@gxm.de mailen.
Sie erreichen mich am besten mobil unter 0162
Ich besuche am 14. und 15. Januar die Bau-Messe in München. Auf dem Rückweg fahre ich an Stuttgart vorbei, da könnten wir uns bei Bedarf treffen.
Freundliche Grüße

▶ **Merke** Die größten Rücklaufquoten erzielen Sie, wenn Sie sich in der Ansprache so individuell wie möglich auf das jeweilige XING-Profil beziehen. Der potenzielle Kandidat muss das Gefühl haben, dass nur er von Ihnen so angesprochen wurde, da er ideal auf Ihre zu besetzende Stelle passt.
Die Anforderungen an einen Recruiter 2.0 sind andere, als dies noch vor ein paar Jahren der Fall war. Auf die Unterschiede und die Anforderungen geht Hans Fenner in seinem Kapitel „Erfolgsfaktoren Social Media Recruiting in Unternehmen" ein. Wir empfehlen Ihnen, sehr zeitnah, am besten innerhalb von 24 h, auf die Rückmeldungen der Kandidaten zu reagieren. Führen Sie einen Dialog auf Augenhöhe, und fangen Sie nicht an, direkte Kontaktanfragen zu senden, ohne geklärt zu haben, ob dies seitens Ihres potenziellen Kandidaten überhaupt gewünscht ist. Sie würden ihn in vielen Fällen einfach überrumpeln. Versetzen Sie sich immer in die Lage des Adressaten und formulieren Sie wertschätzend Ihre Ansprachen! Denken Sie an Handlungsaufforderungen und erhöhen Sie so Ihren Rücklauf. Reagieren Sie sehr zeitnah auf Rückmelder.

2.1.3.3 Kontaktmanagement

Neben dem Versand von Nachrichten an Kandidaten können Sie diesen auch eine Kontaktanfrage senden: Bestätigen die Kandidaten Ihre Einladung, sind sie direkt mit Ihnen in XING vernetzt, also haben einen Kontakt ersten Grades. Wir empfehlen, Ihre Kontakte ersten Grades zu kategorisieren (auf Neudeutsch: taggen) – somit können Sie gezielt auf einen Klick Netzwerkkontakte auf XING finden, die Sie der jeweiligen Kategorie zugeordnet haben.

Indem Sie Ihre XING-Kontakte kategorisieren – und zwar mit beliebig vielen und frei wählbaren Kategorien/Tags –, managen Sie Ihr Netzwerk. Mit folgendem Vorgehen können Sie sich für Ihre Vakanzen einen Talentpool aufbauen:

Vergeben Sie Kandidaten Kategorien. Dies können Sie zum Zeitpunkt der Kontaktanfrage bzw. bei Bestätigung einer erhaltenen Kontaktanfrage oder zu jedem späteren Zeitpunkt in der Liste Ihrer Kontakte vornehmen. Es empfiehlt sich die Systematik, im ersten Schritt alle bestehenden Kontakt zu kategorisieren und im zweiten Schritt ab dann jede neue Kontaktanfrage bzw. -bestätigung von vornherein mit Tags zu versehen.

Sobald Sie solche Kategorien vergeben haben, erscheint in XING auf der Seite Ihrer Kontakte rechts außen eine sogenannte Tagcloud: „Meine Kontaktkategorien". Dort sind alle Kategorien aufgelistet, die Sie vergeben haben. Per Klick auf einen dieser Begriffe liefert Ihnen XING die Liste all Ihrer Kontakte, denen Sie diese Kategorie zugewiesen haben.

Beispiel zum Kontaktmanagement

Ein Klick auf eine Kategorie namens „Kandidat Senior Software Entwickler" liefert Ihnen alle Kandidaten aus Ihrem Netzwerk, die Sie für eine neue Position adressieren können, die Ihrer früheren Vakanz mit ähnlicher Ausrichtung und vergleichbarem Anforderungsprofil entsprechen. So haben Sie auf Knopfdruck eine Liste mit Zielkandidaten generiert, zu denen Sie früher über XING in Verbindung standen, sodass Sie diesen Kontakt rasch „aufwärmen" können.

So definieren Sie Ihre Kategorien

Bevor Sie Ihre Kontakte (bestehende sowie neu hinzukommende) mit Kategorien kennzeichnen, legen Sie Ihre Kategorisierungsstrategie fest. Diese sollte mehrdimensional und vor allem skalierbar im Hinblick auf Ihr künftiges XING-Netzwerk-Wachstum sein.

Ein Beispiel, wie wir es handhaben – für unseren allgemeinen Einsatz von XING sowie für den speziellen Einsatz im Recruiting:

Jeder unserer Kontakte erhält als eine Kategorie ein „A" bzw. „B" oder „C". „A" steht für Kontakte, die wir persönlich kennen und die für unsere Geschäftstätigkeit elementar wichtig sind. „B" steht für Kontakte, die wir persönlich kennen und die von mittlerer Relevanz sind. „C" steht für Kontakte, die wir nicht persönlich, sondern rein virtuell bzw. telefonisch kennen.

Alle rein privaten XING-Kontakte sind mit „privat" gekennzeichnet. Alle anderen Kontakte, die nicht „privat" als Tag tragen, sind somit geschäftlich veranlasst.

Kandidaten erhalten von mir immer mehrere Tags, zum Beispiel: allgemein „Kandidat", dann eine Kennung für den Bereich der Vakanz, z. B. „Kandidat Sales", und mindestens eine Kennung für die jeweilige Vakanz, z. B. „Kandidat Ref-Nr. 0815". Da wir Kandidaten anfangs nicht persönlich kennen, erhalten sie außerdem den Tag „C". Mit diesem Vorgehen finden wir mit nur einem Klick auf unsere Kategorie „Kandidat" sämtliche Kandidaten, die vakanzübergreifend zu unseren XING-Kontakten zählen. Per Klick auf „Kandidat Sales" erhalten wir eine Liste mit allen Vertriebskandidaten aus unserem Netzwerk, per Klick auf „ Kandidat Ref-Nr. 0815" erhalten wir die Shortlist von Kandidaten zu einer bestimmten Vakanz, die wir gezielt für eine ähnliche Stelle adressieren können.

2.1.3.4 Effizienzsteigerung mit externen Applikationen

Im Kapitel „Kandidatenansprache" haben wir dargestellt, wie relevant individuelle Botschaften für die Rücklaufquoten sind. Da es enorm zeitaufwendig ist, jeden Kandidaten mit einer vollkommen individuellen Nachricht zu adressieren, empfehlen wir das Verwenden von Textbausteinen, die Sie an einzelnen Stellen von Kandidat zu Kandidat individuell anpassen.

XING bietet leider keine Möglichkeit, Mustertexte zu verwalten. Setzen Sie XING ohne zusätzliche Hilfsmittel ein, verfassen Sie jeden Text manuell neu. Für effizientes Arbeiten ist es daher unerlässlich, externe Applikationen zur bestmöglichen Automatisierung von Textbausteinen einzusetzen. Selbstverständlich sind diese Programme auch außerhalb von XING einsetzbar (z. B. in MS Word, MS Outlook und anderer Software): z. B. für das Erstellen von Angeboten, Kandidatenabsagen, Interview-Einladungen etc.

Günstig (für Privatanwender kostenfrei und für Geschäftskunden für eine geringe Lizenzgebühr erhältlich) ist PhraseExpress, ein Programm für Windows-Rechner (s. http://www.phraseexpress.com/de/). Mit diesem Programm können Sie vergleichsweise einfach Makros programmieren, sodass durch Tastendruck komplette Textbausteine in XING-Nachrichten oder XING-Kontaktanfragen eingefügt werden.

Eine anschauliche Anleitung, wie Sie mit PhraseExpress XING-Textbausteine einsetzen, finden Sie im Blog von Joachim Rumohr, dem XING-Experten Nr. 1 im deutschsprachigen Raum unter http://bit.ly/phraseexpress-anleitung. Für Macs empfehlen wir vergleichbare Programme wie TypeIt4Me (siehe. http://www.ettoresoftware.com/products/).

2.1.4 Anzeigengestützte Kandidatensuche

Unter XING Stellenmarkt wird eine Online-Stellenbörse offeriert, die auf den ersten Blick vergleichbar ist mit klassischen Internet-Jobboards wie StepStone oder Monster. Grundsätzlich steht es Ihnen frei, auf XING Stellenmarkt Ihre Stellenanzeigen zu veröffentlichen. Dies ist bei jeder beliebigen XING-Mitgliedschaft möglich, also als Basis-Mitglied ebenso wie als Premium-Mitglied bzw. als Nutzer des Talentmanagers: Die Veröffentlichung ist kostenpflichtig und wird gesondert fakturiert.

XING Stellenmarkt unterscheidet drei verschiedene Anzeigenformate, die wir in diesem Kapitel vorstellen.

Doch beleuchten wir zunächst einmal, wann eine Stellenanzeige besonders empfehlenswert ist und welche Nutzer sie erreicht.

2.1.4.1   Wann lohnt sich eine Stellenanzeige auf XING?

Gängige Praxis in vielen Personalabteilungen in Deutschland ist heutzutage das Schalten von Stellenanzeigen in Print- bzw. Online-Medien – obwohl vermehrt die Bewerberresonanz quantitativ und/oder qualitativ nicht ausreicht. In Zeiten des Fachkräftemangels rückt daher das Active Sourcing – im vorigen Kapitel beschrieben – immer stärker in den Fokus der Personalsuchenden. Vor diesem Hintergrund ist es legitim, vor jeder Schaltung einer Stellenanzeige zu hinterfragen, wie hoch die Wahrscheinlichkeit ist, für diese Vakanz aktive Jobsucher zu erreichen: Von jeher erreicht das Recruiting-Instrument Stellenanzeige vorrangig aktiv Jobsuchende.

Ist davon auszugehen, dass Ihre Kandidatenzielgruppe primär nicht aktiv jobsuchend ist – dies trifft z. B. auf spezialisierte SAP-Consultants oder stark umkämpfte Web-Entwickler zu –, ist eine klassische Online-Stellenanzeige nur bedingt Erfolg versprechend: Sie sollte zumindest von zusätzlichen Recruiting-Aktivitäten, z. B. Active Sourcing, Hochschulmarketing, Karrieremessen, Mitarbeiter-werben-Mitarbeiter-Programmen etc., flankiert werden.

Für Vakanzen, bei denen Sie mit einem nennenswerten Bewerbungsrücklauf rechnen – z. B. im Vertrieb, im Marketing, im Controlling –, eignen sich natürlich Ihre Stellenanzeigen auch auf XING.

Da in der Regel die Personalmarketing-Budgets limitiert sind, empfehlen wir einen Vergleich, wie gut XING und andere Online-Jobbörsen die gewünschte Zielgruppe erreichen, z. B. anhand der Mediadaten der Jobbörsen.

2.1.4.2   Welche Nutzer erreichen Sie mit XING?

Wie sich die XING-Mitglieder soziodemografisch – z. B. nach Alter, Geschlecht, Bildungsstand, Karrierestatus, Branche, Unternehmensgröße und Einkommen – gliedern, ist im Kapitel XING-Demografie beschrieben.

Ihre Anzeigenschaltungen auf XING erreichen gleichermaßen aktiv und latent Jobsuchende – bedingt durch folgende Funktionalität:

1. XING wird von den Usern – im Gegensatz zu klassischen Online-Jobbörsen – nicht nur zur Stellensuche eingesetzt.
2. XING veröffentlicht Ihre Stellenanzeigen nicht nur in der Jobbörse (XING Stellenmarkt), sondern stellt automatisch vielfältige Verknüpfungen auf der Plattform XING her und zeigt somit Ihre Vakanzen passiven Jobsuchern an, zum Beispiel
   - auf der eigenen Startseite von Usern im sofort sichtbaren Bereich unter „Jobempfehlungen von XING" – basierend auf einem automatischen Abgleich Ihres Anzeigeninhalts mit dem Mitgliedsprofil eines Users,

- auf Ihrem XING-Unternehmensprofil (sowohl in der Variante des kostenpflichtigen Employer-Branding-Profils als auch im funktional abgespeckten Gratisprofil),
- auf Ihrem eigenen Personenprofil (wenn Ihre Stellenanzeige mit Ihrem Profil verknüpft ist – das legen Sie bei Anzeigenschaltung fest),
- wenn Sie in thematisch passenden XING-Gruppen unterwegs sind (Gruppen-Moderatoren können thematisch passende Stellenanzeigen automatisiert in ihre Gruppen integrieren, sodass diese passiven Jobsuchern präsentiert werden).

Folglich steigert XING mit diesen intelligenten Verknüpfungen die Sichtbarkeit Ihrer Jobofferten deutlich. Darin liegt ein immenser Vorteil von XING im Vergleich zu klassischen Online-Jobbörsen.

2.1.4.3 Welche Anzeigenformate können Sie auf XING Stellenmarkt schalten?

XING bietet Ihnen drei verschiedene Anzeigenformate – so können Sie bedarfs- und budgetgerecht das passende Produkt auswählen. In Abb. 2.22 sind die Jobanzeigen TEXT, LOGO und DESIGN gegenübergestellt.

Neben der manuellen Selbsteingabe der Anzeigen auf XING – hierbei achten Sie bitte auch immer auf das Hinterlegen griffiger Keywords für die Kategorisierung, damit Ihre

XING Stellenmarkt: Anzeigenformate

Jobanzeige TEXT	Jobanzeige LOGO	Jobanzeige DESIGN
Pay-per-Click-Modell	**Festpreis**	**Festpreis**
▸ variable Laufzeit: je nach gebuchtem Click-Kontingent	▸ Fixe Laufzeit: je nach Auftrag 30, 60 oder 90 Tage	▸ Fixe Laufzeit: je nach Auftrag 30, 60 oder 90 Tage
▸ keine Grundgebühr/ kein Mindestumsatz	▸ fester Preis je nach Laufzeit	▸ fester Preis je nach Laufzeit
▸ keine Gestaltungsmöglichkeiten: reiner Fließtext, ohne Logo oder sonstige Bild-Elemente	▸ Sie formatieren Ihre Anzeige, Hochladen Ihres Logos und eines PDF (mit gestalteter Anzeige) möglich	▸ Voll gestaltete Anzeige in Ihrem individuellen Layout
▸ Volle Kostenkontrolle: Sie bestimmen die maximale Anzahl von Clicks; danach automatische Deaktivierung Ihres Jobangebots	▸ Unbegrenzte Clicks auf Ihre Anzeige	▸ Unbegrenzte Clicks auf Ihre Anzeige
▸ Selbsteingabe der Anzeige auf XING; nach Aktivierung sofort online	▸ Nach Veröffentlichung erhalten Sie sofort bis zu 20 Mitglieder-Vorschläge	▸ Nach Veröffentlichung erhalten Sie sofort bis zu 20 Mitglieder-Vorschläge
	▸ Selbsteingabe der Anzeige auf XING; nach Aktivierung sofort online	▸ Selbsteingabe der Anzeige auf XING durch PDF-Upload mit sofortiger Anzeigen-Aktivierung; alternativ Service-Posting durch XING

Abb. 2.22 XING Stellenmarkt: Anzeigenformate

Anzeigen bei der Stichwortsuche von Kandidaten optimal gefunden werden – können Sie Ihre Anzeigen auch automatisiert auf XING veröffentlichen: Mithilfe von technischen Lösungen gleicht XING automatisch die Anzeigen mit Ihrer Karriere-Website ab. Dies ist erst ab gewissen Anzeigenkontingenten wirtschaftlich sinnvoll – stimmen Sie sich im Bedarfsfall hierzu direkt mit Vertriebsmitarbeitern von der XING AG ab.

Wenn Sie innerhalb von zwölf Monaten mehr als eine Anzeige veröffentlichen möchten, tauschen Sie sich bitte ebenfalls direkt mit den XING-Vertriebsmitarbeitern aus: Mit Neukundenangeboten, Aktionsangeboten oder Rahmenverträgen können Sie von Rabatten profitieren.

Das Schalten jeder Stellenanzeige TEXT, LOGO oder DESIGN ist auf XING mit weiteren Optionen verbunden, die Sie von klassischen Online-Jobbörsen nicht kennen:

1. **Ihre Anzeige wird mit Ihrem Personenprofil oder Unternehmensprofil verknüpft:**
   Von jeder Stellenanzeige TEXT, LOGO oder DESIGN gelangen Kandidaten entweder zu Ihrem persönlichen Profil oder zu Ihrem Unternehmensprofil auf XING – Sie legen dies bei der Anzeigenschaltung fest. Mit diesem Mehrwert bietet XING Kandidaten die Möglichkeit, sich einen umfassenderen Eindruck von Ihnen als Personalentscheider bzw. über Ihr Unternehmen zu verschaffen – direkte Kontaktierung inklusive. Statistiken von XING belegen, dass Anzeigen, die mit einem Personenprofil des Personalentscheiders verknüpft sind, häufiger angeklickt werden als Anzeigen, die mit einem Unternehmensprofil verknüpft sind. In jedem Fall bedeutet es für Sie: Vor der Anzeigenschaltung prüfen Sie bitte, ob Sie sich mit einem professionellen und aussagekräftigen Personenprofil bzw. Unternehmensprofil als attraktiver Gesprächspartner auf Augenhöhe bzw. als Arbeitgeber der Wahl präsentieren.
2. **Alternative Bewerbungsmöglichkeiten für Kandidaten:**
   Bei der Anzeigenschaltung definieren Sie, auf welchem Kanal Sie Bewerbungen zulassen:
   - Per XING-Nachricht:
   - Basis- und Premium-Mitglieder gleichermaßen können sich via Nachricht bewerben – allerdings können nur Premium-Mitglieder ihrer Nachricht Dateianhänge hinzufügen.
   - Per E-Mail:
   - Sie hinterlegen die gewünschte Mail-Adresse, die von Ihrer persönlichen Adresse abweichen kann.
   - Per Online-Formular:
   - Sie hinterlegen den Link, unter dem ein vorhandenes Bewerberformular auf Ihrer Karriere-Website erreichbar ist.

Die Qual der Wahl: Welches ist das richtige Anzeigenformat für Sie?

Ihre Zielsetzung und Ihr Budget entscheiden über die Wahl des Instrumentes. Unsere Praxisempfehlung lautet wie folgt:

Die **Jobanzeige TEXT** wirkt ohne Logo und textliche Gestaltung sehr schmucklos.

Wiedererkennungseffekte oder gar Imageaufbau sind damit nicht möglich. Bei der Auswahl Ihres gewünschten Klick-Kontingents ist zu berücksichtigen, dass im Schnitt die ersten 150 Klicks auf Ihre Anzeige durch Ihr Netzwerk generiert werden, bevor Ihre eigentliche Kandidatenzielgruppe die Anzeige aufruft. Anzeigen, die ein hohes Interesse auf User-Seite erzielen (z. B. im Vertrieb oder Marketing), werden häufig geklickt – entsprechend schnell ist Ihre Anzeige offline, bzw. Sie müssen ein vergleichsweise hohes Klick-Kontingent ordern, um ausreichend lange online zu sein: Dann erreichen sie rasch eine Preis-Range, bei der die Jobanzeige LOGO günstiger ist. Wir halten daher die Jobanzeige TEXT nur bedingt für das Mittel der Wahl, beispielsweise dann, wenn Image keine Rolle spielt und Ihre Anzeige voraussichtlich selten aufgerufen wird.

Die **Jobanzeige LOGO** vereint mehrere Vorteile: Sie können sie rasch eingeben und direkt veröffentlichen – der HTML-Editor von XING erlaubt eine Formatierung mit verschiedenen Schriftgrößen (für Überschriften), Hervorhebungen durch Fettmachen, Aufzählungspunkte für stichwortartige Textbestandteile, den schnellen Upload Ihres Firmenlogos und zusätzlich auch einer gestalteten PDF-Version Ihrer Anzeige. Im Nu kann Ihre Anzeige online gehen – und ermöglicht Wiedererkennungseffekte sowie eine professionelle Präsentation. Die Jobanzeige LOGO überzeugt daher mit einem guten Preis-Leistungs-Verhältnis und hoher Funktionalität.

Die **Jobanzeige DESIGN** ist die ideale Anzeige für Unternehmen, die sich auf allen Kanälen mit identischem Anzeigenlayout präsentieren: Individuelle Gestaltung nach exakt Ihren Layoutvorgaben ist möglich. Insbesondere wenn Sie nicht selbst die Anzeigen editieren möchten, sondern aus Gründen der Zeitersparnis das Erstellen und Hochladen der Anzeige in die Hände von XING legen möchten (Stichwort: Service-Posting), wird die Jobanzeige DESIGN Ihr Favorit sein.

2.1.4.4 Virale Effekte nutzen – machen Sie Ihre Jobs in Ihrer Zielgruppe bekannt

Empfehlen Sie Ihre Jobs Ihrem eigenen XING-Netzwerk
Für jede Stellenanzeige TEXT, LOGO oder DESIGN können Sie mit der integrierten Empfehlungsfunktion die Reichweite innerhalb der relevanten Zielgruppe steigern: Rufen Sie dazu die Anzeige auf XING auf (z. B. indem Sie diese auf Ihrem XING-Profil anklicken). Rechts außen neben dem Kopf der Stellenanzeige finden Sie die Funktion „Stellenanzeige empfehlen".

Per Klick darauf öffnet sich ein Fenster, in dem Sie Ihre Stellenanzeige **Ihrem eigenen Netzwerk** empfehlen können: Wenn Sie nun den Button „Empfehlen" drücken, zeigt XING Ihren Netzwerkkontakten unter „Neues aus meinem Netzwerk" die Meldung, dass Sie diese Vakanz empfehlen – inkl. Link zur Stellenanzeige. Diese Funktion ist umso wirkungsvoller, je mehr relevante Zielpersonen für diese Vakanz zu Ihren Netzwerkkontakten zählen. Jeder Ihrer Netzwerkkontakte, der so auf Ihren Job aufmerksam wird, kann nun seinerseits den Job als „interessant" kennzeichnen, ihn „kommentieren" oder an sein eigenes Netzwerk „weiterempfehlen". Damit erreicht Ihre Anzeige dann auch Kontakte Ihrer Kontakte und „zoomt" sich viral in die Zielgruppe hinein. Sie haben auch die Möglichkeit, mit der Empfehlung Ihres Jobs einen Kommentar zu versenden, der dann ebenso in Ihren Kontakten unter „Neues aus meinem Netzwerk" eingeblendet wird.

Optional können Sie Ihren Job auch **per individueller Nachricht selektiv einzelnen Netzwerkkontakten empfehlen**. Diese Funktion ist nützlich, wenn ein potenzieller Kandidat für diese Vakanz zu Ihren XING-Kontakten zählt: Mit der Jobempfehlung haben Sie einen perfekten Aufhänger, um den Kontakt aufzufrischen und sich in Erinnerung zu bringen mit Ihren Karrierechancen und Vorzügen als Arbeitgeber. Dieses individuelle Empfehlen ist für Sie dann besonders gut umsetzbar, wenn Sie zuvor Ihre XING-Kontakte mit Kategorien gekennzeichnet haben, wie im vorigen Kapitel beschrieben: So können Sie auf Knopfdruck aus Ihren Kontakten identifizieren, welcher Kandidat aus Ihrem Netzwerk für diese Position passen könnte.

▶ Unser Profitipp für maximalen viralen Effekt in der relevanten Kandidatenzielgruppe:
So wird XING Ihr Mitarbeiter-Empfehlungsprogramm
Der virale Effekt der kostenfreien Empfehlungsfunktion von XING ist besonders stark, wenn die Mitarbeiter Ihres Unternehmens Ihre XING-Stellenmarkt an ihr Netzwerk weiterempfehlen: Ihre Vertriebsmitarbeiter sind beispielsweise gut vernetzt mit anderen Vertriebspersönlichkeiten, Ihre Software-Entwickler kennen in der Regel andere Software-Entwickler usw. Wenn Sie Ihre Mitarbeiter motivieren, regelmäßig Ihre Jobs zu empfehlen, werden Ihre Vakanzen von zahlreichen XING-Mitgliedern gelesen, die gar nicht aktiv auf Jobsuche sind und die Ihre Anzeige somit nicht bemerkt hätten. So aber entdecken sie unaufdringlich Ihre Jobangebote, können direkt mit Ihnen in Kontakt treten bzw. sich bei Ihren Mitarbeitern, die den Job empfohlen haben, über Ihr Unternehmen informieren. Auf diesem Weg erreichen Sie mit Ihrer Stellenanzeige auf XING sowohl aktiv Jobsuchende als auch latent suchende Kandidaten!
Machen Sie es sich daher zur Regel, Ihren Mitarbeitern Ihre Jobangebote auf XING weiterzuempfehlen. Wenn Ihre Mitarbeiter auf diesem Weg neue Kollegen gewinnen, führt das auch zur Erfolgssteigerung vorhandener „Mitarbeiter-werben-Mitarbeiter"-Programme. Schon jetzt ist dieser Kanal für zahlreiche Unternehmen einer der erfolgreichsten Wege zur Personalrekrutierung – mit XING können Sie ihn nun systematisch ausschöpfen!

2.1.4.5 Interesse bekunden – „aus Kandidatensicht: einfach in Austausch treten"

Mit Ihrer Jobanzeige TEXT, LOGO oder DESIGN können Sie zusätzlich zu den klassischen Kontaktierungswegen auch einen Button **„Interesse bekunden"** aktivieren. Dieser senkt die Hemmschwelle für Kandidaten, sich zu bewerben, denn er funktioniert wie folgt:

Wenn Kandidaten den Button „Interesse bekunden" klicken, erhalten Sie in Ihrem XING-Posteingang sofort eine automatisch generierte Nachricht. Diese informiert Sie, für welche Ihrer Jobanzeigen sich ein Kandidat interessiert, zudem liefert Ihnen XING den Link zum Mitgliedsprofil des Kandidaten. Es liegt nun an Ihnen, sich das Profil anzuschauen und den Kandidaten zu kontaktieren und zum Dialog einzuladen.

Wir halten diesen Button für einen großen Mehrwert, der selbst passive Jobsucher zu einer Bewerbung motiviert: In Zeiten starker Bewerbungsrückgänge machen sich latent wechselinteressierte Kandidaten zumeist nicht die Mühe, sich auf ein eventuell interessantes Jobangebot mit vollständigen Unterlagen und individuellem Anschreiben zu bewerben. Vielmehr wollen sie von Unternehmen umgarnt werden – und senden ihre Bewerbung dann, wenn es ihnen vom „Gesamtpaket" reizvoll erscheint. Die Attraktivität Ihrer Vakanz und Unternehmenskultur können Sie betonen, indem Sie auf eine Interessenbekundung adäquat reagieren!

Unser Tipp lautet daher: Aktivieren Sie jede Stellenanzeige auf XING mit dem Button „Interesse bekunden" und kontaktieren Sie zeitnah alle Kandidaten, die auf diesem Weg Ihre Jobanzeige honorieren. Die investierte Zeit zahlt sich garantiert aus – selbst wenn sich der Kandidat als nicht passend herausstellen sollte, so wird er wahrscheinlich Ihren Talentpool erweitern und stellt selbst dann eine künftige Besetzungsoption dar. Zudem birgt jeder Eins-zu-eins-Dialog mit einem Kandidaten die Chance, dass er Sie seinen relevanten Netzwerkkontakten weiterempfiehlt.

2.1.4.6 Freiberufliche Mitarbeiter finden – mit XING Projekte

Freiberufliche Mitarbeit gewinnt in Deutschland immer mehr an Bedeutung – nicht nur im IT-Umfeld, das traditionell seit Jahren stark vom Freelancing geprägt ist. Für viele Freiberufler ist XING ein komfortabler Weg, aktiv bzw. passiv neue Auftraggeber zu finden und sich mit ihren Profilen als Experten zu vermarkten.

Im Frühjahr 2014 verzeichnet XING für den deutschen Sprachraum gut 800.000 Profile von Mitgliedern, die freiberuflich tätig sind. Damit erreicht XING im Vergleich zu anderen Online-Projektbörsen, wie beispielsweise gulp.de, projektwerk.com, freelancermap.de und freelance.de, branchenübergreifend eine beachtliche Marktdurchdringung.

Als Personalsuchender bietet Ihnen XING zwei Wege, um Freiberufler zu rekrutieren

1. via Active Sourcing – also der Suche in der XING-Datenbank und Kontaktierung passender Kandidaten,
2. via Anzeigenschaltung im Bereich „XING Projekte".

Das im vorigen Kapitel beschriebene Vorgehen zur proaktiven Kandidatensuche und -ansprache können Sie gleichlautend für die Besetzung Ihrer Positionen auf freiberuflicher Basis anwenden.

Selektieren Sie dabei in der Kandidatensuche speziell Mitgliederprofile, die als „Beschäftigungsart" die Einträge „Freiberufler" bzw. „Unternehmer" ausgewählt haben. Im engeren Sinn passen vorrangig die „Freiberufler". Jedoch bezeichnen sich nach unserer Praxiserfahrung auch zahlreiche Freelancer als „Unternehmer" auf XING – obgleich diese Auswahl ursprünglich darauf abzielt, Unternehmer zu kennzeichnen, die Geschäftsführer ihrer Firma sind und ein Team von Mitarbeitern lenken – und somit eigentlich nicht für freiberufliche Projekte verfügbar sind.

Seit Januar 2013 können Mitglieder Projektangebote über die Projektbörse XING Projekte unter http://www.XING.com/projects ausschreiben bzw. finden. Die Anzeigen werden in der kostenfreien BASIS-Variante manuell editiert und für 30 Tage in Textform veröffentlicht – ohne Logo oder sonstige Gestaltungselemente. Am Fuß der Anzeige visualisiert eine Google-Maps-Abbildung den jeweiligen Projektstandort. Die Anzeige ist jedoch nicht sofort online sichtbar – dies kann bis zu zwei Werktage dauern. Vielschalter, wie z. B. professionelle Projektvermittler, können ihre Anzeigen automatisiert über eine Schnittstelle veröffentlichen, wobei hierfür ein gesonderter Tarif zum Tragen kommt.

Gegen ein vergleichsweise kleines Aufgeld können Anzeigen zur PLUS-Ausschreibung veredelt werden, um die Sichtbarkeit und Reichweite der Projektangebote zu optimieren. Folgende Funktionen können Sie einzeln oder im Gesamtpaket buchen:

• optische Hervorhebung der Anzeige – um mehr Aufmerksamkeit zu erzielen;
• sofortige Veröffentlichung der Anzeige – also direkt nach dem Einstellen (die normale Wartezeit von bis zu zwei Tagen entfällt);
• automatische Vorschläge passender XING-Mitglieder – direkt nach Veröffentlichung des Projekts, sodass Sie passende Freiberufler direkt über XING kontaktieren können;
• Anzeige, welche XING-Mitglieder Ihre Projektausschreibung angesehen haben – Sie können so auf geeignete Experten aufmerksam werden und diese direkt über XING kontaktieren.

Alle Anzeigen auf XING Projekte sind mit dem XING-Profil des Inserenten verknüpft, sodass die direkte Kontaktaufnahme zwischen Projektanbietern und Freelancern möglich ist. Das Besetzen von Projekten ist übrigens provisionsfrei.

Das Schalten von Anzeigen in XING Projekte ist für Basis-Mitglieder und Premium-Mitglieder gleichermaßen möglich – via Selbsteingabe. Abbildung 2.23 stellt das Eingabeformular dar. Sie definieren dabei die Parameter des Projekts – Startdatum, Dauer, Einsatzort –, beschreiben die Aufgaben sowie die geforderten Kenntnisse und Fähigkeiten. Verwenden Sie prägnante Formulierungen mit relevanten Stichworten, sodass Ihr Projekt von Freiberuflern optimal gefunden wird. Nach Ihrer Freigabe der Anzeige wird diese veröffentlicht. Interessierte Freelancer können Sie direkt via XING kontaktieren bzw. sich per E-Mail bewerben oder Sie anrufen, sofern Sie Ihre Kontaktdaten in die Projektausschreibung integriert haben. Als alternative Kontaktierungsmöglichkeit können Freiberufler den Button „Interesse bekunden" klicken: Sie erhalten von XING eine Nachricht mit

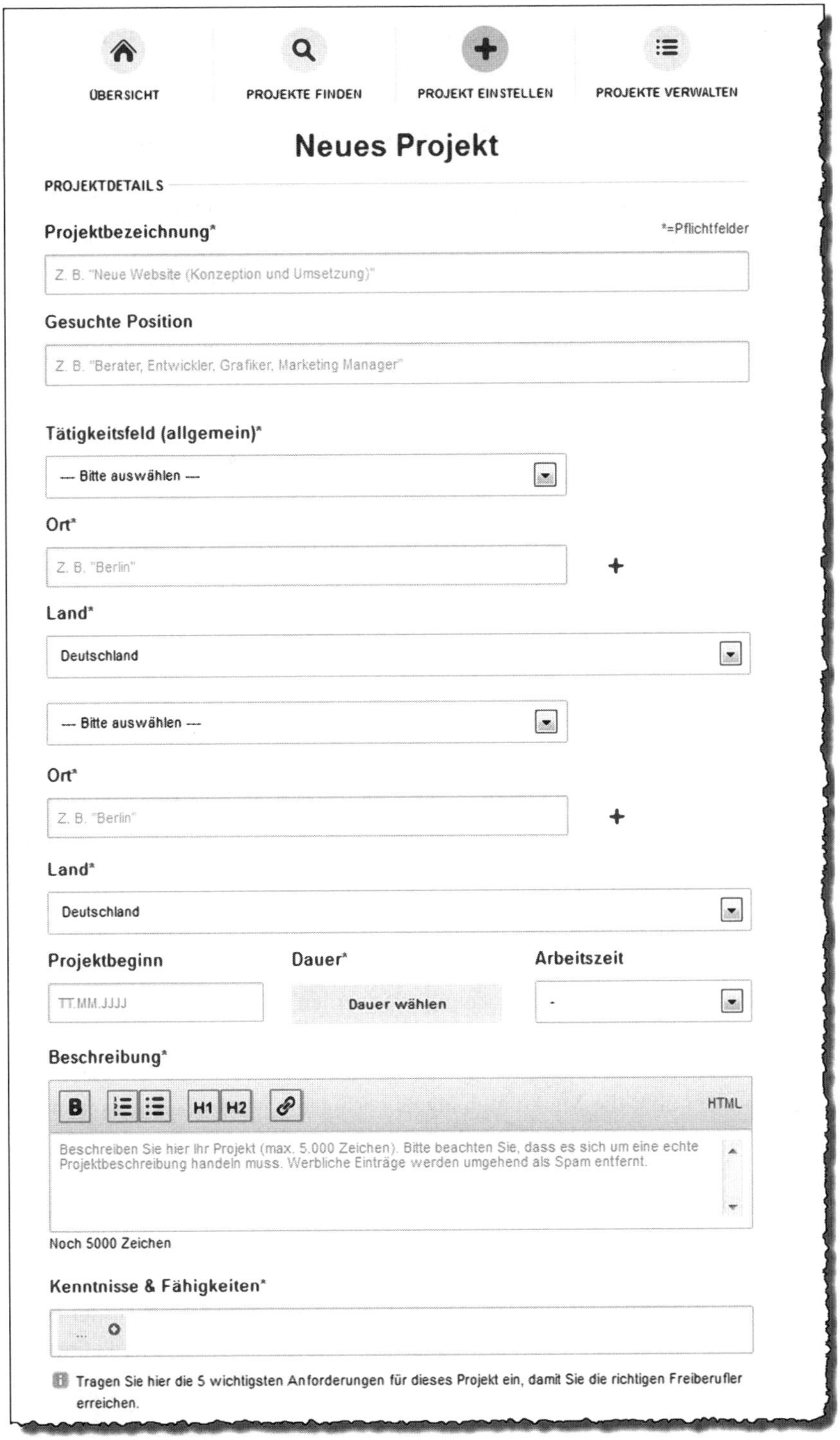

Abb. 2.23 Maske zur Eingabe von Projektausschreibungen. (Quelle: https://www.xing.com/projects/new, zugegriffen am 11.5.2014)

dem Link zum Freiberufler und dem Hinweis, dass er an Ihrem Projekt interessiert ist. Es obliegt nun Ihnen, den Dialog zu initiieren.

XING Projekte bietet Nutzern im Menüpunkt „Ihre Projekte" weitere Optionen

- Zugriff auf Benachrichtigungen im Kontext ihrer Projektausschreibungen bzw. -suchen;
- Zugriff auf die Liste Ihrer eigenen Ausschreibungen;
- Aufrufen der gemerkten Projekte (primär relevant für Freelancer);
- Einsicht von Kandidaten, die Interesse bekundet haben an Ihren Ausschreibungen;
- Zugriff auf gespeicherte Suchaufträge zu passenden Projektangeboten (primär relevant für Freelancer).

2.1.5 Employer Branding/Imagewerbung in XING

Gehen Sie davon aus, dass sich nahezu alle Kandidaten, die entweder aktiv durch Ihre Ansprache oder passiv zum Beispiel durch eine Stellenanzeige oder eine Empfehlung auf Ihr Unternehmen stoßen, sich „online" ein Bild von Ihnen als Person und von Ihrer Firma machen. Wenn Sie hierbei keinen ansprechenden und professionellen Online-Auftritt haben, schadet es massiv Ihrem Vorhaben!

Die Basis aller wirksamen und effizienten Maßnahmen in XING ist ein professionelles XING-Personen- und XING-Unternehmensprofil! Menschen kaufen bei Menschen – Menschen vernetzen sich mit Menschen. Der erste Eindruck ist hierbei von entscheidender Bedeutung. Innerhalb von wenigen Zehntelsekunden trifft ein XING-Profilbesucher unbewusst die Entscheidung, ob ihm ein Profilbild sympathisch oder eher unsympathisch erscheint. Ob ihn die XING-Seite und der Inhalt interessiert oder nicht. Was nützt es Ihnen, wenn Sie eine tolle Firma mit nachgefragten Produkten und einem spitze Betriebsklima haben, Ihr XING-Auftritt dies aber nicht zum Ausdruck bringt?

Es nützt Ihnen gar nichts! Im Gegenteil, Sie werden mit Ihrem eigenen Profilauftritt oder Unternehmensauftritt mehr an positiver Wirkung des ersten Eindrucks verlieren, als Ihnen lieb ist. Gerade bei Firmen, die im Markt nicht so bekannt sind wie etablierte Marken und auch nicht über die Marketingbudgets verfügen wie die großen Konzerne, ist es wichtig, dass dieser erste Eindruck perfekt ist.

> ▶ Unsere Empfehlung lautet: Sparen Sie Ihre wertvolle Zeit sowie Ihre Energie und nutzen Sie Fachleute, die sich auf sogenannte XING-Profiloptimierungen spezialisiert haben.
> Mit einem optimalen XING-Profil können Sie sich als Recruiter, als Firmenchef oder als Führungskraft einer Fachabteilung ideal für Ihr Selbstmarketing in Szene setzen.

2.1.5.1   Das professionelle XING-Profil für den Recruiter

Schauen wir uns zunächst Ihr eigenes XING-Profil an und überlegen uns, welche Maßnahmen wichtig sind, um einen ersten guten Eindruck zu vermitteln und um ein optimales XING-Profil zu erstellen.

Hierzu sprechen wir mit dem XING-Experten Nr. 1, Joachim Rumohr.

Herr Rumohr, wie bewerten Sie grundsätzlich die Wichtigkeit vom XING-Profil?

Rumohr: Das eigene XING-Profil ist die wichtigste Seite bei der Nutzung von XING. Es ist stets nur einen einzigen Klick entfernt. Ich vergleiche es gern mit einem Ladengeschäft. Der Unternehmensname ist außerhalb des Profils in Kombination mit dem Profilbild und dem eigenen Namen zu sehen und wirkt wie eine Schaufensterbeschriftung. Diese setzt Impulse und führt zu mehr Personen, die in mein Schaufenster blicken bzw. mein Profil anklicken. Verzichten Sie also im Unternehmensnamen auf Abkürzungen und setzen Sie eine klare Aussage. Das Profil auf den ersten Blick wirkt sich dann wie die Auslage im Schaufenster aus. Ist diese klar und macht eventuell noch neugierig, kommen mehr Interessenten in das Ladengeschäft. Versteht man die Auslage jedoch nicht, geht man eben weiter. Für diese Entscheidung nehmen sich die XING-Nutzer oft nur wenige Sekunden.

Interessant. Und welche wichtigsten XING-Optimierungsmaßnahmen schlagen Sie unseren Lesern vor?

Rumohr: Die erste (unbewusste) Entscheidung läuft über das Profilbild. Dieses sollte so professionell wie möglich sein. Im Grunde genauso, wie es auch bei den Bewerbern erwartet wird. Machen Sie sich Gedanken über Ihre Unternehmensbezeichnung und was Sie evtl. noch zusätzlich in das 80 Zeichen lange Feld „Unternehmensname" schreiben, um Impulse zu setzen. Im Profil selbst sollten Sie auf den ersten Blick nicht zu viele Informationen hinterlegen. Dem Besucher muss in wenigen Sekunden klar sein, dass er bei Ihnen richtig ist. Da ist weniger oft mehr. Durchforsten Sie alle vorhandenen Informationen auf Ihren Nutzwert für Ihre Profilbesucher. Wen wollen Sie mit Ihrem Profil erreichen und was muss der- oder diejenige dann unbedingt von Ihnen wissen?

Können Sie uns bitte noch weitere Hinweise zum Thema Profilfoto geben, Herr Rumohr?

Rumohr: Den wenigsten ist bewusst, dass Fotos unbewusst kommunizieren. Sonst würde es nicht so viele unscharfe und unprofessionelle Profilbilder auf XING geben. Welchen Eindruck wollen Sie mit Ihrem Bild hinterlassen? Wollen Sie klar und deutlich erscheinen oder unscharf und verschwommen wirken? Soll der Hintergrund des Bildes mehr Aufmerksamkeit auf sich ziehen als Ihre Person? Und wollen Sie wiedererkannt werden, wenn Sie sich mit Ihren virtuellen XING-Kontakten irgendwann einmal im echten Leben treffen? Suchen Sie sich daher einen Fotografen, der sich auch auf das Fotografieren von Menschen spezialisiert hat und weiß, was er tut. Und klären Sie vorher die Bildrechte. Nur so sind Sie gesichert in der Lage, Ihre Bilder nicht nur in Broschüren und auf Websites, sondern auch in Ihrem XING-Profil zu nutzen.

Haben Sie vielen Dank für das Interview, lieber Herr Rumohr!

▶   Fünf weitere Optimierungstipps für Ihr persönliches XING-Profil
   – **Nutzen Sie Ihr „Portfolio" in XING**
     Im neuen XING-Layout spielt das „Portfolio" von der Optik eine zentralere
     Rolle. Damit hat diese Seite einen größeren Anteil an der Wirkung des ersten
     Eindrucks, den Sie an Ihren Besucher vermitteln wollen. Diese Seite ist quasi
     das „Schaufenster" Ihrer Person, Ihrer Expertise als Fachexperte sowie Ihrer
     Angebote & Leistungen. Seit Anfang 2014 wird das XING-Portfolio neben
     den „Ich-suche-"/„Ich- biete"-Feldern auch für Google indiziert. Das heißt,
     wenn Sie in Ihrer „Privatsphäre" die richtigen Einstellungen getroffen haben,
     können Sie auch mit Ihrem XING-Portfolio über Google gefunden werden.
   – **Laden Sie aussagekräftige Bilder und PDF-Dateien hoch**
     Ein Bild sagt mehr als 1000 Worte. Auch hier sollten Sie aussagekräftige und
     professionelle Bilder (z. B. von Bilddatenbanken oder Ihrem Grafiker) ver-
     wenden, da die Wirkung von Bildern deutlich größer ist als von Texten. Des
     Weiteren haben Sie die Möglichkeit, PDF-Dateien mit Ihren gewünschten
     Inhalten (Stellenanzeigen, Arbeitsplatzbeschreibungen, Imagebroschüren
     etc.) hochzuladen.
   – **Positionieren Sie sich!**
     Neben den Angaben unter „Ich suche" und „Ich biete" können Sie das „Port-
     folio" dazu nutzen, um sich **als erster Ansprechpartner für potenzielle
     Bewerber zu positionieren**. Was zeichnet Sie aus? Warum sollte man aus-
     gerechnet mit Ihnen Kontakt aufnehmen? Wie würden Sie Ihre Firma als
     attraktiven Arbeitgeber beschreiben?
     Versuchen Sie im ersten Textbereich mit dem sogenannten **„Elevator Pitch"**
     zu starten. Also die 30 s an Text zusammenzufassen, die Sie Zeit hätten, um
     einem Interessenten zu vermitteln, wer Sie sind, was Sie machen und was
     Sie bieten oder gegebenenfalls suchen. Stellen Sie Ihre **Einzigartigkeit** und
     Ihre **Positionierung als Personalverantwortlicher oder erster Ansprech-
     partner** so dar, dass sie auf den ersten Blick erkennbar sind. Passen Sie die
     Inhalte Ihrer Zielgruppe an. Halten Sie die Texte einfach und verständlich.
   – **Schaffen Sie Gliederung und Struktur in Ihrem „Portfolio"!**
     • Wer sind Sie? Was ist Ihr Expertenstatus?
     • Kurzvorstellung mit Ihrem digitalen Elevator Pitch?
     • Was bieten Sie?
     • Wer ist Ihre Zielgruppe/wen suchen Sie?
     • Was ist der Nutzen/was sind die Vorteile von den Produkten Ihrer Firma?
     • Was differenziert Sie?
     • Warum werden Sie beauftragt oder angefragt?
     • Wollen Sie Ihre Kontaktdaten auch hier veröffentlichen?
     • Wollen Sie Referenzen darstellen?
     • Wollen Sie auf externe Inhalte verlinken?

- **Optimieren Sie „Ich biete" und „Ich suche"!**
  Beschreiben Sie, **was** oder **wen Sie suchen** und **was Sie bieten**, z. B. Quali-
  tätsbeschreibung Ihrer Wunschkandidaten, Wunschkunden, Projektbeglei-
  ter, Dienstleister, Produkt- oder Dienstleistungsangebote. Die Stichworte
  der passenden Such-Schlüsselwörter können in den einzelnen, dafür vorgesehenen Feldern eingegeben werden. Sollten in einem Feld mehrere Schlüsselwörter angegeben werden, sollten Sie diese alle **mit Komma trennen**
  (suchmaschinenrelevant). Achten Sie auf unterschiedliche Schlüsselwörter
  und Synonyme. Versetzen Sie sich in Ihre „Zielgruppe", Beispiel: Seminar,
  Kurs, Workshop, Training, Weiterbildung … (s. auch Abb. 2.24).

2.1.5.2 Das professionelle XING-Unternehmensprofil zur Steigerung der Arbeitgeberattraktivität

Das XING-Unternehmensprofil ist neben einem professionellen XING-Portfolio die zentrale Plattform zur Darstellung und Organisation Ihres Unternehmens in XING. Dieses
sollte genauso wie Ihr persönliches XING-Profil die Herausforderungen des ersten guten

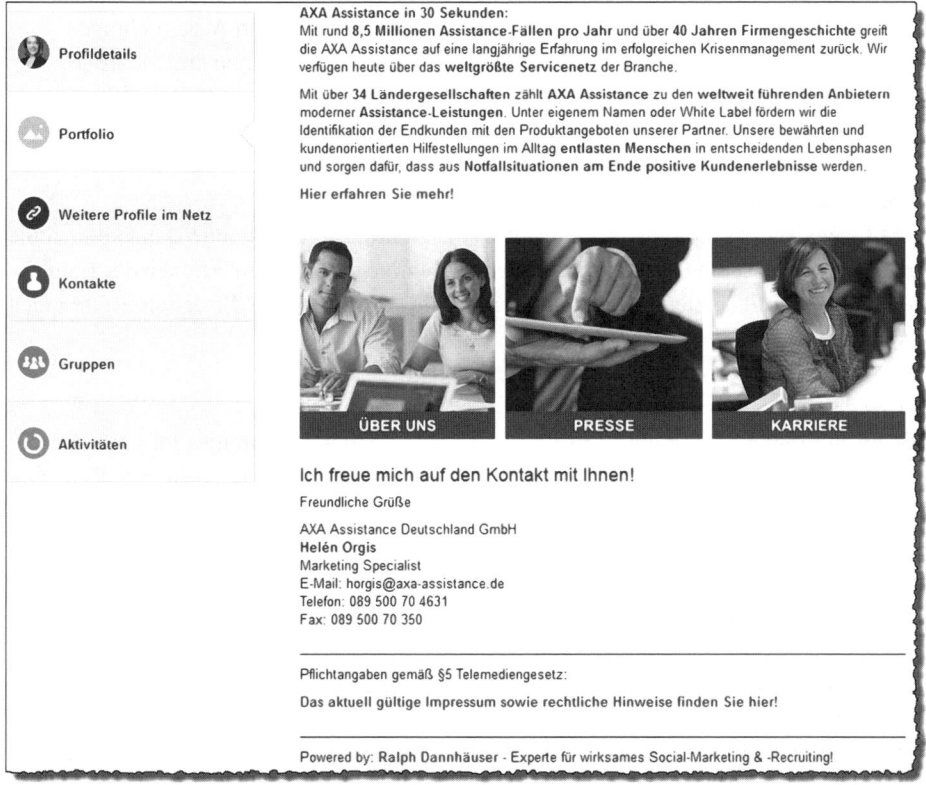

Abb. 2.24 Screenshot-Auszug aus XING-Portfolio von Helen Orgis, AXA Assistance Deutschland
GmbH. (Quelle: https://www.xing.com/profile/Helen_Orgis, zugegriffen am 9.6.2014)

Eindrucks bestehen! Präsentieren Sie sich als Wunsch-Arbeitgeber und informieren Sie über das XING-Unternehmensprofil andere XING-Mitglieder über Karrierechancen in Ihrem Unternehmen.

Wie können Sie das XING-Unternehmensprofil für Recruiting und Employer Branding nutzen?

▶   **Es gibt seit Mai 2013 nur noch zwei Arten, Unternehmensauftritte bei XING zu buchen**
    1. **das „Gratisprofil",**
    2. **das „Employer-Branding-Profil".**
    Das „Gratisprofil" ist, wie der Name schon sagt, kostenfrei. Das Employer-Branding-Profil ist kostenpflichtig.
    Das „Employer-Branding-Profil" spiegelt die wichtigsten Funktionen von „Kununu" wider, nämlich die Bewertungen. Kununu ist eine hundertprozentige Tochter der XING AG und die führende Online-Arbeitgeberbewertungsplattform im deutschsprachigen Raum. Hier finden Arbeitnehmer Insider-Informationen und Bewertungen zu über 165.000 Arbeitgebern in Deutschland, Österreich und der Schweiz. Sie können als Unternehmen die Chance nutzen, sich professionell zu präsentieren und auf Bewertungen von Arbeitnehmern reagieren. Darüber hinaus erfahren Sie, wie Ihre Mitarbeiterinnen und Mitarbeiter über Ihr Unternehmen denken, und können so den Grad der Mitarbeiterzufriedenheit als einen wichtigen Indikator für sich ableiten.

1. Das „Gratisprofil"

Steht Ihnen derzeit kein Budget für Employer Branding zur Verfügung? Dann können Sie auf XING zunächst ein Gratisprofil anlegen, das einige der Grundfunktionen des Employer-Branding-Profils bietet. Empfehlenswert für alle, die auf XING die ersten Erfahrungen sammeln wollen.

2. Das „Employer-Branding-Profil"

Mit einem Employer-Branding-Profil (s. Tab. 2.1) gestalten Sie Ihren Ruf als Arbeitgeber aktiv mit und profitieren von über sieben Millionen monatlichen Besuchern auf kununu. Sie können diese Reichweite nutzen, um die besten Kandidaten für Ihr Unternehmen zu gewinnen und gute Mitarbeiter langfristig zu binden. Das authentische Umfeld der Arbeitgeberbewertungen auf kununu schafft zusätzlich Vertrauen und Glaubwürdigkeit für Sie als transparenter und offener Arbeitgeber. Zu den Mediadaten von Kununu s. Abb. 2.25.

Perfekte Unternehmensdarstellung in tollem Design

Was zeichnet Sie als Arbeitgeber aus? Moderne Büroräume? Flexible Arbeitszeiten?
   Sie können wirkungsvolle Fotos, Videos und Präsentationen hochladen, um Ihr Unternehmen anschaulich darzustellen und Interessenten umfassend zu informieren.

Tab. 2.1 Unternehmensprofile: Employer-Branding-Profil (EBP) und Gratisprofil (Gratis)

Feature-Vergleich	EBP	Gratis
Gemeinsamer Auftritt auf XING und kununu	Ja	
Unternehmensbühne mit direktem Zugriff auf Informationen, Fotos und Videos	Ja	
Werbung für Ihr Unternehmen auf Wettbewerber-Profilen	Ja	
Prominente Darstellung Ihres Unternehmens auf der kununu-Startseite	Ja	
Optionale Einbindung Ihrer XING-Stellenanzeigen auf kununu	Ja	
Eine Ansprechperson für beide Plattformen (inkl. Datenpflege-Service, Beratung etc.)	Ja	
Bewertungs-Monitoring „Reputationsmanager" inkludiert	Ja	
Tagesaktuelle Statistiken über Zugriffe, Besucher, Abonnenten	Ja	
Verlinkung zu Präsentationen/Videos	Ja	
Darstellung von Unternehmenstöchtern und -partnern auf XING	Ja	
Unternehmensneuigkeiten auf Twitter posten	Ja	
Unternehmensneuigkeiten über RSS Feed veröffentlichen	Ja	
Upload von Bildern/PDFs	Ja	
Personalisierter Link zu Ihrem XING-Unternehmensprofil	Ja	
Werbefreiheit	Ja	
Übersicht der auf XING angemeldeten Mitarbeiter	Ja	Ja
Unternehmenslogo und „Über-uns"-Seite	Ja	Ja
Authentische Arbeitgeberbewertungen und –leistungen	Ja	Ja
Einbindung Ihrer gebuchten XING-Stellenanzeigen	Ja	Ja
Verfassen von Unternehmensneuigkeiten (inkl. Abonnentenfunktion)	Ja	Ja
Max. Anzahl von Multimedia-Elementen	30	–
Max. Anzahl von Schlagwörtern für bessere Auffindbarkeit	10	–
Max. Anzahl von Editoren für die Befüllung der XING-Profilinhalte (z. B. Neuigkeiten)	10	1
Max. Anzahl von Ansprechpartnern für Bewerber	10	–

Höhere Reichweite

XING blendet Ihr Unternehmen auf Seiten von Mitbewerbern ein, die noch kein Employer-Branding-Profil eingerichtet haben. So erzielen Sie eine noch höhere Reichweite bei der Zielgruppe innerhalb Ihrer Branche.

Gewinnen Sie neue Mitarbeiter

Ihre Stellenanzeigen werden noch präsenter: Wenn Sie eine Stelle auf XING ausschreiben, erscheint diese automatisch auch auf Ihrem Arbeitgeberprofil bei kununu. Beim Schalten von Stellenanzeigen in XING, werden automatisch auch die Arbeitgeberbewertungen eingeblendet, sobald welche auf kununu vorliegen. Sie sollten sich also aktiv um Ihre „Online-Reputation" kümmern, da jeder Interessent die Bewertungen lesen kann.

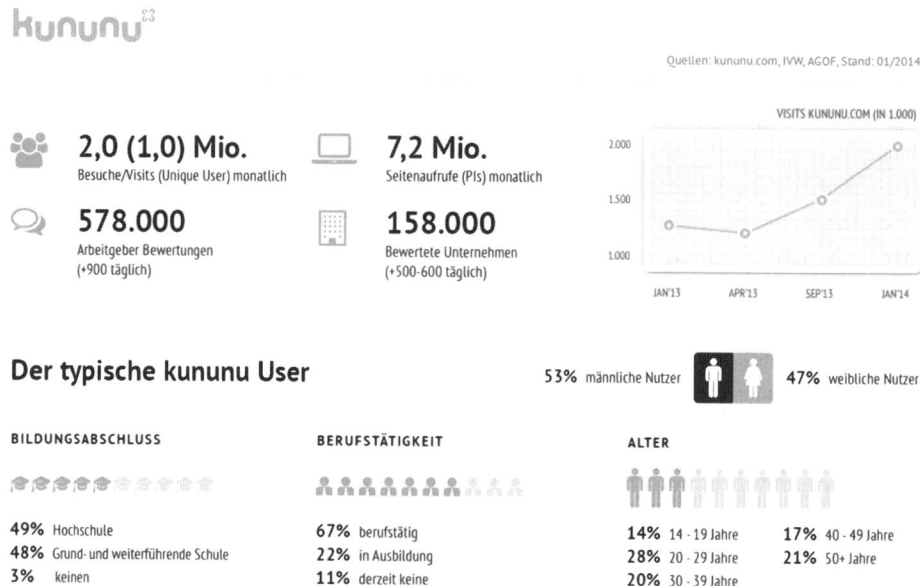

Abb. 2.25 Mediadaten von kununu.com, Juni 2014. (Quelle: kununu GmbH (Hrsg) (2014) Informationsprospekt „kununu & XING – Die perfekte Kombination für Ihr Employer Branding", zugegriffen am 9.6.2014)

Sie werden noch besser gefunden

Dank Ihres Employer-Branding-Profils auf XING und kununu werden Sie auf beiden Plattformen noch besser gefunden. Darüber hinaus auch bei Suchmaschinen, wie z. B. Google, Bing, Yahoo! etc.

Mit entsprechenden Verlinkungen können Sie Interessenten direkt auch auf Ihre Firmen- oder Karriereseite leiten.

Differenzierung und Image

Sie können sich als „Toparbeitgeber" präsentieren und das Interesse von interessanten Talenten wecken. Gerade „Hidden Champions" und unbekanntere Arbeitgeber haben hier die Chance, sich gegen große Unternehmen zu behaupten und auf der Bewerberstraße „rechts zu überholen".

Mit wertvollen Feedbacks potenzieller Bewerber und Arbeitnehmer können, nein müssen Sie sich als Unternehmen aktiv auseinandersetzen. Gleichzeitig haben Sie das Ohr am Markt und bekommen mit, was Ihre Zielgruppe denkt und spricht.

Als Beispiel dient das Employer-Branding-Profil der Etengo AG (s. Abb. 2.26).

► **Welche Chancen es mit Arbeitgeberbewertungsportalen für Unternehmen gibt, warum Sie sich diesem Thema nicht verschließen sollten und wie Sie beispielsweise mit Bewertungen und Kritiken umgehen, lesen Sie im Kapitel „Arbeitgeberbewertungsportale" von Nikolaus Reuter in diesem Praxishandbuch!**

Abb. 2.26 Screenshot-Auszug „Employer-Branding-Profil" Etengo AG, Juni 2014. (Quelle: https://www.xing.com/companies/etengo, zugegriffen am 9.6.2014)

Gestalten Sie den Auftritt Ihres XING-Employer-Branding-Profils!
Genauso wie das Erscheinungsbild Ihres XING-Personenprofils sollte auch das Employer-Branding-Profil im Look & Feel Ihres Unternehmens professionell gestaltet sein. Dazu empfehlen wir, zunächst die Grundlagen zu schaffen und alle zur Verfügung stehenden Felder wirkungsvoll auszufüllen. Hilfestellung dazu gibt die Kurzanleitung „Employer-Branding-Profil" von XING & kununu [2].

►
- Unternehmenslogo hochladen
- Befüllen der Unternehmensbühne
- Im Feld „Über uns" präsentieren Sie Ihr Unternehmen
- Steckbrief des Unternehmens erstellen
- Mediaelemente hochladen
- Darstellung der Partner- und Tochterunternehmen

- Einsetzen von Ansprechpartnern
- Änderung bereits erfasster Informationen

Die Grundlagen
Unternehmenslogo hochladen

Um ein Logo Ihrer Firma hochzuladen, klicken Sie bitte im eingeloggten Zustand auf: „Unternehmen > Ihre Unternehmen" und wählen dort das zu bearbeitende Profil aus. Dort sehen Sie dann die Felder zum Bearbeiten des Profils. Bitte laden Sie Ihr Unternehmenslogo als Grafikdatei (JPEG, GIF, BMP, PNG) mit den Maßen 285 x 70 Pixel und einer Größe von max. 5 MB hoch.

Befüllen der Unternehmensbühne

Wesentliches neues Element im Employer-Branding-Profil ist die Unternehmensbühne. Hier können Sie bis zu vier Bilder oder Videos einbinden – daneben werden hier die wichtigsten Informationen rund um den Arbeitgeber angezeigt. Ein weiterer Vorteil der Unternehmensbühne ist, dass sämtliche Unterseiten Ihres Unternehmensprofils über die Links erreichbar sind. Fährt der Nutzer mit der Maus über einen der Bereiche, erhält er mehr Informationen.

Bilder/Videos

Es können zwei große Elemente und zwei kleine Elemente eingefügt werden (Fotos: JPG, BMP, GIF, PNG mit bis zu 5 MB, Videos: YouTube- oder Vimeo-Link). Neu ist, dass Fotos hochgeladen werden können und danach der zu zeigende Ausschnitt gewählt werden kann. Dies ist bei Videos nicht möglich, dort wird ein Ausschnitt frei gewählt. Bitte fügen Sie Ihren Fotos und Videos eine kurze Beschreibung hinzu. Sämtliche Multimedia-Inhalte werden für den Nutzer in einer Media-Lightbox angezeigt, durch die der Nutzer navigieren kann.

Abonnenten

Hier wird die Anzahl der Abonnenten des Unternehmens angezeigt. Dies ist eine wichtige Kennzahl, um darauf hinzuweisen, dass es sich hierbei um ein Unternehmen mit interessanten Unternehmensneuigkeiten handelt oder dass es zumindest auf XING ein hohes Nutzerinteresse an diesem Unternehmen gibt. Durch das Veröffentlichen von regelmäßigen Unternehmensnachrichten kann die Anzahl der Abonnenten erhöht werden.

Mitarbeiter

Hier wird die Anzahl der Mitarbeiter des Unternehmens und derer, die ein XING-Profil besitzen, angezeigt. Die Fotos daneben zeigen sechs Mitarbeiter an – es werden zunächst die direkten Kontakte des Unternehmensbesuchers angezeigt. Hat dieser keine, werden zufällige Nutzerprofile von Mitarbeitern des Unternehmens angezeigt.

Stellenanzeigen

Die Anzahl an Positionen, die die Firma auf XING ausgeschrieben hat.

Benefits
Hier werden die vier am häufigsten bestätigten Benefits eines Unternehmens dargestellt. Sind dies weniger als vier, werden zusätzlich die ersten Benefits aus der Gesamtliste ausgegraut angezeigt. Die Bereiche, die nicht ausgefüllt werden, sind grau hinterlegt. Wir empfehlen, für die vier zentralen Elemente ansprechende Fotos und Videos im EBP zu verwenden.

Im Feld „Über uns" präsentieren Sie Ihr Unternehmen
Das Feld „Über uns" bietet Ihnen die Möglichkeit, bestehenden sowie potenziellen Kunden und Bewerbern Ihr Unternehmen inklusive Ihrer Produkte, Dienstleistungen und Projekte detailliert zu beschreiben. Die Seite wird für XING-Mitglieder sichtbar, sobald dort Inhalte von Ihnen hinterlegt wurden. Wir empfehlen, am Ende dieser Seite entweder einen Link zum Impressum Ihrer Website oder einen vollständigen Impressumstext einzufügen. Zur Bearbeitung klicken Sie in Ihrem Unternehmensprofil auf den „Über-uns"-Tab und anschließend auf „Bearbeiten".

Steckbrief des Unternehmens erstellen
Sie haben die Möglichkeit, einen kurzen Steckbrief Ihres Unternehmens zu erstellen. Dieser ist für jeden Besucher Ihres Employer-Branding-Profils sichtbar und hilft Ihnen dabei, besser in der Suche gefunden zu werden. Im Feld „Produkte und Dienstleistungen" können Sie Schlagwörter einfügen, unter denen Ihr Unternehmen gefunden werden soll. Als Editor können Sie unter „Kontakte" die Adresse, die Homepage, die Telefon- und Faxnummer bearbeiten sowie eventuelle Anrufkosten hinterlegen.

Bitte beachten Sie die jeweils maximale Zeichenlänge Straße + Hausnummer: 80 Zeichen
PLZ: 8 Zeichen
Ort: 50 Zeichen
Homepage: 128 Zeichen
Den Namen des Unternehmens können Sie nicht selbst verändern. Falls Sie den Namen ändern möchten, wenden Sie sich bitte an das Customer-Relations-Team.
E-Mail: unternehmensprofile@xing.com

Multimedia-Elemente hochladen
Auf jedes Employer-Branding-Profil können Multimedia-Elemente wie Bilder, Videos, Präsentationen und PDFs hochgeladen werden. Um ein Element hochzuladen, bleiben Sie bitte bei XING eingeloggt und gehen über den „Über-uns"-Tab direkt auf das jeweilige Symbol. Wählen Sie anschließend die entsprechende Datei aus, die Sie hochladen möchten.
   Bitte beachten Sie, dass Sie Dateien erst dann hochladen können, wenn Ihr Unternehmensprofil von XING freigeschaltet wurde. Sie können bis zu 30 Dateien hochladen.
   Videos von Vimeo und YouTube sowie Präsentationen von Slideshare können ebenso eingebunden werden. Geben Sie dazu die URL des Videos bzw. der Präsentation in das dafür vorgesehene Feld ein. Wir empfehlen außerdem, eine kurze Beschreibung einzufügen.

Darstellung der Partner- und Tochterunternehmen

Im unteren Bereich des Employer-Branding-Profils haben Sie die Möglichkeit, Ihre Partner- oder Tochterunternehmen sowie weitere mit Ihnen verbundene Unternehmen darzustellen. Es gibt folgende Auswahlmöglichkeiten, wie Sie die Unternehmen kategorisieren können: Mutter, Tochter, Schwester, Partner, Kunde, Dienstleister, Beteiligung, Franchise und Niederlassung.

Auf der „Über-uns"-Seite werden von den angegebenen Unternehmen zunächst drei angezeigt. Ein Klick auf „mehr anzeigen" führt dann zur vollständigen Übersicht von insgesamt bis zu 15 Unternehmen. Die Reihenfolge, wie die Unternehmen dargestellt werden, bestimmen Sie selbst beim Eintragen.

Bitte beachten Sie, dass die angezeigten Unternehmen selbst kein Employer-Branding-Profil benötigen, um dargestellt zu werden. Wünschen Sie jedoch, dass die Partner- oder Tochterunternehmen Ihr Unternehmen als Muttergesellschaft anzeigen, ist dafür ebenfalls ein Employer-Branding-Profil erforderlich, um diese Funktion nutzen zu können.

Einsetzen von Ansprechpartnern

Der Tab „Mitarbeiter" bietet Ihnen die Möglichkeit, Ansprechpartner für Ihr Unternehmen zu benennen und Zusatzinformationen (z. B. die Abteilung innerhalb der Firma und eine Telefonnummer) anzugeben. So finden Besucher und potenzielle Interessenten schnell die richtige Person für ihr Anliegen.

Um einen Ansprechpartner hinzuzufügen, klicken Sie einfach auf den entsprechenden Button und tippen Sie den Namen der Person ein. Die gesuchte Person wird Ihnen automatisch zur Auswahl angezeigt. Voraussetzung dafür ist, dass diese als Mitarbeiter auf dem Profil gelistet wird. Beim Employer-Branding-Profil können bis zu zehn Personen als Kontakt angegeben werden.

Änderung bereits erfasster Informationen

Sämtliche Informationen können jederzeit vom Administrator bearbeitet werden – hier findet der Editor jeweils in der oberen rechten Ecke des jeweiligen Informationsblocks die Möglichkeit zu editieren und zu löschen.

Zwei Firmenbespiele

Schauen wir uns die Darstellung und die Nutzung des XING-Employer-Branding-Profils in der Praxis an. Hierzu nehmen wir im Verlauf dieses Kapitels zwei interessante Firmen als Beispiele: DATEV eG in Nürnberg und Phoenix Contact GmbH & Co. KG in Blomberg.

Interview I

Gespräch mit Dietmar Zeilinger, Online-Redakteur, und Stefan Pohl, Social-Media-Manager, beide tätig bei der DATEV eG in Nürnberg

Das Employer-Branding-Profil finden Sie hier: https://www.xing.com/companies/dateveg.

Herr Zeilinger, Sie sind als Online-Redakteur offiziell für die Pflege und Betreuung Ihres Unternehmensprofils in XING verantwortlich. Wie inszenieren Sie Ihre Arbeitgebermarke in XING? Welche Maßnahmen haben Sie zur Imagesteigerung im Allgemeinen und zum Employer Branding im Besonderen bei der Pflege Ihrer Seite ergriffen?

Zeilinger: Wir unterhalten bei XING ein Unternehmensprofil und haben im Januar 2010 die Gruppe „DATEV verbindet" gegründet, in der sich mittlerweile fast 4000 unserer Mitglieder über die Mühsal ihres Berufslebens austauschen, sich Tipps geben und vernetzen.

Bei XING veröffentlichen wir die Beiträge aus unseren drei Unternehmensblogs und stellen uns als Arbeitgeber vor. Außerdem haben wir unser kununu-Profil integriert, sodass Besucher schnell sehen können, wie unsere Mitarbeiter und Mitarbeiterinnen DATEV als Arbeitgeber wahrnehmen. Auch der Bereich Multimedia kommt nicht zu kurz. Wir wollen ein möglichst umfassendes Bild von DATEV als Arbeitgeber vermitteln. Hier hat sich im letzten Jahr viel getan, und wir merken, dass wir auch über das Unternehmensprofil mit Interessierten in Dialog treten können.

Warum haben Sie sich für das kostenpflichtige „Employer-Branding-Profil" von kununu in Verbindung mit XING entschieden? Was versprechen Sie sich davon und welche Erfahrungswerte haben Sie bereits damit gesammelt?

Zeilinger: Wir sind bei kununu angetreten, um uns dort von unseren Mitarbeitern und Mitarbeiterinnen (oder auch Bewerbern) bewerten zu lassen, weil wir der Meinung sind, dass DATEV ein guter Arbeitgeber ist. Ein solches Vorgehen ist aber nur dann sinnvoll, wenn man es auch öffentlich macht. Deswegen haben wir es bei XING eingebunden und verweisen auch auf unserer Unternehmens-Website auf die Plattform. Unsere Erfahrungen damit: sehr sinnvoll! Kann jeder und jede gerne selbst nachlesen.

Herr Pohl, welchen Stellenwert hat das XING-Unternehmensprofil für Sie als Social-Media-Manager im gesamten Social-Media-Mix der DATEV eG? Welche weiteren Social-Media-Kanäle betreiben Sie und wie sind diese möglicherweise crossmedial untereinander oder mit XING vernetzt?

Pohl: XING als professionelles Netzwerk spielt für uns innerhalb unserer Social-Media- Kommunikation eine wichtige Rolle, da es dort eben stark um einen fachlichen Austausch mit konkretem beruflichem Bezug geht. Dieser Fokus ist durchaus ein echter Mehrwert von XING.

Zusätzlich zu XING betreiben wir drei eigene Blogs und haben Präsenzen auf Facebook, Twitter, YouTube, Google+ und Instagram. Natürlich versuchen wir, die einzelnen Plattformen untereinander zu vernetzen. Beispielsweise veröffentlichen wir auf unserem Unternehmensprofil in XING immer wieder Beiträge aus dem DATEV-Blog oder präsentieren Unternehmensvideos, die auch bei YouTube zur Verfügung stehen. XING dient uns aber auch als Input für unseren Blog. So veröffentlichen wir monatlich einen Artikel, der die wichtigsten Erkenntnisse aus dem Schwerpunkt unserer XING-Gruppe zusammenfasst.

Wie sind Ihre Erfahrungen mit Ihrer XING-Gruppe?

Pohl: Wir haben sehr positive Erfahrungen mit unserer Gruppe „DATEV verbindet" bei XING gemacht. Monat für Monat besucht tatsächlich fast ein Drittel der annähernd 4.000 Mitglieder die Gruppe und tauscht sich dann dort zu aktuellen Themen, technologischen Entwicklungen oder rechtlichen Änderungen aus. Aus unserer Sicht ist dies ein Riesenerfolg.

Herr Zeilinger, welche Aussage oder Einschätzung gibt es mittlerweile aus Ihrem Personalbereich, inwieweit sich eingestellte Stellenanzeigen im Unternehmensprofil und das Thema „Employer Branding" in XING auf Ihre Bewerberzahlen oder Bewerberqualität auswirken?

Zeilinger: Wir bekommen definitiv mehr Traffic auf die Seite, wenn wir interessante Stellenanzeigen veröffentlichen. Wir können derzeit aber noch keine belastbaren Aussagen darüber machen, wie viele Einstellungen XING geschuldet sind. Andererseits ist es sicher auch so, dass wir Employer Branding schon allein dadurch betreiben, dass wir bei XING als Arbeitgeber in Erscheinung treten, oder anders gesagt: An der Plattform XING kommt man heute als Recruiter kaum mehr vorbei.

Lieber Herr Zeilinger, lieber Herr Pohl, besten Dank für die interessanten Einblicke und das kurzweilige Gespräch mit Ihnen beiden!

▶   Checkliste: weitere Funktionen für Ihr Employer-Branding-Profil
   •   Migration von Daten
   •   Besucher Ihres Employer-Branding-Profils
   •   Unternehmensneuigkeiten schreiben
   •   Neuigkeiten von Twitter oder per RSS importieren
   •   Abonnieren der Unternehmensneuigkeiten
   •   Kommentarfunktion
   •   Arbeitgeberbewertungen von kununu
   •   Umgang mit Arbeitgeberbewertunge
   •   Statistiken
   •   Das eigene Unternehmensprofil empfehlen und bewerben
   •   Das Employer-Branding-Profil im ausgeloggten Zustand
   •   Werbung für Ihr Unternehmen auf Profilen von Wettbewerbern
   •   Stellenanzeigen bei XING
   •   Tipps und Tricks zur inhaltlichen Nutzung
   •   Tipps für Arbeitgeber
   •   Wenn Mitarbeiter auf dem Profil fehlen
   •   Wechseln des Haupteditors
   •   Einsetzen von zusätzlichen Editoren
   •   Zusammenführen von mehreren Profilen
   •   Individueller Link zum Employer-Branding-Profil

Migration von Daten
Bei der Umstellung auf das Employer-Branding-Profil werden sämtliche Daten migriert. Es wird empfohlen, eine Überprüfung der Daten durchzuführen, da sich einige Inhalte an anderer Stelle und zum Teil prominenter befinden (wie das Unternehmenszitat). Auch die Multimedia-Elemente gilt es zu prüfen.

Besucher Ihres Employer-Branding-Profils
Wie auf den persönlichen Profilen können Sie nun sehen, welche Mitglieder Ihr Employer-Branding-Profil aufgerufen haben. Sie können dort die Besucher der letzten 30 Tage sehen.

Unternehmensneuigkeiten schreiben
Sie haben die Möglichkeit, Unternehmensneuigkeiten einzugeben. Der Tab „Neuigkeiten" wird für die Mitarbeiter und Besucher der Seite erst dann sichtbar, wenn erste Inhalte hinterlegt sind. Jede Neuigkeit hat in der Überschrift Raum für 150 Zeichen. Der Beitrag selbst kann 1200 Zeichen umfassen und klickbare Links beinhalten.

Wenn Sie einen Twitter-Account oder eine Facebook-Seite haben, können Sie die Neuigkeiten einfach teilen, indem Sie einen Haken beim jeweiligen Netzwerk setzen, um den neuen Beitrag auch dort zu veröffentlichen.

Neuigkeiten von Twitter oder per RSS importieren
Sie können auch Inhalte von Twitter, Blogs und Webseiten als Unternehmensneuigkeiten anzeigen lassen. Gehen Sie dafür auf das Feld „Neuigkeiten importieren" und tragen Sie dort die entsprechenden Twitter-Benutzerkonten ein. Um Inhalte aus Ihren Blogs oder Websites zu importieren, müssen Sie die entsprechenden RSS Links einfügen. Alle neuen Beiträge werden dann innerhalb von 30 Min auf Ihrem Unternehmensprofil automatisch als Neuigkeiten veröffentlicht.

Abonnieren der Unternehmensneuigkeiten
Jedes XING-Mitglied kann die Neuigkeiten Ihres Unternehmens abonnieren und bleibt so stets über die aktuellen Geschehnisse im Unternehmen auf dem Laufenden. Die Zahl der Abonnenten ist in der rechten Spalte einsehbar.

Alle Mitarbeiter werden automatisch als Abonnenten hinzugefügt. Selbstverständlich kann jeder Mitarbeiter sein Abonnement selbst beenden.

Kommentarfunktion
Alle Beiträge auf Ihrem Unternehmensprofil können von den Mitgliedern kommentiert werden. Diese Funktion wird automatisch aktiviert. Sie können diese deaktivieren und wieder aktivieren. Der Editor, der eine Neuigkeit einstellt, wird bei Kommentaren automatisch per E-Mail benachrichtigt.

Steigern Sie mit dieser Funktion Ihre Aktivität und nutzen Sie die Chance auf einen echten Dialog mit Ihren Abonnenten.

Ihre Abonnenten sehen Ihre Unternehmensneuigkeiten nicht nur auf dem Unternehmensprofil, sondern auch auf der persönlichen Startseite.

Arbeitgeberbewertungen von kununu
Seit Januar 2013 gehört die Arbeitgeberbewertungsplattform kununu zur XING-Unternehmensfamilie.
Auf kununu können Mitarbeiter, Ex-Mitarbeiter, Auszubildende und Praktikanten Ihr Unternehmen unter anderem in Bezug auf Betriebsklima, Aufstiegschancen, Bewerbungsgespräche und Gehalt bewerten. Dadurch gewinnen Jobsuchende einen Einblick in Ihr Unternehmen aus erster Hand.

Die Inhalte von kununu werden auf Ihrem Unternehmensprofil immer dann angezeigt, wenn Bewertungen vorliegen. Unter dem Reiter „Bewertungen" erscheint dann ein Überblick über die 13 Bewertungskategorien sowie die Mitarbeitervorteile und Erfahrungsberichte von Mitarbeitern.

Empfehlungen von kununu: Umgang mit Arbeitgeberbewertungen
Sie wollen sich für eine Empfehlung eines Mitarbeiters bedanken? Sie möchten auf Verbesserungsvorschläge reagieren? Die angeführten Arbeitsverhältnisse haben sich längst geändert oder die Kommentare sind vollkommen aus der Luft gegriffen? Nutzen Sie kununu für den direkten Dialog mit Ihren Mitarbeitern – authentisch und auf Augenhöhe.

Vorteile
• Sie zeigen sichtbar nach außen, dass Sie eine offene Feedbackkultur leben.
• Sie reagieren auf Verbesserungsvorschläge Ihrer Mitarbeiter und beweisen einen wertschätzenden Umgang mit Kritik (positiv & negativ).
• Sie beweisen Offenheit gegenüber dem „Kommunikationskanal" Web 2.0.

Um eine kostenlose Stellungnahme abgeben zu können, weisen Sie sich gegenüber kununu als HR- bzw. Kommunikationsverantwortliche(r) Ihres Unternehmens aus (z. B. Firmen-E-Mail-Adresse, Scan Ihrer Visitenkarte, Kopie Personalausweis etc.). Nach Überprüfung der Angaben wird Ihr Account freigeschaltet und kununu sendet Ihnen die Zugangsdaten zu. Sie loggen sich auf kununu ein und personalisieren Ihre Daten (Firmenlogo, Daten zur Person und Position, Kontaktdaten). Fertig. Nun können Sie zu Kommentaren Stellung beziehen und Ihre Stellungnahmen jederzeit aktualisieren oder löschen.

Statistiken
Sie können die Besucherstatistik für Ihr Employer-Branding-Profil abrufen. Hier wird Ihnen eine detaillierte Auskunft zu der Entwicklung der Besucher- und Abonnentenzahlen angezeigt.

Sie können auf dieser Seite verschiedene Zeiträume vergleichen und den Traffic-Verlauf abrufen.

Das eigene Unternehmensprofil empfehlen und bewerben

Folgende Maßnahmen erfolgen automatisiert:

- Ihr Unternehmen wird 48 h nach der Freischaltung auf der Seite „Alle Unternehmen" im Bereich „Neue Unternehmen auf XING" angezeigt.
- Über einen Abgleich der Informationen im Mitgliederprofil wird Ihr Unternehmen unter „Diese Unternehmen könnten Sie interessieren" den Mitgliedern empfohlen.
- Sollte Ihr Unternehmen zu den meistbesuchten Unternehmen gehören, wird dieses in der entsprechenden Rubrik angezeigt.
- Sobald Ihr Unternehmensprofil freigeschaltet wurde, werden alle Mitarbeiter des Unternehmens, die auf XING identifiziert werden können, automatisch als Abonnenten hinzugefügt. Das Abonnement kann jeder selbst beenden.

Des Weiteren können Sie selbst mit einfachen Mitteln die Präsenz Ihres Profils stärken

- Nutzen Sie die XING-Statusmeldung auf Ihrem persönlichen Profil und die Funktion „Unternehmen empfehlen", um Ihr Unternehmensprofil zu bewerben. Empfehlen Sie Ihr Unternehmen auch Ihren Kontakten auf Facebook und Twitter.

Tipp

- Senden Sie eine E-Mail an Ihre Mitarbeiter und informieren Sie diese über Ihr Engagement auf XING.
- Integrieren Sie den Link zu Ihrem Unternehmensprofil in Ihre E-Mail-Signatur und Website und informieren Sie potenzielle Kunden sowie Partner.
- Es ist sinnvoll, auch Profile anderer Unternehmen zu besuchen und deren Neuigkeiten zu abonnieren oder diese Unternehmen weiterzuempfehlen. Wenn Sie aktiv im Netzwerk sind, werden andere Nutzer eher auf Sie aufmerksam und Ihre Sichtbarkeit vergrößert sich.
  Beschränken Sie diese Aktivitäten nicht nur auf den Zeitpunkt nach dem Start, sondern seien Sie konstant aktiv. Es lohnt sich, regelmäßig Zeit zu investieren, um Ihr Profil zu bewerben.

Das Employer-Branding-Profil im ausgeloggten Zustand

Ihr Unternehmensprofil ist auch für Suchmaschinen auffindbar und kann von Nicht-XING-Mitgliedern aufgerufen werden. Dadurch erhalten Sie eine höhere Sichtbarkeit und Reichweite – auch außerhalb von XING. Binden Sie beispielsweise den Link zu Ihrem Unternehmensprofil in Ihre Homepage oder Ihren Flyer ein. Interessenten gelangen dann direkt auf Ihr Profil – ohne sich auf XING einloggen zu müssen. Sichtbar sind die Unternehmensbühne, die Unternehmensbeschreibung und die Unternehmensneuigkeiten. Nicht angezeigt werden Ihre Mitarbeiter und Abonnenten – hier wird die Privatsphäre der Mitglieder geschützt.

Sollten Sie nicht wünschen, dass Ihr Unternehmensprofil im ausgeloggten Zustand gefunden wird, können Sie die Option unter „Einstellungen" im oberen Bereich Ihres Profils deaktivieren.

Werbung für Ihr Unternehmen auf Profilen von Wettbewerbern

Ihr Unternehmen wird auch auf Seiten von Unternehmen der gleichen Branche eingeblendet, die noch kein Employer-Branding-Profil eingerichtet haben. So erzielen Sie eine noch höhere Reichweite bei der Zielgruppe innerhalb Ihrer Branche.

Stellenanzeigen bei XING

Mit einer Anzeige auf XING erreichen Sie potenzielle neue Mitarbeiter da, wo sie sich mit ihrer beruflichen Zukunft beschäftigen. Wählen Sie aus verschiedenen Anzeigenmodellen das passende aus: von Klickpreisanzeigen im Textformat bis hin zu voll gestalteten Anzeigen zum Festpreis werden individuelle Lösungen angeboten – egal ob Großkonzern oder Kleinunternehmer.

Tipps und Tricks zur inhaltlichen Nutzung

Begeistern Sie eine breite Masse von Interessenten

Wenn Sie möchten, dass sich viele XING-Mitglieder für Ihr Unternehmensprofil interessieren, dann sollten Sie eine bunte Mischung an Informationen bieten. Beschränken Sie die Neuigkeiten und Links nicht nur auf Jobsuchende oder Kenner Ihrer Branche, sondern bieten Sie Abwechslung. Nicht jede Neuigkeit mag für jeden Abonnenten interessant sein, aber vielleicht für seine Kontakte. Die Aufmerksamkeit, die Sie generieren, verbreitet sich viral im Netzwerk weiter.

Stärken Sie das Ansehen Ihres Unternehmens als Arbeitgeber

Das Employer-Branding-Profil bietet Ihnen die Möglichkeit, Ihr Unternehmen als attraktiven Arbeitgeber darzustellen und somit neue Talente zu akquirieren und wertvolle Arbeitskräfte an das Unternehmen zu binden. Potenzielle Bewerber können Sie hier über Karrierechancen in Ihrem Unternehmen informieren. Gestalten Sie das Unternehmensprofil vielseitig.

Mit Ihrem Unternehmensprofil präsentieren Sie Ihr Unternehmen den über 14 Mio. XING-Mitgliedern. Nutzen Sie dieses Potenzial und zeigen Sie sich von Ihrer besten Seite, egal ob Sie Freiberufler, Mittelständler oder ein internationaler Konzern sind.

Nutzen Sie die Chance, über Neues zu berichten. Sollten Sie Kundenfeedback in Produktentwicklungen eingebunden haben, ist das besonders interessant. Haben Sie aktuell ein besonderes Angebot oder ein Gewinnspiel? Das Unternehmensprofil ist der richtige Ort, um dieses zu bewerben.

Abonnenten interessieren sich auch dafür, was hinter den Türen der Firma vor sich geht. Scheuen Sie sich nicht, auch von wohltätigen Aktionen zu berichten.

Je aktiver Sie als Firma auf XING sind, desto interessanter sind Sie auch für andere. Regelmäßige Neuigkeiten sorgen für ein gleichbleibendes Interesse Ihrer Abonnenten. Wenn diese sich darauf verlassen können, dass Ihr Profil gepflegt wird und stets auf dem aktuellen Stand ist, bleiben auch die Abonnenten aktiv.

Tipps für Arbeitgeber

Das Ziel von kununu ist nicht unbedingt, ein repräsentatives Bild von Arbeitgebern zu liefern – vielmehr soll kununu subjektive Einblicke in Unternehmen ermöglichen. Sie haben es jedoch selbst in der Hand, die Aussagekraft Ihres Bewertungsprofils auf XING und kununu zu erhöhen:

Laden Sie z. B. per E-Mail Ihre Mitarbeiter zum Bewerten auf kununu ein.

Vorteile

- Sie erhöhen die Repräsentativität Ihres Unternehmensprofils und generieren mehr positive Bewertungen.
- Sie eröffnen für Ihre Mitarbeiter einen neuen Kommunikationskanal.
- Sie verringern die Chance, dass Ihre Unternehmensreputation unter einigen wenigen kritischen Bewertungen leidet.

Lesen Sie auch, wie andere Unternehmen mit dem Thema Arbeitgeberbewertungen und Reputationsmanagement umgehen: http://www.kununu.com/unternehmen/referenzen.

Wenn Mitarbeiter auf dem Profil fehlen

Sind nicht alle auf XING eingetragenen Mitarbeiter auf Ihrem Unternehmensprofil gelistet?

Überprüfen Sie im persönlichen Profil des Mitarbeiters die folgenden Punkte:
- Ist der Firmenname nicht komplett identisch geschrieben?
- Hat der Mitarbeiter als Status „Student" eingetragen?
- Steht neben dem Firmeneintrag nicht „bis heute"?

Ist bei einem Profil einer der drei Punkte gegeben, wird der Mitarbeiter nicht im Unternehmensprofil aufgeführt. Durch Änderung des Status bzw. des Firmeneintrags im persönlichen Profil kann sich der Mitarbeiter dem Unternehmen zuordnen.

Wechseln des Haupteditors

Um den Haupteditor zu wechseln, benötigt das Customer-Relations-Team eine E-Mail des aktuellen Haupteditors. Enthalten sein muss sowohl der Link zum persönlichen XING-Profil des gewünschten neuen Editors als auch der Link zum Unternehmensprofil. Darüber hinaus ist es Voraussetzung, dass der gewünschte Editor als Mitarbeiter/-in dem betreffenden Unternehmensprofil zugeordnet ist.

Einsetzen von zusätzlichen Editoren

Als Haupteditor eines gepflegten Unternehmensprofils haben Sie die Möglichkeit, insgesamt zehn Editoren zu benennen.

Um einen oder mehrere zusätzliche Editoren einzusetzen, genügt es, wenn der Haupteditor eine E-Mail an das Customer-Relations-Team schreibt. Wichtig ist, dass die Links zu den Profilen der einzusetzenden Editoren und auch der Link zum betreffenden Unternehmensprofil enthalten sind.

Soll ein Editor ausgetauscht oder gelöscht werden, genügt ebenfalls eine E-Mail vom Haupteditor an XING.

Zusammenführen von mehreren Profilen

Sollten von Ihrer Firma auf XING mehrere Profile existieren, weil es beispielsweise verschiedene Schreibweisen Ihres Firmennamens gibt oder mehrere Filialen, dann entstehen durch diese Einträge möglicherweise mehrere Unternehmensprofile.

Grundsätzlich ist es möglich, dass wir verschiedene Unternehmensprofile auf der XING-Plattform zu einem Profil zusammenführen. Hierfür benötigt das Customer-Relations-Team die URLs zu den entsprechenden Unternehmensprofilen. Diese können Sie direkt aus dem Eingabefeld des Browsers kopieren.

Individueller Link zum Employer-Branding-Profil

Als Betreiber eines Employer-Branding-Profils können Sie frei wählen, wie der Link Ihres Unternehmensprofils endet. Der Vorteil: Sie können z. B. eine bekannte Kurzform Ihres Unternehmensnamens verwenden (vor allem bei sehr langen Namen praktisch), unschöne Sonderzeichen aus Ihrem Link tilgen oder nach einer Umfirmierung Ihre URL anpassen. Sie können weiter entscheiden, ob Sie z. B. lieber Ihren Unternehmensnamen oder Ihre Marke in Ihrem Link führen. Einfach in den Einstellungen für Ihr Unternehmensprofil auf den Menüpunkt „Ihr XING Link" gehen und die entsprechende Endung eintragen (z. B. „XING": https://www.xing.com/company/xing).

Interview II

Telefoninterview mit Alexander Schön, Leiter HR-Marketing & Recruiting, tätig bei der Phoenix Contact GmbH & Co. KG

Das Employer-Branding-Profil finden Sie hier: https://www.xing.com/company/phoenixcontact.

Herr Schön, die Phoenix Contact Gruppe unterhält in XING ein Unternehmensprofil, für dessen Pflege und Betreuung Sie verantwortlich sind. Worin liegt der Schwerpunkt der Seite?

Schön: Der Schwerpunkt unseres Corporate-XING-Profils liegt im Wesentlichen darin, den Arbeitgeber attraktiv, authentisch und erlebbar darzustellen. Natürlich informieren wir aber auch konkret über aktuelle Stellenausschreibungen, über unsere Innovationen, Produkte, Märkte, verbundene Unternehmen sowie über unsere Visionen und Zielsetzungen.

Vor welchem Hintergrund hat man sich entschieden, in XING und kununu eine professionelle Unternehmenspräsenz zu gestalten? Was ist Ihre Zielsetzung damit?

Schön: Wir sind ein B2B-Unternehmen in einer eher ländlichen Region. Wir stellen weiterhin keine Konsumentenprodukte her, wodurch unsere Marke auch per se (ähnlich den Automobilisten) potenziellen Bewerbern bekannt sein könnte. Wir sind, obwohl in vielen Bereichen Weltmarktführer in der Elektrotechnik sowie weltweiter Innovator, beim Otto Normalverbraucher wenig bekannt. Wir möchten die Vorzüge einer Beschäftigung und auch unsere vielfältigen Karrieremöglichkeiten bei Phoenix Contact einem größeren Publikum bekannt machen. Auf XING sind alle Zielgruppen vertreten, welche für Phoenix Contact potenzielle neue Mitarbeiter sein können. Wir können zum einen in einen schnellen, unkomplizierten Dialog mit Bewerbern und Interessenten treten, zum anderen aber auch zielgerichtet informieren und Personen direkt auf uns aufmerksam machen. Unser Engagement auf kununu, verbunden mit der Möglichkeit, uns als Unternehmen und Arbeitgeber dort anonym zu bewerten, verdeutlicht unsere vertrauensvolle, partnerschaftliche Unternehmenskultur und den offenen, respektvollen Umgang miteinander. Die Möglichkeit der authentischen Darstellung unserer Vorzüge durch Text, Bild, Ton und Bewertungen von Mitarbeitern und Bewerbern verdeutlicht neben der offenen und ernsthaften Auseinandersetzung mit Kritik unsere Unternehmenskultur und Werte.

Sie haben im vierten Quartal 2013 das kostenpflichtige „Employer-Branding-Profil" *bei kununu in Verbindung mit XING eingerichtet und Ihre Seite deutlich optimiert. Über* *welche Entwicklung und Erkenntnisse können Sie zum jetzigen Zeitpunkt berichten?*
Schön: Es ist eine deutliche Steigerung der Besucher und auch der Abonnentenzahl unseres Profils zu beobachten. Auch die direkten Kontaktaufnahmen über XING sowie Bewerbungen mit Vermerk, dass das Interesse an Phoenix Contact durch unsere XING bzw. kununu-Präsenz geweckt wurde, nehmen zu. Die Besucher unserer Seiten haben sich, wahrscheinlich bedingt durch unser zielgerichtetes Profil und unsere zielgerichtete, authentische Darstellung, unseren gesuchten Zielgruppen mehr und mehr selbst angepasst.

   Vielen Dank für das interessante und angenehme Telefonat mit Ihnen, lieber Herr Schön!

2.1.5.3   XING-EVENTS Marken inszenieren, Leads generieren, Professionals rekrutieren

Gastbeitrag und Erfahrungsbericht von Johannes F. Woll, München
(Geschäftsführer Social Event GmbH, Moderator der offiziellen XING-Gruppen XING Community München und XING Media & Publishing)

XING. Das professionelle Netzwerk
Drei Viertel aller Internetnutzer sind in mindestens einem sozialen Online-Netzwerk angemeldet. Zwei Drittel nutzen die sozialen Netzwerke auch aktiv. So eine repräsentative Erhebung von Forsa im Auftrag des BITKOM. XING – und das ist entscheidend – liegt exorbitant weit vorne. Es ist „das" führende professionelle Business-Netzwerk und liegt im Ranking aller Social Communitys für D-A-CH bereits auf Platz zwei. Direkt hinter dem privaten Netzwerk Facebook! Und – mit deutlichem Abstand vor LinkedIn, Twitter und Google+.

   Über zwölf Millionen Geschäftsleute und Berufstätige nutzen das Business-Netzwerk XING für Geschäft, Beruf und Karriere. Und sie wissen, warum. Weil XING mit maßgeschneiderten Networking-Funktionen und Services die Vernetzung und professionelle Kontaktpflege fördert. Weil es sich mit Angeboten wie XING Jobs, Business- und Networking-Events und derzeit über 55.000 Fachgruppen von einer Plattform zu einem globalen Web-Interface entwickelt hat. XING bleibt dabei nicht nur virtuell, sondern schafft konkretes, handfestes B2B. Das Ambassador-Programm und die offiziellen XING-Gruppen fungieren als Plattform und Bühne für persönliche Treffen aller Mitglieder.

Offizielle XING-Gruppen

Der Ambassador, ein offizieller Repräsentant einer Regional- oder Branchengruppe, ist ein besonders aktives XING-Mitglied, das die Gruppe moderiert und für diese offizielle XING-Events organisiert. Das Ambassador-Progamm umfasst über 200 Gruppen und 250 Ambassadors in den führenden Regionen und Branchen. Jedes Jahr treffen sich auf weit über 1000 offiziellen XING-Events mehr als 80.000 Mitglieder. Immer im Zentrum des Geschehens: das persönliche, individuelle Kennenlernen. Dazu der fachliche Austausch und der Ausbau des geschäftlichen Netzwerks. 93 % der Event-Besucher würden sofort und gerne wieder ein XING-Event besuchen. Und 90 % empfehlen mit Begeisterung XING-Events weiter.

Die größten offiziellen XING-Gruppen bieten Unternehmen zahlreiche Möglichkeiten, sich im Rahmen von Veranstaltungen und der Gruppenkommunikation prominent darzustellen oder auch als attraktiver Arbeitgeber zu empfehlen. S. dazu auch Abb. 2.27 und Abb. 2.28.

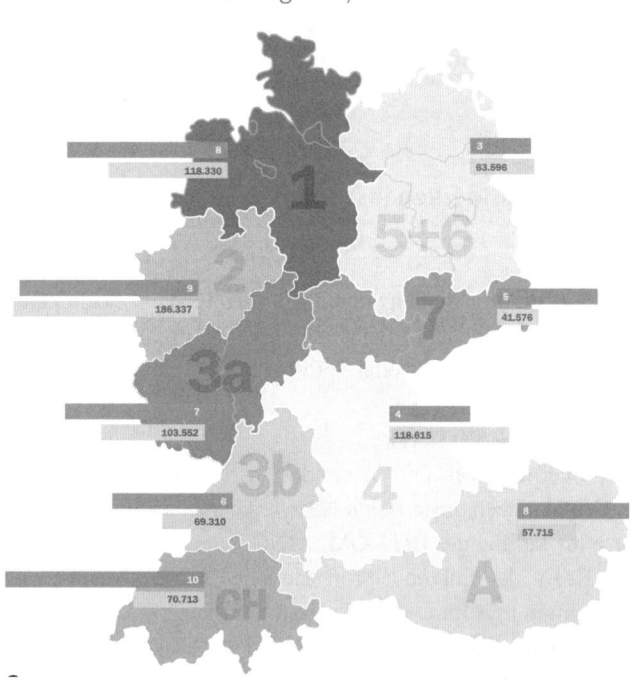

Abb. 2.27 Offizielle XING-Gruppen nach Nielsen mit der Angabe der Anzahl der Gruppen und der Gruppenmitglieder. (Quelle: Social Event GmbH, Stand 2012)

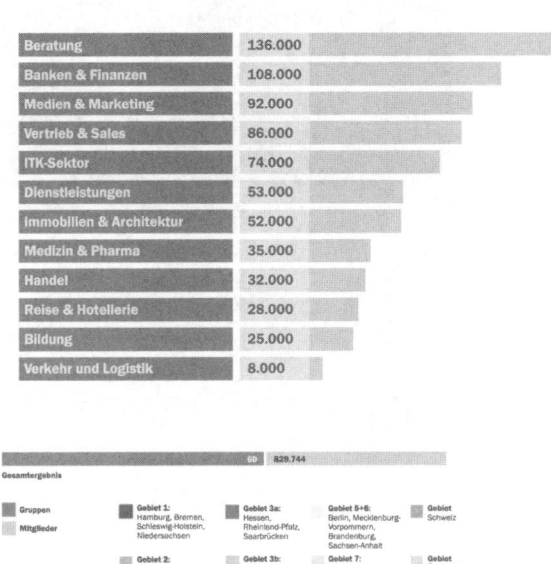

XING ⁱ 4

Abb. 2.28 Offizielle XING-Gruppen nach Nielsen mit der Angabe der Anzahl der Gruppen und der Gruppenmitglieder. (Quelle: Social Event GmbH, Stand 2012)

Karriereveranstaltungen & Recruiting-Events

Wir führen immer wieder in den Ballungszentren Karrieremessen zu den Themen Recruiting, Employer Branding und Personalmarketing durch. Idee und Ziel: Führende Arbeitgeber und Dienstleister präsentieren sich ihrer Zielgruppe als attraktiver Arbeitgeber und Karrieremittler.

Und wir können behaupten: Karriereveranstaltungen sind durchaus auch als individuelles Format für Unternehmen mit Betriebsbesichtigung, Tag der offenen Tür oder Vorstellungsrunden geeignet. Ergänzend organisieren wir erfolgreich Recruiting-Events in attraktiven Spots. Hier können sich Unternehmen in smartem Ambiente und angesagten Clubs potenziellen Kandidaten vorstellen.

Best Practice: T-Systems Recruiting Roadshow

T-Systems ist – nach eigener Positionierung – die Großkundensparte der Deutschen Telekom, die auf Basis einer weltumspannenden Infrastruktur aus Rechenzentren und Netzen Informations- und Kommunikationstechnik für multinationale Konzerne und öffentliche Institutionen betreibt. 2011 wurde den HR-Verantwortlichen des Unternehmens eine schier unlösbare Aufgabe gestellt: 1000 neue Stellen waren im Bereich IT zu besetzen. Einer Sparte, in der es faktisch kaum aktiv Stellensuchende gibt und klassische Perso-

Abb. 2.29 T-Systems
AfterJob-Party im 8seasons in
München am 3. Februar 2011.
(Quelle: Andeas Schebesta,
www.der-eventfotograf.de,
2011)

nalmaßnahmen nicht zu den gewünschten Erfolgen führten. Dazu kam, dass die Arbeitgebermarke in der Wahrnehmung der potenziellen Kandidaten nicht hinreichend mit den
Themen Informations- und Kommunikationstechnik assoziiert wurde.

Daraus leitete sich eine doppelte Aufgabenstellung ab: Zum einen sollte die Arbeitgebermarke kommunikativ attraktiv aufgeladen werden, zum anderen sollten sogenannte
latent Suchende (Professionals, die in bestehenden Beschäftigungsverhältnissen stehen,
aber an Karrierechancen interessiert sind) gezielt angesprochen werden.

In Zusammenarbeit mit offiziellen regionalen Gruppen in Stuttgart, Frankfurt, Bonn
und München sowie der Xpert-Gruppe IT-Connection wurde eine Veranstaltungsreihe
konzipiert und ins Leben gerufen, die dem Wunsch der XING-Mitglieder nach entspann-
tem Netzwerken, attraktiven Jobofferten und unverbindlichen Erstgesprächen Rechnung
trägt: *AfterJob-Time. Entspanntes Networken & Chilloutparty in angesagten Clublocati-
ons.* Abbildung 2.29 zeigt die T-Systems AfterJob-Party in München.

T-Systems empfahl sich als Veranstaltungspartner, der im IT-Bereich vom Junior- bis
zum Senior-Level interessante Jobmöglichkeiten anbietet. XING-Premium-Mitglieder

Abb. 2.30 Unverbindliche Informationsgespräche am T-Systems-Counter. (Quelle: Andeas Schebesta, www.der-eventfotograf.de)

hatten freien Eintritt (statt 10,00 € Unkostenbeitrag). Trotzdem war eine Anmeldung (für Akkreditierung und Namensschilder) über ein Registrierungssystem erforderlich. Dort konnten Teilnehmer freiwillig vermerken, ob sie Interesse an Karrierechancen bei der T-Systems haben.

Veranstaltungskommunikation und -ablauf waren über alle Regionen stark standardisiert: Die Gruppenmitglieder wurden mittels Newsletter und Einladung auf die Veranstaltung hingewiesen bzw. eingeladen. Der Abend (jeweils in Topclubs in den jeweiligen Städten) begann ab 19:00 Uhr mit Akkreditierung, Ausgabe der Namensschilder und einem Welcome Drink und lud mit einem Starterbuffet in einem ruhigeren Clubbereich zum Netzwerken. Ab 21:00 Uhr startete dann die AfterWork-Party mit DJ.

Während des ganzen Abends konnten sich die Besucher unverbindlich an ausgestellten Job-Walls und den T-Systems-Countern über Karriereoptionen und -offerten informieren oder auch Termine für weiterführende Gespräche vereinbaren (s. Abb. 2.30).

Im Ergebnis ein ganzer Erfolg Über 40 % der Besucher (in München nahmen beispielsweise 550 Personen an der Veranstaltung teil) hatten angegeben, dass sie sich für Karriereoptionen interessieren, über 15 % hatten während oder nach der Veranstaltung das Gespräch mit den Personalberatern der T-Systems gesucht.

Employer Branding
Die offiziellen Gruppen bieten Unternehmen zudem die Möglichkeit, sich auch auf der Plattform als attraktive und transparente Arbeitgeber Mitgliedern in den Regionen oder

Branchen zu empfehlen. Mit Interview, Unternehmensporträt (inkl. Kurzfilmproduktion oder Fotoshooting) sowie Links auf die referenzierten Angebote im XING-Jobmarktplatz und die virtuellen Präsenzen können Unternehmen potenziellen Kandidaten und Young Professionals ausführlich und ohne Streuverluste dargestellt werden. In Newslettern wird in ausgewählten Gruppen ein Unternehmen exklusiv vorgestellt. Zudem ist die Präsenz (Logo) auf der Gruppenstartseite möglich. Newseinträge auf der Startseite sorgen für zusätzliche Sichtbarkeit.

Unternehmen werden so prominent in einem eigenen Enterprise-Reiter in den Gruppen präsentiert. Jobofferten – sofern auf XING eingebunden – können zudem mit dem Unternehmensauftritt verknüpft werden. So generieren Unternehmen zusätzliche Sichtbarkeit für ihre Vakanzen. Die relevanten Ansprechpartner aus Management, Human Relations oder Bereichsleitung können gleichfalls präsentiert werden. So werden sie nicht nur sichtbar, sondern „anfassbar" und können von Interessenten direkt ohne Reibungsverluste kontaktiert werden.

Über Social Event

Social Event GmbH, gegründet 2009, mit Sitz in München, ist exklusiver Partner der XING AG für die Vermarktung offizieller XING-Events und kooperiert mit allen großen offiziellen XING-Gruppen. Auch für regionen- und branchenübergreifende Veranstaltungen ist Social Event der offizielle Ansprechpartner. Nur die Social Event GmbH und ihre Repräsentanten sind dazu von der XING AG autorisiert.

2.1.5.4 XING-Gruppen – aktiver und passiver Einsatz fürs Recruiting

Gruppen auf XING sind virtuelle Gemeinschaften, in denen sich Gleichgesinnte zusammenfinden. Im Frühjahr 2014 verzeichnete XING über 66.000 Gruppen. Die frequentiertesten Gruppen zählen weit über 100.000 Mitglieder. Die Nutzung von Gruppen ist für alle XING-Mitglieder kostenfrei – unabhängig davon, welche XING-Mitgliedschaft sie gewählt haben.

In fachlich orientierten Gruppen tauschen sich z. B. Menschen aus derselben Branche fachlich aus. Fachgruppen werden vorrangig online genutzt: In thematischen Foren diskutieren Mitglieder bzw. teilen Wissen und Erfahrungen. Regionale Gruppen bringen XING-Nutzer aus einer Region zusammen – primärer Fokus sind hier Offline-Treffen, um jenseits der virtuellen XING-Welt zu netzwerken. Andere Gruppen bündeln Mitglieder, die ein gemeinsames Hobby oder Interesse teilen.

Aktivität in Gruppen steigert die Bekanntheit der jeweiligen XING-Mitglieder und erhöht die Aufrufe ihrer Mitgliedsprofile. Mit überlegten eigenen Beiträgen sowie Antworten auf Forenbeiträge anderer Nutzer steuern Mitglieder ihre Reputation. Alternativ können Mitglieder sich passiv in Gruppen „umsehen" und Beiträge anderer konsumieren.

Grundsätzlich können alle XING-Mitglieder – ebenfalls kostenfrei – eine eigene Gruppe gründen und sich somit als Gruppenmoderator betätigen. Gruppenmoderatoren können sich in ihrer Branche oder auf ihrem Interessengebiet als Experte etablieren. Ihre Gruppe gestalten Moderatoren nach ihren Vorstellungen und führen sie eigenständig – innerhalb der sogenannten Regeln des „Code of Conduct" der XING AG.

Im Kontext von Personalsuche und Personalmarketing können Sie auf verschiedenen Handlungsfeldern von XING-Gruppen partizipieren:

* für Ihre Kandidatensuche,
* für Ihre Kandidatenbindung und Ihr Employer Branding,
* für Ihr Reputationsmanagement.

Einsatz von XING-Gruppen für Ihre Kandidatensuche
In Fachgruppen, die inhaltlich zu Ihren Vakanzen passen, sind mit großer Wahrscheinlichkeit Gruppenmitglieder versammelt, die als latente Jobsucher für Ihr Unternehmen infrage kommen. **Mit ihren veröffentlichten Fachbeiträgen dokumentieren potenzielle Kandidaten ihre Expertise.** Das XING-Profil dieser Gruppenmitglieder können Sie mit einem Klick erreichen – inklusive der Möglichkeit der direkten Kontaktaufnahme. Ratsam ist es, die Vorgesetzten der rekrutierenden Fachabteilung zu involvieren, denn wenn der potenzielle neue Chef den künftigen Wunschmitarbeiter mit Bezug auf dessen Gruppenbeiträge und die gemeinsame Gruppenmitgliedschaft kontaktiert, fällt die Umwerbung des Kandidaten auf vergleichsweise fruchtbaren Boden, da sie sehr authentisch wirkt.

In einigen Gruppen ist die **Einbindung von Stellenanzeigen** möglich – und zwar auf zwei verschiedene Arten: Die erste Möglichkeit nutzen Sie passiv – denn Gruppenmoderatoren können Stellenanzeigen, die unter XING Stellenmarkt veröffentlicht sind, in Form von Links in die Startseite ihrer Gruppe einbinden. Dieser Service ist für Inserenten gratis – es steht jedoch jedem Gruppenmoderator frei, zu entscheiden, ob Jobangebote inkludiert werden sollen. Grundsätzlich sind thematisch passende Stellenanzeigen relevanter Content für Gruppenmitglieder. Die zweite Form der Anzeigenschaltung in Gruppen ist möglich, wenn Moderatoren in ihren Gruppen einzelne Foren einrichten, in denen es ausdrücklich erlaubt ist, Stellenangebote bzw. Projektangebote kostenfrei als Themenbeitrag zu veröffentlichen. Die Unterschiede zwischen kostenpflichtigen XING-Anzeigen und kostenfreien XING-Gruppen-Anzeigen veranschaulicht Abb. 2.31.

Einsatz von XING-Gruppen für Ihre Kandidatenbindung und Ihr Employer Branding
Viele Unternehmen richten eigene XING-Gruppen – z. B. als Alumni-Gruppen – ein, um auf diesem Weg mit ehemaligen Mitarbeitern bzw. Mitarbeitern in Elternzeit oder Bewerbern, Praktikanten, Werkstudenten in Kontakt zu bleiben, diese Personen über Neuigkeiten aus dem Unternehmen informiert zu halten und sie im Sinne des Talent Relationship Management latent ans Unternehmen zu binden. Zielsetzung ist, passende Kandidaten für künftige Vakanzen im sogenannten Talentpool vorzuhalten und auch ehemalige Mitarbeiter für einen künftigen Wiedereinstieg zu begeistern. Diese XING-Gruppen funktionieren somit wie ein sogenanntes Extranet: eine Art Intranet für Externe.

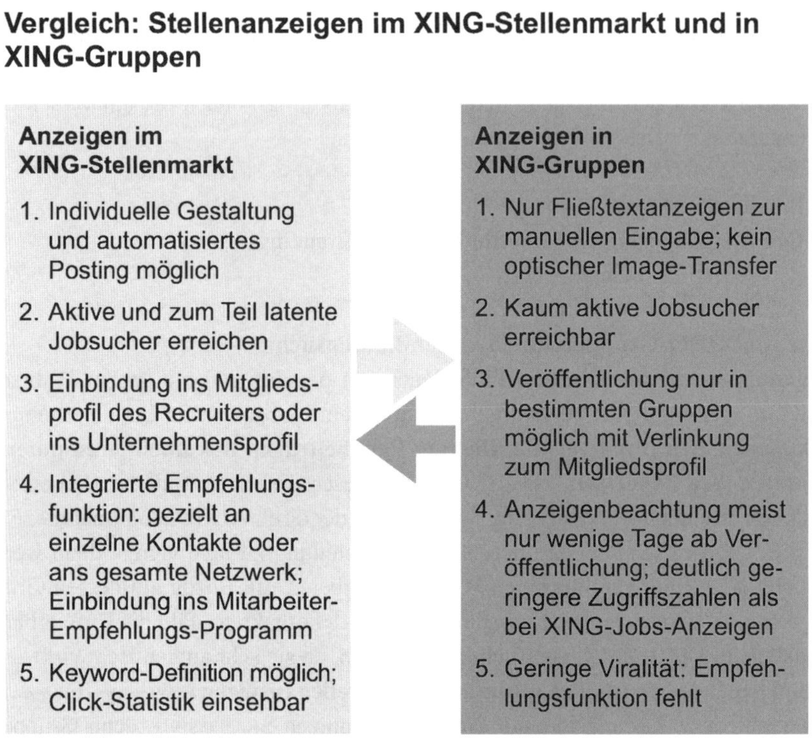

Vergleich: Stellenanzeigen im XING-Stellenmarkt und in XING-Gruppen

Anzeigen im XING-Stellenmarkt

1. Individuelle Gestaltung und automatisiertes Posting möglich

2. Aktive und zum Teil latente Jobsucher erreichen

3. Einbindung ins Mitglieds-profil des Recruiters oder ins Unternehmensprofil

4. Integrierte Empfehlungs-funktion: gezielt an einzelne Kontakte oder ans gesamte Netzwerk; Einbindung ins Mitarbeiter-Empfehlungs-Programm

5. Keyword-Definition möglich; Click-Statistik einsehbar

Anzeigen in XING-Gruppen

1. Nur Fließtextanzeigen zur manuellen Eingabe; kein optischer Image-Transfer

2. Kaum aktive Jobsucher erreichbar

3. Veröffentlichung nur in bestimmten Gruppen möglich mit Verlinkung zum Mitgliedsprofil

4. Anzeigenbeachtung meist nur wenige Tage ab Ver-öffentlichung; deutlich ge-ringere Zugriffszahlen als bei XING-Jobs-Anzeigen

5. Geringe Viralität: Empfeh-lungsfunktion fehlt

Abb. 2.31 Vergleich: Stellenanzeigen in XING Stellenmarkt und XING Gruppen

Das Einrichten einer unternehmenseigenen XING-Gruppe mit den klassischen Grup-pen-Funktionalitäten ist kostenfrei – jedoch für die Gruppenmoderatoren mit einem nen-nenswerten Arbeitsaufwand verbunden. Üblicherweise möchten Moderatoren, dass fir-menspezifische Gruppen einem geschlossenen, handverlesenen Nutzerkreis vorbehalten bleiben: In der Praxis senden XING-Mitglieder ihren Beitrittswunsch zur XING-Gruppe an die Moderatoren, die von Fall zu Fall entscheiden, welche XING-Nutzer Gruppenmit-glied werden dürfen. So ist sichergestellt, dass Ihre veröffentlichten Informationen nur einem eingeschränkten Personenkreis zugänglich sind – vergleichbar mit einem Intranet.

Zu bedenken ist im Vorfeld einer Gruppengründung,

- welcher Personenkreis als Moderatoren/Ko-Moderatoren infrage kommt;
- an welche potenziellen Gruppenmitglieder sich die Unternehmensgruppe richtet;
- wer diese Zielgruppe auf XING auswählt sowie in die Gruppe einlädt;
- wie stetig neue, fundierte Inhalte generiert werden bzw. aus anderen Kanälen – z. B. dem unternehmenseigenen Blog – importiert werden können;
- wie ein inhaltlicher Dialog unter den Gruppenmitgliedern initiiert wird.

Der Zeitaufwand zum Betreiben einer unternehmenseigenen XING-Gruppe **ist folglich nicht zu unterschätzen** – er ist vergleichbar mit dem Aufwand zum Einrichten und Betreiben einer Facebook-Fanpage.

▶   **Unser Praxistipp**   Bitte beachten Sie die Faustregel, dass nur inhaltlich lebendige Gruppen mit aktuellen Beiträgen und interaktiven Diskussionen sowie einer attraktiven Anzahl von Mitgliedern positiven Imagetransfer bewirken. Wir empfehlen daher, dass Sie eine Art „Businessplan" für die Gründung und Pflege Ihrer unternehmenseigenen XING-Gruppe erstellen, um die Akteure und ihre inhaltlichen Aufgaben und geschätzten Zeitaufwendungen zu planen – so gewährleisten Sie einen professionellen Außenauftritt.

Für das Betreiben eines firmenspezifischen Forums auf XING sprechen folgende Punkte:

- Sie müssen sich nicht um eine geeignete Domain kümmern, da XING diese bereitstellt.
- Sie müssen selbst keine Technik bereitstellen und finanzieren, da XING dies übernimmt.
- Sie müssen nicht die volle rechtliche Verantwortung übernehmen (z. B. für die Impressumspflicht bzw. für die Haftung für Beiträge ab Kenntnisnahme), da XING als Plattformbetreiber erster Ansprechpartner ist, nicht Ihre Gruppenmoderatoren.
- Sie finden über die XING-Mitgliedersuche rasch und einfach potenzielle Gruppenmitglieder und erzielen mit Ihrer Gruppe eine große Reichweite.
- Erreicht Ihre XING-Gruppe eine bestimmte Größe und bietet sie den Mitgliedern relevanten Mehrwert, so finden neue Mitglieder über Empfehlungen oft ganz ohne Einladung in Ihre Gruppe.
- Ihre Gruppenmitglieder müssen sich nicht extra für die Nutzung Ihres Forums registrieren – Sie brauchen sich keine Sorgen um die Daten Ihrer Gruppenmitglieder zu machen, denn diese sind bei XING sicher verwahrt, da XING den strengen Richtlinien der deutschen Datenschutz-Regularien unterliegt.

Nützliche Links zum professionellen Einrichten und Betreiben einer eigenen XING-Gruppe

- Formular zum Anmelden Ihres Gruppenwunsches bei XING:
  http://bit.ly/Gruppe-anmelden (rechts außen den Button klicken: Neue Gruppe erstellen)
- Tipps zum Einrichten einer professionellen XING-Gruppe:
  http://bit.ly/Gruppe-professionell-betreiben
- Praxis-Empfehlungen für die Kommunikation von XING-Gruppenmoderatoren:
  http://bit.ly/Gruppenkommunikation

Einsatz von XING-Gruppen für Ihr Reputationsmanagement

Durch das Verfassen eigener Forumsbeiträge empfehlen Sie sich als Experte auf den von Ihnen gewünschten Themenfeldern. Dazu können Sie Beiträge in thematisch passenden XING-Gruppen anderer Moderatoren oder auch in Ihrer eigenen XING-Gruppe verfassen. Sie selbst entscheiden, in welchem Zeitumfang Sie sich einbringen möchten und zu welchen Themen Sie sich als Meinungsbildner positionieren – dies gilt sowohl für Recruiter als auch für Manager der Fachbereiche Ihres Unternehmens.

Zu beachten ist, dass Ihre Beiträge inhaltlich fundiert sind und den Lesern relevanten Mehrwert bieten.

Vermeiden Sie plattitüdenhafte sowie stark werbliche Botschaften – und veröffentlichen Sie nur fehlerfreie Beiträge: Sofern Sie es in Ihren „Privatsphäre"-Einstellungen auf XING nicht anders eingestellt haben, sind Ihre Beiträge auch über Suchmaschinen auffindbar und somit für sehr lange Zeit im Internet erreichbar. Sie sollten daher in Ihren Gruppenbeiträgen nur Aussagen treffen, die Sie auch jenseits von XING jederzeit vertreten können.

Erwarten Sie bitte nicht, dass Ihr Expertenstatus nach dem Verfassen nur eines Fachbeitrags exponentiell steigt. Vielmehr gilt die Regel: Steter Tropfen höhlt den Stein. Stellen Sie wiederholt mit aussagekräftigen Beiträgen Ihr Wissen und Ihre Reputation möglichst fundiert und facettenreich unter Beweis. Aus eigener Erfahrung wissen wir Autoren, dass sich früher oder später die gewünschte positive Rückmeldung anderer XING-Mitglieder einstellt, die sich aufgrund Ihrer Forenbeiträge proaktiv mit Ihnen vernetzen und den Austausch bzw. die Zusammenarbeit mit Ihnen suchen.

2.1.6 Informationen über bereits identifizierte Kandidaten

Neben der proaktiven Kandidatensuche (Active Sourcing), der anzeigengestützten Kandidatensuche und dem Employer Branding gibt es ein viertes Anwendungsszenario von XING als Recruiting-Kanal: die aktive Suche nach zusätzlichen Informationen über bereits identifizierte Kandidaten.

Gemeint ist der sogenannte **„googelnde Personaler"**, der sich im Internet über Kandidaten informiert, deren Bewerbungen bereits vorliegen. Neben Google als allgemeiner Anlaufstelle im Web zur Informationsgewinnung über Kandidaten steuern Personalentscheider zielgerichtet XING an, um den Eindruck vom Kandidaten anhand dessen XING-Mitgliedsprofil einschließlich seiner Kontakte und seiner Netzwerkaktivitäten abzurunden.

Ihrer Informationssuche über Bewerber in sozialen Netzwerken sind jedoch rechtliche Grenzen gesetzt: Praxisrelevant fürs Recruiting ist nach geltendem Recht § 28 Abs. 1 Satz 1 Nr. 3 des **Bundesdatenschutzgesetzes** (BDSG): Demnach dürfen Sie über Internetsuchmaschinen zugängliche Daten unter bestimmten Umständen berücksichtigen, ebenso Daten aus sozialen Netzwerken, die ohne gesonderte Anmeldung frei verfügbar sind.

Seit geraumer Zeit wird jedoch eine gesetzliche Neuregelung zum Beschäftigtendatenschutz erwartet. **Der Gesetzentwurf** sieht in 32 Abs. 6 BDSG n. F. vor, dass Sie als Arbeitgeber allgemein zugängliche Daten je nach sozialem Netzwerk grundsätzlich erheben dürfen. Dabei wird zwischen beruflich orientierten Netzwerken wie XING oder LinkedIn
und privat orientierten Netzwerken wie Facebook unterschieden. Auf beruflich orientierte
Netzwerke dürfen Sie zugreifen, auf privat orientierte nicht. Vielfach wird allerdings auch
Facebook beruflich genutzt oder Unternehmen betreiben dort sogenannte Fanpages, sodass die Abgrenzung in der Praxis nicht immer so klar sein dürfte.

Wie strikt sich in der künftigen Praxis die Trennung einhalten lässt, bleibt abzuwarten.
Wenn Sie als potenzieller Arbeitgeber negative Informationen über einen Bewerber erhal-
ten durch einen nicht vom Bundesdatenschutzgesetz gedeckten Weg, werden Sie diesen
Kandidaten kaum einstellen. Fraglich und noch ungeklärt ist, ob ein abgelehnter Bewerber
sich hierauf erfolgreich berufen kann und welche Konsequenzen dies für ihn bzw. Ihr
Unternehmen haben wird.

An dieser Stelle möchten wir auf den Fachbeitrag „Social Media Recruiting & Recht"
von Dr. Carsten Ulbricht verweisen, der sich eingehender mit der Thematik beschäftigen
wird.

2.1.7   XING-Demografie

XING ist mit über sechs Millionen Mitgliedern im deutschsprachigen Raum das größte
und aktivste soziale Netzwerk für berufliche Kontakte. Aus unserer täglichen Arbeit mit
XING wissen wir, dass die Plattform für viele User aus dem Alltag nicht mehr wegzudenken ist. Ein Grund für uns Autoren, einmal einen Blick hinter die Kulissen von XING
zu werfen.

Hierzu sprechen wir mit David Vitrano, Head of Marketing E-Recruiting bei der XING AG

*Die XING AG hat seit ihrer Gründung in 2003 und ihrer Börsennotierung in 2006 Jahr für
Jahr kontinuierliches Mitgliederwachstum zu verzeichnen (s. Abb. 2.32). Auch die Ertrags-
lage hat sich sehr positiv entwickelt. Ihren Kernmarkt haben Sie seit einigen Jahren mit
der Region D-A-CH neu definiert. Wann ist ein Ende des Mitgliederwachstums in Sicht?
Welche Zukunftschancen sehen Sie insgesamt für die XING AG mittel- und langfristig?*
Vitrano: XING ist Platzhirsch im deutschsprachigen Raum – einem der wirtschaftlich
stärksten Gebiete weltweit. Das ist unser Kernmarkt. Und hier haben wir weiter großes
Wachstumspotenzial: Denn während hier eine Penetration von etwa 6 % gemessen auf
die Gesamtbevölkerung erreicht wurde, sind andere, vergleichbare Länder bei Quoten
von rund 15 %. Wir schätzen das Mitgliederpotenzial auf mehr als 20 Mio. ein. Hier gibt
es noch viel Potenzial für weiteres Wachstum bei Mitgliedern. Als Local Player können
wir uns zu 100 % auf die Bedürfnisse unserer deutschsprachigen Kunden (z. B. Datenschutz) anpassen. Wir bauen Produkte und Lösungen, die auf sie zugeschnitten sind,

Mitgliederzahlen
7,1 Millionen Mitglieder in D-A-CH

	Gesamt	davon zahlende Abonnenten	männlich	weiblich
Gesamt in D-A-CH	7,1 Mio.	807.000	61%	39%
Deutschland	5,9 Mio.	688.000	62%	38%
Österreich	0,6 Mio.	48.000	58%	42%
Schweiz	0,6 Mio.	71.000	64%	36%

Abb. 2.32 XING-Demografie: Mitgliederzahlen D-A-CH. (Quelle: XING (Hrsg), demografische Daten Online und Mobile, Deutschland, Österreich, Schweiz); Mai 2014

und müssen uns nicht an dem global kleinsten gemeinsamen Nenner ausrichten. Zudem sind wir mit unseren rund 600 Mitarbeitern in Deutschland, Österreich und der Schweiz bei unseren Kunden vor Ort. Wir kennen sie, stehen ihnen mit unserem Kundenservice zur Verfügung und können sie so direkt bei ihren Projekten unterstützen.

Welche Entwicklungen und Trends sehen Sie im Markt für Personalvermittlung und Stellenanzeigen in den nächsten Jahren?
Vitrano: In den nächsten Jahren wird das Employer Branding eines der treibenden Themen im HR-Wesen sein. Die Pflege und das aktive Gestalten der eigenen Arbeitgebermarke – das sogenannte Employer Branding – sind essenziell im Kampf um die besten Talente. Schon heute ist es in vielen Fällen so, dass sich nicht länger der Kandidat bei der Firma, sondern die Firma beim Kandidaten bewirbt. Hier ist seitens des Unternehmens Überzeugungskraft gefragt. Das Unternehmen muss seine Attraktivität als Arbeitgeber steigern. Einen besonderen Stellenwert nehmen dabei Themen wie Arbeitsatmosphäre, Work-Life-Balance, Gestaltungsspielraum und Entwicklungschancen ein. Wichtig: In Zeiten von Arbeitgeberbewertungsportalen wie kununu reicht es nicht mehr, eine schöne Website oder eine Hochglanzbroschüre anzubieten, um ein gutes Arbeitgeberimage zu haben. Wichtig ist, wirklich gut zu sein. Im Zuge des zunehmenden Fachkräftemangels müssen Unternehmen auch verstärkt selbst auf Kandidaten zugehen, indem sie aktiv nach neuen Mitarbeitern suchen und sie ansprechen.
Als weiteren Trend sehen wir, dass die klassischen (passiven) Rekrutierungskanäle, wie z. B. reine Online-Stellenbörsen, aufgrund des Fachkräftemangels sowie des demografischen Wandels bei Vakanzen im Bereich Fach- und Führungskräfte nicht ausreichend sind. Unternehmen müssen selbst aktive Kandidaten finden und ansprechen – Stichwort „Active Sourcing".

Welche Dienstleistungen, Produkte oder Lösungen im Bereich HR-Recruiting werden Sie in den nächsten Jahren weiterentwickeln oder sogar neu konzipieren? Wie wollen Sie Personalsuchende in deren Engpasssituationen weiterhin gezielt unterstützen?

David Vitrano: Mit der Akquise der Arbeitgeberbewertungsplattform kununu haben wir einen wichtigen Schritt im Teilbereich Employer Branding bei XING getan. Wir wollen zukünftig die Bewertungen noch weiter in unsere Plattform – allen voran in den XING-Unternehmensprofilen – integrieren. Derzeit arbeiten wir auch kräftig an neuen Features für den XING-Talentmanager, der seit dem Launch im September 2012 einen sehr guten Zuspruch seitens der Kunden erfahren konnte. Und nicht zuletzt werden wir auch das Stellenportal XING Jobs ausbauen und weitere Funktionen und Informationen des sozialen Netzwerks integrieren.

Ein großes soziales Netzwerk bedeutet auch viele persönliche Daten der User auf Ihrer Plattform. Viele User fragen sich, wie es mit Ihrer Datensicherheit insgesamt bestellt ist und ob künftig eine stärkere werbliche Vermarktung des Portals geplant ist.

Vitrano: Datenschutz hat für XING höchste Priorität. Wir schützen die Daten unserer Mitglieder auf mehreren Ebenen: Wir verschlüsseln bereits in der Standardeinstellung den kompletten Datenverkehr für eingeloggte Mitglieder. SSL ist die Technik, die Banken auch beim Online-Banking anwenden. Aufgrund unseres Hamburger Hauptsitzes unterliegt XING den deutschen Datenschutzbestimmungen, die zu den striktesten der Welt gehören. Das hat Vorteile für den Nutzer, denn es bedeutet beispielsweise, dass wir grundsätzlich vor jeder Datenverarbeitung die Einwilligung der Nutzer einholen müssen. Für Anbieter mit ihrem Firmensitz z. B. in den USA gelten diese strengen Standards nicht. Zudem wissen wir, dass gerade den deutschen Nutzern – und gerade unserer beruflichen Zielgruppe – Datenschutz und Privatsphäre sehr wichtig sind. Während manch amerikanischer Wettbewerber das Thema Privatsphäre als „Alte-Leute-Sorgen" abtut, nehmen wir unsere Nutzer ernst. Unsere Nutzer können sich außerdem darauf verlassen, dass wir keine personenbezogenen Daten an Dritte weitergeben. Das ist der Schutz, den wir als Anbieter garantieren.

Davon abgesehen, geben wir unseren Mitgliedern alle nötigen Werkzeuge in die Hand, damit sie die volle Kontrolle über ihre Daten haben. Sie können individuell einstellen, welche Mitglieder welche ihrer Daten sehen dürfen und welche nicht, oder ob ihr Profil für Suchmaschinen auffindbar ist. Wir sehen uns als Anbieter auch in der Pflicht, unsere Mitglieder kontinuierlich zu informieren und als Ansprechpartner zur Verfügung zu stehen. Es gibt bei XING ein mehrköpfiges Sicherheitsteam, unsere Mitglieder informieren uns regelmäßig, wenn ihnen etwas auffällt.

Lieber Herr Vitrano, besten Dank für die interessanten Einblicke und das kurzweilige Gespräch!

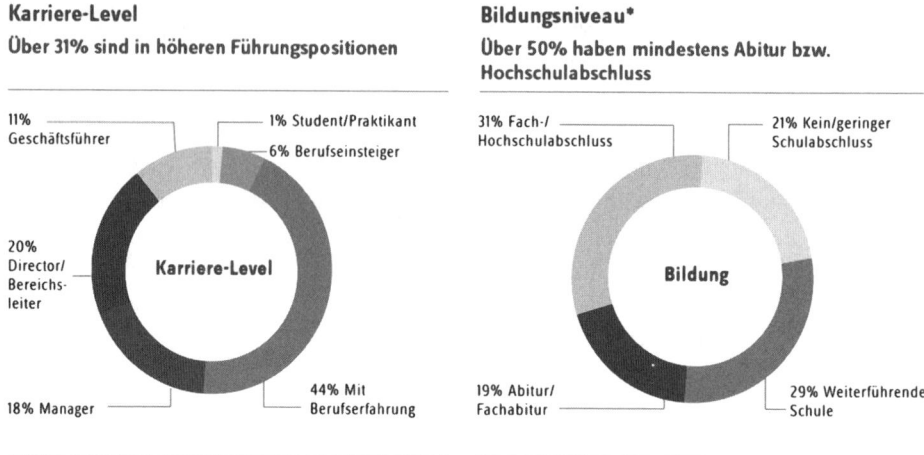

Karriere-Level
Über 31% sind in höheren Führungspositionen

11% Geschäftsführer
1% Student/Praktikant
6% Berufseinsteiger
20% Director/ Bereichsleiter
Karriere-Level
18% Manager
44% Mit Berufserfahrung

Bildungsniveau*
Über 50% haben mindestens Abitur bzw. Hochschulabschluss

31% Fach-/ Hochschulabschluss
21% Kein/geringer Schulabschluss
Bildung
19% Abitur/ Fachabitur
29% Weiterführende Schule

Abb. 2.33 XING-Demografie: Karrierelevel und Bildungsniveau. (Quelle: XING (Hrsg), demografische Daten Online und Mobile, Deutschland, Österreich, Schweiz); Mai 2014

Altersstruktur
49% der Nutzer sind zwischen
20 u. 39 Jahre alt

	14-19**	20-29	30-39	40-49	>50
Deutschland*	6%	22%	25%	27%	20%
Österreich	<1%	15%	39%	30%	16%
Schweiz	<1%	12%	35%	32%	21%

Abb. 2.34 XING-Demografie: Altersstruktur der Mitglieder. **Laut den AGB von XING ist das Mindestalter, um sich anzumelden, 18 Jahre. Bildrechte: XING (Hrsg), demografische Daten Online und Mobile, Deutschland, Österreich, Schweiz; Mai 2014

Die folgenden Abbildungen (Abb. 2.33, 2.34 und 2.35) geben Aufschluss über die demografische Zusammensetzung der XING-Mitglieder.

2.1.8   In acht Schritten zum Active-Sourcing-Erfolg mit XING

Abbildung 2.36 und 2.37 zeigen ergänzende Checklisten, damit Sie Ihren Erfolg mit XING-Recruiting deutlich steigern können

Alter*

Mehr als die Hälfte der mobilen Nutzer ist zwischen 20 und 39 Jahre alt.

14 - 19 Jahre	1,3%
20 - 29 Jahre	16,5%
30 - 39 Jahre	45,9%
40 - 49 Jahre	27,1%
50 - 59 Jahre	5,5%
60 - 69 Jahre	2,0%
70 und älter	1,7%

Haushaltsnettoeinkommen*

Mehr als ein Drittel der mobilen Nutzer haben ein verfügbares Haushaltsnettoeinkommen von mehr als 3.500€

Bis unter 1000 €	9,2%
1000 bis unter 1500 €	6,5%
1500 bis unter 2000 €	10,1%
2000 bis unter 2500 €	21,5%
2500 bis unter 3000 €	16,3%
3000 bis 4000 €	22.3%
4000 € und mehr	11,7%

Abb. 2.35 XING-Demografie (Mobil): Alter und Haushaltseinkommen. (Quelle: AGOF mobile facts 2013)

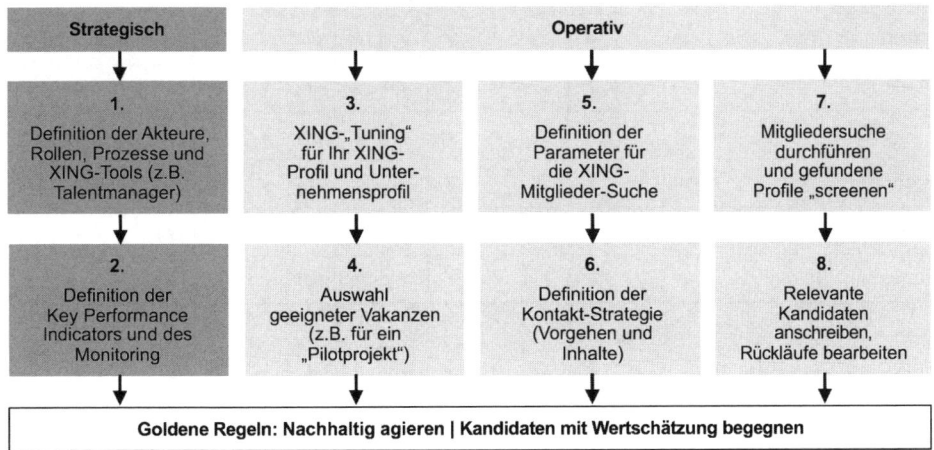

Abb. 2.36 Checkliste für Active Sourcing mit XING: in acht Schritten zum Erfolg

Legende:
✓ = trifft zu
(✓) = trifft teilweise zu
✗ = trifft nicht zu

	Karrierelevel der Vakanz			Dringlichkeit der Besetzung			Fachliche Ausrichtung des Kanals		Regionalität der Kandidatensuche			Primäres Einsatz-Szenario			
	Einstiegsposition	*Fachkraft*	*Führungskraft*	*kurzfristig*	*mittelfristig*	*langfristig*	*generalistisch*	*spezifisch*	*regional*	*national*	*international*	*Stellenausschreibung*	*Proaktive Kandidatensuche*	*Employer Branding*	*Networking*
Online-Jobbörsen															
Generalistisch ausgerichtet, z.B. stepstone.de, monster.de, jobware.de	✓	✓	(✓)	✓	✓	✗	✓	✗	✓	✓	(✓)	✓	(✓)	✓	✗
Fachspezifisch ausgerichtet, z.B. jobvector.de, hotelcareer.de	✓	✓	(✓)	✓	✓	✗	✗	✓	✓	✓	(✓)	✓	(✓)	✓	✗
Print-Medien															
Regionale Tageszeitungen	✓	✓	✗	✓	✓	✗	✓	✗	✓	✗	✗	✓	✗	✓	✗
Überregionale Tageszeitungen	✗	(✓)	✓	✓	✓	✗	✓	✗	✗	✓	✗	✓	✗	✓	✗
Fachzeitschriften	(✓)	✓	(✓)	✓	✓	✗	✗	✓	✗	✓	(✓)	✓	✗	✓	✗
Soziale Netzwerke															
XING	(✓)	✓	✓	✓	✓	✓	✓	✗	✓	✓	(✓)	✓	✓	✓	✓
LinkedIn	(✓)	✓	✓	✓	✓	✓	✓	✗	(✓)	✓	✓	✓	✓	✓	✓
facebook	✓	✓	✗	✗	✓	✓	✓	✗	(✓)	✓	✓	(✓)	✗	✓	(✓)
google+	✓	✓	✗	✗	✓	✓	✓	✗	(✓)	✓	✓	(✓)	✗	✓	(✓)
twitter	✓	✓	✗	✗	✓	✓	✓	✗	(✓)	✓	✓	(✓)	✗	✓	(✓)
kununu	✓	✓	✗	✗	✓	✓	✓	✗	(✓)	✓	(✓)	✓	✗	✓	✗
Sonstige Kanäle															
Unternehmens-Website	✓	✓	✓	✗	✓	✓	✗	✓	✗	✓	✗	✓	✗	✓	✗
Messen/Events	✓	✓	✗	✗	✓	✓	✓	✓	✓	✓	✗	✓	✗	✓	(✓)
Alumni-Netzwerke	✗	✓	(✓)	✗	(✓)	✓	✗	✓	✗	✓	(✓)	(✓)	✓	✓	✓
Headhunter	✗	(✓)	✓	✗	✓	✓	(✓)	✓	✗	✓	(✓)	✗	✓	✗	✗

Abb. 2.37 Übersicht diverse Szenarien: Kanäle und Vakanzen

2.1.9   Fazit

Recruiting-Turbo XING

Für uns beide als Recruiting-Trainer ist XING ein strategisches und mächtiges Recruiting-Instrument, das Sie im „Kampf um die besten Talente" sehr zielgerichtet und erfolgreich einsetzen können. Wie Sie erfahren konnten, gibt es eine Reihe von Maßnahmen, die Sie solitär oder vernetzt für XING-Recruiting ergreifen können. Egal, ob Sie Einzelkämpfer, Recruiter in einer mittelständischen Personalberatungsfirma oder Personaler in einem Konzern sind, Sie bedienen sich einfach am großen „XING-Buffet" und nehmen das Tool, das Ihnen am besten schmeckt und am besten zu Ihnen passt.

Folgendes sollten Sie allerdings vorab unbedingt tun: Passen Sie Ihre (gedankliche) Einstellung an den modernen Recruiter 2.0 an und schaffen Sie organisatorisch, inhaltlich und kanalseitig die Voraussetzungen für Social Recruiting in Ihrem Unternehmen.

Wir Autoren, Daniela Chikato und Ralph Dannhäuser, wünschen Ihnen viel Erfolg dabei!

Literatur

1. Centre of Human Resources Information Systems der Otto-Friedrich-Universität Bamberg und der Goethe-Universität Frankfurt am Main mit Unterstützung von Monster Worldwide Deutschland (Hrsg) Bewerbungspraxis (2013) Eine empirische Untersuchung unter über 6000 Stellensuchenden und Karriereinteressierten
2. XING AG (Hrsg) (2014) Employer Branding Profil (Quelle: die meisten Inhalte aus der PDF Kurzanleitung Employer Branding Profil, XING AG, 2014)

Erschließen Sie mit LinkedIn den international orientierten Talentpool

3

Wolfgang Brickwedde

Inhaltsverzeichnis

Zusammenfassung

Im Kampf gegen den Fachkräftemangel müssen Sie als Arbeitgeber heute kreativer und proaktiver in Ihren Personalbeschaffungsmaßnahmen werden, auch um den demografischen Herausforderungen begegnen zu können. Das althergebrachte „Post & Pray" – Recruiting, also Anzeigen zu schalten und auf Bewerber zu hoffen, reicht heutzutage oft nicht mehr aus.

Viele Arbeitgeber wissen es gar, aber mit dem „Post & Pray" – Recruiting" nutzen sie nur 15 bis 20 % des Arbeitsmarktes und adressieren weitere erreichbare 40 bis 50 % nicht. Sie könnten also Ihren erreichbaren Talentpool leicht verdreifachen.

W. Brickwedde (✉)
ICR Institute for Competitive Recruiting, Römerstr. 40, 69115 Heidelberg, Deutschland
E-Mail: wb@competitiverecruiting.de

© Springer Fachmedien Wiesbaden 2015
R. Dannhäuser (Hrsg.), *Praxishandbuch Social Media Recruiting,*
DOI 10.1007/978-3-658-06573-7_3

Um die Möglichkeiten der sozialen Netzwerke für Ihr Recruiting nutzen zu können, sollte LinkedIn neben XING ein integraler Bestandteil Ihrer Social-Media-Recruiting-Strategie sein, insbesondere wenn Sie für Ihr Unternehmen international orientierte deutschsprachige Kandidaten suchen.

3.1 LinkedIn im Vergleich zu anderen Recruiting-Kanälen

Im Kampf gegen den Fachkräftemangel müssen Sie als Arbeitgeber heute kreativer und proaktiver in Ihren Personalbeschaffungsmaßnahmen werden, auch um den demografischen Herausforderungen begegnen zu können. Das althergebrachte „Post & Pray" – Recruiting, also Anzeigen zu schalten und auf Bewerber zu hoffen, reicht heutzutage oft nicht mehr aus.

Viele Arbeitgeber wissen es gar, aber mit dem „Post & Pray" – Recruiting" nutzen sie nur 15 bis 20 % des Arbeitsmarktes und adressieren weitere erreichbare 40 bis 50 % nicht. Sie könnten also Ihren erreichbaren Talentpool leicht verdreifachen.

Der Druck auf die Personalabteilungen, die Kosten zu senken, die Zeit bis zur Besetzung einer Stelle zu verkürzen und noch quasi nebenbei die Qualität der Bewerber zu erhöhen, steigt.

Klingt das zu viel verlangt? Wie die Quadratur des Kreises? Muss es nicht, wenn Personalabteilungen ihr bisheriges reaktives Recruiting durch eine proaktive Komponente ergänzen. Mit proaktivem Recruiting, insbesondere in der Ausprägungsform des online durchgeführten Social Media Recruitings, wobei sie selbst die heiß begehrten Fachkräfte suchen, finden und erfolgreich ansprechen, verringern Personalabteilungen die Ausgaben für die Personalbeschaffung signifikant, erhöhen die Anzahl der Bewerber für die schwierig zu besetzenden Stellen und steigern die Qualität.

2013 suchten bereits doppelt so viele Arbeitgeber wie 2010 (24 zu 12 %) proaktiv immer in Social Media nach neuen Mitarbeitern laut ICR Social Media Recruiting Report. Social Media Netzwerke sind der Shootingstar bei den Einstellungsquellen, diese sind in drei Jahren von Platz 7 auf Platz 3 gestiegen und weisen die höchsten Zuwachsraten auf. Aktuell wird mehr als jede zehnte Stelle mit Hilfe von Social Media besetzt (s. Abb. 3.1)[1].

Um die Möglichkeiten der sozialen Netzwerke für Ihr Recruiting nutzen zu können, sollte LinkedIn neben XING ein integraler Bestandteil Ihrer Social-Media-Recruiting-Strategie sein, insbesondere wenn Sie für Ihr Unternehmen international orientierte deutschsprachige Kandidaten suchen. LinkedIn erfreut sich bereits seit einigen Jahren eines steigenden Interesses von Arbeitgebern (s. Abb. 3.2).

---

[1] http://www.competitiverecruiting.de/ICR-Social-Media-Recruiting-Report-2013.html.

Über welche Kanäle kommen die Einstellungen?

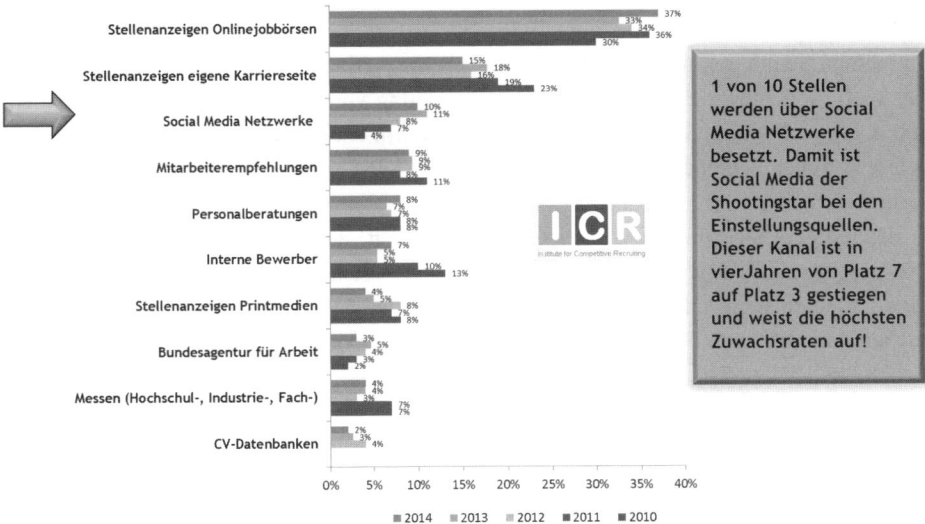

Abb. 3.1 Entwicklung der Recruiting-Kanäle. (Quelle: ICR Social Media Recruiting Report 2014)

Entwicklung der Nutzung von LinkedIn von Arbeitgebern für Recruiting

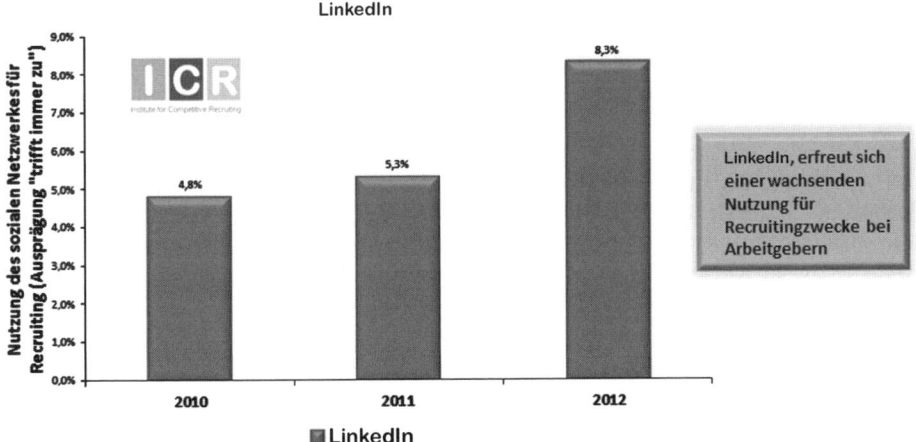

Abb. 3.2 Entwicklung der Nutzung von LinkedIn für Recruiting. (Quelle: ICR Social Media Recruiting Report 2013)

3.2 LinkedIn – wie geht das eigentlich und was ist der Unterschied zu XING?

In meinen Seminaren und Workshops zum Thema Active Sourcing, in denen ich XING, LinkedIn und andere Plattformen für das Recruiting vorstelle, höre ich oft von Teilnehmern, die vorher XING benutzt haben, dass LinkedIn unübersichtlicher sei. Interessanterweise kommen Personen, die zuerst Linkedin und XING nutzen zu einem ähnlichen, aber umgekehrten Urteil.

Daher stellt sich mir die Frage, ob es daran liegt, dass sich bei denjenigen, die die Nutzung von XING gewöhnt sind, bei etwas Neuem sich erst einmal ein Gefühl des Ungewohnten einstellt, oder ob es tatsächlich so ist. Persönlich kann ich es nicht nachvollziehen, bin aber auch beide Netzwerke gewöhnt.

3.2.1 Ein paar Infos zu LinkedIn

Mit über 300 Mio. Mitgliedern (in Deutschland hat LinkedIn etwas über 3,5 Mio.[2] Mitglieder, im DACH Raum sind es fünf Millionen, Stand Juni 2014) in mehr als 200 Ländern und Regionen ist LinkedIn das größte Business-Netzwerk im Internet der Welt. Gegründet wurde LinkedIn 2003 von Reid Hoffman in den USA. Seit dem 4. Februar 2009 ist LinkedIn auch in deutscher Sprache verfügbar. Das Social Network bietet Mitgliedern die Möglichkeit, über ein eigenes Profil neue berufliche Kontakte zu knüpfen, sich über branchenspezifische Neuigkeiten zu informieren und Fachwissen mit anderen Mitgliedern und Branchenexperten auszutauschen. LinkedIn kann von Recruitern ähnlich wie XING als Lebenslaufdatenbank genutzt werden und es wird mehr und mehr zu einer Jobbörse.

Linkedin geht, zum Start zunächst in den USA, unter die Jobsuchmaschinen. Unter Jobsuchmaschinen versteht man ein Internet-Angebot, das auf Stellenanzeigen verweist und – im Gegensatz zur Jobbörsen – maximale Marktübersicht dadurch anstrebt, dass auch Stellenanzeigen veröffentlicht werden, für die kein Geld bezahlt wurde. Für Jobsuchende bieten diese Angebote aufgrund des breiteren Marktüberblicks einen deutlichen Vorteil gegenüber allgemeinen Jobbörsen. In den USA soll Linkedin bereits mehr als 2 Mio. Jobs präsentieren können.

Die Profile bei Linkedin haben reichhaltige Inhalte, die inhaltlich mit denen von XING vergleichbar sind. Auch die demografischen Daten hinsichtlich Alter und Geschlecht weichen nur graduell voneinander ab. Bei der Betrachtung der prozentualen Anteile der Mitglieder zeigen sich einige grundsätzliche Unterschiede: In Branchen, in denen die Verwendung der deutschen Sprache wichtig ist, wie z. B. Medien, Banken & Versicherungen, Beratungen und Dienstleistungen, weist LinkedIn prozentual einen deutlich geringeren Anteil an Mitgliedern als XING auf. Die am stärksten vertretenen Branchen bei LinkedIn sind IT/Telekommunikation mit ca. 20 %, die Industrie mit rund 16 % und der Finanzbereich mit 8 %.

---

[2] Laut Recherche für Deutschland in LinkedIn Ads, 30.5.2014.

3.2.2 Besonderheiten beim Recruiting mit LinkedIn

LinkedIn setzt sehr stark auf den Gedanken eines Netzwerkes. Wie in einem Offline-Netzwerk kennt nicht jeder jeden, sondern man kennt einige bestimmte. Diese kennen wiederum andere und man kann sich über Dritte kennenlernen oder aktiv vorgestellt werden. Im Gegensatz zu XING sind bei LinkedIn daher nur die Profile von direkten und indirekten Kontakten (teilweise bis zum 3. Grad, sogenannte Freundesfreunde) vollständig einsehbar. (Mit der Kontovariante LinkedIn Recruiter sind alle einsehbar.)

Als Spam empfundene Nachrichten können weitgehend begrenzt werden, da auch die direkte, kostenfreie Kontaktaufnahme per netzwerkinterner Nachricht auf das eigene Netzwerk begrenzt ist

Für Recruiter bedeutet dies, dass für eine erfolgreiche Kandidatensuche und -ansprache der Aufbau eines eigenen, möglichst weitmaschigen Netzwerkes essenziell ist, außer sie verfügen über einen Recruiter-Account, dann haben sie Zugriff auf das komplette LinkedIn-Netzwerk.

Die Nutzung der Netzwerke durch die Mitglieder unterscheidet sich bei XING und LinkedIn deutlich. Während LinkedIn zu 54 % ausschließlich beruflich genutzt wird, ist dies bei XING nur bei 19 % der Mitglieder der Fall. Die anderen 46 % nutzen LinkedIn überwiegend beruflich. Bei XING sind dies nur 36 %. Hinzu kommen bei XING noch Mitglieder, die das Netzwerk privat und beruflich gleichermaßen nutzen (28 %) sowie solche, die es überwiegend (7 %) oder ausschließlich privat (10 %) nutzen[3]. Mir persönlich sind auch Recruiter bekannt, die ihr XING-Konto als privat betrachten und es nicht beruflich, auch nicht für ihren Arbeitgeber, nutzen möchten.

Für Recruiter bedeutet eine vergleichsweise stärkere berufliche Nutzung, dass die Wahrscheinlichkeit, dass eine Ansprache zeitnah und/oder überhaupt beantwortet wird, steigt, d. h. die Antwort/Responsequote ist tendenziell höher.

3.2.3 Warum ist ein Netzwerk für ein erfolgreiches Recruiting bei LinkedIn so wichtig? Was bedeutet „Ihr Netzwerk" und „Außerhalb des Netzwerks" bei LinkedIn?

Auf LinkedIn heißen Personen in Ihrem Netzwerk „Kontakte". Ihr Netzwerk besteht aus direkten Kontakten und Kontakten 2. und 3. Grades sowie Mitgliedern, die mit Ihnen gemeinsam einer LinkedIn-Gruppe angehören.

Direkter Kontakt Personen, die direkt mit Ihnen verbunden sind, weil Sie entweder deren Einladung zum Vernetzen angenommen haben oder diese Personen Ihre Einladung angenommen haben. Neben dem Namen dieses Kontakts sehen Sie bei Suchergebnissen und im Profil des Kontakts das Symbol für direkten Kontakt: „1". Sie können mit ihnen durch Senden von kostenfreien LinkedIn-Nachrichten in Verbindung treten.

---

[3] Zahlen entnommen einer BITKOM-Erhebung mit 1023 Befragten aus dem Jahr 2012.

Kontakt 2. Grades Personen, die mit Ihnen über einen direkten Kontakt vernetzt sind. Neben dem Namen dieses Kontakts sehen Sie bei Suchergebnissen und im Profil des Kontakts das Symbol für den 2. Grad. Sie können dem Kontakt eine Einladung senden, indem Sie auf Vernetzen klicken, oder Sie können mit ihm über eine InMail oder eine Vorstellung Verbindung aufnehmen.

Kontakt 3. Grades Personen, die mit Ihnen über Kontakte 2. Grades verknüpft sind. Neben dem Namen dieses Kontakts sehen Sie bei Suchergebnissen und im Profil des Kontakts das Symbol für den 3. Grad.

Wenn der vollständige Vor- und Nachname des Kontakts angezeigt wird, können Sie ihm eine Einladung senden, indem Sie auf „Vernetzen" klicken. Wenn nur der Anfangsbuchstabe des Nachnamens angezeigt wird, können Sie nicht auf „Vernetzen" klicken, den Kontakt aber über eine InMail oder eine Vorstellung herstellen.

Der Name wird angezeigt, wenn die Person über die Suche nach dem Vor- und Nachnamen gefunden wurde. Wenn Sie aber „nur" nach Schlüsselwörtern suchen, wird der Name nicht angezeigt.

Gruppenmitglieder Ihrer LinkedIn-Gruppen Diese Personen gelten als Teil Ihres Netzwerks, weil Sie Mitglieder derselben Gruppe sind. Neben dem Namen dieses Kontakts sehen Sie bei Suchergebnissen und im Profil des Kontakts das Symbol für Gruppen.

Außerhalb des Netzwerks LinkedIn-Mitglieder, die aus den oben aufgeführten Kategorien herausfallen. Sie können mit ihnen über eine InMail in Verbindung treten.

Abhängig von der Größe und Qualität Ihres Netzwerkes sehen Sie bei Suchen teilweise nur den Vornamen und Anfangsbuchstaben des Nachnamens bzw. „LinkedIn Member/ Mitglied", je nachdem, in welcher Sprache Sie Ihr Konto eingestellt haben. Analog dazu sind auch die kostenfreien Kontaktmöglichkeiten (z. B. E-Mail-Adresse/Telefon) oder nur innerhalb Ihres Netzwerkes zugänglich.

Bei LinkedIn heißt das Äquivalent zur Nachricht in XING „InMail", eine InMail ist nicht kostenfrei.

Der Unterschied zwischen InMail und E-Mail

LinkedIn Recruiter bietet zwei Optionen für die Kommunikation mit Kandidaten: zum einen InMail und zum anderen E-Mail.

InMail: Wenn Sie das InMail-System verwenden, können Sie Ihre Antwortquote verfolgen und herausfinden, wie effektiv Ihre Kommunikation ist. Für InMails an Kontakte 1. Grades werden keine Gutschriften benötigt.

E-Mail: Wenn Sie potenzielle Kandidaten importiert haben oder wenn die Mitglieder Kontakte 1. Grades von Ihnen sind, können Sie ihnen eine kostenfreie, Linkedin interne, E-Mail senden. Der E-Mail-Versand über den Recruiter-Account ist kostenlos, aber Sie können diese Nachrichten nicht in einer Art und Weise nachverfolgen, die Ihnen Einblick in die Effektivität Ihrer Kommunikation gibt.

3.3   Wie können Sie LinkedIn für Ihr Recruiting nutzen?

LinkedIn-Konten für Ihr Recruiting

Für die Suche nach potenziellen Kandidaten gibt es bei LinkedIn verschiedene Konten mit unterschiedlichen Ausprägungen. Im Prinzip gilt, dass eine Basisnutzung kostenfrei ist, für professionelles Active Sourcing aber oft zu begrenzte Möglichkeiten (z. B. in der Suche, schnellen Filterung und Ansprachemöglichkeit von potenziellen Kandidaten) bietet. Die weiteren Konten ermöglichen eine gesteigerte Anzahl an – kostenmäßig im Konto enthaltenen – Ansprachemöglichkeiten, sogenannte InMails (Einzelpreis ca. 8 €), mit denen man auch Personen außerhalb des eigenen Netzwerkes ansprechen kann, und einige wenige weitere Filter zur verbesserten Reduzierung der Anzahl der gefundenen Kandidaten. Die Sichtbarkeit von vollständigen Namen und Profildaten steigt mit dem Preis für die Konten. Für den erfolgreichen professionellen Angang des Aktive Sourcings für Profi-Recruiter ist der LinkedIn Recruiter ein notwendiges Arbeitswerkzeug, um produktiv und zeitsparend arbeiten zu können.

3.3.1   Standard

Das kostenfreie Standard-Konto ermöglicht die grundsätzliche Nutzung von LinkedIn für Recruiting-Zwecke sowie die Nutzung aller Grundfunktionen. Bereits mit diesem Konto können Sie die erweiterte Suchmaske nutzen und sich Kandidaten anzeigen lassen. Eine Umkreissuche ist bereits in diesem Konto enthalten. Die Anzeige von vollständigen Profilen ist auf den 2. Grad innerhalb des eigenen Netzwerks beschränkt. Für Kontaktierungsmöglichkeiten von LinkedIn-Mitgliedern außerhalb Ihres Netzwerkes können Sie die bereits angesprochenen InMails erwerben. Die Anzahl der angezeigten Suchergebnisse (Kandidaten) ist auf 100 beschränkt. Es gibt vier Suchfilter für die schnelle Sortierung von Kandidatenprofilen: Branche, Gruppen, Beziehung (zu Ihnen) und Sprache. Sie können einmal durchgeführte Suchen speichern und erhalten automatisch max. drei Benachrichtigungen pro Woche, wenn Ihre Kriterien mit neuen Profilen übereinstimmen.

3.3.2   LinkedIn Recruiter

So finden Sie latent suchende Kandidaten weltweit

Gegenüber den anderen Konten bietet der LinkedIn Recruiter deutlich mehr Möglichkeiten in der Suche und verkürzt die Such- und Identifikationsdauer signifikant. Für Sie bedeutet dies eine deutlich höhere Produktivität.

Beispielrechnung für eine Verbesserung der Produktivität

Mit einem Standard-Konto bei LinkedIn findet ein umtriebiger Recruiter interessante Kandidaten und steht vor der Aufgabe, die ihm in diesem Konto erlaubten max. 100 Profile durchzusehen. Die wenigen verfügbaren Filter helfen ihm oder ihr da leider nicht viel weiter. Studien zeigen, dass pro Profil ca. ein bis zwei Minuten für die Durchsicht notwendig sind. Das macht einen Aufwand von 300 bis 600 min für diese Stelle, um die Kandidaten zu screenen und zu sortieren. Und die Ansprache erfolgt erst danach!

Dass diese Arbeit nicht besonders effektiv ist und auch bei den Beteiligten zu Frustrationen führt, ist nachvollziehbar. Die Verwendung des LinkedIn Recruiters reduziert den Zeitaufwand für die Durchsicht auf ca. drei bis fünf Minuten durch die Verwendung von intelligenten Filtern, wie z. B. Zeit in der aktuellen Position, Berufserfahrung, Branche, Unternehmensgröße, Karrierelevel u.v.m.

Recruiter in Unternehmen können die gewonnene Zeit von mehreren Stunden pro Vakanz für die Betreuung der Fachvorgesetzten, weitere Suchen oder für Interviews nutzen.

3.3.3 Beispiele für die Vorteile eines LinkedIn-Recruiter-Kontos

Bessere Suchwerkzeuge

Exklusive Filter, wie u. a. „Jahre beim Unternehmen" und „Jahre in der Position", ermöglichen es, die interessantesten Profile aus der Menge der Suchtreffer in Minutenschnelle herauszufiltern. Zusätzlich ist eine Suche in allen Gruppen, nicht nur in 50, möglich. Suchen können Sie auch nach Universität, Abschlussjahr und Abschlussart. Weitere Optionen: Suche nach Kandidaten mit Aktivitäten in den letzten X Wochen, Suche nach Kandidaten, die sich bereits beworben haben, Suche nach Kandidaten, die dem Unternehmen auf LinkedIn folgen (= die größten Fans).

Mehr Profilinformationen

Anders als bei den meisten anderen Mitgliedern von LinkedIn sind die Vor- und Nachnamen auf allen Profilen und nicht nur innerhalb des persönlichen Netzwerkes bis zu Kontakten 3. Grades sichtbar. Zusätzlich gibt es einen Zugang zu vollständigen Profilen im gesamten LinkedIn-Netzwerk.

Direkte Kontaktaufnahmemöglichkeit mit Kandidaten

Der LinkedIn Recruiter bietet eine hohe Anzahl von inkludierten InMails, die, falls nicht beantwortet, wieder gutgeschrieben werden und für einen anderen Kandidaten verwendet werden können. Potenzielle Kandidaten wissen, dass Arbeitgeber für diese Kontaktaufnahme bezahlen müssen, was die Glaubwürdigkeit und Ernsthaftigkeit der Ansprache erhöht.

▶ **Warum 50 InMails mehr sind als 50 Kontaktmöglichkeiten** Sie erhalten 50 InMails pro Monat pro Platzlizenz im LinkedIn Recruiter, um mit beliebigen Personen Kontakt aufzunehmen. InMails, die innerhalb von sieben Tagen unbeantwortet bleiben, werden erstattet. Und ungenutzte InMails können im folgenden Monat verwendet werden.

InMails sind kostenfrei, wenn der Empfänger ein sogenanntes „OpenLink-Mitglied" ist. Bei Kontakten 1. Grades ist die Nachricht immer kostenfrei.

Effektive Verwaltung der Kandidaten-Pipeline

Im LinkedIn Recruiter können verschiedene Vakanzen-Projektordner genutzt werden, um die Übersicht über alle Suchen zu behalten. Es ist möglich, Erinnerungen für Profile festzulegen, um bei vielversprechenden Kandidaten nachzufassen.

Monitoring für Recruitment-Verantwortliche

Die Personalbeschaffungsaktivitäten des Recruiting-Teams werden festgehalten und in einem übersichtlichen Dashboard aufbereitet dargestellt. Dazu gehören die gespeicherten Profile, Notizen, Stellenanzeigen und die InMail-Korrespondenz.

Sicherheit und Nachhaltigkeit, wenn ein Recruiter mal das Team verlässt

Alle Aktivitäten des Recruiting-Teams sind an die Recruiter-Lizenz des Unternehmens gebunden.

Ein Recruitment-Leiter hat stets Zugriff auf die Informationen auf LinkedIn – selbst wenn Teammitglieder das Unternehmen verlassen. In diesem Fall oder bei einer Urlaubsvertretung kann der Platz einem anderen Recruiter übergeben werden, der nahtlos weiterarbeiten kann, da er oder sie genau weiß, was mit einem Bewerber bisher kommuniziert wurde.

Keine unprofessionelle Doppelansprache von Bewerbern

Sobald mehrere Recruiter oder Personaler in einem Unternehmen gleichzeitig nach ähnlichen Profilen suchen, ergibt sich folgende Herausforderung:

Potenzielle Kandidaten werden von den Recruitern der suchenden Unternehmen häufig doppelt und mehrfach angesprochen, weil die Recruiter nicht sehen können, wer wen bereits angesprochen hat. Das hinterlässt bei den Angesprochenen, gelinde gesagt, nicht den professionellsten Eindruck …

Mit dem LinkedIn Recruiter kauft ein Unternehmen einen Zugang oder mehrere Zugänge und verteilt die Accounts an seine Recruiter. Die Kommunikation mit den Bewerbern verbleibt innerhalb dieses Zugangs und die Recruiter eines Unternehmen können sehen, welcher/e Kollege/in über was mit den potenziellen Kandidaten kommuniziert hat. Es besteht auch die Möglichkeit, ein weiteres Dashboard im gleichen Unternehmen anzulegen, wenn diese Sichtbarkeit nicht gewünscht ist (z. B., wenn der Stelleninhaber noch im Unternehmen ist, oder für Executive Search).

3.3.4   LinkedIn Recruiter Lite

Falls Sie u. a. nur eine Nutzer Lizenz benötigten, auf Reporting und Controlling Funktionen verzichten können, Kandidaten nicht an einen Fachvorgesetzten weiterleiten müssen und nur in Ihrem eigenen Netzwerk besser suchen möchten, dann reicht Ihnen evtl. auch der kleine Bruder des Linkedin Recruiters, der Linkedin Recruiter Lite.

3.4 Active Sourcing mit LinkedIn – potenzielle Kandidaten finden und überzeugend ansprechen

Nehmen wir einmal an, Ihr Traumkandidat ist bereits Mitglied bei LinkedIn. Das Geheimnis liegt darin, zu wissen, wie man seine Suche besonders effektiv gestaltet, um potenzielle Kandidaten mit den Kenntnissen und Fähigkeiten und der erforderlichen Erfahrung für die zu besetzende Stelle zu finden.

3.4.1 Wie können Sie grundsätzlich Kandidaten auf LinkedIn suchen und finden?

Kandidaten auf LinkedIn können Sie über die erweiterte Personensuche finden und ihnen dann zur Kontaktaufnahme eine InMail senden oder um eine Vorstellung bitten.

So finden Sie Kandidaten über die erweiterte Suche:
1. Klicken Sie auf den neben dem Suchfeld oben rechts auf Ihrer Startseite befindlichen Link „Erweitert".
2. Geben Sie unter dem Reiter „Erweiterte Personensuche" die Kriterien für Ihren Wunschkandidaten ein. Je nach Konto-Art stehen Ihnen evtl. zusätzliche Filter zur Verfügung. Wählen Sie aus, wie Sie Ihre Ergebnisse sortieren und anzeigen möchten, und verwenden Sie dazu die Menüs „Sortieren nach" und „Ansichten", die sich unten auf der Seite befinden.
3. Klicken Sie auf Suche, um eine Liste von Mitgliedern, die Ihren Kriterien entsprechen, zu sehen.
4. Über das Drop-down-Menü rechts neben der Zusammenfassung der Suchergebnisse neben jedem Kandidaten sehen Sie Ihre Möglichkeiten der Kontaktaufnahme.

Dieses Vorgehen beschreibt die grundsätzlichen Schritte bei der Suche nach Kandidaten auf LinkedIn. Erste passende Profile können Sie auf diese Weise durchaus schon einmal finden. Um tatsächlich erfolgreich und effizient Kandidaten auf LinkedIn zu finden, gehen wir noch einmal einen Schritt zurück und vergegenwärtigen uns erneut die Basis für das Active Sourcing:

Hier sehen Sie die wichtigsten Schritte im Active Sourcing:

▶ **Kurzüberblick über die Schritte im Active Sourcing:**
   - Erarbeitung eines tiefen Verständnisses für das gesuchte Profil
   - Entwicklung eines passenden Bewerberprofils, der „Ideal-Kandidat"
   - Profilkritische Schlüsselbegriffe und entsprechende Synonyme herausarbeiten

- Potenzielle Kandidaten (mit Hilfe von Schlüsselwörtern oder Suchketten) suchen über Soziale Business Netzwerke wie, LinkedIn oder XING oder direkt in Google oder Profildatenbanken etc.
- Kontaktaufnahme über E-Mail um Interesse zu wecken
- Bei Interesse, Termin für ein (telefonisches) Erstgespräch vereinbaren
- Interessenten vorauswählen, weiterqualifizieren oder als Netzwerk (Empfehlungsquelle) nutzen

Wenn Sie die obigen Punkte 1 bis 3 gemeinsam mit Ihrem Fachvorgesetzten durchgearbeitet haben, verfügen Sie jetzt über die notwendigen Informationen für eine aktive Suche nach potenziellen Kandidaten.

3.4.2 Suchen mit Strategie – Voraussetzungen für einen erfolgreichen Start

Bei der Erarbeitung eines tieferen Verständnisses für das gesuchte Profil haben Sie den Fachvorgesetzten auch nach Alternativen hinsichtlich der Anforderungen befragt. Sie wissen z. B., ob es unbedingt ein Ingenieur sein muss oder ob auch ein Wirtschaftsingenieur infrage käme, ob der Wunschkandidat das SAP Modul SMR und/oder MM beherrschen muss, ob es ein Bankhintergrund sein muss oder ob es auch Erfahrungen bei einer Sparkasse ausreichen etc. Mehr Alternativen bieten Ihnen die Möglichkeit, die Suche sowohl breiter als auch zielgenauer aufzubauen. Falls Sie sich nicht ganz sicher sind, können Ihnen z. B. diese digitalen Nachschlagewerke helfen: www.synonyme.woxikon.de, www.openthesaurus.de, www.wie-sagt-man-noch.de.

Suchstrategien

Grundsätzlich bieten sich zunächst zwei Suchstrategien an:

A. **Das große Netz**: breit anfangen und danach die eigentliche „Wunschliste" abarbeiten
   Bei dieser Strategie geht man bereits zu Beginn davon aus, dass es vermutlich eher zu wenig als zu viele potenzielle Kandidaten gibt. Eine etwas „unschärfere" Suche ermöglicht es, wie mit einem großem Netz beim Fischen, mit einer größeren Anzahl an Kandidaten zu beginnen und diese Anzahl durch Hinzufügen von weiteren Schlüsselbegriffen zu verringern. Denken Sie daran, dass die Kandidaten nicht immer die von Ihnen gewünschten und gesuchten Schlüsselbegriffe in ihre Profile eintragen! Dieses Vorgehen erlaubt es Ihnen z. B. bei einer zu starken Verringerung der Kandidatenanzahl, den letzten hinzugefügten Schlüsselbegriff wieder zu entfernen. Vermutlich verfügen die Kandidaten, die Sie bisher gefunden haben, über die weiteren von Ihnen gesuchten Fähigkeiten, da sie ja wahrscheinlich seit einiger Zeit in diesem Feld arbeiten. Nur haben sie diese Fähigkeit nicht in ihrem Profil vermerkt.
B. **Die Angel:** sehr gezielt anfangen und dann die Suche verbreitern, falls es zu wenige Suchergebnisse gibt.

Wenn Sie die berühmte „eierlegende Wollmilchsau" suchen wollen oder müssen, können Sie bei Ihrer Suche auch gleich zu Beginn alle Ihre gesuchten Schlüsselbegriffe in den entsprechenden Feldern der Suchmaske verwenden. Dies entspricht der Angel bei Fischen. Sie müssen wissen, wo die besten Angelplätze sind, und einen passenden Köder verwenden!

Sollten sich bei diesem Vorgehen nicht genügend Kandidaten finden lassen, dann nehmen Sie nach Ihrer Prioritätenliste, von unten vorgehend, Schlüsselbegriffe wieder heraus, bis Sie eine zufriedenstellende Anzahl von Kandidaten erreicht haben.

Einige Recruiter lassen sich auch von ihrem Fachvorgesetzten den Namen eines Wunschkandidaten geben (der aber wahrscheinlich nicht zu haben ist), versuchen diesen dann bei LinkedIn zu finden und schauen sich dann seine Kontakte und Gruppen an. Mit dem Ziel, dort ähnliche Kandidaten zu finden, die ebenfalls auf das Interesse des Fachvorgesetzten stoßen könnten. Eine weitere Quelle für ähnliche Kandidaten ist auch die Funktion „ähnliche", die Sie bei den Suchergebnissen direkt unter einem Kandidaten in grün finden.

3.4.3   Die Suchmaske verstehen und effektiv nutzen

Auch wenn die Suche bei LinkedIn auf den ersten Blick einfach und verständlich aussieht und man sie intuitiv nutzen möchte, gibt es doch einige Besonderheiten zu beachten. Zunächst gibt es drei verschiedene Möglichkeiten, in LinkedIn zu suchen. Die einfache Suche, die erweiterte Suche und die Suche mit Booleschen Operatoren sowohl in der einfachen Suche als auch in der erweiterten Suche.

Die einfache Suche
Die einfache Suche finden Sie im oberen rechten Bereich der LinkedIn-Ansicht (s. Abb. 3.3).

Wenn Sie möchten, können Sie hier in die einfache Suche, wie bei Google gewöhnt, Ihre Stichwörter eingeben. Vorab können Sie direkt links neben dem Suchfeld auswählen, ob Sie nach Personen, Unternehmen, Gruppen oder anderem suchen möchten.

Auch die einfache Suche kann zu ansprechenden Resultaten führen, da dabei die Profile der Mitglieder von LinkedIn vollständig mit Ihren Suchbegriffen abgeglichen werden.

Diese Suche führt in der Regel dadurch allerdings auch zu unscharfen Ergebnissen, was an folgendem Beispiel deutlich wird: Falls Sie z. B. einen Java-Entwickler suchen und Java in die einfache Suche eingeben, erhalten Sie als Ergebnis auch Profile von Menschen,

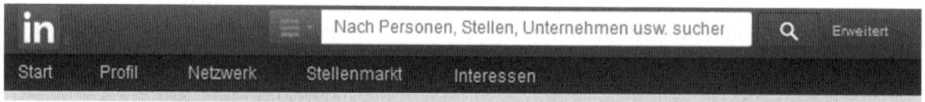

Abb. 3.3 Wo findet man die einfache Suche bei LinkedIn?

die gerne auf Java Urlaub machen oder gerne Java-Kaffee trinken und dies in ihrem Profil so angegeben haben.

Die erweiterte Suche

Zu der Suchmaske der „erweiterten Suche" gelangen sie über das Klicken von „erweitert" rechts neben dem „Suche" oben rechts in Ihrer LinkedIn-Ansicht (s. Abb. 3.4).

Je mehr Kriterien Sie für Ihre Suche einsetzen, desto präziser werden Ihre Ergebnisse, wobei die Gefahr, relevante Ergebnisse zu übersehen, ebenfalls steigt. In den Feldern der erweiterten Suche können zusätzlich zu den Stichpunkten auch die Booleschen Operatoren OR und NOT verwendet werden, was für eine Präzisierung von Suchanfragen sehr hilfreich sein kann. Weitere Infos hierzu finden Sie im Weiteren unter „Suchen mit Booleschen Operatoren" oder im Kapitel „Social Media Recruiting für Fortgeschrittene".

Abb. 3.4 Die Suchmaske mit wenigen Filtern

Die gefundenen Ergebnisse können über einige wenige Filter noch weiter eingegrenzt werden. Dies wird weiter unten erläutert.

Suchen mit Booleschen Operatoren
Sie können Ihre Suche mit erweiterten Suchoperatoren und sogenannter Boolescher Logik ausführen. Sie können Ihre Suche z. B. auf folgende Weise ausführen:

Suche nach einem bestimmten Ausdruck Wenn Sie nach einem bestimmten Ausdruck suchen, setzen Sie ihn in Anführungszeichen (z. B. „Software Entwickler").

Einen bestimmten Begriff ausschließen Hierzu geben Sie vor oder nach Ihrem Suchbegriff das Wort NOT in Großbuchstaben ein (z. B. Programmierer NOT Manager), ein „-" (Minuszeichen) erfüllt denselben Zweck.

OR-Suche Möchten Sie Ergebnisse anzeigen lassen, die einen von zwei oder mehr Begriffen enthalten, trennen Sie diese Begriffe durch OR in Großbuchstaben (z. B. Verkauf OR Marketing).

Parenthetische Suche Möchten Sie eine komplexe Suche ausführen, können Sie Begriffe kombinieren, indem Sie sie in runde Klammern setzen. Geben Sie beispielsweise bei der Suche nach Personen, die „Dr." in ihrem Profil haben oder die „Direktor" UND „Geschäftsbereich" in ihrem Profil haben, Dr. OR (Direktor AND Bereich) ein.

Platzhaltersuche (*) Die LinkedIn-Suchmaske unterstützt leider keine Platzhaltersuche.
    Bei der Nutzung der Suchmaske ist es hilfreich, einige Hinweise zu beachten:

▶   **Hinweise für die Nutzung der Suchmaske:**
    • *Deutsche und englische Begriffe verwenden*
        Bis vor wenigen Jahren konnte man sein Profil noch nicht in Deutsch eingeben. Das bedeutet, dass viele deutsch sprechende Mitglieder ihr Profil auf Englisch bei LinkedIn führen. Eine Suche nach Engineer ergibt z. B. eine ca. fünf- bis sechsmal so hohe Trefferzahl wie eine Suche nach Ingenieur – in Deutschland.
    • *Unscharfe vs. Scharfe Suche*
        Eine Suche im Feld „Stichwörter" durchsucht das gesamte Profil der LinkedIn-Mitglieder. Falls Sie also z. B. nach einem SAP Consultant im Feld „Stichwörter" suchen, werden Sie in der Ergebnisliste auch Profile von Mitgliedern finden, die z. B. vor acht Jahren einmal als SAP Consultant gearbeitet haben und jetzt etwas völlig anderes machen. Die Suchergebnisse werden also unscharf werden. Diese Abfrage ist erfolgreicher im Feld „Position" unter Auswahl von „aktuell".

Andererseits, falls Sie jemanden mit einem Elektrotechnik-Studium suchen, hilft es Ihnen wenig, diese Abfrage im Feld „Position" unter Auswahl von „aktuell" einzugeben, da kaum ein Elektrotechnik-Ingenieur seine Berufsbezeichnung so wählen würde. Hier ist eine Eingabe im Feld „Stichwörter" vielversprechender.

- *Landeinstellung beachten*
  LinkedIn stellt bei der Suche ein vorkonfiguriertes Land ein, i.d.R. das Land, in dem Sie normalerweise arbeiten. Falls Sie Kandidaten aus anderen Ländern möchten, wählen Sie diese alternativ aus oder suchen Sie in der einfachen Suche, um sich Ergebnisse aus allen Ländern anzeigen zu lassen.
- *Umkreissuche*
  LinkedIn bietet kostenfrei auch im Standard-Konto eine Umkreissuche an. Mit dieser können Sie die Ergebnisliste z. B. auf die Kandidaten reduzieren, die etwa im Umkreis von 55 km (dieser krumme Wert ergibt sich aus einer Umrechnung eines amerikanischen Wertes) wohnen.

Falls Sie mit den Ergebnissen der Suche zufrieden sind und regelmäßig über neue, ähnliche Profile informiert werden möchten, dann können Sie für diese Suche einen Suchauftrag erstellen: Um eine Suche zu speichern, klicken Sie über den Ergebnissen auf das Speichern-Symbol. Im Standard-Konto können Sie bis zu drei Suchen speichern und auf diese einfach von der Ergebnisseite aus zugreifen. Sie können die Suche auch von LinkedIn ausführen lassen und neue Ergebnisse per E-Mail erhalten.

3.4.4   Die Bedeutung eines persönlichen Netzwerkes verstehen

Für die Qualität und Nutzbarkeit der Suchergebnisse sind die Größe und Qualität des eigenen Netzwerkes bei LinkedIn entscheidend. Daher ist es wichtig, sich gleich zu Beginn Ihrer Recruiting-Aktivitäten bei LinkedIn ein gutes Netzwerk zu erarbeiten. Sie können anfangen, indem Sie sich mit professionellen Kontakten verknüpfen, die Sie kennen und denen Sie vertrauen.

Wenn Sie mit dem Aufbau Ihres Netzwerks beginnen, ziehen Sie folgende Funktionen in Betracht:

- Einladungen zum Vernetzen können Sie an alle Personen senden, die Sie kennen und denen Sie vertrauen.
- Vorstellungen können über einen Ihrer direkten Kontakte gesendet werden, damit Sie mit LinkedIn-Mitgliedern kommunizieren können, die Kontakte 2. oder 3. Grades sind.
- Werden Sie Mitglied in interessanten Gruppen. Gruppen bieten LinkedIn-Mitgliedern die Möglichkeit, eine Vielzahl an fachbezogenen Diskussionen innerhalb ihrer Branche und ihrer Interessenbereiche zu finden und sich daran zu beteiligen. Und das Beste daran für Sie als Recruiter: Sie haben nicht nur die Gelegenheit zu einem fachlichen

Austausch, sondern alle Mitglieder einer Gruppe, der Sie beitreten, werden automatisch zu Kontakten 3. Grades für Sie, und Ihr Netzwerk wächst gewaltig! Dieses Vorgehen ist für ein erfolgreiches Recruiting in LinkedIn extrem wichtig – im Gegensatz zu XING.

- InMails sind private Nachrichten, die es Ihnen ermöglichen, jedes LinkedIn-Mitglied, das kein Kontakt 1. Grades ist, direkt zu kontaktieren, während die Privatsphäre des Empfängers geschützt wird.

Wie finden Sie interessante Gruppen?

- Finden Sie passende Gruppen auf LinkedIn durch eine fach- oder branchenspezifische Suche z. B. im einfachen Suchfeld.
- Wählen Sie nach einer Suche den Filter „Alle Gruppen" aus, um weitere Gruppen zu finden, die für Ihre Suche relevant sein könnten.
- Werden Sie Mitglied offener Gruppen, für die Sie keine Bestätigung eines Gruppenmoderators benötigen.
- Bitten Sie Fachvorgesetzte, einer Gruppe beizutreten, falls Ihnen als Recruiter die Mitgliedschaft durch die Gruppenmoderatoren verwehrt wird.
- Wenn Sie Ihr Gruppen-Limit von 50 erreicht haben, folgen Sie den Inhalten offener Gruppen.

▶ **Die Wunderwirkung eines Netzwerkes auf LinkedIn** Suchen Sie nach einem für Sie interessanten Profil und merken Sie sich die Ansicht der Suchergebnisse (Photos, Anzeige der Namen der Mitglieder: vollständig, Vorname und abgekürzter Nachname oder nur „LinkedIn-Mitglied"). Treten Sie nun ein paar interessanten Gruppen bei, warten Sie vielleicht eine Stunde ab und machen Sie diese Suche noch einmal. Vergleichen Sie die Ergebnisse – Sie werden staunen!

3.4.5 Suchergebnisse interpretieren und optimieren

Wie sehen die Suchergebnisse grundsätzlich aus?
Die Suchergebnisse hängen von dem LinkedIn-Konto- bzw. Abonnementtyp und Ihrem Netzwerk ab.

Suchergebnisse bei einem kostenlosen Standard-Konto:

- Vollständiges Profil mit Namen der direkten Kontakte und der Kontakte 2. Grades sowie vollständige Ansichten für alle bei einer Suche nach Namen angezeigten Profile
- Profilkurzansicht für Kontakte 3. Grades und Profile von Personen, die nicht in Ihrem Netzwerk sind, einschließlich solcher, mit denen Sie gemeinsam in Gruppen sind
- Max. 100 Profile
- Standard-Suchergebnisfilter

Suchergebnisse bei einem Recruiter Account:

- Vollständiges Profil mit Namen für Mitglieder in Ihrem Netzwerk sowie solche, mit denen Sie gemeinsam in Gruppen sind
- Profilübersichten für Profile von Personen, die nicht in Ihrem Netzwerk sind
- Umfassende Suchergebnisse
- Filter, mit denen Sie die Suche schnell weiter verfeinern können

3.4.6 Zeitsparen – die Passenden schneller finden mit Suchfiltern

Nach Ausführen einer ersten Suche können Sie zur schnellen Verfeinerung Ihrer Suchergebnisse die Filter links auf der Suchergebnisseite verwenden (s. Abb. 3.5).

Im Standard-Konto sind die Filter Branche, aktuelles Unternehmen, früheres Unternehmen, Ausbildungsstätte, Beziehungen (zu Ihnen) und Sprache des Profils enthalten.

Der Linkedin Recruiter ermöglicht den Zugang zu weiteren hochinteressanten Filtern, wie z. B. aktuelle Firma, Ort, frühere Firma, Unternehmensgröße, Funktion, Dauer im Unternehmen, Dauer in der Position, Berufserfahrung etc. Mithilfe dieser Filter können Sie in wenigen Minuten die Anzahl der gefundenen Kandidaten auf eine handhabbare Anzahl reduzieren, viele Stunden sparen und Ihre Produktivität deutlich erhöhen.

▶ **Tipps für eine erfolgreiche Suche bei LinkedIn** Neben den gerade beschriebenen sehr nützlichen Suchfiltern gibt es auch noch andere Vorgehensweisen bei der Suche, die Ihnen helfen, unbekannte Talente zu entdecken.

- **Indirekte Suche:**
  Erkundigen Sie sich bei Ihrem zuständigen Fachvorgesetzten nach mehreren Kandidaten, seinen „Traumkandidaten", die für die zu besetzende Stelle besonders geeignet wären – auch wenn diese zur Zeit nicht verfügbar sind. Rufen Sie anschließend deren Profile in LinkedIn auf und klicken Sie auf „Ähnliche Profile", um bis zu 100 Mitglieder mit vergleichbarem beruflichem Werdegang zu sehen. Sie können auch die Option „Weitere angesehene Profile" nutzen, um noch mehr indirekte Suchergebnisse zu erhalten.
- **Implizite Suche:**
  Stellen Sie Vermutungen an. Wenn Sie bei der Stichwortsuche gemeinsame Gruppen finden, entfernen Sie einzelne Stichwörter, die Sie vielleicht aus dem Stellenprofil übernommen haben, lassen aber die Gruppen markiert. Auf diese Weise finden Sie Mitglieder, die dieselben Qualifikationen mitbringen (da sie sich ja in den Gruppen thematisch auf einem ähnlichen Niveau unterhalten), aber nicht die entsprechenden Begriffe in ihren Profilen verwenden. Dieses Vorgehen hilft auch bei potenziellen Kandidaten, die ihr Profil absichtlich „verschlankt" haben, damit sie nicht so oft gefunden und angesprochen werden.
- **Begriffliche Suche:**
  Verwenden Sie ähnliche Begriffe oder Begriffe, die andere Unternehmen im selben Kontext verwenden.

Abb. 3.5 Suchmaske
Filtermöglichkeiten

Branche   ▲

Alle

Personalwesen   (225)

Personalberatung & -ve... (143)

Automobil   (140)

IT und Services   (71)

Maschinenbau   (62)
+ Hinzufügen

**Früheres
Unternehmen**   ▲

Alle

Bundeswehr   (60)

DIS AG   (21)

Siemens   (15)

Phillips   (12)

Bosch   (12)
+ Hinzufügen

Ausbildungsstätte   ▲

Alle

Universität Hamburg   (23)

- **Natürliche Sprache:**
  Verwenden Sie Wörter, die die Tätigkeiten beschreiben, für die Personen in einer bestimmten Position verantwortlich sind, zum Beispiel managen, leiten, prüfen, betreuen, programmieren usw.

3.4.7   Erfolgreich potenzielle Kandidaten ansprechen

Ein wichtiger Aspekt bei der erfolgreichen Ansprache von potenziellen Kandidaten ist die Fähigkeit, den richtigen Zeitpunkt für eine solche Ansprache zu erkennen. Erste Hinweise, dass sich jemand eventuell ‚neu orientieren' möchte, sind:

- Die berühmt-berüchtigten zwei bis drei Jahre sind um und eine Person ist „reif für den nächsten Schritt".
- Im Profil steht ausdrücklich „auf der Suche nach neuen Herausforderungen".
- Der Wunschkandidat hat gerade eine Ausbildung beendet.
- Die Probezeit ist abgelaufen.
- Beim aktuellen Arbeitgeber läuft es nicht rund (das wissen Sie z. B. aus der Presse).
- Aktuelle „verräterische" Einträge, das sogenannte „Anhübschen" oder Aktualisieren des eigenen Social Media-Profils durch Kandidaten, die sich mit Wechselabsichten tragen (hierfür gibt es Software, mit der Sie verfolgen können, ob sich bei einer Zielperson „etwas tut"[4]).
- Es erfolgt eine beiläufige Empfehlung aus dem Markt oder von Fachvorgesetzten.

▶   **Tipps für die erfolgreiche Ansprache von potenziellen Kandidaten**
     Personalisierung, Personalisierung, Personalisierung
   - je persönlicher die Ansprache ist, desto höher wird die Wahrscheinlichkeit einer Antwort sein
   - Versuchen Sie in dieser ersten Kontaktaufnahme hauptsächlich die Neugier und das Interesse des Kandidaten für ein weiterführendes Gespräch zu wecken.
   - Sehen Sie Ihre erste Nachricht als Gesprächseinstieg.
   - Passen Sie Ihre Nachricht oder Vorlage so an, dass sie die Berufserfahrung und Kenntnisse des Empfängers berücksichtigt.
   - Fassen Sie den Text der Nachricht dialogorientiert und einladend ab.
   - Formulieren Sie kurz und knapp.
   - Konzentrieren Sie sich darauf, in Erfahrung zu bringen, ob der Kandidat Interesse an einer neuen Karrierechance hat.
   - Fügen Sie nicht einfach eine kopierte Stellenbeschreibung oder einen Link auf die Vakanz in Ihre erste Nachricht ein.

---

[4] Bullhorn Radar.

- Leiten Sie latente Kandidaten nicht einfach zu einer Stellenanzeige weiter.
- Verlangen Sie nicht sofort einen Lebenslauf.
- Bitten Sie im Gespräche um Empfehlungen.

3.4.8 Recruiting-Prozess beschleunigen durch die Integration des Fachvorgesetzten

Der Recruiting-Prozess kann erheblich beschleunigt werden, wenn Fachvorgesetzte zeitnah und ohne mediale Brüche in den Vorauswahlprozess integriert werden können. Man
kann natürlich in LinkedIn das Profil eines gefundenen potenziellen Kandidaten als PDF
speichern, an den oder die Fachvorgesetzten mailen und dann das – hoffentlich schnell
wieder eingehende – Feedback einsammeln, sortieren und nachhalten. Aber es geht im
Recruiter-Account auch eleganter.

Das kostenfreie Modul heißt „Hiring Manager" und ermöglicht es einem Recruiter,
durch eine enge und zeitnahe Zusammenarbeit mit dem Fachvorgesetzten den Vorauswahlprozess deutlich zu beschleunigen. Der Fachvorgesetzte benötigt dafür nur ein kos-
tenfreies Standard-LinkedIn-Konto.

Wie funktioniert das?
Die Fachvorgesetzten erhalten eine InMail in ihrem Standard-E-Mail-Konto oder greifen
direkt zu auf eine Meldung im Hiring-Manager-Tool. Sie öffnen die E-Mail, klicken sich
durch die vom Recruiter ausgewählten Profile von potenziellen Kandidaten und geben
Ihre Beurteilung anhand der vom Recruiter gewählten Auswahlmöglichkeiten ab (z. B.
„gut geeignet, bitte einladen" oder „passt nicht auf die Stelle" oder „passt nicht auf die
Stelle aber zum Unternehmen" oder „bitte in Talentpool aufnehmen"). Neben der Bewertung der jeweiligen Profile können Sie auch einen Kommentar zu jeder Bewertung
abgeben. Die Bewertungen und ggf. die Kommentare können vom Recruiter in Echtzeit
eingesehen werden.

Auf diese Weise kann ein Recruiter von parallel bis zu 20 Fachvorgesetzten ohne Zeit-
verlust und elegant deren Meinung zum Profil eines oder mehrerer potenzieller Kandidaten (max. 20) einholen.

Da die Beurteilung und Kommentare der Fachvorgesetzten zu den jeweiligen Kandidaten auch für andere Recruiter desselben Unternehmens einsehbar sind, können auch diese
viel Zeit sparen.

3.5 Aktiv suchende und latent suchende Kandidaten mit Anzeigen erreichen

Manchmal hilft es, Recruiter daran zu erinnern, dass LinkedIn keine Lebenslaufdatenbank, sondern ein Business-Netzwerk für Professionals ist, in dem 80 % der Mitglieder
nur latent auf der Suche nach einer neuen Herausforderung sind. Nur 20 % der LinkedIn-

Mitglieder suchen aktiv eine neue Stelle. Da LinkedIn keine aktive Stellenbörse ist, besucht die Mehrheit der Mitglieder die Webseite nicht, um eine Stelle zu finden. Es reicht also nicht, eine Stellenanzeige zu veröffentlichen und zu hoffen, dass der richtige Kandidat einfach auftaucht. Nachdem Sie eine Stellenanzeige veröffentlicht haben, sollten Sie diese der richtigen Zielgruppe mitteilen: in Ihrem Netzwerk, in relevanten Gruppen und über Ihr Twitter-Konto. Eine weitere gute Methode besteht darin, Ihre Recruiting-Kollegen und/oder Fachvorgesetzten zu bitten, die Stelle ebenfalls in ihren Netzwerken und Gruppen mitzuteilen.

Wie können Sie eine Stellenanzeige auf LinkedIn schalten?
Unter dem Navigationspunkt „Stellenmarkt" können Sie eine Stellenanzeige erwerben, die dann für 30 Tage geschaltet wird (s. Abb. 3.6).

Stellenanzeigen sind auffind- und anzeigbar für alle Mitglieder und werden passenden Mitgliedern über die Funktion „Stellen, die Sie vielleicht interessieren" vorgestellt. Dies ist eine Funktion, die in den Profilen von Mitgliedern auf LinkedIn veröffentlichte Stellenanzeigen anzeigt, sollten diese auf irgendeine Weise zu dem jeweiligen Profil passen. Diese Funktion findet sich auf der rechten Seite der Startseite. Damit können Sie auch die latent suchenden Kandidaten erreichen.

Sie können wählen, ob Ihre Stelle gesponsert werden soll. Bei gesponserten Stellenanzeigen handelt es sich um eine Preis-pro-Klick-Lösung, die es Ihnen ermöglicht, Ihre Stellenanzeige besonders interessanten Kandidaten vorzustellen, indem Sie ein Gebot für die beste Platzierung unter den Stellenanzeigen abgeben, die den Kandidaten präsentiert werden. LinkedIn stimmt die Profildaten automatisch mit den Inhalten in Ihrer Stellenbeschreibung ab und präsentiert Ihre gesponserten Stellenanzeigen den passenden Kandidaten, auch wenn diese nicht aktiv nach einer neuen Position suchen.

Die Kosten für das Sponsoring einer Stellenanzeige werden getrennt von den Kosten der Veröffentlichung der Anzeige berechnet. Es gibt keine sofort anfallenden Kosten. Es werden Ihnen nur die stattfindenden Klicks auf Ihre Anzeige berechnet. Sie können eine Obergrenze für ein Budget festlegen, das Sie für Ihre gesponserte Stellenanzeige ausgeben möchten, und ein Gebot darüber abgeben, wie viel Sie für jede Ansicht der Stellenanzeige

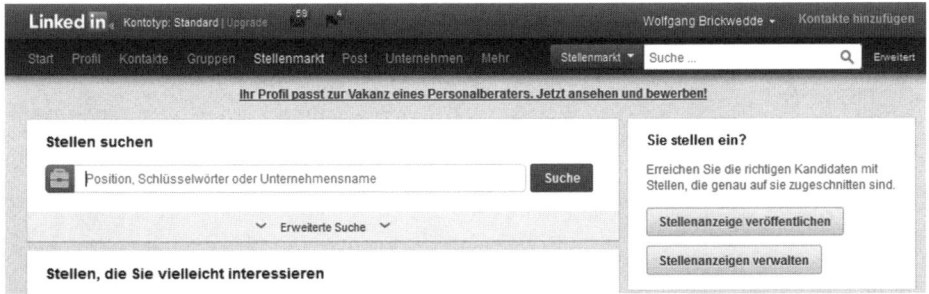

Abb. 3.6 Stellenanzeige schalten

auf der Basis „Kosten pro Klick" zu zahlen bereit sind. Sie zahlen Ihren Gebotspreis nur dann, wenn ein Kandidat klickt, um sich Ihre gesponserte Stellenanzeige anzusehen, bis zum Erreichen der Obergrenze Ihres Budgets.

Ebenfalls können Sie wählen, wie sich die Kandidaten bewerben sollen. Es ist möglich, dass die Bewerbungen auf LinkedIn gesammelt und Sie per E-Mail benachrichtigt werden. Oder Sie geben einen externen Link, z. B. zu Ihrem Bewerbermanagementsystem, an.

Nachdem Sie eine Stellenanzeige (s. Abb. 3.7) aufgegeben haben, können Sie sich bis zu 24 passende Profile ansehen. Sie erhalten auch fünf kostenlose InMails, um sich mit den Kandidaten in Verbindung zu setzen.

Anzeigenplätze statt Einzelanzeigen

Falls Sie häufiger Stellenanzeigen zu schalten haben, können Sie auch statt einer Einzelanzeige Anzeigenplätze verwenden. Sie mieten quasi ein Schaufenster, und können dies nach Ihrem Belieben umdekorieren, z. B. die Laufzeit einer Anzeige verkürzen oder verlängern.

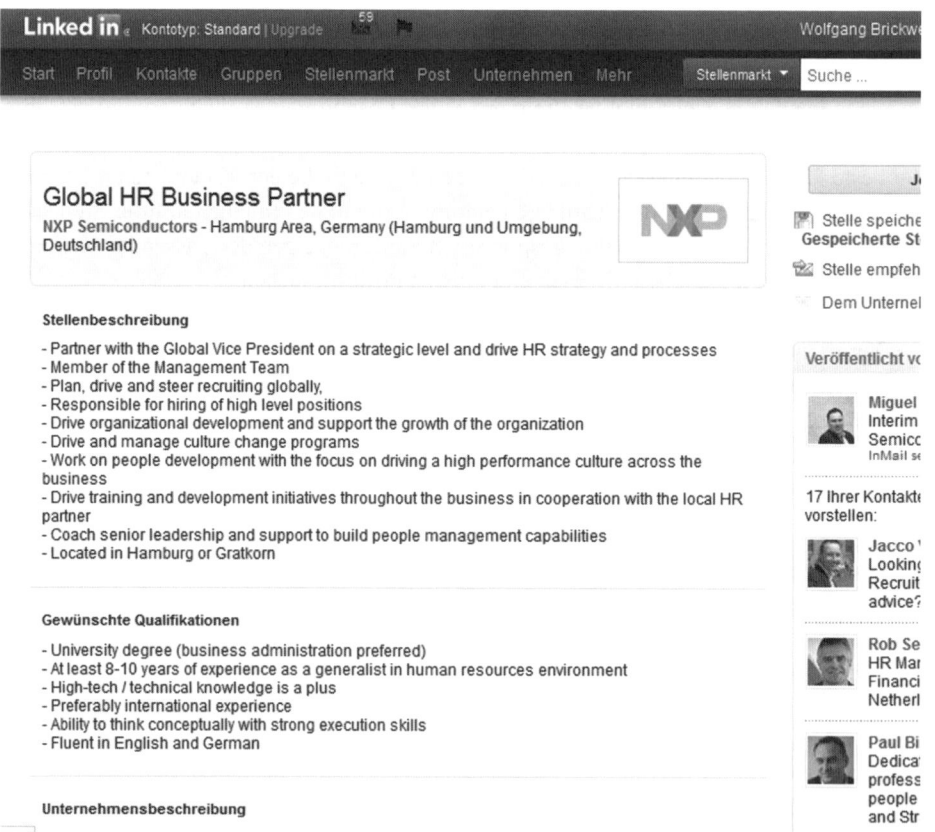

Abb. 3.7 Beispiel Stellenanzeige

Was ist das Besondere an einer Anzeige bei LinkedIn?

Der Vorteil einer Stellenanzeige bei LinkedIn ist es, dass Sie damit nicht nur aktiv suchende Bewerber erreichen. LinkedIn stellt seinen Mitgliedern über einen Algorithmus errechnete passende Stellenangebote vor, und damit erreichen Sie auch latent interessierte Kandidaten.

Weitere Möglichkeiten, LinkedIn für Ihre Stellenanzeigen zu nutzen

Wenn Sie die Funktion „Mit LinkedIn bewerben" zu Ihrem Karriereportal hinzufügen, können Kandidaten ihr professionelles LinkedIn-Profil verwenden, um sich für Ihre veröffentlichten Stellen zu bewerben. Das Bewerbungsformular ist nach dem Klick auf den Button bereits mit Daten ausgefüllt, die LinkedIn vorliegen (Vor- und Nachname, E-Mail, Telefon, Position, aktueller Arbeitgeber, Foto etc.). Auf diese Weise ermöglichen Sie es potenziellen Kandidaten, die möglicherweise keinen Lebenslauf zur Hand haben, auf einfache Weise ihr Interesse an Ihrer Stellenausschreibung auszudrücken, und Sie haben mehr mögliche Bewerber.

►   **Tipps für Stellenanzeigen auf LinkedIn**

    1. Angaben zur Stelle und zum Unternehmen

       Vermeiden Sie es, bei der Stellenbezeichnung besonders kreativ zu sein, und verwenden Sie keine internen Bezeichnungen. Im Zweifel sucht danach keiner. Auch hier gilt „der Köder muss dem Fisch schmecken und nicht dem Angler", und der Fisch muss den Köder finden. Suchen Sie ähnliche Stellen und finden Sie eine gängige Bezeichnung, nach der Bewerber auch suchen. Wenn Sie den Titel der Stellenanzeige schreiben, macht LinkedIn Vorschläge per „Autofill". Nehmen Sie diese Vorschläge an, sie bestehen aus geläufigen Titeln. Der Titel ist übrigens einer der wichtigsten Faktoren für den Algorithmus „Jobs, die Sie interessieren könnten".

    2. Postleitzahl und Ort

       Gilt die Stelle für mehrere Orte, geben Sie im Feld für den Standort alle Orte ein. Im Postleitzahlenfeld geben Sie dann nur die PLZ des größten dieser Orte an.

    3. Stellenbeschreibung (für potenzielle Kandidaten, nicht für Bewerber)

       Denken Sie daran, dass Ihre Stellenanzeige latent suchende Kandidaten und keine Bewerber erreichen soll: Beschreiben Sie Ihren idealen Kandidaten sowie die Anforderungen und vergessen Sie nicht zu schreiben, was die Herausforderungen der Position sind und warum ein guter Kandidat diese Stelle berücksichtigen sollte. Wenn dieser Kandidat diese Stellenanzeige sehen würde, was würde ihn dazu bewegen, dieses Angebot und Ihr Unternehmen zum jetzigen Zeitpunkt in Erwägung zu ziehen?

    4. Unternehmensbeschreibung

       Beschreiben Sie, was die Arbeit in Ihrem Unternehmen ausmacht. Handelt es sich um ein Start-up, das sich rasant schnell entwickelt, oder um ein eta-

bliertes Unternehmen? Gibt es eine Kantine oder zahlen Sie Fahrtkostenzu-
schüsse? Schildern Sie Ihre Unternehmenskultur.

5. **Auftraggeber der Stellenanzeige**
   Sie können Stellen in Ihrem eigenen Namen oder für einen Kollegen in
   Ihrem Unternehmen veröffentlichen. Durch Anzeigen des Auftraggeberpro-
   fils werden Kandidaten dazu ermutigt, ein Gespräch zu beginnen und ein
   Netzwerk für die Position aufzubauen.

6. **Optionen für den Bewerbungsprozess**
   Wenn Sie Kandidaten an ein Bewerbermanagementsystem weiterleiten,
   achten Sie darauf, direkt zur Stellenanzeige in Ihrem System und nicht
   zur allgemeinen Karriereseite Ihres Unternehmens zu verlinken. Wenn Sie
   Bewerbungen über LinkedIn zulassen, können Sie die Bewerber an einem
   Ort nachverfolgen.

3.6   Lassen Sie Ihre Mitarbeiter für sich rekrutieren

Laut der Studie „Mitarbeiterempfehlungsprogramme in Deutschland"[5] bezeichnen 43 %
der befragten Unternehmen ihr Mitarbeiterempfehlungsprogramm als „Wichtiges Instrument" in der Personalgewinnung. Sieben Empfehlungen führen durchschnittlich zu drei
Einstellungen. Die Einbindung von Mitarbeitern in den Personalgewinnungsprozess sollte
für jeden Personaler eine Hausaufgabe sein, die auch gemacht wird. Mitarbeiterempfehlungsprogramme sind ein vergleichsweise kostengünstiger und qualitativ hochwertiger
Recruiting-Kanal, der von vielen Unternehmen noch vernachlässigt wird. Fast zwei Drittel der Unternehmen sind mit ihrem Mitarbeiterempfehlungsprogramm unzufrieden. Sie
sehen damit die Herausforderung, ein Mitarbeiterempfehlungsprogramm zu haben, das
neben der Quantität auch die Qualität der empfohlenen Bewerber sicherstellt. Die Königsdisziplin ist die Kombination von Mitarbeiterempfehlungsprogrammen mit Social Media.[6]

So können Sie Ihre Mitarbeiter auf LinkedIn für Ihre Recruiting-Ziele nutzen
Mit dem Anzeigenformat „Work with us" können Sie die Netzwerkkontakte Ihrer Mitarbeiter nutzen. Rechts an der Seite des Profils Ihrer Mitarbeiter können Sie Stellenanzeigen schalten, die auf die Profile der Interessenten personalisiert sind. D. h. ein Ingenieur,
der bei einem Ihrer Mitarbeiter auf das Profil geht, bekommt z. B. Anzeigen für Ingenieure
angezeigt, ein Controller Anzeigen für Controller usw.

Vorteile von „Work-with-us"-Anzeigen
Diesen Anzeigenplatz können Sie in dieser Form nutzen, ohne vorher Ihre Mitarbeiter um
Erlaubnis bitten zu müssen. Latent suchende Kandidaten können innerhalb einer fachlichen

---

[5] „Mitarbeiterempfehlungsprogramme in Deutschland", Prof. Dr. Armin Trost, 2012.
[6] Recruiting Report 2012, ICR, Wolfgang Brickwedde.

oder persönlichen Umgebung auf Ihre offenen Positionen aufmerksam gemacht werden. Die Personalisierung stellt eine hohe Relevanz für den Betrachter sicher. Sie können die potenziellen Kandidaten damit auch auf Ihre Karriereseite führen oder auf Events hinweisen. Die Click-Raten für diese Art der Anzeigen sind deutlich höher als z. B. bei Banner-Anzeigen.

3.7   Arbeitgeber-Imagewerbung und Personalmarketing auf LinkedIn

3.7.1   Ihre Visitenkarte – ein professionelles persönliches Profil auf LinkedIn

Wenn Mitglieder Ihren Namen anklicken, um zu sehen, wer ihnen eine InMail geschickt oder wer eine Stelle veröffentlicht hat, ist Ihr Profil das erste, was sie von Ihnen sehen. Ihr Profil ist also Ihre persönliche Marke, die Sie aufbauen und pflegen müssen. Wie bei jeder anderen Networking-Veranstaltung gibt es Menschen, die viele Informationen von sich selbst preisgeben, während andere sich eher still und zurückhaltend geben. Für Sie als Recruiter ist es wichtig sicherzustellen, dass Ihre eigene Visitenkarte kompetent und vielseitig wirkt, damit Sie von den interessierten LinkedIn-Mitgliedern als jemand wahrgenommen werden, den es lohnt zu kennen, und diese Mitglieder sich mit Ihnen vernetzen wollen.

► **Tipps für ein erfolgreiches persönliches Profil**
  1. **Profilfoto**
     Fügen Sie ein professionelles Foto von sich hinzu, Profile mit einem Foto erzielen eine 40 % höhere InMail-Antwortquote, da die Mitglieder so sehen, mit wem sie es zu tun haben (s. Abb. 3.8).
  2. **Name**
     Wenn Sie Initialen, Abkürzungen oder Titel zu Ihrem Namen hinzufügen, erschweren Sie es anderen Mitgliedern, Sie zu finden.
  3. **Profilslogan**
     Geben Sie hier nicht einfach nur Ihre Stellenbezeichnung an, sondern versuchen Sie vielmehr auf kreative Weise zu beschreiben, was Sie machen. Heben Sie z. B. konkreten Nutzen für den potenziellen Kandidaten in der Zielgruppe hervor, z. B.: „Ich helfe Java Entwicklern neue Karriereperspektiven in Süddeutschland zu finden."
  4. **Persönliche URL**
     Ihre persönliche URL eignet sich hervorragend für Signaturen und Visitenkarten und trägt dazu bei, in den Ergebnissen von Suchmaschinen schneller gefunden zu werden.
  5. **Skills (Kenntnisse) im LinkedIn-Profil**
     Die Möglichkeit bei LinkedIn, Kenntnisse und Fähigkeiten anzugeben und sich mit einem Klick von anderen Mitgliedern bestätigen zu lassen, wirkt sich

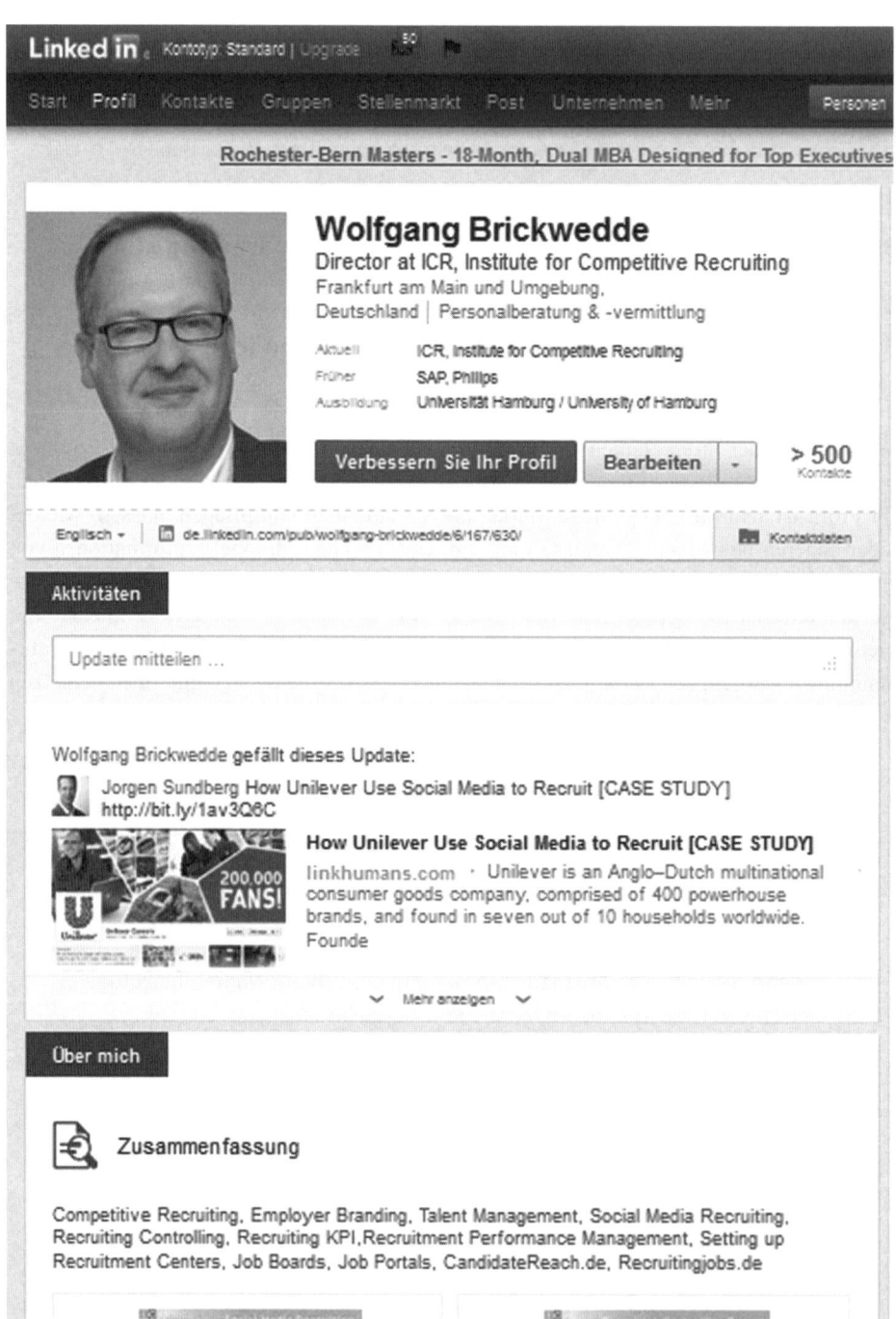

Abb. 3.8 LinkedIn Profil

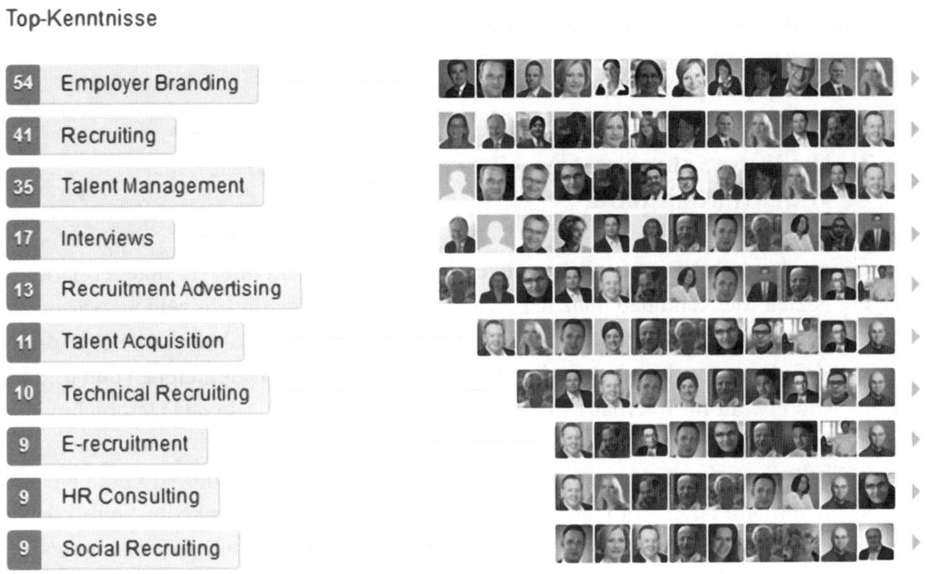

Top-Kenntnisse

Abb. 3.9 Übersicht der Kenntnisse mit Bestätigungen

extrem auf die Suchergebnisse aus. Geben Sie daher Ihre Kenntnisse und Fähigkeiten an und fragen Sie Ihr Netzwerk, ob sie diese bestätigen können. Gerne dürfen Sie auch die Skills anderer Mitglieder bestätigen (s. Abb. 3.9).

6. **Dateien ins LinkedIn-Profil hochladen oder Links anhängen:**
   Sie können in Ihrem Profil Links anhängen bzw. Dateien hochladen. Dies können Fotos, Videos, Slideshares und Weblinks sein.

7. **Zusammenfassung und Berufserfahrung**
   LinkedIn ist keine Stellenbörse. Ihr Profil muss also nicht wie ein Lebenslauf klingen. Verwenden Sie diese Felder, um sich darzustellen. Konzentrieren Sie sich dabei darauf, welchen Wert Sie bieten und was Sie für die Unternehmen geleistet haben, bei denen Sie beschäftigt waren.

8. **Weitere Links und Infos**
   Geben Sie Mitgliedern die Möglichkeit, sich ausführlicher mit Ihrer „Marke" zu beschäftigen. Dies erreichen Sie mit relevanten Links in Ihrem Profil, z. B. Links zur Webseite und zur Karriereseite Ihres Unternehmens.

Ein weiterer sehr wichtiger Punkt ist es, in den weiteren Informationen festzuhalten, auf welche Art und Weise bzw. für welche Zwecke Sie kontaktiert werden möchten. Den meisten Nutzern auf LinkedIn ist überhaupt nicht klar, dass LinkedIn dafür nur drei bis vier Wege vorsieht: a) Kontaktaufnahme zu tatsächlich Bekannten, b) Kontaktaufnahme zu Gruppenmitgliedern, c) Vorstellung Unbekannter durch bestehende Kontakte 1. Grades und d) Zusendung einer kostenpflichtigen InMail. Hier können Sie aber auch eine Telefonnummer oder eine E-Mail-Adresse angeben, wenn Sie möchten.

3.7.2 Die Unternehmensseite – Präsentieren Sie sich als Wunscharbeitgeber

Eine Unternehmensseite auf LinkedIn bietet Ihnen Gelegenheit, Ihre Arbeitgebermarke zu pflegen, gezielt die Kandidaten anzusprechen, die Sie suchen, und zu zeigen, warum Ihr Unternehmen der ideale Arbeitsplatz für diese Kandidaten ist (s. Abb. 3.10). Auf dieser Seite erhalten LinkedIn-Mitglieder aktuelle Informationen zum Unternehmen und offenen Stellen. Wie überall im Internet ist es wichtig, dass die Firmenseite das Unternehmen in der gewünschten Art und Weise repräsentiert.

Die LinkedIn-Seite lässt sich mit einem ansprechenden Profilfoto sowie einer ausführlichen Beschreibung des Unternehmens ergänzen. Über die LinkedIn-Seite können Unternehmen offene Stellenangebote präsentieren, sowie interessante Informationen und Fachbeiträge veröffentlichen. LinkedIn öffnet für eine umfassende Vernetzung der Unternehmensinhalte mehrere Schnittstellen. So lassen sich Artikel aus einem Wordpress-Blog direkt in den LinkedIn Updates veröffentlichen. Die starke Vernetzung der Inhalte unter-

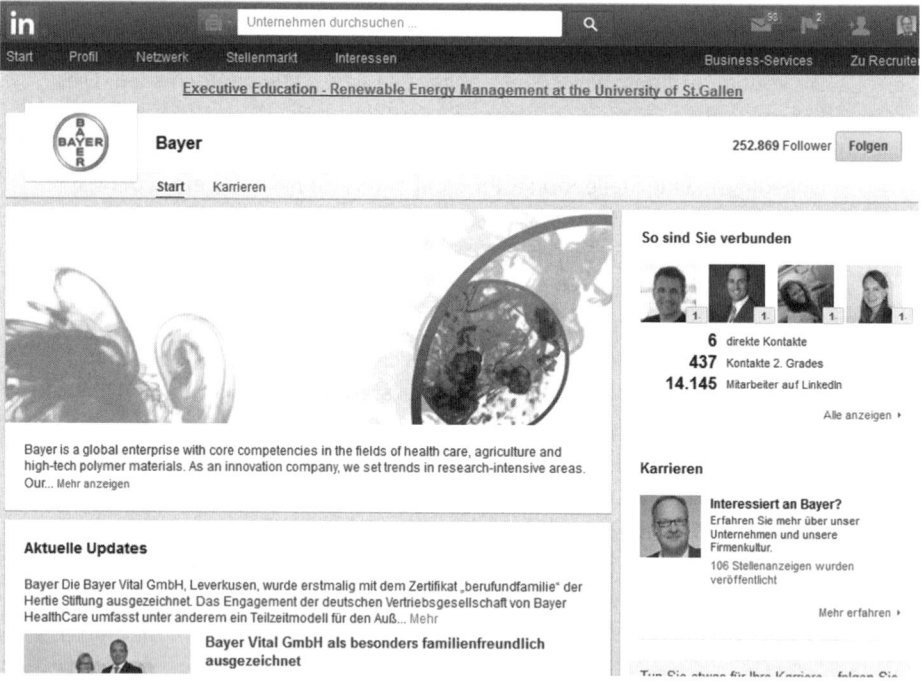

Abb. 3.10 Beispielunternehmensseite

stützt Unternehmen bei der weitreichenden Verbreitung von interessanten und nützlichen Inhalten.

Es gibt die Möglichkeit, mit „silbernen" oder „goldenen" Karriereseiten noch ein bisschen weiter „aufzurüsten".

Ab Gold haben Unternehmen die Möglichkeit, mehrere Versionen der Karriereseite anzulegen die dann „Betrachter dynamisch" ausgeliefert wird. z. B: deutsche Version für Kandidaten aus DACH und eine IT Version für IT Kandidaten, eine Sales Version für Vertriebsleute, etc.

Damit haben Sie Zugriff auf ein volles Sortiment an Funktionen, mit denen Sie für Karrierechancen in Ihrem Unternehmen werben können, darunter ein anklickbares Banner, anpassbare Module, Analysen darüber, wer sich die Seite ansieht, direkte Links zu Recruitern, Videoinhalte usw.

3.7.2.1   Was sind die Voraussetzungen für eine Unternehmensseite bei LinkedIn?

Falls Sie eine Unternehmensseite bei LinkedIn für Ihr Unternehmen gestalten möchten, sind dies die notwendigen Voraussetzungen:

- Sie sind gegenwärtig bei Ihrem Unternehmen beschäftigt und Ihre Position ist in Ihrem Profil im Bereich „Berufserfahrung" aufgeführt.
- Sie haben eine bestätigte geschäftliche E-Mail-Adresse (z. B. peter.mustermann@ Unternehmensname.de) zu Ihrem Konto auf LinkedIn hinzugefügt.
- Die E-Mail-Domain Ihres Unternehmens ist (für das Unternehmen, also z. B. keine gmx o.ä. Adressen) eindeutig.
- Ihr Profil muss zumindest eine „mittlere Aussagekraft" (für LinkedIn) haben.
- Sie müssen mehrere Kontakte haben.

▶   **Warum macht es Sinn, sich bei LinkedIn als Arbeitgeber mit einer Unternehmensseite zu präsentieren?** Dies sind die Vorteile einer Karriereseite Ihres Unternehmens bei LinkedIn:
  - Positionierung des Unternehmens als „bevorzugter Arbeitgeber"
  - Bekanntmachung der Stellenangebote
  - Erhöhte Wahrscheinlichkeit, dass Kandidaten auf Nachrichten antworten und Angebote annehmen
  - Besucher können zu anderen Zielen im Internet geleitet werden (z. B. Ihre Karriere-Webseite, soziale Netzwerke)
  - Sie bekommen Einblicke darin, wer sich Ihr Unternehmen ansieht und damit interagiert - dank detaillierter Analysen in Echtzeit
  Unterschiedliche Kandidaten können unterschiedlich angesprochen werden.

3.7.2.2 Hinweise zu Aufbau und Gestaltung einer ansprechenden Karriereseite auf LinkedIn

1. **Banner**

   Ihr Banner sollte das Zielpublikum ansprechen und für Ihre Marke stehen.

2. **Zusammenfassung**

   Helfen Sie Kandidaten dabei, sich mit Ihrem Unternehmen zu identifizieren, und machen Sie sie neugierig auf mehr. Halten Sie die Angaben in diesem Bereich kurz und knapp.

3. **Stellen, die Sie vielleicht interessieren**

   Dieses Feld zeigt Stellen an, die zum Profil der Person passen, die die Seite ansieht.

4. **Bild oder Video oder Slideshare**

   In diesem Feld können Sie ein Bild, ein Video oder eine Präsentation Slideshare und auch Text hinzufügen, um einen Eindruck davon zu vermitteln, was es heißt, in Ihrem Unternehmen zu arbeiten. Videos eignen sich hervorragend als visuelle Motivationshilfe und um Ihr Unternehmen vorzustellen.

5. **Zitate von Mitarbeitern**

   Ihre eigenen Mitarbeiter sind Ihre besten Fürsprecher, also lassen Sie sie zu Wort kommen. Sie müssen mit den Mitarbeitern verbunden sein, die Sie zitieren möchten.

6. **Eigenes Modul**

   Geben Sie Ihrer Karriereseite eine persönliche Note. Hier können Sie zum Beispiel über Ihre Unternehmenskultur informieren oder Auszeichnungen oder Produkte hinzufügen.

Tipps für eine erfolgreiche Unternehmensseite auf LinkedIn

► **Ermöglichen Sie es Kandidaten, Ihre Unternehmenskultur und Karrierechancen besser zu verstehen und sich damit zu identifizieren**

Zeigen Sie sich von Ihrer besten Seite, wenn Fach- und Führungskräfte nach Stellen in Ihrem Unternehmen suchen. Ihre Unternehmensseite auf LinkedIn ist nur einen Klick von Ihren Stellenanzeigen, Gruppen und Mitarbeiterprofilen sowie Ihrem eigenen Profil entfernt. Differenzieren Sie Ihre Marke mit Videos und Bannern. Bestimmen Sie, was auf Ihrer Karriereseite gezeigt wird. Informieren Sie Kandidaten, die Ihrem Unternehmen auf LinkedIn folgen.

Bieten Sie ein persönliches Erlebnis

Die von Ihnen bereitgestellten Inhalte werden an die Seitenbesucher auf der Grundlage ihres jeweiligen LinkedIn-Profils angepasst. So könnten z. B. Ingenieure ganz andere Stellenangebote, Inhalte und vorgestellte Mitarbeiter sehen als Vertriebsleute. Aktualisieren Sie Ihre Unternehmensseite so oft Sie möchten, damit deren Inhalt interessant bleibt.

Authentizität ist gefragt

Ihre beste Referenz sind die eigenen Mitarbeiter. Präsentieren Sie deren Meinungen zum eigenen Unternehmen potenziellen Kandidaten, die sich Ihre offenen Positionen bei LinkedIn ansehen.

„Dem Unternehmen folgen"

Mit dieser Funktion bleiben Berufstätige bezüglich Karrierechancen, Personalwechsel und mehr bei den für sie interessanten Unternehmen auf dem Laufenden. Ihre Karriereseite ist neben Ihrer Unternehmensseite ein leistungsstarkes zusätzliches Instrument, um sowohl aktive als auch passive Kandidaten zu informieren. Sie sehen, wer Ihrem Unternehmen folgt, und können automatisch Updates zu Stellenangeboten, Veranstaltungen usw. an diese Personen senden.

Interview mit dem Social Business Networking-Spezialisten Michael Rajiv Shah

Der mehrfache Buchautor zu Business Networking mit XING, LinkedIn, Twitter und langjähriger offizieller XING-Trainer Michael Rajiv Shah beobachtet und analysiert seit Jahren die Möglichkeiten und Grenzen der Nutzung von Linkedin für Social Businesses. Seit Frühjahr 2012 kamen Inhalte zu Personalmarketing und Employer Branding für Unternehmensentscheider hinzu.

Herr Shah, Sie beobachten die Entwicklung in dem Bereich der Company Pages bei LinkedIn schon einige Zeit. Welche Trends können Sie erkennen?

Shah: Um valide Trends sehen zu können, beobachte ich seit Mai 2013 zwei größere Unternehmens „Peergroups". Die erste besteht aus damals 84 zahlenden XING-Plusprofilkunden (heute Employer-Branding-Profil) in Österreich und deren (inter-) nationalen 55 Unternehmensprofilpendants auf LinkedIn. Die im Januar 2014 hinzukommenden DAX 30 bilden die Kontrollgruppe. Damit sind auch Aussagen für Deutschland möglich. Beide Peergroups zusammen umfassen aktuell 206.000 Mitarbeiter bei XING und 674.000 Mitarbeiter bei LinkedIn.

Zurück zur Frage nach einem Trend:

Shah: Der für mich wichtigste Trend wird wahrscheinlich alle weiteren Antworten auf Ihre Fragen beeinflussen. LinkedIn-Netzwerk-Mitglieder entscheiden sich eindeutig eher einem Unternehmensprofil zu folgen, als XING-Mitglieder. Wer die betriebswirtschaftliche Kennzahl „Umsatz pro Mitarbeiter" auf „Follower je Mitarbeiter" überträgt kommt zu folgenden Ergebnissen (s. Abb. 3.11):

XING-AT*:	Je 1000 Mitarbeiter folgen	830 Mitglieder der XING-AT Peergroup
LinkedIn-AT*:	Je 1000 Mitarbeiter folgen	3110 Mitglieder der XING-AT Peergroup
XING-DAX30:	Je 1000 Mitarbeiter folgen	490 Mitglieder der DAX30 Peergroup
LinkedIn-DAX30:	Je 1000 Mitarbeiter folgen	4180 Mitglieder der DAX30 Peergroup

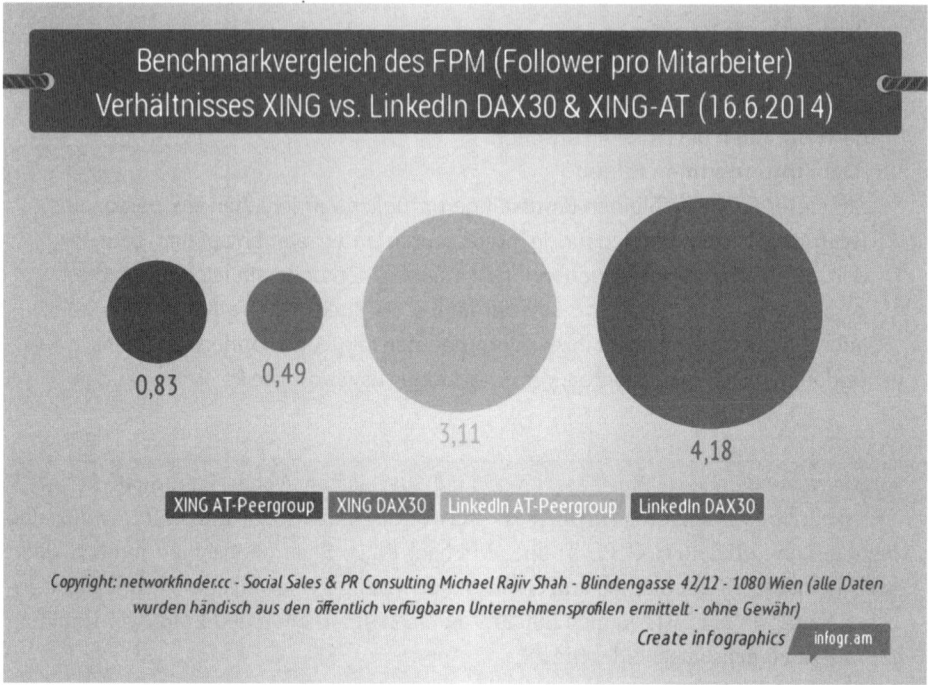

Abb. 3.11 Benchmarkvergleich Follower pro Mitarbeiter. (Quelle: Michael Rajiv Shah)

Fazit: Die Mitglieder haben sich für den Raum LinkedIn entschieden, wo sie Unternehmensinhalte empfangen möchten. Unterstützt wird die These des „Follower je Mitarbeiter" Trends für LinkedIn durch die Tatsache, dass auch bei Unternehmen ohne LinkedIn-Aktivitäten mehr Follower je Mitarbeiter vorhanden sind und zunehmen.

*bereinigt um Accounts, deren LinkedIn-Pendants globale Companypages darstellen

Würden Sie Arbeitgebern die Company Pages eher für Employer Branding oder für Personalmarketing empfehlen?
Shah: „Würdest Du mir bitte sagen, wie ich von hier aus weiter gehen soll?" „Das hängt zum großen Teil davon ab, wohin Du möchtest", antwortet die Katze auf Alice Frage im Wunderland.

Ich habe die 1. Auflage dieses Buches intensiv studiert. Deswegen möchte ich als Salesmensch unbedingt von einer fast schon schädlichen Reduktion auf Personalthemen abraten! In Social Business Networks befinden sich alle betroffenen Unternehmensspieler / Kollegen im gleichen Raum (Social Network halt).

Mein Rat: Nutzen Sie unbedingt alle zur Verfügung stehenden Unternehmenskompetenzen inklusive Marketing, Sales und vor allem ihrer bei LinkedIn vorhandenen

Abb. 3.12 Rewe Group Beispiel. (Quelle: Michael Rajiv
Shah)

REWE Group Fokusseiten

REWE Group
Einzelhandel
>10.001 Mitarbeiter

BILLA
117 Follower
✓ Folgen

REWE
64 Follower
✦ Folgen

DER Touristik
56 Follower
✦ Folgen

Mehr anzeigen

Mitarbeiter und Kollegen zur Beantwortung dieser Frage. Nichts wäre für ein nachhaltiges Unternehmensergebnis schlimmer, als das Ausblenden der Interessierten, denen Personalthemen bestenfalls am Rande interessieren.

Haben Sie vielleicht, auf Basis Ihrer Beobachtungen, einige Beispiele von Arbeitgebern, die anderen Unternehmen als gutes Beispiel dienen können?
Shah: Die **Rewe Group** war innerhalb meiner Peergroups das erste Unternehmen, welches die neuen Fokusseiten als Nachfolger der weggefallenen Produktseiten nutze um die Palette seiner „Produkte" darzustellen (s. Abb. 3.12). Damit hat das Unternehmen zwei Dinge erreicht:
1. Konzentration auf ein Unternehmensprofil für die gesamte Gruppe
2. Jede (Themen-) Manager kann über eigene (Themen-) Fokusseite seine Ziele unter dem Markendach verfolgen

Die **OMV AG** betreibt mit seinen ca. 5000 Mitarbeitern und heute (22.6.2014) 30.000 Followern einen sehr interessanten Contentmix, der unterschiedliche Abteilungen nebst Personalmarketing und Employer Branding umfasst.

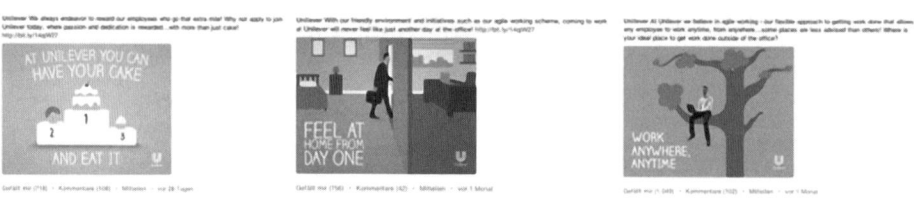

Abb. 3.13 Beispiel Unilever. (Quelle: Michael Rajiv Shah)

Auch wenn die **Unilever** einer der Global Player ist, sollten Sie sich deren visuelles Contentkonzept genauer anschauen. Unilever gelingt es mit einer einheitlichen Bildsprache abteilungs- und themenübergreifend als ein großes Ganzes wahrnehmbar zu sein (s. Abb. 3.13).

Aber auch eine kleine Präsenz, wie die der **Schenker & Co AG** vermag es durch 46 Follower je 10 Mitarbeiter zu nachhaltig spürbarer Interaktion zu kommen.

Weiter empfehle ich die Top 10 im Follower-Zuwachs anzuschauen. **MAN SE, Linde AG, Bayer AG, Henkel AG, Allianz SE, Heidelberger Cement AG, Beiersdorf AG, Daimler AG, Deutsche Lufthansa AG** und **BMW AG.**

Was sollten Arbeitgeber beachten, wenn sie die Company Pages erfolgreich für das Recruiting einsetzen wollen?
Shah: Machen Sie Ihre Company Page zur professionellen Begleitmusik für Ihren (Recruiting-) Spezialvertrieb, die statt Kunden, Mitarbeiter für Ihr Unternehmen zu gewinnen haben. Wirksame Company Pages im Sinne von Sichtbarkeit und Attraktivität werden meistens von Social Media Marketing Teams administriert. Daher sollten Sie Ihre Spezialvertriebler (Recruiter) mit den Social Media Administratoren zusammenbringen und denen ein gemeinsames fruchtbares Umfeld für Recruiting zu geben. Denn Ihre Personal- und Recruitingverantwortlichen sind die, die dem Marketingteam authentische personalrelevante Inhalte liefern können. Das Posten z. B. reiner Jobtitel ist ein unbedingt zu vermeidender Fehler. Nutzen Sie die Kreativität und Kompetenzen in Ihrer Firma (siehe **Unilever**).

Woher kommt, Ihrer Meinung nach, der Anstoß für die Nutzung der Company Pages?
Shah: In der Regel kommen die mir bekannten Anstöße auch in Mittleren- und Großunternehmen von Einzelpersonen. Ihre Gemeinsamkeit besteht darin, dass sie trotz unterschiedlicher Arbeitsbereiche von Social Media Werkzeugen als Kommunikationsmittel der Zukunft überzeugt sind. Mal ist es der Marketingmanager einer weltweit agierenden Personalberatungsgesellschaft; mal der Geschäftsführer, der fasziniert von Einzelerfolgen einer Einzelperson ist; mal ein CIO, der eine neue Kommunikationsarchitektur entwickelt; mal ein Sales Manager, der in neuer Position die Rückendeckung für Kommunikationserneuerung bekommt; mal ein Seiteneinsteiger, dem zugetraut wird auch in Konzernstrukturen neue Wege zu gehen.

Werden Company Pages bereits in sinnvollem Ausmaß genutzt und woher kommt das Budget dafür?

Shah: Zwischen Januar und Juni 2014 kamen 8000 Company Pages (+16%) in DACH zu den existierenden 50.000 hinzu. Bezogen auf die von mir beobachteten Peergroups kamen lediglich 4 neue LinkedIn „Player" hinzu. Darunter zwei neue zahlende Career Page Kunden. Was die Budgets angeht, gehe ich von einer Mischung aus. Dazu ein kleiner Schwenk zu den Peergroupmitgliedern bei XING. Ein Jahr nach Einführung des Employer Branding Profils (EBP*), das sowohl ein höheres Budget, als auch einen Budget-Switch von Marketing auf Personal mit sich bringt, ist der Markt völlig offen:

- XING verlor 86% seiner Peergroupkunden in Österreich (von 84 auf 13 EBP*)
- XING verlor 37% seiner Peergroupkunden in den DAX30 (von 16 auf 10 EBP*)

Ich glaube, dass die Luft für Budgets sehr sehr dünn wird, wer LinkedIn als reines Personalthema bestreiten möchte. Weder LinkedIn noch XING haben innerhalb der Peergroups ein starkes Career Page bzw. Employer Branding Profil (EBP*) Wachstum durch Fokussierung auf das Personalthema erzielen können.

LinkedIn Company Pages als Post and Pray Jobbörsen werden genutzt, wie der DAX 30 Vergleich für Jobsanzeigen zeigt:

- XING Employer Branding Profile weisen heute 267 Angebote auf
- LinkedIn Company Pages umfassen gleichzeitig 4387 Jobangebote

Welche drei wichtigsten Tipps geben Sie Arbeitgebern mit auf dem Weg zu erfolgreichen Company Pages auf Linkedin?

Shah:

1. Entwickeln Sie eine **Corporate Profile Identity für Ihre Mitarbeiter**, damit Ihre Mitarbeiter eine möglichst einheitliche **Employee** Brand verkörpern können und stellen Sie Ihre Mitarbeiter in den Mittelpunkt, denn die sind im Adressbuch Ihre wichtigsten Werbeträger.
2. Bringen Sie **disziplinübergreifend internetaffine Mitarbeiter** zusammen und schaffen Sie ein Umfeld, in dem Entwicklung für kreative Chancennutzung möglich sind.
3. Wem auch immer Sie die Federführung geben, **stellen Sie sicher, dass es NetzwerkerInnen sind**. Denn Employer Branding, Personal Marketing, Recruiting, Sales und Kundenbeziehungsmanagement machen eine Company Pages erfolgreich.

Herr Shah, vielen Dank für das Interview.

3.7.3 Potenzielle Kandidaten auf das eigene Unternehmen aufmerksam machen

3.7.3.1 Zielgenaue LinkedIn Ads für die Zielgruppenansprache nutzen

Falls Sie eine bestimmte Zielgruppe an potenziellen Kandidaten ansprechen und selbst festlegen möchten, welche potenziellen Kandidaten Ihre Anzeigen sehen sollen, dann können Sie LinkedIn Ads nutzen. Dafür wählen Sie einfach die entsprechende Zielgruppe aus – basierend auf Stellenbezeichnung, Tätigkeitsbereich, Branche, Region, Alter, Geschlecht, Größe des Unternehmens, Name des Unternehmens oder LinkedIn-Gruppe. Die Nutzer klicken auf Ihre Werbeanzeigen und besuchen dann Ihre Webseite. Ihre Kosten können Sie bewusst steuern, indem Sie ein Budget festlegen und nur für die Klicks oder Page-Impressions bezahlen, die Ihre Anzeigen erhalten.

Sie können pro Klick oder 1000 Page-Impressions zahlen und Ihre Anzeigen jederzeit, z. B. bei Erreichen einer Budgetgrenze, selbst deaktivieren. Es gibt keine langfristigen Verträge und keine sonstigen Verpflichtungen.

3.7.3.2 Talent Direct – zielgenauer geht es nicht

Talent Direct (Sponsored InMails) sind Nachrichten innerhalb des LinkedIn-Mailsystems, mit denen Sie als Arbeitgeber einer ausgewählten Gruppe von potenziellen Kandidaten gezielte und persönliche Nachrichten zukommen lassen können. Sie bestimmen die Zielgruppe, Sie bestimmen den Inhalt der Nachricht, die direkt ins „Postfach der Zielgruppe" geschickt wird. Die InMail wird zusätzlich für fünf bis sieben Wiederholungen auf der Startseite des potenziellen Kandidaten angezeigt.

Die InMail können Sie personifizieren. In der InMail können Sie Werbebanner schalten und Buttons mit Aufforderungen platzieren.

Sponsored InMails sind eine sehr gute Möglichkeit zur Werbung für Einladungen zu Recruiting-Events, Hinweise auf Messe-Präsenzen oder sogar spezielle Stellenausschreibungen.

3.7.3.3 Eine eigene Gruppe aufbauen – Ihr unternehmensspezifischer Talentpool

Mit der Gründung einer eigenen Gruppe haben Sie als Arbeitgeber die Möglichkeit, selbst Themen zu setzen und diese aktiv mit Ihrer Zielgruppe zu diskutieren. Eine Gruppe bietet die Möglichkeit, aktiv mit den LinkedIn-Mitgliedern über für Sie relevante Themen zu diskutieren. In der Gruppe sollten Sie einen Mehrwert für die Zielgruppe generieren, sodass es zu einer gezielten Ansprache der Zielgruppe und einer qualitativ hochwertigen Kommunikation mit der Zielgruppe kommt. Die sozialen Netzwerken innewohnende Viralität wird von Ihnen genutzt, denn Mitglieder können weitere Kontakte einladen.

Durch den Aufbau einer aktiven „Gruppe mit eigenem Netzwerk" erreichen Sie eine nachhaltige Bindung zu potenziellen Kandidaten, quasi Ihren eigenen Talentpool. Weitere Vorteile von (eigenen) Gruppen: Sie können Ihre Jobs dort posten. Diese erscheinen in einem separaten Reiter (also nicht in den fachlichen Diskussionen).

Die in Abb. 3.14 aufgeführte Beispielgruppe hat über 47.000 Mitglieder.

Abb. 3.14 Beispielgruppe

3.8 Messen und benchmarken Sie Ihre Arbeitgeber-Attraktivität

Möchten Sie wissen, wie attraktiv Ihr Unternehmen als Arbeitgeber ist und wie Sie im Vergleich zu anderen Unternehmen, z. B. Ihrer Branche, abschneiden?

Ihre Employer Brand ist im heutigen „War for Talents" wichtiger denn je, um im Rennen um die besten Talente nicht am Ende mit leeren Händen dazustehen. Diese Bedeutung der Employer Brand ist von den meisten Arbeitgebern bereits erkannt, die regelmäßige Messung ist allerdings noch eine Herausforderung.

LinkedIn stellt Unternehmen mit dem „Talent Brand Index" eine nachvollziehbare Möglichkeit zur Verfügung, Ihre Attraktivität als Arbeitgeber zu messen und benchmarken.

3.8.1 Was ist der Talent Brand Index?

Der Talent Brand Index gibt Auskunft darüber, wie hoch der Anteil derjenigen, die ein Interesse an Ihrem Unternehmen ausdrücken, an denjenigen ist, die Ihr Unternehmen kennen. Je höher dieser Wert (wird in Prozent ausgedrückt) ist, desto leichter ist es für Sie als Arbeitgeber, die passenden Kandidaten für sich zu gewinnen.

Im Detail errechnet sich der Talent Brand Index aus der Division des Engagements durch die Reichweite.

Das Engagement wird errechnet aus der Addition der Aktivitäten von LinkedIn-Mitgliedern mit dem jeweiligen Unternehmen, z. B. durch die aktive Suche nach dem Unternehmen oder der Unternehmenspräsenz auf LinkedIn, die Abonnenten (Follower) der Unternehmenspräsenz auf LinkedIn, die Anzahl der Zugriffe auf die Jobangebote und die Anzahl der Bewerber.

Die Reichweite ergibt sich aus der Anzahl derjenigen, die mit dem Unternehmen als Arbeitgeber vertraut sind. Dies sind diejenigen, die Ihr Unternehmen als potenziellen Arbeitgeber bzw. Ihre Mitarbeiter kennen. Gemessen wird die Reichweite anhand der LinkedIn-Mitglieder, die sich die Profile Ihrer Mitarbeiter anschauen, plus derjenigen, die Kontakte Ihrer Mitarbeiter sind.

3.8.2 Benchmarking mit dem Talent Brand Index

Mit Hilfe des Talent Brand Index können Sie den Wert für Ihr Unternehmen erhalten. Dies allein ist aber noch nicht aussagekräftig. Erst mit dem Vergleich dieses Wertes mit anderen Unternehmen aus der Branche oder über Mitbewerber um dieselben Tätigkeitsfelder können Sie Ihre Position bestimmen. Ein möglicher Vergleich über die Zeit (z. B. monatlich) gibt Ihnen die Möglichkeit, die Wirksamkeit Ihrer Aktivitäten zu monitoren und zu messen.

Natürlich hängt die Aussagekraft des Talent Brand Index von LinkedIn von der Durchdringungsrate (= Anzahl von LinkedIn-Mitgliedern geteilt durch eine bestimmte Zielgruppe, wie z. B. Professionals, Absolventen) in dem jeweiligen Land ab. Für Deutschland ist die Aussagekraft des Talent Brand Index noch nicht so hoch, in Ländern wie Großbritannien oder den Niederlanden mit Durchdringungsraten von 60 bis 80 % bei Professionals kann der Talent Brand Index ein extrem guter Indikator für die Attraktivität Ihres Unternehmens als Arbeitgeber sein.

3.9 Praxistipps für das Recruiting mit LinkedIn

Falls Sie (noch) kein LinkedIn-Recruiter-Konto haben, können diese Tipps Ihnen helfen, das Recruiting mit LinkedIn zu einem erfolgreichen Erlebnis zu machen:

Netzwerk, Netzwerk, Netzwerk
Um bei LinkedIn erfolgreich rekrutieren zu können, ist ein gutes Netzwerk essenziell. Nur dann können Sie vollständige Profile einsehen und mit den Mitgliedern kostenfrei kommunizieren. Erweitern Sie daher unbedingt, insbesondere, bevor Sie „richtig loslegen", die Anzahl Ihrer Kontakte und treten Sie Gruppen bei, damit Sie:

- mehr von den Profilen sehen können,
- mehr Personen direkt kontaktieren können,

- von potenziell interessanten Kandidaten als wertvoller Kontakt bei Interesse an einem Wechsel gesehen werden.

Wie kann ich mich mit anderen LinkedIn-Mitgliedern vernetzen?
Sie können Personen zu LinkedIn einladen, indem Sie ihnen eine Einladung zur Kontaktaufnahme schicken. Wird Ihre Einladung angenommen, werden diese Personen Ihr direkter Kontakt. Direkte Kontakte erhalten Zugang zu der in Ihrem Konto enthaltenen primären E-Mail-Adresse.

Von den folgenden Ausgangspunkten können Sie Personen zur Kontaktaufnahme einladen:

- Profil eines Mitglieds: Klicken Sie im Profil des Mitglieds auf Vernetzen.
- Suchergebnisse: Klicken Sie rechts neben den Informationen der Person auf Vernetzen.
- Seite Kontakte hinzufügen: Durchsuchen Sie Ihr E-Mail-Adressbuch, um Kontakte zu finden oder laden Sie diese über deren E-Mail-Adresse ein.
- Personen, die Sie vielleicht auch kennen: Klicken Sie neben dem Namen der Person auf Vernetzen, um eine Einladung zu verschicken.
- Treten Sie interessanten Gruppen bei. Jedes Mitglied einer Gruppe, der Sie beitreten, wird für Sie automatisch zu einem Kontakt 3. Grades!

Bitte beachten Sie Jedem LinkedIn-Konto wird eine begrenzte Anzahl (leider nicht genau von LinkedIn kommuniziert) an Einladungen zugewiesen. Auf diese Weise können Sie eine angemessen große Anzahl Kontakte einladen, und gleichzeitig werden Empfänger davor geschützt, unerwünschte Nachrichten von Leuten zu bekommen, die sie nicht kennen. Sollten Sie diese Grenze erreicht haben, wird LinkedIn Ihnen ggf. unter Berücksichtigung der Akzeptanzquote der von Ihnen bisher gesendeten Einladungen weitere Einladungsmöglichkeiten gewähren.

3.10   Fazit

LinkedIn ist unverzichtbar für Arbeitgeber, die international orientierte, deutschsprachige potenzielle Kandidaten suchen. Mit LinkedIn können Arbeitgeber die gesuchten Wunsch-Mitarbeiter mittels verschiedener Aktivitäten und Funktionalitäten wie Active Sourcing, Sponsoren, InMails, Target-Anzeigen, Anzeigen auf den Mitarbeiterprofilen oder eigenen thematischen Gruppen besonders gezielt ansprechen und für sich gewinnen. Das eigene Image in der Zielgruppe kann mit dem Talent Brand Index gemessen und gemanagt werden.

Die Aktivitäten bei der Personalsuche können Arbeitgeber mit eigenen Karriereseiten, die viele interessante Features aufweisen, unterstützen.

Es gibt aber auch Herausforderungen beim Recruiting auf LinkedIn
Aufgrund der starken Orientierung von LinkedIn am Netzwerk-Gedanken, d. h., dass, wie
in einem Offline-Netzwerk üblich, nicht jeder jeden kennt, sondern man einige kennt und
die wiederum andere kennen und man sich über Dritte kennenlernen oder aktiv vorgestellt
werden kann, ist der Aufbau eines eigenen, möglichst weitmaschigen Netzwerkes für eine
erfolgreiche Kandidatensuche und –Ansprache für Recruiter auf LinkedIn essenziell. Dies
erhöht die Signifikanz der eigenen Nachrichten, bedeutet aber auch, dass ein Recruiter nur
mit einem guten, zielgruppenspezifischen Netzwerk erfolgreich sein kann. Hat ein Recruiter kein entsprechendes Netzwerk, soll professionell in einem Team rekrutiert werden oder
ist auch eine Erfolgsmessung der Active-Sourcing-Aktivitäten gewünscht, dann empfiehlt
sich die Kontovariante LinkedIn Recruiter. Insbesondere die darin enthaltenen Suchfilter
machen mit der Nutzung des LinkedIn Recruiter aus einem proaktiven Recruiter einen
effizienten proaktiven Recruiter.

Über fünf Millionen deutschsprachige Mitglieder mit internationaler Orientierung, deren Zahl monatlich wächst, sind ein hochinteressanter Talentpool, den Arbeitgeber für ihr
Recruiting nutzen können.

Wie Sie Facebook richtig verankern

4

Martin Grothe

Inhaltsverzeichnis

Zusammenfassung

Neben globalen Arbeitgebern nutzen auch zunehmend kleine und mittelständische Unternehmen Facebook um sich als attraktive Arbeitgeber am Puls der Zeit zu präsentieren. Ausgehend von der Frage „Warum Branding und Recruiting auf Facebook?" beschäftigt sich das Kapitel mit den Herausforderungen und Chancen von Personalrekrutierung in sozialen Netzwerken. Im Zentrum steht die Vorstellung der zentralen strategischen Eckpunkte für eine erfolgreiche Nutzung von Arbeitgeber-Fanpages als Recruiting-Kanal. Anhand eines eigens entwickelten Vorgehensplans wird aufgezeigt und erläutert welche Schritte für ein zielgerichtetes Social-Media-Engagement auf

M. Grothe (✉)
complexium GmbH, Neue Schönhauser Straße 20, 10178 Berlin, Deutschland
E-Mail: grothe@complexium.de

© Springer Fachmedien Wiesbaden 2015
R. Dannhäuser (Hrsg.), *Praxishandbuch Social Media Recruiting*,
DOI 10.1007/978-3-658-06573-7_4

Facebook notwendig sind. Mehrere Fallbeispiele aus dem deutschsprachigen Raum runden den Beitrag ab und zeigen praxisnah auf wie bekannte Arbeitgebermarken und Agenturen Facebook als Recruitinginstrument nutzen.

4.1 Einleitung

Facebook ist weiterhin das mitgliederstärkste soziale Netzwerk in Deutschland. Auch für Arbeitgebermarken ist eine eigene Fanpage mittlerweile selbstverständlich. Die Zahl der Karriere-Fanpages steigt unaufhörlich – auch kleine und mittelständische Unternehmen sind vermehrt mit eigenen Präsenzen vertreten.

Employer Branding, Personalmarketing und Recruiting auf Facebook impliziert eine Vielzahl von Chancen und Möglichkeiten, z. B. die Verzahnung von Offline- und Onlineaktivitäten, die lockere Führung eines Talentpools, die einfache Kommunikation von Events und die überall mitschwingende Erwartungsbildung an die Marke. Ein Facebook-Profil bedeutet für die teilnehmenden Arbeitgeber jedoch in erster Linie, sich auf die Kultur des Social Web einzulassen. Gleichzeitig wird mit diesem „Social Engagement" die neue Wertschöpfungskette für das Unternehmen aufgenommen.

Die Herausforderung in Zukunft besteht in erster Linie darin, Kommunikationsprozesse für das Employer Branding im digitalen Raum anzupassen. Ein systematisches und strategiebasiertes Agieren und Teilnehmen im Social Web ist erforderlich, um die eigene Dialogfähigkeit zu stärken und potenzielle Bewerber für das Unternehmen zu begeistern.

4.2 Einführung: Gastgeber auf Facebook, Gast im Social Web

4.2.1 Branding und Recruiting auf Facebook

Schauen wir in die Praxis, dann ist die eigene Facebook-Seite zentral für den Employer-Branding-Auftritt im Social Web, zentral im Anspruch, zeitgemäß mit seiner Zielgruppe zu kommunizieren. Wir wollen hier an dieser Positionierung auch gar nicht rütteln. Jedenfalls nicht direkt.

Denn zentral muss natürlich die eigene Zielsetzung sein, aus der sich dann eine Umsetzungsstrategie ableitet. In dieser Umsetzungsstrategie wiederum kann Facebook eine zentrale Rolle spielen, aber eben nicht die einzige. So bedarf eine zentrale Rolle immer des Zuspiels von Aufmerksamkeit von anderen Seiten. Ein solches Verständnis macht die handelnden Arbeitgeber robust gegen ein Auf und Ab der Plattform. Zentrale Rollen lassen sich anders besetzten oder gar doppeln.

Es gilt: Social Engagement ist die neue Wertschöpfungskette. Was sich hier zunächst abstrakt anhört hat einen ganz praktischen Hintergrund: Facebook ist wichtig, aber wenn sich Personalabteilungen ausschließlich auf den Facebook-Redaktionsplan konzentrieren, dann wird viel Potenzial verschwendet und nur ein Bruchteil der tatsächlichen Zielgruppe erreicht. Der eigene Auftritt auf Facebook ist für Unternehmen nur ein großer Schritt auf die Zielgruppen zu.

So ist es ein verbreitetes Missverständnis, dass eine eigene Fanpage auf Facebook un-weigerlich zum direkten Kontakt mit der eigenen Zielgruppe führt, weil deren Vertreter vermutlich auch häufig über eigene Facebook-Profile verfügen. Eine Übertragung dieser hoffnungsfrohen Vermutung in andere Bereiche zeigen den Trugschluss: So führt eine Ge-schäfts- oder Restauranteröffnung irgendwo in Berlin auch nicht unweigerlich dazu, dass alle hungrigen Berliner herbeiströmen. Die schlichte Hinzufügung eines Buches in die Regale eines Buchgeschäftes wird ohne weitere Maßnahmen oft nicht mehr als Zufalls-treffer bewirken – es sei denn, es ist ein Recruiting-Bestseller aus dem Springer-Verlag.

Gleichwohl ist für diesen Schritt, den Aufbau einer Fanpage durch einen Arbeitgeber in fast jedem Fall großer interner Widerstand von gewichtigen Managementebenen zu überwinden, weil häufig turbulente Eskalationsszenarien für möglich gehalten oder gar erwartet werden. Dies kommt aber in der Praxis so gut wie nie vor. Diese Befürchtungen sind – bei normalverträglichen Arbeitgebern – in aller Regel unbegründet. So können die Seitenbesucher zumeist sehr wohl unterscheiden, ob hier gesellschaftspolitische Konflikt-themen, das generelle Unternehmensgebahren oder plastische Laufbahnfragen und -ein-blicke im Mittelpunkt stehen.

Folglich ist Facebook sehr nah an vielen Recruiting-Zielgruppen, bietet diesen eine ge-wohnte Infrastruktur und Funktionalität und ist für Unternehmen scheinbar einfach aufzu-setzen und zu bespielen. Scheinbar, weil dieser Sprung tatsächlich die Kommunikations-richtung nicht unmaßgeblich beeinflusst und dem Unternehmen etliche Freiheitsgrade nimmt. Aber dies ist zu ertragen, will das Unternehmen eine Abseitspartie vermeiden. So kann beispielsweise ein solcher Kontaktbereich nur sehr erklärungsbedürftig wieder ein-gestellt werden, was Unbehagen hervorrufen mag.

Insofern – und dies ist vor allem für die interne Perspektive wichtig – sollten von An-fang an klare und realistische Erwartungen an das Geschehen auf der eigenen Fanpage formuliert werden. So trifft es in der Realität nur für ganz wenige Arbeitgeber zu, dass die Talente der Zielgruppen in großen Scharen und häufig die eigene Facebook-Seite be-suchen und „liken". Die überwältigende Mehrzahl der Arbeitgeber tut gut daran, sich aktiv um solchen Zuspruch zu bemühen. Und das eben nicht nur auf der eigenen Seite, sondern durch den fortgesetzten Versuch, die Zielgruppe dort „abzuholen", wo sie sich bereits tummelt.

Der eigene Auftritt auf Facebook wird dann zu einem Hafen, der sich gut für aktives Employer Branding, Community Building – und darauf aufbauendes Recruiting – eignet. Das Ziel muss also darin liegen, passende Aufmerksamkeit auf die eigene Facebook-Seite zu lenken und dort als guter Gastgeber zu überzeugen, um nächste Schritte zu motivieren.

4.2.2   Perspektivwechsel und Veränderung der Kommunikationskultur auf Facebook

Das Bild des Gastgebers kommt hier nicht ohne Grund ins Spiel: So sind Unternehmen in der Regel die Gastgeberrolle gewohnt, wenn Bewerber zu ihnen zum Gespräch kommen, sie auf Messen einladen oder zu besonderen Events bitten. Unternehmen sind zumeist sehr gute Gastgeber, weil dies ihre eingeübte Rolle ist.

Wenn sie aber im Social Web ihre Zielgruppen abholen wollen, dann müssen sie auf deren Tummelplätzen, etwa besonders frequentierten Foren und beliebten Blogs, Gast werden. Das ist ungewohnt. Jedenfalls für Unternehmen.

▶   Gute Gäste sind nicht zu aufdringlich und dürfen wiederkommen.

▶   Gute Gastgeber werden gerne wieder besucht. Man trifft sich dort.

Diese Doppeldisziplin müssen Arbeitgeber, zunächst verkörpert durch Social-Media-Verantwortliche in den Personalabteilungen aufbauen, um eine nachhaltig erfolgreiche Facebook-Seite zu unterhalten. Diese Herausforderung impliziert eine Fortentwicklung der oftmals vorherrschenden Kommunikationskultur, ist im besten Sinne Ausdruck der sich umkehrenden Bewerbungssituation: Plötzlich sollen Unternehmen im digitalen Frage-Antwort-Spiel sehr öffentlich Antworten liefern und bereitstellen können. Oder besser noch, weil es ein besonders hohes Maß an Wertschätzung offenbart, Fragen stellen. Es wird ein authentischer Dialog auf Augenhöhe erwartet, eine Disziplin, die nicht unbedingt mit der mitunter auch im HR-Bereich gewohnten Marketingausdrucks und -denkweise einhergeht.

So soll hier bereits einleitend herausgestellt werden, dass es für die allermeisten Arbeitgeber sehr viel schwieriger ist, aber auch sehr viel nachhaltiger wirkt, einen solchen kontinuierlichen Dialog aufzubauen, als auf periodische, spektakuläre Einzelkampagnen zu setzen. Wobei sich natürlich beides auch kombinieren lässt, ohne die Dialogfähigkeit aber bleibt der Zugang eine Einbahnstraße.

Allerdings sind bunte Kampagnen der unternehmensinternen Kommunikation oder sogar der persönlichen Biographie des verantwortlichen HR-Managers bisweilen zuträglicher. Was uns hier aber nicht stören soll, da nicht der Karrieresprung im Personalbereich mittels Facebook-Kapriolen, sondern der Aufbau solider Recruiting-(unterstützender)-Prozesse im Mittelpunkt steht.

Diese maßgebliche Bedeutung von Kommunikation für den Erfolg einer Facebook-Fanpage macht insbesondere klar, dass wir den Aufbau einer solchen Seite nicht als technisches Projekt, sondern als zielbezogenen und organisationalen Entwicklungsfahrplan verstehen müssen.

Die folgenden Ausführungen beschreiben einen solchen Vorgehensfahrplan in fünf Schritten:
1. Explore: Der Zielgruppe zuhören.
2. Elaborate: Die eigenen Ziele und Strategien entwickeln.
3. Enable: Mitarbeiter befähigen.
4. Establish: Die Fanpage gestalten.
5. Enter: In Dialoge einsteigen.

4.3 Schritt 1: Explore: Der Bezugsgruppe zuhören und die eigene Resonanz-Position erkennen

Für die praktische Ausgestaltung einer eigenen Social-Media-Strategie wie auch der konkreten Facebook-Strategie bestehen unübersichtlich viele Optionen an Aktivitäten, Formaten, Themen, Ausdrucksweisen und Kanälen. Statt sich aber ganz auf das eigene Bauchgefühl, kreative Agenturen oder auch nur den – genauso unsicheren – Wettbewerber zu verlassen, gibt es eine bessere Lösung, um die Erwartungen und Wünsche von Ziel- und Bezugsgruppen möglichst gut zu treffen. Unternehmen können dank Social Media ihren Bezugsgruppen nun direkt zuhören! Genaugenommen ist dies das Wesensmerkmal von Social Media:

Verstehen Sie Facebook und das Social Web nicht einfach nur als einen weiteren Kanal, über den Sie Ihre Botschaften transportieren können, sondern als Ebene, auf der Sie an den Diskussionen Ihrer Zielgruppen teilnehmen können.

Genau eine solche Exploration sollte zu Beginn des Aufbaus der eigenen Facebook-Strategie stehen: Aufnahme der Themen, Fragen und Erwartungen, die Bezugsgruppen im Social Web diskutieren.

Der professionelle Weg hierzu ist eine Social-Media-Analyse, die die relevanten Social-Media-Kanäle identifiziert und dann per Inhaltsanalyse auch aus sehr großen Beitragsmengen entsprechende Ableitungen und Ansatzpunkte generiert.

Eine solche Potenzial-Analyse ist vom verbreiteten Social-Media-Monitoring zu unterscheiden. Letzteres ist nicht in der Lage per rückwärtiger Bestandsaufnahme den Status Quo zu ermitteln. Durch innovative Social-Media-Analysen auf der Grundlage von Semantik und Computer-Linguistik können die Kernthemen und Top-Kanäle auch aus großen Beitragsmengen aus dem Social Web extrahiert werden. Ein mächtiges Analyse-Werkzeug sind sogenannte Themennetze: Abb. 4.1 illustriert das Tool GALAXY. Hier werden Netze auf Grundlage von Beiträgen im Social Web generiert und die häufigsten Begriffe und deren Verbindungen zueinander dargestellt. Anwender können interaktiv damit arbeiten, um in der Diskussion der Zielgruppe effizient Ansatzpunkte zu finden.

Gleichwohl gibt es frei verfügbare Recherche-Tools, wie die Google-Suche, Social Mention, Alexa und Google Trends, die durchaus hilfreich eingesetzt werden können.

Bemerkenswerterweise sind Facebook und Twitter für eine Erschließung von inhaltlichen Diskussionen der Bezugsgruppen relativ unbedeutend: Unter dem eigenen Klarnamen wird ungern über Gehälter gesprochen oder Fragen zum tatsächlichen Arbeitsumfeld beantwortet. Solche Diskussionen finden in Foren statt, weil diese auch anonyme Beiträge erlauben. Die Anonymität ist dabei kein Makel; so wird auch authentischen anonymen Aussagen grundsätzlich eine hohe Glaubwürdigkeit beigemessen.

Als anschauliches Beispiel sei hier auf das für BWLer sehr relevante Portal www.wiwi-treff.de und den dortigen Diskussionsstrang etwa zum Gehalt von Baumarktleitern verwiesen:

(Ausführlich auf http://www.wiwi-treff.de/home/lounge/read.php?f=28&i=15827&t=15827.)

Wen eine solche Position interessiert und wer im Internet danach sucht, der wird auf diese Diskussion stoßen. Die Personalbereiche von Baumärkten sollten die dortigen Ver-

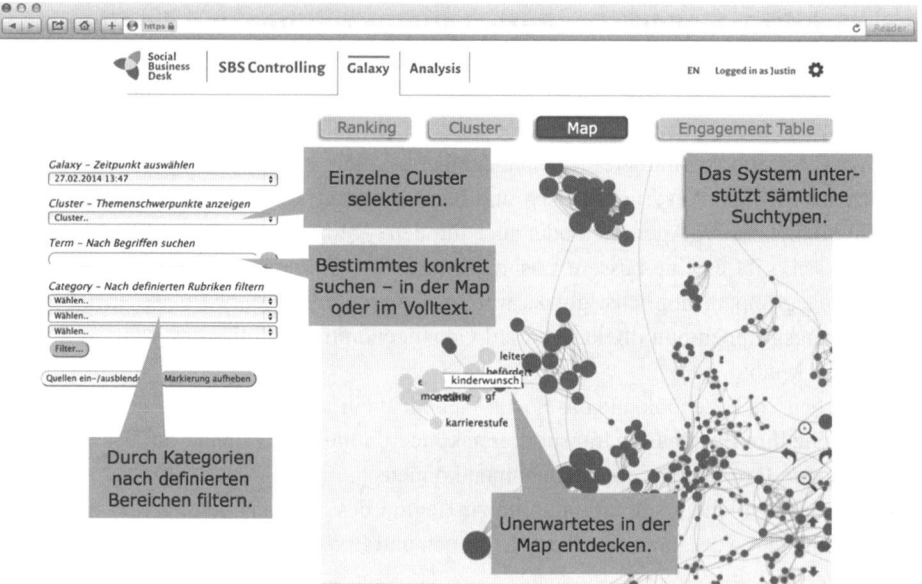

Abb. 4.1 Tool GALAXY zur Echtzeit-Inhaltsanalyse. (Quelle: complexium 2014)

gleiche, Erfahrungsberichte, Gehaltsangaben, Empfehlungen und Bewertungen zumindest kennen. Es sind aber natürlich nicht nur die Baumarktleiter, die das Social Web für ihre Entscheidungen nutzen.

Aus den identifizierten Themen, Fragen und Diskussionen werden Entscheidungsprozesse und Meinungen erschlossen. Zusätzlich zu der passiven Bestandsaufnahme werden durch eine strukturierte Exploration aber auch Diskussionsbeiträge in Threads identifiziert, in die sich Unternehmensvertreter grundsätzlich mit eigenen Beiträgen einbringen können.

Insgesamt lassen sich durch Social-Media-Analysen die Themen und Social-Media-Kanäle, d. h. die „Tummelplätze" der Recruting-Bezugsgruppen sowie die aktuelle Reputation eines Arbeitgebers im Social Web erschließen. Darauf aufbauend kann die eigene Facebook- und gegebenenfalls sogar Social-Media-Strategie entwickelt werden.

Ebenso kann und sollte die Inhaltsauswahl für die eigene Fanpage durch Einblicke in die allgemeine Bezugsgruppendiskussion befruchtet werden: Denn wieso sollte ein Arbeitgeber nicht die Themen besonders bespielen, die die Zielgruppe erwiesenermaßen interessieren – und die natürlich zur eigenen Arbeitgebermarke passen.

So liefert eine solche Exploration wichtige Dimensionen für die Gestaltung der eigenen Fanpage und der laufenden Kommunikation:
- Welches sind die wichtigsten Themen und kritischen Fragen der Zielgruppe?
- An welche Besonderheiten lässt sich andocken?
- Wie verläuft der Arbeitgeber-Entscheidungsprozess der Bezugsgruppe?
- Wie ist die eigene Reputation, wie die der Wettbewerber?

- Was sind akute Fragen, Lob und Tadel sowie bestehende Mythen zu dem Arbeitgeber?
- Was sind die digitalen Top-Kanäle (Tummelplätze) der Bezugsgruppen?

4.4   Schritt 2: Elaborate: Eine eigene Strategie erarbeiten

4.4.1   Ziele des Social-Media-Engagements auf Facebook

Das Social-Media-Engagement eines Unternehmens kann als Stufenkonzept dargestellt werden, in dem sehr bewusst eine Auswahl getroffen werden sollte.

Stufen des Social-Media-Engagement-Modells

1. **In-active Listening** So ist bereits ein reines Monitoring, also eine passive Exploration, bereits eine erste Form des Engagements. In dieser Phase stellen Arbeitgeber in der Regel fest, dass sie natürlich im Social Web bereits auftauchen, ob sie dies wollen oder nicht: Die Zielgruppen nutzen das Netz zur Diskussion über relevante Player. Diese Erkenntnis führt häufig zu dem Schluss, dass durch eine aktive Teilnahme das eigene Arbeitgeberbild besser transportiert werden kann und unter Umständen auf irreführende Darstellungen eingegangen werden kann.
2. **Re-active Responding** Die nächsthöhere Stufe wird durch ein reagierendes Verhalten gebildet. Dies kommt zustande, wenn etwa Arbeitgeber einzelne Fragen in Diskussionsforen beantworten oder Anmerkungen kommentieren. Sie treten dann in einer Gastrolle auf.
3. **Inter-active Participation** Ohne ein solches Andocken kann ein eigenmotiviertes aktives Engagement, etwa in Form von adäquaten Dialogkampagnen, innerhalb der bestehenden Plattfomen schon deutlich mehr Akzente setzen, bedarf aber auch einer intensiveren Vorbereitung. Auf diesem hohen Engagement-Level bewegen sich Arbeitgeber, wenn sie eigene Bereiche oder eben Fanpages als Raum für Kommunikation und Dialog gestalten. Sie werden Gastgeber im digitalen Raum.
4. **Co-active Boost** Gelingt es zudem im Zusammenspiel mit externen Multiplikatoren auf diesen Infrastrukturen aktive Communities für gemeinsame Ziel zu begeistern, dann wird das volle Potential der jeweiligen Plattformen ausgeschöpft.

Grundsätzlich bauen diese Stufen aufeinander auf. Da sie zudem für viele Unternehmen Neuland markieren, sollte der notwendige Lernprozess der eigenen Akteure wie auch der Organisation insgesamt nicht unterschätzt werden.

Wohlgemerkt bedeutet der Aufbau einer eigenen Facebook-Fanpage den Sprung auf ein sehr hohes Engagement-Level, so dass hier nur tunlichst empfohlen werden kann, die vorhergehenden Level zumindest in den eigenen Prozessen mit anzulegen, wenn schon nicht im Zeitverlauf ein schrittweiser Erfahrungsaufbau über diese Stufen vorgeschaltet wird.

Letzteres kann allerdings in der Praxis nur selten beobachtet werden, da das Buzzword Facebook doch sehr viele Unternehmen sogleich und unmittelbar in den Bann zieht.

So richten viele Arbeitgeber oft sehr zügig eigene Social-Web-Präsenzen ein, wie einen Twitter-Account oder eben eine Facebook-Fanpage. Jedoch können durch eine Social-Media-Analyse – wie in der ersten Explore-Phase beschrieben – und eine konkret darauf aufbauende, schrittweise Strategieentwicklung viele Fehler vermieden werden.

In einer umfassenden Ausbaustufe sollte die Gesamtstrategie darauf ausgerichtet sein, auf den wichtigsten Tummelplätzen hilfreiche Antworten und positive authentische Eindrücke über das Unternehmen als Arbeitergeber zu veröffentlichen und gerne dabei auf die eigene Facebook-Seite als Diskussions- und Vertiefungsraum hinzuweisen.

> Es gilt Aufmerksamkeit auf das Unternehmen bzw. seine Facebook-Fanpage zu lenken. Folglich müssen drei strategische Teilziele durch Maßnahmen abgebildet werden:
>
> 1. **Contribute:** Als Gast eine regelmäßige Beteiligung an Diskussionen der Bezugsgruppen auf deren Tummelplätzen realisieren. Das Veröffentlichen von Stellenanzeigen ist hiermit nicht gemeint!
> 2. **Connnect:** Als Gastgeber die Aufmerksamkeit der Bezugsgruppen insbesondere durch stringentes Community Building auf der eigenen Facebook-Seite binden.
> 3. **Confirm:** Bestätigen der positiven Reputation des Unternehmens. Dies bezieht beispielsweise auch reale Veranstaltungen, Einblicke sowie die Mitarbeiterprofile auf XING mit ein.

Dieser Dreiklang sollte die Struktur für eine Social-Media-Strategie für Personalmarketing, Employer Branding und Recruiting sein. Diese Struktur wird ausgefüllt mit einer Auswahl an Themen und Kanälen. Die Social-Media-Strategie sollte abgestimmt sein auf die Unternehmenskommunikationen, wie die unternehmenseigene Webseite und Karriereseite. Diese Anforderungen hören sich nach Weltraumtechnik an. Aber das täuscht. So ist Facebook auch gerade für Mittelständler eine sehr interessante „Option" (siehe Abschn. 4.4.3). Dies gilt ebenso für Unternehmen mit einer leicht schwierigen Arbeitgeberpositionierung (siehe Abschn. 4.4.4).

4.4.2 Expertenbeitrag: Facebook und Employer Branding

Von André Becker und Wolf Reiner Kriegler
Ein Großteil (74 %) der Internetnutzer hierzulande sind einer Studie der BITKOM [1] zufolge in einem sozialen Netzwerk angemeldet. Bei jüngeren Nutzern (zwischen 14–29 Jahre) fällt die Affinität zu Social Networks noch höher aus. 92 % geben an bei mindestens

einer Online-Community angemeldet zu sein. Facebook ist dabei altersübergreifend das am meisten genutzte soziale Netzwerk in Deutschland.

Bereits seit mehreren Jahren sind auch Arbeitgeber zunehmend auf Facebook aktiv, um mit eigenen Karriere- und Ausbildungsfanpages ihre Arbeitgebermarke zu positionieren.

Doch wer macht auf Facebook schon Employer Branding? Um diese Frage zu klären, lohnt es sich zunächst einen Blick auf den Begriff Employer Branding und die jeweiligen Implikationen zu werfen.

> Employer Branding ist die identitätsbasierte, intern wie extern wirksame Entwicklung und Positionierung eines Unternehmens als glaubwürdiger und attraktiver Arbeitgeber. [2]

Employer Branding lässt sich als konsequent umgesetzten Prozess der Organisationsentwicklung beschreiben und impliziert den Weg von der Arbeitgeberpositionierung zur Arbeitgebermarke. Employer Branding ist deshalb zuerst ein Thema von Strategie und Management, dann von Kultur und Werten und erst zuletzt (und dann auch nur teilweise) des Marketings. Employer Branding ist daher auch unmittelbar mit der identitätsbasierten Etablierung eines klaren Vorstellungsbilds von und eines bestimmten Gefühls zu dem Arbeitgeber und der Entwicklung eines glaubwürdigen, unterscheidbaren und zukunftsweisenden Leitbilds verbunden.

Diesbezüglich unterscheidet man verschiedene operative Aktionsfelder, die sich in internes und externes Employer Branding aufgliedern.

Internes Employer Branding wirkt allumfassend und somit in alle Winkel eines Unternehmens und führt zur aktiven Herausbildung und Aufrechterhaltung einer internen, täglich für alle Mitarbeiter erlebbaren, Arbeitgebermarke.

Aktionsfelder des internen Employer Brandings
- Führung: Führungsstil & Leitlinien, Feedback-Kultur, Trainee-Ausbildung
- HR-Produkte und Prozesse: Personalentwicklung, Karrierepfade, Sozialleistungen, Onboarding, Talent-Management
- Interne Kommunikation: Raumgestaltung, Meeting-Kultur, Events, Mitarbeiter-Medien
- Gestaltung der Arbeitswelt: Arbeitszeitmodelle, Job-Enrichment, Hierarchiemodelle, Team-Organisation

Das externe Employer Branding ist auf die nach außen gerichtete Wahrnehmung des Unternehmens fokussiert und beinhaltet alle operativ angelegten Maßnahmen zur festen Implementierung der Arbeitgebermarke im Rekrutierungsmarkt.

Aktionsfelder des externen Employer Brandings
- Arbeitsmarktkommunikation: Personalwerbung, Messen & Events, Hochschulmarketing, PR
- Networking: Empfehlungsprogramme, Alumni-Management, Social Media allgemein
- Bewerbermanagement: Verankerung der Arbeitgebermarke in den Recruiting-Touchpoints
- Corporate Reputation: Unternehmensimage, Success Stories, Corporate Social Responsibility

In welchen Aktionsfeldern kann Facebook zum Einsatz kommen? Eine Integration von Facebook als Kanal eignet sich besonders für die Einsatzfelder Arbeitsmarktkommunikation, Networking und die interne Kommunikation.

Weiterhin missverstehen jedoch Arbeitgeber oftmals Facebook. Ein häufiger Fehler ist es Fanpages wie eine zweite Karriereseite aufzusetzen und die Inhalte bereits vorhandener Präsenzen ohne Anpassung an die kanalspezifischen Charakteristika zu übertragen. Mit der ausschließlichen Fokussierung auf Fanpages setzen Arbeitgeber zudem häufig lediglich auf die Spitze des Eisbergs.

Viel wichtiger ist diesbezüglich ein Personalmarketing-Mix. Es ist grundsätzlich empfehlenswert die Fanpage mit anderen Medien und vor allem den Offline-Aktivitäten (Messen, Events) zu vernetzten und dadurch weitreichende crossmediale Synergieeffekte zu erzielen.

Ein weiteres folgenschweres Missverständnis betrifft die Relevanz von Fanzahlen. Unternehmen nehmen allzu oft Fanzahlen als Erfolgsindikator und vergessen dabei, dass Fanpages als Landeplattform nur begrenzt geeignet sind.

> ▶   Grundsätzlich gilt bei Fanpages: Es geht um das Senden, nicht um das Empfangen!

Fanpages lassen sich in erster Linie als Sendeplattform effektiv nutzen. Facebook wird zum Push-Kanal, wenn ein guter Dialog mit den recruiting-relevanten Bezugsgruppen stattfindet. Der Schlüssel für den Dialogauf und -ausbau sind die richtigen (d. h. passgenauen) Inhalte und ihre Inszenierung.

Es geht darum Erlebnisse zu kreieren, die für die Zielgruppen greifbar sind, klare Botschaften nach außen zu kommunizieren, Position zu beziehen und nicht nur ins Gespräch zu kommen, sondern auch dauerhaft im Gespräch zu bleiben. Nur so gelangt man in die anvisierten Newsfeeds der Fans und ihrer Freunde.

Die Effekte, die Facebook für das Recruiting hat sind umstritten. Noch bringt Employer Branding auf Facebook mehr Bekanntheits- und Imageeffekte als unmittelbare Recruitingerfolge. Messen sie daher auch den Erfolg ihrer Kanäle. Achten sie auf Korrelationen: Wurde wirklich „über Facebook" eingestellt, oder war Facebook nur ein kurzer Boxenstopp für den Bewerber?

Auch wenn Sie damit gegen den Strom schwimmen: Ja, Sie dürfen auf Facebook auch verzichten – wenn es für Sie keinen Sinn macht und die nötigen Kapazitäten fehlen. Facebook als Recruiting-Kanal eignet sich nicht für die Ansprache jeder Zielgruppe.

Investieren sie außerdem nicht in Facebook oder weitere Social-Media-Aktivitäten, wenn Sie Ihre Hausaufgaben nicht gemacht haben. Eine Arbeitgeber-Fanpage macht beispielsweise nur Sinn, wenn Bewerber gleichzeitig auch eine verständliche Karriereseite im Netz vorfinden.

Wer nicht in die Arbeitgebermarke investiert, vergibt nachhaltige Effektivitätsgewinne. Investieren Sie nur mit Strategie und klaren Zielen! Ob auf Facebook oder in allen anderen Kanälen.

▶ **André Becker**

André Becker (M.A.), studierte Soziologie in Kassel und Bielefeld. Bei der Unternehmensberatung complexium beschäftigt er sich seit 2011 mit Zielgruppenanalysen und den Themen Personalmarketing, Employer Branding und Social Media.

▶ **Wolf Reiner Kriegler**

Wolf Reiner Kriegler gilt als Pionier des Employer Brandings in Deutschland. Im November 2012 erschien sein „Praxishandbuch Employer Branding" im Haufe-Verlag. Seit 1999 begleitet der Markenexperte Unternehmen auf dem Weg zur Arbeitgebermarke. 2006 gründete er die Deutsche Employer Branding Akademie, die Employer Branding interdisziplinär erforscht, praxisnah weiterentwickelt sowie Unternehmen in Aufbau und Führung ihrer Arbeitgebermarke berät und weiterbildet.

4.4.3 Fallstudie: Facebook für den Mittelstand? Gewusst wie!

Von Annekatrin Buhl und Markus Eichler

Attraktiver Karriereauftritt oder kahle Karteileiche? An Facebook scheitern selbst große Unternehmen. Dass auch mittelständische Unternehmen Probleme haben, eine funktionierende Karriereseite auf Facebook aufzubauen, wundert da nicht. Facebook-Seiten brauchen vor allem eine Strategie und Themen, aber auch etwas Zeit für das Community Management und die redaktionelle Aufbereitung. Wenn man das gezielt und geplant angeht, birgt Facebook ein großes Potenzial für die Beziehungspflege mit interessanten Bewerbern – auch denjenigen, die aktuell nicht aktiv auf der Suche nach einem neuen Job sind. Doch was tun?

Nur circa zwei Prozent der mittelständischen Top-Arbeitgeber nutzen bislang Facebook für das Recruiting von Fach- und Führungskräften, so das Ergebnis einer Studie von compamedia. Das zeigt zwei Dinge:

1. Mittelständler sind zum einen vorsichtig und überlegen sich genau, ob sie dem Projekt Facebook dauerhaft gewachsen sind.
2. Es bedeutet aber auch, dass Mittelständler gegenüber anderen Unternehmen einen entscheidenden Vorteil im Wettbewerb um die besten Talente erzielen können, wenn sie sich frühzeitig für Facebook entscheiden.

Das funktioniert jedoch nur, wenn der Facebook-Auftritt nicht in einer unüberlegten Hauruck-Aktion aufgebaut wird, sondern sich auf die Employer-Branding-Strategie des Unternehmens gründet.

4.4.3.1 Warum Facebook so gut zum Mittelstand passt

Dass Facebook und der Mittelstand zusammenpassen, liegt auf der Hand. Mittelständische Unternehmen haben gegenüber Großkonzernen einen entscheidenden Vorteil als Arbeitgeber: Sie pflegen einen sehr persönlichen und kollegialen Umgang mit ihren Mitarbeitern. Die Belegschaft ist häufig eine große Familie – und das nicht nur in Familienunternehmen. Genau diese Stärken lassen sich auf Facebook besonders gut zur Geltung bringen – durch einen sehr persönlichen Umgang mit den Fans. Personalisierte Posts, schnelle Antworten und individuelle Einblicke in die Unternehmens- und Arbeitswelt sind das Erfolgsrezept.

Aber auch strukturell passen Facebook und Mittelstand gut zusammen: Die flachen Hierarchien in kleinen und mittelständischen Unternehmen bringen häufig Gestaltungsfreiräume für die Mitarbeiter mit sich. Das macht es für die verantwortlichen Mitarbeiter einfach, schnell und spontan Posts zu erstellen und auf Anfragen zu reagieren, ohne dass ein träger und langwieriger Abstimmungsprozess wie in einigen Großunternehmen einsetzen muss. Diese Schnelligkeit und Flexibilität im Dialog machen Social Media aus.

Dem steht jedoch die Aufgabe gegenüber, immer wieder neue Themen zu finden, mit der die Facebook-Seite kontinuierlich befüllt wird. Große Unternehmen mit vielen Projekten, Jobprofilen und Arbeitgeberleistungen können aus einem größeren Pool an möglichen Themen schöpfen – aber auch der umtriebige Mittelstand hat sehr viel Interessantes zu berichten.

Bevor Mittelständler sich jedoch für oder gegen eine Karriereseite auf Facebook ent-scheiden, sollten sie sich einigen zentralen Fragen stellen und diese ehrlich beantworten. Überprüfen Sie mit der untenstehenden Checkliste, ob Facebook eine sinnvolle Plattform für Ihre Personalkommunikation ist. Haben Sie eine oder mehrere Fragen mit Nein beant-wortet: Lassen Sie die Finger davon oder ändern Sie die Rahmenbedingungen.

Facebook-Karriereseite – Ja oder Nein? Eine Checkliste

Die wichtigsten Fragen, die Sie sich stellen müssen, bevor Sie eine Karriereseite auf Facebook erstellen:

- Ist Ihre Bewerberzielgruppe überhaupt auf Facebook? Und ist Facebook damit wirklich die richtige Plattform, um Ihre Zielgruppe zu erreichen?
- Passt Ihre Unternehmenskultur zu Facebook? Arbeiten Ihre Mitarbeiter eigen-verantwortlich und ohne ständige Kontrolle des Vorgesetzten, bringen Sie Ihnen Vertrauen entgegen und pflegen Sie eine offene Kommunikationskultur?
- Haben Sie genügend Inhalte, Geschichten und Bilder, um über viele Jahre hin-weg mindestens einmal pro Woche, gerne auch häufiger, etwas zu posten – und zwar nicht nur offene Stellen, sondern auch interessante Neuigkeiten rund um Karriere im eigenen Unternehmen?
- Haben Sie die Ressourcen – Personal mit hinreichender Qualifikation, Zeit und Geld, die für einen Facebook-Auftritt nötig sind? Können Sie ein paar Stunden Arbeitskraft pro Monat dafür entbehren?
- Lässt Ihre IT-Infrastruktur eine Facebook-Karriereseite überhaupt zu? Können Mitarbeiter von ihren Arbeitsrechnern während der Arbeitszeit auf die Facebook-Seite zugreifen?

4.4.3.2   Smarter Start: Mit dem Testballon Einzelprojekt

Das heißt jedoch nicht, dass Recruiting und Employer Branding auf Facebook kompliziert sind. Es kommt auf die richtige Strategie an. Mittelständler können gewinnen, wenn sie mit spitzen, zeitlich und inhaltlich klar umrissenen Projekten beginnen – und somit Face-book für sich testen können, ohne Karteileichen zu hinterlassen.

Eine Facebook-Seite steht nie für sich allein, sondern sie ist eingebettet in die be-stehende Personalkommunikation und bildet eine Querschnittfunktion zwischen eigener Karriereseite, Veranstaltungen, Medienbeiträgen und anderen Aktionen und Veröffentli-chungen rund um das Thema Karriere. Für einen Testballon braucht es also eine kleine Recruiting-Kampagne, zum Beispiel ein Studentenwettbewerb, für den Facebook die zen-trale Anlaufstelle und Plattform wird.

Sämtliche Kommunikation läuft dabei über Facebook: Vom Aufruf zum Wettbewerb, über Mitarbeiter-Tipps zum Wettbewerb, die Veröffentlichung der Wettbewerbsbeiträge, thematisch passende Nachrichten aus Fachforen oder Videos von YouTube bis hin zur Verkündung der Gewinner. Den Inhalten sind (fast) keine Grenzen gesetzt. Die Kampagne liefert die Themen quasi von selbst, sie müssen nun noch redaktionell aufbereitet werden. Fragen zum Wettbewerb werden über Facebook gestellt und beantwortet, nebenbei können passende Stellenanzeigen für Einstiegspositionen gepostet werden. Es ist Aufgabe der Unternehmen, die Fan-Community zu aktivieren und zu managen. Die Facebook-Seite kann so die Employer-Branding-Strategie verstärken: Sie sorgt für mehr Reichweite und für mehr Aufmerksamkeit.

Ein solcher Testballon liefert schnelle Ergebnisse – und baut Facebook-Kompetenzen im Unternehmen auf. Wichtig ist es, von vornherein Ziele und Kennzahlen zu definieren, um anschließend überprüfen zu können, ob sich eine Facebook-Seite für das Unternehmen lohnt. Bei der Interpretation der Ergebnisse ist allerdings Vorsicht geboten. Facebook wirkt vor allem langfristig positiv auf die Wahrnehmung der Arbeitgebermarke. Es hat keinen kurzfristigen Einfluss auf den Recruitingerfolg. Und noch einen Vorteil bietet der Testballon: Intern kann so Vertrauen für Facebook als zusätzliche Plattform aufgebaut – und langfristig Ressourcen dafür geschaffen werden.

Handliche Tipps zum Start einer Facebook-Seite

- Community-Aufbau: Laden Sie aktuelle und ehemalige Mitarbeiter und Praktikanten sowie Ihren Talent-Pool auf die Facebook-Seite ein – denn sie sind nicht nur potenzielle Zielgruppe, sondern auch potenzielle Multiplikatoren. Vernetzen Sie sich mit thematisch passenden Seiten. So sorgen Sie schnell für den Social-Media-Effekt.
- Facebook-Anzeigen: Mit Facebook-Anzeigen oder gesponserten Links können ganz gezielt für wenig Geld die passenden Zielgruppen nach Alter, Region, Ausbildung und Interessen ausgewählt und auf die Seite gezogen werden. Diese potenziellen Bewerber, die Sie allein nur aufwendig oder gar nicht identifizieren könnten, findet der Facebook-Algorithmus fast von selbst.
- Strukturen: Bestimmen Sie einen Verantwortlichen für die Facebook-Seite, der im Projekt arbeitet und die Arbeitgeberstrategie kennt. Holen Sie gleichzeitig ein kleines Team von Mitarbeiter ins Boot, die unterstützen. Kurze, klar verständliche Leitlinien für das Community Management geben Orientierung.
- Redaktionsplan: Planen Sie die Inhalte. Im Redaktionsplan werden die wichtigsten Eckdaten der Kampagne vermerkt und festgelegt, welche Inhalte wann gepostet werden. Der Plan bildet lediglich das Gerüst. Es muss genügend Raum für spontane Posts bleiben.
- Screening: Durchforsten Sie Websites zu verwandten fachlichen Themen und sammeln sie Links, Bilder und Videos, die zu Ihrem Projekt passen – und posten Sie sie. Es muss nicht immer eigener Inhalt sein, auch Fremdinhalt funktioniert, sofern er zur Strategie passt.

4.4.3.3 Gemeinsam sind wir stark: regionale Arbeitgeberinitiativen

Wem das zu viel Aufwand ist, sollte sich mit Partnern zusammenschließen. Viele mittelständische Unternehmen kämpfen in Sachen Mitarbeitergewinnung häufig mit ihrem Standort: Bewerber zieht es eher in die großen Metropolen als in die ländlichen Regionen, in denen der Mittelstand häufig angesiedelt ist. Das heißt aber auch: Viele Unternehmen und Organisationen sitzen in einem Boot. Verbünden Sie sich!

Schließen Sie sich zu einer Initiative zur Stärkung der Region als Lebens- und Arbeitsplatz zusammen und bündeln Sie die Kommunikation und Aktivitäten auf einer eigenen Facebook-Seite – mit den Städten und Gemeinden, den Arbeitsämtern, den Tourismusverbänden, Wohnungsgenossenschaften, Kulturschaffenden – und natürlich den Unternehmen aus der Region, die ebenfalls unter Fach- und Führungskräftemangel leiden. Wichtig ist es, eine eigene Marke, eine eigene Persönlichkeit und Strategie zu entwickeln, der alle gemeinsam folgen. Die Arbeit teilen sich die Partner, Inhalte werden gemeinsam beigesteuert: von einzelnen Unternehmensvorstellungen und -veranstaltungen über konkrete Jobangebote bis hin zu den Schönheiten der Region mit tollen Freizeit- und Wohnangeboten – eine bunte Mischung, um die Vielfalt des Arbeitsstandortes zu zeigen.

Als Zielgruppe sind hier neben den Ortsansässigen besonders Arbeitskräfte interessant, die in der Region beheimatet, aber für den Job weggezogen sind. Viele Menschen zieht es irgendwann zurück zu ihren Wurzeln, sie haben aber oft Hemmungen umzuziehen, weil sie denken, keinen passenden Job zu finden. Über gezielte Facebook-Anzeigen können diese Menschen identifiziert und auf die Seite gebracht werden. Die Heimat und ihre Unternehmen rücken somit wieder in den bewussten Bereich des Möglichen.

Die Vielzahl der Partner schmälert die Aufmerksamkeit für das einzelne Unternehmen keineswegs, denn gemeinsam schaffen verschiedene Partner eine größere Fan-Basis und liefern in der Summe viele spannende, teilenswerte Inhalte – der Währung auf Facebook. Und: Der Absender ist eine neutrale Instanz, die Inhalte werden unvoreingenommener aufgenommen. Allerdings steht die Persönlichkeit des einzelnen Unternehmens hinter der regionalen Marke zurück.

4.4.3.4 Trittbrett fahren: Bestehendes unterstützen

Wer diese Koordinationsarbeit scheut, sich der Zielgruppe auf Facebook trotzdem nicht verschließen will, dem steht die Möglichkeit offen, sich an bestehende Arbeitgeberinitiativen zu hängen. Es gibt eine Reihe von Projekten, die von Berufsverbänden oder Ministerien ins Leben gerufen wurden und einzelne Arbeitsfelder bewerben. Mittelständische Unternehmen können sich hier einbringen. Achten Sie aber darauf, dass die Seite nicht nur thematisch, sondern auch zu Ihrer Persönlichkeit als Arbeitgeber passt und hinreichend Aktivität auf der Seite herrscht.

Die Seiten sind unterschiedlich ausgerichtet, mit unterschiedlich großer Fan-Basis und sie schaffen es unterschiedlich gut, hochwertigen Inhalt zu liefern – und genau hier besteht die Chance für Unternehmen. Die Initiatoren sind meist froh um jeden Beitrag, den sie von anderer Seite beigesteuert bekommen – wenn er inhaltlich passt und attraktiv aufbereitet ist. Allerdings: Häufig steht diese Möglichkeit nur den Unternehmen offen, die im

Verband Mitglied sind oder die Initiativen auch anderweitig, zum Beispiel mit Aktionen, unterstützen. Welche Möglichkeiten es hier für die Unternehmen gibt, muss im Einzelfall geklärt werden. Noch ist diese Form der Zusammenarbeit nicht weit verbreitet, aber es ist ein attraktives Modell mit Zukunft für Unternehmen und Initiativen.

Für mittelständische Unternehmen liegt der Vorteil darin, sich nicht selbst um den Aufbau, die Pflege und die Fan-Gewinnung kümmern zu müssen und dennoch bei der richtigen Zielgruppe bekannt zu werden. Die Aufbereitung der Inhalte müssen die Unternehmen dennoch selbst besorgen und dabei immer ihre eigene Employer-Branding-Strategie im Blick behalten: ein tolles Foto, eine tolle Geschichte, eine spannende Veranstaltung oder ein Video, das Einblick in das Unternehmen und das Arbeitsfeld bietet – das gibt ihnen die Möglichkeit, ihre Arbeitgeberbotschaft zu transportieren.

> **Ausgewählte Beispiele für Karriereseiten auf Facebook von Verbänden und Ministerien**
> - Back dir deine Zukunft: Eine Initiative des Deutschen Bäckerhandwerks mit Informationen rund um das Bäckerhandwerk und die Karrieremöglichkeiten – und weit über 66.000 Fans. www.facebook.com/backdirdeinezukunft
> - Ausbildungsoffensive Bayern: Eine Initiative der bayerischen Metall- und Elektroarbeitgeber mit über 6000 Fans. www.facebook.com/AusbildungsOffensive-Bayern
> - MINT in deinem Leben: Eine Initiative des baden-württembergischen Wirtschaftsministeriums für mehr Frauen in technischen und naturwissenschaftlichen Berufen mit knapp 400 Likes. www.facebook.com/MINT.Frauen.BW

4.4.3.5 Mit realistischen Erwartungen starten

Facebook hat – wie alle Social-Media-Kanäle, die Unternehmen für Recruiting und Employer Branding nutzen können – eine Querschnittsfunktion. Ein Facebook-Auftritt kann nicht seiner selbst willen betrieben werden, sondern braucht Themen und Anlässe aus der Personalkommunikation, die im Dialog an die Fans getragen werden und einer Strategie folgen. Nur so verkommt er nicht zur Karteileiche. Über eines müssen sich Unternehmen auch im Klaren sein: Niemand heuert bei einer Facebook-Seite an – aber bei einem attraktiven Arbeitgeber, der seine Stärken anschaulich kommuniziert, damit für Vertrauen bei den potenziellen Bewerbern sorgt und das Unternehmen in das im Marketing viel zitierte Relevant Set an möglichen Arbeitgebern hebt. Im Vergleich zu anderen, klassischen Recruiting-Tools wie Stellenbörsen sind Unternehmen mit einer Facebook-Seite näher an der Zielgruppe und können damit auch potenzielle Bewerber ansprechen, die derzeit nicht aktiv nach einem neuen Job suchen. Wenn die Beziehungspflege erfolgreich ist, wirkt sich eine Facebook-Seite langfristig positiv auf die Zahl der passenden Bewerbungen aus. Und das nicht nur bei großen Unternehmen, sondern auch im Mittelstand.

▶   **Markus Eicher**

Markus Eicher ist Geschäftsführer der Münchner Kommunikationsagentur
wbpr. 2007 hat er die Employer-Branding-Abteilung der Agentur gegründet –
wbpr zählt damit zu den Vorreitern unter den Agenturen beim Thema Employer
Branding. Markus Eicher kennt die Schmerzpunkte mittelständischer Unternehmen. Er hat bereits für zahlreiche Unternehmen aus Branchen mit hohem
Fachkräftemangel Arbeitgebermarken aufgebaut und umgesetzt.

▶   **Annekatrin Buhl**

Annekatrin Buhl ist Expertin für Employer Branding und Unternehmenskommunikation und verbindet Know-how aus PR und HR zu einer Einheit. Sie ist seit
2014 PR & Marketing Managerin beim trendence Institut. Zuvor war sie knapp
sechs Jahre bei wbpr_ Kommunikation als PR-Beraterin und Projektleiterin
Employer Branding beschäftigt und hat dabei Kunden wie Bahlsen und CONET
zu effizienter Personalkommunikation beraten. Über viele Jahre hinweg war
sie verantwortliche Redakteurin der Employer-Branding-Ratgeberplattform
www.top-arbeitgebermarke.de. Annekatrin Buhl hat Kommunikationswissen-
schaft und Personalmanagement studiert.

4.4.4   Fallstudie: Herausforderungen von Personaldienstleistern auf Facebook

Von Stefankai Spoerlein

Die Facebook-Seite der Adecco Personaldienstleistungen GmbH wurde vergleichsweise
spät im Januar 2011 eingerichtet. Zielsetzung war von Beginn an mittels, vor allem orga-
nischem, Wachstums eine solide Fanbase aufzubauen, welche genuin an unserer speziellen
Dienstleistung interessiert ist. Im Mittelpunkt aller Aktivitäten steht das Employer Branding.

Die Arbeitgebermarke soll erlebbar gemacht werden durch bildlastige Posts aus unseren Niederlassungen, von Veranstaltungen, Messen, unseren CSR-Maßnahmen und v.a. Beiträge, die unser fachliches Know-How an die Fans vermittelt. Beispielsweise durch Bewerbungstipps, Veröffentlichung von Kennzahlen, die den Arbeitsmarkt betreffen und Erfahrungsberichte von Mitarbeiterinnen und Mitarbeitern (Testimonial-Kampagne „Eine(r) von uns").

4.4.4.1 „Content is king – and a king has a castle"

Die Facebook-Seite folgt einer plattformübergreifenden Content-Strategie. Als Basis dient ein Redaktionsplan, der alle Marketing- und PR-Maßnahmen berücksichtigt und entsprechend den geeigneten Plattformen zuweist.

Damit die einzelnen Themen dieser Content-Strategie auch langfristig die richtigen Zielgruppen auf den richtigen Plattformen erreichen und Adecco dennoch „Herr" des eigenen Contents bleibt, wurde im Juni 2014 die Plattform „Mehr von uns", passend zum Claim „Eine(r) von uns", gelauncht. Unter http://www.mehr-von-uns-adecco.de finden sich in einem magazinartigen Stil alle Inhalte. Somit werden Nutzer auf Facebook direkt auf weitere Artikel und letztlich auf das Online-Angebot unserer Firma gelenkt.

Facebook-Places-Seiten werden derzeit nicht genutzt. Die Reichweite einzelner Seiten in der Vergangenheit und Erfahrungen beim Schwesterunternehmen DIS AG hat gezeigt, dass unsere aktive Fanbasis nicht ausreicht, um diese auch noch auf zig Unterseiten auf Facebook zu zersplittern.

Durch Konzentration unserer Aktivitäten auf eine zentrale Facebook-Seite und durch die nach dem Redaktionsplan koordinierten Posts, wurde eine kritische Masse möglichst aktiver Nutzer erreicht. Dies dient auch dem Zweck, dass einzelne Posts mit hohem Edge Rank[1] eine möglichst große Reichweite erzielen. Geeignete Themen werden platziert und einzelne Beiträge werden gezielt gesponsored. Hier reden wir von geringen Budgets, im ein- bis zweistelligen Eurobereich.

Links führen direkt auf redaktionelle Inhalte des Content-Portals „Mehr von uns" oder Pressemeldungen auf der Unternehmens-Website adecco.de. Facebook generiert in erster Linie Traffic auf unsere Website.

4.4.4.2 Social Recruiting als Personalvermittler

Die Nutzung der Facebook-Seite als Karriereportal wird aus verschiedenen Gründen erschwert, da

---

[1] Nicht erst seit dem letzten FBcamp in Hamburg ist der EdgeRank ein fortwährendes Mysterium. Sicher scheint aber dass es sinnvoll ist originäres Bildmaterial zu verwenden und kurze prägnante Texte mit Links zu relevanten Inhalten. Im Cyberspace nichts Neues könnte man meinen, aber es sollte langsam allen klar werden, dass generische Bilder aus Bilddatenbanken weder die Nutzer noch die Algorithmen besonders ansprechen. Entscheidend ist ja vor allem, dass Fans die Facebook-Seite kaum besuchen, sondern maximal einen für sie interessanten Post in ihrer Timeline finden.

- die Arbeitgebermarke Adecco in Deutschland nicht die höchste Bekanntheit besitzt,
- die Karriere in der überwiegenden Zahl der Fälle in den Kundenunternehmen erfolgt,
- der Branche in der öffentlichen Wahrnehmung ein negatives Image anhaftet.

Adecco ist nicht Coca-Cola und die Zeitarbeit ist nicht der Traum der Generation Y, wenn man auch sagen könnte, dass gerade die flexiblen Arbeitsverhältnisse mit vielfältigen Einsatzmöglichkeiten und hohen Lernkurven die zwar unternehmerisch orientierten aber arbeitserfahrungsarmen Berufseinsteiger reizen müsste, und neben Aufklärungsarbeit ist vor allem der Mehrwert hervorzuheben, den eine Facebook-Seite von Adecco bietet: Karrieremöglichkeiten nicht nur bei Adecco, sondern auch bei einer Vielzahl an Kundenunternehmen.

Als besonders erfolgreich hat sich in diesem Zusammenhang die Nutzung von Testimonials, also Stimmen unserer Mitarbeiter, als resonanzstark gezeigt. Hier werden in erster Linie unsere Mitarbeiter aktiv und schaffen durch ihre Likes und das Teilen der Inhalte Authentizität. Die Fans können erkennen, dass echte Menschen hinter den Geschichten stecken.

Als Element der Karriereseite steht eine Job-App als eigenes Tab zur Verfügung, damit tagesaktuelle Stellenangebote direkt auf Facebook gefunden und geteilt werden können. Diese Funktion nutzen sowohl die Recruiter in den Adecco-Niederlassungen, als auch interessierte Nutzer. Natürlich sind die Tabs in der mobilen Version gar nicht mehr aufrufbar und eine Facebook-Seite wird ohnehin eher selten direkt besucht.

Geeignete Stellen werden durch Facebook-Ads beworben, in Abstimmung mit den beteiligten Niederlassungen. Diese müssen Kriterien erfüllen, wie z. B. Nähe zur Zielgruppe, Einzigartigkeit, etc.

Stellenanfragen, die als Direktnachrichten oder Seitenbeiträge eingehen, werden kommentiert und an die Niederlassungen bzw. die HR-Abteilung weitergegeben.

Somit geben wir unseren Recruitern die Möglichkeit, das zentrale Unternehmens-Profil auf Facebook zu nutzen, ohne selbst Zeit in die Bespielung des Kanals investieren zu müssen.

4.4.4.3   Rekrutierung auf Facebook & Co heißt auch immer Datenschutz beachten

Als Personaldienstleister nimmt Adecco die datenschutzrechtlichen Anforderungen und auch den Schutz der Persönlichkeitsrechte bzw. den Umgang mit sensiblen Bewerberdaten besonders ernst. Da Facebook ein „freizeitorientiertes Netzwerk" darstellt, untersagen wir in den Social-Media-Schulungen unseren Recruitern Freundschaftsanfragen an potenzielle Bewerber zu stellen oder diese anzunehmen; da nicht davon auszugehen ist, dass Bewerber nachweislich eine wirksame Einwilligung zur Recherche in ihren privaten Online-Profile gegeben haben.

Das heißt, wir verweisen Kandidaten auf Facebook, wie auch auf allen anderen Social-Media-Plattformen, immer auf unserer eigenes Bewerber-Portal myadecco.adecco.de.

Das mag uns von anderen Arbeitgebern unterscheiden, deren Geschäftsmodell nicht direkt in der Personaldienstleistung liegt.

Bewusst wurden daher bisher auch keine Recruiting-Apps, wie Branchout oder Be-Known, eingesetzt. Work for us dagegen bildet den Bewerbungsprozess auf Facebook ab und widerspricht daher der oben aufgestellten Prämisse eines exklusiven eigenen Bewerberportals und der Sicherstellung der Datenintegrität.

4.4.4.4   Die Welt ist groß und Fan-Pages lauern überall

Als Teil einer internationalen Gruppe, nutzen und verweisen wir auch auf globale Initiativen, wie z. B. Adecco Way to Work, die in über 50 Ländern umgesetzt wurde.

Auch das softe Thema der CSR-Maßnahmen, z. B. Win4Youth, erweist sich hierbei im Bereich Employer Branding als Taktgeber. Eine eigene deutsche Facebook-Seite für Win4Youth ruft nur schwaches Interesse hervor, die internationale Facebook-Seite kann hier deutlich mehr Buzz erzielen. Freilich mit der Einschränkung, dass die Sprachbarriere sicher einzelne Fans in Deutschland benachteiligen wird.

Gerade im Zeitalter internationaler Mobilität, treten Fans zunehmend auch mit uns in Kontakt, die wir zusammen mit den internationalen Kollegen der anderen Fanseiten betreuen.

Hier soll in Zukunft ein einheitliches Branding aller Facebook-Seiten der einzelnen Länder es den Fans erleichtern, die richtigen Ansprechpartner zu finden.

Es wird entscheidend sein, dass ein globaler Ansatz Einzug hält, damit die neuen Grenzen des Social Recruiting nicht weiter Landesgrenzen sein werden.

4.4.4.5   Embedded Recruiting auf Facebook

Die besondere Herausforderung für einen Personaldienstleister ist, dass eine Dienstleistung oft schwieriger als ein Produkt zu vermarkten ist, und die Branche generell mit einem negativen Image kämpft.

Es gilt, gerade deswegen den Dialog auf Facebook zu nutzen, um die Vorteile der Zeitarbeit zu erläutern und auch auf Beschwerden einzugehen.

Zu diesem Zweck wurde auch die führende Arbeitgeberbewertungsplattform kununu als Tab und App eingebunden.

Oftmals beschränken sich User-Kommentare aber auf Gemeinplätze oder generelle Kritik an der Arbeitsmarktpolitik, welche an unserer eigentlichen Dienstleistung und unserem Einflussbereich vorbeigehen und nicht von Adecco gelöst werden können.

Beschwerden, welche im Zusammenhang mit einem Beschäftigungsverhältnis bei Adecco stehen, werden mit den Fachabteilungen bzw. der betroffenen Niederlassung geklärt und die Antworten direkt als Kommentar gepostet. Bei vertraulichen Inhalten, leiten wir die Nutzer an die entsprechenden Stellen weiter, damit die angesprochenen Sachverhalte bestmöglich und individuell geklärt werden können.

Bei Kommentaren, die eindeutig beleidigend oder gegen die allgemein anerkannte Netiquette verstoßen, treten wir mit dem Nutzer in Kontakt und löschen die Beiträge nur, wenn diese nicht selbst vom Nutzer zurückgenommen werden.

Auch Mitarbeiterinnen und Mitarbeiter bringen sich verstärkt ein und nutzen die Facebook-Seite, um sich zu informieren, Beiträge zu kommentieren oder sich aktiv an Diskussionen zu beteiligen.

Zusammenfassend lässt sich sagen, dass die Facebook-Seite eher der Markenbildung dient, allerdings durch die Tatsache, dass unsere Kerndienstleistung die Karriereberatung und Jobvermittlung darstellt, immer auch Jobs und Karriere im Mittelpunkt stehen bzw. alle Themen sich hierauf beziehen.

Fundiertes Employer Branding bahnt den Weg, das Recruiting folgt in dessen Fahrwasser, aber nicht auf der Plattform direkt. Die steigende Zahl von Kontaktanfragen auf Facebook und wachsender Referrer-Traffic von Facebook auf adecco.de bestätigen diese Vorgehensweise.

►   **Stefankai Spoerlein**

Stefankai Spoerlein (M.A.) studierte Englische Sprachwissenschaft, Englische und Amerikanische Literaturwissenschaft und Vergleichende Politikwissenschaft an der Universität Bamberg und kann auf langjährige Berufserfahrung im Bereich Pojektmanagement, IT und Marketing zurückblicken. Seit 2013 ist er als Leiter Online Marketing/Social Media für Online-Marketing, Social-Media-Strategie und Projektleitung bei der Adecco Group Germany u. a. für die Marke Adecco Personaldienstleistungen GmbH verantwortlich.

Weiterführende Links:
facebook.com/adeccode
facebook.com/stefankai
xing.com/profile/Stefankai_Spoerlein2

4.5   Schritt 3: Enable: Die Mitarbeiter mitnehmen

4.5.1   Markenbotschaften auf Facebook und der richtige Ton

Wenn wir – wie bis hierhin argumentativ entwickelt – einen Arbeitgeber mit einer zentralen Facebook-Fanpage im digitalen Dialograum erfolgreich aufstellen wollen, dann ist bei weitem nicht nur die Frage nach den geeigneten Fanpage-Betreuern zu klären.

So lebt die Wahrnehmung eines Arbeitgebers auf Facebook – wie auch im Social Web insgesamt – von vielen einzelnen Beiträgen: Seien es Fragen von interessierten Talenten, Antworten von enttäuschten oder begeisterten Bewerbern und aktuellen Mitarbeitern. Mit diesen Beiträgen werden Interesse und Aufmerksamkeit generiert. Und: Jeder Mitarbeiter ist Botschafter seines Arbeitgebers.

Diese Dialoge lassen sich in der gesamten Breite nicht steuern, Unternehmen können aber durch ihre Mitarbeiter daran teilnehmen. Dafür brauchen Mitarbeiter Leitlinien, die ihnen eine hohe Bewegungssicherheit im Social Web geben. Erfahrungen zeigen, dass diese Guidelines mit jeder Neuauflage immer komplizierter werden. Folglich ist es ratsam, mit einer klaren ersten Version zu starten. Eine sehr kompakte Version könnte lauten: „Benutze Deinen Verstand" – denke nach, bevor Du etwas vorschnell im Netz publizierst. Wahre die betriebliche Vertraulichkeit. Leite relevante Fundstücke intern weiter.

Über diese Hilfestellungen hinaus, die an jeden Mitarbeiter gerichtet sein sollten, ist es sinnvoll, verschiedene Mitarbeiterkreise gezielt einzubinden und zu trainieren:

- Zunächst Führungskräfte, um deren Beurteilungsfähigkeit digitaler Entwicklungen zu stärken.
- Das Facebook-Fanpage-Team sollte seine Rolle verinnerlichen, nicht lediglich in konsequenter Folge interessanten Arbeitgeber-Content über die Seite zu platzieren, sondern diese Anlaufstelle nutzen, um internen Kollegen eine Bühne zu geben, externe Mitwirkung zu erreichen und einen fortwährenden Dialog zu entfachen.
- Die Personalabteilung hat damit viel mehr Möglichkeiten, den Kontakt zu geeigneten Kandidaten aufzubauen, sei es für das Active Sourcing oder die Steuerung der Social-Media-Aktivitäten gemeinsam mit den Fachabteilungen. Die Facebook-Seite lässt sich als Anlaufstelle für den Talentpool verstehen.
- In vielen Fällen ist es sinnvoll, Vertreter aus den Fachabteilungen zu vernetzen, die als „Botschafter" fungieren. Im Social Web auftauchende Fragen können so durch die Fachabteilungen bedient werden.

Diese Gruppen können in sogenannten „Digitalen Betriebsausflügen" trainiert werden: Zunächst werden die Grundlagen von Social Media vermittelt. Dann gilt es, aus der Gruppe heraus Einschätzung zu realen Diskussionssträngen oder Fragen im Social Web zu finden und geeignete Maßnahmen zu formulieren. In der Regel entwickeln auch unerfahrene Mitarbeiter sehr schnell eine Affinität zu Facebook und zum Social Web. Mit dieser Basis können sowohl die eigenen Gastgeberschaften, z. B. auf Facebook, als auch die Gastrollen ausgefüllt werden.

Fragen für Schritt 3: Enable
- Gibt es allgemeine Social-Media-Guidelines und sind sie im Unternehmen kommuniziert?
- Gibt es spezialisierte Social-Media-Guidelines für den Personalbereich?
- Sind Fach- und Führungskräfte im Umgang mit Facebook und Social Media geschult?
- Sind spezielle Arbeitgeber-/Markenbotschafter für Facebook und das restliche Social Web ausgewählt und geschult?

4.6 Schritt 4: Establish: Mehr als nur Gastgeber sein

4.6.1 Durchgängige Infrastruktur aufbauen

Obwohl die Grundlagen von Facebook relativ klar sind, muss festgestellt werden, dass der bisherige Stand ernüchternd ist: Arbeitgeber bauen Fanpages bei Facebook auf, bringen sich aber viel seltener als Gast auf anderen Präsenzen ein. So haben in Deutschland nur etwa ein Dutzend Unternehmen mehr als 10.000 Facebook-Likes auf ihren Facebook-Karriere-Fanpages. Zusätzlich sind viele dieser „Liker" aktuelle Unternehmensmitarbeiter und keine potenziellen Bewerber. Diese relativ niedrigen Fanzahlen, d. h. niedrige Reichweite, lässt sich sicher auch durch die geringe Beteiligung von Unternehmen als Gast erklären.

Die eigene Gastgeberschaft ist jedoch nur eine Seite der eigenen Social-Media-Aktivitäten. Die derzeit starke Nutzung der Gastgeberkanäle Facebook und Twitter von Unternehmen lässt sich wohl eher psychologisch als strategisch erklären. Arbeitgeber müssen lernen, auch Gast zu sein. Unternehmen sollten nicht erwarten, dass die relevanten Recruiting-Bezugsgruppen die unternehmenseigenen Social-Media-Präsenzen besuchen und mit ihren Beiträgen schmücken. Die Bezugsgruppen sind bereits auf anderen Social-Media-Kanälen oder anderen Facebook-Seiten aktiv. Um sie auf die Unternehmenspräsenzen zu locken, bedarf es sicher mehr als das, was derzeit auf vielen Fanpages geboten wird.

Folglich müssen Arbeitgeber Prozesse aufsetzen, die solche Exkursionen als Gast auf Bezugsgruppen-Tummelplätze unterstützen. Ebenso sollte sichergestellt werden, dass die gewünschte Bezugsgruppe auch erreicht wird: So ist für Personalmarketing- und Recruitingzwecke eine Fanbasis relativ sinnlos, die sich aus Social-Media-Beratern, eigenen Mitarbeitern und Personalern anderer Unternehmen zusammensetzt.

Als Grundlage für einen nachhaltigen Social-Media-Dialog ist eine konsistente Infrastruktur notwendig: Auftritte, Strukturen und Prozesse müssen aufgebaut werden.

Fragen für Schritt 4: Establish

- Ihr Unternehmen als Gastgeber: Sind operative Maßnahmen- und Themenpläne für Ihre Facebook-Fanpages (und anderen relevanten Kanälen) erstellt?
- Ihr Unternehmen als Gast: Sind Prozesse aufgesetzt, durch die Botschafter schnell und passgenau an Bezugsgruppen-Diskussionen teilnehmen können. Internes Mitmachen wird verbunden mit externer Teilnahme.
- Haben Sie Ihre Facebook-Seiten und andere Präsenzen miteinander verknüpft?
- Binden diese die gewünschte Fanbasis auf Facebook? Wer sind Ihre Fans?

Die zentralen Fragen zur Implementierung einer Fanpage nimmt der folgende Beitrag ins Visier.

4.6.2 Expertenbeitrag: zentrale Fragen vor der Implementierung einer Fanpage

Von André Becker

Personalmarketing ist schon lange kein reines Offline-Thema mehr. Eine professionelle Nutzung für Online-Recruiting-Zwecke kann bereits in frühen Versuchen Mitte der neunziger Jahre mit dem Aufkommen von Unternehmensseiten festgestellt werden. Damit einher geht ein weitreichender Bedeutungszuwachs des E-Recruiting im Laufe der letzten Jahre. Das Internet unterliegt dabei stetigen Veränderungsprozessen, die sich besonders deutlich im Wandel vom „Informations- zum Mitmach-Web" manifestiert haben (vgl. [3], S. 57 ff.).

Die Popularität sozialer Netzwerke wie Facebook ist Resultat dieses Wandels. Facebook ist aus unserer Lebensrealität als Kommunikationsinstrument mittlerweile kaum noch wegzudenken. Was liegt da näher als sich auch als Arbeitgeber dort zu präsentieren, um die eigenen Arbeitgebermarke zu bewerben und im Optimalfall potenzielle High-Potential-Bewerber von sich zu überzeugen.

▶   Der erste Schritt ist geschafft.

Nach mehreren Meetings und zahlreichen internen Abwägungsprozessen haben Sie sich entschieden, Ihren Arbeitgeber auf Facebook mit einer oder mehreren Fanpages zu präsentieren. Herzlichen Glückwunsch zu dieser Entscheidung. Bevor es richtig losgeht, sind jedoch mehrere Fragen zu klären.

4.6.2.1   Auffindbarkeit ist Trumpf!

Welchen Namen soll die Fanpage tragen? Diese Fragestellung ist komplexer als es scheint und erfordet die Klärung weiterer Fragen. Zunächst einmal ist es wichtig den Zielgruppenfokus festzulegen. Wen wollen Sie als Arbeitgeber mir Ihrem Facebook-Auftritt überhaupt ansprechen?

Mehrere Zielgruppen sind denkbar, z. B. Schüler, Auszubildende, Absolventen, Young Professionals, Professionals usw. Selbstverständlich lassen sich diese Zielgruppen noch differenzierter aufschlüsseln, z. B. Auszubildende in naturwissenschaftlichen Fächern, Wirtschaftsingenieure etc.

Grundsätzlich empfiehlt es sich, den Namen der Fanpage an der vorab definierten Recruiting-Zielgruppe auszurichten. Der einschlägige Zusatz „Karriere" verweist diesbezüglich auf die Ansprache von Absolventen, Young Professionals und Professionals. Sofern insbesondere Schüler, die sich für eine Ausbildung oder ein duales Studium interessieren, angesprochen werden sollen, eignet sich stattdessen eher der Namenszusatz „Ausbildung" oder „Ausbildung und Studium".

Die Fanpage-Landschaft von Arbeitgebern, die auf Facebook mit eigenen Fanpages aktiv sind, ist vielfältig. Bei Kanälen, die sich an Absolventen und Professionals richten, dominiert vor allem der Zusatz „Karriere" bzw. „Karriere bei …".

Beispiele für diese Tendenz sind „Otto Group Karriere", „Ernst & Young Deutschland Karriere", „Bayer Karriere", „Allianz Karriere". Vereinzelt werden die Fanpages auch mit dem Zusatz „Jobs" wie z. B. bei „Aida Jobs" oder „Baloise Jobs" versehen. Weitere Zusätze sind z. B. „Arbeiten bei", „Recruiting GSA" und bei sehr internationaler Ausrichtung „career".

Bei Fanseiten, die sich in erster Linie an Schüler richten, sind im deutschsprachigen Raum vor allem die Bezeichnungen „Ausbildung", „Lehre" und „Ausbildung und Studium" beliebt. Diesbezügliche Beispiele sind „BASF Ausbildung" oder „Ausbildung @ Opel". Weitaus häufiger als bei Fanseiten für Absolventen und Professionals werden weitere Zusätze bzw. kreative Wortkombinationen integriert, z. B. „Bechtle AZUBIT", „DurAzubis - Duravit Ausbildung", „Bist Du Sparda? – Deine Ausbildung bei der Sparda-Bank Münster".

Mehrere Arbeitgeber verdeutlichen mit dem Namen ihrer Fanpage außerdem, wer für den Content verantwortlich ist und die entsprechenden Beiträge auf der Pinnwand schreibt. Beispiele sind hier „Allianz A-Team Azubis" oder „ifm Azubiteam". Die Zahl der Arbeitgeber, die auf keinerlei Namenszusätze zurückgreifen und sich auf den Unternehmensnamen als Fanpagetitel beschränken, ist vergleichsweise gering. Auch eine Unterscheidung nach Geschlecht ist bislang im deutschsprachigen Raum kaum zu beobachten.

> ▶   Generell ist es empfehlenswert, passgenaue „Namenszusätze" zu wählen, um
>   von vornherein nach außen zu kommunizieren, an wen sich die Fanpage richtet
>   und dadurch Unsicherheiten bei den Zielgruppen abzubauen.

Die Frage, welcher Name gewählt werden soll, ist zudem unmittelbar mit dem Aspekt der Auffindbarkeit verbunden. Innovative Namen für Fanpages sind nicht per se schlecht, verfehlen jedoch ihre Wirkung, wenn die Zielgruppen mit den Namen nicht ausreichend vertraut sind und die Fanseite deshalb gegebenenfalls nicht finden.

> ▶   Wählen Sie zum Zwecke der Auffindbarkeit keine komplizierten Wortkombina-
>   tionen, sondern setzten Sie auf leicht zu merkende Fanseitentitel.

4.6.2.2   Qualität statt Quantität!

Welche Tabs benötigt eine Fanpage? Die erste Herausforderung ist bewältigt. Sie haben sich für einen Namen entschieden. Als nächsten Schritt sollten Sie sich überlegen, wie viele und vor allem welche Tabs (oder Reiter) Sie auf der Fanpage einbinden wollen.

▶ Setzen Sie auf Tabs, die für Ihre Fans einen Mehrwert bieten. Ziel sollte es sein, Orientierung zu geben, Informationen zu bündeln und Aufmerksamkeit für die Arbeitgebermarke und die Bewerbung im Unternehmen zu schaffen.

Offene Stellen

In jedem Fall sollten Sie einen Tab für aktuelle Vakanzen einbauen. Hier bietet sich zusätzlich ein Link bzw. ein Verweis auf die Karriereseite an, um mögliche Bewerber eine langwierige Suche auf der Unternehmensseite zu ersparen. Besonders spannende Stellenausschreibungen können natürlich auch auf der Pinnwand mit eigenen Beiträgen gepostet und mit Bild- oder Videomaterial zusätzlich aufgewertet werden.

Die Implementierung einer eigenen Job-Applikation stellt den Königsweg dar, weil Nutzer so präferenzgeleitet nach offenen Stellen suchen können.

> Mögliche Filtereinstellungen innerhalb der Jobsuche sind denkbar:
> - Einstiegslevel (Ausbildung, Einsteiger, Professional, Praktikant, Werkstudent etc.)
> - Branche (vor allem bei globalen Arbeitgebern)
> - Arbeitsfeld (Verwaltung, Buchhaltung, Controlling, IT etc.)
> - Standorte (deutschlandweit)
> - Region (international)

Fotos und Videos

Viele Arbeitgeber nutzen die Tab-Funktion auf Facebook, um mit einem eigenen Reiter einen Zugriff auf unternehmensbezogene Fotos oder Videos zu ermöglichen. Ein eigener Tab für Fotos und Videos ist durchaus empfehlenswert, sofern absehbar ist, dass auch genügend Bild- und Videomaterial im Zeitverlauf zustande kommt.

Veranstaltungen und Events

Beliebt sind auch eigene Tabs zu kommenden Veranstaltungen oder Events. Hier bietet sich zusätzlich die Integration der Funktionen „Teilen" und „Teilnehmen" an. Zentraler Punkt ist die Aktualität der Events. Aktuelle Veranstaltungen gilt es prominent zu platzieren. Veranstaltungen, die in der Vergangenheit liegen, sollten klar gekennzeichnet sein.

Vorstellung der Ansprechpartner

Viele Arbeitgeber verwenden einen eigenen Tab für die Vorstellung des verantwortlichen Karriere-Teams. Die Deutsche Bahn nutzt auf ihrer Fanpage „Deutsche Bahn Karriere" den Tab „Karriere-Team", um ausführlich mithilfe von Bildern und Informationen zur Person ihr Team vorzustellen und dadurch Nähe zu den Fans aufzubauen.

Spiele

Auch spielerische Elemente lassen sich mittels eigener Tabs in die Fanseite integrieren. Beispielhaft hierfür ist die Krones-Fanpage, die mit „Bist du ein Kronese?" ein eigens entworfenes Arbeitgeberquiz mit einem eigenen Tab promotet.

Netiquette

Vergleichsweise wenig verbreitet sind im deutschen Sprachraum Tabs zu gewünschten Verhaltensweisen. Die Aufnahme derartiger Informationen ist vor allem dann empfehlenswert, wenn mit einem hohen nutzergenerierten Beitragsaufkommen (in Form von Kommentaren oder Fragen) auf der Seite gerechnet wird.

Unternehmenskultur

Tabs können ebenfalls dazu genutzt werden, die zentralen Aspekte und Pfeiler der Unternehmenskultur aufzuzeigen: Was zeichnet das Unternehmen als Arbeitgeber aus? Welche Werte werden gelebt? etc. Diese Fragen lassen sich in Textform, aber auch durch die Einbindung von Videos oder Bildern beantworten.

Verweise auf weitere Kanäle

Neben Facebook nutzen zahlreiche Arbeitgeber weitere Social-Media-Kanäle, um ihre Arbeitgebermarke bei der Zielgruppe zu bewerben. Die Möglichkeiten im Web 2.0 sind mannigfaltig. Insbesondere eigene Präsenzen auf YouTube und Twitter sind gegenwärtig fast schon obligatorisch. Sind weitere Kanäle vorhanden, ist es sinnvoll, auf diese auch auf der Fanpage hinzuweisen. Diesbezüglich ist es natürlich wichtig, dass die entsprechenden Kanäle auch aktiv sind. Es lohnt sich nicht auf einen Blog zu verweisen, der seit Monaten nicht mit neuen Inhalten befüllt wurde.

4.6.2.3   Kommunikation auf Augenhöhe!

Wer betreut die Fanpage und wie? Eine Fanpage erfordert nicht nur die regelmäßige Bespielung der Seite mit Content, sondern ebenso das Community Management, also die Interaktion mit ihren „Fans" und interessierten Nutzern. Es stellt sich daher die Frage, wer die Fanpage betreut und wie die Kommunikation mit den Nutzern ablaufen soll. Inhalte auf Facebook-Fanpages durchlaufen in der Regel mehrere Abteilungen (z. B. Unternehmenskommunikation, Personalmarketing etc.) bevor sie online veröffentlicht werden.

Generell gilt, dass die Inhalte auf der Fanpage die Unternehmens- und Arbeitgebermarke nach außen repräsentieren und daher Korrekturschleifen unumgänglich sind. Das heißt allerdings nicht, dass mögliche Beiträge von dutzenden Fachabteilungen gegengelesen werden müssen. Facebook lebt von zeitnaher und lebendig aufbereiteter Kommunikation. Insofern sollte auch die Content-Wahl und Freigabe nicht unnötig lange Wege bewältigen müssen.

Welche Personen eignen sich für die Betreuung der Fanpage?
Die Beantwortung dieser Frage sollte gut überlegt sein, denn Facebook-Fanpages erreichen ein kaum zu quantifizierendes Massenpublikum. Es empfiehlt sich, nicht den Praktikanten für die Arbeitgeberkommunikation auf der Fanpage zu beauftragen, sondern Personen mit ausgewiesener Fachexpertise. Auch hier ist die Frage der Zielgruppe zu beachten.

Das im Personalmarketing gerne gebetsmühlenartig vorgetragene Mantra „Dialog auf Augenhöhe" trifft hier absolut zu. Für Ausbildungsfanseiten eignen sich vor allem Azubis oder Personen, die gerade ihre Ausbildung abgeschlossen haben. Für die Betreuung von Karriere-Fanpages, die vorwiegend Berufseinsteiger ansprechen sollen, eignen sich wiederum Personen, die diese Lebensphase noch gut in Erinnerung haben.

Bei Personalmarketingaktivitäten, die von Personen geplant werden, die nicht der gleichen Generation wie die Zielgruppe angehören, besteht erhöhte Gefahr, dass die Maßnahmen ihre intendierte Wirkung verfehlen (vgl. [4], S. 21).

► Besonders gut geeignet sind Personen, die ebenfalls der entsprechenden Generation angehören und wissen, wie ihre Altersgenossen denken!

In jedem Fall ist die Trial-and-Error-Variante zu vermeiden. Schulungen und verbindliche Guidelines für die entsprechenden Mitarbeiter sind Grundvoraussetzung für eine effiziente und zielgerichtete Fanseiten-Betreuung. Auch der Einsatz oder die Unterstützung von externen Dienstleistern für die Seitenbetreuung ist eine Möglichkeit, die eigene Fanpage adäquat zu betreuen.

Darüber hinaus empfiehlt es sich für die Ansprechpartner idealerweise mit Klarnamen aufzutreten. Hierbei muss nicht notwendigerweise der komplette Name angegeben werden. In der Praxis ist zu beobachten, dass oftmals nur der Vorname angegeben wird. Wichtig ist, dass Fans mit der Fanpage auch ein Gesicht verbinden und der Anonymität im digitalen Raum eine klare Unterscheidung entgegengesetzt wird.

Welche Ansprache (Du oder Sie?) wird gewählt?
Arbeitgeber im deutschsprachigen Raum gehen mit dieser Frage unterschiedlich um. Insbesondere auf Ausbildungs-Fanpages wird häufig das „Du" als Ansprache gewählt. Auch auf verschiedenen Karriere-Fanpages, die sich an (meist abschlussnahe) Studierende oder Berufseinsteiger richten, wird dieser Weg beschritten.

Die Frage der Ansprache betrifft in erster Linie den Aspekt der Unternehmenskultur und damit der Arbeitgebermarke. Für einen Arbeitgeber mit einer eher konservativen Kultur ist es nicht unbedingt empfehlenswert, Bewerber zu duzen und dadurch ein falsches Bild zu vermitteln. Hier gilt es, authentisch zu bleiben und sich nicht zu verstellen.

▶   Es ist ratsam, sich bei der Frage der Ansprache an der eigenen Unternehmens-
       kultur zu orientieren und im Anschluss zu entscheiden, ob gesiezt oder geduzt
       wird!

4.6.2.4   Welche Art der Postings sind empfehlenswert?

Lebendiger, maßgeschneiderter Content mit Mehrwert! Ziel jedes Postings sollte es sein, Aufmerksamkeit bei potenziellen und gegenwärtigen Fans zu erzeugen. Die Wege dorthin sind natürlich äußerst vielfältig. Zunächst sollte jeder Beitrag unmittelbar mit dem Unternehmen zu tun haben. Etwaige Gewinnspiele können gegebenenfalls helfen kurzfristig die Fanzahl zu steigern. Auf lange Sicht sind diese Maßnahmen aber für die Fangewinnung und -bindung ungeeignet.

Ein Dialog mit Personen, die tatsächlich an dem Unternehmen und darüber hinaus vielleicht sogar an einer Bewerbung interessiert sind, lässt sich dadurch nicht auf- oder ausbauen.

Empfehlenswert sind vielmehr ansprechend aufbereitete und regelmäßig gepostete Informationen zu häufigen Fragen. Links zu den Inhalten weiterer Social-Media-Kanäle helfen dabei, andere Präsenzen abseits ggf. vorhandener Tabs, zu bewerben und garantieren einen abwechslungsreichen Content.

▶   Informationen zu häufigen Fragen können z. B. den Bewerbungsprozess oder
       die Unternehmenskultur betreffen.

Weiterhin ist es naheliegend, die Nutzer mittels Fragen zu aktivieren: „Was denkt ihr über…?", „Was haltet ihr von…?". Dadurch kann der Grundstein für einen weiterführenden Dialog mit der Zielgruppe gelegt werden. Der Bezug zum Unternehmen kann wiederum durch Fragen wie „Welche Arbeitsfelder/Standorte/Branchen interessieren Sie am meisten?" oder „Welche Ausbildungsberufe findet ihr besonders interessant?" hergestellt werden.

▶   Aktivieren Sie Ihre Fans und fordern Sie Feedback ein!

Es bietet sich ferner an, mit Erfahrungsberichten oder Gastbeiträgen von Mitarbeitern, aktuellen oder ehemaligen Praktikanten/Studenten/Trainees Einblicke in das Unternehmen und den Arbeitsalltag zu geben. Die Fanpage sollte auch hier eher als Multiplikator dienen und zum Beispiel auf Blogbeiträge verlinken.

4.6.2.5   Was tun bei kritischen Beiträgen von Nutzerseite?

Bereits bevor die Fanpage online geht, sollten Sie sich mit dem Thema Krisenmanagement auseinandersetzen. Das gerade Ihre Fanpage von einem Shitstorm heimgesucht wird, ist unwahrscheinlich, kann aber nicht komplett ausgeschlossen werden.

Der Facebook-Experte Lutz Altmann empfiehlt, bei kritischen Beiträgen auf der Fanpage die Beachtung der folgenden Grundsätze:
- Ruhe bewahren: Nicht vorschnell reagieren!
- Transparenz erzeugen: Kritik ernst nehmen und intern klären!
- Souveränität beweisen: Posts nicht löschen!

4.6.2.6 Fazit

Natürlich sind in diesem Artikel nicht alle Fragen abgedeckt, die sich im Prozess der Planung und Implementierung einer Fanpage auf Facebook ergeben. Fragen zum Design der Fanpage (Wie können Informationen als Eyecatcher inszeniert werden?) erfordern eine weitere Auseinandersetzung, die hier nicht abgedeckt werden kann.

Die Konzeption und Betreuung einer Karriere- oder Ausbildungsfanpage auf Facebook ist und bleibt eine Herausforderung und erfordert Aufgeschlossenheit, um sich auf die Nutzer einzustellen, ihnen kontinuierlich zuzuhören und gesendete Inhalte und Botschaften an den Bedürfnissen der Zielgruppe auszurichten. Nur wenn dies verinnerlicht ist, und hinreichend berücksichtigt wird, kann es gelingen, einen nachhaltigen Eindruck bei potenziellen Bewerbern zu hinterlassen und im „War for Talents" als Arbeitgeber der Wahl zu überzeugen.

▶   **André Becker**

André Becker (M.A.), studierte Soziologie in Kassel und Bielefeld. Bei der Unternehmensberatung complexium beschäftigt er sich seit 2011 mit Zielgruppenanalysen und den Themen Personalmarketing, Employer Branding und Social Media.

4.6.3 Interview mit Dr. Hans-Christoph Kürn: Internationalität und Facebook

Frage

Siemens ist global vertreten, wie viele Employer-Branding-Fanpages bei Siemens gibt es und wie sind diese aufgeteilt (nach Sprachraum, Land)?

Dr. Hans-Christoph Kürn

Siemens sieht „Soziale Netzwerke" als wesentlichen Bestandteil von Internet und Intranet. Sie sind wichtige Kanäle, um mit Kunden zu kommunizieren, qualifizierte Mitarbeiter zu gewinnen und Siemens als Arbeitgeber Präsenz zu verschaffen.

Zurzeit sind international bei Siemens circa 170 offizielle „Social-Media-Anwendungen" zu finden.

Sie werden von Siemens Mitarbeitern verantwortet und sind in aller Regel für ein Land/kulturelle Region gemacht worden. Hier kann es sich um globale landesspezifische Anwendungen handeln (z. B.: https://www.facebook.com/SiemensNorge oder: https://twitter.com/Siemens_stampa) oder um spezifische, nicht-kommerzielle Projekte (z. B. https://www.facebook.com/thecrystalorg) oder aber um sektorrelevante Inhalte (z. B. https://twitter.com/SiemensEnergyAU oder https://www.facebook.com/RollingOnRails). Daneben gibt es Social-Media-Anwendungen, die ganz bewusst für „die Welt" gelten (z. B. https://www.facebook.com/SiemensCareers oder https://www.facebook.com/TurnYourCityPink).

Die am häufigsten vertretenen Plattformen sind Facebook, Twitter, XING, LinkedIn, YouToube, Flickr.

Neben diesen offiziellen Präsenzen von Siemens in den Sozialen Netzwerken existiert eine unübersehbare Anzahl von Social-Media-Projekten die von Siemens Mitarbeitern (mit und/oder ohne Siemens-Bezug) privat betrieben werden. Hierauf haben wir keinen Einfluss.

Frage

Welche Rolle spielt Internationalität? Wie wird dieser Aspekt für die Content-Wahl genutzt?

Dr. Hans-Christoph Kürn

Durch einen Vorstandsbeschluß sind zwei Initiativen ins Leben gerufen worden:

- Das „Social Media Access"-Projekt, das den Zugriff auf legale externe soziale Netzwerke sicherstellen sowie den Umgang mit diesen und deren Nutzung am Arbeitsplatz regeln soll
- das „Siemens Social Network", eine Social Media Plattform, über die Mitarbeiter im Intranet zukünftig effizient mit ihren Kollegen zusammenarbeiten und kommunizieren können.

Beim „Social Media Access"-Projekt geht es darum weltweit allen Mitarbeitern, die Zugang zum Internet haben, zu erlauben, auf legale externe soziale Netzwerke zuzugreifen.

Da die Kommunikation über die neuen Kanäle mitunter erhebliche Risiken bergen kann, wurde von Siemens Corporate Communications ein webbasiertes Schulungsprogramm eingeführt. Das Training umfasst eine leicht verständliche Einführung in das Thema sowie klare Richtlinien, um so einen souveränen und sicheren Umgang mit Social

Media sicherzustellen. Dieses Schulungsprogramm wird allen Mitarbeitern mit Internetzugang zur Verfügung gestellt.

Das „Social Media Access"-Projekt wurde im Rahmen einer Pilotphase in fünf Ländern erfolgreich getestet. Damit wurden 34 % aller Siemens-Mitarbeiter mit Internetzugang insgesamt erreicht. So gut wie alle der teilnehmenden Mitarbeiter begrüßten das Vorhaben und nahmen an dem freiwilligen Schulungsprogramm teil. Während der dreimonatigen Pilotphase ist die Zahl der Siemens Follower und Fans auf den externen Social-Media-Kanälen kontinuierlich gewachsen. Zudem haben sie sich immer stärker an dem Dialog auf den Plattformen beteiligt. Zur Zeit läuft das „Social Media Access"-Projekt in einem weltweiten Roll-Out.

Mit dem Siemens Social Network stellt Siemens eine neue, interne Social Media Plattform zur Verfügung. Das Siemens Social Network ist nur im Siemens Intranet verfügbar und es soll Mitarbeitern weltweit ermöglichen unkompliziert, schnell sowie vernetzt zu kommunizieren und zusammenzuarbeiten. Dieses neue Kommunikationstool hilft Organisationseinheiten, Regionen und Kulturen innerhalb von Siemens näher zusammenzukommen und Komplexität zu reduzieren.

Die Einführung des Siemens Social Network erfolgt schrittweise. In einigen Pilotländern ist die Plattform bereits seit einiger Zeit erfolgreich in Betrieb. Teilnehmerzahlen, Gruppenbildungen, Diskussionen und geteilte Informationen nehmen täglich zu. Der Start des flächendeckenden Roll-Outs ist mit Beginn 2013 geplant, jeweils abhängig von den geltenden nationalen Gesetzen, Vorschriften und Compliance-Anforderungen.

Frage

Wie sind die einzelnen nationalen oder internationalen Siemens-Facebook-Präsenzen vernetzt? Gibt es einen Austausch?

Dr. Hans-Christoph Kürn

In der Regel arbeiten die Kollegen/innen in ihrer jeweiligen kulturellen Region erstmal autonom und generieren Content, der für diese Kultur relevant ist. Das schließt natürlich nicht aus, dass innerhalb der Länder ein Austausch stattfindet. Zum Beispiel Deutschland: hier treffen sich alle vier Wochen die Verantwortlichen der Employer-Branding-Portale im Social Web (Jobs&Karriere, Ausbildung, Siemens Graduate Programm, Siemens Management Consulting, Diversity etc.), um sich auszutauschen, gegebenenfalls abzustimmen und Neuigkeiten weiterzugeben.

Weltweit werden die Siemens-Social-Media-Präsenzen von einem Team bei Corporate Communication „zusammengehalten". Sie sind als „Competence Center Social Media" organisiert, die die Social-Media-Strategie weltweit verantwortet. Dafür existiert eine Toolbox im Intranet, in der zum Beispiel das Cookbook für Facebook, Twitter etc. hinterlegt ist, hier geht es aber auch um Krisenmanagement und Monitoring von Social-Media-Aktivitäten. Dieses Team organisiert in bestimmten Zeitabständen auch weltweite Social

Media Conferences (meist über Live Meeting mit zwei Terminen, um die weltweite Zeit-differenz sicherzustellen). Ganz entscheidend: in diesem Team wurden auch die Social-Media-Guidelines für Siemens gemacht.

Frage

Die deutsche Karriere-Seite ist auf Deutsch. Haben Sie überlegt, diese auf Englisch zu machen, um auch internationale Studierende in Deutschland damit anzusprechen?

Dr. Hans-Christoph Kürn

Die offizielle Jobs&Karriere-Facebook-Seite ist vor Jahren international gestartet. Nur merkten wir sehr schnell, dass wir z. B. eine Vielzahl von Fragen nicht beantworten konn-ten (wir hatten keine Ahnung was es mit einer Siemens-Stelle in Toronto auf sich hatte und konnten auch eine Frage nach dem Stand einer Bewerbung in Singapur nicht beantwor-ten). Das hat letztendlich dazu geführt, dass wir die Jobs&Karriere-Facebook-Seite nur für den deutschsprachigen Raum zugelassen haben.

Generell gilt: Je „weltoffener" eine Facebook-Seite ist, desto mehr muss der Content an der Oberfläche bleiben. Themen zu länderspezifischen Neuigkeiten haben hier keinen Platz, da diese nicht von allen Followern nachvollzogen werden können.

Vergleich der beiden Jobs&Karriere Ansätze:

- einmal nur deutschsprachig: http://www.facebook.com/careerSiemens
- und international: http://www.facebook.com/SiemensCareers

Frage

Wie wichtig ist Facebook für das Recruiting und Employer Branding bei Siemens?

Dr. Hans-Christoph Kürn

Für das Employer Branding sehr, für Recruiting marginal. Anders ausgedrückt: wir verste-hen hier Facebook als Bindungsportal und nicht als Recruitingtool! (auch wenn wir eine Verlinkung zu unseren offenen Stellen in unserer Facebook-Gruppe haben!).

Also: über Facebook stellen wir Aktivitäten, Neuigkeiten, Ideen und Geschichten von Siemens vor und wir beantworten jede Frage – ganz authentisch und zeitnah. Es geht darum, über diese Facebook-Gruppe Siemens als attraktiven Arbeitgeber darzustellen und das einer Zielgruppe „rüberzubringen", die nicht mehr nur „Generation Y" ist, sondern die von der Altersstruktur inzwischen deutlich in die 50+ Jahre reicht.

Aus der Praxis: wir haben schon mehrmals versucht, einfach eine offene Stelle in Face-book einzustellen. Die Resonanz geht gegen „Null". Einzige Option die funktioniert: zu einer Stelle ein wirklich cooles und/oder witziges Bild zu haben und zu dem Inhalt der Stelle eine Coverstory rumbauen. – zum Beispiel Posting vom 30. Mai 2013:

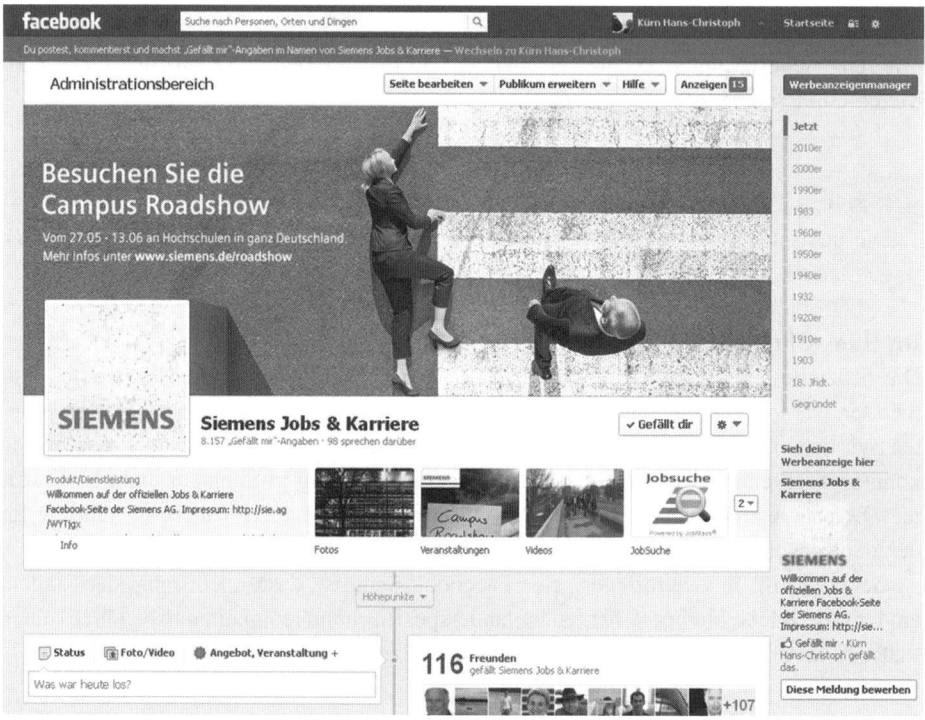

Abb. 4.2 Siemens-Fanpage

> **Wir würden uns freuen, wenn wir auf diesem Weg einen „Working student (m/f) Social Media and Employer Branding" finden würden. Arbeitsort München in einem globalen Employer Branding Team (siehe Abb. 4.2).**

Wir würden die Stelle mal so beschreiben:

- Für Dich bedeutet Social Media mehr als nur Facebook?
- Du schaust Dir bei YouTube nicht nur die „People are awesome" Videos an?
- Dein XING/LinkedIn Profil hat mehr Inhalt als nur ein Profilbild?

Dazu kommt noch:

- Sicheres Englisch = Kein Problem?
- Spannende Projekte = Jederzeit!
- Internationales Team = Vorhanden

Interesse? Dann bewirb Dich online hier – aber ganz schnell: http://tiny.cc/htnuxw

Ergebnis: 3932 Visits, 33 Likes, sechs Kommentare, zweimal geteilt. Also der Weg geht, kann aber nur circa alle zwei Monate beschritten werden.

Frage

Wie lassen sich die Themen „Forschung & Entwicklung" für die Ansprache der Zielgruppe nutzen?

Dr. Hans-Christoph Kürn

Nur sehr marginal: „Forschung & Entwicklung" wird bei uns (in Kooperation mit Excellence Unis) auf sehr hohem wissenschaftlichen Niveau betrieben und diese Inhalte sind von ihrer Komplexität her in Social Media schlicht nicht vermittelbar. Einzige Ausnahme „Pictures of the future" – ein Magazin von Siemens, dass Forschung & Entwicklungsthemen bewusst verständlich darstellt. Zusätzlich gibt es noch interessante Bilderwelten. Das posten wir – einmal im Vierteljahr!

Frage

Weitere interessante Aspekte: Thema Deutschland-Stipendium, wie werden solche Dinge genutzt um Aufmerksamkeit zu erzeugen?

Dr. Hans-Christoph Kürn

Nutzen wir, indem wir generell in Social Media über das Deutschland-Stipendium informieren, aber auch von Auftaktveranstaltungen, bei denen wir dabei sind, berichten. Mehr „Zulauf" erhalten wir aber von „Special Events", wie z. B. Enactus oder „Students on Snow".

▶   **Dr. Hans-Christoph Kürn**

Dr. rer pol. Hans-Christoph Kürn studierte an der LMU München Soziologie und VWL. Seit 1986 ist er in verschiedensten Funktionen „Human Ressources" bei der Siemens AG beschäftigt. Hier zieht sich sein Tätigkeitsfeld von „Gesellschaftspolitische Grundsatz- und Bildungsarbeit" über den „Aufbau der HR Organisation in den neuen Bundesländern", „Personalentwicklung" bis zur Funktion „Personalorganisation". Heute ist er im Konzern Siemens Deutschland für das Thema „Social Media und e-Recruiting" verantwortlich.

4.7   Schritt 5: Enter: Impulse für den Dialog nutzen und Resonanz messen

Natürlich ist es schneller gleich loszulegen. Gleich die ersten Beiträge verfassen, einige Bilder hinterher, Ideen sind ja da. Enter: Interaktion. Social Media ist doing.

Allerdings ist der Dialog mit den Recruiting-Zielgruppen wichtig. Schon jetzt. Richtig aufgestellt, erfordert er interne Ressourcen aus vielen Fachbereichen. Die Aufgabe, Employer Branding und Recruiting über Facebook zu unterstützen, ist nicht unkomplex. Daher macht eine gute Zielausrichtung und Vorbereitung Sinn. Folglich steht der Schritt Enter erst an fünfter Stelle. Was Unternehmen hier leisten müssen, sind Dialogführung und Community Building unter stetiger Verbesserung, weil auch der Wettbewerb um die knappen Engpasszielgruppen nicht schläft.

Diese Kommunikationsprozesse sollten aus mehreren Quellen gespeist werden. Natürlich zuallererst aus internen Einblicken und Erfahrungsberichten, dann aber auch durch Impulse aus der Zielgruppendiskussion auf anderen Quellen. Darüber hinaus gehört ebenfalls eine Resonanz- und Erfolgsmessung dazu.

Folglich sollten Arbeitgeber in einer kontinuierlichen Beobachtung der öffentlichen Social-Media-Kanäle nicht nur Beiträge zum eigenen Unternehmen zählen, sondern die inhaltlichen Entwicklungen aufnehmen und für eigene Maßnahmen nutzen. Damit wird auch deutlich, dass so genannte Social-Media-Dashboards, die rein quantitative Darstellungen liefern, für Employer-Branding-Aktivitäten nicht ausreichend sind. Eine Unterstützung der eigenen Dialoge gelingt durch eine kontinuierliche qualitative Bewertung deutlich besser.

Kernfragen für Schritt 5: Enter
- Findet regelmäßiges Social-Media-Listening statt, um über die Diskussionen der Bezugsgruppen informiert zu bleiben?
- Ist die Kommunikation ganzheitlich ausgerichtet?
- Werden Online- und Offline-Maßnahmen ausreichend verzahnt?
- Wird der Erfolg des Ressourceneinsatzes mit Kennzahlen gemessen?
- Entsprechen die erreichten Interaktionen quantitativ und qualitativ den Zielen?

Die erfolgreiche Nutzung von Facebook durch Unternehmen ist eine kompakte Managementaufgabe, die nicht mit ein paar Mausklicks zu bewältigen ist, aber systematisch entwickelt werden kann. Die Zielgruppen warten nicht.

4.7.1   Expertenbeitrag: Talente mit Facebook Graph Search finden

Von Henrik Patzke

Vor allem für das Employer Branding war Facebook bisher ein wichtiges Instrument. Praktisch alle großen Arbeitgeber betreuen ihre Zielgruppe inzwischen über Karriere-Fanpages, auf denen die Arbeitsbereiche, Tätigkeiten und Vorzüge des Unternehmens präsentiert und Fragen der Community beantwortet werden. Vor allem aber im Recruiting hat Facebook das Potential in den nächsten Jahren an Bedeutung zu gewinnen. Einschlägige Dienstleister der Branche haben das erkannt und versuchen die privaten und beruflichen sozialen Netzwerke miteinander zu vereinen. Monster.de bietet mit BeKnown bereits eine Facebook-App, die auf das Recruiting von geeigneten Kandidaten ausgerichtet ist. Ein anderes Werkzeug, das aus Sicht des Recruiters interessant ist, ist Facebook Graph Search.

Mit Facebook Graph Search hat das größte soziale Netzwerk seine Suchfunktionen erheblich ausgeweitet. Anstatt wie bisher nur das bloße Auffinden von Personen, Pages oder Gruppen zu ermöglichen, können Nutzer jetzt unterschiedliche Suchkriterien miteinander kombinieren. Damit ist es möglich, direkt in der Facebook-Suche einen Filter zu integrieren, der nur Personen mit gewissen Eigenschaften, Fotos von bestimmten Personengruppen oder Orte in der Umgebung anzeigen lässt. Für Arbeitgeber ist die Funktion natürlich interessant, weil sie es möglich macht, nur Angestellte eines bestimmten Unternehmens, Fans einer bestimmten Facebook-Page oder Absolventen einer bestimmten Universität zu suchen. Dabei geht die Suche auch über das eigene Netzwerk hinaus und zeigt auch Mitglieder an, mit denen man (noch) nicht befreundet ist. Facebook wird damit immer mehr zu einem interessanten Instrument für Recruiter und Headhunter auf der Suche nach geeigneten Kandidaten für ihr Unternehmen. Schließlich sind in dem Netzwerk mit über eine Milliarde Nutzern mehr Menschen registriert als bei allen „Professional Networks" wie XING und LinkedIn zusammen. Neben der eher passiven Ansprache von potenziellen Kandidaten über entsprechende Karriere-Fanpages ermöglicht Facebook Graph Search eine aktive Suche des Recruiters nach den gewünschten Kriterien.

Die Suche funktioniert nach einer Suchlogik, wie sie in anderen Onlinediensten meist nicht zu finden ist. Die so genannte „Natural Language Search" funktioniert nämlich nicht mit Keywords wie „Webdesigner, Hamburg", sondern mit vollständigen Suchphrasen. Bei Facebook Graph Search würde es heißen: „Webdesigners who work in Hamburg". Die Suche kann dann weiter verfeinert werden, etwa mit „Web designers who work in Hamburg and went to Universität Hamburg" oder „Female web designers who work at Deutsche Telekom". Eine gewisse Vertrautheit mit der Suchlogik und eine genaue Unterscheidung der möglichen Suchterme sind dabei unerlässlich. So liefern die Filtereinschränkungen „people from Berlin", „people who work in Berlin" und „people who live in Berlin" jeweils unterschiedliche Ergebnisse. Im ersten Fall sind dies Personen, die aus Berlin stammen, im zweiten sind es Personen, die in Berlin arbeiten und im dritten Fall sind es Personen, die in Berlin wohnen, aber unter Umständen in einer anderen Stadt arbeiten.

Die Suchstrings, wie man sie im Suchfeld eingibt, sind aber nicht die einzigen Filtermöglichkeiten. Neben der Ergebnisanzeige finden sich auch stets weitere Filtereinstellungen, in denen man die schon gefundenen Personengruppen weiter eingrenzen kann.

Dazu gehören zum Beispiel das Geschlecht, das Alter, der Geburtsort, frühere Arbeitgeber und Schulen/Hochschulen sowie Sprachkenntnisse oder Fans einer bestimmten Seite. Die zahlreichen Funktionen erlauben eine passgenaue Einschränkung der Suche je nach Bedarf und Hintergrund der Suche.

Wichtig für die Qualität der Ergebnisse ist natürlich, dass die Nutzer von Facebook die entsprechenden Informationen auch in ihrem Profil hinterlegt haben und dass die Informationen öffentlich sind. Wer seine früheren Arbeitgeber, seinen Studiengang oder andere Qualifikationen nicht hinterlegt hat, kann auch nicht über diese Suchfunktionen gefunden werden. Facebook Graph Search gibt immer nur die Informationen eines Profils aus, die für den suchenden Nutzer zugänglich sind. Dies sind vor allem die Informationen der Personen, mit denen man ohnehin schon befreundet ist. Da vor allem im deutschen Sprachraum viele Nutzer eher vorsichtig sind, welche Informationen sie öffentlich verfügbar machen, sind die Ergebnisse für die D-A-CH-Region auch noch eingeschränkt aussagekräftig. Das volle Potential der prinzipiell sehr mächtigen Suchfunktion wird bei Weitem noch nicht ausgeschöpft, aber es lohnt sich, von Zeit zu Zeit einen Blick darauf zu werfen und Facebook Graph Search als brauchbares Werkzeug für Employer und Recruiter im Auge zu behalten.

▶   **Henrik Patzke**

Henrik Patzke hat Politikwissenschaft und International Studies in Bremen, Kopenhagen und Aarhus studiert und ist seit 2012 Social-Media-Analyst bei der complexium GmbH in Berlin. Neben Social Media und Employer Branding gehören zu den Schwerpunkten seiner Arbeit vor allem Markenbeobachtung und Wettbewerbsanalyse im Social Web.

4.7.2   Fallstudie: Die Verzahnung von Offline- und Online-Aktivitäten

Von Florian Unger
Im April 2012 ging das Karrierenetzwerk „careerloft" an den Start mit dem Ziel, junge Talente und High Potentials mit führenden Unternehmen zusammen zu bringen. Gegründet vom Geschäftsbereich embrace der Medienfabrik Gütersloh GmbH, verzeichnet das Karrierenetzwerk im Mai 2013 circa 20.000 Mitglieder und 13 Partner-Unternehmen.

In der heutigen Wissensgesellschaft wird die Kommunikation im Karrierekontext für Berufseinsteiger neu definiert. Treiber hierfür sind die demographische Entwicklung und der daraus resultierende Mangel an hochqualifizierten Fachkräften in bestimmten Studienrichtungen. Das Machtverhältnis verschiebt sich zugunsten talentierter Studenten und Absolventen der Generation Y, die ihre Erwartungen an Arbeitgeber klar artikuliert, in der heutigen Social-Media-Ära ein wandelndes Mediennutzungsverhalten zeigt und sich längst nicht mehr die Rolle des „Bittstellers" im Bewerbungsprozess einnimmt.

Diesem neuen Selbstverständnis der heutigen Absolventengeneration müssen sich alle Parteien im Arbeitsmarkt stellen; neben Arbeitgebern setzt beispielsweise auch bei Karrierenetzwerken ein Umdenken ein. Das neue Karrierenetzwerk careerloft hat diese Entwicklung antizipiert und der Mission verschrieben, sowohl online als auch direkt im Berliner Loft junge Talente mit attraktiven Arbeitgebern zu einem persönlichen Dialog auf Augenhöhe zusammenzubringen.

Hierfür stellt careerloft für seine Partnerunternehmen ein Active Sourcing-Tool zur Verfügung. Mit Hilfe des Tools können die Personalverantwortlichen auf careerloft anhand detailreicher Auswahlkriterien ihre Wunschkandidaten identifizieren. Die Ansprache kann dann direkt erfolgen. Als Ergebnis wird der Bewerbungsprozess umgedreht und den Studenten eine neue Art der Wertschätzung entgegen gebracht. Auf der anderen Seite minimiert sich der Screeningaufwand für das betreffende Unternehmen.

Zugeschnitten auf die Bedürfnisse seiner Partner setzt die Plattform auf einen interdisziplinären Fachrichtungsmix in seiner Mitgliederstruktur. Dieser gliedert sich in Überkategorien: Wirtschaftswissenschaften, Jura, Naturwissenschaften, Informatik und Ingenieurswissenschaften.

Für die optimale Einbindung der Zielgruppen arbeiten im Berliner Loft beständig zwei Praktikanten an der Entwicklung der Seite und als Sprachrohr der Zielgruppe.

Das Konzept sieht vor, dass sie im zweigeteilten Loft für die Zeit ihres Praktikums wohnen, komplett mit eigenen Zimmern, einer Küche und einem großen Wohnzimmer, das über den Tag als Präsentationsraum genutzt werden kann. Dadurch entsteht eine einzigartige Situation in der Lebens – und Arbeitswelt verzahnt werden. Gleichzeitig ist es ein anschauliches Beispiel dafür, dass die neue Generation ein anderes Verständnis von Arbeit und Freizeit entwickelt. Wirklich erfüllende Arbeit wird nicht als Notwendigkeit zum Geld verdienen gesehen. Anreize etwas zu verändern, Teil von etwas zu sein und aktiv mit gestalten zu können sind wichtige Treiber der Berufswahl.

4.7.2.1 careerloft setzt auf eine starke Verzahnung aller Social-Media-Kanäle

Seit dem Start des careerloft-Netzwerkes hat sich Facebook als der effektivste Social-Media-Kanal erwiesen und akquirierte bis zur Jahresmitte 2014 über 22.000 „Likes". Careerloft verfolgt mit dem Kanal Facebook hauptsächlich zwei Ziele, die sich dann noch weiter ausdifferenzieren lassen (siehe Abb. 4.3).

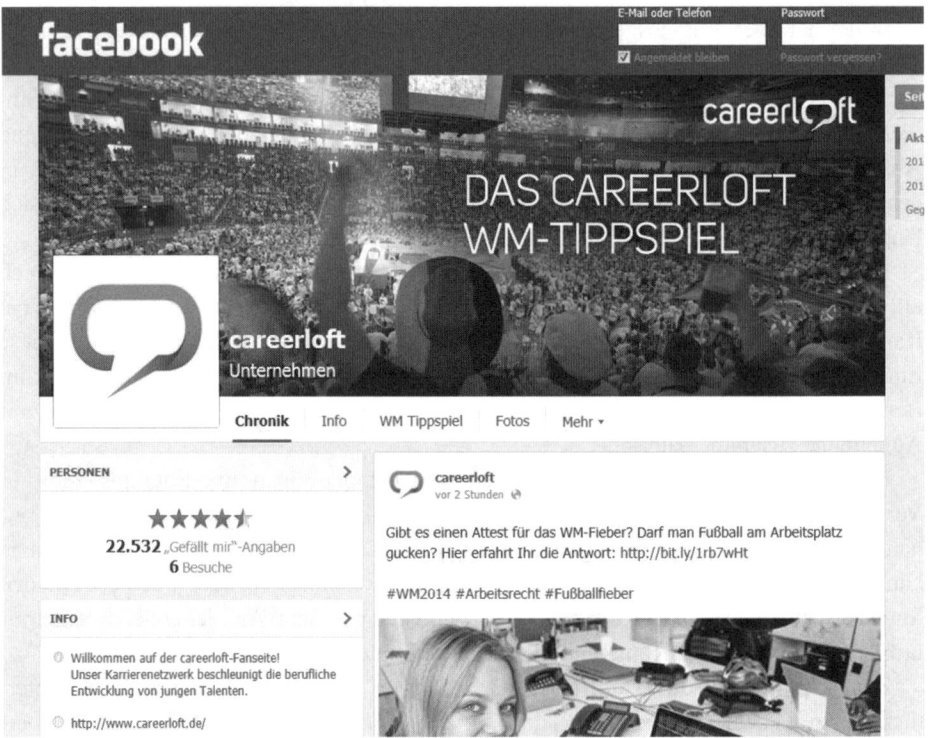

Abb. 4.3 Careerloft-Fanpage

1. Zum einen geht es im Kern darum, die Kommunikation mit den Mitgliedern und Förder mitgliedern auf einem aktiven und informativen Level zu führen. Der Ansatz sieht vor, dass careerloft dorthin geht, wo seine Mitglieder sind und nicht wartet, bis sie auf die Homepage gehen. Nirgendwo kann der Gedanke „auf Augenhöhe" im Netz so gut umgesetzt werden, wie in diversen Social Networks. Facebook ist hier klar der einflussreichste Kanal in Deutschland. Events, Ankündigungen und Informationen über neue Inhalte auf careerloft.de können direkt auf der Facebook-Seite gespielt und auch diskutiert werden.

2. Die Facebook-Präsenz dient allerdings nicht nur zur Community-Pflege und zur Aktivitätssteigerung. Sie ist auch erweiterter Kanal zur Nutzergenerierung. Analysedaten zeigen, dass aus Social Networks – allen voran Facebook – eine signifikante Anzahl an Unique Besuchern generiert wird, die dann auch mit einer, im Vergleich höheren, Wahrscheinlichkeit zu Mitgliedern werden. Es werden also effektiv Neukunden generiert. Dabei spielen Verweise auf Facebook nach careerloft die Schlüsselrolle. Verwiesen wird auf Aktivitäten, Artikel und News. Rund 97 % aller Verweise, die neue Besucher von Social-Media-Seiten auf careerloft.de bringen, kommen von Facebook. Davon wurden insgesamt 3.330 Erstanmeldungen generiert und mehr als ein Drittel führten zu einer Bewerbung zum Förderprogramm.

Im Sinne einer ganzheitlichen Multichannel-Strategie ist Facebook nicht der einzige Kanal, den careerloft nutzt. Um die gewünschte Reichweite zu generieren, wird auf einen Mix der populärsten und zielführenden Kanäle gesetzt. Das schlägt sich später deutlich auf der careerloft Homepage nieder. Etwa 42 % aller Erstanmeldungen werden bereits über den Zugriff aus sozialen Netzwerken generiert.

Aber auch die Frage der Präsentation verschiedener Inhalte wird anhand der Kanäle geklärt. Auf Flickr können Fotoalben in Szene gesetzt werden. Twitter eignet sich für kurze Nachrichten aus einem Event heraus. Auf YouTube werden auf dem careerloft-Kanal Videos platziert und auf Pinterest einzelnen Collagen zu bestimmten Themen erstellt. Daneben gibt es weitere Präsenzen auf LinkedIn und der deutschen Entsprechung, XING. Diese stellen careerloft auch auf Seiten der Recruiting-Community gut auf. Auf beiden Plattformen geht es verstärkt um die Vernetzung der Mitglieder im karrierebezogenen Kontext, weil Facebook bei vielen nach wie vor eher als privater Kanal gesehen wird. Erfahrungen zeigen, dass hier vor allem ein Informationsbedürfnis vorliegt, das man durch relevanten Content füttern sollte.

Der Content auf careerloft kann auf unterschiedlichen Kanälen beworben werden, die sich untereinander vernetzen. Allen Content nur auf Facebook zu featuren würde schließlich auch nur zu einer Überflutung an Inhalten, also einem Rauschen, führen, das die Nutzer irgendwann nicht mehr wahrnehmen (wollen).

> Dies sei am Beispiel eines beliebigen Offline-Loft-Events verdeutlicht:
> 1. Zu Beginn gibt es einen redaktionellen Beitrag auf careerloft (siehe Abb. 4.4), der auf Facebook gefeatured wird (siehe Abb. 4.5).
> 2. Auf einem Event selbst können Tweets über den Fortgang geschrieben werden sowie einzelne Bilder auf Facebook gezeigt werden.
> 3. Im Anschluss gibt es ein Album auf Flickr, eine Zusammenfassung im careerloft-Blog sowie ein Eventvideo auf YouTube (siehe Abb. 4.6), das ebenfalls auf Facebook angekündigt wird.
> 4. Die Teilnehmer vernetzen sich im Anschluss auf XING oder LinkedIn. Hier können sie auch vom careerloft Team erneut angesprochen werden.

4.7.2.2 careerloft eröffnet seinen Partnern neuen Raum für Social-Media-Aktionen

Auf die Facebook-Seiten der Partner wird auch über die careerloft-Facebook-Seite verlinkt. Es wird versucht, sie in den Inhalten einzubinden, in dem beispielweise Posts über Partner „vertaggt" werden. Ansonsten gibt es eine Partner-App auf der alle Partner sichtbar sind. Hierzu kommt, dass careerloft oft Inhalte der Partner teilt. Es werden somit nicht selbst Posts erstellt, sondern bestehende von den Partner-Facebook-Seiten auf die eigene

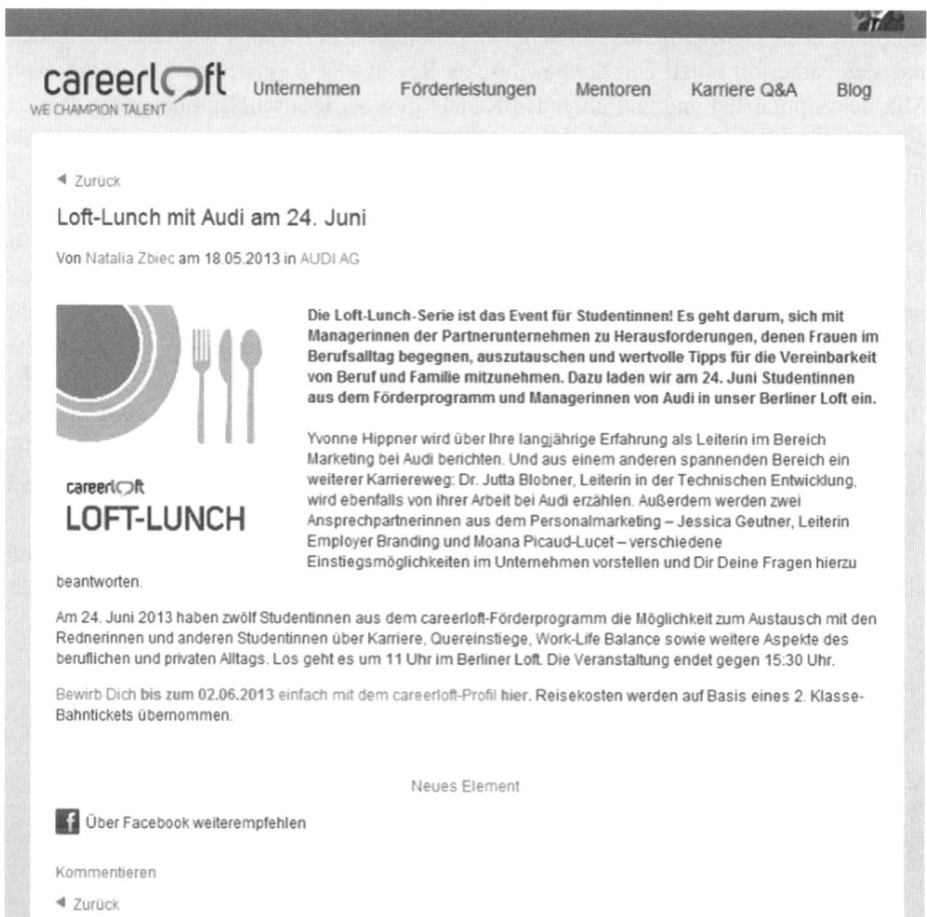

Abb. 4.4 Artikel auf der careerloft-Webseite

Seite verlinkt. Darüber hinaus gibt es auch weitere Verlinkungen zu den Web-Präsenzen der Partner-Karriereseiten.

Die Facebook-Präsenz wird ausschließlich von careerloft selbst bespielt. Allerdings steht careerloft im beständigen Austausch mit den Ansprechpartnern seiner Partnerunternehmen. Diese können Einfluss auf die Postings nehmen oder bestimmte Posts vorschlagen, die dann in ihrem Namen von careerloft gepostet werden.

Dies kann ein Share des Partners, aber auch separat abgestimmte Inhalte sein (z. B. Karriereevent, Beitrag auf careerloft.de). Es kommt also nur vor, dass careerloft im Namen der Partner postet, aber nie die Partner selbst. Auf der careerloft.de Seite allerdings können Partner selbst zwar kommentieren aber keine eigenen Inhalte hochladen.

Abb. 4.5 Artikel auf der careerloft-Fanpage

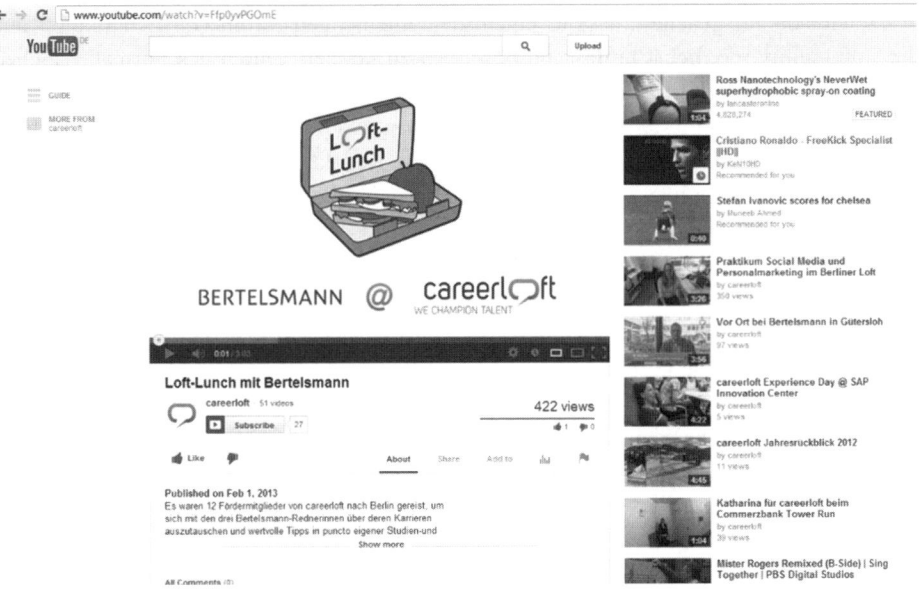

Abb. 4.6 Artikel auf der careerloft-YouTube-Präsenz

4.7.2.3   Social Media erlaubt careerloft seine Zielgruppe exakter anzusprechen

Zielgruppenspezifische Ansprache über die Social-Media-Kanäle ist ein weiteres Anliegen, auf das careerloft baut. Die vorliegenden complexium Analysen haben bereits gezeigt, dass es in den verschiedenen Zielgruppen eine differenzierte Nutzung des Social Webs gibt. In der Zielgruppe der Ingenieurswissenschaften ist beispielsweise durch die Analyse aufgefallen, dass XING ein stark genutztes Forum ist. Neben Alumnigruppen von Hochschulen, geht es dort um den Austausch von Expertise und Fachwissen. Wenn careerloft demnach Events für Ingenieure bewerben will, versucht man diesen Aktionen auf der XING-Seite dementsprechend eine höhere Präsenz zu verschaffen.

Zusätzlich zu den Analysen wird auch gerade im schnelllebigen Feld der Social Media viel auf den Dialog mit Mitgliedern gesetzt, um neue Trends zu identifizieren. Auf vielen Events der IT Branche beispielsweise ist eine starke Nutzung von Twitter auszumachen. Als Folge wird die Kommunikation, die sich an IT Studenten richtet, inzwischen verstärkt über Twitter gesteuert. Twitter eignet sich auch deshalb besonders gut als Medium, weil die Hashtag Funktion careerloft ermöglicht in Beiträgen wieder zurück auf die Twitteraccounts von Eventveranstaltern oder Teilnehmern zu verlinken.

4.7.2.4   Verzahnte Online- und Offlinekommunikation sind Kern des Erfolgs

Die Verbindung von Online-Offline-Aktivitäten spielt für careerloft eine entscheidende Rolle. Symbolisch für alle offline Events steht das Loft in Berlin Kreuzberg. Neben vielen anderen Orten werden nach wie vor viele Events dort abgehalten. Nach dem ersten Jahr haben sich bereits mehrere Formate als zielführend erwiesen.

Es wird darauf geachtet, dass es einen gleichbleibenden Strom von Events gibt, um die Community möglichst umfassend bespielen zu können. Durch das Format mancher Events, wie dem vor Ort Besuch bei Partnern, sind diese weniger regelmäßig als andere, es werden jedoch mindestens drei bis fünf Partnerevents pro Monat veranstaltet, Tendenz steigend. Über die Events wird im Vorfeld aus dem Redaktionsteam heraus berichtet. Die Nachberichterstattung liegt im Aufgabenbereich der Loftbewohner, welche die Events immer begleiten und organisieren.

4.7.2.5   Der Loft Lunch offline – und digital:

Bei dem „Loft Lunch" werden Vertreter von einem oder zwei der Partnerunternehmen, sowie 15–20 weibliche Fördermitglieder eingeladen über verschiedene karrierebezogene Themen zu diskutieren. Die Diskussion läuft offline ab, gleichzeitig werden aber verschiedene Online-Kanäle bespielt.

Der Loft Lunch

1. Über die careerloft-Homepage und die Facebook-Page wird ein Aufruf gestartet, sich auf den Loft Lunch zu bewerben. Gespickt wird der Aufruf mit ersten Hintergrundinformationen.
2. Auf careerloft.de erscheint ein Artikel zum Thema, der ebenfalls über Facebook bekannt gemacht wird.
3. Auf dem Event selbst werden Bilder geschossen und auf Facebook hochgeladen.
4. Außerdem werden über Twitter Tweets über den Verlauf der Veranstaltung gepostet.
5. Während des Events werden weitere Bilder, sowie Filmaufnahmen gemacht.
6. Im Anschluss an das Event fertigen die Loftbewohner einen Nachbericht über das Event an, der auf dem Loftblog hochgeladen wird.
7. Das Video der Veranstaltung wird bei YouTube hochgeladen und über den Blog sowie Facebook und die careerloft.de Seite beworben.

4.7.2.6   Blick in die Zukunft

Besondere Herausforderungen liegen in der kontinuierlichen Weiterentwicklung eines möglichst heterogenen Fachrichtungsmixes auf careerloft. Social Media wird hier eine starke Rolle spielen. Über die zielgerichtete Kommunikation der careerloft USPs an die Zielgruppe kann die Markenbotschaft optimal transportiert werden.

Die Aussteuerung der Kanäle und des Contents befindet sich demnach auch in einem ständigen Prozess. Trends im Bereich Social Media müssen schnell identifiziert und angesprochen werden. Genauso gut ist es möglich, dass Kanäle, die lange funktioniert haben, plötzlich „out" sind und man hier umdenken muss.

Da das Netzwerk von careerloft wächst und auch die Mitglieder irgendwann in das Berufsleben einsteigen, liegt natürlich ein Ausbau eines Alumni-Netzwerkes nahe. Genauso wird aber auch in die entgegen gesetzte Richtung gedacht. Mit blicksta wird 2014, für Schüler aller Schultypen, ein weiteres Karriereportal online gehen. Am Ende steht eine ideale Betreuung durch alle Karrierestufen hinweg bis zum Young Professional. Synergieeffekte auf allen Ebenen können dabei optimal ausgespielt werden. Spannend wird hier zu sehen, wie die Generation Z angesprochen werden kann. Diese Generation, die keine Welt ohne Internet mehr kennt, stellt an jeden, der ein online Angebot bietet, noch höhere Ansprüche als ihre Vorgänger. Dieser Herausforderung muss sich jedes digitale Unternehmen schon heute bewusst werden.

▶ **Florian Unger**

Nach dem Abitur folgte die Lehre zum Tischlergesellen. Anschließend ging er auf halbjährigen Auslandsaufenthalt in Asien. Danach wird das Hobby zum Beruf und zur Berufung: sechs Jahre Aktienhandel in einem Netzwerk von Bankern, Brokern und Investoren. Das Interesse für Marken und erfolgreiche Markenführung brachten ihn zurück auf die Schulbank, nämlich zum Studiengang Kommunikationsmanagement an der privaten design akademie berlin. Danach folgten spannende Projekte in der internationalen Kundenberatung bei der Netzwerkagentur BBDO-Düsseldorf für den Kunden Mars-Wrigley mit Marken wie SNICKERS, UNCLE BENS sowie CATSAN. Seit 2004 für Bertelsmann in diversen Branchen und Positionen tätig; der rote Faden: Aufbau von neuen Geschäften in Multichannel- und speziell in digitalen Märkten. Seit 2011 für die medienfabrik, einer Tochter von Bertelsmann tätig. Hier begann, gemeinsam mit Gero Hesse, die careerloft-Konzeption und deren Umsetzung. Seit Ende 2013 ist er bei Babbel.com in der Position des Director of Communications verantwortlich für Unternehmenskommunikation, Internationalisierung und CRM. Florian lebte seit seiner Geburt vor 40 Jahren hauptsächlich in Berlin und ist Vater von einem zweijährigen Sohn und fröhlicher Ehemann.

4.7.3 Interview mit Markus K. Reif: Anforderungen der Unternehmenskommunikation

Frage

Herr Reif, Ernst & Young hat mittlerweile über 60.000 Fans und kann sich somit als erfolgreiche Employer Brand auf Facebook bezeichnen. Wie haben Sie das geschafft?

Marcus K. Reif Aus Erfahrung sollte man zuerst das Ziel definieren, die dazugehörige Strategie und die Organisation schaffen und Verantwortlichkeiten klären. Bei Ernst & Young haben wir ein hervorragendes Miteinander zwischen Marketing, PR/Kommunikation und HR. Das erleichtert vieles. Auf Basis der Strategie haben wir die Rolle des Social-Media-Managers geschaffen. Darauf aufbauend sind sicherlich einige Aspekte entscheidend für den erfolgreichen Weg unserer Facebook-Seite. Zum Beispiel die Neugestaltung der Ernst & Young-Seite bei Facebook hat sicherlich dazu beigetragen, dass die

Zielgruppe uns besser wahrnimmt. Viel wichtiger ist jedoch, dass wir einen kanalübergreifenden Redaktionsplan für Facebook, Twitter, XING und LinkedIn entwickelt haben, der sicherstellt, welche Themen zum jeweils richtigen Zeitpunkt auf welchem Kanal stattfinden. Diese werden zielgruppenspezifisch ausgesteuert, so dass durch den Interaktionseffekt die Reichweite der Zielgruppe konstant ausgebaut wird. Wir stellen allerdings nicht einfach Pressetexte online, sondern schreiben spezifisch für unsere Zielgruppe und nach Plattform. Mittels des Redaktionsplans haben wir eine inhaltliche Vielfalt und eine Regelmäßigkeit – auch anlassbezogen. Das ist essenziell.

Auch die Schaffung unserer Talentbindungs-Communities haben nicht nur die Attraktivität unseres Auftritts bei Facebook erhöht, sondern sorgen auch für die langfristige Bindung von High Potentials an Ernst & Young. Top-Kandidaten können nur auf Einladung Mitglied dieser Community werden, in der sie exklusive Informationen und Aktionen erhalten.

Entscheidend ist jedoch die Ganzheitlichkeit unseres Recruiting-Ansatzes. Der Erfolg der Facebook-Seite wurzelt auch in einer Vielzahl anderer Maßnahmen – online und offline. Alle Berührungspunkte, die potenzielle Bewerber, insbesondere bei Hochschulmessen und Recruiting-Veranstaltungen mit Ernst & Young haben – sei es das Gespräch mit einem unserer Campus Scouts, die Lektüre einer unserer Broschüren oder eine Stellenanzeige – können den entscheidenden Impetus geben, auf Facebook-Fan von Ernst & Young zu werden.

Frage

Was sollte man beachten, wenn man erfolgreich über Facebook kommunizieren möchte?

Marcus K. Reif Zunächst ist es wichtig, bestimmte „Regeln" einzuhalten, die für die Kommunikation über Social Media gelten. Dazu zählt, dass alle Botschaften mit einem Höchstmaß an Flexibilität und Aktualität in die Netzwerke gegeben werden. Unsere Posts möchten wir regelmäßig veröffentlichen und inhaltsstark sein, denn für irrelevante Infos gibt es wenig Resonanz. Auch auf die richtige Dosis kommt es an – ausgewählte Botschaften platzieren, statt alles auf einmal unterbringen zu wollen. Dafür dürfen sich Themen ruhig mal wiederholen – auf keinen Fall jedoch mit identischem Text. Hier muss man mit einem Gespür für Dramaturgie und Spannungsaufbau zu Werke gehen, um zu gewährleisten, dass die Posts regelmäßig gelesen werden. Ansonsten gelten die allgemeinen Regeln guter Kommunikation: auf das Gegenüber eingehen, für die Zielgruppe relevante Inhalte kommunizieren, sich selbst treu bleiben, Profil zeigen, authentisch sein.

Frage

Wie sieht die Bandbreite der Themen aus, die ERNST & YOUNG in den Social Media beleuchtet?

Marcus K. Reif Bei Social Media genügt es schon lange nicht mehr, die reine Markenbotschaft zu übermitteln oder die Vorteile des Arbeitgebers zu beschreiben. Vielmehr geht es heute darum, dialogbereit zu sein, Themenfelder zu besetzen und Expertise für bestimmte Fragestellungen zu transportieren. Nur so kann man sich als attraktiver Arbeitgeber positionieren. Die Bandbreite der Themen orientiert sich also am Anspruch der Zielgruppe, die heute sehr genau wissen möchte, mit was für einem Arbeitgeber sie es zu tun hat, welchen Karriere-Mehrwert sie erwarten kann und welche Werte das Unternehmen vertritt.

Frage

Wie geht das Facebook-Team mit dem Thema Neutralität um? Welche Hürden gilt es zu meistern? Was sind Vorgaben von der Unternehmenskommunikation oder sogar vom Gesetzgeber?

Marcus K. Reif Letztlich ist es „nur ein Kanal". Entscheidend ist die zugrunde liegende Kommunikationskultur und der Versuch, auf Augenhöhe miteinander zu kommunizieren. Hürden gibt es natürlich immer, insbesondere weil es für unsere Social-Media-Manager arbeitsrechtliche Rahmenbedingungen gibt, unsere Zielgruppe aber auch eine gute Unterhaltung außerhalb der Dienstzeiten schätzt.

Frage

Wie hebt man sich als Big-Four-Arbeitgeber auf Facebook von der Konkurrenz ab, um die Arbeitgebermarke adäquat bei der Zielgruppe zu positionieren?

Marcus K. Reif Über die Arbeitgeberpositionierung. Unsere Maxime gilt: „Whenever you join, however long you stay, the exceptional Ernst & Young experience lasts a lifetime!". Das ist ein Versprechen, daran lassen wir alle bei Ernst & Young uns täglich messen. Wir haben eine sehr klare Wachstumsstrategie und erzählen gerne die Erfolgsgeschichte unserer Firma. Und jeder potenzielle Bewerber wird verstehen, wohin unsere Reise geht und weshalb er mitkommen sollte. Wir sind in diesem Segment authentisch und grenzen uns inbesondere im Punkt Menschlichkeit und Kultur sehr positiv von unserem Wettbewerb ab.

Frage

Eine Ihrer Zielgruppen sind Berufseinsteiger, die direkt von der Uni kommen. Was kann man von dieser Zielgruppe in puncto Kommunikation lernen? Was ist besonders wichtig, um Aufmerksamkeit zu erzeugen?

Marcus K. Reif Es geht in erster Linie um authentische Kommunikation – von der Zielgruppe für die Zielgruppe. Die Themen müssen für die Zielgruppe eine hohe Relevanz haben. Relevante Themen müssen also medien- und zielgruppenadäquat aufbereitet werden. Bildwelten, Infografiken und Videomaterial sind mittlerweile genauso wichtig wie die Botschaft selbst. Der Unterschied zwischen den heutigen Bewerbern und denen vor 15 Jahren ist die Verschiebung des präferierten Kommunikationskanals. Heute SMS, Facebook und Whatsapp, damals E-Mail und Brief.

Frage

Wie setzen Sie Ihren Claim „More than a career" konkret auf der Facebook-Seite um? Welche zentralen Botschaften wollen Sie potenziellen Bewerbern auf der Fanpage zu Ernst & Young als Arbeitgeber vermitteln?

Marcus K. Reif Wir leben von der Kultur, der steilen Lernkurve und den herausfordernden Projekten bei unseren Kunden aus allen Branchen. Davon möchten wir erzählen, z. B. durch Erfahrungsberichte, Einblicke in unser Unternehmen und unsere tägliche Arbeit, Alumni-Berichte, Filme vom Absolventenkongress und anderen Veranstaltungen oder zu Praktikumsmöglichkeiten. In unserer gesamten Kommunikation spiegelt sich immer wieder unsere Maxime wider: Whenever you join, however long you stay, the exceptional ERNST & YOUNG experience lasts a lifetime!

▶ **Marcus K. Reif**

Marcus K. Reif ist Leiter Recruiting & Employer-Branding für Deutschland, Schweiz und Österreich bei dem internationalen Prüfungs- und Beratungsunternehmen Ernst & Young. Er wurde gerade als Social-Media-Personalmarketing-Innovator des Jahres 2012 ausgezeichnet.

4.7.4 Interview mit Fabian Stenger: Ressourceneinsatz und Kennzahlen für Facebook

---

Frage

Haben Sie interne Prozesse definiert, um die BMW-Facebook-Fanpage mit Inhalten zu versehen?

Fabian Stenger Wir haben in 2012 unsere Social Media Prozesse im Allgemeinen neu definiert und auch das Thema Content-Management hat dabei einen sehr wichtigen Stellenwert eingenommen. Wir haben detaillierte Prozesse festgelegt, die sicherstellen, dass wir die Qualität und Quantität unserer Inhalte dauerhaft bereitstellen können. Dies schließt eine regelmäßige Vernetzung in die verschiedenen Fachbereiche, ebenso wie einen detaillierten Redaktionsplan und den Austausch mit weiteren Social-Media-Verantwortlichen in den unterschiedlichen Kommunikationsbereichen mit ein. Wir legen im Content-Management Prozess zudem großen Wert auf das Thema Kennzahlen und Reporting. So passen wir Inhalte entsprechend den Kennzahlen an und verbessern somit unsere Inhalte auf Facebook in einem stetigen Prozess.

Frage

Wie viele Ressourcen investieren Sie dafür?

Fabian Stenger Aktuell kümmern sich bei uns zwei Mitarbeiter um das Thema Social Media. Es ist jedoch bei allen Mitarbeitern ein fester Bestandteil ihrer täglichen Arbeit. Wir vertreten die Meinung, dass Social Media in keinster Weise nur nebenher existieren darf. Es ergeben sich auch abseits der bekannten Kanäle, wie Facebook oder Twitter, viele Potenziale in diesem Bereich. Diese vernünftig zu evaluieren, zu testen und dann gegebenenfalls auch zu betreiben, erfordert notwendigerweise auch entsprechende Personalressourcen. Glücklicherweise hat unser direktes Management dies schon frühzeitig erkannt und sich für entsprechende Spezialistenstellen eingesetzt. Die Budgets für Social Media variieren hingegen durchaus. Grundsätzlich gibt es ein Basisbudget für Social Media, das bei Bedarf projektbezogen aufgestockt wird.

Frage

Wie häufig posten Sie?

Fabian Stenger Im Durchschnitt posten wir drei Mal pro Woche auf unserer Facebook-Karriereseite. Wir versuchen hier einen Spagat hinzubekommen zwischen der Vielzahl an spannenden Geschichten und wissenswerten Informationen über BMW als Arbeitgeber auf der einen Seite und dem tatsächlichen (subjektiven) Informationsbedürfnis unserer Fans andererseits. Es gibt natürlich einige Fans, die gerne täglich oder gar mehrmals täglich ein Posting erwarten. Jedoch gibt es auch Fans, die nur selektiv Informationen von BMW Karriere sehen möchten. Gerade bei einem Überangebot von Informationen, sprich einer zu hohen Häufigkeit von Postings, erkennen wir einen signifikanten Anstieg von Unlikes unserer Karriereseite. Man kann jedoch sagen, dass es keine allgemeingültige Regel gibt, wie oft ein Posting erfolgen sollte. Dies ist immer stark von dem Charakter der Seite und der Fanbase abhängig.

Nutzen Sie Facebook-Insights?

Fabian Stenger Facebook-Insights ist ein wichtiger Bestandteil unserer täglichen Arbeit auf Facebook. Gerade die API-Schnittstelle bietet eine sehr gute Möglichkeit die Kennzahlen auch außerhalb von Facebook weiterzuverarbeiten. Grundsätzlich verfolgen wir jedoch den Ansatz der integrierten Erfolgsmessung. Das bedeutet, dass wir Facebook einerseits auch als einzelnen Marketing-Kanal evaluieren, die Aktivitäten jedoch zusätzlich im Zusammenhang mit weiteren Kanälen wie beispielsweise der BMW-Group-Karriereseite auswerten (Multi-Touchpoint-Analyse).

Welche Kennzahlen verwenden Sie, um Ihre Performance auf Facebook zu messen?

Fabian Stenger Die Frage ist nicht ganz trivial zu beantworten. Um die Performance zu messen, benötigt man zunächst Ziele, die in das Gesamtzielbild der Organisationseinheit passen. Sind diese Ziele definiert, kann man sich überlegen, wie man diese Ziele mit Kennzahlen hinterlegt. Spannend ist dann die Frage, wie man diese Kennzahlen rein technisch erhebt. Die klassischen Facebook-Kennzahlen wie „Reach" oder „People Talking About This" sieht der Administrator einer Seite direkt im Insights-Bereich. Komplex wird es dann, wenn man Facebook in Bezug auf Kennzahlen nicht als isolierten Kanal betrachtet, sondern integriert als Teil eines Weges des Bewerbers hin zur Bewerbung (Candidate Journey).

Egal wie komplex die Kennzahlenerhebung wird, auf keinen Fall sollte jedoch nach dem Prinzip vorgegangen werden: „Schauen wir was sich messen lässt, dann finden wir schon Ziele dazu". Dies sollte selbstverständlich sein, jedoch trifft es in der Realität nicht immer zu. Hier nutze ich stets sehr gerne das Beispiel der „Interaktivität". Diverse Tools bieten die Möglichkeit diese Kennzahl automatisiert zu erheben. Zählt man die Likes, Kommentare und Shares zusammen und teilt diese durch die Fananzahl sowie die Anzahl der Posts wird dem Nutzer dieser Tools die Interaktivität der jeweiligen Facebook-Seite angezeigt. Denkt man genauer über das Ziel „Interaktivität" nach, ist die Kennzahl jedoch recht mangelhaft. Ist meinem Unternehmen ein Like tatsächlich so viel Wert wie ein Kommentar? Ein Share so viel Wert wie ein Like? Eine Patentlösung gibt es hier nicht, schon gar nicht eine automatisierte Lösung inklusive Benchmark. Jedoch kann man für die eigenen Ziele einer Facebook-Karriereseite die Interaktivität etwas genauer definieren, was nichts anderes heißt, als die Kennzahl an die eigenen Ziele anzupassen.

Wir haben dies getan und uns überlegt was für uns eine qualitative Interaktivität bedeutet. Hierbei wurde die Interaktivitätsrate auf die Ziele hin überprüft, angepasst, (notwendigerweise) manuell erhoben und im Benchmark verglichen. Wenig überraschend, dass das Ergebnis einen deutlichen Unterschied zwischen der klassischen und der angepassten Interaktivitätsrate zeigt. Dieses Beispiel soll aufzeigen, dass die Ziele nicht den Kennzahlen, sondern die Kennzahlen den Zielen folgen sollten, auch wenn es oftmals nicht der einfachste Weg ist.

Welche Rolle spielt Facebook beim Recruiting und Personalmarketing?

Fabian Stenger Facebook ist zum einen natürlich erst einmal ein Kanal von vielen im Personalmarketing/Recruiting-Mix. Zum anderen ist Facebook jedoch ein besonderer Kanal, da man der Zielgruppe die Möglichkeit gibt 24 Stunden und 7 Tage die Woche einen direkten Dialog mit dem Karriereteam zu starten. Wir können auf Facebook zudem sehr schnell und sehr einfach interaktive Elemente und Informationen bereitstellen und über diese Inhalte auch live und direkt mit der Zielgruppe diskutieren. Sehr intensiv nutzen wir in diesem Zusammenhang auch das Userfeedback, welches wir auf Facebook erhalten. Mit konstruktiver Kritik und Wünschen der User können wir nahe an der Zielgruppe beispielsweise unseren Auswahl- und Bewerbungsprozesse stetig optimieren. Da wir zudem mit Facebook ein Medium verwenden, welches die Zielgruppe intensiv nutzt, eignet sich die dortige Kommunikation hervorragend um Hemmschwellen abzubauen und für den potenziellen Bewerber noch nahbarer zu sein. Diese Eigenschaft bieten die klassischen Recruitingkanäle nur eingeschränkt. Daher legen wir auf Facebook besonderen Wert auf persönliche, transparente und schnelle Kommunikation mit der Zielgruppe. Ein hohes Servicelevel im Community-Management sowie ein qualitativ hochwertiges Content-Management bilden für uns die Basis, um Facebook erfolgreich als Recruitingkanal nutzen zu können.

Sprechen Sie einzelne Zielgruppen (z. B. ITler) gesondert an?

Fabian Stenger Eine zielgruppenspezifische Kommunikation bildet für uns die Basis für erfolgreiches Marketing. Aufgrund dessen sprechen wir unsere Zielgruppen sehr differenziert anhand zweier Dimensionen an. Zum einen unterscheiden wir in der Kommunikation nach dem Stand der individuellen Karriere (Studenten, Absolventen, Young Professionals etc.) und zum anderen – und das ist uns sehr viel wichtiger – nach den Fachrichtungen. Dies zieht sich durch den gesamten Personalmarketing-Mix. Angefangen auf unseren Karriereseiten durch eine fachbezogene Primärnavigation über unterschiedliche Veranstaltungsformate hin zu einer differenzierten Ansprache im Social Web und im Speziellen auch auf Facebook. Schon beim Content-Management gehen wir davon aus, dass unterschiedliche Zielgruppen auch unterschiedliche Informationsbedürfnisse haben und auch entsprechend unterschiedlich angesprochen werden wollen. Generell versuchen wir im Personalmarketing mit einem zielgruppenspezifischen Kommunikationsansatz auch den Anspruch einer Filterfunktion zu erfüllen. Dies bedeutet, dass wir im Idealfall nur die Interessenten erreichen, die für uns auch tatsächliche Potenzialkandidaten sind. Voraussetzung hierfür ist dann selbstverständlich eine sehr spezifische und zielgruppenorientierte Ansprache (siehe Abb. 4.7 und 4.8). Hier helfen uns beispielsweise die sehr genauen Targetingmöglichkeiten zur Zielgruppeneingrenzung bei den Facebook-Ads sowie die Möglichkeit dieser Zielgruppe dann auch eine passende Ansprache in Form von Landingpages direkt in Facebook bieten zu können.

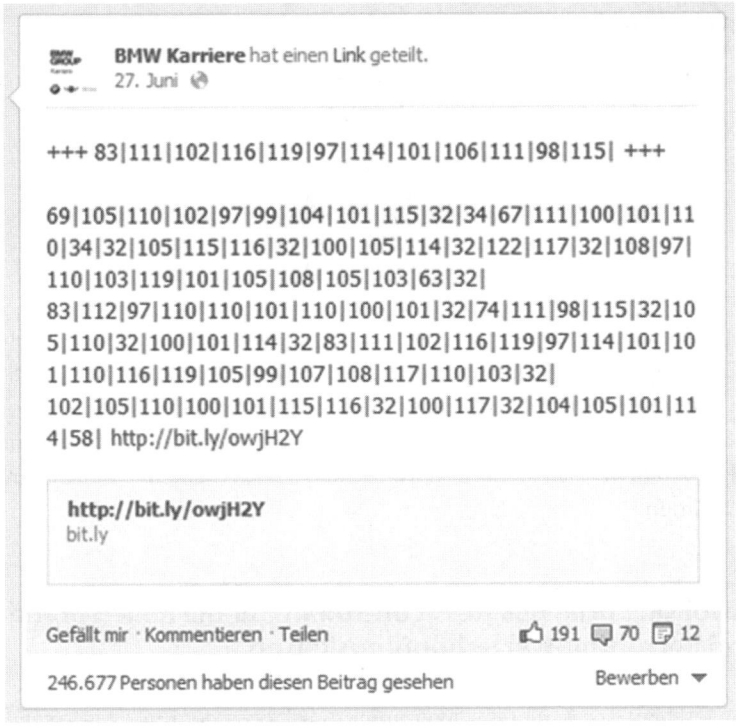

Abb. 4.7 Zielgruppenspezifische Ansprache: Informatiker

Abb. 4.8 Zielgruppenspezifische Ansprache: Wirtschaftswissenschaftler

▶   **Fabian Stenger**

Fabian Stenger ist seit mehr als zwei Jahren als Spezialist bei der BMW Group im Employer Branding tätig und hat die Social-Media-Aktivitäten der Münchner von Beginn an begleitet. Er kommuniziert vorrangig mit der Zielgruppe Young Professionals und Professionals im Bereich der Informationstechnologie und ist zudem verantwortlich für die Erfolgsmessung der HR-Marketing Aktivitäten der BMW Group.

4.8   Ausblick: Social Business Controlling für die neuen Branding- und Recruiting-Wertschöpfungsketten

Wir haben gesehen, dass – allerlei Unkenrufen zum Trotz – der Einbezug von Facebook in das Branding- und Recruiting-Konzept von Arbeitgebern sehr sinnvoll ist. Dies gilt umso mehr, wenn ein solcher Auftritt nicht losgelöst, sondern integriert in eine ganze Sequenz von Kontaktstellen gepflegt wird.

Mit einer solchen Verknüpfung wird eine digitale Wertschöpfungskette aufgebaut und durch kontinuierliches Social Engagement zur Entfaltung gebracht. Damit können dann gewichtige Wirkungen generiert werden. Natürlich steigt aber auch das Ausmaß an erforderlicher Betreuung dieser Prozessketten.

Mit dem Aufwand wächst das Bedürfnis nach einer angemessenen Controlling-Abdeckung. Hier gilt es jedoch sich deutlich von den initial herangezogenen Kenn- und Vergleichsgrößen wie schlichten Fanzahlen zu lösen und eine professionellere Abdeckung der gesamten Wertschöpfungskette anzustreben.

In einem solchen Vorhaben werden Arbeitgeber immer stärker strategiegerichtete Metriken entwickeln und einsetzen. Es scheint sich zu bewähren, dass zunächst der jeweils gewünschte Engagement-Level fixiert wird, etwa nach dem vorgestellten vierstufigen Modell.

So zeichnet sich in vielen Unternehmen immer stärker ab, dass die Anforderungen an ein Social Business Controlling nicht vor dem Personalbereich halt machen. Abbildung 4.9 illustriert, wie finanzielle und operative Key Performance Indicators (KPI) zusammengeführt werden können.

Mit einer solchen Vorgabe lassen sich dann entlang den Perspektiven der Balanced Scorecard konkrete Performance-Messgrößen strukturieren. Dies mag das eingesetzte

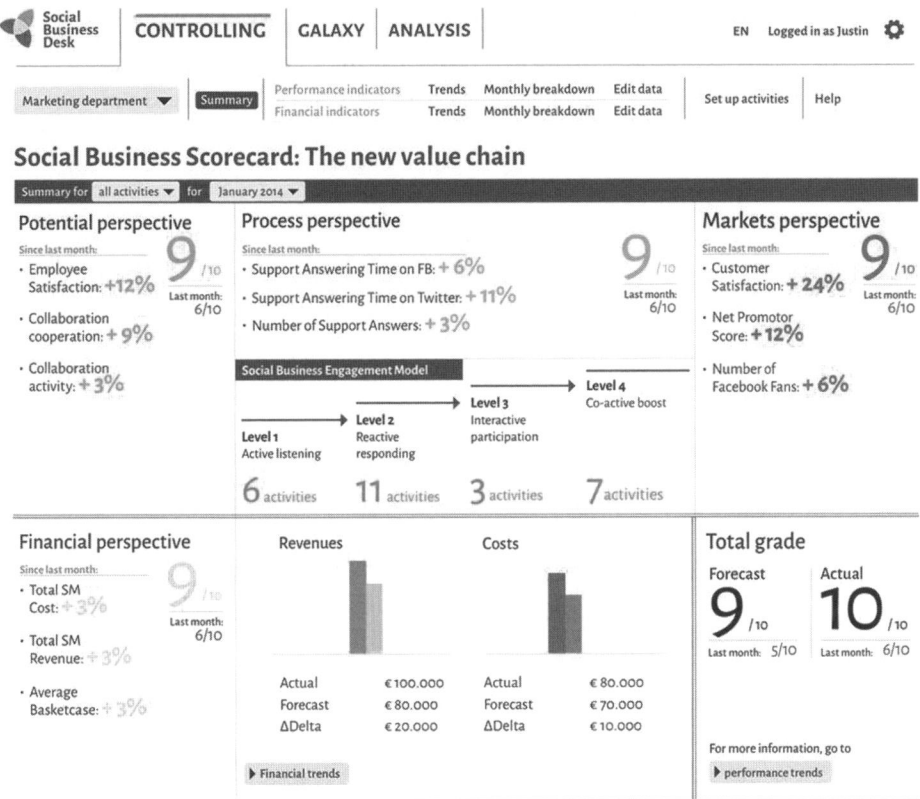

Abb. 4.9 Social Business Controlling (alle Kenngrößen und Werte sind fiktiv). (Quelle: complexium, Co-Innovation mit SAP 2014)

Budget und weitere interne Messgrößen (z. B. Time-to-fill), erreichte Interaktionsraten und Reaktionszeiten, die Anzahl der involvierten Mitarbeiter wie auch die Präsenz auf den relevanten Tummelplätzen der Zielgruppe betreffen, die dann positive Impulse in Richtung Arbeitgeber generiert.

Ein solches Set an Kenngrößen sollte dem HR- und Unternehmensmanagement eine ziel- und prozessorientierte und keine toolfokussierte Sicht erschließen. Mit einer solchen Anbindung an die bestehenden Sicht- und Beurteilungsweisen – die natürlich auch Planungskomponenten umfassen – sollte im weiteren Verlauf der Bedeutungszuwachs dieser digitalen Prozesse und Wertschöpfungsbeiträge nachhaltig unterstrichen werden.

Literatur

1. BITKOM (2011) Soziale Netzwerke. Eine repräsentative Untersuchung zur Nutzung sozialer Netzwerke im Internet. http://www.bitkom.org/files/documents/SozialeNetzwerke.pdf. Zugegriffen: 12. Juni 2013

2. Kriegler WR et al (2006) In Worte gefasst. Employer Branding Definition. http://www.employ-erbranding.org/employerbranding.php. Zugegriffen: 12. Juni 2013
3. Jäger W (2008) Die Zukunft im Recruiting: Web 2.0. In: Beck C (Hrsg) Personalmarketing 2.0. Vom Employer Branding zum Recruiting. Köln, S 57–66 Hermann Luchterhand Verlag
4. Trost A (2009) Employer Branding. In: Trost, A (Hrsg) Employer Branding. Arbeitgeber positionieren und präsentieren. Köln, S 13–78 Hermann Luchterhand Verlag

Karriere-Blogs

5

Michaela Schröter-Ünlü

Inhaltsverzeichnis

Zusammenfassung

Die Bedeutung von Blogs als zentrale Kommunikationsplattform für das Social Media Recruiting und Personalmarketing nimmt in Deutschland nur langsam Fahrt auf. Verglichen mit dem angelsächsischen Raum, insbesondere den USA, ist das Medium Blog hierzulande generell wenig ausgeprägt. Zu Unrecht! Denn auf einem Blog können sich Unternehmen so darstellen, wie sie sind – sie können die Unternehmenskultur nach außen tragen, Mitarbeiter zu Wort kommen lassen und Geschichten erzählen. Wie kein anderes Medium schafft ein Blog es, potenzielle Bewerber zu erreichen. Mit einem schlüssigen Konzept und klarer Strategie haben Blogs unschlagbare Vorteile in der Arbeitgeberkommunikation.

In diesem Kapitel erfolgt zunächst eine kurze Einführung in das Thema Karriere-Blog, bevor die strategische Ausrichtung und mögliche Zielgruppen eines Karriere-

M. Schröter-Ünlü (✉)
VEDA GmbH, Carl-Zeiss-Straße 14, 52477 Alsdorf, Deutschland
E-Mail: michaela.schroeter@veda.net

© Springer Fachmedien Wiesbaden 2015
R. Dannhäuser (Hrsg.), *Praxishandbuch Social Media Recruiting*,
DOI 10.1007/978-3-658-06573-7_5

Blogs beleuchtet werden. Bei der Konzeptentwicklung, die daran anknüpfend dargestellt wird, spielen Aspekte wie Struktur, Namensgebung und Ressourcenplanung eine
entscheidende Rolle. Auch die Vermarktung muss bereits in dieser Phase geplant und
initiiert werden. Im Anschluss widmen wir uns den Grundregeln der Blogging-Praxis
und den essenziellen Fragen, die sich im Live-Betrieb stellen: Wie oft müssen Beiträge
gepostet werden? Wie findet man zielgruppenrelevante Themen? Wie schreibt man
interessant? Welche Freiheiten gibt man den Bloggern? Beantwortet werden die Fragen
nicht alleine durch die Autorin, sondern auch von Experten, die in der Praxis täglich
mit der Planung und Koordination von Karriere-Blogs betraut sind.

5.1 Kurze Einführung zum Thema Karriere-Blog

Corporate Blogging, respektive Corporate Karriereblogging, kommt nur langsam in den
Personalmarketingabteilungen deutscher Unternehmen an. Zwar gibt es einige interes-
sante Karriere-Blogs, es könnten aber weitaus mehr sein. Zu viele Unternehmen bleiben
zurückhaltend. Sie erkennen die Potenziale und den Mehrwert nicht, weil sie sich vor
Investitionen scheuen – und so ist der vermeintlich hohe Ressourcenaufwand häufig der
Hemmschuh, der Unternehmen zögern lässt.

Während Blogs als reine Karriere-Blogs noch rar sind, gibt es zahlreiche gute Beispiele
für Unternehmens-Blogs zu Marketing- oder Fachthemen. Es gibt auch Mischformen, die
neben marketingspezifischen Themen dem HR-Aspekt Rechnung tragen, wie zum Beispiel der Daimler-Blog. Diesen Ansatz verfolgt der Blog seit dem Launch 2007 erfolgreich:

> Der Daimler-Blog wird von bis zu 40.000 Unique Visitors pro Monat gelesen, die pro Besuch
> durchschnittlich acht Minuten bleiben. Diese Zahlen sind ein deutlicher Hinweis, dass wir mit
> unserem Konzept erfolgreich sind.[1]

Als Pionier unter den Corporate-Blogs gilt der Frosta-Blog. Mit Launch des Marketing-
Blogs im Juni 2005 wurde erstmals spürbar über die Möglichkeit des Bloggens von Unternehmensseite diskutiert. Neu war vor allen Dingen die Tatsache, dass man Frosta-Mitar-
beiter aus allen Abteilungen und Hierarchiestufen unzensiert zu Wort kommen ließ. Dass
man dem Unternehmen ein Gesicht bzw. viele Gesichter geben kann, war bis dato weitestgehend neu. Zwar ist der Frosta-Blog kein klassischer Karriere-Blog, aber man kann den
Blog aufgrund der bloggenden Mitarbeiter als Vorreiter für Karriere-Blogs sehen – wenn
auch die Zielgruppe eher Kunden als potenzielle neue Mitarbeiter sind. Denn lässt ein
Unternehmen Mitarbeiter zu Wort kommen und trägt somit die Unternehmenskultur nach

---

[1] Uwe Knaus im Interview mit Klaus Eck auf dem PR-Blogger: http://pr-blogger.de/2012/07/10/2-
autoblogs-uwe-knaus-erlautert-daimlers-erfolgsrezepte-fur-social-media/.

außen, können sich potenzielle Bewerber ein Bild machen und abschätzen, ob das Unternehmen zu ihnen passt. Heute mehr denn je ein entscheidender Faktor.

Der Ansatz, Mitarbeiter zu Wort kommen zu lassen, ist unter den Blog-Pionieren also durchaus erfolgreich. Die Unternehmen erreichen über den zusätzlichen Kanal Blog eine hohe Leserschaft, die sie alleine über klassische Medien und Pressearbeit niemals erlangen könnten. Nicht nur über dynamische und wertvolle Inhalte, sondern insbesondere über deren zielgruppenspezifische Aufbereitung. Die Positivbeispiele unter den reinen Karriere-Blogs haben dies erkannt:

Unternehmen wie Douglas, DSF, Lufthansa oder TUI lassen sogar die jüngsten Mitarbeiter bloggen – die Auszubildenden. Das zeugt nicht nur von Vertrauen in die Mitarbeiter, sondern zeigt, dass diese Unternehmen die Zeichen der Zeit erkannt haben. Zielgruppenspezifische Blogs wie Azubi-Blogs bringen Unternehmen und potenzielle Auszubildende zusammen. Gerade für sie sind Ausbildung und Arbeitsalltag fremde Welten. Häufig wissen sie gar nicht, welche Ausbildungsberufe oder Duale Studiengänge Unternehmen überhaupt anbieten. Und niemand ist näher an der Zielgruppe als die Auszubildenden innerhalb der Unternehmen und kann die Themen besser vermitteln. So stellt auch Robin Zimmermann, Kommissarischer Leiter Konzern-Kommunikation bei der TUI AG, fest:

> Um junge Berufseinsteiger anzusprechen, brauchen wir eine authentische Kommunikation. Unsere Azubis haben ein gutes Gefühl dafür, welche Themen die gleichaltrige Zielgruppe interessieren und wie man diese aufbereitet.[2]

Aber nicht nur die Generationen Y und Z erreicht man über neue Medien. Auch ältere Fach- und Führungskräfte suchen im Internet. Platziert ein Arbeitgeber sich als Experte in spezifischen Themengebieten und gewährt Einblicke in den Arbeitsalltag, ist er präsent. Unternehmen, die bei Websuchen hingegen nicht gefunden werden, sind schlicht nicht vorhanden. Die Präsenz als Arbeitgeber ist aber ein entscheidender Faktor im Wettbewerb um Talente. Der Daimler-Blog zum Bespiel hat zwar einen starken Fokus auf Employer Branding, mit einer eigenen Kategorie „Einstieg & Karriere", ist aber nicht in erster Linie als Karriere-Blog konzipiert. So findet man neben Daimler-spezifischen Kategorien auch die Kategorie „Technologie und Innovation", in der man Fachartikel zum Thema findet. Jedoch sind auch diese nicht hochkompliziert aufbereitet, sondern in persönliche Geschichten eingebettet. Es sind genau diese Geschichten, die z. B. den Arbeitsalltag eines Ingenieurs lebendiger und greifbarer vermitteln, als es jede noch so gut aufbereitete Stellenanzeige je vermag.

Leider gibt es von diesen guten Beispielen noch zu wenige. Es besteht Luft nach oben – sowohl was die Anzahl an Karriere-Blogs anbelangt als auch deren Qualität. Dabei gibt es mehr als genügend Argumente für einen Blog als wertvolles und nachhaltiges Instrument des Social-Media- Personalmarketings und Recruitings.

---

[2] Personalmarketingblog, http://www.personalmarketingblog.de/wieso-weshalb-warum-ein-tui-azubiblog.

Das Medium Blog ist eine einzigartige Kommunikationsplattform, um sich als Arbeitgeber im Netz darzustellen, neue Mitarbeiter zu gewinnen und auch die aktuelle Belegschaft zu begeistern und ans Unternehmen zu binden. Unternehmen, Unternehmenskultur und Mitarbeiter werden greifbar und bauen die Distanz zwischen Bewerbern und Unternehmen ab. Kommen viele Mitarbeiter zu Wort, erschließt sich die Vielfalt des Unternehmens – die Vielfalt der Kompetenzen und der Perspektiven. Dabei stehen immer Glaubwürdigkeit, Transparenz und Persönlichkeit im Vordergrund. Mitarbeiter, die ihr Unternehmen kennen und bloggen, haben in den Augen anderer eine hohe Glaubwürdigkeit. Niemand kann das Arbeitgeberimage authentischer kommunizieren als die eigenen Mitarbeiter. Und das Image wird mehr und mehr zum entscheidenden Kriterium im Wettbewerb um Talente. Wer die Chancen nicht nutzt, sich im Web offen zu präsentieren, handelt geradezu leichtsinnig – denn zukünftig hat der Bewerber die Wahl und nicht der Arbeitgeber. Unternehmen, die dies erkannt haben, stellen sich zu Beginn der Überlegungen nach der geeigneten Social-Media-Kommunikationsstrategie die Frage nach dem geeigneten Kanal. Hier werden Facebook, Twitter, Blog und andere Social-Media-Kanäle in die Diskussion geworfen und gegeneinander abgewogen. Oft entscheiden Unternehmen sich im ersten Schritt nicht für einen Blog. Dabei liegt dieser im Gegensatz zu einer Facebook-Seite beispielsweise – die aufgrund des vermeintlich niedrigeren Aufwands häufiger und schneller umgesetzt wird – in der eigenen Hand. Während man bei Facebook dem Goodwill des Unternehmens ausgesetzt ist und Content-Nutzungsrechte abgibt, bestimmt man bei einem Blog selbst. Er liegt idealerweise auf dem eigenen Server, erreicht eine inhaltliche Tiefe, die andere Netzwerke schwer erreichen können, und kann an das eigene Corporate Design angepasst werden. Policy, Design, Inhalt und Kommentarrichtlinien sind also absolut unabhängig – die Daten bleiben im Besitz des Unternehmens. Ich möchte hier keinesfalls den Eindruck erwecken, dass Netzwerke wie Facebook, Google+, Twitter und Co. keine Berechtigung im Social-Media-Mix haben. Allerdings sollten sie bei einer konsistenten Strategie einen Blog flankieren und nicht als isolierte alleinige Instrumente zu Anfang implementiert werden. Der Blog sollte als zentraler Hub Themen setzen und veröffentlichen, die übrigen Netzwerke sind ein wichtiges Marketing- und Diskussions-Tool, bei denen der Dialog fortgeführt werden kann.
Richtig konzipiert und betrieben können Unternehmen mit einem Blog einen unabhängigen Kommunikationskanal aufsetzen, auf dem die eigenen Mitarbeiter zu Wort kommen und die Employer Brand mit Leben gefüllt wird. Damit leistet dieser Kanal einen wichtigen Beitrag im Wettbewerb um Talente.

Eine lebendige, gelebte und authentische Employer Brand wird über einen Blog perfekt nach außen getragen. Damit eine große Leserschaft auch tatsächlich den Weg auf den Blog findet, müssen Struktur und Texte so optimiert werden, dass der Blog einen Platz in den oberen Treffern der Suchergebnisse erlangt. Da der Blog – im Gegensatz zu einer statischen Website – von der Aktualität der Inhalte lebt, liegt genau darin der große Vorteil. Denn Google liebt aktuelle Inhalte.

Aber das Führen und Aufsetzen eines Blogs ist mit Arbeit verbunden. Der Ressourcenaufwand ist – bei allen Chancen, die ein Blog bietet – gegeben. Bloggen kostet Zeit. Und
es erfordert Vertrauen in die eigenen Mitarbeiter. Nicht nur die Konzeptionsphase will
wohl durchdacht sein, insbesondere das „tägliche Brot" des Bloggens ist mit Koordina-
tionsaufwand verbunden: Autoren müssen koordiniert und betreut werden, interessante
Themen gefunden und die Bedürfnisse und Interessen der Leser verstanden werden. Klar
ist: Personalarbeit bedeutet Arbeit. Im Wandel vom Arbeitgeber- zum Arbeitnehmermarkt,
der sich aktuell vollzieht, können Human Resources nicht aus dem „stillen Kämmerlein"
agieren, sondern müssen kreativ und authentisch auf die Zielgruppe zugehen. Das Gewinnen von Talenten ist schließlich die Kernaufgabe im Personalmanagement. Ein eigener
Unternehmens-Blog ist dabei ein wichtiger Baustein im Personalmarketingmix und sollte
als zentrale Kommunikationsplattform den Startpunkt der Social-Media-Überlegungen
darstellen.

5.2   Ziel eines Karriere-Blogs

Blinder Aktionismus führt bei Social-Media-Aktivitäten selten zum Erfolg. Daher ist es
essenziell, dass Sie Ihren Blog-Auftritt strategisch planen. Im Idealfall besitzen Sie bereits eine Karriere-Website oder den Bereich „Karriere" als Teil der Corporate Website.
Hier stellen Sie die wichtigsten Eckpfeiler Ihrer Arbeitgebermarke dar und posten Ihre
Stellenanzeigen. Diese Seite ist wichtig und stellt auch heute noch einen sehr häufig fre-
quentieren Anlaufpunkt bei der Jobsuche dar. Der Raum, der Ihnen auf der Karriereseite
zur Verfügung steht, ist jedoch begrenzt. Die Inhalte sind statisch und rein informativ. Der
potenzielle Bewerber ist in der Regel über ein Jobportal auf eine Stellenanzeige gestoßen,
kennt Ihr Unternehmen durch persönliche Kontakte oder aufgrund Ihrer Markenbekanntheit. Selten aber wird ein Bewerber über Google auf Sie stoßen. Genau hier liegt der
Vorteil eines Blogs: Die dynamischen Inhalte können über themenspezifische Inhalte auf
Ihren Blog locken und neugierig auf Ihr Unternehmen machen.

Im Folgenden gehe ich auf die strategische Zielsetzung sowie die Zielgruppe ein. Zwei
grundlegende Größen, die festgelegt werden müssen, um daraus später entsprechende
Maßnahmen ableiten zu können.

5.2.1   Strategische Ausrichtung

Der Aufbau eines Blogs ist, technisch betrachtet, einfach. Um jedoch langfristigen Erfolg
zu erzielen, sollten Sie sich zu Beginn Ihrer Überlegungen Zeit für einige entscheidende
Fragen nehmen: Warum möchten Sie einen Blog aufbauen? Was möchten Sie erreichen?
Wen möchten Sie erreichen?
Bedenken Sie vor allen Dingen, dass ein Blog kein Selbstzweck ist. Die bloße Idee „Wir
müssen in die sozialen Medien, wir brauchen einen Blog!" ist für sich genommen kein

Grund zum Aufbau eines Blogs. Nicht das Medium, sondern Ihr (Kommunikations-) Ziel muss Treiber des Projekts sein. Fragen Sie sich also konkret:

- Wen möchten Sie ansprechen und warum?
- Haben Sie konkreten Rekrutierungsbedarf?
- Haben Sie Ihre Employer Brand – aufgesetzt auf Ihre Unternehmenskultur – definiert?
- Welche Botschaft möchten Sie transportieren?
- Haben Sie eine etablierte Arbeitgebermarke, suchen aber neue Impulse für Ihre Markenführung?
- Wie offen ist Ihre Unternehmenskultur für Social Media? Werden Ihre Mitarbeiter wertgeschätzt, unterstützt und gefördert?
- Wo liegen Ihre Stärken und Schwächen in Bezug auf Social Media?

Entscheidend ist ebenso die Frage: Ist der Blog der Startpunkt Ihrer Social-Media-Überlegungen oder sind Sie bereits in sozialen Netzwerken, etwa auf Facebook, Google+ oder Twitter, aktiv? Wenn Sie dort bereits unterwegs sind, haben Sie sich schon Gedanken zu Ihrer Social-Media-Strategie gemacht. In diesem Fall wäre dann die Gelegenheit, noch einmal zu hinterfragen, welche Ziele Sie mit diesen Kanälen verfolgen: Geht es in erster Linie um den Aufbau von Beziehungen zu den wichtigen Stakeholdern? Oder möchten Sie Ihre Arbeitgebermarke stärken oder bekannt(er) machen? Möchten Sie konkret Bewerber gewinnen? Nehmen Sie sich spätestens jetzt die Zeit, Ihre bereits vorhandenen Social-Media-Präsenzen noch einmal genau zu analysieren und auf das Erreichen der gesetzten (Kommunikations-) Ziele zu überprüfen. Denn im Sinne einer integrierten Kommunikation sollten Sie die strategische Ausrichtung aller Kanäle aufeinander abstimmen.

Meiner Ansicht nach sollte jedoch ein Blog den Startpunkt der Social-Media-Überlegungen darstellen. Ein Blog ist idealerweise der Hub Ihrer Social-Media-Aktivitäten. Sie setzen Themen, erzählen Geschichten auf dem Blog und streuen die Inhalte über weitere Kanäle wie Facebook oder Twitter, wo der Dialog mit Ihrer Bewerberzielgruppe weitergeführt wird. Egal, ob Sie bereits aktiv sind, oder der Blog den Anfang Ihrer Präsenz im Social Web darstellt, die Beantwortung obiger Fragen hat oberste Priorität, bevor sich Sie sich mit der konzeptionellen Planung Ihres Blogs beschäftigen. Wichtig ist, dass der Blog in die bereits bestehende (Offline-) Personalmarketingstrategie integriert wird und nicht losgelöst von der bisherigen Kommunikations- und Arbeitgebermarkenstrategie agiert. Orientieren Sie sich an der Botschaft und Tonalität Ihrer Kommunikationsstrategie und passen Sie für den Blog die Tonalität an die besonderen Anforderungen des Social Webs an.

Die Art und Weise, diese nach außen zu transportieren, ist neu: Sie nutzen nicht mehr die klassische HR-PR und das klassische Personalmarketing. Sie werden persönlich. Sie halten das Heft zwar weiterhin in der Hand, binden nun aber auch die Fachabteilungen aktiv ein.

Bei der Beantwortung obiger Fragen können Sie, angelehnt an das von Klaus Eck entwickelte Vorgehen[3] beim Aufsetzen einer Social-Media-Strategie, drei Ebenen beleuchten:

Organisationsebene

Machen Sie eine Situationsanalyse: Untersuchen Sie die vorhandenen Strukturen auf die Offenheit in puncto Social Media.

Schaffen Sie ein strategisches Fundament: Essenziell ist es, dass Sie das ausdrückliche Commitment des Topmanagements für Ihr Vorhaben erhalten. Sind die Strukturen zur Einführung einer Social-Media-Strategie noch nicht gegeben, muss idealerweise ein Change-Management-Prozess die Einführung begleiten.

Kommunikationsebene

Untersuchen Sie noch einmal genau Ihre Employer Brand und die Botschaften, die Sie daraus ableiten und mittels Ihrer Kommunikationsstrategie nach außen tragen. Natürlich muss sich die Kommunikation in Social Media generell, speziell auf dem Blog, an der allgemeinen Kommunikationsstrategie Ihres Unternehmens sowie der Personalmarketingstrategie orientieren, um einen integrierten Auftritt zu gewährleisten. Suchen Sie daher auch das Gespräch mit der Corporate-Communications-Abteilung und Marketingabteilung. Greifen Sie idealerweise auf dort vorhandenes Know-how zurück, informieren Sie diese Stellen aber zumindest über Ihr Vorhaben, um eventuelle Bedenken und Vorbehalte so früh wie möglich auszuräumen. Idealerweise haben Sie hier einen wichtigen Sparringspartner, der mit Know-how und Vermarktung des Blogs helfen kann.

Operative Planungsebene

Bei der operativen Planungsebene gilt es, die Analyse, die Sie auf Organisationsebene durchgeführt haben, auf die konkrete Blog-Planung zu übertragen und die oben angeführten grundlegenden Fragestellungen zu beantworten. Gehen Sie von einer Ist-Bestandsaufnahme aus und erweitern Sie diese um einen externen Aspekt. Fragen Sie sich zudem: Was machen Ihre wichtigsten Wettbewerber, was machen diese erfolgreich und wie schneiden Sie im Vergleich zu diesen ab? Was können Sie besser machen und wie können Sie sich vom Wettbewerb abgrenzen?

Wenn Sie anhand dieser drei Ebenen die grundlegenden Fragestellungen beantwortet haben, sollten Sie sich detaillierte Überlegungen zu Ihrer Zielgruppe machen.

5.2.2 Zielgruppe

Bei der Festlegung Ihrer Bewerberzielgruppe müssen Sie sich detailliert fragen: Wen suchen Sie? Haben Sie Schwierigkeiten, Nachwuchs zu rekrutieren? Mangelt es an spezi-

---

[3] Vgl. Klaus Eck, Transparent und Glaubwürdig, S. 118–119.

fischen Fachkräften wie IT-Spezialisten oder Ingenieuren? Oder ist es Ihnen wichtig, sich einen Namen als attraktiver Arbeitgeber im Netz zu machen?

Ihre Zielgruppe ist aber nicht nur extern zu finden – auch die bestehenden Mitarbeiter zählen dazu. Grundsätzlich wählen Sie also aus dem Pool der Interessenten, Bewerber, Schüler, Studenten, Fach-und Führungskräfte und der eigenen Mitarbeiter. Je nach „Schmerz" definieren Sie dann die relevante Zielgruppe, für die Sie einen Blog konzipieren.

Wie eingangs beschrieben gibt es einige gute Beispiele für Azubi-Blogs. Wenn Sie sich für den Aufbau eines Azubi-Blogs entscheiden, sollten Sie sich zudem fragen, ob Sie noch weiter untergliedern möchten: Gibt es verschiedene Arten von Ausbildungsberufen? Unterscheiden Sie technische und kaufmännische Ausbildungen? Gibt es Duale Studenten?

Zudem müssen Sie sich die Frage stellen, ob Sie einen rein zielgruppenspezifischen Karriere-Blog konzipieren oder in Zusammenarbeit mit Corporate Communications oder Marketing einen Image-Blog aufbauen möchten, der als ein wichtiger Pfeiler das Employer Branding Ihres Unternehmens stützt. In diesem Fall ist die Zielgruppe weiter gefasst – hier gehören nicht ausschließlich potenzielle Kandidaten für Ihr Unternehmen, sondern auch Kunden, Interessenten oder Journalisten zur Zielgruppe.

Anhand von zwei Beispielen möchte ich etwas vorgreifen und bereits an dieser Stelle Aufbau und Struktur zweier zielgruppenspezifischer Karriere-Blogs aufzeigen:

ThyssenKrupp Rasselstein AzubiBlog

Der ThyssenKrupp Rasselstein AzubiBlog ist ein gelungenes Beispiel für einen zielgruppenspezifischen Blog: Bereits auf den ersten Blick, aufgrund der Namen der Reiter, sieht der Besucher, welche Zielgruppen angesprochen werden: Auszubildende, Duale Studenten und Praktikanten. Klickt er die jeweiligen Reiter an, erhält der Leser weitere Informationen – die Ausbildungsberufe werden benannt und beschrieben, ebenso wie die Dualen Studiengänge. Auf dem Reiter *Praktikum* werden die Praktika Schulpraktikum und Hochschulpraktikum unterschieden. Es folgen kurze Beschreibungen, für weitere Informationen werden die Leser auf die Karriereseite verlinkt. Was hier jedoch, wie auf fast allen Karriere-Blogs, fehlt, ist ein zentraler Button mit Link zur Stellenbörse oder Karriere-Website des Unternehmens (Abb. 5.1).

Es gibt mittlerweile einige Blogs, die sich gezielt an Auszubildende und Studenten richten. Karriere-Blogs, die sich gezielt an Fachkräfte richten, sind dagegen seltener. Der Grund hierfür ist sicherlich, dass ab einem bestimmten Karrierelevel häufiger über Empfehlungen, Headhunting oder Kontaktnetzwerke rekrutiert wird. Zudem ist die Zielgruppe anspruchsvoller – es muss also idealerweise auch fachlich interessanter Inhalt her.

Zalando Tech-Blog

Der Blog von Zalando richtet sich genau an ein solch anspruchsvolles Publikum – er spricht gezielt Entwickler, Produktmanager und Qualitätssicherungsmanager an. So heißt es bei Zalando selbst: *„Neben Hintergrundinformationen zur Plattform und zu den Teams berichten unsere Blogger regelmäßig über aktuelle Produkt- und Feature-Entwicklungen,*

Abb. 5.1 Zielgruppenfokussierter Aufbau des ThyssenKrupp Rasselstein AzubiBlog. (Quelle: http://azubiblog.thyssenkrupp-rasselstein.com/)

Open-Source-Projekte, Team-Events wie Tech- und PM-Talks und darüber, wie es ist, bei Zalando zu arbeiten."

Der Zalando Tech-Blog geht nicht nur in Sachen Gestaltung neue Wege, sondern bietet fachlichen Input und macht vieles richtig. Ein Blog für die hart umworbene Zielgruppe von IT-Spezialisten steht vor besonderen Herausforderungen, denn er muss fachlich fundierte Inhalte bieten und genau auf die Zielgruppenbedürfnisse ausgerichtet sein. So findet man hier neben der Chronik – also den eigentlichen Beiträgen – auch weitere Reiter wie *Platform*, *Team* und *Culture*. Bei dem Reiter *Platform* finden Entwickler für sie höchst relevante Informationen zur technischen Plattform und zu verwendeten Tools und Programmiersprachen. Zudem gibt es beim Reiter *Culture* weitere Information zur Arbeitsumgebung. Hier wird konkret benannt, welche Rechner, Bildschirme und Anwendungen den Mitarbeitern zur Verfügung stehen – wichtige Informationen, die in der Form bei keinem mir bekannten Karriere-Blog zu finden sind. Auf dem Reiter *Team* findet der Le-

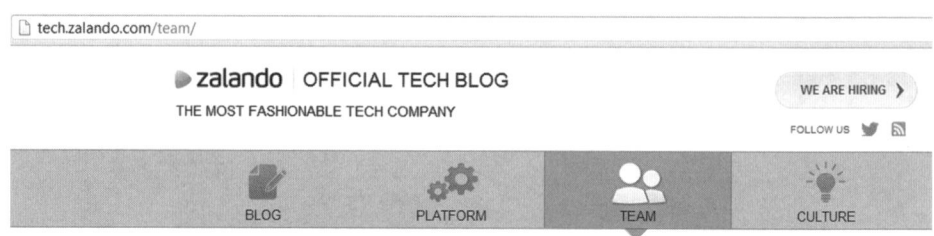

Abb. 5.2 Der Zalando Tech-Blog – Beispiel eines Blogs für eine technische Zielgruppe. (Quelle: http://tech.zalando.com)

ser – wie man es vielleicht von andern Blogs erwarten würde – keine Beschreibungen der Autoren, sondern allgemeine Informationen zur gesuchten Zielgruppe. Der Zalando Tech-Blog hat es sich zum Ziel gesetzt, zukünftige Mitarbeiter und Interessenten aus dem technischen Umfeld sehr detailliert über die Arbeitsumgebung zu informieren. Dies kann im Wettbewerb um die Zielgruppe einen enormen Wettbewerbsvorteil darstellen. Neben der gelungenen Zielgruppenfokussierung gibt es noch ein kleines, aber wichtiges Feature, das ich an dieser Stelle noch hervorheben möchte: der prominent platzierte Button „we are hiring" mit Link zur Stellenbörse der Karriere-Website (Abb. 5.2).

Die Beispiele zeigen, wie wichtig es ist, vor der Konzeption und Umsetzung klar herauszustellen, was Sie mit dem Blog erreichen möchten und wen Sie konkret ansprechen, um den Inhalt des Blogs zielgruppengerecht aufzubereiten.

Neben den beiden aufgeführten Zielgruppen – Auszubildende und Fachkräfte – können aber auch breiter gefasste Zielgruppen sinnvoll sein. Ist das strategische Ziel nicht die unmittelbare Ansprache und Rekrutierung akut gesuchter Bewerberzielgruppen, sondern der

Aufbau eines (Arbeitgeber-) Image-Blogs, so kann die Zielgruppe weiter gefasst werden. Der eingangs erwähnte Daimler-Blog oder der internationale Blog der adidas Group sind hier als Beispiele zu nennen.

5.3 Konzeption und Umsetzung

Nun wird es konkret. Auf Grundlage Ihrer strategischen Ausrichtung müssen Sie ein schlüssiges Konzept ableiten: Sie müssen die technische Plattform, auf die der Blog aufgesetzt wird, festlegen. Sie müssen einen griffigen Namen finden, die Struktur des Blogs planen, Prozesse definieren und Verantwortlichkeiten festlegen.

5.3.1 Konzeptentwicklung

Bei der Konzeptentwicklung sollten Sie möglichst alle relevanten und wichtigen Ansprechpartner ins Boot holen. Machen Sie beispielsweise einen Kick-off-Workshop, zu dem Sie Verantwortliche aus den Fachabteilungen und der Kommunikationsabteilung einladen. An dieser Stelle kann auch die Hinzunahme externer Dienstleister sinnvoll sein, da diese oft einen unverstellten Blick auf Ihr Unternehmen haben. Nehmen Sie in diesem Workshop Wünsche der Fachabteilungen auf, machen Sie ein Brainstorming zur Sicht auf die Zielgruppe durch Externe und Fachabteilungen und zu wichtigen Themen. Kurz: Nehmen Sie sich einige Stunden Zeit, in denen Sie mit relevanten Personen kreativ und offen das Thema angehen. Natürlich sollten Sie sich im Vorhinein schon in der HR-Abteilung ausführliche Gedanken zum Konzept machen. Oft finden sich in offenen Workshops aber nicht bedachte Punkte und neue Sichtweisen auf das Thema.

Die Erkenntnisse des Workshops beziehen Sie dann in die konkrete Planung der im Folgenden aufgeführten Punkte ein.

Technik
Eine der ersten Fragen, die Sie sich bei der konkreten Blog-Konzeption stellen müssen, ist die Frage nach der technischen Plattform. Mit modernen Blog-Systemen wie WordPress, der meist genutzten Blogging-Software, stellt die Einrichtung eines Blogs keine große zeitliche und technische Herausforderung dar. Neben WordPress gibt es auch andere Systeme, wie beispielsweise Blogger.com. Arbeiten Sie bei der Auswahl mit Ihrer IT zusammen oder lassen Sie den Blog von einem externen technischen Dienstleister einrichten. Bei der Technik-Frage gilt es Folgendes festzulegen:

Entscheiden Sie zusammen mit Ihrer IT und ggf. Ihrem Dienstleister, welches Blog-System für Sie passt. Legen Sie zudem ein Design fest: Bei WordPress gibt es zahlreiche kostenlose und kostengünstige Designs, sogenannte Themes, die Sie an Ihr Corporate Design anpassen können.

Ich möchte hier nicht auf die technische Umsetzung – diese können Sie mit Ihrer IT oder dem Dienstleister leicht finden und umsetzen –, sondern näher auf die Struktur eingehen.

Struktur

Der erste Eindruck zählt: Gestalten Sie Ihren Blog einladend, damit der Leser nicht durch einen unstrukturierten, unübersichtlichen Aufbau oder ein liebloses Design abgeschreckt wird, sondern Lust hat, sich mit Ihren Inhalten auseinanderzusetzen. Machen Sie es Ihren Lesern mit einem klaren Aufbau des Blogs leicht, sich zurechtzufinden. Die wichtigsten Strukturelemente sind: Chronik, Menüpunkte, Autoren und Sidebar. Beim Aufbau eines Blogs gibt es vielfältige Möglichkeiten, diese Elemente zu gestalten und anzuordnen.

Der VEDA Talentmanagement Blog bietet einen übersichtlichen Aufbau – der Leser findet auf den ersten Blick die wesentlichen Menüpunkte (Home, Autoren, Themen, Über den Blog, Über VEDA) und kann diese direkt ansteuern. Die angerissenen Beiträge in der Chronik verlinken auf Kommentare und weitere Artikel der gleichen Kategorie sowie auf das Autoren-Archiv des jeweiligen Autors. Die Sidebar ist dem Social Aspect gewidmet und bietet weitere Informationen: Die Social-Media-Kanäle sind verlinkt, ebenso der Link zur HR-Broschüre des Unternehmens. (Nicht sichtbar im Screenshot: Verlinkung auf Themen (doppelte Einstiegsmöglichkeit), Kommentare, Kalender und Archiv) Mit einem strukturierten Aufbau und modernem Design erreicht VEDA Übersichtlichkeit. Der Blog dient meiner Ansicht nach als Inspirationsquelle für Struktur und Übersichtlichkeit (Abb. 5.3).

Der wichtigste Teil Ihres Blogs ist selbstverständlich die **Chronik**. Hier laufen alle Beiträge in umgekehrt chronologischer Reihenfolge (die neuesten zuerst) ein. Hier gilt es zu entscheiden, ob Sie Beiträge lediglich anteasern und der Leser über einen Button „mehr" oder Klick auf die Überschrift zum Beitrag gelangt oder Sie den vollständigen Beitrag einfließen lassen. Bei den meisten Blogs werden die Beiträge angerissen, sodass in der Chronik mehrere Beiträge sichtbar sind.

Auch die Festlegung der **Kategorien** ist ein essenzieller Punkt: Fragen Sie sich, welche Kategorien Sie fest auf dem Blog installieren möchten. Wichtig ist aus meiner Sicht der Menüpunkt „Über den Blog"/„Worum geht's". Hier erfahren Ihre Leser konkret, welche Inhalte sie auf dem Blog erwarten können. Benennen Sie auf diesem Reiter kurz und bündig, aber so konkret wie möglich die Ziele Ihres Blogs. So heißt es dazu z. B. auf dem Blog eStarter der Otto Group:

> eStarter ist ein Blog der Konzernzentrale der Otto Group, der einen Einblick in verschiedene Bereiche des E-Commerce geben soll. Unser Blogger-Team setzt sich aktuell aus 14 Mitarbeitern zusammen.
> Zusammen mit Gast-Bloggern aus verschiedenen Unternehmensbereichen berichten wir in diesem Blog über unsere Aufgaben, Erlebnisse und Erfahrungen innerhalb der Otto Group. Dabei ist es unser Ziel, interessierte Leser über unseren Arbeitsalltag, die Job- und Karrieremöglichkeiten und über die Unternehmenskultur der Otto Group zu informieren. Großflächige E-Commerce-Projekte, Auslandseinsätze und interessante Weiterbildungsmöglichkeiten sind nur der Anfang einer langen Liste an Herausforderungen und einer Menge Spaß …

Abb. 5.3 Aufbau eines Blogs am Beispiel des VEDA Talentmanagement Blogs. (Quelle: http://www.veda.net/blog/)

Ein weiterer wichtiger Menüpunkt ist der Menüpunkt „Autoren". Stellen Sie hier Ihre Autoren mit einer kurzen Beschreibung oder einem Steckbrief vor – Ihrer Kreativität sind an dieser Stelle keine Grenzen gesetzt. Bedenken Sie stets, dass Sie von Menschen für Menschen schreiben und nicht von Unternehmen zu Menschen. Das heißt in diesem Fall:

Stellen Sie Ihre Mitarbeiter authentisch dar. Findet man Ihre Mitarbeiter im Unternehmen im T-Shirt an, dann fotografieren Sie diese auch im T-Shirt und nicht in Hemd und Krawatte oder Kostüm. Auch sollen an dieser Stelle keine steifen Autoren-Profile zu finden sein. Lassen Sie Ihre Mitarbeiter die Kurzbeschreibungen aus der Ich-Perspektive selbst verfassen und geben Sie lediglich Richtvorgaben zur Zeichenanzahl und Form (Kurzbeschreibung oder Steckbrief) der Beiträge. So zeichnen Sie ein lebendiges, offenes und sympathisches Bild Ihrer Belegschaft. Zudem können Sie bereits über die festen Menüpunkte vermitteln, welche Berufe, Berufsgruppen oder Ausbildungsmöglichkeiten Sie bieten.

Überlegen Sie sich also im Vorfeld genau, welche Menüpunkte Sie in welcher Reihenfolge platzieren, um dem Leser die wichtigsten Informationen übersichtlich zu präsentieren.

In der **Sidebar** können Sie zudem eine Reihe interessanter Widgets und Elemente platzieren. Dazu gehören u. a.:

- Blogroll: Hier verlinken Sie themenrelevante andere Blogs.
- Kommentare: Hier veröffentlichen Sie die neuesten Kommentare.
- Meistgelesene/Aktuellste Beiträge: Hier featuren Sie via Schnelleinstieg die beliebtesten oder aktuellsten Beiträge.
- RSS-Feed: Hier besteht die Möglichkeit, die neuesten Blog-Beiträge per RSS zu abonnieren.
- Social Media Widgets: Hier können Sie Facebook-Freunde Ihrer Facebook-Seite platzieren oder die neuesten Tweets veröffentlichen.
- TagCloud: Hier finden Sie die Schlagworte in einer Themenwolke.

Auch bei den Beiträgen selbst müssen Sie sich Gedanken zum Aufbau machen. Meiner Meinung nach müssen Überschrift, Datum und Autor zwingend in den Headlines ersichtlich sein. Darüber hinaus sollten Sie zum Ende des Beitrags Social-Media-Sharing-Funktionen installieren, damit die Leser den Beitrag bei Interesse möglichst einfach mit Ihrem Netzwerk teilen können. Sehr persönlich und informativ sind auch Kurzporträts der Autoren, inklusive Foto, am Ende des Artikels.

Der SMA Mitarbeiter-Blog bietet genau diese Informationen, inklusive Angabe der Tags und Verlinkung auf Artikel mit ähnlichem Inhalt (Abb. 5.4).

Name

Der Name Ihres Blogs spielt eine wichtige Rolle. Er dient schließlich als das Aushängeschild, welches sich auf all Ihren Marketingmaterialien und in Ihrer Kommunikation wiederfindet. Nehmen Sie sich also bei der Namenssuche Zeit und wägen Sie sorgfältig ab. Holen Sie verschiedene Meinungen in Ihrem Unternehmen ein. Wenn Sie Ihren Wunschnamen gefunden haben, gilt es zu unterscheiden, ob es sich bei Ihrem Blog um einen Corporate-Blog mit Employer Branding oder einen reinen Karriere-Blog handelt.

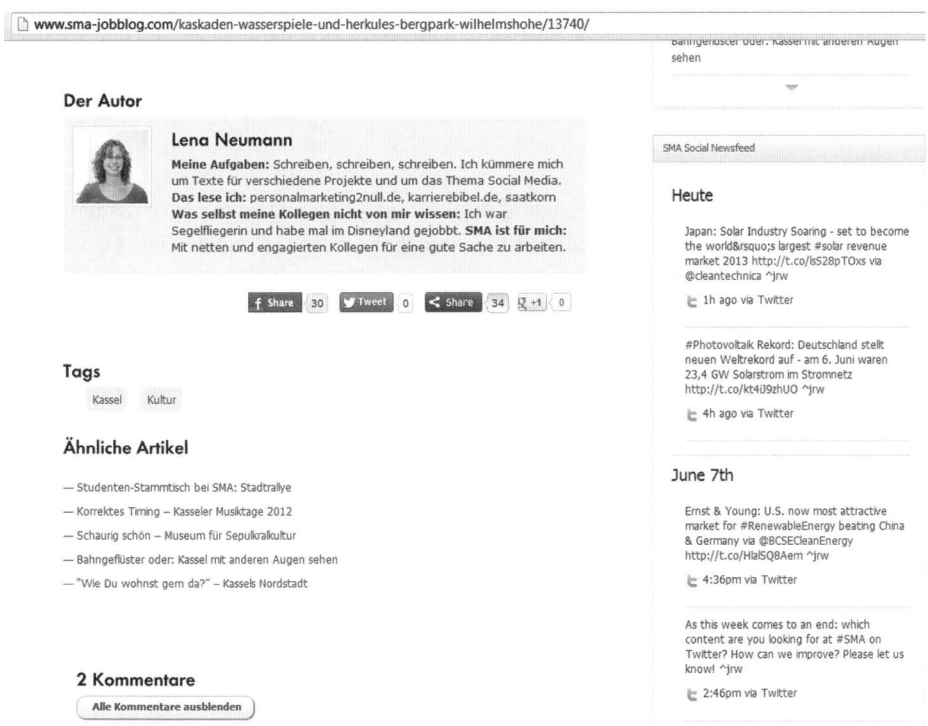

Abb. 5.4 Abbinder eines Artikels auf dem Job-Blog der SMA Solar Technology AG. (Quelle: http://www.sma-jobblog.com)

Bei reinen Corporate-Blogs kann es sein, dass Sie sich über ein spezielles Thema im Markt bekannt machen möchten. In diesem Fall ist es sinnvoll, dieses Thema bereits im Blog-Namen und der URL sichtbar zu machen. Wenn Ihr Unternehmensname nicht bekannt ist, können Sie diesen für den Blog verwenden, um die Marke bekannt zu machen. Gleiches gilt, wenn Sie bereits über eine ausreichende Markenbekanntheit verfügen. Auch dann macht es Sinn, den Unternehmensnamen im Blog-Namen zu verwenden, wie es beispielsweise Daimler mit *blog.daimler.de* oder Frosta *mit frostablog.de* tun, um die Markenbekanntheit zu nutzen. Der Nutzen ist klar: Die Leser können sich den Namen leicht merken und beim Googeln taucht der Blog in den Suchergebnissen mit auf. Ebenso wäre es aber bei Frosta – als Gedankenspiel – möglich gewesen, einen Namen wie „Tiefkühlkost-Blog" zu wählen. In diesem Fall wäre der Blog auf das Keyword „Tiefkühlkost" optimiert und somit von Frosta besetzt. Grundsätzlich kann es also sinnvoll sein, den Blog nach bestimmten Schlagworten auszurichten. Es erfordert dann natürlich Aufwand, um eine Platzierung in den oberen Suchergebnissen zu erhalten.

Die meisten Azubi-Blogs tragen das Wort „Azubi-Blog" direkt im Namen. So ist die Zielgruppe schon über den Namen erkennbar und zudem erscheinen die Blogs bei der Google-Suche nach dem Schlagwort „Azubi-Blog" in den Ergebnissen.

Egal für welchen Namen Sie sich entscheiden, achten Sie darauf, diesen auch als URL zu verwenden, um ein stimmiges Bild abzugeben und den Namen sowie die URL konsistent für Ihr Marketing nutzen zu können.

Prozesse definieren

Das Projekt Blog muss koordiniert und strukturiert umgesetzt werden, eventuell müssen Prozesse definiert werden. Machen Sie sich aber Gedanken darüber, ob Sie wirklich formale Prozesse implementieren müssen, die unter Umständen zulasten der Aktualität gehen. Möglicherweise formalisieren Sie den Prozess erst gar nicht. Denn ein Blog ist und bleibt ein lebendiges Medium, welches von Aktualität lebt und so unter Umständen den einen oder anderen Prozess schon einmal durcheinanderwirbeln kann. Dies hängt natürlich stark von Ihrer internen Struktur und Unternehmensgröße sowie der Anzahl der beteiligten Personen ab.

Wenn Sie allerdings Prozesse definieren möchten, beachten Sie Folgendes:

Als Blog-Verantwortlicher haben Sie den Hut auf! Sie sind mit der Redaktionsplanung betraut. Das muss und sollte aber nicht heißen, dass der gesamte Ressourcenaufwand bei Ihnen liegt. Auch die Autoren schreiben zusätzlich zu Ihrem eigentlichen Arbeitspensum. Definieren Sie die Prozesse so, dass der Aufwand für jeden einzelnen Beteiligten so gering wie möglich ist. Die Fragen, die Sie sich in diesem Zusammenhang stellen müssen, lauten:

Wie können Sie Ihr Autorenteam am effizientesten koordinieren? Wie koordinieren Sie Themen und Inhalte? Haben die Autoren einen Benutzer-Account und stellen Ihre Inhalte selbst ein, oder gibt es einen Freigabeprozess und Sie oder eine hierfür verantwortliche Person stellt die Beiträge ein? Wenn dem so ist, müssen Sie die Beiträge einfordern oder ist der Autor, nach entsprechendem Briefing, in der Bringschuld?

Die Beantwortung dieser Fragen ist stark von der Größe Ihres Autorenteams und Ihrer Struktur abhängig. Machen Sie die Prozesse nicht unnötig kompliziert. Installieren Sie ein Vieraugenprinzip beim Einstellen der Beiträge, aber keine unnötigen Freigabeprozesse. Diese stünden dem Fokus auf Aktualität und Authentizität entgegen.

5.3.2 Personelle Ressourcenplanung

Die Frage nach den finanziellen Ressourcen, nach der Anfangsinvestition, haben Sie bereits zu Beginn der Planung geklärt. Die für die mittel- und langfristige Planung relevanteren Kosten entstehen später – im laufenden Betrieb.

Als Blog-Verantwortlicher und somit Projektleiter sind Sie verantwortlich für die Ablauf- und Terminplanung Ihres Blogs. Um planen und Mitstreiter aus anderen Abteilungen für Ihr Projekt zu finden, müssen Sie eine realistische Aufwandsabschätzung durchführen. Die wichtigste Frage bei der Planung lautet: Welche Kompetenzen und Kapazitäten benötigen Sie?

Nicht nur Sie müssen Zeit für die Redaktionsplanung und Koordination investieren, sondern das gesamte Autorenteam muss für die Themensuche, die Recherche und das Verfassen von Artikeln Kapazitäten einplanen, die an anderer Stelle zwangsläufig fehlen. Je realistischer die Aufwandsschätzung ist, desto besser können also auch andere Teams, die die Autoren freistellen, ihre Kapazitäten planen und Engpässen vorbeugen. Die Belastung der einzelnen Autoren ist relativ gering, dennoch müssen Sie sicherstellen, dass die Blogger auch tatsächlich für den Blog zur Verfügung stehen oder Sie flexibel auf Änderungen reagieren können.

Zunächst gilt es natürlich herauszufinden, wer als potenzieller Blogger überhaupt infrage kommt. Bei der Zusammenstellung des Autorenteams sollten Sie auf die Hilfe der Fachabteilungen setzen. Da Sie idealerweise bereits bei der Konzeptionsphase die Fachabteilungen eingebunden haben, werden diese sicherlich auch bereit sein, Vertreter ihrer Abteilungen als Autoren zu identifizieren, und werden selbst gerne für das Blogprojekt bereitstehen. Denn schließlich sucht jede Abteilung über kurz oder lang neue Teammitglieder. So können sie helfen, die Employer Brand nach außen zu tragen, und ihre Abteilung, ihre Themen persönlich und authentisch vorstellen. Sie werden quasi zu Vertriebsprofis in eigener Sache. Natürlich müssen die Autoren sich und Ihr Unternehmen gut verkaufen können. Wer gerne in Ihrem Unternehmen arbeitet und für sein Thema brennt, ist damit der ideale Kandidat. Das Prinzip lautet also „Freiwilligkeit", egal ob es sich um einen Azubi oder eine Fach- oder Führungskraft handelt. Natürlich ist es dabei Ihre Aufgabe, möglichst alle (relevanten) Abteilungen und – so ausgewogen als möglich – alle Interessen zu berücksichtigen. Es hängt natürlich auch von der Ausrichtung bzw. Zielgruppe Ihres Blogs ab. Wenn Ihr Blog sich speziell an IT-Fachleute richtet, wie der Zalando Tech-Blog, müssen Sie selbstverständlich Autoren aus diesem Bereich auswählen. Launchen Sie einen Azubi-Blog, sind es Azubis und Ausbilder/Ausbildungsleiter und -Koordinatoren, die zu Wort kommen. Hier gilt es, möglichst alle Ausbildungsjahrgänge, Fachrichtungen und eventuellen Standorte durch entsprechende Beiträge einzubinden. Bei den bloggenden Auszubildenden müssen Sie besondere arbeitsrechtliche Regelungen beachten. Achten Sie hier darauf, dass diesen innerhalb der Arbeitszeit Zeit für das Bloggen gewährt wird und kein zusätzlicher zeitlicher Aufwand entsteht. Daher sollten Sie hier unbedingt das Gespräch mit den Ausbildungsleitern suchen, damit diese entsprechend planen und koordinieren können.

Natürlich sollten Ihre Autoren über ein gewisses Schreibtalent verfügen, zumindest aber eine gewisse Freude beim Verfassen von Texten haben. Grundlagen über das Texten und die Kommunikation in sozialen Medien sollten Sie jedem Blog-Teammitglied aber möglichst in einem Workshop vor dem Go-Live vermitteln.

Steht das Autorenteam fest, geht es dann an die konkrete Planung. Wer ist wann bei welchem Event live dabei? Wer besucht bestimmte Konferenzen? Wer ist Spezialist auf welchem Fachgebiet? All das koordinieren Sie idealerweise über einen Redaktionsplan.

Planungs-Tool Redaktionsplan
Machen Sie eine gewissenhafte Redaktionsplanung, richten Sie eine feste monatliche Redaktionskonferenz mit Ihrem Blogger-Team ein und planen Sie die Kapazitäten Ihrer Autoren, um Engpässe stets im Vorfeld zu kennen und umgehen zu können. Ein genauer

Monat	Datum	Tag	KW	Feiertag	Recherche/Thema/Beitrag	Keywords	Status	Verantwortlichkeiten		Veröffentlichung/Platzierung in Medium				
								Autor	Freigabe	Facebook	Twitter	XING	Linkedin	Youtube
					Beschreibung	Aufzählung	Auswahl	Name	Name	Auswahl				
	1	Mi	1	Neujahr										
	2	Do												
	3	Fr												
	4	Sa												
	5	So												
	6	Mo	2	Heilige 3 Könige										
	7	Di												
	8	Mi												
	9	Do												
	10	Fr												
	11	Sa												
	12	So												
	13	Mo	3											
	14	Di												
Jan	15	Mi												
	16	Do												
	17	Fr												
	18	Sa												
	19	So												

Abb. 5.5 Beispielhafter Aufbau eines Redaktionsplans

Redaktionsplan ist hier enorm hilfreich. Sie können genau feststellen, welche Beiträge in Bearbeitung oder Planung sind und welche Themen Sie wann auf die Agenda setzen möchten. So können Sie die Ressourcen gezielt einteilen und planen. Zudem können Sie hier Ihre Social-Media-Kanäle einbeziehen und festlegen, wo Sie welche Inhalte streuen. Sie können genau erkennen, welche Arten von Artikeln häufig oder zu häufig vertreten sind, welche Inhalte dagegen fehlen. Auch wie ausgewogen das Verhältnis der Autoren ist, ist leicht erkennbar. Wenn ein Autor nicht präsent ist, können Sie dies einsehen und entgegenwirken. Aber nicht nur Sie behalten den Überblick: Legen Sie den Redaktionsplan unbedingt an einem Ort ab, an dem jeder Autor Zugriff und somit den Überblick hat. So kann jedes Mitglied jederzeit den aktuellen Status einsehen – und bei der Redaktionskonferenz dient er als Diskussionsgrundlage.

Der abgebildete Redaktionsplan (Abb. 5.5) ist aus Darstellungsgründen verkürzt. Deadlines und Erscheinungstermine sind, zusätzlich zu den abgebildeten Daten, essenziell. Auch Bildideen und Verlinkungen zu anderen Blogs/Webseiten/Partnern sollten Sie mit in den Redaktionsplan aufnehmen. Ein ausführlicher Redaktionsplan dient der besseren Planbarkeit und Struktur. Er soll aber kein allzu starres Korsett sein – lassen Sie auch Raum für spontane Artikel.

Bei der Planung der Ressourcen gilt es also einiges zu beachten: Sie müssen Verfügbarkeiten planen, Urlaubszeiten und Ausbildungspläne berücksichtigen. Sie müssen die Termine in Ihrem Unternehmen kennen und auf „Blog-Tauglichkeit" prüfen und herausfinden, wer welche Veranstaltungen besucht.

Kurzum: Sie sind verantwortlich dafür, dass der Blog kontinuierlich mit Leben und interessanten Inhalten gefüllt ist. Dabei wird der Aufwand in der Anfangsphase jedoch deutlich höher sein, in der Regel pendelt sich der Zeitaufwand nach den ersten Monaten auf einem niedrigeren Niveau ein.

5.3.3 Vermarktung und Vernetzung unterschiedlicher Social-Media-Kanäle

Die Vermarktung des Blogs fängt in Ihrem Unternehmen selbst an. Das **interne Marketing** ist eine der wichtigsten Aufgaben kurz vor und zu Beginn des Live-Gangs. Stellen Sie sicher, dass möglichst jeder Mitarbeiter des Unternehmens das Blog-Projekt kennt. Wenn die Mitarbeiter den Blog akzeptieren und sich damit identifizieren, gewinnen Sie wertvolle Mitstreiter, die Ihnen – ganz von selbst – bei der Vermarktung helfen. Wie Sie die interne Vermarktung vorantreiben, hängt von den Möglichkeiten in Ihrem Unternehmen ab: Haben Sie z. B. die Gelegenheit, auf einer Informationsveranstaltung einen Großteil Ihrer Mitarbeiter zu erreichen, oder können Sie Slots in Meetings der Fachabteilungen reservieren? Die persönliche Vorstellung des Projekts an möglichst vielen Stellen ist sicherlich die charmanteste Möglichkeit, für das Projekt zu „werben". Zudem gibt es einige andere Instrumente und Kanäle, die Sie bespielen sollten: Nutzen Sie Ihr Intranet für eine Meldung, hängen Sie Informationen ans Schwarze Brett, platzieren Sie einen ausführlichen Artikel in Ihrem Mitarbeitermagazin. Nutzen Sie alle Kanäle, die Ihnen zur Verfügung stehen, damit jeder in Ihrem Unternehmen ausreichend über das Projekt informiert ist.

Haben Sie die internen Hausaufgaben erledigt, geht es an die intensive **externe Vermarktung**, die den Live-Gang begleiten muss. Auch hier gilt: Nutzen Sie alles, was Ihnen zur Verfügung steht. Insbesondere an dieser Stelle empfiehlt sich die enge Zusammenarbeit mit der Marketing- und Kommunikationsabteilung. Auf allen Marketingmaterialien, die Ihnen zur Verfügung stehen, sollte der Blog von nun an präsent sein: Platzieren Sie die URL Ihres Blogs auf allen Broschüren, Flyern, Visitenkarten, Geschäftspapieren, Präsentationen und weiterem Druckmaterial. Bei der Online-Vermarktung verlinken Sie den Blog in Ihren Signaturen und platzieren einen deutlichen Hinweis, inklusive Verlinkung, auf Ihrer (Karriere-) Website. Nutzen Sie auch hier alle Ihnen zur Verfügung stehenden Präsenzen, um für Ihren Blog zu trommeln. Die Kommunikationsabteilung kann Ihnen via Pressemitteilungen helfen und diese off- und online platzieren.

Diese Maßnahmen helfen, um eine erste Aufmerksamkeit zu erzeugen. Aber Sie müssen am Ball bleiben! Zwar ist die entscheidende Aufgabe, den Blog im Live-Betrieb durch interessante Beiträge in Suchmaschinen vorne zu platzieren, aber auch offline sollten Sie immer wieder für den Blog werben. Machen Sie auf Job- und Karrieremessen, auf Bewerbertagen und anderen Veranstaltungen immer wieder auf Ihren Blog aufmerksam, um mit potenziellen Kandidaten im virtuellen Kontakt zu bleiben.

Neben der Vermarktung des Blogs über „klassische" Online- und Offline-Kanäle ist die Vernetzung über **Social Media** ein entscheidender Faktor der Vermarktung. Wie bereits

Abb. 5.6 Der Blog als Social
Media Hub

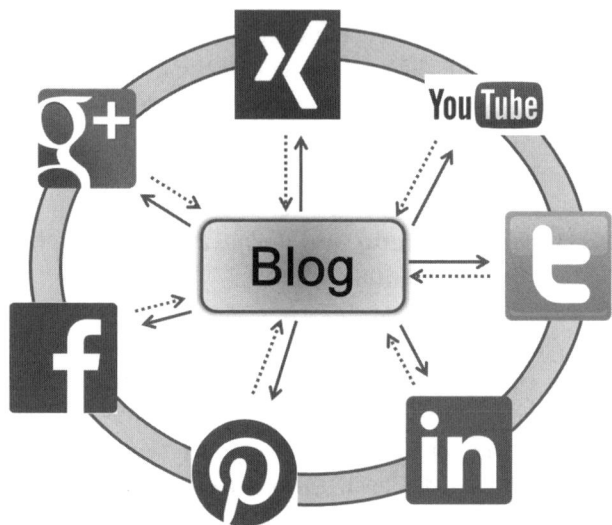

erwähnt, sollte ein Blog der Startpunkt der Social-Media-Strategie sein, da hier Beiträge ausführlich mit inhaltlicher Tiefe aufbereitet werden können. Um die Inhalte des Blogs zu streuen und Diskussionen weiterzuführen, sollten aber möglichst weitere Social-Media-Kanäle wie Facebook, Google+, Twitter, Flickr, Pinterest oder YouTube installiert werden. Jeder Social-Media-Kanal hat seine spezifischen Vorteile und der Blog dient als Hub. Die Inhalte können über Facebook, Google+ und Twitter bestens verbreitet werden. Videos, die auf YouTube gepostet werden, können wiederum bei einem Blog-Beitrag eingebunden und dort abgespielt werden. Das Zusammenspiel aller Kanäle bei einer integrierten Social-Media-Strategie hilft Ihnen, Ihren Blog optimal einzusetzen und Ihre Inhalte zu streuen. Selbstverständlich müssen Sie nicht alle Kanäle gleichzeitig launchen, aber Sie sollten bereits in der Planungsphase das Zusammenspiel und die Benefits aller Kanäle in Ihre Überlegungen einbeziehen (Abb. 5.6).

5.4   Die Praxis – wie bloggt man erfolgreich

Erfolgreiche Blogs gehen auf ihre Leser ein und schreiben spannende, abwechslungsreiche und emotional ansprechende Beiträge. Sie beachten dabei einige Grundregeln:

- **Den Leser verstehen:** Analysieren Sie andere Karriere-Blogs und lassen Sie sich dort inspirieren. Schauen Sie, was diese richtig gut machen, was Sie persönlich (emotional) anspricht. Befragen Sie auch ruhig Ihre Leser und klopfen Sie so ab, was diese interessiert. Und natürlich: Beantworten Sie Kommentare möglichst innerhalb von 24 h.
- **Mit Freude informieren:** Nichts ist authentischer als Blog-Beiträge, die mit Freude geschrieben werden. Denn die Leser merken, ob ein Blog-Beitrag freiwillig und mit

Freude verfasst wurde oder unter Zeitdruck und ohne Spaß an der Sache. Schreiben Sie also mit Freude über Ihr Unternehmen und Ihr Produkt oder Ihre Dienstleistung.

- **Den Leser überraschen:** Bringen Sie Abwechslung in Ihre Beiträge. Schreiben Sie Berichte, machen Sie Interviews mit Kollegen, drehen Sie Videos. Und es darf auch gerne mal ein Beitrag mit einer Schippe Selbstironie gepostet werden. Wenn Sie es richtig machen, verstehen Ihre Leser dies und werden es mögen. Nichts schreckt Leser mehr ab, als weichgespülte, langweilige Beiträge mit immer gleichen Inhalten und zu viel Text. Binden Sie in Ihre Texte daher immer Bilder, Videos und interessante Links ein. Gestalten Sie Ihre Beiträge abwechslungsreich.
- **Google füttern:** Suchmaschinen lieben Blogs aufgrund der ständigen Aktualität der Beiträge. Achten Sie also darauf, dass Sie bestimmte Keywords und Suchbegriffe verwenden. Verlinken Sie auch andere Quellen, die Ihnen nicht „schaden", dem Leser aber einen Mehrwert bieten. Aber: Schreiben Sie dabei nicht für Google, sondern für Ihre Leser. Der Inhalt muss lebendig und glaubwürdig bleiben.

Wenn Sie diese Grundregeln beherzigen, werden Sie mit einer treuen Leserschaft und guten Google-Platzierungen belohnt.

5.4.1 Frequenz und Häufigkeit von Blog-Beiträgen

Bei der Frage nach Frequenz und Häufigkeit von Blog-Beiträgen gilt: Eine pauschale Antwort gibt es nicht! Es hängt von der Unternehmensgröße, vor allen Dingen von der Anzahl der bloggenden Mitarbeiter ab, in welcher Taktung und Häufigkeit Blog-Beiträge machbar und sinnvoll sind. Wichtig ist, dass Sie regelmäßig Beiträge posten und sich bei der Frequenz realistische Ziele setzen. Um die richtige Taktung herauszufinden, sollten Sie sich folgende Fragen stellen:

- Wie viel Zeit steht für den Blog zur Verfügung?
- Wie viele Blogger gilt es zu koordinieren?
- Wie viel Themen und Material haben Sie für den Blog?
- Gibt es Zeiten, die zu erhöhter Frequenz führen – und wie begegnen wir diesen?
- Welche Bottlenecks sehen Sie? Wie fangen Sie diese durch Planung auf?

Bereits in der Planungsphase sollten Sie sich an diesen Fragen orientieren, um späteren Überraschungen im Live-Betrieb vorzubeugen. Denn es kommt vor, dass Projekte anstehen und die Kapazitäten für den Blog eng sind. Es gibt Phasen mit besonders vielen Veranstaltungen, über die es auf dem Blog zu berichten gilt. All das müssen Sie im Vorfeld abklopfen. Nur so kann eine realistische Ressourcenplanung, wie in Kap. 5.3.2 beschrieben, erstellt werden. Wenn ein Blogger in Projekten gebunden ist, muss die Redaktion dies im Vorfeld wissen. So kann man Blog-Beiträge „vorproduzieren" (lassen), in diesem Zeitraum andere Autoren einplanen oder gar „Gast-Blogger" aus dem Unternehmen, die nicht zum festen Blog-Team gehören, ins Boot nehmen. Auch Zeiträume, die möglicherweise eine höhere Frequenz erfordern, müssen geplant werden.

Auch der Zeitpunkt der Blog-Beiträge sollte geplant werden. Es gibt Erhebungen zu diesem Thema, bei denen verschiedenste Zeitpunkte, Tage und Tageszeiten untersucht und entsprechende Hochfrequenzzeiten eruiert werden. Aber auch hier gilt: Es kommt drauf an! Stellen Sie sich folgende Fragen zu Ihrer Zielgruppe und Ihren Autoren:

- Wann ist die Zielgruppe online?
- Welche Veranstaltungen gibt es, über die zeitnah berichtet werden muss?
- Wann benötigt die Zielgruppe bestimmte Informationen?
- Wie sichert man Reaktionszeiten auf Blog-Posts?

Die Antworten auf die Fragen sind von der Zielgruppe abhängig. Möchten Sie beispielsweise Studenten auf dem Blog ansprechen, so sind diese wahrscheinlich zu anderen Zeiten online als beispielsweise Fach- und Führungskräfte. Auch die Frage nach der Terminierung der Informationen durch Beiträge ist davon abhängig – so müssen beispielsweise bei Azubi-Blogs die Informationen zum Bewerbungsprozedere rechtzeitig gepostet werden, damit mögliche Bewerbungen rechtzeitig vor dem Ausbildungsbeginn bei Ihnen eintreffen.

Enorm wichtig ist auch hier wieder die Koordination Ihrer Autoren. Wenn ein Blog-Post veröffentlicht ist, der möglicherweise Fragen durch Kommentare nach sich zieht, sollte der Beitrag möglichst nicht am Freitagnachmittag gepostet werden. Denn Antworten auf Kommentare sollten möglichst zeitnah folgen. Hier unterscheidet sich ein Blog nicht wesentlich von Facebook oder Twitter. Lassen Sie sich mit der Beantwortung einer Frage zu lange Zeit, enttäuschen Sie den Leser unnötig. Der zeitnahe Dialog auf dem Blog ist entscheidend.

Bei vielen Blogs gilt es zwei bis drei Beiträge pro Woche zu posten. In der Praxis lässt sich allerdings beobachten, dass diese Richtlinie nicht immer eingehalten wird. Insbesondere bei Karriere-Blogs findet man viele Blogs, die es nicht schaffen, wenigstens einmal in der Woche zu posten. Setzen Sie sich daher nicht unnötig unter Druck! Setzen Sie realistische Ziele, an denen Sie sich dann messen (lassen) können. Das soll aber nicht heißen, dass es reicht, „ab und zu einmal" einen Beitrag online zu stellen. Nichts ist abschreckender für Ihre Leser als ein brachliegender Blog. Denn soziale Medien leben nun einmal von der Aktualität. Ein Beitrag pro Woche sollte das Minimum darstellen!

5.4.2 Themen und Inhalte

Content, Content, Content: Das Wichtigste ist authentischer Inhalt, der Ihre Leser wirklich interessiert und keine weichgespülten Marketingbotschaften beinhaltet. Aber woher nehmen, wenn nicht stehlen? Jedes Unternehmen hat „seine" Erfolgsgeschichte und genau diese gilt es zu erzählen. Versetzen Sie sich in die Lage eines Redakteurs! Beobachten Sie Ihr Unternehmen aufmerksam, sprechen Sie mit Ihren Kollegen. Interessant ist erst einmal alles, was ein „Außenstehender" nicht kennt: Ihre Räumlichkeiten, Ihre Veranstaltungen, Ihre Besonderheiten sowie Kultur und natürlich allem voran Ihre Mitarbeiter.

Wie Sie bei der Themensuche vorgehen, hängt auch hier wieder von der Größe Ihres Unternehmens ab. In großen Unternehmen oder Konzernen gibt es eine Vielfalt an Themen und Geschichten. Die Herausforderung liegt hier in der Koordination der vielen Inhalte und Autoren. In kleineren Unternehmen müssen und können Sie genauer hinschauen. Sie können mit allen oder vielen Mitarbeitern persönlich sprechen und erfahren so „Geschichten" aus erster Hand. Sie bekommen schnell ein Gefühl dafür, was es zu berichten gibt. Vernetzen Sie sich und suchen Sie den Kontakt zu Führungskräften und Leitern der Fachabteilungen. Diese können oft besser einschätzen, was es aus ihren Abteilungen aktuell zu berichten gibt, und können Ihnen potenzielle (Gast-) Autoren nennen.

Überlegen Sie, welche Themen Sie regelmäßig in den Redaktionsplan mit aufnehmen können. Woraus können Sie zum Beispiel Serien machen? Welche interessanten Videos können Sie posten oder drehen?

Hier ein paar Beispiele für mögliche Blog-Artikel:

- **Interviews**: Machen Sie eine Interviewreihe mit ausgewählten Kollegen aus den Fachabteilungen. Befragen Sie diese zu ihren Fachthemen und stellen Sie auf diese Art Ihre Produkte oder Dienstleistungen dar. Lassen Sie die Kollegen aber auch über die Arbeitsatmosphäre Ihres Unternehmens berichten und darüber, was das Arbeiten in Ihrem Unternehmen für sie so spannend macht. Kein „theoretischer" Text kann das Onboarding in Ihrem Unternehmen so authentisch darstellen wie Ihre Mitarbeiter.
- **Erfahrungsberichte**: Lassen Sie Auszubildende und Neulinge aus ihrer Sicht erzählen, wie sie die ersten Tage und Wochen im Unternehmen erleben.[4]
- **Fotos der Räumlichkeiten:** Drücken Sie Mitarbeitern aus unterschiedlichen Abteilungen eine Kamera in die Hand und lassen Sie diese ein Foto im Unternehmen machen unter dem Motto „Mein Lieblingsplatz". So werden Sie die unterschiedlichsten Perspektiven auf Büroräume, Kantine, Konferenzräume und Kaffeeecken im Unternehmen bekommen.
- **Fachartikel:** Lassen Sie Mitarbeiter, die ohnehin regelmäßig Fachartikel veröffentlichen (müssen), diese für den Blog schreiben. So erhalten Ihre Leser informative Inhalte und die Kommunikationsabteilung hat einen Veröffentlichungsort mehr. Wenn der Artikel es einmal nicht in die Fachzeitschrift schafft, so können Sie Ihre Leser dennoch mit wertvollem Content versorgen.

---

[4] Eine interessante Reihe unter dem Titel „Ausbildungsstart bei der Krones AG" hat die AG 2010 gestartet. Mit einer Videokamera ausgestattet, hat die Auszubildende Maxine Abeska ihre ersten Tage bei der Krones AG dokumentiert. Das erste Video der Serie finden Sie unter http://www.youtube.com/watch?v=Qe61oP6bSgs. Krones hat hier eine gelungene Mischung aus professionellem Schnitt und den sehr persönlichen, von der Auszubildenden selbst gefilmten Videosequenzen gefunden. Auch wenn Sie die technischen Möglichkeiten nicht besitzen, bieten die Videos doch eine gut Inspiration. Auch ohne professionelles Video und viel Aufwand können Sie Auszubildende mit Text und Fotos ihre ersten Tage schildern lassen.

- **Off Topic:** Beweisen Sie eine Prise Humor. Schreiben Sie ruhig mal etwas, das Off Topic ist. Wenn solch „unnützes Wissen" noch etwas mit Ihrem Geschäftsbereich oder Ihrer Dienstleistung zu tun hat – umso besser. Es können aber auch „Themen aus der Teeküche" oder unterhaltsame Videos sein.
- **Event-Berichte:** Lassen Sie Ihre Leser über den Blog auch virtuell an Ihren Veranstaltungen teilhaben. Das können Berichte zu Messen oder Kundenveranstaltungen und Konferenzen sein. Es können aber genauso gut Berichte von Team-Events oder Betriebsfeiern sein. Diese sollten selbstverständlich nur von den Autoren geschrieben sein, die an den Events auch tatsächlich teilgenommen haben und aus ihrer Warte schildern können. Bauen Sie eine Dramaturgie um Ihr Event – mit Vorankündigung, Live-Bericht und Nachberichterstattung.
- **Stellung beziehen:** Halten Sie mit Ihrer Meinung nicht hinter dem Berg. Im Gegensatz zur Pflicht der Neutralität journalistischer Texte sollen auf einem Blog auch Meinungen geäußert werden. Lassen Sie Ihre Autoren ruhig Themen kontrovers diskutieren. Aktuelle Themen aus Ihrer Branche, die in Fachkreisen und Medien debattiert werden, sollten Sie aufgreifen. So können Sie über die Kommentarfunktion interessante Diskussionen anstoßen, die Ihnen dann wiederum wertvolles Feedback zu verschiedenen Themen geben.
- **Fragen Sie:** Stellen Sie Ihren Lesern Fragen. Im Idealfall können Sie Fragen oder Anregungen, die Ihnen Ihre Leser via Kommentar vermitteln, wiederum in einem eigenen Blog-Post aufgreifen und beantworten.

Dies sind nur wenige Anregungen für mögliche Beiträge. Wenn Sie aufmerksam Themen aus Ihrer Branche beobachten, mit Ihren Mitarbeitern und Kollegen sprechen und generell alles, was im Unternehmen passiert, aufmerksam und durch die Brille des Blog-Redakteurs betrachten, werden Sie ausreichend Themen finden, um den Blog kontinuierlich mit spannenden und interessanten Artikel zu füttern. Bis sich eine Routine einstellt, kann es vielleicht eine Weile dauern, aber mit der Zeit entwickeln Sie ganz von selbst ein Gespür für relevante Themen und Ihre Leserschaft.

Mit Negativschlagzeilen umgehen
Sparen Sie auch negative Themen auf Ihrem Blog nicht aus. Wenn Ihr Unternehmen beispielsweise durch Entlassungen in die Schlagzeilen gerät, müssen Sie überlegen, wie Sie damit umgehen. Sicherlich ist es in erster Linie Aufgabe der Kommunikationsabteilung, in solchen Fällen zu agieren und eine entsprechende Kommunikationsstrategie zu verfolgen. Aber: Gerade ein Blog ist ein hervorragendes Medium, um Dinge aus Ihrer Sicht persönlich zu schildern. Während Sie auf Berichte in den Medien nur bedingt Einfluss haben, können Sie auf dem Blog negativen Themen mit sachlichen Schilderungen aus Ihrer Sicht begegnen. Ein persönlich verfasster Artikel zu einem heiklen und kritischen Thema spricht die Menschen ganz anders an als eine nüchtern-sachlich verfasste Pressemitteilung. Stimmen Sie aber bei heiklen Themen Ihre Beiträge mit der Kommunikationsabteilung oder der Geschäftsleitung ab. Sollte Ihre Sicht der Dinge von der Sicht der

Unternehmensführung abweichen, gießen Sie unnötig Öl ins Feuer, statt schlichtend zu wirken. Ihre Aufgabe ist es dabei, sachlich, aber persönlich und damit emotional, zwischen dem Unternehmen und der Öffentlichkeit, respektive Ihren Lesern, zu vermitteln. Nirgendwo geht dies so gut, wie auf einem Blog. Entscheiden Sie dies aber immer in enger Abstimmung und fallbezogen.

Auch negative Kommentare auf Ihrem Blog dürfen Sie in gar keinem Fall ignorieren. Beziehen Sie auch hier immer Stellung. Treten Sie durch souveräne Moderation mit Ihren Lesern in den Dialog und beantworten Sie möglichst alle ihre Fragen. Es gilt, das Kommentarmanagement im Griff zu haben. Ich empfehle Ihnen, die Kommentare nicht automatisch, sondern erst nach Prüfung freizuschalten. Dabei geht es nicht darum, negative Kommentare herauszufiltern, zu prüfen und womöglich zu löschen, sondern darum, dass Sie so gezwungen sind, die Kommentare tatsächlich zu lesen und zu beantworten. So müssen Sie in den Dialog mit den Lesern treten und deren Fragen und Kommentare beantworten – egal, ob positiv oder negativ. Schalten Sie alle Kommentare frei[5], sonst setzen Sie sich dem Vorwurf der Zensur aus und treten erst so negative Schlagzeilen los. Wenn Sie aber gewissenhaft, zeitnah, persönlich und freundlich die Kommentare beantworten, haben Sie nichts zu befürchten.

Vernetzung in der Blogosphäre und Verlinkung
Ein weiterer wichtiger Punkt ist die Vernetzung. Schotten Sie sich nicht von der Außenwelt – respektive der Blogosphäre – ab. Verlinken Sie interessante Artikel auf anderen Blogs – entweder ergänzend oder als vollwertigen Inhalt zu einem Thema, anstatt mit Verzug den Inhalt selbst nachträglich aufzubereiten. Die Leser schätzen Verlinkungen als besonderen Service! Haben Sie keine Angst, Ihre Leser zu verlieren. Im Gegenteil, je mehr Inhalt Sie anbieten, ob eigenen oder per Link, desto wertvoller wird Ihr Blog. Dies gilt natürlich umso mehr für Corporate Blogs oder Themen-Blogs mit Employer-Branding-Bezug als für Blogs mit reinem Fokus auf unternehmenseigene Inhalte. Aber auch hier können Links immer sinnvoll sein. Berichtet ein Azubi von seinem Auslandsaufenthalt und streut einen kleinen Reisebericht ein, können Links zu Museen und anderen Sehenswürdigkeiten den Artikel bereichern. Zudem wirken sich Verlinkungen positiv auf das Google-Ranking aus.

Das Einrichten einer Blogroll kann Ihnen helfen, andere Blogs und deren Themen im Auge zu behalten. Durch die Vernetzung mit anderen Blogs zeigen Sie Offenheit und den Netzwerkgedanken, der in sozialen Medien ungemein wichtig ist.

---

[5] Ausnahmen bilden selbstverständlich Kommentare, die beleidigend oder verletzend gegenüber Ihren Autoren oder politisch nicht korrekt sind. Ebenso ausgenommen sind natürlich (automatisierte) Spam-Kommentare. Über Kommentarrichtlinien, die Sie beispielsweise in einem Menüpunkt aufführen, können Sie darauf hinweisen, dass es bei den Kommentaren um ein faires Miteinander geht.

5.4.3 Form und Stil von Beiträgen

Wie aber bringen Sie nun die interessanten Themen zu Papier? Wie schreiben Sie Beiträge, die Ihre Kompetenzen unterstreichen, die die Mitarbeiter Ihres Unternehmens nahbar machen und die Kultur Ihres Unternehmens nach außen tragen? Wie gestalten Sie Ihre Beiträge unterhaltsam und informativ?

Bevor Sie und Ihre Kollegen loslegen, kann es unter Umständen lohnenswert sein, eine kleine Schreibwerkstatt zu veranstalten. Denn nicht jeder ist als Schreibtalent geboren. Entweder ziehen Sie hier Ihre Kommunikationsabteilung zurate, die einen kleinen Workshop mit dem Autorenteam veranstaltet, oder Sie greifen auf externe Kommunikationsprofis zurück, die dem Team das Einmaleins des Bloggens nahebringen.

Wenn Sie sich „schreibfit" fühlen, hilft es zudem, ausgewählte Blogs zu lesen und diese auf Form und Stil der Beiträge zu analysieren. Bei regelmäßigen Ausflügen in die Blogosphäre können Sie von andern Bloggern lernen und sich inspirieren lassen. Sie werden schnell merken, dass gut gemachte Blogs einige Grundregeln beherzigen. Die wichtigste: **Schreiben Sie einfach, klar und persönlich. Schreiben Sie so, wie Sie sprechen.** Stellen Sie sich beim Schreiben des Artikels vor, wie Sie Ihre Gedanken zum Thema einem Kollegen erzählen würden. Schreiben Sie den Artikel genauso! Marketingfloskeln kommen bei den Lesern nicht gut an! Auch hochgestochene und komplizierte Texte liest an dieser Stelle niemand gerne.

Wie genau erreichen Sie nun aber die luftig-lockere Art eines flüssig geschriebenen Artikels?

Beherzigen Sie dabei fünf Grundregeln[6]:

1. **Fassen Sie sich kurz:** Vermeiden Sie lange Texte. Denn die Aufmerksamkeit der Leser im Internet ist kurz. Schildern Sie Ihr Thema kurz, prägnant und leserfreundlich. Dies gilt insbesondere für Fachbeiträge. Erleichtern Sie das Lesen durch Einleitungen, Zwischenüberschriften, Aufzählungen, Grafiken und kurze Zusammenfassungen.
2. **Lassen Sie Sorgfalt walten:** Überprüfen Sie Zahlen, Fakten und Eigennamen. Denn wie bei journalistischen Texten gilt auch auf dem Blog: Schlecht recherchierte Beiträge mit fehlerhaften Fakten können durch Richtigstellungen oder Abmahnungen schnell zu Frust führen – sowohl bei Ihnen als auch bei Ihren Lesern.
3. **Vermeiden Sie Marketingsprache:** PR- und Marketingsprache sind hier fehl am Platz. Schreiben Sie offen, witzig, locker und kontrovers.
4. **Äußern Sie Ihre Meinung:** Blogs sind nicht zu journalistischer Neutralität verpflichtet. Im Gegenteil: Wenn Sie etwas zu sagen haben, tun Sie dies. Und zwar mit Ihrer Sicht auf die Dinge! Greifen Sie öffentliche Diskussionen auf, setzen Sie Themen. Ihre Beiträge ähneln mehr einem Kommentar als einem Zeitungsartikel.
5. **Sprechen Sie Ihre Leser direkt an:** Kommunizieren Sie mit Ihren Lesern wie mit Kollegen und sprechen Sie sie direkt an, tauschen Sie sich über Kommentare direkt aus.

---

[6] Vgl. Meike Leopold, Unternehmens-Blogs – Praxishandbuch für Aufbau, Strategie, Inhalte, S. 142 f.

Schreiben Sie aktiv, damit der Leser sich angesprochen fühlt. Vergleichen Sie folgende Texte:

Variante 1

Auf der gestrigen Konferenz wurde das Thema in zahlreichen Vorträgen von verschiedenen Seiten beleuchtet. Es bleibt festzuhalten, dass die Qualität der Redner sich auf einem hohen Niveau bewegt hat und die Inhalte der Vorträge so jedem Teilnehmer interessante Sichtweisen eröffnet haben …

Variante 2

Es ist geschafft – ein langer, anstrengender, aber ungemein bereichernder Tag liegt hinter mir. Wieder am Schreibtisch, versuche ich nun die vielen Eindrücke zu sortieren und mit Euch/Ihnen zu teilen. Die Vorträge der Konferenz haben mir noch einmal neue Sichtweisen auf das Thema eröffnet und mich inspiriert. Das lag sicherlich auch daran, dass die Referenten ausnahmslos spitze waren …

Welche Variante hat Sie spontan mehr angesprochen? Die Beispiele zeigen, dass ein lockerer und persönlicher, aktiv geschriebener Blog-Beitrag den Leser mit hoher Wahrscheinlichkeit mehr anspricht als ein passiver und unpersönlicher Artikel. Versuchen Sie aktiv zu formulieren und Ihre Leser immer direkt anzusprechen.

Jeder Autor sollte seinen ganz eigenen Stil finden. Denn der Naturwissenschaftler oder Ingenieur wird in der Regel einen anderen Schreibstil haben als der Kollege aus dem Marketing oder Kundensupport. Die verschiedenen Sprachfärbungen des Einzelnen machen den Blog erst bunt und lebendig und zeigen die Vielfalt Ihres Unternehmens auf.

Bei einer Kommunikation auf Augenhöhe ist eines ganz wichtig: Sie sprechen nicht zum Leser, sondern mit ihm. Diskutieren Sie, stellen Sie Fragen, fordern Sie Kommentare ein. Dazu gehört es, nicht rein informative Texte zu schreiben, die ein Thema hinreichend beleuchten, sondern Aspekte offen zu lassen. Regen Sie nicht nur zum Nachdenken, sondern zur aktiven Diskussion in Ihren Kommentaren an. Beleuchten Sie nur einen Aspekt eines Themas und eruieren Sie weitere Aspekte gemeinsam mit Ihren Lesern in der Kommentarfunktion.

Mit einer offenen und authentischen Kommunikation, in die Sie Ihre Leser einbinden, machen Sie sich nahbar und sind präsent. Wenn Sie zudem die Grundregeln der Suchmaschinenoptimierung[7], wie z. B. Aktualität, Optimierung Ihrer Keywords und Textstruktur durch gute Überschriften und Zwischenüberschriften, beachten, spielen Sie vorne mit.

---

[7] Ausführliche Erläuterungen zum Thema SEO würden den Rahmen dieses Kapitels sprengen. Da es sich allerdings um ein sehr wichtiges Kapitel handelt, empfehle ich Ihnen dringend, sich für diesen Aspekt Zeit zu nehmen und gegebenenfalls die Hilfe eines Dienstleisters in Anspruch zu nehmen. Insbesondere für den Anfang. Mit der Zeit entwickeln Sie dann ein Gespür für Ihre Tags und Keywords. Bedenken Sie aber immer, dass Sie in erster Linie für Ihre Leser schreiben und nicht für die Suchmaschinen.

Abb. 5.7 Blog der adidas Gruppe. (Quelle: http://blog.adidas-group.com/)

Ihre Arbeitgebermarke profitiert langfristig und Sie sind im Kampf um Talente von morgen bestens aufgestellt.

5.4.4   Praxisbeispiele – Interviews

Mit den zwei folgenden Beispielen möchte ich Ihnen einen lebendigen Eindruck der Blogging-Praxis zweier Unternehmen mit unterschiedlicher Herangehensweise und Zielgruppe vermitteln. Dazu habe ich mit den Verantwortlichen der beiden Blogs ein Interview
geführt.

Bei dem ersten Beispiel handelt es sich um den Blog der adidas Gruppe, die einen internationalen und englischsprachigen Blog betreibt.

Praxisbeispiel adidas Group

Die adidas Gruppe hat im November 2011 einen Unternehmens-Blog (Abb. 5.7) gelauncht. Das erklärte Ziel des Blogs ist es, „ein persönliches und authentisches Bild

des Unternehmens hinter den Marken zu vermitteln" sowie Einblicke in die Unternehmenskultur zu bieten.

Um die adidas Gruppe als interessanten Arbeitgeber in allen Kategorien langfristig zu positionieren, wird auf dem Blog die Unternehmenskultur, neben klassischen Themen von Karriere-Blogs, proaktiv herausgestellt. Die adidas Group hat es sich (unter anderem) zum Ziel gesetzt, potenziellen Bewerbern die Vorzüge der adidas Gruppe als Arbeitgeber näher zu bringen.

Als offizieller Unternehmens-Blog wird er jedoch nicht aus dem Personalmarketing oder Recruiting gesteuert, sondern von der Unternehmenskommunikation. Wie die Kommunikation zwischen den beiden Abteilungen erfolgt und welchen Stellenwert der Blog für HR hat, erläutert **Frank Thomas, Corporate Communication Manager bei der adidas Gruppe, im Interview:**

Herr Thomas, welchen Stellenwert hat der Blog in Ihrer allgemeinen Recruiting- und Personalmarketing-Strategie?
Thomas: Da herrscht eher eine sehr natürliche als eine strategisch konstruierte Verbindung. Wenn ein Unternehmen für Sie als Arbeitgeber interessant ist, schauen Sie sich dann vor allem Werbekampagnen und Produkte des Unternehmens an oder versuchen Sie sich mit Bekannten auszutauschen, die bereits Erfahrung mit diesem Unternehmen gemacht haben? Ich weiß nicht, wie es Ihnen geht, aber ich würde bei so einem Thema lieber mit echten Menschen kommunizieren.

Wir haben es uns zum Ziel gesetzt, auf unserem Unternehmens-Blog einen Einblick in das Arbeitsleben zu geben. Authentische Geschichten von unseren Mitarbeitern bieten einzigartige Einblicke in unser Unternehmen und stiften Vertrauen. Indem wir Themen „ein Gesicht geben" und Mitarbeitern aus verschiedenen Abteilungen eine Plattform zur Verfügung stellen, damit sie sich vorstellen können, geben wir nicht nur Einblicke in die adidas Gruppe, sondern zeigen gleichzeitig interessante Karrieremöglichkeiten auf. Die Leser bekommen Meinungen und Erfahrungen aus erster Hand und können sich so selbst ein Bild machen. Daran haben aber nicht nur Jobsuchende ein großes Interesse, sondern z. B. auch Journalisten oder Investoren, die sich noch mehr Kontext zum Unternehmen wünschen. Auch Konsumenten wollen immer häufiger wissen, unter welchen Umständen die Produkte, die sie kaufen, entstehen.

Darüber hinaus machen wir mit dem Blog aber auch auf Inhalte aufmerksam, die vielleicht nicht originär mit der adidas Gruppe verbunden werden. Wussten Sie, dass bei uns auch Physiker und Chemiker arbeiten? Durch den Blog erkennen User, dass sie vielleicht ein Interesse mit der adidas Gruppe teilen. Wenn wir diese passiven User dann für uns begeistern können, um sie zu aktiven Bewerbern zu machen, ist das umso besser.

Die auf dem Blog veröffentlichten Inhalte werden dann auch über unsere anderen Social-Media-Kanäle verbreitet und ermöglichen unserem HR-Team somit, ständig frische Inhalte anbieten zu können.

Ihr Blog wird nicht seitens HR, sondern durch Ihr Corporate-Communication-Team koordiniert. Oftmals gibt es Vorbehalte, wenn Karriere-Blogs von der Unternehmens-kommunikation betreut werden. Wie begegnen Sie diesen bzw. wie eng arbeiten Sie mit HR zusammen?

Thomas: Auf der organisatorischen Seite ist unsere Personalabteilung einer unserer wichtigsten Ansprechpartner, um interessante Themen und Mitarbeiter zu identifizieren. Trotzdem ist der adidas Group Blog aus unserer Sicht kein reiner Karriere-Blog. Ich möchte noch einmal betonen, dass es auf dem adidas Group Blog in erster Linie um authentische Einblicke von Mitarbeitern in unser Unternehmen geht, auf das diese in der Regel sehr stolz sind. Alles andere ergibt sich von selbst. An diesen Grundsatz glauben wir fest.

Die Hauptaufgabe des Corporate-Communication-Teams besteht darin, Mitarbeiter zu finden, die bereit sind zu bloggen, sie zu motivieren, zu beraten und die Ausrichtung des Blogs konsequent auf Linie zu halten. Wir koordinieren die Themenfindung, entwickeln den Blog weiter und helfen dabei, ein Mindestmaß an Qualität sicherzustellen. Inhalte und in den Posts vertretene Meinungen sind aber den Autoren völlig selbst überlassen.

Als Global Player haben Sie sich für einen internationalen Blog in englischer Sprache entschieden. Welche besonderen Herausforderungen gehen damit einher?

Thomas: Die offizielle Unternehmenssprache der adidas Gruppe ist Englisch. Das ist aber nicht der einzige Grund, warum wir uns für einen englischsprachigen Blog entschieden haben, sondern auch, weil wir möglichst viele User am Dialog beteiligen möchten. Wir wollen auch keinen reinen Headquarter-Blog, sondern einen Blog, der das gesamte Unternehmen in all seiner Vielfalt und mit all seinen Marken und Standorten repräsentiert. Mit dieser Entscheidung sind wir bisher sehr zufrieden. Natürlich birgt das aber auch Herausforderungen. Wann ist z. B. die ideale Zeit, einen Artikel zu veröffentlichen? Wenn die einen schlafen gehen, sitzen die anderen am Frühstückstisch. Damit sich auch Nichtmuttersprachler in unseren Berichten wiederfinden, bitten wir unsere Mitarbeiter darüber hinaus, möglichst einfach zu schreiben und auf komplexe Begriffe zu verzichten. Letzten Endes sind diese Herausforderungen aber alle gut zu bewältigen.

Wie organisieren Sie die Redaktion des Blogs und die Koordination der zahlreichen, internationalen Blogger?

Thomas: Wir haben ein Satelliten-Setup für uns gewählt. Dazu haben wir Ansprechpartner in relevanten Fachabteilungen für unser Blog-Projekt gewonnen. Diese Mitarbeiter helfen uns in ihrer jeweiligen Disziplin dabei, interessante Geschichten zu identifizieren, auf potenzielle Blogger zuzugehen und die Kreation von Texten mit ihnen zu koordinieren. Darüber hinaus schreiben sie auch selbst gelegentlich Artikel für den Blog. Ein Vorteil, den Blog bei der Unternehmenskommunikation aufzuhängen, liegt aber sicherlich auch im meist sehr guten internen Netzwerk dieser Abteilung. Das vereinfacht die Koordination und Themenfindung erheblich. Fertige Posts von Nicht-muttersprachlern werden von unserem Übersetzungsteam noch einmal Korrektur gelesen und dann von uns im Namen der Autoren veröffentlicht. Man muss bedenken, dass unsere Blogger diese Aufgabe zusätzlich zu ihrem eigentlichen und oft ohnehin anstrengenden Tagesgeschäft absolvieren. Deshalb halte ich es für nur fair, sie so weit wie möglich durch diverse Maßnahmen zu entlasten.

Wie unterscheidet sich die Content-Strategie des Blogs von der Kommunikation Ihrer weiteren Social-Media-Kanäle, wie z. B. Facebook?
Thomas: Der Blog fügt sich in unsere übergeordnete Strategie ein und ist ein zentraler Baustein. User kümmern sich nicht darum, wo sie welche Inhalte rezipieren. Sie erwarten ein stimmiges und leicht zugängliches Gesamtbild, das sich aus verschiedenen Kanälen, Themen und Betrachtungsweisen zusammensetzt. Deshalb ist eine gute Vernetzung sehr wichtig.
Gute Blogs sind besonders glaubwürdig und sie zeichnet vor allem aus, dass wir hier Themen auch ausführlicher behandeln können. Hier werden oft Diskussionen angestoßen, die dann entweder im Kommentarbereich des Blogs, oft aber auch auf anderen Plattformen wie LinkedIn oder Facebook geführt werden. Während wir über Kanäle, wie z. B. Facebook, Twitter oder LinkedIn, Zielgruppen schnell, direkt und effizient über offene Positionen informieren können, ermöglicht es uns der Blog mit Storytelling darzulegen, wie dieser Job im Alltag wirklich aussieht. Das schafft Transparenz und Vertrauen.
Generell kommt es auf allen Social-Media-Kanälen vor allem auf gute Inhalte von echten Menschen mit Dialogbereitschaft an.

Welchen Erfolg für Ihr Employer Branding und Recruiting erzielen Sie durch den Blog? Messen Sie diesen?
Thomas: Natürlich arbeiten wir – wie viele andere Unternehmen auch – daran, unsere Erfolgsmessung immer weiter zu optimieren. Klassische KPIs wie „Clicks" oder „Social Interaction" geben aber auch nur bedingt Aufschluss über den eigentlichen Erfolg. Die Herausforderung liegt meines Erachtens darin, Aufwand und Nutzen der Evaluation auszubalancieren. Wenn unser HR-Team auf Karrieremessen auf den Blog angesprochen wird, kann das genauso als Erfolg gewertet werden wie die Geschichte eines begehrten Kandidaten, der sich in der finalen Entscheidungsfindung an einen inspirierenden Artikel über unsere Unternehmenskultur erinnert … und sich für uns entscheidet. Das lässt sich aber nur schwer messen.
Vielen Dank für das Interview!

Praxisbeispiel DFS Deutsche Flugsicherung

Seit November 2012 ist die Deutsche Flugsicherung mit einem Azubi-Blog online (Abb. 5.8). 13 Auszubildende der DFS beleuchten die komplexen Berufsfelder aus ihrer Sicht. So heißt es auf dem Blog:

Abb. 5.8 Azubi-Blog der Deutschen Flugsicherung. (Quelle: http://www.dfs-azubiblog.de/)

Wir wollen euch an unserem Alltag teilhaben lassen und euch zeigen, was sich hinter unseren Berufsbildern und der Flugsicherung verbirgt.

Gerade im Bereich der Flugsicherung weiß die potenzielle Zielgruppe oft schlicht nicht, was der Beruf „Fluglotste" alles umfasst, und so ist ein Azubi-Blog die geeignete Kommunikationsplattform, um Interessenten die Berufsbilder näher zu bringen.

Florian Schrodt, Referent Personalmarketing bei der DFS Deutsche Flugsicherung GmbH, berichtet über seine Erfahrungen bei der Konzeption und Umsetzung des Blogs:

Herr Schrodt, wie lange hat es, vom Gedanken bis zur Umsetzung, gedauert, Ihren Azubi-Blog aufzusetzen?

Schrodt: Zugegeben: Die Umsetzung hat etwas länger gedauert als ursprünglich veranschlagt, insgesamt circa ein Jahr. Ein Blog ist jedoch eine komplexe Angelegenheit, und gerade wenn man damit eine wichtige strategische Säule im Marketingmix etablieren will, sollten einige Details hinreichend geklärt werden. Angefangen bei der

Konzeptionsphase, in der wir sicherstellen wollten, dass der Blog tatsächlich eine sinnvolle Ergänzung unserer Kommunikationsstrategie wird.

Enorm wichtig war auch die Abstimmung mit Kommunikation, Datenschutz, IT-Security und Betriebsrat, um allen Schnittstellen die Hintergründe dieser Maßnahme zu erläutern, damit wir auch innerhalb des Unternehmens eine breite Unterstützung für das Projekt haben. Darüber hinaus spielte die Suche nach einem externen Partner, den wir mit Knabenreich Consult gefunden haben, eine nicht unwesentliche Rolle. Nicht nur hinsichtlich der technischen Umsetzung, um uns auf die inhaltliche Gestaltung konzentrieren zu können, aber auch, um einen neutralen Ansprech- und Sparringspartner zu haben, der in vielfältigen Situationen beratend zur Seite steht.

Wesentlich war vor allem die Konzentration auf die Zusammenstellung des Teams von Azubi-Bloggern, die das Projekt erst mit Leben füllen. Hier haben wir erfreulicherweise großen Zuspruch erhalten. Wir wollten gerade in der Startphase alle Interessierten berücksichtigen, was die Koordination enorm anspruchsvoll gemacht hat. Unsere Blogger haben von Anfang an jede Menge Euphorie in das Projekt eingebracht und einen enormen Gestaltungswillen gezeigt, der unsere Erwartungen übertroffen hat, den wir aber unbedingt nutzbar machen wollten. Wir haben uns daher bewusst die Zeit genommen, um entsprechende Rollenmodelle und inhaltliche Vorstellungen gemeinsam auszuarbeiten. Es sollte nicht einfach ein weiterer Kanal entstehen, wir wollten einen Ort schaffen, an dem unsere Azubis und Studierenden ihren Enthusiasmus zum Ausdruck bringen können, und durch ansprechende Informationen für Bewerber einen echten Mehrwert vermitteln. Auf diese Weise sollten Mitarbeiter wie Interessierte am einzigartigen Spirit der DFS teilhaben. Und dieser wird auch nach außen hin spürbar – das haben wir dem tollen Team zu verdanken.

Welche Aspekte muss man in der Planungs- und Konzeptionsphase berücksichtigen, um einen erfolgreichen Blog aufzusetzen?
Schrodt: Wichtig ist es, ein klares Ziel zu definieren und einen strategischen sowie konzeptionellen Unterbau zu haben, an dem man sich dauerhaft orientieren kann. Dennoch muss genug zeitliche Flexibilität für Lernprozesse zwischen allen Akteuren vorhanden sein, um einen Kanal implementieren zu können, der von gemeinsamer Akzeptanz getragen wird. „Tue Gutes und sprich darüber", so heißt ein Sprichwort, dies haben wir uns von Beginn an zu Herzen genommen. Wir haben bereits im Vorfeld große Anstrengungen auf die Promotion der Idee eines Azubi-Blogs verwendet. Damit wollten wir intern möglichst viele Kollegen von der Idee eines Azubi-Blogs begeistern und überzeugen, insbesondere die späteren Blogger, andererseits wollten wir auch schon vor dem Start bei der externen Zielgruppe, den Bewerbern, eine gewisse Vorfreude schaffen und uns deren Feedback sichern, um den Blog nicht am Bedarf vorbei zu konzipieren. Mit kleinen Teasern haben wir bereits im Vorfeld eine Dramaturgie aufgebaut, um schon zum Start eine hohe Resonanz und Relevanz zu haben.

Das Thema Ressourcen wird oft als Hauptargument gegen die Implementierung eines Corporate Blogs angeführt. Wie sind Sie diesem Thema begegnet?

Schrodt: Auch hier haben wir bereits in der Konzeption mit möglichst vielen Kollegen im Austausch gestanden, um ein Modell zu entwickeln, dass der Tatsache gerecht wird, dass die oberste Priorität für Auszubildende die Ausbildungsinhalte sind. Dem werden wir gerecht, indem wir Zyklen für die Blog-Teams ausgearbeitet haben. Danach wird der Staffelstab sukzessive an neue Mitglieder übergeben. Das ist natürlich auch für die inhaltliche Ausrichtung immer wieder eine Auffrischung. Zudem war der externe Blick unseres Agenturpartners sehr hilfreich, um pragmatische Lösungen zu finden. Das Wichtigste ist jedoch die Überzeugungsarbeit bei den späteren Bloggern. Mit deren Unterstützung im Rücken war es recht einfach zu argumentieren. Ich kann es nur nochmal betonen: Das Ziel muss klar sein. Und hier konnten wir ziemlich viele überzeugende Punkte anbringen: Sinnvolle inhaltliche Ergänzung unseres Portfolios, ein unternehmenseigener Kanal, damit inhaltliche und darstellerische Autonomie. Die vielfältigen positiven Auswirkungen auf die Relevanz bei der Online-Darstellung des Arbeitgebers, wie zum Beispiel die Suchmaschinenoptimierung. Und natürlich kosteneffiziente Inhalte, die die Darstellung komplettieren. Der interne Impact war sicherlich auch von vornherein ein Ziel. Durch die Mitarbeiter, die dazu beigetragen haben, dem Arbeitgeberauftritt ein Gesicht zu geben. Das setzt wirklich einen tollen Spirit frei.

Was sind aus Ihrer Sicht die drei Key-Learnings aus dem gesamten Prozess der Implementierung und seit dem Launch des Blogs?

Schrodt: 1. Dialog. Steter Austausch war und ist ein entscheidendes Erfolgskriterium. Unabdingbar ist ein Koordinator für den Blog, der als Unternehmensvertreter und Kommunikationsprofi alle wichtigen Fragen klärt und den Bloggern als Ansprechpartner zur Seite steht. Das schafft die nötige Sicherheit, die die meist unerfahrenen Schreiber benötigen. Gerade bei dezentralen Strukturen, wie es auch bei uns der Fall ist, sollten Wege gefunden werden, wie ein steter Austausch gewährleistet werden kann. E-Mails, Telefonate und Treffen waren keine zielführende Option, weshalb wir nach Alternativen gesucht haben und letztlich eine geschlossene Facebook-Gruppe gründeten, in der wir mittlerweile sogar virtuelle Redaktionskonferenzen abhalten. Hier lassen sich zudem neue Blogger ziemlich gut einführen, was unserem Rotationskonzept sehr entgegenkommt.

2. Geduld, Zuhören und Lernbereitschaft. Ein Blog ist in vielen Unternehmen eine kommunikationskulturelle Zäsur. Dementsprechend benötigt es Zeit und Aufklärungsarbeit, um ein solches Projekt voranzutreiben. Dies sind unabdingbare Investitionen, die sich auszahlen. Dennoch wird man im Laufe des Projektes Erfahrungen machen, die vielleicht im Konzept nicht absehbar waren. Es macht Sinn, diese Lerneffekte zu berücksichtigen und zu integrieren.

3. Partizipation. Wenn Sie sowohl interne als auch externe Interessenten teilhaben lassen, dann entwickelt sich ein Blog erst richtig zum Leben. Zugriffszahlen und Kommentare sprechen Bände.

Der Blog ist ein Social-Media-Kanal. Neben dem Blog verfügt die DFS auch über eine Facebook-Seite, einen YouTube-Kanal und ein Instagram-Pofil. Welche Rolle spielt der Blog in dem Personalmarketingmix von Social Media?

Schrodt: Alle Kanäle stehen unter dem Motto, den Arbeitgeber DFS in seiner Einzigartigkeit greifbar zu machen. Schwerpunkt ist hier, einen Eindruck davon zu vermitteln, wie das (Arbeits-) Leben bei der Flugsicherung ist. Anspruchsvolle inhaltliche Herausforderungen gepaart mit wundervollen Möglichkeiten zur persönlichen Entfaltung – und das alles unter der thematischen Klammer „Faszination Luftfahrt". Mit ihren jeweiligen Stärken versuchen wir dies synergetisch auf den genannten Kanälen zu transportieren. Auf Basis unserer Erfahrungen in den sozialen Netzwerken, wie zum Beispiel Facebook, waren wir überzeugt, dass ein Blog eine ideale Bereicherung ist. Schon auf Facebook hatten immer wieder Auszubildende die Möglichkeit genutzt, mit Bewerbern zu interagieren und ihre eigenen Werdegänge zu schildern. Das kam gut an. Zudem ist für uns Facebook mit Blick auf die kanaleigenen Stärken eher ein Dialogmedium, das es uns ermöglicht, Verbindungen aufzubauen, und eine Plattform, auf der wir kurze, aber ausdrucksstarke Eindrücke vermitteln wollen. Dies wollten wir inhaltlich tiefer ausbauen, sodass die Idee eines Blogs ziemlich nahe liegend war. Wir wollten die Komplexität mancher Berufsbilder durch die Brille der Azubi-Blogger reduzieren, gleichzeitig die Einblicke in die tolle Atmosphäre intensivieren. Eine ideale Ergänzung also.

Vielen Dank für das Interview!

Die Praxisbeispiele zeigen, wie wichtig klare Zieldefinitionen und der enge Austausch innerhalb des Unternehmens im Vorfeld sind.

Als Blog-Verantwortlicher sind Sie zwar der Treiber des Projekts, jedoch sollten Sie in jeder Projektphase Ihr Team und die Fachbereiche in Ihre Überlegungen einbeziehen. Wenn das gesamte Unternehmen hinter dem Projekt steht, werden Sie erfolgreich sein. In einer offenen und konstruktiven Umgebung entstehen offene und authentische Beiträge, mit denen Sie Ihre Zielgruppe erreichen und sich im Bewerbermarkt positiv abheben. Ein Karriere-Blog ist eine gewinnbringende Investition im zukünftigen Wettbewerb um Talente.

Ich wünsche Ihnen viel Erfolg und vor allen Dingen Freude bei der Konzeption und Umsetzung Ihres Karriere-Blogs.

Arbeitgeberbewertungsportale – die neue Macht der Bewerber?

6

Nikolaus Reuter

Inhaltsverzeichnis

Zusammenfassung

Um auf der Suche nach dem passenden Jobangebot möglichst gut vorzuselektieren bzw. später im Job keine bösen Überraschungen zu erleben, informieren sich heutzutage immer mehr Bewerber im Vorfeld einer Bewerbung ausführlich über ihren potenziellen Arbeitgeber. Hierfür ist das Internet als Informationsquelle prädestiniert. Um Jobangebote zu finden, nutzen derzeit rund 62 % der aktiv auf Stellensuche befindlichen Bewerber rein internetbasierte Stellenbörsen. Etwa 37 % informieren sich zusätzlich direkt auf der Webseite oder der Karriereseite des Unternehmens, und weitere 28 % runden ihr Bild darüber hinaus mit Aussagen und Informationen von Karrierenetzwerken wie etwa XING, LinkedIn und anderen Social-Media-Angeboten ab. Nur noch jeder zehnte Bewerber bevorzugt heute eine klassische, papierbasierte Bewerbungsmappe, um sich dem potenziellen Arbeitgeber als interessanter Kandidat zu präsentieren. Diese Zahlen aus der repräsentativen Studie „Bewerbungspraxis 2013"1 der Universitäten Bamberg und Frankfurt zeigen eindrucksvoll, dass die Bewerber den Wandel von der analogen in die digitale Welt längst vollzogen haben. Es manifestiert sich aber auch, dass sich heute fast jeder

N. Reuter (✉)
Etengo (Deutschland) AG, Hermsheimer Str. 7, 68163 Mannheim, Deutschland
E-Mail: nikolaus.reuter@etengo.de

© Springer Fachmedien Wiesbaden 2015
R. Dannhäuser (Hrsg.), *Praxishandbuch Social Media Recruiting*,
DOI 10.1007/978-3-658-06573-7_6

dritte Bewerber abseits der Stellenanzeigen und Stellenbörsen informiert und aktiv Angebote im Bereich Social Media nutzt. Die Intention des Bewerbers ist klar: Er möchte
im Vorfeld der Bewerbung mehr über den möglichen Arbeitgeber erfahren, und zwar
aus Quellen, die eben nicht vom Unternehmen selbst oder aus dessen Dunstkreis stammen. Gleichzeitig möchte der aufgeklärte Bewerber nur in solche Bewerbungen Zeit und
Mühe investieren, die ihm aussichtsreich und zugleich sinnvoll erscheinen. Das ist eine
sehr egoistische, gleichzeitig aber auch extrem zielorientierte Herangehensweise, die
unterschwellig ein latentes Misstrauen offenbart.

Um auf der Suche nach dem passenden Jobangebot möglichst gut vorzuselektieren bzw.
später im Job keine bösen Überraschungen zu erleben, informieren sich heutzutage immer
mehr Bewerber im Vorfeld einer Bewerbung ausführlich über ihren potenziellen Arbeitgeber. Hierfür ist das Internet als Informationsquelle prädestiniert. Um Jobangebote zu
finden, nutzen derzeit rund 62 % der aktiv auf Stellensuche befindlichen Bewerber rein
internetbasierte Stellenbörsen. Etwa 37 % informieren sich zusätzlich direkt auf der Webseite oder der Karriereseite des Unternehmens, und weitere 28 % runden ihr Bild darüber
hinaus mit Aussagen und Informationen von Karrierenetzwerken wie etwa XING, LinkedIn und anderen Social-Media-Angeboten ab. Nur noch jeder zehnte Bewerber bevorzugt heute eine klassische, papierbasierte Bewerbungsmappe, um sich dem potenziellen
Arbeitgeber als interessanter Kandidat zu präsentieren. Diese Zahlen aus der repräsentativen Studie „Bewerbungspraxis 2013"[1] der Universitäten Bamberg und Frankfurt zeigen
eindrucksvoll, dass die Bewerber den Wandel von der analogen in die digitale Welt längst
vollzogen haben. Es manifestiert sich aber auch, dass sich heute fast jeder dritte Bewerber
abseits der Stellenanzeigen und Stellenbörsen informiert und aktiv Angebote im Bereich
Social Media nutzt. Die Intention des Bewerbers ist klar: Er möchte im Vorfeld der Bewerbung mehr über den möglichen Arbeitgeber erfahren, und zwar aus Quellen, die eben
nicht vom Unternehmen selbst oder aus dessen Dunstkreis stammen. Gleichzeitig möchte
der aufgeklärte Bewerber nur in solche Bewerbungen Zeit und Mühe investieren, die ihm
aussichtsreich und zugleich sinnvoll erscheinen. Das ist eine sehr egoistische, gleichzeitig
aber auch extrem zielorientierte Herangehensweise, die unterschwellig ein latentes Misstrauen offenbart.

Was steckt dahinter? Die Glaubwürdigkeit von Werbung im Allgemeinen sinkt seit
Jahren kontinuierlich. Auch großen bekannten Megabrands mit viel Vertrauensvorschuss
glaubt man heutzutage nicht mehr einfach alles. Stars und Sternchen als Markenbotschafter in der Werbung sind auch nicht mehr das funktionierende Allheilmittel. Das renommierte Marktforschungsinstitut Nielsen beobachtet in der Langzeitstudie „Vertrauen
in Werbung"[2] seit Jahren eine dramatische Veränderung der Werbewirksamkeit. Obwohl

---

[1] Weitzel, T. et al. (2013) Studie „Bewerbungspraxis 2013". Centre of Human Resources Information Systems (CHRIS) der Otto-Friedrich-Universität Bamberg und der Goethe-Universität Frankfurt am Main, http://www.uni-bamberg.de/isdl/leistungen/transfer/e-recruiting/bewerbungspraxis/
bewerbungspraxis-2013, zugegriffen am 23.5.2013.

[2] The Nielsen Company (2013) Nielsen Global Survey „Vertrauen in Werbung", http://nielsen.com/
de/de/insights/presseseite/2012/vertrauen-in-werbung-bestnoten-fuer-persoenliche-empfehlung-

immer noch der Großteil der Werbebudgets in klassische Werbeformen wie Print-Anzeigen, Außenwerbung, Rundfunk und TV investiert wird, vertrauen nur noch knapp 50 % der von Nielsen im Jahr 2012 befragten Personen diesen traditionellen Werbeformen. Zwar punkten diese Kanäle beim Aspekt Reichweite, bei der Glaubwürdigkeit hingegen gab es Bestnoten für persönliche Empfehlungen und Online-Bewertungen. Das Fazit der Studie lautet: „Zufriedene Kunden sind die beste Werbung." Das ist soweit nichts wirklich Neues. Wirklich beeindruckend ist aber, dass 88 % der in Deutschland befragten Teilnehmer angaben, dass sie der Empfehlung von Freunden und Bekannten mit Abstand am allermeisten vertrauen. Auf dem zweiten Platz mit 64 % folgt gleich die digitale Mundpropaganda, also Online-Bewertungen. Und das ist wirklich neu und richtungsweisend.

Fakt ist: Arbeitgeber, die neues Personal einstellen möchten, bedienen sich mehr denn je der Werbung und der Werbemöglichkeiten, um gut ausgebildete Mitarbeiter für sich zu interessieren und möglichst zu gewinnen. Die Gründe dafür möchte ich an dieser Stelle nicht weiter ausführen. Sie sind uns allen unter Stichworten wie „Fachkräftemangel" und „War for Talents" bekannt und in den einschlägigen Fachmedien omnipräsent. Eine Stellenanzeige oder eine Karriere-Webseite ist am Ende des Tages nichts anderes als eine Werbung für ein Produkt oder eine Dienstleistung. Da werden sich jetzt viele Leser innerlich ganz schön sträuben. Das Personalmarketing in der klassischen Werbeecke. Aber sind wir doch mal ehrlich. Employer Branding als zunehmend wichtige Teildisziplin der integrierten und crossmedialen Markenführung ist und bleibt eine Werbestrategie in Richtung Bewerber und Mitarbeiter. Und was im klassischen Produktmarketing heute gut funktioniert und wirkt, sollten wir auf Anwendbarkeit für das Personalmarketing hin überprüfen. Die Kienbaum-Studie „Employer Branding 2012"[3] manifestiert, dass 69 % der deutschen Unternehmen bereits eine Employer-Branding-Strategie implementiert haben und diese aktuell umsetzen. Ein zentrales Ergebnis der Studie ist aber auch, dass die Unternehmen ihre Mitarbeiter als Markenbotschafter – nach innen wie nach außen – sträflich vernachlässigen. Etwa 70 % der Unternehmen ziehen laut Kienbaum-Studie ihre Positionierung in Arbeitgeber-Rankings als Gradmesser für den Erfolg ihrer Employer Brand heran. Zudem überprüfen 63 % der befragten Unternehmen turnusmäßig die erhaltenen Bewertungen auf Arbeitgeberbewertungsportalen. Das zeigt gleichzeitig auch, dass viele Unternehmen diesen Bewertungen bereits eine erhebliche Relevanz beimessen. Akzeptiert man diese Realitäten, muss man sich zum einen als werbender Arbeitgeber mit dem Glaubwürdigkeitsproblem der Werbung beschäftigen und kommt zum anderen zwangsläufig am Thema Arbeitgeberbewertungsportale bzw. digitale Mundpropaganda als Teil einer umfassenden Employer-Branding-Strategie nicht mehr vorbei.

Denn für den interessierten Bewerber sprichwörtlich nur einen Mausklick entfernt sind eben Bewertungsplattformen wie Kununu, MeinChef.de und JOBvoting. Auf diesen Portalen beurteilen derzeitige oder ehemalige Arbeitnehmer anonym die Vor- und Nachteile ihres Arbeitgebers und erstellen teilweise sehr detaillierte und individuell geprägte Erfah-

---

und-online-bewertungen.html, zugegriffen am 23.5.2013.

[3] Kienbaum (2012) Studie „Internal Employer Branding 2012" http://www.kienbaum.de/desktopdefault.aspx/tabid-501/649_read-14030, zugegriffen am 23.5.2013.

rungsberichte. Aber auch Bewerber, Praktikanten und Auszubildende können hier votieren und ihre Meinung kundtun. Nahezu alle diese Portale sind in den Jahren 2005 bis 2007 entstanden. Insgesamt ist diese „Transparenz-Offensive der Betroffenen" also auch für Internetmaßstäbe ein recht junges Phänomen. Um zu verstehen, welchen Ursprung diese neue Form der Transparenz hat und welcher Nährboden sich ihr bietet, ist es unerlässlich, den Gesamtkontext und die Historie kurz zu beleuchten.

Per Definition geht es im Internet seit jeher um den Austausch von Daten und Informationen. Als der Online-Händler Amazon in den 90er-Jahren seine Buch-Rezensionen einführte, gab es zu Beginn viele kritische Reaktionen von Autoren, Verlagen und nicht zuletzt skeptischen Kunden. Diese fürchteten Manipulation und Schönfärberei (mit diesem Aspekt werden wir uns im Kapitel „Fake-Bewertungen – ein Problem?" noch eingehender beschäftigen). Dennoch sieht man diese Bewertungen „von Lesern für Leser" rückblickend als einen der wesentlichen Erfolgsfaktoren des Online-Pioniers. Auch beim Internet-Urgestein eBay werden Verkäufer und Käufer seit Jahr und Tag bewertet. Die Bewertungen sollen den potenziellen Käufern und Verkäufern dabei helfen, schwarze Schafe zu erkennen. Laut Studie der Internet-Initiative D21[4] aus dem Jahr 2012 vertrauen bereits 87 % der heute 15- bis 29-Jährigen und 81 % der 30- bis 49-Jährigen beim Online-Kauf auf die Erfahrungen und Berichte anderer Kunden. Dieser Wert ist frappierend.

Im Jahr 1999 begann mit dem Bewertungsportal Ciao eine Ära, in der eine breite Öffentlichkeit auf das Thema Online-Bewertung aufmerksam wurde. Es folgten Angebote wie Qype, Yelp und Dooyoo im Produktsegment oder etwa Spickmich, das die Beurteilung der Arbeit von Lehrern aus Sicht der Schüler zum Gegenstand hatte, und mit Mein-Prof das Pendant für Hochschul-Professoren. Spätestens als die Transparenzwelle der Deutschen liebstes Thema, nämlich Urlaub, erreichte und Portale wie HolidayCheck und TripAdvisor ihren Siegeszug antraten, war auch Lieschen Müller bekannt und bewusst, dass man vor der Buchung einer Reise vielleicht mal im Internet schauen könnte, wie andere Urlauber das infrage kommende Hotel, jenes gefundene Restaurant oder die Region an sich bewerten. Die breite mediale Aufmerksamkeit und der Wirbel um das Thema „Online-Bewertungen" erreichten in den Jahren 2008/2009 einen Höhepunkt. Die harte Konfrontation mit der „echten und ungeschminkten" Meinung der Betroffenen rief erboste Lehrer, Professoren, Hotel- und Restaurantbetreiber sowie engagierte Verbraucherschützer auf den Plan. Wir erinnern uns sicher alle noch an die Vielzahl der TV-Sendungen und Reportagen, die sich über Monate hinweg inhaltlich damit auseinandersetzten. Der Ärger entzündete sich nahezu immer an der Möglichkeit, dass User oder gar die betroffenen Anbieter oder Unternehmen selbst gefälschte oder unwahre Bewertungen in die Portale einstellen bzw. einstellen könnten. Außerdem traute man dem Otto Normalverbraucher von Fachseite gar nicht zu, etwas umfassend und fundiert und gleichzeitig mit der doch gebotenen Neutralität bewerten zu können. Dafür braucht es doch ausgebildete Journalisten und Fachexperten, so die einhellige Meinung der Transparenzgegner. Das Handelsblatt

---

[4] Initiative D21 und Bundesverband des Deutschen Versandhandels e. V. (2012) Studie „Vertrauen beim Online-Einkauf" http://www.initiatived21.de/wp-content/uploads/2012/09/Vertrauen-beim-Online-Einkauf.pdf, zugegriffen am 23.5.2013.

resümierte in einem Artikel vom 22. Februar 2012 zum Thema „Web-Bewertungen" mit dem Titel „Der Propagandakrieg im Internet"[5], dass die Bewertungen im Web Segen und Fluch zugleich seien. Die Bewertungen sorgen in vielen Fällen sicher dafür, dass Unternehmen zu einem guten Service bzw. hoher Qualität und der Einhaltung von Versprechen gezwungen werden. Auf der anderen Seite weiß man aus zahlreichen Untersuchungen, dass etwa 20 bis 30 % der Bewertungen und Meinungsäußerungen gefälscht oder zumindest in Teilen unwahr sind. Dennoch bleiben dann noch 70 bis 80 % wahre und zutreffende Bewertungen übrig. Also die absolute Mehrheit.

Eine im Mai 2013 vom Branchenverband BITKOM veröffentlichte, repräsentative Bewerber-Studie[6] zeichnet ebenfalls ein eindeutiges Bild. Demnach gab jeder vierte Befragte an, dass er sich im Internet bereits Bewertungen über Firmen als Arbeitgeber angeschaut hat. Mehr als zwei Drittel (70 %) von denen, die dabei tatsächlich die Absicht hatten, den Job zu wechseln, haben sich durch diese Bewertung in ihrer Entscheidung beeinflussen lassen. Die Mehrheit der Jobsuchenden (60 %) wurde zudem durch die gefundenen Bewertungen in der Entscheidung für den neuen Arbeitgeber bestärkt. 40 % der Befragten gaben zudem an, sich aufgrund negativer Bewertungen über den potenziellen Arbeitgeber letztlich gegen einen Jobwechsel entschieden zu haben. „Produkte von Unternehmen, aber auch die Unternehmen selbst sind längst Gegenstand des Erfahrungsaustausches im Netz", sagt BITKOM-Präsident Prof. Dieter Kempf in der am 20. Mai 2013 veröffentlichten Pressemitteilung zur Studie. Prof. Kempf führt hierzu weiter aus: „Unternehmen, die ein gutes Arbeitsumfeld bieten, profitieren davon, dass sie im Web empfohlen werden. Es reicht nicht mehr aus, auf der eigenen Homepage um Mitarbeiter zu werben." Am häufigsten nutzen laut BITKOM-Studie die 30- bis 49-Jährigen die Bewertungsplattformen für Arbeitgeber. Mehr als jeder dritte Internetnutzer aus dieser Altersgruppe (35 %) hat schon einmal bei kununu.com, meinchef.de oder ähnlichen Angeboten gestöbert. Männer und Frauen nutzen das Angebot laut Studie dabei gleichermaßen. Deutlich seltener wird allerdings die Möglichkeit genutzt, seinen eigenen Arbeitgeber im Netz zu bewerten. Nur rund jeder achte Internetnutzer (13 %) hat bereits einmal selbst ein Urteil über seinen aktuellen oder ehemaligen Arbeitgeber abgegeben. Auch hier sind die 30- bis 49-Jährigen am aktivsten. Fast jeder Fünfte aus dieser Altersgruppe (19 %) hat ein Unternehmen, in dem er beschäftigt war oder ist, bereits einmal benotet.

Es ist bekannt, dass der Meinungsaustausch und die Möglichkeit, Dinge zu bewerten, bereits seit Beginn des Internets real existieren und stattfinden. Zu Beginn in Foren des Usenet, später im Zuge der sogenannten Grassroot-Media-Bewegung zunehmend auf Blogs. Neu ist jedoch, dass sich Portale voll und ganz dem Thema Bewertungen und Meinung widmen, schneller als je zuvor eine kritische Masse an Bewertungen zusammengetragen werden kann und daraus letztlich tragfähige Geschäftsmodelle entstehen. Und

---

[5] Handelsblatt Online (2013) „Der Propagandakrieg im Internet", http://www.handelsblatt.com/technologie/it-tk/it-internet/web-bewertungen-der-propagandakrieg-im-internet/6239550.html, zugegriffen am 23.5.2013.

[6] Bundesverband Informationswirtschaft, Telekommunikation und neue Medien e. V. (2013) Studie „Bewertung von Arbeitgebern". http://www.bitkom.org/de/presse/8477_76188.aspx, zugegriffen am 23.5.2013.

mit Verlaub: Tragfähige Geschäftsmodelle entstehen immer nur dann, wenn es dafür einen Markt gibt. Also wenn jemand bereit ist, dafür Geld zu investieren, weil er im Gegenzug einen Return on Investment erwartet. Alleine an dieser Tatsache kann man ablesen, dass Meinungen, Bewertungen und Erfahrungsberichte aus erster Hand heute einen Nutzen und damit einhergehend einen realen kommerziellen Wert besitzen.

Vor dem skizzierten Hintergrund war es eigentlich nur eine Frage der Zeit, bis Unternehmen und ihr Verhalten bzw. Angebot als Arbeitgeber zum Gegenstand darauf spezialisierter Bewertungsportale wurden. Als Pioniere dieser Arbeitgeberbewertungs-Bewegung gelten die in den USA mittlerweile als Standard etablierten Portale jobitorial.com (ehemals jobvent.com) und glassdoor.com. Zu den ersten Anbietern in Deutschland zählen kununu.de und jobvoting.de. Der deutschsprachige Vorreiter und Marktführer Kununu (bedeutet in der afrikanischen Sprache Suaheli übrigens „unbeschriebenes Blatt") verfügte im Juni 2014 (im Folgenden sind die Zahlen der ersten Untersuchungsreihe aus Mai 2013 in Klammern aufgeführt) über mehr als 629.000 (314.000) abgegebene Bewertungen für insgesamt 167.000 (97.000) vertretene Arbeitgeber. Im Juni 2014 besuchten ca. zwei Millionen Nutzer das Kununu-Bewertungsportal und erzeugten insgesamt 7,3 Mio. Seitenaufrufe. Man kann also mit Fug und Recht sagen, dass sich das Portal kununu.de über die Jahre zum De-facto-Standard für Arbeitgeberbewertungen in Deutschland etabliert hat. So verfügt beispielsweise die Deutsche Telekom AG auf Kununu über 1123 (601) Erfahrungsberichte und verzeichnet bis dato mehr als 573.000 (340.000) Abrufe des Unternehmensprofils. Selbst ein beim „normalen Bewerber" eher unbekanntes mittelständisches Unternehmen, wie etwa die KUKA Aktiengesellschaft, ein Hersteller von Industrierobotern, kann 50 (30) Erfahrungsberichte für sich verbuchen und weckt mit bisher erreichten 54.936 (21.500) Profilaufrufen doch ein beachtliches Interesse. Und das, obwohl die Haupt-Bewerberzielgruppe eher mitteilungsscheue und teilweise internetaverse Ingenieure sind. Die Unternehmensgruppe Aldi Süd wiederum erhielt bisher insgesamt 120 (63) Erfahrungsberichte und erreichte bei ihren Mitarbeitern 3,15 (2,94) von insgesamt 5 möglichen Punkten auf Kununu. Mit 163.510 (78.000) Profilaufrufen erreicht die Unternehmensgruppe Aldi Süd im Ganzen betrachtet eine respektable Bewerberresonanz. Ganz interessant und aufschlussreich ist ein Blick auf die DAX-30-Konzerne und deren Aktivitäten bzw. Resonanz auf Kununu. Zum Analysezeitpunkt der Erstauflage dieses Buches hatten sich insgesamt 11 der 30 DAX-Konzerne für ein kostenpflichtiges Arbeitgeberprofil auf Kununu entschieden. Zum Stichtag 24.6.2014 waren hingegen schon 14 DAX-Konzerne mit einem kostenpflichtigen Unternehmensprofil vertreten. Insgesamt haben sich somit mittlerweile drei weitere Konzerne für eine aktive Präsenz bzw. eine ausführlichere Darstellung auf dem Kununu-Portal entschieden. Etwas mehr als die Hälfte der DAX-Konzerne, nämlich 16 der insgesamt 30, sind weiterhin „nur" mit einem kostenfreien Basisprofil vertreten. Schaut man sich die durchschnittlich erreichte Gesamtbewertung an, so gibt es zwischen den werbenden Arbeitgebern – 3,62 (3,50) Punkte – und den nicht werbenden Arbeitgebern – 3,63 (3,53) Punkte – weiterhin keinen signifikanten Unterschied. Dies scheint auch ein interessantes Indiz dafür, dass die gewählte Form der Darstellung, also bezahlt vs. unbezahlt, keinen signifikanten Einfluss auf die Bewertung bzw. erreichte Punktzahl der abgegebenen Bewertungen hat. Bei der Anzahl der Erfahrungsberichte hingegen schien noch im Jahr 2013 die gewählte Präsenzform einen großen Unterschied zu machen. Die werbenden DAX-Vertreter verzeichneten bei der ersten Untersuchungswelle im Durchschnitt nahezu dreimal so viele Bewertungen wie die Basisprofil-Vertreter. Nun, ein gutes Jahr später, hat sich dieser Abstand deutlich zugunsten der nicht werbenden Unternehmen verringert. Aktuell bringt das kostenpflichtige Unternehmensprofil im Mittel etwa 76 % mehr Erfahrungsberichte ein. So bringen es die werbenden Unternehmen nun bei Kununu auf durchschnittlich 353 Erfahrungsberichte von (ehemaligen) Mitarbeitern, während die kostenfreien Profile im Schnitt 200 Feedbacks verzeichnen konnten. Geht man davon aus, dass diejenigen Unternehmen, die sich für ein kostenpflichtiges Profil entscheiden, generell die Aktivitäten hinsichtlich Employer Branding und Arbeitgeberbewertungen proaktiver angehen und ausgestalten, könnte dies ein Hinweis darauf sein, dass nun auch der Otto Normalmitarbeiter bzw. -bewerber das Thema Arbeitgeberbewertungen für sich entdeckt hat.

Insbesondere die Deutsche Telekom AG sticht auch in der zweiten Untersuchung mit 1123 (601) erhaltenen Erfahrungsberichten bzw. Bewertungen wieder hervor. Woran liegt das? Ganz eindeutig am professionellen und proaktiven Umgang mit dem Thema Arbeitgeberbewertung. Zum einen ist das Kununu-Arbeitgeberprofil nach (fast) allen Regeln der „Social-Media-Kunst" (siehe hierzu Kapitel „Action: Wie sieht meine perfekte Präsenz auf den Arbeitgeberbewertungsportalen aus?") erstellt worden, und zum anderen hat die Telekom ihre Mitarbeiter zum Beispiel im Jahr 2009 mittels einer Rund-E-Mail aktiv zur Bewertung aufgefordert. Insgesamt erhielten die DAX-Konzerne bisher knapp 8500 (4200) Bewertungen auf Kununu. Die Gesamttendenz mit Blick auf Arbeitgeberbewertungsportale ist also nach wie vor sehr positiv, anders ist eine Verdoppelung der Bewertungen binnen Jahresfrist nicht zu erklären. Dennoch gibt es weiterhin zwischen den einzelnen DAX-Konzernen sehr große Unterschiede bei der Anzahl erhaltener Bewertungen. Setzt man die Gesamtzahl der Bewertungen in Beziehung zur Gesamtzahl der Mitarbeiter aller DAX-Konzerne (3,8 Mio. zum Stichtag 31.12.2011), so haben bisher erst 0,2 % (0,1 %) der aktuellen Mitarbeiter ihren DAX-Arbeitgeber auf Kununu bewertet. Mit Blick auf die Dax-Konzerne ist in puncto „Menge" an Erfahrungsberichten und Bewertungen weiterhin noch viel Luft nach oben. Auch die Abrufzahlen der jeweiligen Arbeitgeberprofile auf Kununu klaffen teilweise drastisch auseinander. Zwischen den werbenden und den nicht werbenden DAX-Konzernen gibt es große Unterschiede. Das Profil der werbenden wird im Schnitt dreimal häufiger (zuvor viermal) aufgerufen als das der nicht werbenden. Volkswagen fiel noch im Jahr 2013 unter den nicht werbenden DAX-Konzernen mit unterdurchschnittlichen Zahlen auf. Das lag daran, dass im Jahr 2013 auf Kununu insgesamt 47 verschiedene Profile von Volkswagen, den Töchtern und Standorten aufzufinden waren. Da verlor der Besucher schnell die Lust und den Überblick. Nun ein Jahr später hat Volkswagen den Kununu-Auftritt deutlich professionalisiert, etliche Einzelprofile zusammengeführt und sich zudem für das kostenpflichtige Unternehmensprofil entschieden. Obwohl die erreichte Durchschnittsnote leicht rückläufig ist, verzeichnet Volkswagen in allen anderen Parametern einen beachtlichen Zuwachs und liegt nun mit 310 % mehr Erfahrungsberichten und 326 % mehr Seitenabrufen mit Blick auf die Zuwachsraten an der Spitze aller DAX-Konzerne. Aber auch die Firma K+S AG (+300 %) sowie Infineon mit einem Plus von 186 % konnten offensichtlich ihre aktuellen bzw. ehemaligen Mitarbeiter verstärkt dazu animieren, das Unternehmen auf Kununu zu bewerten.

Insgesamt haben sich binnen Jahresfrist alle bei den DAX-Konzernen analysierten Zahlen deutlich und auffällig positiv entwickelt. Im Durchschnitt verdoppelte sich die Anzahl an Seitenaufrufen bei den werbenden Unternehmen, noch stärker, nämlich um 122 % im Durchschnitt, stieg diese Zahl allerdings bei den nicht werbenden Firmen. Auch die Anzahl an erhaltenen Mitarbeiterbewertungen konnten die Unternehmen mit kostenfreier Präsenz mit 174 % deutlicher steigern als die werbenden DAX-Vertreter, die im Schnitt einen Zuwachs von ebenfalls beachtlichen 140 % erreichten. Die Unterschiede zwischen den einzelnen Unternehmen sind nicht nur in puncto Auftritt und Anmutung sehr augenfällig, sondern auch bei den wesentlichen Nutzungsparametern. Betrachtet man die Anzahl an Reaktionen über die Funktion „Stellungnahme", ergibt sich ein sehr interessantes Bild. Lediglich sechs DAX-Konzerne nutzen bis dato überhaupt die Möglichkeit der Antwort bzw. Gegendarstellung auf erhaltene Bewertungen. Nur ein einziger Konzern, nämlich die Firma Siemens, scheint dies jedoch regelmäßig und gezielt zu tun, denn man bezog bereits 47-mal Stellung zu Äußerungen auf Kununu. Zu den Aktivitäten der 30 DAX-Konzerne auf Kununu s. auch Abb. 6.1 und 6.2. Trotz der Möglichkeit des kostenfreien Antwortens scheint dies aktuell noch nicht im Interesse oder Fokus der Unternehmen zu stehen. Wie man als Unternehmen professionell und richtig reagiert, können Sie ausführlich im Kapitel „Social Reputation Management – oder wie reagiere ich als Arbeitgeber richtig?" nachlesen.

Betrachtet man im direkten Vergleich die Firma Maschinenfabrik Reinhausen aus Regensburg, ein sogenannterr Hidden Champion der deutschen Wirtschaft im Jahr 2014, so erreicht dieses Unternehmen mit 62 (14) Mitarbeiter-Erfahrungsberichten und einer Durchschnittsbewertung von 4,04 (3,4) Punkten auf Kununu mit Blick auf die Anzahl an Bewertungen ein ähnliches Ergebnis wie etwa der DAX-Konzerne Munich RE oder Lufthansa. Die Maschinenfabrik Reinhausen hat sich zudem für ein kostenpflichtiges Arbeitgeberprofil auf Kununu entschieden und stellt sich somit deutlich ausführlicher als Arbeitgeber dar.

Fassen wir unsere gewonnenen Erkenntnisse kurz zusammen: Online-Bewertungsportale und die digitale Meinungsverbreitung aus erster Hand sind ein seit Jahren anhaltender Trend, der sich thematisch ausgebreitet hat und wahrscheinlich noch weiter ausbreiten wird. Der Trend zu mehr Transparenz, der insbesondere im Medium Internet stattfindet, gibt hier nochmals zusätzlichen Rückenwind. Zunehmend mehr Bewerber informieren sich proaktiv im Internet über ihren möglichen Arbeitgeber und vertrauen dabei sehr stark auf authentische Erfahrungsberichte. Hierzu steuern die Bewerber spezialisierte Internetangebote an. Trotz teilweise manipulierter und unwahrer Berichte existiert eine Vielzahl an wahren und zutreffenden Darstellungen und Bewertungen. Auch und gerade vom Bereich der klassischen Produktbewertungen kann man weitreichende Schlüsse zu den Aspekten Relevanz, Zukunftsfähigkeit und Handlungsoptionen ziehen. Die Parallelen sind

Basisanalyse 2013		
11 DAX-Konzerne mit kostenpflichtigem kununu-Arbeitgeberprofil		
Erreichte Benotung	Erfahrungsberichte von Mitarbeitern	Seitenabrufe
Deutsche Telekom	3,66	601	348.578
Siemens	3,55	471	411.748
Daimler	3,70	276	337.728
Linde	3,77	238	91.361
Continental	2,95	183	318.966
Allianz	3,54	165	131.108
BASF	3,22	160	237.418
Bayer	3,41	127	131.318
E.ON	3,58	120	226.223
RWE	3,73	64	114.549
Munich RE	3,39	28	29.746
Mittelwerte	*3,50*	*221*	*216.249*
Anzahl an Bewertungen/Aufrufe gesamt:	*-*	*2.654*	*2.378.743*
19 DAX-Konzerne mit kostenfreiem kununu-Arbeitgeberprofil		
Deutsche Post	2,85	229	76.644
Commerzbank	3,44	226	198.191
BMW	3,73	201	180.201
SAP	3,81	188	87.638
Deutsche Bank	3,65	143	44.292
ThyssenKrupp	2,91	104	78.172
Henkel	3,60	72	45.774
Infineon	3,47	59	36.907
Merck	3,31	58	36.593
Volkswagen	4,18	38	18.883
Adidas	3,42	34	28.934
Beiersdorf	4,06	30	27.441
Fresenius Medical Care	3,41	30	26.884
Deutsche Lufthansa	3,30	26	19.841
Deutsche Börse	3,63	12	13.911
K+S	3,50	10	10.338
Fresenius	4,06	9	4.592
Heidelberg Cement	3,17	7	5.558
Lanxess	3,55	5	10.319
Mittelwerte	*3,53*	*78*	*50.059*
Anzahl an Bewertungen/Aufrufe gesamt:	*-*	*1.559*	*951.113*

Abrufdatum: 23.05.2013

Abb. 6.1 2013: Aktivitäten der 30 DAX-Konzerne auf Kununu im Vergleich (eigene Recherche und Darstellung)

augenfällig. Das gesamte Thema „Employer Branding" wird von Unternehmen aller Größen aktuell stark vorangetrieben, um auch zukünftig als Arbeitgeber wettbewerbsfähig zu sein und es langfristig zu bleiben. Hierfür werden vermehrt Budgets allokiert, sowie Online- wie Offline-Werbemaßnahmen implementiert und miteinander kombiniert. Arbeitgeberbewertungsportale müssen deshalb heute und in Zukunft zentraler Bestandteil einer umfassenden und vertrauensbasierten Employer-Branding-Strategie sein. Obwohl auch bei den DAX-Konzernen mit Blick auf die Anzahl der verfügbaren bzw. abgegebenen Bewertungen noch erheblich Luft nach oben ist, so ist die Tendenz über die letzten Jahre hinweg insgesamt deutlich positiv. Denn alle Portale haben es geschafft, die Anzahl der

Vergleichsanalyse 2014							
14 DAX-Konzerne mit kostenpflichtigem kununu-Arbeitgeberprofil							
	Erreichte Benotung	Veränderung Note	Erfahrungsberichte von Mitarbeitern	Veränderung Berichte	Reaktionen	Seitenabrufe	Veränderung Abrufe
Deutsche Telekom	3,72	1,64%	1.123	86,86%	0	573.813	64,62%
Siemens	3,64	2,54%	951	101,91%	47	805.331	95,59%
Daimler	3,83	3,51%	645	133,70%	0	660.815	95,66%
Allianz	3,47	-1,98%	392	137,58%	0	315.934	140,97%
Continental	3,32	12,54%	372	103,28%	0	570.795	78,95%
BASF	3,48	8,07%	352	120,00%	0	453.368	90,96%
E.ON	3,60	0,56%	253	110,83%	0	345.979	52,94%
Bayer	3,66	7,33%	251	97,64%	2	235.466	79,31%
Infineon	3,68	6,05%	169	186,44%	8	77.833	110,89%
Volkswagen	4,04	-3,35%	156	310,53%	0	80.415	325,86%
RWE	3,65	-2,14%	141	120,31%	0	179.472	56,68%
Munich RE	3,66	7,96%	58	107,14%	0	61.579	107,02%
Fresenius Medical Care	3,57	4,69%	43	43,33%	0	46.384	72,53%
K+S	3,34	-4,57%	40	300,00%	0	25.572	147,36%
Mittelwerte	*3,62*	*3,06%*	*353*	*140%*	*4*	*316.625*	*109%*
Anzahl an Bewertungen/Reaktionen/Aufrufe gesamt:			*5.299*		*57*	*4.432.756*	
16 DAX-Konzerne mit kostenfreiem kununu-Arbeitgeberprofil							
Deutsche Post/DHL	3,11	9,12%	466	103,49%	0	162.520	112,05%
Commerzbank	3,55	3,20%	474	109,73%	0	240.030	21,11%
BMW	3,88	4,02%	470	133,83%	0	394.177	118,74%
SAP	3,95	3,67%	375	99,47%	0	182.479	108,22%
Deutsche Bank	3,55	-2,74%	281	96,50%	0	109.080	146,27%
ThyssenKrupp	3,24	11,34%	229	120,19%	1	133.287	70,50%
Henkel	3,53	-1,94%	142	97,22%	1	90.421	97,54%
Merck	3,49	5,44%	115	98,28%	0	69.698	90,47%
Adidas	3,67	7,31%	88	158,82%	0	66.550	130,01%
Beiersdorf	3,84	-5,42%	70	133,33%	0	60.621	120,91%
Deutsche Lufthansa	3,57	8,18%	68	161,54%	0	47.728	140,55%
Deutsche Börse	3,78	4,13%	39	225,00%	0	33.178	138,50%
Linde	3,77	0,00%	294	23,53%	2	151.129	65,42%
Fresenius SE & Co. KGaA	4,10	0,99%	15	66,67%	0	18.989	313,52%
Heidelberg Cement	3,47	9,46%	27	285,71%	0	14.585	162,41%
Lanxess	3,59	1,13%	47	840,00%	0	25.907	151,06%
Mittelwerte	*3,63*	*3,62%*	*200*	*172%*	*0*	*112.524*	*124%*
Anzahl an Bewertungen/Reaktionen/Aufrufe gesamt:			*3.200*		*4*	*1.800.379*	

Abrufdatum: 24.06.2014 (Veränderungsangaben im Vergleich zum Abruf vom 23.05.2013)

Abb. 6.2 2014: Aktivitäten der 30 DAX-Konzerne auf Kununu im Vergleich (eigene Recherche und Darstellung)

verfügbaren Bewertungen sowohl in der Breite als auch in der Tiefe massiv zu erhöhen. Es ist also davon auszugehen, dass sich das Thema „Arbeitgeberbewertung" im Internet auch weiterhin positiv entwickeln wird. Pünktlich zur CeBIT 2013 veröffentlichte der Branchenverband BITKOM sehr interessante Studienergebnisse zum Thema „Shareconomy"[7], also der neuen Kultur des Teilens. Demnach verbreiten bereits 83 % der Internetnutzer digitale Inhalte im Web. Wie in Abb. 6.3 ersichtlich, liegt auf dem zweiten Platz mit 44 % das Teilen von Erfahrungen mit Produkten und Dienstleistungen. Aber eine Kernaussage der Studie ist noch viel bemerkenswerter: 97 % der heute 14 bis 29-Jährigen sind „Teiler". Das sind also die, die je nach Erwerbsbiografie entweder in den letzten paar Jahren erst ins Arbeitsleben eingetreten sind, oder diejenigen, die in den nächsten Jahren neu auf den Arbeitsmarkt drängen werden. Vielleicht sind wir beim Thema Arbeitgeberbewertung also erst ganz am Anfang des Lebenszyklus!?

---

[7] Bundesverband Informationswirtschaft, Telekommunikation und neue Medien e. V. (2013) Studie „Das Internet schafft eine Kultur des Teilens". http://www.bitkom.org/de/presse/30739_75237.aspx, zugegriffen am 23.5.2013.

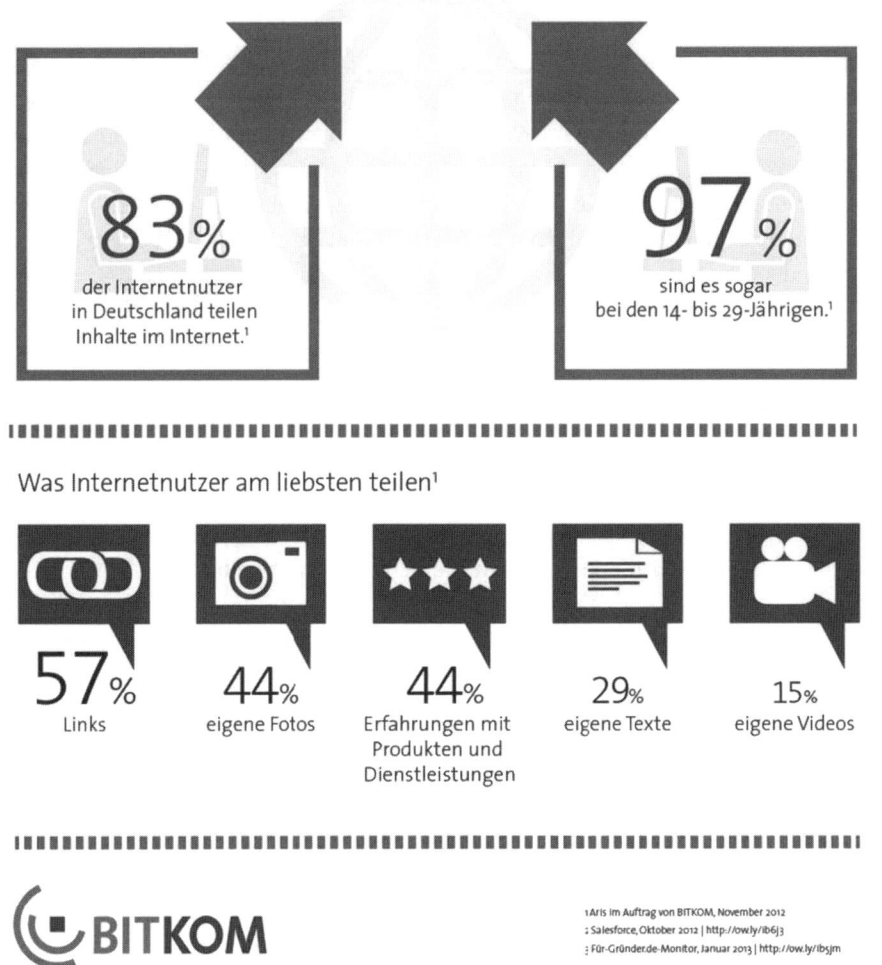

Kultur des Teilens

Willkommen in der Shareconomy: Dank Internet, Cloud und Smartphone ist es so einfach wie nie, digitale Inhalte und materielle Dinge zu teilen – und sich zu beteiligen. So teilt Deutschland:

83%
der Internetnutzer in Deutschland teilen Inhalte im Internet.[1]

97%
sind es sogar bei den 14- bis 29-Jährigen.[1]

Was Internetnutzer am liebsten teilen[1]

57% Links
44% eigene Fotos
44% Erfahrungen mit Produkten und Dienstleistungen
29% eigene Texte
15% eigene Videos

BITKOM

1 Aris im Auftrag von BITKOM, November 2012
2 Salesforce, Oktober 2012 | http://owly/ib6j3
3 Für-Gründer.de-Monitor, Januar 2013 | http://ow.ly/ibsjm

Abb. 6.3 Kultur des Teilens. (Quelle der ursprünglichen Gesamtgrafik: BITKOM)

Bleibt die Frage: Haben die Bewerber eine neue Machtposition eingenommen? Ja, das haben sie. Wie ein Hotel mittlerweile Schwierigkeiten haben wird, seine mangelnde Hygiene dauerhaft unter dem Teppich zu halten, so spüren Arbeitgeber, die z. B. unzureichende Arbeitsbedingungen bieten, die geballte Macht der Masse, indem sie sich entsprechendes Feedback einhandeln. Die Verfügbarkeit dieser Informationen aus erster Hand und deren einfache Zugänglichkeit haben gerade im Prozess der Meinungsbildung, also meist während der Jobsuche bzw. in der Bewerbungsphase, einen zentralen Stellenwert eingenommen. Arbeitgeber müssen sich also aktiv mit dem Feedback aus den eigenen Reihen, der Sicht von Bewerbern und ehemaligen Mitarbeitern beschäftigen und letztlich einen Weg finden, dieses Feedback nutzbringend in den Dienst der Employer Brand zu stellen. Zufriedene Mitarbeiter sind eben die beste Werbung, um als Unternehmen oder Organisation auch in Zukunft engagierte und motivierte Mitarbeiter für sich zu gewinnen. Zum Erfolg braucht es nur noch eine durchdachte Strategie, um diesen Feedbackschatz zu generieren und dann erfolgreich zu heben. Damit beschäftigen wir uns in den nun folgenden Kapiteln.

6.1 Social Branding – wie führt man eine Arbeitgebermarke in der digitalen Welt?

Laut dem deutschen Markenverband versteht man unter Markenführung die systematische Entwicklung einer Marke, mit dem Ziel, die eigenen Angebote von denen der Wettbewerber in einer Art und Weise zu differenzieren, die für die Zielgruppe relevant ist. Es geht auch darum, charakteristische Eigenschaften herauszuarbeiten und Orientierung im Vergleich zu anderen Angeboten zu schaffen. Letztlich mit dem Ziel, ein Begehren (Unternehmen A ist für mich als Arbeitgeber interessant) und eine Handlung (Bewerbung) auszulösen. Dieses aus der klassischen Werbung heraus entstandene Verständnis kann und muss eins zu eins auf die Arbeitgebermarke in der digitalen Umgebung übertragen werden. In unserem Fall gilt es also, die Darstellung in Arbeitgeberbewertungsportalen systematisch anzugehen, die Präsenz im Zeitverlauf gezielt weiterzuentwickeln und den Umgang damit zu professionalisieren. Denn gerade die notwendige Differenzierung und auch die wichtige Orientierungsfunktion sind zentrale Nutzen der Arbeitgeberbewertungsportale. Wir widmen uns zunächst also den ersten Aktionen und dann folgend den richtigen Reaktionen.

6.1.1 Standortbestimmung: Wo sind wir als Arbeitgeber im Gespräch?

Bevor Sie auch nur eine Minute in eine mögliche Strategie investieren, gilt es zunächst herauszufinden, was bisher geschah und wo Sie mit Ihrer Arbeitgebermarke in der digitalen Umwelt stehen. Der erste Schritt soll also zunächst nur das WO beantworten. Sprich: Wo wird eine Meinung über Sie als Arbeitgeber geäußert bzw. über Sie im digitalen Raum gesprochen? Hierzu ist zunächst eine umfassende Recherche des Status quo erforderlich. Entweder Sie durchkämmen die einschlägigen Portale selbst oder Sie beauftragen einen professionellen Screening-Dienst (Stichwort: Social-Media-Analyse) damit. In jedem Fall sollten Sie sich für den deutschsprachigen Raum folgende Arbeitgeberbewertungsportale genauer anschauen:

1. www.kununu.com
2. www.meinchef.de
3. www.bizzwatch.de
4. www.jobvoting.de
5. www.companize.com
6. www.jobvote.com
7. www.kelzen.com
8. www.meinpraktikum.de
9. www.prakti-test.de
10. www.wiwi-treff.de

Diese Auflistung erhebt keinen Anspruch auf Vollständigkeit, sondern hat sich aus der Praxis heraus als relevant erwiesen. Sollten Sie als Arbeitgeber bisher noch gar nicht bewertet worden sein, wollen aber dieses Instrument des Employer Branding in Zukunft aktiv für sich nutzen, gilt es natürlich herauszufinden, welches Portal bzw. welche Portale Sie ggf. bei Ihren Aktivitäten in den Fokus nehmen möchten. Wie man proaktiv mit Arbeitgeberbewertungsportalen umgeht, erfahren Sie ausführlich im Kapitel „Social Reputation Management – oder wie reagiere ich als Arbeitgeber richtig?".

Aus heutiger Sicht und nach derzeitigem Stand ist das Portal Kununu als Marktführer im deutschsprachigen Raum sicher die wichtigste Anlaufstelle für Sie und Ihre Bewerber. Bitte wundern Sie sich nicht über die oben aufgelisteten Praktikumsportale. Auch wenn Sie als Unternehmen gar keine Praktikumsplätze anbieten, kann dort dennoch über Sie berichtet werden. Das Forum WiWi-TReFF erscheint zunächst auch als Exot. Es entstand aber in der Zeit, bevor es die ersten Arbeitgeberportale gab, und hat sich aufgrund damals mangelnder Alternativen als forenbasierter Ort zum Meinungsaustausch über Arbeitgeber und Arbeitsbedingungen etabliert. Über eine große Anzahl von Firmen finden sich teilweise Hunderte von Einträgen mit einer über Jahre gewachsenen Historie. Für einige Ihrer Firmen wird es auch relevante Nischenportale geben. So zum Beispiel im Bereich der Medizin, der Hotellerie oder der Personaldienstleistung. Beispielsweise gibt es für Freelancer und freiberufliche Berater das mittlerweile etablierte Portal www.4freelance.de, wo diese ihre Auftraggeber bzw. Agenturen nach einigen formalen Kriterien bewerten und mit freien Erfahrungsberichten würdigen können. Im weitesten Sinne geht es auch dort um die Bewertung eines „Arbeitgebers". Ein Blick abseits des Mainstreams lohnt also auch. Weiterhin hilfreich ist eine entsprechende Recherche über Suchdienste wie etwa Google,

Bing oder auch Metasuchmaschinen. Erarbeiten Sie Suchstrings, die ein Bewerber oder Interessent eingeben würde, wenn er in der Informations- oder Bewerbungsphase im Netz auf der Suche nach Informationen und/oder Äußerungen zu Ihrem Unternehmen wäre.

▶ **Profitipps**
   a. Dokumentieren Sie Ihre Suchstrings, um diese später für ein fortlaufendes Screening weiterverwenden zu können (Stichwort: Social Media Monitoring).
   b. Richten Sie sich z. B. bei Google einen Suchagenten (Funktion Google Alert) ein, der Sie automatisch bei neu gefundenen Einträgen per E-Mail informiert. Je einfacher die Schlagwortkombination, desto besser funktioniert dieser Dienst. Beispiele: „Firmenname + Bewerbung" oder „Firmenname + Erfahrung" etc.
   c. Einige der oben genannten Portale bieten ebenfalls eigene Info-Agenten an, die Sie sofort bei einer neuen Bewertung per E-Mail informieren. Nutzen Sie das.

Nachdem Sie nun wissen, wo Meinungsäußerungen oder Erfahrungsberichte über Ihr Unternehmen zu finden sind bzw. zu finden sein könnten, gilt es die gefundenen Quellen und Angebote ihrer Wichtigkeit nach zu beurteilen. Dafür sind im Wesentlichen fünf Kriterien heranzuziehen:

▶ 1. Anzahl der Bewertungen/Erfahrungsberichte (insgesamt auf der Plattform und für Sie)
   2. Aktualität der Bewertungen/Erfahrungsberichte (insgesamt auf der Plattform und für Sie)
   3. Suchfunktion auf dem Portal selbst bzw. Usability (wie einfach sind Sie zu finden?)
   4. Relevanz des Portals im Sinne von Marktstellung
   5. Präsenz in generischen Suchergebnissen bei Suchmaschinen (Auffindbarkeit)

Entwickeln Sie dafür ein einfaches Punktebewertungssystem. Am besten nur mit den Ausprägungen 1 bis 3, also so einfach wie nur möglich. Als Ergebnis haben Sie dann recht schnell eine individuelle Rangliste, absteigend nach Priorität, für Ihr weiteres Vorgehen zur Hand. Sie wissen nun also genau, wo Sie aktuell schon präsent sind und/oder wo Sie vielleicht präsent sein wollen bzw. sollten, es aber aktuell noch nicht sind. Übrigens: Wenn Sie sich hinsichtlich der Relevanz der Portale nicht sicher sind, dann fragen Sie doch einfach am Ende der nächsten Bewerbungsgespräche Ihre Kandidaten, ob sich diese vorher auf einem Arbeitgeberbewertungsportal informiert haben – und wenn ja, auf welchem. Entweder formal mit einem kleinen Fragebogen oder mündlich.

6.1.2   Stimmungsanalyse: Was und wie wird über uns als Arbeitgeber gesprochen?

Bei der Stimmungsanalyse geht es darum, bereits vorhandene Beiträge, Bewertungen und Meinungsäußerungen mit Blick auf ihren Inhalt zu analysieren, dann folgend zu interpretieren und für Ihre weiteren Aktionen und Reaktionen zu bewerten. Es geht also darum festzustellen, WAS und wie viel über Ihr Unternehmen als Arbeitgeber gesprochen wird. Auch hier lohnt sich ein systematisches Vorgehen. Als Erstes sollten Sie die auffindbaren Äußerungen einer Zielgruppe zuordnen. Prinzipiell geben die bei den meisten Portalen vorhandenen Bewertungskategorien schon eine erste grobe Gliederung vor, nämlich aktuelle oder ehemalige Mitarbeiter, Auszubildende, Praktikanten und Bewerber. Aber auch hier kann es sinnvoll sein, zum Beispiel die Teilmenge „Bewerber" weiter zu untergliedern. Zum Beispiel nach Abteilungen in Ihrem Unternehmen. Die Feedbacks von Bewerbern für eine Vertriebsposition können sich dramatisch von denen im Bereich der Administration unterscheiden. Im nächsten Schritt widmen Sie sich am besten den inhaltlich dargebotenen Themen. Bilden Sie Themenfelder und ordnen Sie diesen Themenfeldern einzelne Feedbacks und Bewertungen zu. Beispielsweise kann man sicher das Thema „Bewerbungsprozess", „Einarbeitungsphase" oder „Kollegen" in den vorhandenen Bewertungen wiederfinden. Auch eine reine Gegenüberstellung bzw. Sammlung der Positiv- und Negativäußerungen bietet in qualitativer Hinsicht interessante und aussagekräftige Einblicke. Hoffentlich überwiegt die positive Seite rein mengenmäßig. Apropos Menge: Vergessen Sie nicht, alle Aussagen und Erfahrungsberichte auch einmal rein quantitativ zu betrachten. So finden Sie heiße Themen, die oft Gegenstand des Lobes oder der Kritik sind, und können so die größten Hebel für schnelle Verbesserungen identifizieren. Nicht zuletzt sind solche Ergebnisse nur im relativen Vergleich aussagekräftig. Deshalb vergleichen Sie sich mit Ihren fünf wichtigsten Wettbewerbern. Achtung, nicht zwangsläufig die Wettbewerber, die ähnliche Produkte oder Dienstleistungen wie Sie anbieten, sondern jene Firmen, die um die gleichen Köpfe bzw. das gleiche Know-how wie Sie werben. Bitte machen Sie sich klar, in welchen Bereichen diese Wettbewerbs-Unternehmen besser oder schlechter als Sie bewertet werden. Aber sehen Sie sich auch ganz genau deren Darstellung bzw. die Positionierung der Arbeitgebermarke an und stellen Sie diese Ihrer eigenen Positionierung kritisch gegenüber.

Nach erfolgter Standortbestimmung und Stimmungsanalyse sind Sie nun fit für den nächsten Schritt. Im folgenden Unterkapitel geht es darum, wie Sie Ihre Präsenz auf den als wichtig und relevant identifizierten Portalen ganz konkret ausgestalten.

6.1.3   Action: Wie sieht meine perfekte Präsenz auf den Arbeitgeber- bewertungsportalen aus?

Um es gleich vorweg zu sagen: Nicht alle im Kapitel „Standortanalyse" vorgestellten Portale bieten Arbeitgebern die (einfache) Möglichkeit, sich mit einem ausführlichen Arbeit-

Leistungsattribute	kostenpflichtig			kostenfrei		
	kununu	jobvoting	meinchef	kununu	jobvoting	meinchef
Logo-Einbindung	√	√	√	X	X	√
Unternehmens-Stammdaten	√	√	√	X	X	√
Standort-Auflistung	√	√	√	X	X	X
Ausführliche Arbeitgeber-Darstellung (Texte)	√	√	√	X	X	X
Video-Einbindung	√	√	√	X	X	X
Foto-Einbindung	√	√	√	X	X	X
Ansprechpartner für Interessenten/Bewerber	√	X	X	X	X	X
Stellenausschreibungen	√	√	√	X	X	X
Gütesiegel (nach best. Voraussetzungen)	√	√	X	X	X	X
Reporting- und Statistiken	√	X	X	X	X	X
Facebook-Integration	√	X	X	X	X	X
Twitter-Integration	√	X	X	X	X	X
YouTube-Integration	X	X	X	X	X	X
Xing-Integration	√	X	X	X	X	X
Linksharing (Homepage, soziale Netzwerke etc.)	√	√	√	X	X	X
Feedbackfunktion zu Bewertungen	√	√	√	X	X	√

Abb. 6.4 Leistungsattribute der Arbeitgeberbewertungsportale im Vergleich (eigene Darstellung und Recherche auf Basis verfügbarer Daten am 20.5.2013)

geberprofil darzustellen. Auf den Portalen meinpraktikum.de, prakti-test.de, wiwi-forum. de und bizzwatch.de können Arbeitgeber zum jetzigen Zeitpunkt ihr Profil nicht ausführlicher darstellen. Weder kostenlos noch kostenpflichtig. Bei dem Arbeitgeberbewertungsportal companize.de gibt es zwar laut Webseite eine Möglichkeit, sich als Arbeitgeber mit Firmeninfos im Zuge eines kostenfreien Basisprofils darzustellen. Weitere Informationen zu den Leistungen des Basisprofils oder der erweiterten Möglichkeiten eines kostenpflichtigen Profils waren im Zuge der Recherche jedoch nicht auffindbar. Bei anderen Portalen, wie etwa MeinChef.de, JOBvoting und Kununu, haben Arbeitgeber hingegen zahlreiche Möglichkeiten, die eigene Präsenz im Rahmen von kostenpflichtigen Präsentationspaketen ausführlicher zu gestalten. So gibt es bei MeinChef.de zum Beispiel neben dem kostenfreien Arbeitgeberprofil vier kostenpflichtige Servicepakete. Um zunächst einen Überblick über die gebotenen Möglichkeiten und Leistungen zu erhalten, zeigt Ihnen Abb. 6.4, welche Darstellungsoptionen Sie als Arbeitgeber auf den Portalen haben, die auch eine kostenpflichtige, ausführlichere Darstellung anbieten.

Selbst bei einem flüchtigen Blick ist leicht zu erkennen, dass man für eine umfassende, informative und multimedial ansprechende Darstellung als Arbeitgeber auf ein kostenpflichtiges Paket setzen muss. Darstellungsoptionen in den kostenfrei angebotenen Bereichen sind außer bei MeinChef.de nicht vorhanden. Entscheidet man sich als Arbeitgeber also gegen ein kostenpflichtiges Paket, so ist das eigene Unternehmen „nur" über die abgegebenen und auffindbaren Nutzerbewertungen präsent. So war zum Beispiel zum Zeitpunkt dieser durchgeführten Analyse das DAX-Unternehmen Commerzbank mit 240.300 (198.311) Profilaufrufen und immerhin 474 (268) gesammelten Erfahrungsberichten auf Kununu nur mit dem kostenfreien Basisprofil vertreten. Nun ist es nicht einmal so, dass die Bewertungen schlecht wären. Ganz im Gegenteil erreichte die Commerzbank beim Feedback ihrer aktuellen oder ehemaligen Mitarbeiter mit 3,55 (3,55) von 5 möglichen Punkten einen ordentlichen Wert im oberen Drittel. Es steht außer Frage, dass dies aus Sicht des Personalmarketings eine völlig unzureichende Nutzung des offensichtlich sehr relevanten Employer-Branding-Kanals Kununu ist. Doch was könnte die Commerzbank nun konkret tun, um eine adäquate und ansprechende Präsenz zu etablieren? Um sich der Leitfrage „Wie sieht meine perfekte Präsenz auf den Arbeitgeberbewertungsportalen aus?" zu nähern, wollen wir nun im Folgenden die Leistungsattribute und deren Chancen sowie Herausforderungen kurz beleuchten.

6.1.3.1   Logo-Einbindung

Bereits hier, bei einem vermeintlich einfachen Sachverhalt, lauert schon die erste Stolper-falle. Schauen Sie sich auf den Portalen einmal aufmerksam nach Logos auf den Unter-nehmensprofilen um. Sie werden zahlreiche Logos finden, die schlicht nicht für solch eine kleine, sogenannte Thumbnail-Darstellung konzipiert wurden. Bei allen oben analysierten Portalen ist die Logo-Darstellung größenmäßig normiert. Das Logo wird beim Hochladen in einen dafür vorgesehenen Platzhalter eingepasst. Das kann insbesondere bei Logos mit kleinen Erklärungszusätzen oder Claims zur Unlesbarkeit führen. Andere Logos wurden von den Werbeagenturen mit viel Weißraum angelegt, sodass das Logo insgesamt extrem klein wirkt. Insbesondere für Nutzer von mobilen Endgeräten wie iPad, iPhone und Co. ist diese Darstellung dann vollkommen unzulänglich. Achten Sie deshalb darauf, den Weiß-raum zu vermeiden und das Logo für die vorhandene Fläche zu optimieren. In einigen Fällen muss Ihre Kreativagentur hierfür eine spezielle Logo-Adaption erstellen.

6.1.3.2   Unternehmens-Stammdaten

Ihre Unternehmens-Stammdaten haben Sie sicher schnell zur Hand. Beschränken Sie sich auf wenige, dafür aber aus Sicht des Bewerbers relevante Informationen. Je mehr aktuelle Zahlen Sie verwenden, desto größer ist in der Regel der kontinuierliche Pflegeaufwand. Es macht auf den Bewerber sicher keinen guten Eindruck, wenn die Zahlen veraltet sind. Gut geeignet sind auch Kurzdarstellungen, die in wenigen Sätzen Ihr Unternehmen und Ihre Besonderheiten darstellen. Weniger ist in jedem Fall mehr. Keiner der Nutzer möchte hier Romane lesen. Denn Hauptgrund des Besuches sind die Bewertungen und Berichte der Nutzer, also der Feedback-Content – und eben nicht die Selbstdarstellung. Diese findet sich dann ausführlicher und besser auf Ihrer Rekrutierungs- oder Unternehmens-Webseite. Dort wird diese vom Nutzer auch erwartet und gesucht.

▶   **Profitipp**   Selbst große Unternehmen haben oftmals aufgrund von Anders- und Falschschreibung durch die Nutzer (z. B. „AG" versus „Aktiengesellschaft") mehrere parallele Profile als Arbeitgeber. Das ist suboptimal, da die Nutzer sich das Gesamtbild sozusagen zusammenpuzzeln müssen. Bitten Sie daher den Portalbetreiber, diese Profile unter der korrekten Firmierung zusammenzu-fassen. Sollte es tatsächlich viele Niederlassungen oder Filialen geben, was an sich eine Teilung der Unternehmensprofile rechtfertigen würde, so wäre es ggf. sinnvoller, alle Bewertungen auf einem höheren Niveau z. B. der Mutterfirma zusammenzufassen.

6.1.3.3 Standort-Auflistung

Wenn Sie über verschiedene nationale oder gar internationale Standorte verfügen, so müssen Sie diese auf Ihrem Arbeitgeberprofil unbedingt entsprechend darstellen. Erstens sprechen Sie so deutlich mehr potenzielle Bewerber an, da insbesondere diejenigen, welche regional begrenzt nach einem neuen Arbeitgeber suchen, oft ganz gezielt diese Informationen suchen, oder aber mit Suchattributen wie etwa Bundesland oder Postleitzahl agieren. Zweitens zeigen Sie dem interessierten Bewerber so auch weitere Karriereoptionen auf. Sollte ein Standortwechsel im Verlauf der Zugehörigkeit möglich oder sogar gewünscht sein, so gehört diese Information unbedingt in den Kontext der Standortdarstellung. Auch Job-Rotation-Programme mit einem Aufenthalt im Ausland sprechen den Bewerber positiv an. Berichten Sie also von den Möglichkeiten, die Sie mit Blick auf den Standort bzw. Ihre Standorte und deren Attraktivität bieten können.

6.1.3.4 Ausführliche Arbeitgeber-Darstellung in Form von Texten

Insgesamt sollte sich Ihre textuelle Darstellung in Themenbereiche untergliedern und auf gar keinen Fall umfangreicher als zwei luftig dargestellte DIN-A4-Seiten sein.

Als Themenbereiche für die Darstellung bieten sich folgende Punkte an

- Kurze Darstellung des Unternehmens in wenigen Sätzen
- Kurzer Überblick zu Ihren Produkte und/oder Dienstleistungen
- Kurzes Schlaglicht auf Ihre Historie und Ausblick in die Zukunft
- Darstellung der möglichen Aufgabengebiete und gesuchter Jobprofile
- Die besonderen Vorzüge Ihres Unternehmens und Ihrer Produkte/Dienstleistungen
- Kurze Beleuchtung Ihrer Firmen- und Führungskultur
- Vollumfängliche Auflistung Ihrer Extra-Leistungen für Mitarbeiter, angefangen von der Kantine über Firmen-Notebook bis hin zum Betriebskindergarten

All diese Informationen interessieren Bewerber und sind für deren ersten Eindruck über Sie als potenziell interessanten Arbeitgeber relevant. Sollten Sie über gängige Arbeitgeber-Siegel wie etwa „Fair Company" oder „top Arbeitgeber" verfügen, so sollten Sie diese auch im Rahmen Ihrer Unternehmens-Darstellung präsentieren. Übrigens müssen Sie sich nicht alle Inhalte selbst zusammentragen. Machen Sie eine kleine Umfrage unter Ihren aktuellen Mitarbeitern, oder bitten Sie diese, formlos in ein paar Sätzen darzustellen, warum sie gerne für Ihr Unternehmen arbeiten. Aus Erfahrung weiß ich, dass hier oft sehr schöne Aufhänger und Ideen für eine ansprechende Darstellung auf den Portalen entstehen.

6.1.3.5 Video-Einbindung

Wenn Ihr Unternehmen über Imagevideos oder andere Bewegtbild-Informationen verfügt, sollten Sie diese unbedingt auch auf Ihrer Arbeitgeberbewertungsseite einsetzen. Bitte verzichten Sie aber auf langatmige, ewig dauernde Filme. Ideal sind ein bis maximal drei Minuten Filmlänge. Sicher ist auch nicht jeder vorhandene Film für das Thema Arbeitgeber-Marketing geeignet. Es kann sich für Sie unter Umständen sehr lohnen, einen speziell auf das Thema Rekrutierung ausgerichteten Film zu produzieren. Das Portal jobtv24.de hat sich zum Beispiel auf dieses Thema spezialisiert und produziert zielgerichtete Videos vom Storyboard bis hin zum fertigen Trailer. Aber auch sehr kreative Ansätze, zum Beispiel mit Karikaturen oder Zeichentrick, finden bei Bewerbern großen Anklang. Egal welchen Weg Sie wählen, er muss zu Ihnen als Unternehmen und zu Ihrer Positionierung als (Arbeitgeber-) Marke passen. Ein Video mit Rap-Musik für einen konservativen Mittelständler wirkt sicher deplatziert und zudem wenig glaubwürdig.

6.1.3.6   Bild-Einbindung

Ein Bild sagt mehr als tausend Worte. Ja, ein abgedroschenes Sprichwort und dennoch auch hier sehr wahr. Schaut man sich z. B. die Besucheranalysen von unternehmenseigenen Karriere-Webseiten genau an, so gehört der Bereich „Bilder" stets zu den am meisten besuchten Teilen einer Arbeitgeberpräsenz. Für die Auswahl geeigneter Bilder sollten Sie sich also Zeit nehmen. Folgende Bereiche eignen sich hervorragend für die Darstellung auf Ihrem Arbeitgeberbewertungsprofil:

Folgende Bereiche eignen sich hervorragend für die Darstellung auf Ihrem Arbeitgeberbewertungsprofil

- Bilder Ihrer Produkte/Visualisierungen Ihrer Dienstleistungen
- Bilder Ihrer Firmengebäude
- Bilder von Arbeitsplätzen und Büros
- Bilder Ihrer sozialen Einrichtungen von Kicker-Raum bis Kaffee-Ecke
- Bilder von Kollegen, zum Beispiel auf Firmenfesten, Veranstaltungen, Workshops etc.

Übrigens müssen Ihre Bilder auch nicht alle in Hochglanz und vom Profi-Fotografen sein. Echte Bilder von Ihren Mitarbeitern haben für viele Nutzer einen viel höheren Wert und Charme. Authentische Bilder passen doch schließlich viel besser zu authentischen Erfahrungsberichten. Insbesondere der Anfang 2014 durchgeführte Relaunch von Kununu und damit einhergehend die Neugestaltung des Layouts führten dazu, dass Bilder beim kostenpflichtigen Unternehmensprofil deutlich in den Vordergrund gerückt sind. So ist heute der Header-Bereich deutlich optischer und bietet die Möglichkeit, drei bis vier unternehmenseigene, individuelle Bilder prominent zu platzieren. Gerade dann ist es natürlich immens wichtig, sehr gutes, treffendes und passendes Bildmaterial für die eigene Darstellung und Präsentation auszuwählen. Denken Sie auch daran, dass Sie die verwendeten Bilder um weitere Informationen ergänzen können. So hat die Kununu-Präsenz des auf IT-Freelan-

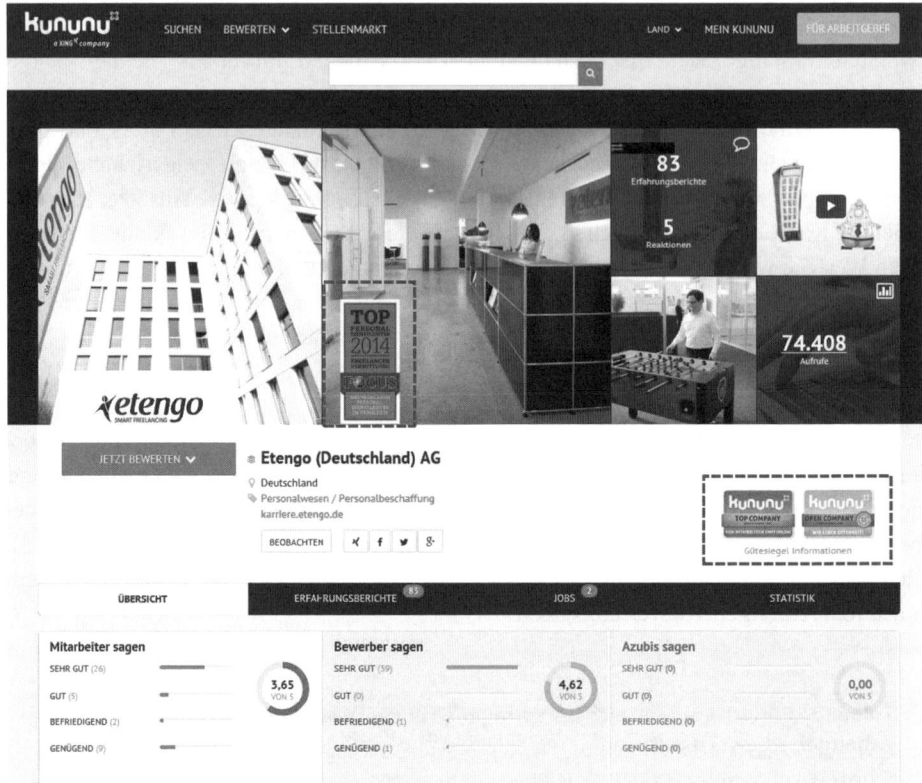

Abb. 6.5 Header-Bereich der Kununu-Startseite des Unternehmensprofils der Etengo (Deutsch-land) AG, zugegriffen am 27.6.2014 unter http://www.kununu.com/etengo-deutschland

cer spezialisierten Personaldienstleisters Etengo (Deutschland) AG – wie Abb. 6.5) zeigt – beispielsweise ein vom Nachrichtenmagazin FOCUS verliehenes Siegel als Top-Perso-naldienstleister in eines der Hauptbilder eingebunden. Siegel und Auszeichnungen eignen sich an dieser Stelle hervorragend, um die Arbeitgebermarke nochmals aufzuwerten und zu verstärken. Auch der Bereich „Einblicke in den Arbeitsalltag" wurde beispielsweise bei Kununu neu gestaltet und bietet dem Besucher nun bereits auf der Startseite des Unterneh-mensprofils die Möglichkeit, die Bilder in einer Art Album durchzuklicken.

6.1.3.7 Ansprechpartner für Interessenten/Bewerber

Ob Sie es glauben oder nicht: Ich habe bei meiner Recherche leider einige Unternehmens-profile gesehen, die aufwendig und sicher mit viel Mühe eingerichtet wurden. Und den-noch habe ich weit und breit keinen Ansprechpartner für etwaige Bewerberfragen finden können. Das kann doch nicht sein! Das Internet ist ein schnelles Medium und wird schnell konsumiert. Wenn Sie dann quasi auf der letzten Meile den interessierten Bewerber ver-lieren, dann ist Ihr Marketingbudget zum Fenster rausgeworfen. Ich persönlich empfinde es auch als Zumutung, wenn nur eine zentrale E-Mail-Adresse oder ein weiterer Link angeboten wird. Sehr schön ist es, wenn man die möglichen Ansprechpartner mit Bild, persönlicher E-Mail-Adresse und Telefonnummer vorgestellt bekommt. Denn Menschen sprechen eben gerne mit Menschen.

6.1.3.8   Stellenausschreibungen

Was machen Besucher von Arbeitgeberbewertungsportalen normalerweise? Sie suchen nach passenden und attraktiven Arbeitgebern. Also sollten Sie auch dort mit Ihren zu besetzenden Positionen in Form von Stellenausschreibungen präsent sein. Es gibt meist verschiedene Möglichkeiten der Darstellung vorhandener Stellenausschreibungen. Entweder als Link zur eigenen Stellenbörse des Unternehmens, als PDF zum Download oder aber als gestaltete Stellenanzeige im Kontext des Bewertungsportals. Auch wenn Sie als Unternehmen über eine eigene Rekrutierungs-Homepage verfügen, möchte ich Ihnen raten, dennoch auch auf den Portalen zur Arbeitgeberbewertung mit Ihren aktuell offenen Stellenangeboten präsent zu sein.

6.1.3.9   Arbeitgeber-Gütesiegel

Einige Arbeitgeberbewertungsportale verleihen nach bestimmten Mindestkriterien eigene Gütesiegel an Unternehmen. Diese lassen sich auch abseits des eigentlichen Bewertungsportals aufmerksamkeitsstark einsetzen. Etwa in Ihrer Infomappe für Bewerber, auf Ihrer Karriere-Webseite oder an Ihrem Messestand auf der nächsten Rekrutierungsmesse. Die volle Kraft aller Social-Media-Aktivitäten entfaltet sich nämlich erst durch Bündelung und crossmediale Verlinkung der verfügbaren Angebote und Inhalte. Hiermit werden wir uns im nächsten Buchkapitel „Crossmediale Verknüpfung" noch intensiv befassen.

6.1.3.10   Reporting und Statistiken

Bis dato bietet ausschließlich die Plattform Kununu ein standardmäßiges Reporting an. Der Bereich „Statistik" ist für jeden Besucher über den Link „Aufrufe" verfügbar. Hierbei handelt es sich zunächst um eine reine Zugriffsstatistik, die sowohl im kostenfreien als auch im kostenpflichtigen Modell angeboten wird. Sie zeigt die reinen Abrufzahlen des Kununu-Unternehmensprofils im Zeitverlauf bzw. über verschiedene, vordefinierte Zeiträume hinweg. Sind die Zugriffszahlen eher gering, wird offensichtlich weniger häufig nach einem Unternehmen gesucht. Und gesucht bedeutet in diesem Fall nicht nur innerhalb der Kununu-Plattform, sondern auch über Suchmaschinen wie etwa Google. Denn dort sind die Unternehmensprofile mit üblichen Suchstrings über Suchbegriffe wie etwa „Erfahrungen xyz" oder „xyz als Arbeitgeber" sehr gut indiziert. Als Inhaber eines kostenpflichtigen Kununu-Profils erhält man zudem in sechsmonatigen Intervallen ein ausführliches Reporting mit Vergleichsanalysen aus der eigenen Branche. Bitte denken Sie auch daran, die Web-Analytik aller Ihrer Unternehmensaktivitäten im Internet für eine Bewertung Ihrer Aktivitäten im Bereich Social Media Recruiting heranzuziehen. So können Sie beispielsweise mit Google Analytics oder anderen Tracking-Tools sehr genau erkennen, wie viel Traffic Sie auf Ihre Stellenausschreibungen oder Ihre Rekrutierungs-Webseite generieren und wo dieser genau herkommt. Sie werden erstaunt sein, wie viele

Besucher Ihrer Rekrutierungsinhalte zuvor im Netz nach Ihnen gesucht haben oder direkt von Arbeitgeberbewertungsportalen zu Ihnen gesurft sind. Die Chance, dass sich der Interessent von einer Bewertungsseite auf Ihre Homepage weiterklickt, wird maßgeblich davon beeinflusst, wie gut und zielführend Sie Ihren Auftritt auf dem jeweiligen Portal gestaltet haben.

6.1.3.11 Facebook-, Twitter-, YouTube- und XING-Integration

Wie Sie den Beiträgen der Koautoren sicher schon entnommen haben, umfasst die Praxis des Social-Media-basierten Rekrutierungsansatzes selbstverständlich alle großen, etablierten Kanäle wie etwa Facebook, Twitter, YouTube, XING, Google+ und LinkedIn. Eine Integration von Inhalten kann prinzipiell auf zwei Arten stattfinden. Entweder können Inhalte bestehender, anderer Social-Media-Kanäle in das Profil auf der Arbeitgeberbewertungsplattform integriert werden (In-Sharing) oder Inhalte aus der Plattform können in andere Social-Media-Kanäle integriert werden (Out-Sharing).

Lediglich der Anbieter Kununu hat es bisher geschafft, eine umfassende bidirektionale Integration mit anderen interessanten Kanälen zu gewährleisten. So bietet Kununu im Rahmen des kostenpflichtigen Unternehmensprofils die Möglichkeit, das Kununu-Profil samt verfügbarer Bewertungen und Erfahrungsberichte recht einfach und schnell und ohne Programmierkenntnisse über eine App-Lösung in ein bestehendes Facebook-Firmenprofil einzubinden. Das ist ein absoluter Mehrwert, denn so entstehen über die Out-Sharing-Methode schnell Inhalte, die sich im Handumdrehen und ohne Mehrkosten für die Zielgruppe „Bewerber" auf der unternehmenseigenen Facebook-Seite nutzen lassen. Ebenso einfach lassen sich bestehende Twitter-Streams in das Arbeitgeberprofil auf Kununu integrieren (In-Sharing). Kununu-Besucher müssen dann nicht zu Twitter wechseln, sondern sehen einige aktuelle Tweets direkt innerhalb der Kununu-Präsenz. Aktuell bietet leider keines der analysierten Portale eine Integration von YouTube-Videos in ein bestehendes Arbeitgeberprofil an. Die Videos können daher nur direkt in einem in die jeweilige Webseite integrierten Player abgespielt werden. Das ist schade, da so z. B. die Chance verloren geht, dem interessierten Besucher nahtlos und direkt im Videofenster weitere Videos aus dem eigenen YouTube-Kanal – sofern verfügbar – anzubieten. Ebenso fehlen bis dato bei allen analysierten Anbietern echte Integrationsmöglichkeiten mit Google+ und LinkedIn.

Durch die erfolgte Übernahme von Kununu durch die XING AG im Januar 2013 hat die Verzahnung der Aktivitäten und die Verquickung der Inhalte beider Portale bereits enorm zugenommen. Im Detail können Sie die Optionen und Veränderungen im Kapitel „Zünden Sie Ihren Recruiting-Turbo mit XING!" von Ralph Dannhäuser und Daniel Chikato nachlesen. Gleichzeitig haben sich auch die Möglichkeiten für Unternehmen im Bereich Employer Branding verändert. So ist das neue Angebot „Employer-Branding-Profil von Kununu & XING" erstens nur noch mit den beiden Portalen XING und Kununu im Kombiangebot erhältlich, zweitens wurden gleichzeitig Preismodell und Preisniveau angepasst. Es ist davon auszugehen, dass sowohl durch den Ausbau bestehender als auch den Aufbau neuer Features weitere Nutzen in Richtung Personalmarketing und Social Media Recruiting entstehen werden. Im Juni 2014 kündigte XING beispielsweise das neue Karriereangebot FutureMe an. Dieses soll anhand der XING-Profilinformationen passende

Abb. 6.6 Header-Bereich der XING-Startseite des Unternehmensprofils der Etengo (Deutschland) AG, zugegriffen am 27.6.2014 unter https://www.xing.com/companies/etengo

nächste Karriereschritte bzw. auch konkrete Jobangebote vorschlagen bzw. mögliche individuelle Weiterentwicklungspfade aufzeigen. Als Kunde des in 2013 neu eingeführten gemeinsamen Employer-Branding-Profils wird nun innerhalb des XING-Unternehmensprofils automatisch der Kununu-Header eingefügt (s. hierzu auch Abb. 6.6). Die Kununu-Bewertungen sind im Detail weiterhin im Reiter „Bewertungen" des XING-Unternehmensprofils verfügbar. Ebenso kann der XING-Nutzer nun unmittelbar über das Unternehmensprofil bzw. den Button „Arbeitgeber bewerten" direkt auf Kununu eine ausführliche Bewertung über seinen aktuellen oder ehemaligen Arbeitgeber abgeben.

Eine Bewertung wird über das bereits seit Längerem verfügbare Plugin „Express-Bewertung" in der Seitenleiste des XING-Profils für registrierte XING-Nutzer noch einfacher und schneller. Die Express-Bewertung ist eine Kurzform der Kununu-Bewertung und enthält ausschließlich ein Null- bis Fünf-Sterne-Ranking und einen Freitext. Innerhalb der Kununu-Bewertungen sind die Express-Bewertungen auch besonders gekennzeichnet und für den Nutzer erkennbar. Die Hürde für Mitarbeiter, eine Bewertung abzugeben, wird so nochmals deutlich reduziert, was wohl im Endeffekt zu einer weiter steigenden Zahl an Bewertungen auf Kununu führen wird. Durch eine limitierte Menge an Text sind die Express-Bewertungen jedoch bei Weitem nicht so aussagekräftig wie die meist ausführlicheren Standard-Bewertungen. Ebenso wird wohl die Integration der XING-Präsenz auf Kununu, bisher über die Infobox „Ihre künftigen Kollegen auf XING", Zug um Zug erweitert und in Richtung In-Sharing entwickelt werden. Es ist somit davon auszugehen, dass die Schlagkraft und Bedeutung von XING und Kununu weiter voranschreiten werden, da sich beide Portale gegenseitig thematisch befruchten. Die Hochzeit des verbreiteten Karrierenetzwerkes mit dem etablierten Arbeitgeberportal zeigt auch, dass Social Media von Experten und Insidern mehr denn je als Instrument einer gesamtheitlichen und erfolgreichen Rekrutierungsstrategie gesehen werden. So äußerte sich Thomas Vollmoeller, CEO der XING AG, in der Pressemitteilung zur Übernahme von Kununu wie folgt: „Gemeinsam bieten Kununu und XING den Nutzern einzigartige Einblicke in das Innere von Unternehmen" „… Wir wollen eine neue Ära für den Karrieresektor und die Jobsuche einläuten, in der Arbeitgeberbewertungen die neue Währung des Employer Branding sind." Die Zielrichtung ist klar. Thematisch kompatible und sich ergänzende Social-Media-Angebote verzahnen sich. Wird es im Bereich Employer Branding auch einen Konvergenz-Trend geben?

6.1.3.12 Social Media Linksharing

Nahezu alle Arbeitgeberbewertungsportale bieten die Möglichkeit, auf andere Social-Media-Kanäle wie etwa Facebook, XING, Twitter etc. zu verlinken. Dies sollte man bei entsprechend vorzeigbarer Präsenz auch unbedingt nutzen. Unter vorzeigbar verstehe ich im Wesentlichen, dass diese Angebote ebenfalls dem Markenbild bzw. der Corporate Identity entsprechen und sich aus Sicht der Besucher nahtlos in das Markenbild und Surferlebnis einfügen. Eine undesignte, kahle Facebook-Seite mit veralteten Inhalten leistet das sicher nicht. Die Verlinkung kann allerdings auch dazu führen, dass der Nutzer über diesen digitalen Medienbruch die Seite verlässt. Deshalb ist es umso wichtiger, dass auch im neu angesteuerten Social-Media-Angebot der Klickpfad des interessierten Bewerbers nicht in einer Sackgasse endet. Hiermit beschäftigen wir uns ausführlich im nächsten Buchkapitel „Crossmediale Verlinkung".

6.1.3.13 Feedbackfunktion für Arbeitgeber

Nahezu alle Angebote im Bereich der Arbeitgeberbewertung bieten den bewerteten Unternehmen, sozusagen den Betroffenen, die Möglichkeit, eine erhaltene Bewertung zu kommentieren. Ganz im Sinne des Dialogs ist der Arbeitgeber nicht dazu verdammt, Lob, Verbesserungsvorschläge, Kommentare, Kritik und Häme einfach passiv hinzunehmen, sondern er kann auch seine Sicht der Dinge aktiv darlegen. Wie in der vorherigen Analyse der Aktivitäten der DAX-Konzerne bereits kommentiert, wird die Stellungnahmefunktion bisher zumindest von Großunternehmen noch recht zögerlich angenommen bzw. häufig gar nicht genutzt. Das ist schade, bietet dieses Feature doch die Möglichkeit, der subjektiven Sicht und Meinungsäußerung des Mitarbeiters die eigene Wahrnehmung und ggf. Erklärung oder Ansicht gegenüberzustellen. Doch diese Kommentarfunktionen sind mit Vorsicht zu genießen. Insbesondere der Umgang mit Kritik birgt so einige Fallstricke. Wie Sie als Arbeitgeber damit umgehen und wie Sie richtig reagieren, zeigt Ihnen das nun folgende Kapitel.

6.2   Social Reputation Management – oder wie reagiere ich als Arbeitgeber richtig?

Die meisten Arbeitgeberbewertungsportale folgen dem dialogischen Gedanken. Sie sind also nicht einseitige Abladestelle für Meinungen, sondern auch der Ort für Antworten und Darstellungen der betroffenen bzw. der bewerteten Arbeitgeber. In den nun folgenden Inhalten geht es um die richtigen Reaktionen in diesem Dialog.

Vorab noch ein paar interessante Infos aus der Mai-Ausgabe 2014 des Wirtschaftsmagazins „brand eins". Diese stand unter dem Schwerpunkt „Im Interesse des Kunden". Der darin enthaltene Artikel „Butter bei die Fische"[8] setzte sich dabei explizit mit Bewertungsportalen und deren Bedeutung auseinander. Zwar ging es nicht direkt um Arbeitgeberbewertungsportale, dennoch sind die Aussagen und Erkenntnisse aus diesem artverwandten Gebiet auch für die Arbeit im Sinne des Employer Branding spannend. Im Kern vertrat der Artikel die Ansicht, dass die auf einschlägigen Portalen von Kunden oder Mitarbeitern geäußerten Meinungen prinzipiell einen interessanten Gegenpol zur Schönfärberei der Werbung darstellen können. Man misst diesen Bewertungen und Meinungsäußerungen auch einen zunehmenden Einfluss im Entscheidungsprozess bei. Zentral wichtig bleibt aber die Vertrauensfrage, mit der sich die Portale zunehmend konfrontiert sehen. Interessant ist die zitierte repräsentative Umfrage des internationalen Marktforschungsinstituts YouGov, die im Januar 2014 in den USA durchgeführt wurde. Laut YouGov haben 54 % der dort befragten Kunden eine gute bzw. 57 % zumindest eine gemischte Bewertung abgegeben. Lediglich 21 % der Kunden haben eine schlechte Bewertung abgegeben bzw. sich grundlegend negativ geäußert. Bewertungsportale sind also keineswegs nur reine Meckerecken für gefrustete Zeitgenossen. Interessant ist auch der Zoom in die Teilgruppe der negativ Antwortenden. Als Hauptgrund für schlechte Bewertungen gaben die Befragten nämlich an, dass sie andere Kunden warnen wollen (88 %). Lediglich 23 % der Teilnehmer gaben unverblümt zu, sich einfach ihren Frust von der Seele schreiben zu wollen. Auch die Aussagen zu bewussten Fälschungen und den Motivationen dahinter sind hochspannend. Jeder Fünfte (21 %) hat der Studie zufolge schon einmal eine Bewertung für ein Produkt oder einen Service abgegeben, das er entweder nie gekauft oder den er nie genutzt hat. Als Gründe für die Fälschungen von Bewertungen gaben die Befragten Folgendes an:

---

[8] Wirtschaftsmagazin brand eins, (2014) Artikel „Butter bei die Fische", http://www.brandeins. de/archiv/2014/im-interesse-des-kunden/bewertungsportale-tripadvisor-restaurant-kritik-amazon-yelp-jameda-kununu.html, zugegriffen am 30.6.2014.

- 32 % „Mir war danach"
- 23 % „Bewertung für jemand anderen geschrieben"
- 22 % „Ich mag das Produkt/den Service nicht"
- 19 % „Ich mag den Anbieter nicht"
- 10 % „Aus Spaß"

Gerade mit Blick auf eine richtige und adäquate Reaktion sollte man die Erkenntnisgewinne der YouGov-Studie – insbesondere mit Blick auf mögliche negative Äußerungen bzw. Bewertungen – berücksichtigen.

6.2.1 Mr. Unbekannt: Wer sind denn überhaupt die, die eine Bewertung abgeben?

Um sich dem sehr wichtigen Thema „Reaktionen" anzunähern, lohnt es, sich zunächst einmal bewusst zu machen, wer denn wann bzw. unter welchen Umständen bereit ist, eine Bewertung auf einem Arbeitgeberbewertungsportal abzugeben. Schließlich kostet es doch ein bisschen Zeit und hat vereinzelt auch die Hürde einer Anmeldung bzw. der Erstellung eines Nutzer-Accounts. Die Erfahrung zeigt, dass es meist die Extremen sind, die sich die Zeit nehmen, eine (detaillierte) Bewertung abzugeben. Sprich die extrem Unzufriedenen auf der einen Seite und die extrem Zufriedenen auf der anderen Seite. Der Mittelbau an Meinungen ist – so auch die Erkenntnisse der zuvor zitierten YouGov-Studie – meist unterrepräsentiert. Das werden Sie auch leicht selbst erkennen. Gehen Sie doch einfach mal die Unternehmen durch, die Ihnen spontan als mögliche Arbeitgeber für Sie selbst einfallen, und schauen Sie sich die Bewertungen auf den einschlägigen Plattformen im Detail an. Sie werden feststellen, dass es meist nur wenige Bewertungen im Mittelfeld gibt. Bitte behalten Sie diese Ausgangsposition als Grundannahme für Ihren eigenen Umgang mit diesen Plattformen im Hinterkopf. Sie haben es meist mit extremen Meinungsäußerungen zu tun!

6.2.2 Wie sollten Sie mit harscher Kritik umgehen bzw. wie reagieren Sie richtig?

Ob sie wollen oder nicht, Arbeitgeber werden mit teilweise harter Kritik konfrontiert. Die negativen Bewertungen entstehen meist aufgrund einer persönlich empfundenen Enttäuschung und aus der subjektiv geprägten Sicht des Betroffenen. Bitte akzeptieren Sie, dass der Betroffene naturgemäß aus einem anderen Fenster blickt, als Sie es womöglich auf Arbeitgeberseite tun. In den meisten Fällen kocht der betroffene Arbeitgeber bzw. die Verantwortlichen für Social Media oder der HR-Bereich vor Wut. Sie empfinden die Kritik als überzogen, deutlich zu subjektiv und einseitig gefärbt. Oft neigen gerade Unternehmen, die sich noch nicht intensiv mit Social Media auseinandergesetzt haben, dazu, sich in einer Kurzschlussreaktion rechtlicher Mittel und Wege, z. B. anwaltlicher Abmahnungen, zu bedienen. Denn aus ihrer Sicht fühlen sie sich zu Unrecht an den Pranger gestellt. Das ist der grundsätzlich falsche Weg, mit der öffentlich verfügbaren und wahrscheinlich für lange Zeit im Internet auffindbaren Kritik umzugehen. Geschwärzte Passagen weiterhin verfügbarer Meinungsäußerungen, die vom Portalanbieter z. B. mit dem Hinweis gekennzeichnet werden „Die Löschung wurde durch ein Anwaltsschreiben der Firma XYZ erwirkt", sind definitiv kontraproduktiv. Zeigt es doch nur, dass man sich auf einer sachlichen Ebene nicht der geäußerten Kritik stellen kann und will. Vielmehr erweckt es eher den Eindruck, als wären die Äußerungen wahr und müssten deshalb versteckt werden. Lassen Sie solchen Unfug sein!

Art. 5 Abs. 1 des Grundgesetzes normiert die Meinungsfreiheit in Deutschland. Diese ist ein hohes Gut und der Grund dafür, dass die meisten rechtlichen Diskurse zugunsten der freien Meinungsäußerung entschieden werden. Selbst wenn Kritik subjektiv ist und aufseiten des Betroffenen ungerecht erscheint, muss ein Unternehmen diese Kritik meist zähneknirschend hinnehmen. Denn das Spektrum der erlaubten Äußerungen ist groß. Nur Tatsachenbehauptungen, deren Unwahrheit zweifelsfrei bewiesen werden kann, sind rechtlich unzulässig. Ganz abgesehen von den rechtlichen Optionen sollte sich ein in der Kritik befindliches Unternehmen ganz genau überlegen, wie es mit der im Internet geäußerten Kritik umgeht. Das muss Teil einer durchdachten Social-Media-Strategie sein. Man darf auch getrost davon ausgehen, dass interessierte Bewerber sehr wohl in der Lage sind, überzogene Berichte kritisch zu hinterfragen und richtig einzusortieren.

Lassen Sie uns kurz einige grundsätzlich wichtige Handlungsempfehlungen und Regeln zum richtigen Umgang mit (negativen) Äußerungen auf Arbeitgeberbewertungsportalen aufstellen.

6.2.2.1 Ihr Unternehmen kassierte eine negative Bewertung. Und nun?

Die wichtigste Handlungsempfehlung lautet: Bleiben Sie zunächst ruhig und bedacht. Auf keinen Fall sollten Sie aus einer Emotionalität heraus als betroffener Arbeitgeber bzw. verantwortliche Person im Eilverfahren reagieren. Das Stichwort „Verantwortlicher" spielt hier auch eine ganz wichtige Rolle. In Ihrem Unternehmen sollte ganz klar definiert sein, wer in einem solchen Fall überhaupt dazu befugt ist, sich im Namen des Unternehmens in Social-Media-Kanälen zu äußern. In aller Regel haben Unternehmen das in mehr oder minder ausführlichen bzw. restriktiven Social Media Guidelines niedergeschrieben und dokumentiert. Für kleinere Unternehmen ist es auch praktikabel, eine Person, z. B. aus dem Bereich Marketing oder HR, für diese Aufgaben zu nominieren und schlicht über eine Handlungsanweisung dafür zu sorgen, dass die anderen Mitarbeiter im Unternehmen stets wissen, wie man sich im Namen des Unternehmens bzw. wer sich überhaupt äußern darf und wohin man sich als Mitarbeiter mit Ideen, Anregungen und Entdeckungen wenden kann. Da nun klar ist, wer reagiert, sollten wir uns der idealen Reaktion zuwenden.

Ein schönes Beispiel zum Einstieg in das Thema sind echte Fälle. So nutzt beispielsweise die Firma Zalando aus Berlin recht häufig die sogenannte „Stellungnahmefunktion", um auf erhaltene Bewertungen und Kommentare zu reagieren. Zalando scheint auch unter den aktuellen und ehemaligen Mitarbeitern viele zu haben, die bereit sind, eine Bewertung über ihren Arbeitgeber zu verfassen. So verzeichnete Zalando am 24.6.2014 insgesamt 280 (165) Erfahrungsberichte auf Kununu und weckt mit bisherigen 601.648 (325.000) Profilaufrufen ein beachtliches Interesse. Ein Grund dafür könnte sein, dass es sich bei Zalando um ein recht junges Unternehmen mit tendenziell jungen Mitarbeitern handelt. Ein weiterer Grund ist sicherlich, dass das Online-Handelsunternehmen per Geschäftsmodell wahrscheinlich eher internetaffine Mitarbeiter anzieht und diese dann wiederum gewillter sind, Social-Media-Angebote aktiv zu nutzen. Außerdem wächst das Unternehmen in den vergangenen Jahren sehr stark und ist im Bereich Rekrutierung sehr aktiv. Das HR-Team von Zalando reagiert aber insgesamt mustergültig. Und das auch bei sehr harten Anfeindungen und teilweise sehr ausführlichen Kritiken. Abbildung 6.7 zeigt zwei interessante Beispiele.

Was kann man hieraus lernen? Schauen wir uns einmal gemeinsam die Reaktionsstruktur von Zalando in den wesentlichen Punkten an:

▶ 1. Der Grundton der Antwort ist immer freundlich.
2. Zunächst werden immer positiv erwähnte Dinge wiederholt und hervorgehoben.
3. Man verfällt nie in eine Rechtfertigungshaltung, sondern erklärt beispielbasiert.
4. Man negiert nie Kritik, die in der Bewertung geäußert wurde.
5. Man räumt Verbesserungspotenzial ein und mimt nicht das perfekte Unternehmen oder die beleidigte Leberwurst.
6. Die Gegendarstellung ist stets sachlich und ohne persönliche Angriffe.
7. Man zeigt Lösungen auf, die es bereits gibt, aber die wohl noch nicht bekannt sind.
8. Man zeigt Verständnis und signalisiert, dass man sich intern um das Thema kümmert und es auch ernst nimmt.
9. Man blickt in die Zukunft und beschäftigt sich nicht mit der Vergangenheit.
10. Man fordert zu weiterem Dialog und/oder Feedback bzw. Unterstützung auf.

Die am Beispiel Zalando erarbeiteten Punkte sind ein sehr schönes Grundgerüst und eine hilfreiche Checkliste für mögliche Reaktionen Ihrerseits. Darüber hinaus gibt es aber weitere zentrale Aspekte, die ebenfalls beachtet werden sollten.

6.2.2.2 Ihr Unternehmen hat sich entschlossen zu antworten. Auf was achten?

Bitte antworten Sie nicht zu schnell bzw. sofort. Zunächst sollte man sich mit der Kritik sachlich und inhaltlich auseinandersetzen, diese also eingehend analysieren. In aller Regel macht es auch Sinn, die angesprochenen Abteilungen/Vorgesetzten etc. damit zu konfrontieren und den Sachverhalt erst einmal intern zu beleuchten. Mit diesen Fakten in der Hinterhand haben Sie in der Regel eine gute Grundlage für eine solide und korrekte Antwort Ihrerseits. Sollte das Ergebnis Ihrer Analyse sein, dass es sich um eine völlig überzogene Rache-Äußerung handelt, würde ich Ihnen raten, gar nicht zu reagieren. Auf keinen Fall sollten Sie auch zu häufig antworten. Es ist nicht Sinn der Sache und auch

| Punkte 2.5 von 5 | **Der Job ist nichts langfristiges...!** |

Pro:
- Sie geben jedem Arbeitswilligen eine Chance
- Auch Ausländer werden eingestellt
- Sie verbessern sich von Tag zu Tag minimal
- Endlich gibt es auch eine Kantine
- Für Berufseinsteiger ist die Bezahlung angemessen
- Krankheitsrufnummer

Contra:
- Zu viele Überstunden (Sehr häufig und meist über einen längeren Zeitraum)
- Zu wenig Parkplätze, ewiges suchen, Strafzettel wegen Falschparken vorprogrammiert
- Teamleiter wissen meist garnicht was Sie machen bzw. was Sie machen sollen, daher sehr unerfahren (keine Erfahrung, keine Qualifikation)
- Man wird immer gehetzt und ständig kontrolliert
- Man soll in der Arbeitszeit nicht den Arbeitsplatz verlassen, sogar wenn man auf Toilette muss, wird man gefragt wo man hin will
- Die Mentoren denken meist Sie sind was besseres
- Die Teamleiter stellen zu hohe Vorderrungen
- Kein richtiges Lob der Teamleiter an die Mitarbeiter
- Zu wenig Pausenzeit, zu lange Wege nach draußen zum rein und rausgehen benötigt man ca. 10min, da viel Gedrängel und sehr lange Laufwege (Pausenzeiten: 20min & 25min. Real: 10min & 15min)
- Überstunden kann man nur Abbummeln und das wird nur sehr selten genehmigt
- Dreckige Toiletten
- Niedrige Aufstiegschancen
- Leistung wird nicht anerkannt

Verbesserungsvorschläge:
1. - Mehr Parkplätze - Keine 6 Tage Arbeitswoche - Vernünftige Verteilung der Führungspositionen

Offizielle Stellungnahme

Vielen Dank für dein Feedback sowie deine Verbesserungsvorschläge! Wie du schon geschrieben hast, versuchen wir uns mit jedem Tag zu verbessern. Umso schöner ist es, wenn auch die kleinen Veränderungen von unseren Mitarbeitern lobend wahrgenommen werden :-) Danke! Über die Kantine freuen wir uns auch riesig, denn dieser ging eine lange Suche nach einem passenden Caterer voraus! Die von dir kritisierten Punkte werden wir uns näher anschauen. Obwohl wir auch positive Meinungen zu den Teamleitern bekommen, nehmen wir deine Kritik sehr ernst und HR wird diesen Fragen nachgehen. Viele Grüße

Ellen, HR-Team
Zalando

Abb. 6.7 Reaktionen auf erhaltene Mitarbeiterkommentare am Beispiel Zalando

viel Arbeit, wenig Geld, keine Wertschätzung

Vorgesetztenverhalten: Vorgesetzte sind sehr unerfahren, da alle sehr jung. Teilweise komplett überfordert.

Kollegenzusammenhalt: Der Zusammenhalt der Kollegen ist ganz okay. Aber generell beschweren sich alle über die gleichen Probleme, die diese Firma hat. Es herrscht teilweise auch Konkurrenzkampf.

Interessante Aufgaben: Aufgaben okay, leider keine adäquate Zuteilung auf die einzelnen Mitarbeiter.

Arbeitsatmosphäre: Schlechte Atmosphäre; Angstklima. Angst, nicht übernommen zu werden oder gekündigt zu werden.

Kommunikation: Kommunikation? Gibt es nicht. Man erfährt alles auf Umwegen.

Arbeitsbedingungen (Räume, ...): Dauernd Umzüge, weil alles aus den Nähten platzt. Schlechte Ausstattung. Z.B. keine höhenverstellbare Tische, neue Monitore etc.

Work-Life-Balance: Sehr schlecht, man arbeitet sich tot. Mitarbeiter machen es aufgrund der o.g. Angst. Man "darf" frühestens um 18h gehen. Überstunden sind selbstverständlich.

Gleichberechtigung: Keine wirkliche Gleichberechtigung. Je nach background (fachlich) wird man unterschiedlich behandelt.

Umgang mit Kollegen 45+: Gibt keine Kollegen 45+. Fast alle um die 20-30 Jahre. Unifeeling.

Karriere-/Weiterbildung: Es wird viel versprochen, aber gar nichts davon eingehalten.

Gehalt und Benefits: Steht in keinem Verhältnis zur geleisteten Arbeit. Kein Urlaubs- oder Weihnachtsgeld. Hohe Variable, damit man ja viel arbeitet. Gehaltserhöhungen, die versprochen wurden, werden immer wieder verschoben. Da reicht auch der Mitarbeiterrabatt nicht aus.

Umwelt-/Sozialbewusstsein: Nicht vorhanden.

Image: Image verschlechtert sich stets und trägt sich bis zu den Angestellten durch.

Offizielle Stellungnahme

Hallo und vielen Dank für dein Feedback, welches wir sehr zu schätzen wissen. Sehr gerne wollen wir dir anhand von zwei Beispielen aufzeigen, dass wir an vielen Themen, die du ansprichst, bereits arbeiten. Zalando ist noch ein sehr junges Unternehmen, wir sind schnell gewachsen und haben jungen Mitarbeitern die Gelegenheit gegeben, früh in Führungspositionen Verantwortung zu übernehmen. Alle unsere Führungskräfte werden selbstverständlich in ihrer Entwicklung und in ihren Aufgaben bei Zalando unterstützt, z.B. durch Leadership-Trainings.

Um unsere Mitarbeiter immer auf dem Laufenden zu halten und somit die Kommunikation sicherzustellen, überlegen wir auch, wie wir über das Intranet, die jährliche Mitarbeiterbefragung, die regelmäßigen Speakers-Corner, die Newsletter und weitere Events hinaus noch mehr Berührungspunkte schaffen können. Dabei hoffen wir auf die Unterstützung aller, damit wir uns auch hier verbessern können. Ich denke, dass wir auf einem guten Weg sind. Wenn du konkrete Ideen hast, dann immer her damit! Du weißt ja sicherlich, wie du uns erreichen kannst ;-) Viele Grüße

Ellen, HR-Team
Zalando

Abb. 6.7 (Fortsetzung)

nicht notwendig, dass Sie sich bei jeder Äußerung zu einer Reaktion hinreißen lassen. Es macht schlicht keinen Sinn, alle Äußerungen langatmig durchzukauen. Auch hier ist weniger mehr. Denn Ihre Souveränität signalisieren Sie auch, wenn Sie nicht gegen jede banale Kritik argumentieren. Recht machen kann man es nie allen Mitarbeitern. Das sollte man stets im Hinterkopf behalten. Und auch der alte Leitsatz aus der klassischen PR zieht: Wer polarisiert, also Ecken und Kanten hat, der ist interessant und im Gespräch. Nur über uninteressante Unternehmen wird nicht (mehr) gesprochen.

Ich rate außerdem dringend davon ab, mit vorgefertigten Textbausteinen zu agieren. Dann lassen Sie es lieber gleich sein. Die interessierten Kandidaten bzw. Nutzer werden in aller Regel mehrere Antworten von Ihnen studieren und dann wirkt das Einheitsgeschwätz von Ihnen nur peinlich.

Lassen Sie sich auch nicht auf sinnlose Kleinkriege ein. Sollte ein Thema derart einschlagen, dass es einem Shitstorm ähnliche Züge annimmt, dann kann es auch richtig sein, sich auf die Beobachterfunktion zurückzuziehen und erst einmal in Ruhe an der Seitenlinie abzuwarten. Ansonsten riskieren Sie, dass Ihre weiteren Aktionen die Gegenreaktionen geradezu provozieren und das Ganze zum im Internet sichtbaren und für lange Zeit abrufbaren Dauerzwist ausartet. Bedenken Sie, der Google-Algorithmus ist darauf trainiert, dass heiße Themen in kurzer Zeit viele Beiträge, Reaktionen und Klicks verursachen. Das Relevanz-Ranking erhöht sich damit automatisch und so ist der entartete Dialog ggf. bei Google in allerbester Position sichtbar.

Ebenso sollten Sie sich nicht dazu hinreißen lassen, alte Wunden wieder aufzureißen. Kommentieren Sie keine alten Kamellen. Wenn Sie nicht in der Lage sind, spätestens sieben Tage nach dem Erscheinen einer neuen Bewertung eine adäquate Antwort zu geben, dann sollten Sie es nicht mehr tun.

Im Übrigen sollten Sie auch Ihre Sprache dem Medium Internet und der Zielgruppe anpassen. In Social-Media-Angeboten will kein Nutzer perfekt durchformulierte, gelackte und geschliffene Antworten von Ihnen lesen. Das gehört in die FAZ, nicht aber in eine kurze und knackige Reaktion auf einem Arbeitgeberbewertungsportal. Seien Sie lieber locker, verwenden Sie eine junge Sprache mit kurzen Sätzen und nutzen Sie Emoticons. Oder passen Sie sich einfach ein wenig dem jeweiligen Kommentar an. Das macht Sie auf jeden Fall sympathisch.

6.2.3   Fake-Bewertungen – ein Problem? Kann man die Fälschungen erkennen?

Facebook-Fans, YouTube-Abonnenten, Twitter-Follower und allen voran gute Bewertungen und Rezensionen haben sich längst zu einer harten Währung im Internet gemausert. Zeigen doch alle diese Indikatoren, ob man im Netz beliebt, angesagt und Thema ist. Längst wissen das auch die betroffenen Unternehmen und möchten den großen Marken-Vorbildern und Wettbewerbern in nichts nachstehen. Wie eingangs des Kapitels erwähnt, sind sowohl falsche Kundenbewertungen als auch künstlich erzeugte Fans oder Follower ein Phänomen, das man nicht wegdiskutieren kann. Es gibt sie und sie werden das Thema Social Media meiner Meinung nach zeitlebens begleiten. Das ist einfach ein Chromosom, das man bei der Zeugung fest in die DNA der Social-Media-Anwendungen eingewoben hat. So wie es auch in topseriösen Medien Berichte geben kann, die ein vermeintlich unabhängiger und neutraler Journalist letztlich doch im Gegenzug für erfolgte Anzeigenbuchungen veröffentlicht. Im schlimmsten Fall hat der Journalist nur seinen Namen „hergegeben" und eine PR-Agentur hat die Texte final ausgearbeitet zugeliefert. Wie soll es da bei einem Phänomen, das quasi jeden Internetnutzer zum freien Publizisten macht, anders sein? Hier gibt es etliche Filter, wie eine Redaktionssitzung, einen Chefredakteur, einen Ressortleiter oder das Lektorat, die im professionellen Medienumfeld vorhanden und Standard sind, eben gar nicht. Die Schätzungen, wie viele Bewertungen und Erfahrungsberichte im Netz nun tatsächlich gefälscht oder unwahr sind, variieren je nach Studie und Quelle. Das Marktforschungsunternehmen Gartner schätzt die Fälschungen auf rund 10 %, Prof. Dr. Roland Conrady von der Fachhochschule Worms, der sich seit Längerem wissenschaftlich mit diesem Phänomen – insbesondere im Umfeld der Reisebranche – beschäftigt, geht von rund einem Drittel aus. Die im Kapiteleingang zitierte YouGov-Studie aus den USA beziffert hingegen jede fünfte Bewertung als Fälschung. Die Wahrheit wird wahrscheinlich irgendwo in der Mitte liegen. Jeder, der sich aber beruflich damit auseinandersetzt und z. B. Arbeitgeberbewertungsportale als Instrument des Personalmarketings nutzt, sollte sich darüber im Klaren sein, dass etwa ein Viertel der Meinungsäußerungen nicht auf wahren Tatsachen beruht.

Prinzipiell muss man sich darüber im Klaren sein, dass es zwei Quellen solcher Fälschungen gibt. Zum einen interne, zum anderen externe. Keine von beiden ist besser oder schlechter als die andere. Vielmehr sind beide gleich schlecht. Im Falle der internen Fake-Bewertungen glauben übereifrige oder in ihrer Ehre verletzte Mitarbeiter, dass es z. B. einmal wieder an der Zeit wäre, eine sehr positive Bewertung zum eigenen Unternehmen zu lancieren. Leider gehören zu den Fälschern ab und an auch Kollegen aus dem Personalbereich oder gar die Unternehmer selbst, die ihre Rekrutierungsanstrengungen ansonsten durch zu viele negative Bewertungen behindert sehen. Mögen die Absichten noch so gut sein, interne Fälschungen fliegen im Zeitverlauf fast immer auf. Auch andere Kollegen merken es, da sie z. B. die spezifische Sprache des Kollegen wiedererkennen. Die Entdecker schreiben dann postwendend in Ihren Bewertungen: „Hier scheint der Chef noch Zeit zu haben, Bewertungen zu fälschen." So entsteht ein Schneeballeffekt, der sich dann zu allem Übel auch noch negativ selbstverstärkt. Das wirft am Ende des Tages ein ganz schlechtes Bild auf Ihre mühevoll aufgebaute Arbeitgebermarke. Lassen Sie davon unbedingt die Finger und tun sie alles, um solche Fälschungen aus den eigenen Reihen zu vermeiden. Das kann Teil Ihrer Social Media Guidelines sein. Viel wirksamer ist es aber, alle Mitarbeiter dafür zu sensibilisieren, sodass diese zum Frühwarnsystem werden und der verantwortlichen Stelle in Ihrem Hause auffällige Postings melden. Dann können und dürfen die Profis sich darum kümmern. Im Einzelfall macht dann eventuell die Feedbackfunktion als Arbeitgeber Sinn.

Die externen Fälschungen stammen zum Beispiel von Mitbewerbern oder deren Mitarbeitern, die Ihnen ein paar Steine in den Weg legen möchten. Aber auch Rache-Fälschungen, zum Beispiel aufgrund einer Absage zu einer Bewerbung, kommen in der Praxis eben vor. Die Grundregel lautet auch hier: Bleiben Sie cool. Sie werden es nicht verhindern können, dass sich Fälschungen unter Ihren Bewertungen als Arbeitgeber befinden. Finden Sie sich also damit ab und reagieren Sie lieber richtig darauf.

Auch die Portale ihrerseits tun immer mehr, um Fakes möglichst im Vorfeld des Postings zu vermeiden. Denn es kann nicht in ihrem Interesse sein, das Vertrauen in die Bewertungen und somit die Glaubwürdigkeit an sich aufs Spiel zu setzen. Denn das ist ihre Geschäftsgrundlage. Neben immer ausgefeilteren Algorithmen, Sprachmusteranalysen etc. setzen die Portalbetreiber neben technischen Kontrollen zunehmend auch auf menschliche Interaktion. Antibetrugsteams kümmern sich ausschließlich um auffällige Bewertungen, treten mit den vermeintlichen Bewertern in Kontakt und markieren im Zweifelsfall eine unter Betrugsverdacht stehende Meinungsäußerung.

Auch Ihnen als Unternehmen bzw. verantwortliche Stelle ist es möglich, potenziell gefälschte Arbeitgeberbewertungen zu erkennen.

▶   **Hier eine Profi-Checkliste**
- Bestimmte, eigentlich eher ungewöhnliche Formulierungen tauchen häufig bzw. mehrfach auf
- Sehr positive Begriffe und Superlative oder sehr negative, herabsetzende Worte werden vermehrt genutzt
- Externe Aspekte werden beschrieben, um Glaubwürdigkeit vorzugaukeln (z. B. wird sehr ausführlich begründet, warum man sich doch für den nun so schlechten Arbeitgeber entschieden hat)
- Lob oder Kritik wird sehr ausführlich formuliert (nimmt man sich wirklich so viel Zeit?)
- Überproportional viele Verben werden im Text verwendet
- Lob oder Kritik wird sehr detailverliebt dargestellt
- Mehrere positive oder negative Berichte folgen auf solche, die zuvor eher die andere Richtung vertraten
- Keine Abwägung und/oder Darstellung von Vor- und Nachteilen, sondern komplett einseitige Betrachtungsweise

Gefälschte Bewertungen und Erfahrungsberichte lassen sich leider nicht mit hundertprozentiger Sicherheit erkennen. Auch hier ist „im Zweifel für den Angeklagten" eine probate Methode. Sollte sich aber der Verdacht erhärten, so rate ich Ihnen, mit dem Portalbetreiber in Kontakt zu treten. Sollte auch dies ohne Erfolg verlaufen, so bleibt Ihnen ja ggf. immer noch die Möglichkeit, die bei vielen Anbietern vorhandene Feedbackfunktion für Arbeitgeber zu nutzen. Insgesamt sind gefälschte Bewertungen eine Herausforderung, die wahrscheinlich nicht abzustellen sein wird. Aber man kann den Umgang damit professionalisieren. Portale wie etwa HolidayCheck haben sich indes bereits dieses Themas angenommen und kennzeichnen seit Neuestem solche Bewertungen von Usern, die beweisen konnten, dass sie auch tatsächlich in diesem Hotel ihren Urlaub verbracht haben. Solch eine Beweiseinforderung wäre sicher für die Betreiber von Arbeitgeberbewertungsportalen möglich und sinnvoll, aber eben auch etwas aufwendiger. Meiner Meinung nach würde ein solches Vorgehen aber erheblich auf die langfristige Akzeptanz und Glaubwürdigkeit von Arbeitgeberbewertungsportalen einzahlen. Keinesfalls aber sind Fälschungstatbestände ein Aspekt, der den Ausschlag für oder gegen die proaktive Nutzung des Instruments Arbeitgeberbewertungen geben sollte.

6.2.4   Was machen mit positiven Arbeitgeberbewertungen?

Mit positiven Bewertungen müssen Sie als Arbeitgeber buchstäblich hausieren gehen. Wenn man die Ergebnisse der eingangs erwähnten BITKOM-Studie als Basis nimmt, verschenken Sie ansonsten Glaubwürdigkeit und Anziehungskraft bei Bewerbern. Integrieren Sie die Ergebnisse, Bewertungen und Erfahrungsberichte also crossmedial in Ihre gesamte HR-Kommunikation. Warum nicht schon in der Stellenanzeige auf ein oder zwei einschlägige Arbeitgeberbewertungsportale verlinken? Warum nicht eine spezifische Google-AdWords-Kampagne für die Zielgruppe der Bewerber schalten, die interessierte Kandidaten direkt zu Arbeitgeberbewertungsportalen linkt? Warum am Empfang Ihrer Firma nicht die erworbenen Arbeitgeber-Gütesiegel als vertrauensbildendes Signal für Kunden, Lieferanten, Mitarbeiter und Bewerber ausstellen? Warum nicht jeden Mitarbeiter und Bewerber proaktiv um Feedback bitten? Ich bin mir ganz sicher, dass die meisten Leser unter Ihnen in Unternehmen arbeiten, die schon seit geraumer Zeit und regelmäßig die Kunden standardisiert um Feedback bitten. Viele von Ihnen werden auch interne Maßnahmen wie etwa ein 360-Grad-Mitarbeiterfeedback installiert haben. Warum aber sind die meisten Unternehmen so scheu, wenn es um Arbeitgeberbewertungsportale geht? Es gibt meist nur eine Antwort, warum diese einfachen Dinge in der Mehrheit der Unternehmen noch keine gängige Praxis sind. Nämlich Angst. Und zwar Angst, weil man dieses Medium nicht zu 100 % kontrollieren und steuern kann. Diese Angst brauchen Sie aber nicht zu haben. Ja, es wird negative und harsche Bewertungen geben. Vielleicht fälscht auch einmal ein Mitbewerber ein Feedback, sodass Sie vermeintlich schlechter dastehen. Aber wenn Sie damit adäquat umgehen und richtig reagieren, dann machen Sie diese Bewertungen eher stärker als schwächer. Seien Sie also mutiger und gehen Sie das Thema jetzt an. Ein guter Start ist die Kommunikation und Verbreitung der positiven Feedbacks. Nach innen wie nach außen. Wie wäre es zum Beispiel, ein sehr positives Feedback über Ihren Twitter-Account zu teilen oder auf Ihrer Facebook-Seite zu veröffentlichen?

6.2.5   Sollte ein Unternehmen seine Mitarbeiter und Bewerber aktiv zur Bewertung auffordern?

Ja, das sollten Sie. Die Arbeitgeberbewertungsportale sind zu einem festen Bestandteil des Mitmach-Web geworden und da sollte Ihre Mitwirkung als Arbeitgeber nicht fehlen. Das ist auch legitim, denn auf den einschlägigen Meinungsportalen soll schlussendlich die Wahrheit obsiegen und eine möglichst breite Abdeckung Ihres Unternehmens, auch zum Beispiel mit Blick auf Abteilungen und Funktionen, vorhanden sein, aber über alles gesehen eben auch ein möglichst repräsentatives Bild entstehen. Beim Mitmachen gibt es für proaktive Arbeitgeber jedoch einige sehr wichtige Grundregeln zu beachten.

► **Grundregeln für proaktive Arbeitgeber**
   1. Bitten Sie alle Ihre Mitarbeiter in einer offenen Kommunikation um ehrliches und offenes Feedback und erklären Sie, warum Sie dieses Feedback in dieser Form wünschen.
   2. Geben Sie auf gar keinen Fall eine Richtung, Leitplanken oder „Empfehlungen" vor.
   3. Üben Sie keinerlei Druck auf Ihre Mitarbeiter aus, denn das wird sich rächen.

Gerade der erste Punkt lässt manche Personaler, Firmeninhaber oder Arbeitgeber zurückschrecken. Aber sind wir doch mal ehrlich. Erstens werden es „die Anderen" eher früher als später mitbekommen, wenn Sie zum Beispiel nur die treuen und Ihnen positiv gesinnten Mitarbeiter um Feedback bitten, und zweitens fordern nur bzw. überwiegend positive Bewertungen den aufgeklärten Leser geradezu heraus, an Fake und Schieberei zu denken. Jedes noch so tolle und vorbildliche Unternehmen hat auch Punkte, die es zu kritisieren oder zumindest zu verbessern gibt. Unterschätzen Sie auch nicht die positive Wirkung der magischen Frage nach Feedback. Viele Mitarbeiter freuen sich geradezu, wenn sie offiziell um ihre Meinung gebeten werden. Da es sich um anonyme Bewertungen und Erfahrungsberichte handelt und eben kein Rückschluss auf die einzelne Person möglich ist, werden Sie in den meisten Fällen auch konstruktives Feedback erhalten. Und wenn Dinge von mehreren Personen bzw. gehäuft als negativ und/oder verbesserungswürdig angesehen werden, dann sollten Sie sich damit auch eingehend beschäftigen. Ein Körnchen Wahrheit wird schon drinstecken.

Da die Transparenzwelle, verstärkt durch das Internet und die zunehmend mobile Webnutzung, sowieso nicht mehr aufzuhalten ist, stellt sich eigentlich nur noch die Frage nach dem richtigen Zeitpunkt. Hier vertrete ich das Motto: „Der richtige Zeitpunkt ist jetzt!"

Seien Sie also mutig und gehen Sie das Thema Arbeitgeberbewertung proaktiv an. Das ist in der Praxis eigentlich ganz einfach umzusetzen. Ihre aktuellen Mitarbeiter können Sie zum Beispiel im Rahmen der nächsten Mitarbeiterfeedback-Gespräche oder der nächsten innerbetrieblichen Kommunikation informieren und zur Bewertung animieren. Das können Sie in Zukunft auch regelmäßig einplanen und mit anderen Aktionen verbinden. Für Bewerber können Sie zum Beispiel ein Infoblatt entwerfen, in welchem Sie nach dem

Gespräch um ein offenes Feedback auf einem Portal Ihrer Wahl bitten. Es ist erlaubt und förderlich, die aktuelle Gesamtbewertung mit anzugeben und etwaig erworbene Arbeitgeber-Siegel gleich mit darzustellen. Das ist zum einen ein schönes Instrument zur Verstärkung des (ersten) Eindrucks nach dem Gespräch und zum anderen obsiegt bei den meisten Bewerbern die Neugier. Unsere Erfahrungen im eigenen Unternehmen zeigen, dass rund 50 % der Bewerber dieser Aufforderung zur Bewertung nachkommen, sogar dann, wenn diese eine Absage für eine Stelle erhalten haben.

Auf eine Ansprache ehemaliger Mitarbeiter, Praktikanten oder Bewerber, die das Unternehmen also bereits verlassen haben, würde ich persönlich verzichten. Eventuell liegt der Eindruck auf der Zeitschiene schon zu weit zurück oder aber Sie erwecken durch dieses doch unkonventionelle Vorgehen einen eher komischen Eindruck. Auch wenn das sogenannte Churn-Management (also die Bindung abwanderungsgefährdeter Kunden oder die Rückgewinnung kürzlich verlorener Kunden) im Bereich des Produktmarketings eine feste Größe ist, ist es meiner Meinung nach für das Employer Branding mittels Arbeitgeberbewertungen eher nicht das Mittel der Wahl. Wie bereits zuvor erwähnt, können Sie davon ausgehen, dass zumindest ein Teil der extrem zufriedenen, aber auch der extrem unzufriedenen ehemaligen Mitarbeiter sich von alleine äußern wird.

Erinnern Sie sich auch an die Aussage der Kienbaum-Studie am Anfang dieses Kapitels. Unternehmen versäumen es häufig, das Employer Branding nach innen zu tragen. Es schadet daher sicher nicht, wenn Sie im Zuge der internen Kommunikation, über schwarze Bretter oder das Intranet, Ihren derzeitigen Status quo mit Blick auf Ihre Bewertung als Arbeitgeber mit Ihren Mitarbeitern teilen. Denn seien Sie sich gewiss: Für manche Dinge, die kritisiert werden oder schlicht zu verbessern sind, braucht es den ganz normalen Mitarbeiter im Alltag und nicht eine Direktive des Managements.

6.3 Und nun – wie geht es weiter?

Sollten Sie zu denjenigen Unternehmen gehören, die sich bislang noch gar nicht mit der aktiven Nutzung der vorhandenen Arbeitgeberbewertungsportale beschäftigt haben, so steht nun sicher eine spannende Grundsatzentscheidung in Ihrem Unternehmen an. Diejenigen unter Ihnen, die sich bereits damit beschäftigen, möchte ich ermutigen, Zug um Zug das volle Potenzial dieser Portale auszuschöpfen und den Umgang damit weiter zu professionalisieren. Das Rekrutierungs- und Personalmarketinginstrument „Arbeitgeberbewertungen" beeinflusst heute und in Zukunft maßgeblich Ihre Rekrutierungsmaßnahmen und Ihren Rekrutierungserfolg. Davon bin ich fest überzeugt und alle Daten und Fakten sprechen dafür. Wer sich außerdem früh mit „neuen" Dingen beschäftigt, der verschafft sich in aller Regel nur Vorteile. Denn derjenige hat bereits Erfahrungen im Gepäck, die Spätstarter erst noch schmerzlich hinter sich bringen müssen. Nicht nur die Bewerber haben mit dem Thema Neuland betreten, sondern eben auch die Arbeitgeber. Insbesondere innovative, kleine und mittelständische Unternehmen können sich nun endlich auf Augenhöhe mit Konzernen als attraktiver Arbeitgeber darstellen – und das in einer Art und Weise, die in puncto Vertrauen und Glaubwürdigkeit wohl nur noch durch die persönliche Empfehlung aus dem Kreise der Familie, der Freunde und Bekannten übertroffen werden kann. Wie eingangs in den Thesen von Prof. Dr. Däfler schon gefordert, können Social-Media-Aktivitäten, die in Richtung Rekrutierung zielen, keinesfalls als Alibi genutzt werden, um die klassischen Rekrutierungskanäle zu vernachlässigen. Das wäre sträflich, denn nicht jeder interessante Kandidat gehört (schon) heute zur Social-Media-affinen Generation Y. Dennoch ist die digitale Reputation ein Pfund auf der Waagschale und kann sich gut genutzt in barer Münze auszahlen. Morgen und übermorgen kann es anders aussehen. Es bleibt spannend.

Zum Abschluss dieses Kapitels möchten wir nochmals den Blick in die Glaskugel wagen und einige wichtige Tipps aus erster Hand mit Ihnen teilen. Hierzu haben wir ein spannendes Interview mit Martin Poreda, Mitgründer und Geschäftsführer von Kununu, dem derzeit wichtigsten Portal in Sachen Arbeitgeberbewertung, geführt.

Interview mit Herrn Martin Poreda

Herr Poreda, wie sind Sie eigentlich auf die Idee gekommen, ein Portal zur Bewertung von Arbeitgebern zu gründen?

Poreda: Die Gründungsidee zu Kununu fand – anstelle in einer Garage – auf einem Dachboden statt: Als ich vor sieben Jahren ein lukratives Jobangebot auf seine Tauglichkeit überprüfen wollte, ging ich mit Google & Co. auf die Suche nach Hintergrundinformationen. Ich wollte in Erfahrung bringen, wie das Unternehmen als Arbeitgeber so „tickt": Wie gut ist das Betriebsklima, wie ist die Unternehmenskultur, welche Benefits werden geboten? Die offizielle Homepage des Unternehmens war zu wenig aussagekräftig. Nach einem Gespräch mit meinem Bruder Mark wurde am nächsten Tag mit der Arbeit begonnen, vier Monate später ging die Plattform Kununu online.

Der starke Zuspruch hat uns gezeigt, dass wir mit der Plattform den Puls der Zeit getroffen haben: Mitarbeiter möchten an neutraler Stelle über ihre Arbeitsplatzerfahrungen berichten, Bewerber suchen gezielt nach Informationen zu einer Firma und nutzen die Erfahrungsberichte, um eine Jobentscheidung zu treffen, und Arbeitgeber sind gefordert, den Wissensdurst von potenziellen Mitarbeitern zu stillen und aktiv ihre Arbeitgeberstärken zu präsentieren.

Heute verzeichnet Kununu mehr als 630.000 Bewertungen zu 160.000 Unternehmen, zählt Top-Unternehmen wie Allianz Elementar Versicherungs AG, Deutsche Telekom AG, Siemens Deutschland und SBB zu den Kunden und ist seit Januar 2013 ein Tochterunternehmen der XING AG.

Welchen Stellenwert werden anonyme Arbeitgeberbewertungen im künftigen Marketingmix des Employer Branding Ihrer Meinung nach einnehmen?

Poreda: Ich persönlich bezeichne eine Kununu-Arbeitgeberbewertung als „neue Währung am Arbeitgebermarkt". Die Resonanz von Unternehmen bestätigt uns: Immer mehr Jobinteressierte nutzen Kununu für einen Arbeitgeber-Check und prüfen vor einer Bewerbung, welches Unternehmen bei seinen Mitarbeitern punkten kann – und welches nicht. Wenn ein Unternehmen bereits von seinen Mitarbeitern bewertet wurde, ist das schon einmal ein guter Anfang. Schließlich hilft jede einzelne Bewertung dem User weiter, einen Eindruck vom Unternehmen zu bekommen.

Bemüht sich ein Arbeitgeber dann tatsächlich um seine Mitarbeiter und kann sich dementsprechend über gute Erfahrungsberichte freuen, ist das noch besser. Dann wird aus den Erfahrungsberichten eine unbezahlbare Währung im „War for Talents" – denn authentische, positive Stimmen der Mitarbeiter sind für Unternehmen die beste Werbung, die es gibt. Durch die Bewertungen agieren die Mitarbeiter als Imagebuilder und ziehen so neue Talente an Land. Aber auch kritische Zeilen helfen weiter, um gezielt Verbesserungsansätze umsetzen zu können.

Welchen Killer-Tipp haben Sie für Unternehmen parat, die bereits über Bewertungen verfügen und diese künftig besser in puncto Kommunikation Richtung Bewerber nutzen möchten?

Poreda: Unternehmen können die Kununu-Erfahrungsberichte auf vielfältige Weise einsetzen:

1. Weitere Bewertungen einholen

   Je mehr Erfahrungsberichte zu einem Unternehmen vorliegen, desto größere Aufmerksamkeit erzielt es. Firmen sollten mit einem Bewertungsaufruf innerhalb der Firma starten. Es ist nebensächlich, ob die Mitarbeiter per Mail, Intranet oder Mitarbeiterzeitung dazu aufgerufen werden: Wichtig ist, dass die Firma Interesse an ehrlichem Feedback signalisiert.

2. Stellungnahme abgeben

   Mit einer Stellungnahme schlagen Unternehmen zwei Fliegen mit einer Klappe: Die Firma stellt sich einerseits dem Feedback ihrer Mitarbeiter und kann auf jeden einzelnen Punkt eingehen. Gleichzeitig signalisiert das Unternehmen nach außen, dass es als verantwortungsvoller Arbeitgeber einen wertschätzenden Umgang mit seinen Mitarbeitern pflegt und eine offene Feedbackkultur lebt. Das Abgeben einer Stellungnahme ist übrigens kostenlos.

3. Stärken als Arbeitgeber präsentieren

   Kununu bietet Unternehmen die Möglichkeit, neben den Bewertungen der Mitarbeiter eine kostenpflichtige Unternehmensdarstellung zu platzieren. Anhand der offenen Eindrücke der Mitarbeiter und der weiterführenden Informationen, die das Unternehmen bereitstellt, entsteht ein einzigartiges Arbeitgeberporträt, welches punktgenau auf Bewerber trifft. Dieses Employer-Branding-Profil ist auf Kununu sowie auf XING zu sehen.

Darüber hinaus empfehlen wir den Unternehmen, die Bewertungen bzw. das Arbeitgeberprofil in den Firmenauftritt zu integrieren. Das beginnt mit dem Platzieren vom Kununu-Gütesiegel in Jobinseraten, führt weiter zur Verlinkung des Arbeitgeberprofils auf sämtlichen Social-Media-Kanälen bis hin zur Integration in Broschüren oder sonstigen Marketingunterlagen Kununu funktioniert offline und online – also überall dort, wo potenzielle Bewerber zu erwarten sind.

Was raten Sie einem Unternehmen, das bisher ein unbeschriebenes Blatt auf Ihrem Portal ist, sich aber jetzt zum Aktivwerden entschieden hat?

Poreda: Der erste Schritt ist das Einholen von Bewertungen. Sobald das Unternehmen über Erfahrungsberichte verfügt, ist es kein „unbeschriebenes Blatt" mehr. Damit Besucher von Kununu zum Bewerber werden, muss das Unternehmen für Aufmerksamkeit sorgen. Das gelingt mit einem Arbeitgeberprofil.

Gibt es eigentlich einen signifikanten Zusammenhang zwischen der Anzahl an Bewertungen und den Abrufzahlen des Unternehmensprofils?

Poreda: Es sind zwei Faktoren, die für eine hohe Abrufzahl des Unternehmensprofils sorgen: Es müssen ausreichend viele sowie aktuelle Bewertungen vorhanden sein, damit die Besucher einen guten Eindruck vom Unternehmen bekommen. Zusätzlich muss das Unternehmen weiterführende, für Bewerber interessante Informationen zur Verfügung stellen: Fotos vom Arbeitsalltag, Tipps für Bewerber, spannende Karrierevideos und aktuelle Jobangebote sorgen für hohe Reichweite.

Oft wird Kununu ja vorgeworfen, dass im Durchschnitt je Unternehmen rein rechnerisch knapp 3,8 Bewertungen vorhanden sind. Was sagen Sie dazu?

Poreda: Kununu arbeitet seit sechs Jahren daran, so viele Bewertungen als möglich zu generieren. Mit aktuell mehr als 630.000 Bewertungen sind wir mit Abstand die größte Plattform dieser Art im deutschsprachigen Raum.

Auch wir wünschen uns, dass zu manchen Unternehmen noch mehr Erfahrungsberichte vorliegen, aber hier arbeitet die Zeit für uns: Derzeit verzeichnen wir einen Zuwachs bei den Bewertungen von monatlich 15 %. Wir rechnen damit, dass diese Zahl künftig noch weiter zunimmt.

Hinzu kommt, dass auf Kununu Unternehmen der unterschiedlichsten Größen bewertet werden. Global agierende Konzerne werden genauso bewertet wie das kleine familiengeführte Unternehmen. Naturgemäß kommen die großen Firmen auf eine weitaus höhere Zahl an Bewertungen als das Drei-Mann-Unternehmen. Der bloße Durchschnittswert spielt daher gerade bei kleineren Unternehmen mitunter eine nicht so aussagekräftige Rolle, wie es bei einem Großunternehmen der Fall ist.

Aber unabhängig von der Bewertungsanzahl: Bei Kununu zählt die Stimme jedes einzelnen Mitarbeiters. Dadurch erhalten Interessierte erstmals authentische Informationen abseits von firmengesteuerten Aussagen. Vor Kununu gab es keine Erfahrungsberichte der Mitarbeiter, die öffentlich nachzulesen waren. In den meisten Fällen können die User sehr rasch eine Tendenz zur Stimmung im Unternehmen erkennen. Wir sind überzeugt, dass unsere Besucher die Informationen aus den Bewertungen sehr gut mit weiteren Hinweisen von anderen Quellen (beispielsweise aus Zeitungsberichten) einordnen können.

Was tun Sie gegen Fake-Bewertungen? Gibt es eine Chance, diese zuverlässig zu ent-tarnen?

Poreda: Kununu achtet in seiner Position als Marktführer auf die Qualität der Erfahrungsberichte und lässt entsprechende Sorgfalt walten. Neben bestehenden technischen Sicherheitsvorkehrungen sorgt ein eigenes Community-Managementteam für eine manuelle Kontrolle. Es ist für Faker sehr schwierig, eine manipulierte Bewertung auf Kununu abzugeben.

Darüber hinaus würde durch die bereits große Anzahl von bestehenden Bewertungen eine Bewertung, die so gar nicht zu einem Unternehmen passt, sofort auffallen. Sollte dies der Fall sein, bekommt Kununu sehr rasch Rückmeldung von anderen Usern und unterzieht die Bewertung einem erneuten Check.

Wo geht die Fahrt des kürzlich vermählten Duos XING und Kununu hin? Welche mittel- und langfristigen Ziele verfolgen Sie?

Poreda: Für das achte Firmenjahr stehen alle Signale auf weiterem Wachstum. Der bisherige Erfolg am Markt und das rasante Wachstum sind unser Ansporn für die nächste Phase. Wir arbeiten auf Hochtouren an neuen Features für die User und verfolgen konkrete Maßnahmen, um noch mehr Nutzer mit Kununu zu erreichen. Mit dem Ausbau von Kooperationen möchten wir weitere Arbeitnehmer erreichen und gemeinsam neue Tools und Services anbieten. Aber auch die bewährte Zusammenarbeit mit unserem Mutterkonzern XING wird in Zukunft weiter intensiviert – gemäß der XING-Vision, unsere neue Arbeitswelt ein Stückchen besser zu machen.

Warum gibt es nur noch ein gemeinsames Employer-Branding-Profil mit XING und Kununu im Doppelpack?

Poreda: Das Employer-Branding-Profil kommt den Bedürfnissen unserer Besucher entgegen:

Karriereinteressierte User finden durch das neue Profil noch rascher die gewünschten Informationen zu einem Arbeitgeber. Die Informationen sind gebündelt und können auf einem Portal entdeckt werden. Der User findet einen schnellen Überblick auf XING, Details kann er auf Kununu nachlesen.

Unternehmen, die sich als Arbeitgeber präsentieren möchten, profitieren von einer höheren Reichweite bei gleichzeitigem Preisvorteil: Das Employer-Branding-Profil gewährleistet einen einheitlichen Auftritt auf den zwei wichtigsten Karriereportalen im deutschsprachigen Raum. Das gemeinsame Produkt deckt alle Bedürfnisse von Employer Branding und E-Recruiting ab. Das Unternehmen bekommt zwei Markenwelten zu einem Preis, es entsteht ein Preisvorteil gegenüber einer Einzelbuchung auf zwei Portalen. Die gemeinsame Reichweite von mehr als neun Millionen Besuchern im Monat deckt die wichtigsten Zielgruppen – von den Azubis bis hin zu den Business Professionals – ab.

Zu guter Letzt: Wie viel sind Arbeitgeberbewertungen überhaupt wert? Haben Sie schon mal am echten Beispiel einen ROI für Unternehmen berechnet?

Poreda: Den tatsächlichen ROI für Unternehmen haben wir noch nicht berechnet. Die langjährige Zusammenarbeit mit unseren Kunden hat jedoch gezeigt, dass der Einsatz von Kununu tatkräftig deren Employer-Branding- und Recruiting-Ziele unterstützt: Wenn Unternehmen in Form eines Arbeitgeberporträts weiterführende Informationen anbieten, sind diese attraktiver für Bewerber und können schneller offene Positionen besetzen. Das Lesen von Erfahrungsberichten hilft Unternehmen weiter, etwaige Schwachstellen rasch und effizient beheben zu können – das kommt der Mitarbeiterzufriedenheit zugute und beugt einem Mitarbeiterabgang vor.

Crossmediale Vernetzung – der Turbo fürs Social Media Recruiting?

Nikolaus Reuter

Inhaltsverzeichnis

Zusammenfassung

Der Begriff Cross-Media erfreut sich unter Werbern und Werbetreibenden einer großen Beliebtheit. In vielen Fachbüchern, Fachartikeln und auf einschlägigen Veranstaltungen hat das Thema geradezu Hype-Status. In ist, wer es schon macht.

Bei Lichte betrachtet wird der Begriff in der Praxis häufig als Tarnkappe für den „alten" Begriff Mediamix eingesetzt. Beim Mediamix ging es ja seit jeher darum, dass die Mischung bei der Werbeschaltung bzw. Anzeigenbuchung stimmt, um die Zielgruppe mit optimalem Budgeteinsatz über mehrere Kanäle hinweg tatsächlich zu erreichen und letztlich die gewünschte Werbewirkung zu erzielen. Der Mediamix umfasste im bisherigen Verständnis aber lediglich die klassischen Medien, also im Kern TV, Print und Radio. Seine Wurzeln hat das Konzept Mediamix in der Push-Kommunikation, es ist also gedanklich und theoretisch in der guten, alten Werbewelt zu Hause. In dieser

N. Reuter (✉)
Etengo (Deutschland) AG, Hermsheimer Straße 7, 68163 Mannheim, Deutschland
E-Mail: nikolaus.reuter@etengo.de

© Springer Fachmedien Wiesbaden 2015
R. Dannhäuser (Hrsg.), *Praxishandbuch Social Media Recruiting*,
DOI 10.1007/978-3-658-06573-7_7

Welt sind die Umworbenen passive Konsumenten der von den Werbetreibenden ausgesendeten Werbebotschaften.

Heute sind wir aber in einer Marketingrealität angekommen, die sich stark in Richtung der Pull-Kommunikation entwickelt hat. Viele Unternehmen fördern und akzeptieren deshalb, dass die Zielgruppe über viele Kanäle hinweg Feedback gibt und sich
mit ihren Wünschen und Gedanken artikuliert. Zweitens wird der monologische Ansatz
zunehmend vom Dialog verdrängt. In einer per se crossmedialen Realität gilt es also,
Synergien und positive Wechselwirkungen in der Kommunikationswirkung zwischen
verschiedenen Instrumenten zu fördern. Ein wichtiger Teilschritt hierzu ist die crossmediale Verlinkung Ihrer Social-Media-Aktivitäten. Und das über den Tellerrand der
Rekrutierung hinaus.

Der Begriff Cross-Media erfreut sich unter Werbern und Werbetreibenden einer großen
Beliebtheit. In vielen Fachbüchern, Fachartikeln und auf einschlägigen Veranstaltungen
hat das Thema geradezu Hype-Status. In ist, wer es schon macht.

Bei Lichte betrachtet wird der Begriff in der Praxis häufig als Tarnkappe für den „alten" Begriff Mediamix eingesetzt. Beim Mediamix ging es ja seit jeher darum, dass die
Mischung bei der Werbeschaltung bzw. Anzeigenbuchung stimmt, um die Zielgruppe mit
optimalem Budgeteinsatz über mehrere Kanäle hinweg tatsächlich zu erreichen und letztlich die gewünschte Werbewirkung zu erzielen. Der Mediamix umfasste im bisherigen
Verständnis aber lediglich die klassischen Medien, also im Kern TV, Print und Radio. Seine Wurzeln hat das Konzept Mediamix in der Push-Kommunikation, es ist also gedanklich
und theoretisch in der guten, alten Werbewelt zu Hause. In dieser Welt sind die Umworbenen passive Konsumenten der von den Werbetreibenden ausgesendeten Werbebotschaften.

Heute sind wir aber in einer Marketingrealität angekommen, die sich stark in Richtung der Pull-Kommunikation entwickelt hat. Viele Unternehmen fördern und akzeptieren
deshalb, dass die Zielgruppe über viele Kanäle hinweg Feedback gibt und sich mit ihren
Wünschen und Gedanken artikuliert. Zweitens wird der monologische Ansatz zunehmend
vom Dialog verdrängt. In einer per se crossmedialen Realität gilt es also, Synergien und
positive Wechselwirkungen in der Kommunikationswirkung zwischen verschiedenen Instrumenten zu fördern. Ein wichtiger Teilschritt hierzu ist die crossmediale Verlinkung Ihrer
Social-Media-Aktivitäten. Und das über den Tellerrand der Rekrutierung hinaus.

In vielen Unternehmen, besonders im Mittelstand, ist die klassische Marketingfraktion
jedoch immer noch organisatorisch und inhaltlich von den Online-Kollegen mehr oder
minder getrennt. Social Media sind zudem oft noch thematisch auf verschiedene Abteilungen aufgeteilt. Der Twitter-Kanal für Bewerber und das XING-Unternehmensprofil
liegen beispielsweise in der Hand der Personaler, während Ausrichtung und Pflege der
Facebook-Seite den Kollegen aus dem Produktmarketing obliegen und der Vertrieb sich
um den Twitter-Kanal für einzelne Produkte und Dienstleistungen kümmert.

Bei crossmedialer Verlinkung geht es insbesondere darum, die heute real existierende Vielfalt der Kommunikationskanäle in ihrer ganzen Breite und Tiefe zu nutzen und
die einzelnen Kommunikationsmaßnahmen untereinander optimal zu verzahnen. Und das

nicht nur im klassischen Bereich, sondern eben auch online und ggf. im mobilen Internet. Und auch nicht nur mit Blick auf eine bestimmte Zielgruppe oder eine bestimmte Unternehmensfunktion. Crossmediale Kampagnen verbinden bzw. verzahnen also klassische und nicht klassische Ansätze miteinander. Ziel ist eine übergreifende Integration und eine Interaktion zwischen den Kanälen, aber eben auch eine kanalübergreifende Interaktion mit dem Nutzer bzw. dem umworbenen Bewerber.

Das klingt nun zugegebenermaßen alles etwas abstrakt und ist zunächst noch wenig anwenderfreundlich. Nun haben die Autoren-Kollegen die gängigsten Social-Media-Kanäle und ihre Anwendbarkeit im Umfeld der Rekrutierung bereits im Detail vorgestellt. Und alleine am Umfang der Kapitel und an der Vielfalt der Inhalte sieht man schon, dass jeder Kanal bzw. jedes Angebot in sich sehr individuell ist und spezielle Herausforderungen und Chancen für den Einsatz im Personalmarketing bzw. für die Rekrutierung bietet.

Bei den nun folgenden Inhalten geht es nicht um eine wissenschaftlich korrekte Abhandlung des Themas Cross-Media, sondern vielmehr um eine zielgerichtete und praktikable Umsetzung einer Nutzungs- und Vernetzungsstrategie anhand einiger konkreter Tipps und Handlungsoptionen. Ziel allen Handelns soll es sein, dass potenzielle Bewerber, aber auch andere Zielgruppen Ihres Unternehmens über eine durchdachte Vernetzung der von Ihnen bespielten Social-Media-Kanäle schnell und einfach ein umfassendes Bild von Ihrem Unternehmen erhalten. Es geht insgesamt um die Realisierung eines kanalübergreifenden Nutzerlebnisses basierend auf einer Mischung aus Information und Unterhaltung.

▶ Eines vorweg: Richtig und konsequent angewendet ist die crossmediale Verlinkung ein echter Turbo für Ihre Rekrutierungsaktivitäten. Und die gute Nachricht: Es funktioniert am allerbesten mit einer einfachen, aber zielgerichteten Verzahnung Ihrer Online- und Offline-Aktivitäten. Um den Erfolg über alle Ihre Kanäle hinweg zu gewährleisten, gilt es aber einige wenige Erfolgsfaktoren zu berücksichtigen.

7.1 Tipp 1: Fokus

Sie sollten sich ganz zu Beginn, also in der Entstehungsphase Ihrer Social-Media-Strategie, genau überlegen, welchen Kanal Sie für was nutzen möchten. Hierfür gibt es kein Patentrezept. Das ist von Unternehmen zu Unternehmen sicher sehr unterschiedlich zu beantworten. In meinem eigenen Unternehmen haben wir die Kanäle thematisch sehr eng ausgerichtet und meist klar auf eine definierte Zielgruppe fokussiert. Das hat im Übrigen auch erhebliche Vorteile mit Blick auf den laufenden Aufwand, um attraktive und interessante Inhalte zu generieren und zu verbreiten. Diesen Faktor darf man nämlich bei allem Tatendrang nicht vergessen.

So nutzen wir in unserem Unternehmen beispielsweise Twitter ausschließlich, um interessierten Freelancern aktuelle Projektangebote zu kommunizieren. Über die Jahre hinweg und etwa 3000 Tweets später war es uns so möglich, eine loyale und für uns interessante Zahl an Folgern aufzubauen. In unserem Unternehmensprofil auf XING gibt es hingegen hauptsächlich Neuigkeiten, wie zum Beispiel Presseberichte, die mit dem gesamten Unternehmen zu tun haben. Kununu ist unsere Anlaufstation für potenzielle Bewerber, die sich tiefer und aus erster Hand über unsere Qualitäten als Arbeitgeber informieren möchten. Das Branchenportal 4freelance ist für uns der Ort für Feedbacks und Bewertungen von Freelancern. Facebook und YouTube nutzen wir hingegen als Verteiler. Hier sprechen wir unsere drei Hauptzielgruppen, also Kunden, Freelancer und Bewerber, an. Dennoch konzentrieren wir unsere Postings in Facebook auf News und Trends rund um das Thema Freelancing und Tipps für Bewerber im Allgemeinen. Eine solche thematische und zielgruppenspezifische Aufteilung ermöglicht Ihnen auch eine sinnvolle Aufteilung bzw. Verteilung der Verantwortlichkeiten innerhalb Ihrer Organisation. Und Ihre Nutzer lernen im Verlauf der Zeit, wo sich welche Inhalte befinden. Das hat oft eine positive Wirkung mit Blick auf den Wiederbesuch oder ein „Facebook-Like". Ich persönlich bin nicht der Freund davon, alle Inhalte überall kreuz und quer zu posten. Das ist dann aus Sicht der Besucher meist nur ein buntes Kuddelmuddel, bei dem einige Abonnenten oder Fans letztlich mit nicht relevanten Informationen überschüttet werden und sich mittel- bis langfristig wieder aus dem digitalen Gefolge verabschieden. Aber die Entscheidung für oder gegen einen Fokus mit Blick auf die Kanäle und deren Zielgruppe ist letztlich Geschmackssache.

7.2   Tipp 2: Aktualität und Kontinuität

Nutzen und kommunizieren Sie bitte nur solche Kanäle, die Sie auf Dauer, und ich wiederhole AUF DAUER, mit interessanten und nutzbringenden Inhalten bespielen können und wollen. Gelangt der Bewerber auf einen Twitter-Kanal, auf dem das letzte Posting ein halbes Jahr alt ist, ist das sicher nicht sehr positiv für dessen Wahrnehmung. Er wird sich von hier aus in aller Regel auch nicht weiterklicken, denn „hier" gibt es aus seiner Warte ja nichts Interessantes. Dann schließen Sie den Kanal lieber und konzentrieren Ihre Zeit und Ihr Budget auf andere Aktivitäten. Machen Sie insgesamt lieber weniger und die Sachen dann dafür richtig und kontinuierlich in einer hohen Qualität. Man muss nicht zwangsläufig auf Teufel komm raus auf allen Hochzeiten tanzen und etwa ein Facebook-, Google+- und LinkedIn-Profil haben.

7.3   Tipp 3: Integration

Es gibt einige Social-Media-Kanäle, die für eine crossmediale Integration per se hervorragend geeignet sind. Das sind allen vorweg Twitter und YouTube. Neben dem reinen Button-Sharing, also dem bloßen Verlinken, können Twitter-Nachrichten und YouTube-Filme die Inhalte anderer Seiten gezielt ergänzen und durch ihre Aktualität bzw. eine real existierende Medienvielfalt aufwerten.

Hier einige Anwendungsbeispiele

- Integrieren Sie den YouTube-Film zu Ihrem Unternehmen auf Ihrer Webseite.
- Binden Sie Ihren Bewerberfilm auf Ihre Rekrutierungsseite ein.
- Binden Sie vorhandene YouTube-Filme in Ihre Präsenz auf Facebook ein.
- Integrieren Sie Ihren Twitter-Kanal auf Ihrer Webseite, Ihrer Rekrutierungsseite und auch bei Facebook.
- Integrieren Sie Ihre Arbeitgeberbewertungen in Ihre Karriere-Webseite.
- Fügen Sie Ihre erhaltenen Arbeitgeber-Siegel in Ihre Karriere-Webseite ein.
- Teilen Sie Ihre erhaltenen Kununu-Unternehmensbewertungen auch mit Ihren Facebook-Besuchern, indem Sie das Facebook-Plugin nutzen.
- Etc.

Nutzen Sie diese Integrations-Möglichkeiten, wo immer es sinnvoll und angebracht erscheint. Social-Media-Angebote sind keine Stand-alone-Veranstaltungen, sondern verstärken sich gegenseitig positiv.

7.4 Tipp 4: Branding

Egal, auf welcher Ihrer Social-Media-Kanäle der Nutzer bzw. Bewerber landet, er sollte vom Look and Feel sofort erkennen, dass er bei Ihnen gelandet ist. Leider gibt es immer noch undesignte Twitter-Kanäle, Facebook-Fanpages ohne CI-konforme Landingpage, YouTube-Kanäle ohne jegliche Gestaltung und rudimentäre Präsenzen auf Google+ und Co. Weder von der Farbwahl noch vom Gestaltungsansatz erinnern etliche Auftritte auch nur annähernd an die Unternehmens-Homepage bzw. das Corporate Design. Das ist absolut verschenktes Potenzial. Sorgen Sie dafür, dass die Gestaltungsmöglichkeiten aller Kanäle maximal ausgeschöpft werden und Ihre Online-Gestaltungselemente dem jeweiligen Kanal ein einheitliches Gesicht und Ihrer Marke insgesamt einen roten Faden geben. Nur die Einbindung des Logos in den dafür vorgesehenen Platzhalter ist definitiv zu wenig.

7.5 Tipp 5: Online-Vernetzung

Für Ihren Erfolg, aber auch für einen maximalen Return on Invest ist es sinnvoll, Ihre mühevoll bespielten und aufgebauten Kanäle wo auch immer möglich zu nutzen. Zeigen Sie möglichst zielgerichtet, wo Sie präsent sind. Der Nutzer, der beispielsweise über eine Suchmaschine auf Ihrem YouTube-Kanal gelandet ist, muss möglichst über einen Klick gezielt innerhalb Ihres Online-Angebotes weiterkommen. Der Link-Kanon sollte dabei immer Ihre Unternehmens-Homepage und alle von Ihnen aktiv genutzten Social-Media-Kanäle umfassen. In fast jedem der im Buch vorgestellten Kanäle ist es standardmäßig möglich, auch auf andere Kanäle zu verlinken. Tun Sie das unbedingt und in einer einheitlichen Art und Weise. Das erhöht die Chance, dass der Nutzer weitere Inhalte von Ihnen besucht und sich letztlich länger und intensiver mit Ihnen beschäftigt. Bitte belassen Sie es auch nicht nur bei einer Auflistung aller Social-Media-Logos im Footer Ihrer Webpräsenzen, sondern streuen Sie solche Links auch im Text und auf mehreren Unterseiten. Nutzen Sie hierzu auch Themen-Teaser, also z. B. verlinktes Bildmaterial, reine Text-Links und flankierend die üblichen Logo-Links. Einige Anbieter wie etwa XING bieten eine Vielfalt an interaktiven (Social-) Plugins oder auch Share-Buttons, die Besucher deutlich besser ansprechen und zum Weitersurfen einladen.

Es darf nicht sein, dass ein Bewerbungsinteressent auf Ihrer Seite mit den Stellenangeboten oder Ihrer Karriere-Webseite nicht den Übergang zu Ihren Arbeitgeberbewertungen oder den Facebook-Bildern von Ihrem letzten Team-Event findet.

7.6   Tipp 6: Offline-Vernetzung

Manchmal merkt man, dass die Marketingbereiche in den Unternehmen in online und offline unterteilt sind. Das ist schade. Denn der Übergang von der Offline- in die Online-Welt ist aus Marketingsicht eine wirklich sehr spannende Sache. Insbesondere die Social-Media-Kanäle erzeugen auch in der Offline-Welt eine große Anziehungskraft, die letztlich von der Neugier der Menschen getrieben wird. Genau aus diesem Grund lohnt auch eine breit angelegte Verzahnung der Social-Media-Aktivitäten in der Offline-Welt. Um Ihnen Gedankenanregungen zu geben, habe ich im Folgenden einige grobe Ideen für Sie zusammengestellt. Meist ist deren Umsetzung, im positiven Sinne des Trittbrettfahrens, fast zum Nulltarif möglich. Nutzen Sie zum Beispiel Ihre bestehenden Werbemittel bzw. Streuartikel und das in Ihrem Unternehmen vorhandene Marketingmaterial, um gezielt auch offline auf Ihre Social-Media-Kanäle aufmerksam zu machen.

Hier einige erste Ideen

- Drucken Sie doch zum Beispiel den Link zu Ihrem YouTube-Kanal mit einem kessen Spruch in Ihren Werbe-Kaffeebecher.
- Produzieren Sie eine Kunden- oder Bewerberbroschüre, die man mithilfe eines Smartphones buchstäblich zum Leben erwecken kann. Mit speziellen Playern, die es als kostenfreie App gibt, kann man dann mit dem Smartphone auf eine Broschüre blickend den passenden Film abspielen lassen. Ein Anbieter solcher Augmented Reality Browser ist beispielsweise die Firma Junaio.
- Versehen Sie Ihre Kundenmappen mit designten bzw. sogenannten extremen QR-Codes, die den Leser direkt zum jeweiligen Kanal bringen.
- Nutzen Sie die Rückseite Ihrer Visitenkarten, um auf Ihre Angebote im Social-Media-Bereich hinzuweisen. Warum nicht direkt einen Link für den XING-Kontakt abdrucken?
- Verweisen Sie auch in Interviews und PR-Maßnahmen auf Ihre Online-Reputation. Zufriedene Mitarbeiter und deren Bewertungen sind auch für Kunden und Partner eine interessante Information.

- Schalten Sie doch als Rekrutierungsmaßnahme gezielt Print-Anzeigen, die sich zum Beispiel nur mit Ihren Arbeitgeberbewertungen, auch im Vergleich mit Ihrer Branche und/oder anderen Unternehmen/Mitbewerbern, auseinandersetzen.
- Zeigen Sie interessante Feedbacks oder Dialoge, Tipps, Gedanken etc. von Kunden oder Bewerbern in einem speziellen Format in Ihrer Kunden- oder Mitarbeiterbroschüre.
- Versehen Sie Ihre nächste Weihnachtskarte mit einem Link zu Ihrem Weihnachtsspot auf YouTube.
- Lassen Sie für die nächste Bewerbermesse Floorprints oder Aufkleber mit einer speziellen Social-Media-Kampagne produzieren.
- Erstellen Sie eine spezielle papierbasierte Bewerberinfo, wo Sie auf alle Ihre Social-Media-Kanäle, die besonders für Bewerber interessant sind, hinweisen.
- Gestalten Sie eine Feedbackkarte, mit der Sie Bewerber nach einem Gespräch aktiv um Feedback auf einem Arbeitgeberbewertungsportal bitten.
- Zeigen Sie in Ihrer Print-Stellenanzeige z. B. ausschnittsweise einige aktuelle Feedbacks Ihrer Bewerber oder verlinken Sie mit einem QR-Code auf Ihr Bewerbervideo auf YouTube.

Sicher hat Ihre Werbe- bzw. Kreativagentur noch zahlreiche weitere (und wahrscheinlich noch viel bessere) Ideen, wie man speziell bei Ihren Kanälen und Aktivitäten einen charmanten Link von der guten alten Offline-Welt in die neue digitale schlagen kann. Einige der vorgestellten Ideen beschränken sich bewusst nicht nur auf das Thema Rekrutierung und die Zielgruppe der Bewerber. Denn Ihr Bewerber kommt auch unverhofft mit Ihnen als potenziellem Arbeitgeber in Berührung, indem er z. B. auf einer Veranstaltung oder Messe Ihre Kundenbroschüre erhält. Zumindest sollte er schnell und einfach einen Weg finden, um die für ihn interessanten Social-Media-Inhalte entdecken zu können. Und das funktioniert maximal effektiv, indem man die vorgestellten Tipps anwendet und insbesondere die Offline-Welt mit der Online-Welt gekonnt verzahnt. Der Turbo funktioniert im Übrigen dann besonders gut, wenn der interessierte Bewerber nach dem ersten Online- oder Offline-Kontakt in eine nahtlose Informationsreise eintauchen kann und am Ende alle für ihn relevanten Klickpfade durchlaufen hat. Als Ergebnis hat der Bewerber nun ein Bild bzw. ein Image von Ihnen als Arbeitgeber im Kopf. Ist dies aus seiner Sicht positiv und interessant und passt Ihr Angebot auf seine Vorstellungen, wird er sich höchstwahrscheinlich bei Ihnen bewerben. Und damit ist Ihr erstes wichtiges Ziel erreicht. Und dabei haben Ihre Social-Media-Aktivitäten mit Blick auf den Rekrutierungserfolg und das Employer Branding in aller Regel einen sehr wichtigen Beitrag geleistet.

Social Media Recruiting & Recht – Rechtliche Rahmenbedingungen bei der Recherche und Gewinnung von Mitarbeitern über XING, Facebook & Co

8

Carsten Ulbricht

Inhaltsverzeichnis

Zusammenfassung

Das Internet wird für die Gewinnung neuer Mitarbeiter immer wichtiger. Dabei setzen viele Unternehmen auch auf die verschiedenen Social Networks, in denen sich auch die Arbeitnehmer von morgen tummeln.

Dieses Buch zeigt deshalb diverse Ansätze für Unternehmen, sich in Zeiten drohenden Fachkräftemangels in zahlreichen Branchen als attraktiver Arbeitgeber darzustellen, interessante Kandidaten zu identifizieren, weitergehende Informationen über etwaige Bewerber in den sozialen Netzwerken zu beschaffen oder diese direkt zu adressieren. Diese Entwicklung entspricht ein Stück weit dem Trend, dass sich auch Mitarbeiter im Sinne des "Personal Branding" teilweise selbst gezielt mit ihren Qualitäten für potenzielle Arbeitgeber im Internet und auch auf Social Networks darstellen.

Selbstverständlich sollten Unternehmen dabei die wichtigsten rechtlichen Rahmenbedingungen kennen und beachten. Der nachfolgende Beitrag skizziert deshalb die

C. Ulbricht (✉)
Bartsch Rechtsanwälte, Stafflenbergstraße 24, 70184 Stuttgart, Deutschland
E-Mail: cu@bartsch-rechtsanwaelte.de

© Springer Fachmedien Wiesbaden 2015
R. Dannhäuser (Hrsg.), *Praxishandbuch Social Media Recruiting*,
DOI 10.1007/978-3-658-06573-7_8

zentralen rechtlichen Vorgaben, vor allem auch datenschutzrechtliche Grenzen, die bei Social Media Recruiting beachtet werden sollten. Während im ersten Teil die zentralen Vorgaben für eine Unternehmenspräsenz in Social Media (z. B. Employer-Branding-Seite bei Facebook) zusammengefasst werden, beleuchtet der zweite Teil dann die Frage, wie im Internet nach (potenziellen) Bewerbern gesucht werden darf und welche datenschutzrechtlichen Grenzen beachtet werden sollten. Im dritten Teil wird auf Grundlage einer aktuellen Entscheidung des Landgerichts Heidelberg herausgearbeitet, wie interessante Kandidaten im Rahmen des Recruiting-Prozesses angesprochen werden dürfen und welche (aggressiven) Methoden gegen Wettbewerbsrecht verstoßen.

8.1 Aufbau einer Social-Media-Präsenz – z. B. zur Stärkung der Arbeitgebermarke (Employer Branding)

8.1.1 Einführung

Dass die Kommunikation über und mit den sozialen Internetmedien nicht nur ein vorübergehendes Phänomen ist, dürfte nicht mehr ernsthaft infrage gestellt werden können. Das Internet dient immer stärker als zentrales Kommunikationsmedium, welches jeden Nutzer über verschiedene Technologien in die Lage versetzt, sich im Internet zu äußern, Inhalte aller Art einzustellen, zu diskutieren, zu kollaborieren usw. Egal ob dieses geänderte Kommunikationsverhalten auf Facebook, Twitter oder anderen Internetplattformen gelebt wird und ob einzelne Plattformen vielleicht durch andere ersetzt werden, diese neue Art der Nutzung und Kommunikation im Internet wird bleiben.

In Zeiten des allerorts propagierten Fachkräftemangels haben neben den Bewerbern deshalb auch zahlreiche Unternehmen die sozialen Medien für sich entdeckt, um dort mit einer entsprechenden Präsenz als attraktive Arbeitgebermarke (sogenanntes Employer Branding) Interesse bei potenziellen Bewerbern zu wecken bzw. im Rahmen des Recruiting XING, Facebook & Co. als Kanäle zur direkten Ansprache von Bewerbern zu nutzen. Immer mehr Unternehmen planen neben einem entsprechenden Engagement auf XING weitergehende Aktivitäten auf Facebook.

8.1.2 Die eigene Adresse im Social Web

Auf dem Weg zu einer eigenen Präsenz in den sozialen Medien sollten Unternehmen zunächst prüfen, ob ihr Firmenname bzw. etwaige Markennamen zentraler Produkte als Nutzernamen auf relevanten Social-Media-Plattformen von Dritten verwendet werden. Denn dem Benutzernamen kommt auf vielen Präsenzen bei Facebook, YouTube & Co. durchaus eine namensähnliche und damit kennzeichnende Funktion zu. Besucher erwarten regelmäßig, die jeweilige Marke oder das entsprechende Unternehmen unter dem gleichnamigen Nutzernamen zu finden (siehe etwa die Karrierefanseiten http://www.facebook.com/bmwkarriere oder http://www.facebook.com/DBKarriere).

Sind entsprechende Nutzernamen frei, sollten diese – selbst wenn sie erst mittelfristig interessant sein könnten - dennoch bereits gesichert werden, um späteres Ungemach abzuwenden. Bereits jetzt ist nämlich erkennbar, dass gerade bei bekannten Namen und Marken eine Entwicklung ähnlich dem Domain-Grabbing stattfindet. Insofern sollten Unternehmen entsprechendem „Account-Grabbing" zuvorkommen.

Ist der gewünschte Nutzername jedoch schon vergeben, stellt sich die Frage, wie dieser wieder in die eigene Obhut gebracht werden kann. Ist der Nutzername offensichtlich allein in Absicht registriert worden, das Unternehmen zu behindern oder diesen gegen ein „Lösegeld" zu verkaufen, ist ein unmittelbares rechtliches Vorgehen (Abmahnung oder Klage) gegen den Inhaber legitim.

Allgemein empfiehlt sich jedoch, hier mit Augenmaß vorzugehen. Sich an Betreiber wie YouTube, Facebook oder Twitter zu wenden, führt oft schneller zum Erfolg und kann geeigneter erscheinen, um eventuelle Reputationsschäden wegen eines möglichen Streisand-Effektes zu verhindern. Dieser könnte drohen, wenn der vermeintlich unbescholtene Account-Inhaber sofort von dem Unternehmen unmittelbar und mit unverhältnismäßig erscheinender Härte rechtlich in Anspruch genommen wird.

Als Kanzlei haben wir sehr gute Erfahrungen mit einem Vorgehen auf Grundlage des sogenannten „notice-and-takedown"-Grundsatzes gemacht. Dieser besagt, dass der Plattformbetreiber selbst haftbar gemacht werden kann, wenn er nach Kenntnis einer Rechtsverletzung auf der eigenen Plattform nicht tätig wird. Deshalb haben die meisten bekannteren Plattformen interne Mechanismen aufgesetzt, über die Namens- oder auch Markenrechtsverletzungen gemeldet werden können.

Über entsprechende Maßnahmen bzw. im Eskalationsfall auch weitergehende rechtliche Schritte konnte bereits für mehrere Mandanten die Löschung oder Herausgabe von Social Media Accounts mit dem jeweils geschützten Unternehmens- oder Produktnamen erreicht werden.

8.1.3   Die Impressumspflicht

Nach wie vor wird von vielen Unternehmen übersehen, dass bei einer eigenen Präsenz auf einer der Social-Media-Plattformen (z. B. im Bereich Employer Branding) regelmäßig auch die allgemeinen Anforderungen des Telemediengesetzes (TMG) zu beachten sind. Demgemäß muss man auch bei Facebook, YouTube & Co. der Impressumspflicht des § 5 TMG nachkommen, sobald man im Internet geschäftsmäßig auftritt.

Die Geltung der Impressumspflicht für Social-Media-Kanäle wurde zwischenzeitlich auch gerichtlich bestätigt (LG Aschaffenburg, Urteil vom 19.8.2011 – 2 HK O 54/11). Welche Pflichtangaben das Impressum mindestens enthalten muss, ist im § 5 Telemediengesetz aufgeführt. Darin ist auch angegeben, dass die Informationen „leicht erkennbar, unmittelbar erreichbar und ständig verfügbar zu halten" sind.

Problematisch ist insbesondere, wie den Ansprüchen „leicht erkennbar" und „unmittelbar erreichbar" entsprochen werden kann. Bei der Frage, welchen Anforderungen eine leichte Erkennbarkeit bzw. unmittelbare Erreichbarkeit genügen muss, ist auf das Leitbild des Europäischen Gerichtshofs eines „aufgeklärten Verbrauchers" und die Üblichkeit bei Facebook & Co. abzustellen.

Um diesbezüglich sicherzugehen, bietet es sich als Best Practice an, im Profil einen Hinweis mit der Bezeichnung „Impressum" oder „Kontakt" hinzuzufügen, der gegebenenfalls auf vollständige Impressumsangaben verlinkt. Bei Facebook gibt es seit März 2014 eine eigene Impressumsrubrik, die auch auf der mobilen Applikation angezeigt wird und sich insofern am besten für die Darstellung der nötigen Informationen oder aber der Verlinkung auf das Impressum auf der eigenen Homepage eignet.

8.1.4 Die Nutzung von Inhalten und Haftung für nutzergenerierte Inhalte (User Generated Content)

8.1.4.1 Veröffentlichung eigener Inhalte

Beim Betrieb des unternehmenseigenen Social-Media-Kanals sollte zunächst das Urheberrecht beachtet werden.

Das Urheberrechtsgesetz (UrhG) schützt Texte, Bilder, Audio- und Videoinhalte (sogenannte Werke), sofern diese die urheberrechtlichen Anforderungen an eine entsprechende Schutzfähigkeit erfüllen. Während Texte nur geschützt sind, wenn sie eine hinreichend kreative Gestaltung darstellen (sog. Schöpfungshöhe), sind Fotos, aber auch Audio- und Videoinhalte regelmäßig vom Urheberrecht geschützt. Dies führt dazu, dass diese Werke auch in den sozialen Medien nur mit entsprechender Zustimmung des Urhebers oder Rechteinhabers zur spezifischen Verwendung veröffentlicht werden dürfen.

Im Rahmen der eigenen Veröffentlichung von Inhalten sollten Unternehmen also stets gewährleisten, dass für den jeweiligen Inhalt auch die nötigen Nutzungsrechte vorliegen. Bei der Veröffentlichung von Fotos mit Personen sollte im Hinblick auf das Recht am eigenen Bild auch Sorge getragen werden, dass - von den Ausnahmen des Kunsturhebergesetzes (KunstUrhG) abgesehen - auch eine hinreichende Einwilligung der abgebildeten Personen sichergestellt ist.

8.1.4.2 Haftung für nutzergenerierte Inhalte

Integrativer Bestandteil unternehmenseigener Social-Media-Aktivitäten ist die Öffnung für nutzergenerierte Inhalte. Zahlreiche Unternehmen eröffnen z. B. über die Kommentarmöglichkeit bei Facebook & Co. einen Rückkanal, der etwaige Interessenten oder Bewerber in die Lage versetzt, auf der jeweiligen Seite eigene Inhalte einzustellen oder auch Fragen zu dem Unternehmen oder einer konkreten Arbeitsstelle an die Personalabteilung zu richten.

Um im Hinblick auf Unkontrollierbarkeit nutzergenerierter Inhalte etwaige Haftungsrisiken auszuschließen, sollten die nachfolgenden Grundsätze bekannt sein und im „Betrieb" umgesetzt werden.

In Deutschland hat sich zwischenzeitlich eine weitgehend einheitliche Rechtsprechung herausgebildet, nach der Plattformbetreiber für fremde Inhalte grundsätzlich erst ab Kenntnis des rechtswidrigen Inhalts in Anspruch genommen werden können. Eine dementsprechende Haftungsprivilegierung ergibt sich für Schadenersatzansprüche und eine etwaige strafrechtliche Verantwortlichkeit bereits direkt aus § 10 Telemediengesetz.

Danach muss der Plattformbetreiber eben erst handeln, wenn er Kenntnis von einem rechtswidrigen Inhalt erlangt, beispielsweise über eine E-Mail, eine Abmahnung oder über eine seiteninterne Missbrauchsfunktion. Werden rechtswidrige Inhalte nach Kenntnisnahme unverzüglich gelöscht (sog. „notice-and-takedown"-Grundsatz), kann ein Haftungsrisiko für nutzergenerierte Inhalte grundsätzlich ausgeschlossen werden.

Die rechtlichen Risiken für Betreiber einer Präsenz sind damit auch im Bereich des Social Media Recruiting also durchaus kontrollierbar.

8.1.5   Grenzen des Social Media Recruiting

Social-Media-Kanäle sind im Rahmen der Personalgewinnungsmaßnahmen unterschiedlicher Unternehmen nicht mehr wegzudenken.

8.1.6   Grundlagen

Personalgewinnungsmaßnahmen im Social Web haben sich zum einen am jeweils geltenden nationalen Recht zu orientieren, zum anderen aber auch an dem Rechtsrahmen, den der Betreiber der jeweiligen Plattform für solche Maßnahmen in der Regel über entsprechende Nutzungsbedingungen setzt.

Da manche Plattformen an die Einhaltung ihrer Nutzungsbedingungen teilweise gravierende Maßnahmen bis hin zum Ausschluss aus dem Netzwerk knüpfen, sollten die jeweiligen Bedingungen – abhängig von der Wirksamkeit der einschlägigen Regeln und/ oder einer Risikoabschätzung – beachtet werden.

8.1.7   Gesetzliche Rahmenbedingungen

8.1.7.1   Vorgaben des Gesetzes gegen den unlauteren Wettbewerb (UWG)

Ganz entscheidend für die Frage nach der Zulässigkeit von Werbung im Social Web ist zunächst das Gesetz gegen den unlauteren Wettbewerb (UWG).

§§ 4 Nr. 3 und 11 UWG verbieten explizit ein verschleiertes Auftreten, in dem ein Unternehmen seine Identität also bewusst verschleiert. Entscheidend ist insoweit, ob ein durchschnittlich informierter Internetnutzer den geschäftlichen Charakter erkennt oder nicht. Sollten Kontaktaufnahmen mit der Zielsetzung einer Gewinnung neuer Arbeitnehmer also in der Form erfolgen, dass man eine private Kontaktaufnahme bewusst vortäuscht, um das Vertrauen etwaiger Bewerber zu gewinnen, so sind wettbewerbsrechtliche Ansprüche durchaus denkbar.

Entsprechende Maßnahmen in den sozialen Medien haben sich außerdem an den Grenzen des § 5 UWG (Irreführende Werbung) und § 7 UWG (Unzumutbare Belästigung) messen zu lassen. Die damit im Zusammenhang stehenden Fragen werden im weiteren Verlauf dieses Beitrags noch einmal weitergehend dargestellt.

Eine gewisse Aufmerksamkeit sollte auch der vom Gesetzgeber eingeführten sogenannten „Schwarzen Liste" gewidmet werden, die als Anhang zum UWG grundsätzlich verbotene Handlungen auflistet.

Besondere (auch wettbewerbsrechtliche) Vorgaben gibt es ferner für denjenigen zu beachten, der Gewinnspiele durchführt. Gemäß § 4 Nr. 5 UWG ist es verboten, Preisausschreiben oder Gewinnspiele mit Werbecharakter durchzuführen, ohne die Teilnahmebedingungen hinreichend klar und eindeutig anzugeben. § 4 Nr. 6 UWG verbietet es grundsätzlich, die Teilnahme an einem Preisausschreiben oder Gewinnspiel von dem Erwerb einer Ware oder der Inanspruchnahme einer Dienstleistung abhängig zu machen.

8.1.7.2 Marken- und Kennzeichenrechte

Wenn und soweit eine bestimmte Bezeichnung oder ein Logo geschützt ist, sollte es ohne Zustimmung des Berechtigten nicht in kennzeichenrechtlich relevanter Form genutzt werden. Zu berücksichtigen sind insoweit insbesondere eingetragene Marken, geschäftliche Bezeichnungen (z. B. Firmennamen), teilweise auch geographische Herkunftsangaben (z. B. Frankfurter Würstchen).

Fraglich ist in diesem Zusammenhang regelmäßig, ob eine geschützte Bezeichnung auch tatsächlich gewerblich und zur Kennzeichnung (eigener) Waren oder Dienstleistungen eingesetzt wird. In diesen Fällen werden dem eigentlich Berechtigten entsprechende Unterlassungs- und häufig auch Schadenersatzansprüche zustehen.

8.1.8 Nutzungsbedingungen der Plattformen

Das Rechtsverhältnis zwischen dem Plattformbetreiber und dem jeweiligen Nutzer richtet sich in der Regel nach den jeweiligen Nutzungsbedingungen, die bei der ersten Anmeldung akzeptiert werden, und bildet – soweit die jeweiligen Vorgaben wirksam sind – somit den Rechtsrahmen für entsprechendes Social Media Recruiting.

Unternehmen sollten sich also an diesen Vorgaben orientieren, um nicht gegen diese vertraglichen Vereinbarungen zu verstoßen. In aller Regel sehen die Nutzungsbedingungen Maßnahmen gegen Verstöße gegen diese Vorgaben vor, die von einer Verwarnung, über Ausschluss von der Plattform bis hin zu Vertragsstrafen gehen. Letzteres insbesondere in Fällen, in denen versucht wird, mit Skripten oder Ähnlichem das System zu manipulieren. Bei geringeren Verstößen gehen die Plattformen in der Regel im Rahmen eines abgestuften Verfahrens vor.

Bei Maßnahmen zur Personalgewinnung in Social Networks sollten also die einschlägigen Vorgaben der Plattform (wie zum Beispiel die für Gewinnspiele geltenden Promotion Guidelines von Facebook) jedenfalls in grobem Rahmen bekannt sein.

8.2 Arbeitnehmerdatenschutz – Zulässigkeit der Gewinnung von Arbeitnehmer- und Bewerberinformationen über soziale Netzwerke

Für Arbeitgeber spielt die Frage, wo und wie im Internet recherchiert werden darf, im Bewerbungsverfahren wie im Beschäftigtenverhältnis eine wichtige Rolle.

Datenschutzrechtlich ist die Zulässigkeit von Internetrecherchen noch nicht abschließend geklärt. Die daraus resultierenden Unsicherheiten für Arbeitgeber hat auch der Gesetzgeber erkannt und wollte mit der Neuregelung zum Beschäftigtendatenschutz Klärung schaffen. Doch das Gesetzgebungsvorhaben wurde wieder von der Tagesordnung genommen und liegt auch nach der Bundestagswahl im Jahr 2013 weiter auf Eis.

Die Frage, was in datenschutzrechtlicher Hinsicht zulässig ist bei der Recherche über Bewerber und Beschäftigte im Internet, ist für die Praxis aber natürlich auch aktuell schon ein wichtiges und nicht zu unterschätzendes Thema. Denn bei einem Verstoß drohen neben aufsichtsrechtlichen Sanktionen Schadensersatzansprüche der Betroffenen und eine Beeinträchtigung der Reputation eines Unternehmens.

8.2.1 Aktuelle Rechtslage für die Bewerberrecherche in sozialen Netzwerken

Das insoweit einschlägige Bundesdatenschutzgesetz (BDSG) schützt personenbezogene Daten. Das sind alle Informationen über die persönlichen oder sachlichen Verhältnisse (z. B. Alter, Lebenslauf, Qualifikationen, Herkunft, Krankheiten usw.) der betroffenen natürlichen Person. Gemäß § 3 Abs. 11 Nr. 7 BDSG gehören auch Bewerber ausdrücklich zu dem insoweit geschützten Personenkreis. Solche Informationen dürfen demnach nur erhoben, verarbeitet oder genutzt werden, wenn das Bundesdatenschutzgesetz dies ausdrücklich erlaubt.

Man stelle sich vor, ein Bewerber ausländischer Herkunft wird im Vorstellungsgespräch auf einige beschränkt zugängliche Erkenntnisse aus Facebook & Co. oder sogar auf das ausgedruckte Facebook-Profil angesprochen, dann aber doch abgelehnt. Schnell könnte der Vorwurf aufkommen, man habe ihn „ausspioniert" und nur wegen seiner ausländischen Herkunft abgelehnt. Viele andere Fälle sind denkbar, bei denen Diskriminierungstatbestände (z. B. Rasse, ethnische Herkunft, Geschlecht, Religion oder Weltanschauung, eine Behinderung, Alter, sexuelle Identität) aus dem Allgemeinen Gleichbehandlungsgesetz (AGG) angeprangert werden. Neben rechtlichen Konsequenzen ist dann gerade bei einer weitergehenden Berichterstattung im Internet oder Print eben auch eine Beschädigung des Rufs des Unternehmens durchaus wahrscheinlich.

Das deutsche Datenschutzrecht fußt auf dem Grundsatz des Verbots mit Erlaubnisvorbehalt. Dieser besagt, dass die Erhebung, Speicherung oder Verarbeitung personenbezogener Daten grundsätzlich verboten ist, es sei denn dass eine spezifische gesetzliche Vorschrift (sog. Erlaubnistatbestand) den konkreten Datenumgang ausdrücklich erlaubt.

Unproblematisch ist etwa der Datenumgang immer dann, wenn der Betroffene vor der Erhebung umfassend aufgeklärt worden ist und dann ausdrücklich zustimmt (§ 4a BDSG).

Beim Active Sourcing bzw. bei der Recherche nach Bewerbern liegt eine ausdrückliche Einwilligung in der Regel nicht vor.

Damit bleibt der für Arbeitnehmer- und Bewerberdaten spezifisch konzipierte § 32 Abs. 1 BDSG, der eine Datenverarbeitung erlaubt, wenn sie für die Entscheidung über die Begründung, Durchführung oder Beendigung eines Beschäftigungsverhältnisses erforderlich und insgesamt verhältnismäßig ist. Die Erforderlichkeit wird in der Regel sehr restriktiv (eher im Sinne von zwingend erforderlich) ausgelegt. Da wenig Fälle denkbar sind, in denen die einwilligungslose Recherche nach konkreten Personendaten (zwingend) erforderlich ist, scheint diese Vorschrift in den meisten Fällen des Social Media Recruiting und dem Active Sourcing wenig geeignet, entsprechende Aktivitäten eines Unternehmens zu legitimieren.

Bleibt schließlich § 28 Abs. 1 Nr. 3 BDSG der Unternehmen (unabhängig von dem Bestehen eines Arbeitsverhältnisses) dazu berechtigt, „allgemein zugängliche" Daten zu erheben, wenn keine überwiegenden Interessen des Betroffenen dagegen sprechen. Daraus wird abgeleitet, dass Daten aus dem Internet, die ohne Zugangsbeschränkung erreichbar sind, in aller Regel auch verwendet werden dürfen.

Bezüglich Sozialen Netzwerken wie etwa Facebook wird teilweise vertreten, dass diese Daten ohne Anmeldung bei Facebook ja nicht erreichbar sind und insoweit keine allgemein zugänglichen Daten darstellen. Eine Verwendung im Rahmen von Social Media Recruiting wäre danach problematisch.

Teilweise wird in der juristischen Literatur darauf hingewiesen, dass die Anmeldung keine tatsächliche Hürde darstellt und damit auch Facebook-Daten grundsätzlich als allgemein zugängliche Daten unter entsprechender Berücksichtigung der Interessen des (potentiellen) Bewerbers verwendet werden dürfen.

Ausgenommen sind in jedem Fall aber die Informationen, die über die Privat- oder Gruppeneinstellungen nur einem beschränkten Nutzerkreis zugänglich gemacht werden.

Bei der Konzeption der Social Media Recruiting bzw. Active-Sourcing-Praxis sollte klar definiert werden, wo welche Daten erhoben werden, wie diese gespeichert und im Unternehmen verarbeitet werden. Bei der Zusammenarbeit mit Dienstleistern sollten entsprechende Standards definiert werden.

8.2.2 Praxistipps für eine datenschutzkonforme Recherche über Bewerber und Beschäftigte in sozialen Netzwerken

Die abstrakte Darstellung der datenschutzrechtlichen Rahmenbedingungen zur Bewerberrecherche und –aufnahme im Internet und Social Media soll nachfolgend durch einige konkrete Praxishinweise ergänzt werden, an deren Grundsätzen sich das eigene Prozedere und auch etwaige Richtlinien orientieren sollten.

Im Hinblick auf die unternehmenseigene Compliance empfehlen wir gerade mittleren und größeren Unternehmen, die eigene Personalabteilung entsprechend zu sensibilisieren bzw. ihr verständliche Richtlinien an die Hand zu geben, um auch in Zukunft rechtskonform nach Bewerbern und Mitarbeitern „suchen" zu können.

Empfehlungen für die datenschutzkonforme Bewerberrecherche

1. Informieren und Sensibilisieren

   Zunächst muss im Unternehmen (vor allem im Bereich Human Resources) das Bewusstsein, dass eine Recherche im Internet über Bewerber und Mitarbeiter nur eingeschränkt zulässig ist, gestärkt werden. Dies ist vielen Mitarbeitern der Personalabteilungen oft überhaupt nicht bekannt.

   Erforderlich ist dies, da es sich bei einer Recherche zu Bewerbern und Mitarbeitern im Internet um eine Datenerhebung im Sinne von § 3 Abs. 3 BDSG handelt und die Erhebung, da es sich um keine Direkterhebung handelt, nur zulässig ist, soweit eine Rechtsvorschrift sie gestattet.

   § 32 Abs. 1 BDSG erlaubt eine Datenverarbeitung, wenn sie für die Entscheidung über die Begründung, Durchführung oder Beendigung eines Beschäftigungsverhältnisses erforderlich und insgesamt verhältnismäßig ist. Daneben ermächtigt § 28 Abs. 1 Nr. 3 BDSG (unabhängig von dem Bestehen eines Arbeitsverhältnisses) dazu, „allgemein zugängliche" Daten zu erheben, wenn keine überwiegenden Interessen des Betroffenen dagegen sprechen. Wichtig ist also zu beachten, dass nur unter diesen Bedingungen eine Recherche im Internet zulässig ist.

   Neben der Recherche ist dann die weitere Frage, welche Informationen gespeichert bzw. anderweitig zu den Personal- oder Bewerberakten genommen werden dürfen bzw. sollen. Auch hierfür sollte eine entsprechende rechtliche Legitimation vorliegen.

2. Recherche nur über Suchmaschinen und in berufsorientierten Netzwerken

   Wo im Internet recherchiert werden darf, richtet sich danach, was unter „allgemein zugängliche Daten" im Sinne von § 28 BDSG zu verstehen ist. Anerkannt ist, dass davon jedenfalls Informationen, die frei verfügbar über Suchmaschinen sind, erfasst sind.

   Schwieriger gestaltet sich die Frage, ob Daten in sozialen Netzwerken „allgemein zugänglich" sind und damit die Recherche grundsätzlich zulässig ist. Allgemein zugänglich sind wohl Informationen, die auch ohne Anmeldung abrufbar sind.

   Ob jedoch auch Daten, die erst nach erfolgter Anmeldung verfügbar sind, „allgemein zugänglich" sind, ist umstritten. Dabei wird zum Teil zwischen berufs- und freizeitorientierten Netzwerken unterschieden. Dass die Recherche in berufsorientierten Netzwerken wie LinkedIn und XING zulässig sein soll, leuchtet ein, hat hier doch der Arbeitnehmer gerade für mögliche künftige Arbeitgeber Informationen bereitgestellt. Was die Recherche in freizeitorientierten sozialen Netzwerken betrifft, besteht Einigkeit nur insoweit, dass jedenfalls keine Informationen erschlichen werden dürfen. Daten, die gezielt nur einem beschränkten Kreis an „Freunden" zugänglich sind, sind nämlich eindeutig nicht „allgemein zugänglich".

   Anderes gilt, wenn Daten innerhalb eines Netzwerks frei zugänglich sind: Hier wird mit guten Argumenten vertreten werden, dass es sich um keinen geschützten Bereich handelt. Die Anmeldung sei unproblematisch jedem möglich und daher seien auch die Daten „allgemein zugänglich".

Auch könne ein Einverständnis in die Nutzung überwiegend privat genutzter Netzwerke wie Facebook oder Google+ angenommen werden. Andere bestreiten dies und betonen, dass sämtliche Daten in einem freizeitorientierten sozialen Netzwerk eben nur für private Zwecke zur Verfügung stünden und hier überwiegende Interessen des Betroffenen an einer privaten Nutzung die Interessen des Arbeitgebers angenommen werden müssten.

Da eine klarstellende Regelung durch den Gesetzgeber nicht absehbar ist, empfiehlt es sich für die Praxis, die Recherche über Bewerber und Beschäftigte auf das unproblematisch Zulässige zu beschränken.

3. Beachtung der Nutzungsbedingungen des sozialen Netzwerks

   In den AGB mancher sozialer Netzwerke findet sich ein Verbot, die gespeicherten Informationen für die Personaldatenerhebung durch Arbeitgeber zu verwerten (z. B. AGB von StudiVZ). Wenn dies der Fall ist, ist auch aus diesem Grund eine gezielte Recherche über Bewerber und Mitarbeiter unzulässig.

4. Hinweis im Bewerbungsverfahren

   Um Transparenz zu erzeugen, empfiehlt es sich, auf geplante Recherchen und die Praxis im Unternehmen hinzuweisen (z. B. in der Stellenausschreibung, der Eingangsbestätigung oder im Bewerbungsgespräch). Gegebenenfalls könnte über entsprechende Abläufe an geeigneter Stelle auch eine Einwilligung zur Recherche bei XING, Facebook & Co. eingeholt werden.

   Dies ermöglicht es auch, Missverständnisse und Fehlurteile aufgrund falsch zugeordneter Profile zu verhindern.

5. Keine gezielte Recherche nach dem Privatleben von Arbeitnehmern

   Der Arbeitgeber ist grundsätzlich nicht berechtigt, die privaten Aktivitäten seiner Arbeitnehmer im Internet zu überwachen. Er hat jedoch ein berechtigtes Interesse daran sicherzustellen, dass weder unsachgemäße Kritik über den Arbeitgeber noch Firmengeheimnisse verbreitet werden.

   Als zulässig wird die Suche nach Informationen über das eigene Unternehmen erachtet. Stößt der Arbeitgeber dabei auf Schmähkritik, Whistleblowing oder den Verrat von Geschäftsgeheimnissen durch einen Arbeitnehmer, darf er diese Informationen auch speichern und weiterverarbeiten. Denn solche Informationen sind für das Arbeitsverhältnis von Belang. Sie berechtigen unter Umständen sogar zu einer Kündigung (weiterführend „Gefeuert wegen Facebook – Landesarbeitsgericht Hamm hält Kündigung wegen Äußerung eines Mitarbeiters auf Facebook für zulässig").

   Hingegen werden bei einer umfassenden und gezielten Recherche über das Privatleben eines Arbeitnehmers vielfach dessen private Interessen überwiegen, sodass ein solches Vorgehen datenschutzwidrig ist. Dabei ist jedoch danach zu differenzieren, um was für ein Arbeitsverhältnis es sich handelt. Gefragt werden muss, ob nicht berechtigte Interessen des Unternehmens bestehen, die im konkreten Fall die Datenerhebung zum Schutz unternehmerischer Interessen erforderlich machen.

6. Rücksicht auf Privatsphäre, Meinungsfreiheit und Antidiskriminierungsrecht
   Wichtig ist es schließlich bei der Recherche über Suchmaschinen und in sozialen
   Netzwerken über Bewerber und Arbeitnehmer, den Schutz von deren Privatsphäre
   zu beachten.
   Höchstpersönliche Daten, wie etwa solche über das Intimleben, die finanzielle Situation, Religion oder Rasse, dürfen grundsätzlich nicht erhoben werden.
   Auch dürfen solche Informationen nicht in die Entscheidung über die Begründung
   eines Arbeitsverhältnisses einfließen. Gerade was private Äußerungen in sozialen
   Netzwerken betrifft, gilt es die Privatsphäre und die Meinungsfreiheit zu berücksichtigen. Wenn diese betroffen sind, ist eine Erhebung wegen überwiegender Interessen der Arbeitnehmer unzulässig.
7. Formulierung von Leitlinien für die datenschutzgerechte Recherche
   Da die Rechtslage, wie schon diese Praxistipps zeigen, insgesamt komplex ist, empfiehlt
   es sich für Arbeitgeber, die verstärkt soziale Netzwerke für Recherchezwecke nutzen
   (wollen), konkrete Leitlinien für eine datenschutzgerechte Recherche zu formulieren.

8.2.3 Ausblick in die Zukunft

Wie oben dargestellt, liegt der aktuelle Entwurf zur Weiterentwicklung des Arbeitneh-
merdatenschutzrechts immer noch „auf Eis". Da der Entwurf (nachfolgend BDSG-E ab-
gekürzt) aber weiter in der Diskussion ist und insofern noch Gesetzeslage werden kann
und vor allem ausdrückliche Wertungen bezüglich der Bewerberrecherche in den sozialen
Medien trifft, soll der Entwurf nachfolgend zumindest kurz skizziert werden.

Den nachfolgenden Hinweisen möchten wir also noch einmal ausdrücklich voranschi-
cken, dass sie (noch) nicht Gesetzeslage sind, im Hinblick auf gewisse Wertungstenden-
zen des Gesetzgebers aber dennoch von Interesse sind.

In §§ 32 bis 32 b BDSG-E werden die Datenerhebung und Verarbeitung vor Begründung des Beschäftigungsverhältnisses (also in der Bewerbersituation) geregelt werden.

Danach dürfen vom potenziellen Arbeitgeber Informationen grundsätzlich dann erhoben werden, soweit die Kenntnis dieser Daten erforderlich ist, um die Eignung des Beschäftigten (persönliche und fachliche Fähigkeiten, Ausbildung und Werdegang etc.) für
die vorgesehenen Tätigkeiten festzustellen. Als Datenerhebung gilt jede gezielte Recherche nach einer Person (also auch das gezielte „Hineinschauen" in ein Social-Media-Profil)
und nicht erst die Speicherung oder andere Dokumentation.

In § 32 Abs. 6 S. 3 BDSG-E wird eine bereits viel diskutierte und kritisierte Differenzierung zwischen „freizeitorientierten Netzwerken" (wie Facebook, YouTube & Co.)
und „berufsorientierten Netzwerken" (wie XING oder LinkedIn) vorgenommen. Während
Arbeitgeber bei XING etwa gezielt recherchieren dürften, soll eine Datenerhebung bei
oder über Facebook verboten sein (s. Abb. 8.1).

Tatsächlich erscheint die Differenzierung zwischen berufs- und freizeitorientierten Netzwerken konstruiert. Gerade im Hinblick auf die in sozialen Netzwerken immer

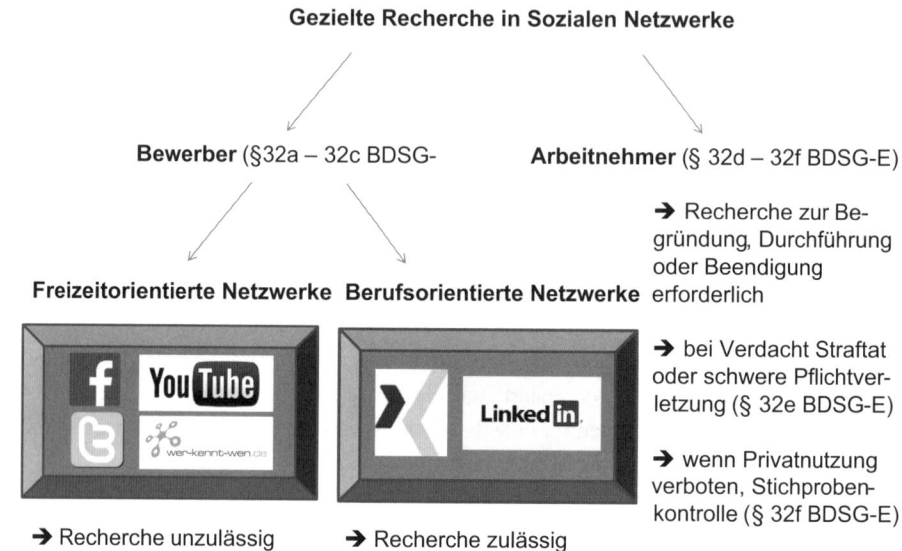

Abb. 8.1 Arbeitnehmendatenschutz in sozialen Netzwerken

schwieriger werdende Differenzierung zwischen Privat- und Berufsleben ist die vorgesehene Klausel nur wenig praxisnah.

8.2.4 Zusammenführung

Mit weiter rasant fortschreitender Entwicklung der technischen Möglichkeiten wird auch das Thema (Arbeitnehmer-)Datenschutz zunehmend an Bedeutung gewinnen. Als großer Anhänger der Möglichkeiten des Social Web kann ich an die Arbeitgeber nur appellieren, nachvollziehbare Datenschutzinteressen auch in die Planung und Umsetzung von Social Media Recruiting miteinzubeziehen.

Leider versteht der Gesetzgeber es (auch in dem neuen Gesetzesentwurf) nur bedingt, praxisnahe und praktikable Lösungen vorzusehen. So erscheint die Differenzierung zwischen „privaten" und berufsorientierten Netzwerken und auch die Fortführung des auslegungsbedürftigen Grundsatzes der Erforderlichkeit wenig hilfreich.

Dennoch werden sich die Unternehmen mit diesen Vorgaben auseinandersetzen und gangbare Wege suchen müssen. Auf einem meiner Vorträge wurde kürzlich eingeworfen, dass man die Recherche in Social Networks in der Regel ja ohnehin nicht nachweisen könne und man daher ruhig weiter "hineinschauen" werde. So einfach ist es aber leider nicht. Zum einen sollte die Geschäftsleitung schon unter Compliance-Gesichtspunkten darauf bedacht sein, dass auch im Personalbereich Daten etwaiger Bewerber und Arbeitnehmer nur im Rahmen des rechtlich Zulässigen erhoben werden. Auch die Nutzung etwaiger Daten ist natürlich nur erlaubt, wenn diese rechtmäßig erhoben worden sind. Erwähnt ein Unternehmensvertreter (z. B. bei einem Einstellungsgespräch oder im Rahmen einer Kündigung) Erkenntnisse, die unzulässig erweise in sozialen Netzwerken gewonnen worden sind oder es werden entsprechende Daten in der Personalakte verzeichnet, droht einiges Ungemach.

Neben möglichen Unterlassungs- und Schadenersatzansprüchen des betroffenen Arbeitnehmers können strafrechtliche Sanktionen sowie Bußgelder nach § 43 BDSG oder § 149 TKG drohen. Teilweise wird sogar vertreten, dass entsprechend datenschutzwidrig erhobene Informationen (zumindest bei einer erheblichen Rechtsverletzung) ein Beweisverwertungsverbot begründen würden und somit in einem etwaigen Kündigungsprozess nicht berücksichtigt werden dürften. Hinzu kommt, dass die immer häufigere Aufdeckung von „Datenschutzskandalen" regelmäßig zu sehr schlechter Presse führt. Eine hinreichende Sensibilität für diesen Themenkomplex ist demnach durchaus angebracht.

In der Praxis zeigt sich, dass doch einige Sachverhalte auch über eine entsprechende Zustimmung der Bewerber oder Arbeitnehmer zulässigerweise dargestellt werden können. Bei Beachtung der unter 8.2.2 zusammengefassten Praxistipps dürften sich zahlreiche Social-Media- Recruiting-Ansätze rechtskonform darstellen lassen.

8.3 Active Sourcing – rechtliche Grenzen der Ansprache von Bewerbern

Neben eher datenschutzrechtlich geprägten Fragen, ob und unter welchen Voraussetzungen Unternehmen (bzw. deren Personaldienstleister) die Daten potenzieller Mitarbeiter erheben und verwerten bzw. diese direkt über das jeweilige soziale Netzwerk „ansprechen" dürfen, können – wie das aktuelle Urteil des LG Heidelberg zeigt – unter Umständen auch wettbewerbsrechtliche Fragen relevant werden.

Im Gesetz gegen den unlauteren Wettbewerb (UWG) ist nämlich unter anderem geregelt, inwiefern und wie Mitarbeiter eines Wettbewerbers angesprochen bzw. abgeworben werden dürfen. Diese wettbewerbsrechtlichen Grenzen gelten selbstverständlich auch beim Recruiting in und über Social-Media-Plattformen.

Die nachfolgende Entscheidung des LG Heidelberg zeigt, dass eine unzulässige Ansprache oder Kontaktaufnahme auch zu rechtlichen Konsequenzen führen kann.

8.3.1 Sachverhalt und Urteil des LG Heidelberg

Ein Personaldienstleistungsunternehmen im Bereich der IT-Branche hatte gegen einen Wettbewerber geklagt, weil dieser versucht hatte, Mitarbeiter des Personaldienstleisters in angeblich wettbewerbswidriger Art und Weise abzuwerben.

Der Konkurrent hatte Mitarbeiter der Klägerin über XING mit folgenden Worten an-
geschrieben:

> Sie wissen ja hoffentlich, in was für einem Unternehmen Sie gelandet sind. Ich wünsche
> Ihnen einfach mal viel Glück. Bei Fragen gebe ich gerne Auskunft.

Auf eine außergerichtliche Abmahnung hatte der Beklagte den wettbewerbsrechtlichen
Verstoß nicht eingesehen und demnach auch keine entsprechende Unterlassungserklärung
abgegeben.

Die Klägerin hatte daher vor dem LG Heidelberg (Az. 1 S 58/11) auf Unterlassung und
Erstattung der Anwaltskosten geklagt.

Das Gericht sieht die Kontaktaufnahme mit den Mitarbeitern in seinem Urteil vom
23.5.2012 mit nachvollziehbarer Argumentation als geschäftliche Handlung des Beklag-
ten im Sinne von § 8 Abs. 1 UWG an. Das XING-Profil, von dem die „Ansprache" der
Mitarbeiter ausgegangen war, sei im vorliegenden Fall nicht als reines Privatprofil anzusehen. Die Heidelberger Richter sind dabei offensichtlich aufgrund der Verwendung des
Firmennamens im Profil und dem Hintergrund der Ansprache von einem objektiven Anschein einer unternehmensbezogenen Tätigkeit ausgegangen.

Das Gericht wertet die oben stehende Aussage als Herabsetzung der Klägerin (§ 4
Nr. 7 UWG). Solche abwertenden Bemerkungen seien vorliegend sachlich nicht gerechtfertigt und griffen deshalb unverhältnismäßig in das Interesse der Klägerin an einer angemessenen Darstellung in der Öffentlichkeit ein. Damit sei auch der Abwerbeversuch
insgesamt als gezielte Behinderung eines Wettbewerbers gemäß § 4 Nr. 10 UWG rechts-
widrig.

Der Beklagte wurde demgemäß zur Unterlassung und zum Ersatz der Abmahnkosten
(§ 12 Abs. 1 Nr. 2 UWG) verurteilt.

8.3.2 Bewertung des Urteils

Wenn Unternehmen selbst oder über Personalagenturen versuchen, Mitarbeiter ihrer Wettbewerber in und über soziale Medien abzuwerben, sind stets die unter 8.2.2. noch einmal
zusammengefassten Grundsätze zur Zulässigkeit entsprechender Recruiting-Maßnahmen
zu beachten.

Spannend ist die oben skizzierte Entscheidung vor allem, weil das Urteil des LG Heidelberg sich als eine der ersten Entscheidungen in Deutschland mit der Frage der Einordnung eines Social- Media-Profils befasst. In zahlreichen meiner Workshops wird gefragt
und diskutiert, ob und unter welchen Umständen Mitarbeiterprofile als privat oder dienst-
lich anzusehen sind.

Bei dem vorliegenden XING-Profil ist das LG Heidelberg mit nachvollziehbarer Argumentation davon ausgegangen, dass die Nennung des Firmennamens im Profil und der
Zweck der spezifischen Kontaktaufnahme (sprich Abwerbeversuch) als geschäftliche

Handlung zu werten seien. Möglicherweise könnten auch weitere Indizien, wie z. B. das Versenden während der Arbeitszeit oder über die IT-Infrastruktur des Unternehmens (vgl. auch Urteil des LG Hamburg zu verschleierter Werbung eines Mitarbeiters), bei entsprechenden Fragen herangezogen werden.

Liegt eine geschäftliche Handlung vor, so sind sämtliche Regularien des Wettbewerbsrechts relevant. Da dies den meisten Mitarbeitern nicht bewusst sein wird, raten wir Unternehmen zur Einführung entsprechender Social-Media-Richtlinien, die aufgrund realer (Haftungs-)Risiken für das Unternehmen auch hierfür sensibilisieren sollten.

8.3.3   Grenzen des Social Media Recruiting

Das Abwerben fremder Mitarbeiter ist auch bei einem planmäßigen Vorgehen grundsätzlich zulässig. Erst bei Hinzutreten besonderer Umstände, wie der Verfolgung eines verwerflichen Zwecks oder bei Einsatz verwerflicher Mittel oder Methoden, stellt sich der Abwerbeversuch als wettbewerbswidrig dar.

Ein verwerflicher Zweck wird etwa angenommen, wenn das Ziel der Abwerbung primär eine Behinderung oder Ausbeutung des anderen Unternehmens ist.

> **Unzulässige Mittel und Methoden werden von der Rechtsprechung unter anderem in folgenden Fällen angenommen**
>
> - Verleitung zum Vertragsbruch (z. B. Bruch eines nachvertraglichen Wettbewerbsverbots),
> - irreführende oder herabsetzende Äußerungen,
> - unwahre Aussagen über geplante Personalmaßnahmen,
> - Überrumpelung oder Androhung von Nachteilen,
> - leere Versprechen oder Versprechen rechtswidriger Vorteile.

Weitergehende Beschränkungen können bestehen, wenn die beiden Konkurrenten in einem Vertragsverhältnis stehen oder aktuell Vertragsverhandlungen führen. Gegebenenfalls wird von der Rechtsprechung ein besonderes Vertrauensverhältnis angenommen, welches nicht nur Unterlassungs- und Schadenersatzansprüche, sondern unter Umständen sogar einen Verrat von Betriebs- und Geschäftsgeheimnissen (§ 17 UWG) begründen kann.

8.3.4   Active Sourcing

Neben den oben stehenden Vorgaben, die schlussendlich nur die Wettbewerber vor zu aggressiven Abwerbeversuchen schützen sollen, ist im Hinblick auf das Active Sourcing noch zu untersuchen, ob und auf welchem Weg man die Bewerber ansprechen darf, ohne in deren Rechte unzulässig einzugreifen.

Für den Bereich der Werbung regelt § 7 UWG die Frage, unter welchen Voraussetzungen ein Unternehmen je nach Kanal (Brief, Telefon, E-Mail) potenzielle Kunden im Sinne einer Kaltakquise adressieren darf.

Es spricht jedoch einiges dafür, dass die Restriktionen des § 7 UWG auch im Bereich des Active Sourcing gelten, sodass zumindest im Rahmen einer Ansprache private Telefonnummer und/oder E-Mailadresse einer vorherigen Zustimmung bedarf, was das Active Sourcing als solches etwas infrage stellt.

Von Recruitern wird häufig eingewandt, dass die Angesprochenen doch ein Interesse an einem interessanten Jobangebot haben dürften. Das ist natürlich richtig, und insofern ist das Risiko, dass sich ein angesprochener Jobkandidat, der sich in der Regel ja auch eher „geschmeichelt" fühlt, gegen eine unaufgeforderte Kontaktaufnahme über § 7 UWG zur Wehr setzt, tatsächlich verschwindend gering.

Dennoch kann mangels entsprechender Rechtsprechung nicht ausgeschlossen werden, dass die Geltendmachung eines Unterlassungsanspruchs durch einen Jobkandidaten, der sich gegen die unaufgeforderte Kontaktaufnahme z. B. per E-Mail wehrt, vor Gericht erfolgreich durchgesetzt werden könnte. Insbesondere ist es bei (zu) aggressiver und wiederholter unerwünschter Kontaktaufnahme durchaus denkbar, dass eine entsprechende anwaltliche Abmahnung ausgesprochen wird.

Insofern wird empfohlen, etwaige Anfragen möglichst individuell und persönlich zu gestalten und vor allem Anfragen nicht etwa penetrant zu wiederholen. Dann ist das rechtliche Risiko als verschwindend gering anzusehen. Da darüber hinaus auch keine spezifische Rechtsprechung existiert, ließen sich selbst im Falle einer gerichtlichen Auseinandersetzung noch einige gute Argumente finden, die der Anwendbarkeit der „Spam"-Vorschriften des § 7 UWG bei Active Sourcing entgegenstehen.

8.3.5   Resümee

Wenig überraschend zeigt das Urteil des LG Heidelberg, dass natürlich auch in den sozialen Medien die üblichen rechtlichen Rahmenbedingungen gelten. Allerdings zeigt die Erfahrung mit entsprechenden Rechtsfragen, dass diese spezifische Art der Kommunikation in den sozialen Medien zu besonderen Anwendungsproblemen und –fragen führt. Wie gerade auch die geplanten Änderungen zum Arbeitnehmerdatenschutz in Social Media zeigen, passen die Vorstellungen des Gesetzgebers nicht immer zur Realität. Zum anderen aber führt der Fakt, dass Mitarbeiter unterschiedlichster Abteilungen die Möglichkeiten der sozialen Medien nutzen, ohne für die entsprechenden rechtlichen Fragen sensibilisiert worden zu sein, zu einigen Unwägbarkeiten.

Die Schaffung der nötigen Medienkompetenz, die Sensibilisierung für kommunikative und rechtliche Aspekte der sozialen Medien und die Einführung spezifischer Richtlinien stellen sich daher auch im Personalbereich und im Rahmen des eigenen Recruiting als elementare Voraussetzungen dar, damit sich Unternehmen kontrolliert der spannenden, neuen Möglichkeiten und Potenziale annehmen können.

8.4 Einschaltung von Portalen zum E-Recruiting

8.4.1 Grundlagen

Setzen Unternehmen im Bereich des E-Recruiting oder des Talent Management fremde Portale ein, so bleiben diese in den meisten Fällen die datenschutzrechtlich verantwortliche Stelle. Wenn ein Unternehmen nämlich personenbezogene Daten (wie Bewerberdaten oder Talent Pools) für sich selbst verarbeitet oder durch andere im Auftrag verarbeiten lässt (§ 3 Abs. 7 BDSG), so hat das Unternehmen selbst für die Datenschutzkonformität der Datenspeicherung und –verarbeitung Sorge zu tragen.

Demgemäß ist die Weitergabe und Verarbeitung personenbezogener Daten (z. B. Bewerberdaten) entweder über eine Einwilligung des Betroffenen zu legitimieren oder der Betreiber der kooperierenden Plattform über eine sogenannte Auftragsdatenverarbeitung gemäß § 11 Bundesdatenschutzgesetz (BDSG) zu binden. Die Auftragsdatenverarbeitung schafft eine besondere Legitimation für den Fall, dass ein Unternehmen einen Dienstleister zur Speicherung und Verarbeitung personenbezogener Daten einsetzt.

Dementsprechend bietet die Auftragsdatenverarbeitung einige Ansätze, die Weitergabe und/oder Verarbeitung von personenbezogenen Daten auch ohne Einwilligung der betroffenen Bewerber datenschutzrechtlich zu legitimieren. Die rechtlichen Grundlagen und Anforderungen sind allerdings teilweise unbekannt. Dies liegt nicht zuletzt an dem etwas sperrigen Begriff „Auftragsdatenverarbeitung", dem nicht unmittelbar zu entnehmen ist, dass viele weitverbreitete Sachverhalte und damit auch die wohl meisten Unternehmen und Unternehmern betroffen sind.

Der Gesetzgeber will mit den Vorgaben zur Auftragsdatenverarbeitung sicherstellen, dass durch eine entsprechende Verpflichtung des auftraggebenden Unternehmens der Umgang mit personenbezogenen Daten auch bei einer Weitergabe („Outsourcing" jeder Form der Datenverarbeitung) detailliert geregelt wird und diese entsprechend sicher sind.

Von besonderer Relevanz ist dieses Thema vor allem deshalb, weil der Gesetzgeber als Sanktionen bei der Nichtbeachtung der einschlägigen Vorgaben empfindliche Bußgelder vorsieht. Auftragsdatenverarbeitung liegt regelmäßig dann vor, wenn personenbezogene Daten im Auftrag eines Unternehmens (sogenannter Auftraggeber) an Dritte (sogenannter Auftragnehmer) weitergegeben werden, damit diese die Daten erheben, verarbeiten oder nutzen (§ 11 Abs. 1 BDSG) (s. Abb. 8.2).

In all diesen Fällen ist der Auftraggeber verpflichtet, für die Einhaltung der datenschutzrechtlichen Vorschriften zu sorgen und einen schriftlichen Vertrag mit der verarbeitenden Stelle zu schließen, der zwingend die in § 11 Abs. 2 BDSG vorgeschriebenen Mindestinhalte regelt. Damit sind zahlreiche Fälle der Weitergabe von personenbezogenen Daten (insbesondere Kunden- und Mitarbeiterdaten) grundsätzlich betroffen. Auftrags-

Übersicht: Auftragsdatenverarbeitung

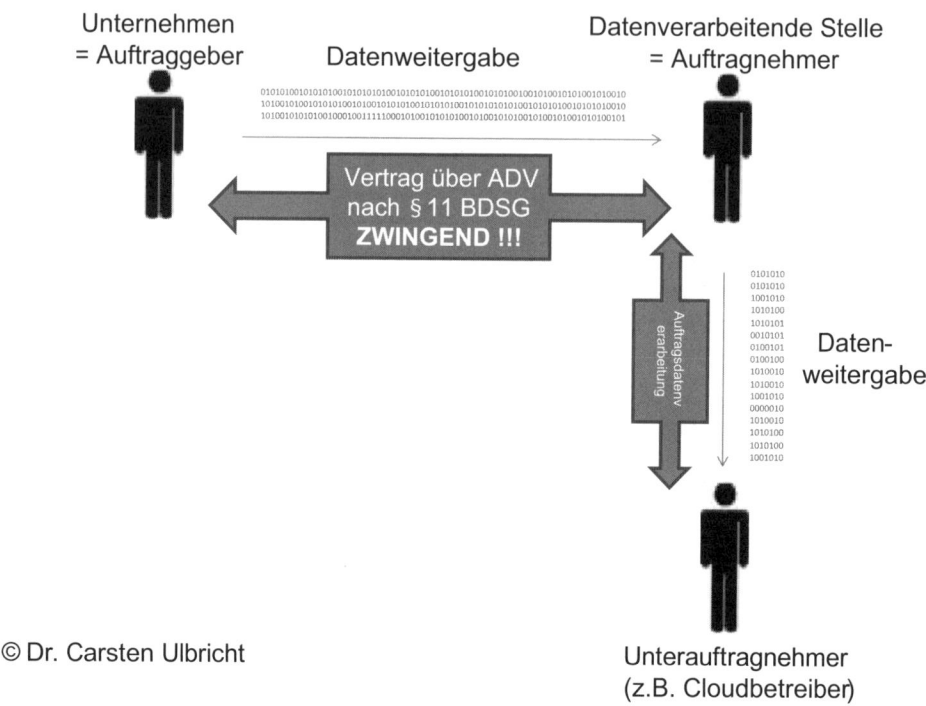

© Dr. Carsten Ulbricht

Abb. 8.2 Übersicht Auftragsdatenverarbeitung

datenverarbeitung greift ein bei Sachverhalten wie der Weitergabe von Bewerberdaten an entsprechende Interneportale, aber auch bei der Speicherung oder Verarbeitung entsprechender Daten innerhalb eines Cloud Computing Systems u. v. m.

Besondere Bedeutung erlangt die Einhaltung dieser Vorgaben für den Auftraggeber vor allem dadurch, dass dem Unternehmen (unter Umständen sogar dem Geschäftsführer oder dem Datenschutzbeauftragten persönlich) bei Nichtbefolgung (§ 43 Abs. 1 Nr. 2 b BDSG) Bußgelder von bis zu 50.000 € und eine entsprechende Gewinnabschöpfung (§ 43 Abs. 3 BDSG) drohen.

Nicht zuletzt in Anbetracht der ständig steigenden Bedeutung von Datenschutz und der wachsenden Aufmerksamkeit der Datenschutzbehörden wird betroffenen Unternehmen geraten, zu überprüfen, welche (Vertrags-)Verhältnisse unter die Auftragsdatenverarbeitung fallen, um zeitnah den Anforderungen des § 11 Abs. 2 BDSG entsprechende Auftragsdatenverarbeitungs-Vereinbarungen zu schließen.

Aber auch den Betreibern von Recruiting oder Talent-Management-Portalen ist dringend zu raten, die Möglichkeit der Auftragsdatenverarbeitung ausdrücklich anzubieten. Dies zeigt nicht nur ein hohes Maß an Professionalität, sondern „denkt" die datenschutzrechtliche Absicherung der eigenen Angebote für den eigenen Unternehmenskunden mit.

Die notwendigen vertraglichen Inhalte sollen im nachfolgenden Kapitel skizziert werden.

8.4.2 Mindestinhalte eines Auftragsdatenverarbeitungsvertrages

Gemäß § 11 Abs. 2 BDSG hat der Auftraggeber mit dem Auftragnehmer einen schriftlichen Vertrag zu schließen, der zwingend folgende Inhalte in den notwendigen Details regelt

1. der Gegenstand und die Dauer des Auftrags;
2. der Umfang, die Art und der Zweck der vorgesehenen Erhebung, Verarbeitung oder Nutzung von Daten, die Art der Daten und der Kreis der Betroffenen; bei Auftragsverhältnissen, die über eine längere Laufzeit reichen und sich deshalb oft erst im Laufe des Projekts entsprechend konkretisieren, ist zu raten, die entsprechenden Datenmodelle erst einmal abstrakt festzulegen, um sie später (z. B. über entsprechende Service Level Agreements) näher zu spezifizieren;
3. die nach § 9 zu treffenden technischen und organisatorischen Maßnahmen; hier sind die von § 9 BDSG geforderten Datensicherheitsmaßnahmen festzulegen;
4. die Berichtigung, Löschung und Sperrung von Daten; gemeint ist die Festlegung der Verfahren, die bei „Fehlern" die Umsetzung der Berichtigungs- und Löschungsansprüche etwaiger Betroffener (§ 35 BDSG) regeln;
5. die nach Absatz 4 bestehenden Pflichten des Auftragnehmers, insbesondere die von ihm vorzunehmenden Kontrollen; § 11 Abs. 4 BDSG verweist im Wesentlichen auf die Pflichten zur Bestellung eines Datenschutzbeauftragten und dessen Aufgabenprofil (§ 4 f und g BDSG);
6. die etwaige Berechtigung zur Begründung von Unterauftragsverhältnissen;
7. die Kontrollrechte des Auftraggebers und die entsprechenden Duldungs- und Mitwirkungspflichten des Auftragnehmers; um die gesetzlich geforderte Kontrolle über die Datennutzung ausüben zu können, sind dem Auftraggeber hier spezifische Kontrollrechte (wie z. B. Weisungsbefugnisse), aber auch Einsichtsrechte einzuräumen;
8. mitzuteilende Verstöße des Auftragnehmers oder der bei ihm beschäftigten Personen gegen Vorschriften zum Schutz personenbezogener Daten oder gegen die im Auftrag getroffenen Festlegungen;
9. der Umfang der Weisungsbefugnisse, die sich der Auftraggeber gegenüber dem Auftragnehmer vorbehält;
10. die Rückgabe überlassener Datenträger und die Löschung beim Auftragnehmer gespeicherter Daten nach Beendigung des Auftrags.

Wie den obenstehenden Punkten zu entnehmen ist, sind für die einzelnen Unterpunkte detaillierte Regelungen zu treffen, die eine ordnungsgemäße Datenverwendung des Auftragnehmers sicherstellen und dem Auftraggeber auch entsprechende Überwachungs- und

Kontrollrechte einräumen sollen. Anders wären die rigiden Strafvorschriften bei Nichtein-
haltung gegenüber dem Auftraggeber auch nicht zu rechtfertigen.

Besonderheiten gelten beim Datentransfer ins Ausland. Nicht selten wird der Auftragnehmer seinen Sitz im Ausland haben oder dort die Speicherung oder weitergehende
Verarbeitung der Daten vornehmen. Solange sich der Datentransfer innerhalb der EU
abspielt, gibt es gemäß § 4 b Abs. 1 BDSG keine wesentlichen Besonderheiten. Bei
der Übertragung der Daten außerhalb der EU – wie z. B. auch die USA – (sogenannte
Drittländer) ist vom Auftraggeber ein entsprechendes Datenschutzniveau sicherzustellen,
sonst drohen Bußgelder (§§ 43, 44 BDSG).

Für manche Länder ist bereits ein entsprechendes Datenschutzniveau offiziell festgestellt worden. Ansonsten ist eine Übermittlung auch zulässig, wenn eine entsprechende
Genehmigung der Aufsichtsbehörde vorliegt und wenn – wohl am relevantesten – sich
aus den Vertragsklauseln oder Unternehmensregelungen ein angemessenes Datenschutzniveau ergibt.

8.4.3 Zusammenfassung

Unternehmen sollten ihre Vertragslage im Hinblick auf die Weitergabe und Verarbeitung
von Bewerberdaten durch beauftragte Dienstleister datenschutzrechtlich „sauber" organisieren.

Anbieter von Recruiting-Portalen sollten insoweit aufgefordert werden, ihr Datenschutz-
konzept zu erläutern. Zentrale Fragen sind dabei, wie die Speicherung, Weitergabe und
Verarbeitung der Daten von Bewerbern konfiguriert ist, um im Hinblick auf die grundsätzlich beim Unternehmen verbleibende Verantwortlichkeit die Datenschutzkonformität
sicherzustellen. Dabei bietet gerade die Auftragsdatenverarbeitung einen komfortablen
Weg, die gesetzlichen Anforderungen zu erfüllen.

In Zeiten des Cloud Computing sollte in diesem Zusammenhang in jedem Fall auch geprüft werden, ob die Daten auf europäischen Servern gespeichert werden oder auch Spei-
cher außerhalb der EU verwendet werden. Im letzteren Fall sollte die auch im Rahmen
des Vertrages über die Auftragsdatenverarbeitung entsprechend Berücksichtigung finden.

Neben der Sicherstellung des Datenschutzes sollte auch die Datensicherheit überprüft werden, um zu gewährleisten, dass die Daten auch den notwendigen Standards der
technischen Absicherung (z. B. gegen Hackingangriffen) genügen. Hier beschreibt § 9
BDSG die üblichen organisatorischen und technischen Maßnahmen zur Gewährleistung
der Datensicherheit, die auch ein Unternehmen von einem Anbieter einer Recruiting-Platt-
form erwarten darf.

8.5   Zusammenführung

Zweifellos stellen sich auch beim Social Media Recruiting einige zentrale rechtliche Fragen.

Die vorstehenden Ausführungen zeigen aber, dass sowohl die Eröffnung und der Betrieb einer Employer-Branding-Präsenz im Internet Die Erfahrung der rechtlichen Begleitung entsprechender Aktivitäten verschiedener Unternehmen und Branchen zeigt jedoch, dass bei einer entsprechend bewussten Herangehensweise und der Beachtung der oben dargestellten (datenschutz-)rechtlichen Grundsätze etwaige Risiken kontrollier- und kalkulierbar sind und unter diesen Prämissen die Vorteile des Einsatzes modernen Internets auch bei der Bewerberrecherche und -gewinnung die potenziellen Nachteile deutlich überwiegen.

Warum Sie auf Twitter im Recruiting nicht verzichten dürfen

9

Barbara Braehmer

Inhaltsverzeichnis

Zusammenfassung

Twitter ist zwar in aller Munde, jeder kennt das türkisfarbene Logo mit dem kleinen Vogel, einige haben sich sogar schon bei Twitter angemeldet oder bei Freunden und Bekannten, die „twittern", den Twitter-Nachrichtenstrom gesehen. Aber die meisten haben im Berufsalltag nicht die Zeit, sich intensiver mit diesem Medium zu beschäftigen.

Dabei können gerade Recruiter Twitter sehr erfolgreich und im Grunde sogar einfach als Medium einsetzen, um sich zu informieren, auszutauschen, Kontakte zu möglichen Kandidaten zu knüpfen und das Netzwerk zu pflegen, Stellenanzeigen zu platzieren oder auch den Wettbewerb zu beobachten. Twitter eignet sich für das Employer

B. Braehmer (✉)
Intercessio Personalberatung GmbH, Bundeskanzlerplatz 2–10, 53113 Bonn, Deutschland
E-Mail: b.braehmer@intercessio.de

© Springer Fachmedien Wiesbaden 2015
R. Dannhäuser (Hrsg.), *Praxishandbuch Social Media Recruiting*,
DOI 10.1007/978-3-658-06573-7_9

Branding und kann eine ausgesprochen positive Wirkung auf die Platzierungen im Google-Ranking haben. Und Twitter bietet noch viel mehr.

In diesem Kapitel fasse ich die Möglichkeiten zusammen, die Ihnen Twitter bietet, um nicht nur Ihre Social-Recruiting-Maßnahmen, sondern auch Ihre gesamte Recruiting-Strategie erfolgreicher zu machen und auf mannigfaltige Art zu unterstützen. Denn – so viel vorweg – Twitter ist zwar fast ein Allzweck-Tool, das jede Recruiting-Maßnahme unterstützen kann. Aber es ist keine „Social-Media-360°-Lösung", die alles alleine kann. Twitter ist nur im Verbund mit anderen Portalen wirklich effizient und sollte klug geplant und in Ihre Recruiting-Strategie eingefügt werden.

Man muss sich allerdings dazu auf Twitter einlassen und das Portal verstehen lernen und üben. Das ist nicht ganz einfach, denn die Begrenzung der Nachrichten auf 140 Zeichen verhindert eine normale Kommunikation und erfordert von jedem Leser ein Umdenken. Und das Verfassen einer Twitter-Nachricht ist ebenso mehr eine Kunst als eine Wissenschaft. So haben Twitter-Nachrichten durch ihre Kürze zu einer eigenen Twitter-Sprache geführt, die am Anfang befremdlich wirken kann.

Ich zeige und erkläre Ihnen anhand vieler praktischer Beispiele, Tricks und Tipps in diesem Kapitel, dass es sich für Sie lohnt, selbst zum Twitterer zu werden. Und wie Sie durch den Einsatz von Twitter mehr Effizienz in folgende Teilbereiche des Recruitings bringen werden:

- Wissensmanagement – die Entwicklungen im Auge behalten
- Wettbewerbsanalyse – Benchmarks und Personalmarktentwicklung
- Talent Attraction – Employer Branding und Personal Branding
- Reputationsmanagement – Wahrnehmung und Aufmerksamkeit
- Recruiting-SEO (Suchmaschinenoptimierung) – Talent Acquisition
- Talentnetzwerk – Empfehlungsmanagement aufbauen
- Social Personalmarketing – Job-Posting und offene Stellen twittern
- Active Sourcing – potenzielle Kandidaten suchen und finden

Twitter ist ein Microblogging-Netzwerk. Es hat im Wesentlichen das Ziel eines Nachrichten-Mediums – die kurzen Textnachrichten selbst (Tweets genannt) werden in Mini-‚Blogs' mit maximal 140 Zeichen mitgeteilt. Dadurch ist Twitter eine Mischung zwischen sozialem Netzwerk und einer Short-Message-ähnlichen Kommunikationsplattform, bei der der Austausch fast ausschließlich öffentlich stattfindet und den besonderen Twitter-Regeln dieser Plattform unterliegt. Diese Regeln sind so anders als die der klassischen Kommunikation, sogar anders als bei den weiteren Social-Media-Plattformen, dass das Senden und Empfangen via Twitter ein eigenes Verb erhalten hat: twittern.

Weltweit twittern immer mehr Menschen immer intensiver: Twitter hat mit 255 Mio. im ersten Quartal 2014 weltweit bereits weitere 25 % aktive Nutzer (im Vergleich zum Vorjahr) hinzugewonnen. Den größten Teil davon nimmt der mobile Informationsaustausch via Twitter ein, denn 198 Mio. davon sind mobil aktiv auf der Plattform unterwegs (ein Plus von 31 %).[1]

---

[1] http://www.telekom-presse.at/twitter_q1_2014_255_millionen_monatlich_aktive_nutzer_80_der_werbeeinnahmen_durch_mobile_plattform.id.30226.htm, zugegriffen: 01.06.2013.

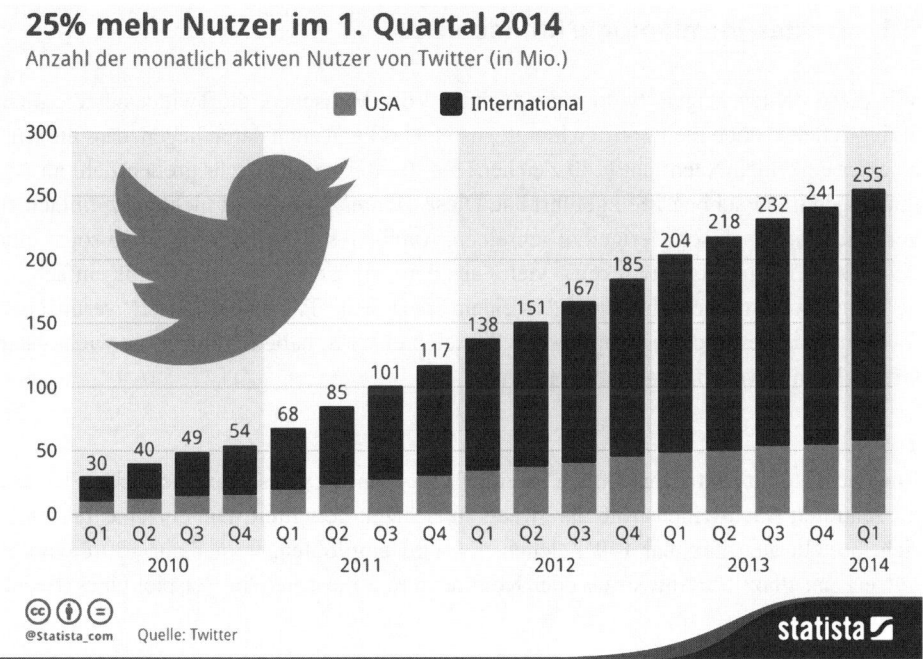

Abb. 9.1 Große Mehrheit nutzt Facebook und Twitter nie

Twitter selbst veröffentlicht fast bescheiden-vorsichtig die aktuellen Zahlen und nennt nur die „aktiven" User, also nur solche User, die Nachrichten versenden. Doch diese Zahlen täuschen. Die besondere zusätzliche Kraft des Netzwerkes liegt darin, dass eine um ein Vielfaches größere Zahl die in Echtzeit getwitterten Nachrichten liest und auch den dort mitversandten Links zu anderen Netzwerken folgt. Denn Twitter ist eine Drehscheibe für Nachrichten und eine Informationsplattform mit enormer katalytischer Wirkung und einem noch viel größeren Verbreitungsgrad: Derzeit existieren weltweit fast eine Milliarde Accounts.[2]

So ist es auch nicht überraschend, dass alle Twitter-Zahlen zu Deutschland, der Schweiz und Österreich Hochrechnungen aus Umfragen sind und nicht von Twitter selbst veröffentlicht werden. Die Zahlen driften deshalb sehr auseinander. Beispielsweise gibt es eine ARD-/ZDF-Online-Studie aus dem Jahr 2013, die, wenn man die entsprechenden Umfragezahlen hochrechnet, auf bescheidene eine Million aktive und ca. vier Millionen mäßig aktive Twitter-User in Deutschland kommt.[3]

Wenn man der Statista-Grafik (s. Abb. 9.1) glaubt, dann nützen zwar 86 % Twitter noch nicht, aber umgekehrt und hochgerechnet heißt das, dass bereits acht Millionen twittern oder genauer gesagt: auch bei Twitter mitlesen und sich informieren.

---

[2] http://venturebeat.com/2013/09/16/how-twitter-plans-to-make-its-750m-users-like-its-250m-real-users/, zugegriffen: 01.06.2013.

[3] http://www.ard-zdf-onlinestudie.de/index.php?id=397, zugegriffen: 19.06.2013.

9.1 Twitter-Terminologie für Recruiter

Wie diese Zahlen zeigen, twittert die Mehrzahl der Menschen, die Twitter nützen, nicht aktiv – hat also noch nichts auf Twitter gepostet. Das kann auch daran liegen, dass die Kürze einer einzelnen Nachricht (140 Zeichen) auf Twitter zu einer sehr großen Zahl an Abkürzungen und Fachbegriffen geführt hat. Diese Twitter-Sprache ist nicht ganz einfach zu verstehen und noch schwieriger zu schreiben. Auch hat sie eigene Regeln und sogar eine eigene Art Grammatik entwickelt – vieles aus dem englischen Twittern wurde einfach ins deutsche Twittern übernommen und in einem speziellen „Twitter-Denglisch" vermischt.

Damit das Lesen dieses Kapitels für Sie leichter wird, habe ich Ihnen die wichtigsten Grund-Termini vorab zusammengefasst:

Tweet
Ein Tweet ist die Textnachricht, die Sie mit Twitter senden. Diese Textnachrichten werden im zentralen Nachrichtenstrom als Tweets in Echtzeit getwittert. Die einzelne Textnachricht besteht aus maximal 140 Zeichen. Es wird empfohlen, immer nur 120 davon zu nützen, um Platz für Antworten oder Kommentare zu lassen. Ein Beispiel eines Tweets zeigt Abb. 9.2.

Follower
Sie können die Nachrichten aller Personen und Unternehmen mit öffentlichen Accounts abonnieren – das bedeutet, Sie können diesen Accounts folgen. Dann erscheinen deren Tweets in Ihrem zentralen Nachrichtenstrom und Sie können die Nachrichten in Echtzeit lesen. Ein Nachrichtenstrom sieht so aus wie in Abb. 9.3 dargestellt.

Retweet (RT)
Optimal ist es, wenn Ihre Twitter-Nachricht nicht nur gelesen wird, sondern wenn diese kommentiert, erwähnt oder sogar durch einen anderen Twitterer – am besten sogar an einen Ihrer potenziellen Kandidaten – weitergeleitet bzw. empfohlen wird. Dieses Weiterleiten auf Twitter nennt man „Retweeten". Hierzu ist es erlaubt, auch den Text zu ändern oder zu ergänzen. Dies ist besonders bei wichtigen Informationen wie offenen Stellen interessant, da so Empfehlungen durch andere ausgesprochen werden können.

Man kann einen vorherigen Tweet ohne Änderung retweeten, oder man kann auch zur leichteren Erkennung ein „RT" oder den Begriff „Retweet" in Kombination mit dem Twit-

Abb. 9.2 www.twitter.com/_
intercessio, www.twitter.com –
Screenshot vom 18.6.2014

Barbara Braehmer @_intercessio · 26. März
Sehr gut geschrieben: The World of #Tags -
Die meisten sprechen die Tagging-Sprache
nicht by @Robindro fb.me/21snAWmSb

Abb. 9.3 Twitter-Nachrichtenstrom mit verschiedenen Tweets, www.twitter.com – Screenshot Twitter vom 18.6.2014

ternamen desjenigen voranstellen, dessen Tweet Sie retweeten. In Abb. 9.4 finden Sie ein Beispiel für RT mit Namensnennung.

Öffentliche/geschützte Tweets

Sie haben die Wahl zwischen öffentlichen und geschützten Accounts auf Twitter. Die Standardeinstellung ist ein öffentlicher Account. Haben Sie sich für diese Einstellung entschie-

Abb. 9.4 Twitter-Retweet-
Beispiel, www.twitter.com –
Screenshot vom 19.6.2014

Abb. 9.5 Darstellung eines
adressierten Tweets, www.
twitter.com – Screenshot Twitter vom 18.6.2014

den, kann jeder Ihre Tweets und Retweets sehen. Die große Mehrheit der Twitter-Nutzer twittert öffentlich – und das ist auch für das Recruiting empfehlenswert. Denn haben Sie einen geschützten Account, dann können nur Ihre Follower Ihre Tweets sehen. Obendrein ist es so, dass jeder, der Ihnen folgen möchte, Sie um Genehmigung bitten muss und Sie diese Person extra freischalten müssen.

So können Sie dies zwar prüfen, aber es ist eine Hürde, die vielfach nicht genommen wird. Ein geschützter Account bedeutet, dass Sie weniger Follower erhalten und Ihre Nachrichten sich entsprechend wenig oder nicht verbreiten. Sie können übrigens jederzeit zwischen diesen beiden Varianten wechseln.

@ Symbol
Das @-Zeichen, gefolgt von einem Namen oder einer Reihe von Buchstaben und Zahlen, ist der Benutzernamen auf Twitter. Ein Adressat wird mit dem vorangestellten @-Zeichen plus dem Namen angesprochen und erhält so die Nachricht (s. Abb. 9.5).

Hashtag (#)
Das Symbol #, Hashtag genannt, wird verwendet, um Schlagwörter oder Themen in einem Tweet zu markieren. Es wurde ursprünglich von Twitter-Nutzern erfunden, um Nachrichten zu kategorisieren. Zum Beispiel, wenn ein Tweet eingesetzt wird, um eine offene Stelle in einer Region zu taggen.

Allerdings sucht und findet die Twitter-Suche Ihr Keyword bzw. eine Buchstabenfolge meist auch ohne das Hashtag-Zeichen. Abbildung 9.6 zeigt ein Beispiel für #Köln und gleichzeitig #job.

9.2 Einsatzmöglichkeiten von Twitter im Recruiting

Auch wenn dies nun so aussieht, Twitter ist dennoch keine universelle Plattform, die andere Netzwerke ersetzt, sondern eine wichtige und unverzichtbare Ergänzung. Genauer gesagt: Twitter ist als soziales Netzwerk keine Stand-alone-Lösung, sondern funktioniert im Verbund mit anderen Offline- und Online-Recruiting-Maßnahmen und muss mit dem

Abb. 9.6 Hashtag-Beispiele, www.twitter.com – Screenshot vom 19.6.2014

Richtig eingesetzt ist Twitter beinahe ein Allzweck-Tool, das wertvolle Unterstüt-
zung bei fast allen Recruiting-Aufgaben leisten kann:
- **Wissensmanagement** – die Entwicklungen im Auge behalten
- **Wettbewerbsanalyse** – Benchmarks und Personalmarktentwicklung
- **Talent Attraction** – Employer Branding und Personal Branding
- **Reputationsmanagement** – Wahrnehmung und Aufmerksamkeit
- **Recruiting-SEO** (Suchmaschinenptimierung) – Talent Acquisition
- **Talentnetzwerk** – Empfehlungsmanagement aufbauen
- **Social Personalmarketing – Job-Posting** und offene Stellen twittern
- **Active Sourcing** – potenzielle Kandidaten suchen und finden

Social-Recruiting-System abgestimmt, in das System eingeplant und eingebunden werden, wie in Abb. 9.7 aufgezeigt wird. Nur so erzielen Sie die optimale Wirkung von Social
Media für Ihr Recruiting und erweitern Ihre sogenannte Reichweite, also erreichen immer
mehr Menschen in Ihrem Netzwerk.

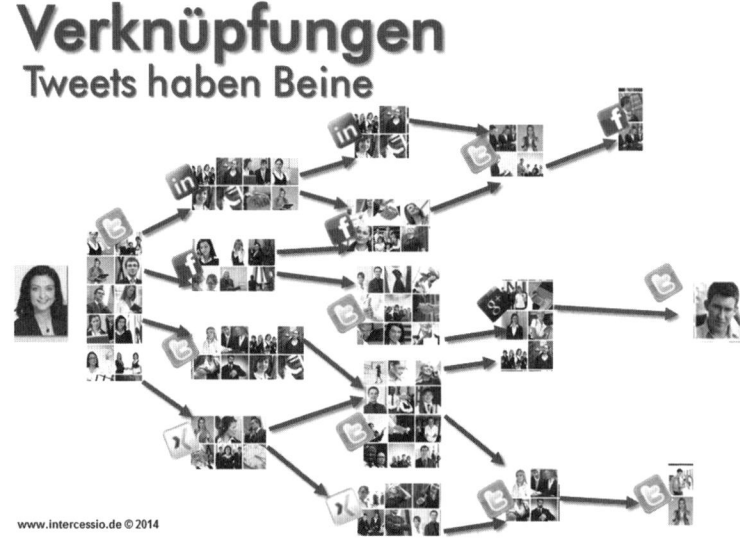

Abb. 9.7 Twitter – Informationsdrehscheibe

9.3 Wissensmanagement: Behalten Sie die Entwicklung im Auge

Wissensmanagement ist der zielgerichtete Einsatz und bewusste Umgang mit Wissen im Unternehmen. Wissen entsteht durch Informationsaustausch. Und um Informationen effektiv mit anderen zu teilen, ist es wichtig zu erfahren, was diese anderen wissen. Ohne dieses Verständnis wird es schwer, herauszufinden, wer neues Know-how oder andere zentrale Erkenntnisse besitzt, welche Erfahrungen andere gemacht haben oder welche sie übermitteln können.

Wenn man diese operativen Tätigkeiten und Managementaufgaben, die auf den Umgang mit Wissen abzielen, durch Web-2.0-Technologien unterstützt, spricht man vom Wissensmanagement 2.0. Eines der bekanntesten Beispiele, wie Social Media das Wissensmanagement verändert haben, ist Wikipedia.[4]

Gerade das Management und Lesen, Filtern und Archivieren der Flut der heutigen Informationen sowohl aus der Realen Welt als auch der Online-Welt gehören zunehmend zu den zentralen Business-Aufgaben, unabhängig davon, ob man Mitarbeiter, Spezialist, Führungskraft oder Selbstständiger ist.

Da die Kernaufgabe von Twitter die Realtime-Nachrichtenübermittlung ist, kann Twitter das Recruiting und den Wissensaustausch zwischen Unternehmen und Talenten besonders dort erfolgreich unterstützen, wo es um die Zusammenfassung des Informationstransfers geht. Denn mit 140 Zeichen kann man zwar nur Hinweise geben, aber keine vollständigen Informationen austauschen.

---

[4] Wikipedia, die freie Enzyklopädie, www.wikipedia.de bzw. die Hauptseite unter http://de.wikipedia.org/wiki/Wikipedia:Hauptseite.

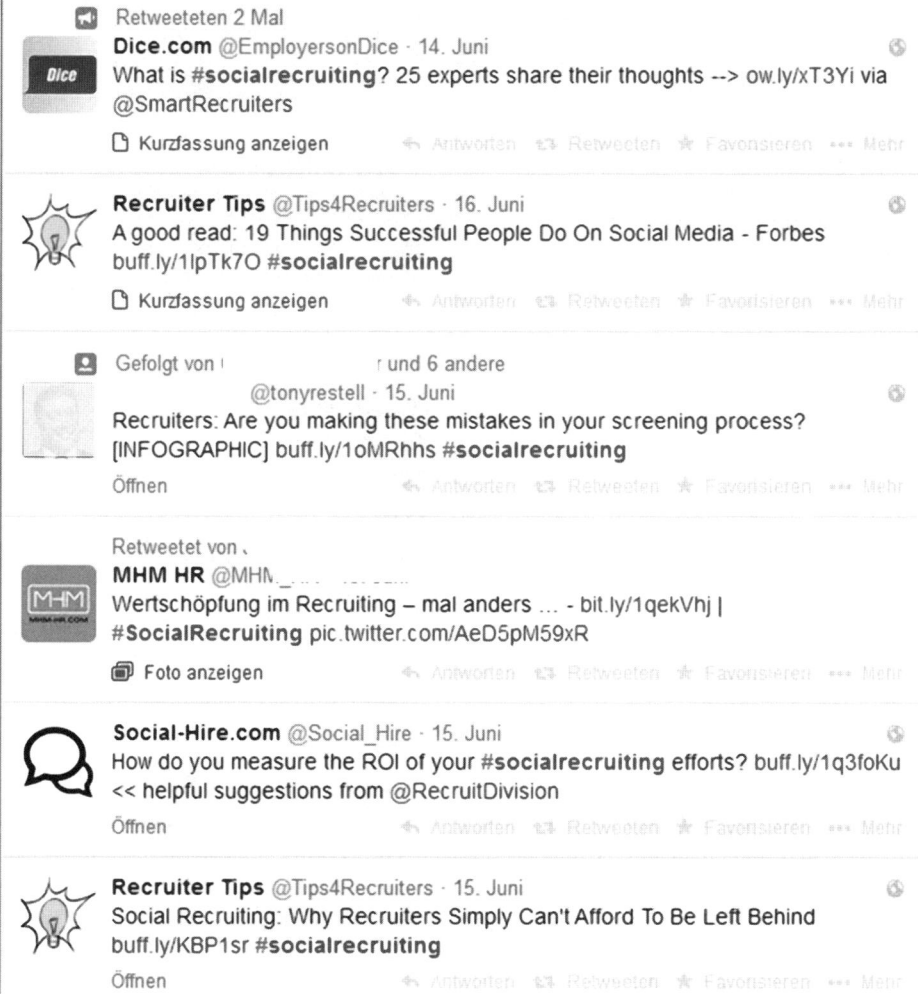

Abb. 9.8 Twitter-Hashtag #socialrecruiting, www.twitter.com – Screenshot vom 18.6.2014

Gerade unter dem Einsatz spezieller Hashtags oder Suchbegriffe erhält man gebündelte Informationen zu speziellen Themen, wie z. B. unter #socialrecruiting (s. Abb. 9.8).

▶ Es gibt fünf Wissensaustausch-Prozesse, sowohl auf persönlicher Ebene als auch auf Unternehmensebene.

1. „Wissensträger" identifizieren
2. Feststellen, welches Wissen vorhanden ist
3. Filterung des benötigten Wissens
4. Wissensübermittlung
5. Wissensvernetzung/Crowdsourcing

Abb. 9.9 Einfaches Twitter-Suchfeld, www.twitter.com – Screenshot vom 18.6.2014

Abb. 9.10 Twitter-Account-Empfehlungen, www.twitter.com – Screenshot vom 18.6.2014

9.3.1 Wissensträger identifizieren

Um zuzuhören, zu lernen oder sich auszutauschen, müssen Sie zuerst die passenden Wissensträger und Gesprächspartner finden. Dies unterstützt Twitter, denn da die meisten Accounts öffentlich sind, kann man durch einfaches Anklicken des Twitter-Follow-Buttons einer identifizierten Quelle folgen. Folgen heißt im Fall von Twitter, dass die Tweets aller Accounts, denen Sie folgen, in Ihrem zentralen Nachrichtenstrom, dem Homefeed, erscheinen.

Es gibt viele Möglichkeiten, Personen oder Unternehmen zu finden, denen Sie folgen können. Hier vier praktische Vorschläge:

- Geben Sie einen bestimmten Fachbegriff oder einen Hashtag in das Twitter-Suchfeld ein und folgen Sie den Accounts mit den interessanten Informationen, zum Beispiel #Socialrecruiting (s. Abb. 9.9).
- Folgen Sie den Account-Empfehlungen, die Twitter Ihnen direkt aufgrund Ihrer bisherigen Interessen und Kontakte vorschlägt (s. Abb. 9.10).
- Oder entscheiden Sie sich, den vielen Tweet-Empfehlungen nachzukommen, die Sie über den Button: „#Entdecken" finden. Nachdem Sie auf diesen geklickt haben, bekommen Sie „Tweets, die für Sie maßgeschneidert sind", angezeigt (s. Abb. 9.11). Nachfolgend bietet Ihnen diese Navigationsleiste auch unter weiteren Reitern Vorschläge von Twitter, wie Sie Freunde auf Twitter finden („Freunde finden"), oder informiert Sie darüber, welche Kommunikation in Ihrem Netzwerk stattgefunden hat („Aktivitäten'), oder zeigt Ihnen aktuell besonders beliebte Accounts („Beliebte Accounts").

Abb. 9.11 #Entdecken – Twitter-Tweet-Empfehlungen, www.twitter.com – Screenshot vom 18.6.2014

- Sie können auch den Accounts folgen, die von Ihnen identifizierte Profis aktiv vorschlagen. Hierzu hat sich ein eigenes Hashtag #ff (FollowFriday) für das Empfehlungsmanagement entwickelt, das tatsächlich auch hauptsächlich am Freitag eingesetzt wird (s. Abb. 9.12).

Abb. 9.12 FollowFriday #ff, www.twitter.com – Screenshot vom 18.6.2014

9.3.2   Feststellen, welches Wissen vorhanden ist

Heute kann es schnell passieren, dass, wenn man sich nicht rechtzeitig auf Veränderungen einstellt, es wirtschaftlich oder rechtlich gefährlich werden kann. Die Möglichkeiten, die Social Recruiting bietet, sind zwar sehr breit, aber einige zentrale Netzwerke wie Twitter sind im Zentrum aller Aktivitäten und damit ein Muss. In welcher Intensität Twitter genutzt wird, ist letztlich von der Adaption abhängig, die das Unternehmen wählt – aber um diese zu finden, muss man zuerst einmal starten. Der Rat der Social-Recruiting-Profis zur Einführung von Social Recruiting lautet auch für Twitter: am Anfang sehr gut zuhören und dann entsprechend üben, um danach die eigene wirkungsvolle Vorgehensweise abzuleiten und zu beginnen.

Durch die konstanten Veränderungen des Webs ist es besonders schwer, das eigene Wissen während des Alltags stetig up to date zu halten. Twitter bietet als idealer Informations-Hotspot einen wirkungsvollen Zugang zu erfolgskritischem Wissen und damit einen Schlüssel zu Produktivität und Profit. Neben den Vorteilen des inhaltlichen Managements bietet Twitter eine fundamentale Hilfe, die eigene Zeit und den Arbeitsaufwand zu managen.

Twitter hat die Twitter-Suche selbst noch anwenderfreundlicher gestaltet. Neben dem kleinen Suchfeld oben rechts auf Ihrer Startseite finden Sie jetzt verschiedene, umfassendere Möglichkeiten, Twitter direkt zu durchsuchen. Sie kommen auf diese umfassenderen Such-Buttons, wenn Sie zuerst auf das kleine Suchfeld oben rechts gehen und eine beliebige Suche starten, oder Sie geben in die Browserzeile https://twitter.com/search ein. Danach erscheint links neben den Suchergebnissen eine weitere Navigationsleiste mit

Suchmöglichkeiten nach Personen, Fotos, Videos und Neuigkeiten; außerdem gibt es die Möglichkeit, die Twitter-Timelines zu durchsuchen oder die „Erweiterte Suche".

9.3.3 Filterung des benötigten Wissens

Twitter ist nicht nur hilfreich, um Informationen zu managen, sondern zeigt seine besondere Stärke als Selbstorganisations-Tool. Wenn Sie festgelegt haben, welches Wissen Sie erlangen und welches Know-how Sie erweitern und pflegen möchten, dann ist der erste sinnvolle Schritt, nach den passenden zentralen Überschriften bzw. Suchbegriffen zu suchen und dem Informationsaustausch rund um diese Begriffe zu folgen.

Hierfür bietet Twitter die etwas umfassendere „Erweiterte Suche". Diese können Sie entweder direkt erreichen, indem Sie in die Browserzeile: https://twitter.com/search-advanced eingeben, oder eine beliebige Suche im einfachen Suchfeld oben rechts starten, wonach Sie die „Erweiterte Suche" in der Navigation links neben den Suchergebnissen auf der Folgeseite finden werden. Diese Suche ermöglicht es, die letzten, aktuellen Tweets nach verschiedenen Suchbegriffen und -kombinationen zu durchsuchen. So können Sie Twitter sogar nach Datum oder Ort auswerten (s. Abb. 9.13 – nächste Seite).

Aber Achtung: Die „Erweiterte Suche" durchsucht nicht die sogenannten „Bios", das ist die Selbstbeschreibung des Twitter-Accounts, sondern nur Tweets. Und es ist ein offenes Geheimnis, dass die eigene Twitter-Suche selbst an Präzision zu wünschen übrig lässt, wenn man äußerst genaue Vorstellungen hat, was oder wen man finden möchte. Hierzu finden Sie mehr unter Abschn. 9.9 (Active Sourcing) in diesem Kapitel.

9.3.4 Wissensübermittlung

Das einfache, schnelle und unkomplizierte Versenden von kurzen Tweets lässt die wichtigste Voraussetzung für erfolgreiche Kommunikation oft in den Hintergrund rutschen: Über den Erfolg einer Maßnahme wird nicht durch das Senden einer Information entschieden, sondern die Maßnahme ist dann erfolgreich, wenn der Empfänger diese Information überhaupt liest und darauf in gewünschter Form reagiert.

Im unendlich großen Meer der Tweets von den richtigen Adressaten wahrgenommen zu werden, hängt somit von Ihrer Strategie und Ihrer Nachhaltigkeit in der Pflege Ihres aktiven Follower-Netzes rund um die jeweilige Informationen, die Sie transportieren möchten, ab. Denn ein einzelner Tweet oder sporadisches „Gezwitscher" wird kaum erfolgreich sein und wichtige Informationen, wie z. B. ein Recruiting-Event oder eine offene Stelle, so weiter transportieren, dass ein passender Kandidat reagiert.

Es ist somit die Kombination der richtigen Tweet-Folge mit den richtigen Inhalten zur richtigen Zeit an die richtig vorbereitete Follower-Gemeinde. Im Grunde dreht es sich bei der Wissensübermittlung also alles darum, dass Sie die Information so zusammenfassen, dass Sie Ihre Empfänger direkt oder über Empfehler indirekt erreichen – und die Informa-

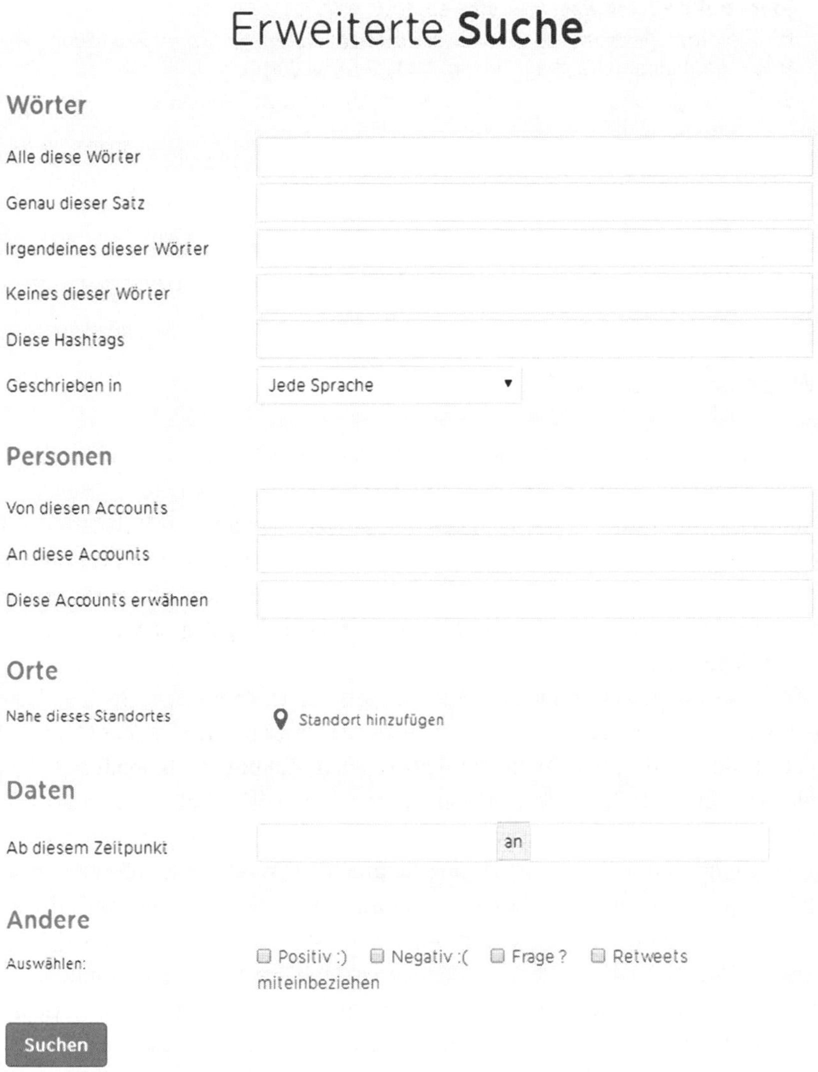

Erweiterte **Suche**

Wörter

Alle diese Wörter	
Genau dieser Satz	
Irgendeines dieser Wörter	
Keines dieser Wörter	
Diese Hashtags	
Geschrieben in	Jede Sprache ▾

Personen

Von diesen Accounts	
An diese Accounts	
Diese Accounts erwähnen	

Orte

Nahe dieses Standortes	⚲ Standort hinzufügen

Daten

Ab diesem Zeitpunkt	an

Andere

Auswählen: ☐ Positiv :) ☐ Negativ :(☐ Frage ? ☐ Retweets miteinbeziehen

Suchen

Abb. 9.13 Advanced Search/Erweiterte Suche, www.twitter.com – Screenshot vom 18.6.2014

tionen zur richtigen Zeit platzieren. Hierbei ist folglich die Verpackung Ihrer Information ebenso wichtig wie der Inhalt, den Sie mitteilen möchten.

Eine besondere Rolle kommt der erfolgreichen Aktivierung Ihrer Gesprächspartner zu. Ein Trick ist die sogenannte Call-to-Action, die Handlungsaufforderung, die ein guter Tweet enthalten sollte. Darunter kann man eine Bitte („Bitte teilen") oder eine Frage

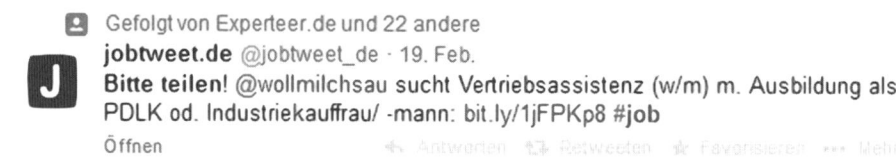

Abb. 9.14 Call-to-Action-Tweet, www.twitter.com – Screenshot vom 18.6.2014

(„Kennt jemand einen …") verstehen. Tweets mit Handlungsaufforderungen haben eine
viel höhere Antwort- und Reaktionsrate, was in Abb. 9.14 verdeutlicht wird.

9.3.5 Wissensvernetzung/Crowdsourcing

Sie haben es bestimmt schon beobachtet: Mitarbeiter, die selbst twittern, identifizieren
Wissensträger schneller, stellen ohne Scheu Fragen und teilen – durch die engeren, direkten Beziehungen – ihre Informationen engagierter mit anderen. So wird Wissen schneller
und flächiger mit weniger Kosten verbreitet und es entsteht eine Wissens-Community.
Wenn diese Community nicht mehr mehrheitlich aus Unternehmensmitgliedern besteht
und sogar Unternehmensprozesse an diese Freizeitarbeiter ausgelagert werden, spricht
man von Crowdsourcing.

In der Zukunft des Social Recruiting werden Informationen über offene Stellen idealerweise sogar ohne größeren Aufwand durch das suchende Unternehmen von der Crowd verteilt und gelöst. Den Medien wie Twitter wird also auch in Zukunft die besondere Aufgabe
erhalten bleiben, vervielfältigte Informationen schnell, vielfach und effizient zu verteilen.
Praktisch bedeutet dies, dass das Netzwerk, die Crowd, auch Ihre offene Stellen ebenso
selbstständig twittert und retweetet, ob es eine Empfehlung ist oder eine Information. Die
Zukunft könnte dann so aussehen, dass der Recruiter via Crowd nur den Anstoß geben
muss – und die Community/Crowd generiert für das suchende Unternehmen Vorschläge.

Wenn man erfolgreich twitternde Unternehmen in den USA beobachtet, kann man sehen, dass dort Schritte in diese Richtung tatsächlich funktionieren und das Hauptmedium
bzw. der Informations-Hotspot in diesen Fällen bereits heute schon Twitter ist.

> ▶ **Zusammenfassung: Twitter für das Wissensmanagement**
> **Stärke:** Schnelligkeit, einfaches Networking, Wissensvernetzung,
> Informations-Hotspot
> **Schwäche:** zusätzliche Tools notwendig, Verknüpfung des Wissens, eigene
> Denkwelt

9.4   Wettbewerbsanalyse: der Konkurrenz immer einen Schritt voraus

Die Wettbewerbsanalyse hat sogar auf Twitter einen eigenen Hashtag: #Wettbewerbsbeobachtung, denn die Beobachtung des Marktes ist ein zentrales Thema des Social Media Monitorings. Social Media Monitoring selbst ist mehr, als nur „Google Alerts"[5] zu setzen und Likes oder auf Twitter Favorites zu zählen. Es sollte – neben der Bewältigung der stetigen Gefahr des „Information-Overloads" – die Zielsetzung verfolgen, Ihre Social-Web-Aktivitäten immer nach den Erfolgschancen auszurichten. Es ist die sinnvolle Überprüfung Ihres Einsatzes, Ihres Status und der notwendige Abgleich, ob Ihre Strategien, Taktiken, aber auch Prozesse und Tools (immer noch) zielführend sind.

Im Recruiting ist das Social Media Monitoring für folgende Bereiche möglich

- **Social-Recruiting-Strategie,** z. B. Kanal-Tracking, Strategie- und Prozessüberprüfung
- **Talent-Management,** z. B. Erkennen der Erwartungen, Kommunikationsmuster, Aufenthaltsorte Ihrer Talente
- **Recruiting-Maßnahmen anderer Unternehmen,** z. B. Ihrer Wettbewerber
- **Talentmarktentwicklungen,** z. B. Veränderungen von Job-Titeln, fachlichen Interessen
- **Themenmanagement,** z. B. Inhalte der Tweets ausrichten
- **Kampagnenausrichtung,** z. B. im Hochschulmarketing
- **Innovationsmanagement,** z. B. Bewertung des Wissensstandes im eigenen Unternehmen
- **Dienstleistermanagement,** z. B. Identifizieren und Beobachten

---

Twitter selbst bietet für das Recruiting mehrere Möglichkeiten, Social Media Monitoring durchzuführen, wie z. B. Listen mit den Twitter-Accounts Ihrer Wettbewerber zu erstellen oder regelmäßige Hashtag-Suchen in den Twitter-Suchen. Die einfachsten Möglichkeiten der Wettbewerbsanalyse bieten Tools wie Applikationen oder Social Media Dashboards, die Ihre Informationsabfragen nicht nur automatisieren und vereinfachen, sondern bereits für Sie dabei auswerten. Tabelle 9.1 zeigt eine kleine Auswahl an möglichen Tools.

▶   **Zusammenfassung: Twitter für die Wettbewerbsanalyse**
   Stärke: aktuell, direkt, Wissensvernetzung, Informations-Hotspot
   Schwäche: Nachhaltigkeit gefordert, zusätzliche Tools notwendig

---

[5] Google Alerts sind automatische E-Mail-Benachrichtigungen über die neuesten Google-Ergebnisse für Ihre zuvor festgelegten Suchanfragen: http://www.google.com/alerts.

Tab. 9.1 Social Media Tools für Twitter

TwitterCounter	http://twittercounter.com/	Analyse und Vergleich von Twitter-Accounts	Basisversion ist kostenlos, automatische E-Mail-Benachrichtigung einstellbar
Twitterfall	http://twitterfall.com	Tweets nach Listen, Stichworten, Suchen, Orten durchsuchen, Tweets nach Kriterien selektierbar wie Sprache – Tweets fallen herunter wie ein Wasserfall	Kostenlos – Anmeldung einmal nötig – speichert die Suchen
Who-unfollowed me	http://who.unfollowed.me	Listet Twitter-Accounts auf, die einem nicht mehr folgen	Kostenlos – Anmeldung einmal nötig
Tweetreach	http://tweetreach.com	Hervorragendes Reichweiten-Tool für Keyworte und Hashtags, Vorausberechnungen möglich	Kostenlos – in der Proversion fährt es zu festgelegten Termini automatische Auswertungen
Topsy	http://topsy.com	Real-Time – Suchmaschine – durchsucht die Tweets der letzten fünf Jahre nach Wörtern, URLs, User, Hashtags, Orten, genauen Zeitspannen	Kostenlos – pro Account für regelmäßige Auswertungen möglich
Twilert	http://www.twilert.com	Benachrichtigt Sie, wenn Ihr Name oder ein bestimmtes Wort oder Hashtag in Tweets genannt wird	14 Tage kostenlos, dann verschiedene Account-Möglichkeiten
Hootsuite	http://hootsuite.com	Tool für das Management von Social Media – Dashboard mit vielen verschiedenen Möglichkeiten, direkt aus einem Account zu kommunizieren, Kommunikation vorher zu planen, zu monitoren und auszuwerten	Pflege von drei Accounts in Social Media kostenlos, nächste Stufe bis 100 Profile in Social Media für kleinen Betrag möglich, auch Teammanagement machbar

Von der Autorin ausgewählte Tool-Sammlung – es gibt eine Vielzahl an weiteren guten Tools

9.5 Talent Attraction: sich im Wettbewerb um die Besten richtig in Stellung bringen

Twitter bietet für Unternehmen und Recruiter gleichermaßen einige sehr effektive Möglichkeiten, sich attraktiv für seine talentierten zukünftigen Mitarbeiter bzw. die entsprechenden Empfehler in Stellung zu bringen.

Bisher haben Unternehmen in der Realen Welt einerseits klassisches und generelles Personalmarketing betrieben, wobei Unternehmenspräsentation und Stellenanzeigen stark vom Corporate-Identity-Gedanken geprägt und von der Marketingabteilung bzw. nach Abstimmung mit den für Public Relations Verantwortlichen erstellt und beherrscht wurden. Marketingabteilungen und PR-Spezialisten gaben bei beginnendem „War for Talents" keinen einzigen Zentimeter ihres hart erkämpften Terrains der Hoheit über alle Marketingmaßnahmen preis. Auch dank Media-Agenturen, die deren Interessen teilten, wurde bei allen Online-Maßnahmen das „Media" in Social Media Recruiting in den Vordergrund geschoben – und nicht das „Social".

Durch diese Historie bedingt, ist der unterstützende Einsatz von Social-Web-Technologien bisher mehrheitlich auf die bereits existierenden Beziehungen zu Kandidaten fixiert, z. B. in Bewerbermanagement-Systemen wie sogenannten „Applicant-Tracking-Systemen" (ATI).

Der Weg, den ein an einer offenen Stelle interessierter Kandidat geht, und die Entscheidungskriterien und -prozesse, die ihm im Laufe seiner Jobsuche bzw. Karriereentscheidung wichtig sind, stehen im klassischen Recruiting nicht im Fokus. Faktisch ist damit einfach nur das Personalmarketing online gegangen, aber noch nicht per se „social".

Heute empfehlen deshalb Social-Recruiting-Experten, den Weg eines Kandidaten vom Beginn seiner Stellensuche an (mit der Entscheidung für eine Karriere) bis zu seinem Jobantritt – die sogenannte „Candidate Journey" – genauer unter die Lupe zu nehmen und die Ergebnisse nicht nur in den Mittelpunkt der Talent-Attraction-Strategien, sondern der gesamten Recruiting-, Talent- und Akquisitionsplanungen, Bemühungen sowie aller praktischen Recruiting-Maßnahmen zu stellen.

9.5.1 Employer Branding

Unter dem Stichwort „Employer Branding" findet folglich nicht einfach das Personalmarketing im Web statt. Sondern erfolgreiches Employer Branding hat das Ziel, ein Unternehmen online so in Position zu bringen, dass potenzielle Kandidaten nicht nur angezogen werden (Talent Attraction), sondern diese mit Ihnen auch für beide Seiten erfolgreiche Dialoge führen (Talent Acquisition). Selbstverständlich auf eine effiziente, professionelle und von Social-Web-Technologien unterstützte Weise.

Dies ist leichter, als viele sich vorstellen, denn heute betrachten die meisten Talente ein kurzes Dankeschön für ein Like oder einen Retweet bereits als positiven Dialog.

Deshalb gleich vorweg: Es gibt kein „perfektes" Twitter-Profil, weder für Personen noch für Unternehmen. Denn Ihre „Marke" auf Twitter entsteht durch den Eindruck, den ein Leser oder Follower hat, der Ihr Profil aufruft und Ihre Kommunikation liest. Und dazu muss er Sie überhaupt bemerkt und wahrgenommen haben. Und das ist in der Vielfalt und der Weite des Webs ausgesprochen schwer und fordert weniger Ihren Marketingeinsatz als mehr Ihre vertriebliche Kompetenz. Denn Informationen verkaufen nicht, sondern nur Gefühle und Beziehungen zu Menschen. Die Beziehungspflege hat damit, wenn Sie Twitter beruflich nutzen, einen vertrieblichen Aspekt.

Vertriebliche Aktivitäten sind gerade in einem Nachrichtensystem wie Twitter, in dem sich Menschen mehrheitlich zum Informationsaustausch aufhalten, nicht schwer. Erfolgreiches Talent Attraction beginnt mit dem Aufbau und der Pflege eines richtigen Netzwerks und mit einer Mixkommunikation von Informationen mit etwas persönlicher Beimischung.

Ein schönes Beispiel ist der Twitter-Account oder besser: das Twitter-Team des Accounts DB-Karriere, wie Abb. 9.15 zeigt. Sie schaffen es durch ihren guten Mix von viel Information mit Persönlichkeit immer wieder, dass sogar ein eigentlich langweiliges und derzeit sogar schwierig zu besetzendes Jobangebot eines Auszubildenden zum Lokomotivführer nicht nur favorisiert, sondern sogar retweetet wird (s. Abb. 9.16).

Abb. 9.15 DB-Account – Employer-Branding-Beispiel, www.twitter.com – Screenshot vom 18.6.2014

Abb. 9.16 DB-Account-Tweet, www.twitter.com – Screenshot vom 18.6.2014

▶   Deshalb zwei zentrale Tipps für das Twitter-Employer-Branding
    •   Nützen Sie gezielt sowohl die Chancen des Twitter „Bios", also die Personen-
        bzw. Unternehmens-Kurzbeschreibungen der 160 Zeichen des Twitter-Ac-
        counts, als auch der Timelines und des Hintergrunds Ihres Twitter-Accounts,
        um Talente zu binden und nicht nur anzuziehen oder zu informieren, nach
        dem Motto: keine Emotionen, keine Talente.
    •   Stellen Sie sicher, dass Sie den richtigen Mix zwischen mehrheitlichen Infor-
        mationen und Netzwerken haben, also Ihre wichtigen Nachrichten gut mit
        Persönlichem verbinden. Halten Sie dabei die Balance und bleiben Sie pro-
        fessionell. Achten Sie darauf, dass Sie nie zu „werberisch" oder gar marke-
        tinglastig twittern, und vermeiden Sie Wiederholungen, die schnell als Spam
        wahrgenommen werden könnten.

9.5.2 Personal Branding

Eine „Persönliche Marke" (Personal Brand) benötigen Sie, um nicht nur zu zeigen, wer
Sie persönlich sind und was sie tun, sondern um eine notwendige soziale Reputation aufzubauen und zu halten. Sie ist bei jeder Kontaktaufnahme, ob mit Kunden, mit Ihrem
Netzwerk oder mit Kandidaten, Ihre Visitenkarte. Kurz: Was in Google über Sie steht, ist
heute Ihre Reputation, Ihr Ruf und auch das, was das Personal Branding ausmacht.

Aber was ist die „Persönliche Marke"?
Es gibt viele Definitionen dafür – wenn man den Begriff googelt, findet man so viele
unterschiedliche Auslegungen wie Personal-Branding-Trainer. Die einfachste Definition
ist: Ihre Personal Brand ist das, was Sie ausmacht, wer Sie sind, was Sie beruflich machen

– und was Sie privat tun. Im Grunde fließen heute durch die Verschmelzung von Social Media mit der Realen Welt immer mehr persönliche Dinge in die berufliche Welt und umgekehrt ein und sind nicht mehr zu trennen.

Facebook wird immer noch mehrheitlich privat eingesetzt und dort werden Fotos mit Freunden und der Familie geteilt und mehrheitlich private Kontakte geknüpft. Es ist somit nicht wirklich der Ort für Ihr erfolgreiches und sinnvolles Personal Branding. Die Business-Netzwerke XING und LinkedIn sind umgekehrt virtuelle Orte, die im Grunde und im Wesentlichen beruflich genutzt werden. Die Pflege persönlicher Beziehungen steht nicht im Vordergrund, da alle daran interessiert sind, sich dort eine rein professionelle Identität zu erhalten.

Alleine Twitter lässt Ihre echte Persönlichkeit durchscheinen. Denn alles, was Sie tun, findet bei Twitter in der Öffentlichkeit statt (es sei denn, Sie haben einen nicht öffentlichen Account). Via Twitter informieren Manager über die letzten Meetings, offene Stellen – und informieren ihre Follower gleichzeitig, wann sie wo am Flughafen einchecken, kommentieren Zugverspätungen oder zeigen Freude über neue Aufträge. Oder melden einfach, dass sie endlich zu Hause angekommen sind.

Und genau das ist es, was den Informationsaustausch für die Follower interessant macht und sie bindet. Sie haben so die Möglichkeit, mit Meinungsführern und Führungskräften in direkten Austausch zu treten, von ihnen zu lernen, an ihrem – wenn auch meist beruflichen – Leben teilzuhaben. Ein Beispiel für ein Twitter-Profil zeigt Abb. 9.17.

Durch diese kleinen und großen persönlichen Einflüsse werden alle weiteren Informationen glaubwürdiger, interessanter – und Hilferufe, Bitten oder Fragen werden ent-

Abb. 9.17 Twitter-Profil Ralph Dannhäuser, www.twitter.com – Screenshot vom 16.6.2014

sprechend unterstützt. Die Attribute, die Ihre Follower Ihnen geben, geben Sie auch Ihren Informationen und Nachrichten, die Sie transportieren möchten.

Auf Twitter wird der soziale Grundgedanke der drei „Social E" (Educate, Engage, Entertain) gelebt, und deshalb empfehlen wir Ihnen, die Inhalte Ihrer Tweets entsprechend dieser Regel zu gestalten:

Die drei goldenen „Social E"

Sinn und Zweck von Social Media und damit auch von Twitter ist die Kommunikation – also ist ein Posting oder ein Tweet keine L'art-pour-l'art-Veranstaltung, sondern hat das Ziel, den Leser zu erreichen. Es gibt nichts Frustrierenderes und Langweiligeres, als ausschließlich unpersönliche Aneinanderreihungen von sachlichen Tweets, wie Infos über offene Stellen, Meeting-Termine oder allgemeine Nachrichten, zu lesen. Um Tweets persönlicher und ansprechender zu gestalten, empfehlen wir Ihnen, diese inhaltlich einem der drei goldenen „Social E" zuzuordnen:

Educate (Erziehen) – Idealerweise sollten Sie Ihren Followern unterstützende Informationen, Neuigkeiten oder Hilfen in der Form bieten, dass sie diese als wertvoll betrachten und nicht umhin können, anderen über ihr neu erworbenes Wissen zu berichten oder Ihnen zumindest weiterhin aktiv zu folgen und zuzuhören.

Engage (Engagieren) – Stellen Sie Fragen oder versuchen Sie eine Diskussion zu beginnen, seien Sie persönlich, offen und interessiert, fordern Sie Ihre Follower zu einer Aktion auf, oder bitten Sie diese um Kommentare oder auch um das Teilen ihrer Information. Wichtig ist, dass Sie aktiv in Interaktion treten und keine rhetorischen Fragen stellen – Sie werden schnell entlarvt werden.

Entertain (Unterhalten) – Im Grund ist es einfach, Ihr Publikum zu unterhalten, nämlich indem Sie persönlich und professionell, aber offen sind. Niemand erwartet eine komplette Öffnung, aber wenn Sie hin und wieder Interesse zeigen, Ihre Meinung äußern, Freude und Glück teilen, macht Sie das als Person attraktiv und Ihr Unternehmen macht es glaubwürdig. Und nur so werden Ihre Informationen mit den gleichen Attributen versehen. Auch bei 140 Zeichen auf Twitter können Menschen noch spüren, ob Sie aufrichtig sind oder nur eine Show darbieten. Sogar Fehler binden mehr als glatte, medial korrekte, aber „maschinengewehrartige Salven" von Tweets. Ihre Follower werden Ihnen Ihre Offenheit mit Kommunikation und Treue danken.

► **Zusammenfassung: Twitter für Talent Attraction**
Stärke: „Social" – ideale Mischung zwischen „persönlich" und Information, gutes Netzwerken.
Schwäche: nur indirekt, konstante Interaktion und Steuerung sind notwendig.

9.6 Recruiting-SEO: Es geht auch einfach, indem Sie über Suchmaschinen gefunden werden

Die Möglichkeiten und die Wirkungsfähigkeit von Suchmaschinenoptimierung (SEO) für das Recruiting bleiben häufig ungenutzt. Denn viele übersehen, dass auch Kandidaten sich ihren Job „googeln": 74 % der Bewerber nutzen Google für ihre Suche nach einer neuen Herausforderung, so eine Studie der Jobbörse CareerBuilder.[6]

Deshalb empfehlen Social-Recruiting-Experten, die sogenannte „Candidate Journey", (s. oben) genauer unter die Lupe zu nehmen und die Ergebnisse in den Mittelpunkt der Recruiting-Strategien zu stellen. Hierbei unterstützt das Recruiting-SEO auch alle passiven Maßnahmen wie Stellenanzeigen oder Websites und auch die aktiven Maßnahmen wie Active Sourcing oder Executive Search und hat das Ziel, die potenziellen Kandidaten bereits an den anderen, weiteren Schnittstellen abzupassen.

Es gibt kurzfristige und langfristige SEO-Recruiting-Ziele, wobei es eine Frage der Ziele ist, was die richtige Kombination und Strategie ist. Zum Beispiel macht es sehr viel Sinn, jeweils kurzfristig für punktuelle, aktuelle Vakanzen gute, gezielte Platzierungen von Stellenanzeigen auf den ersten Trefferseiten bei Google und Co. zu den richtigen Keywords zu erreichen, wenn der akute Bedarf besteht.

> **Darüber hinaus ist es aber sinnvoll, alle weiteren Möglichkeiten, die Suchmaschinen positiv zu beeinflussen, in die Recruiting-Strategie einzubauen, wie zum Beispiel**

- auf soziale Kommunikation ausgelegte Karriere-Websites,
- Blogs,
- Social Job-Posting,
- Talent Networking,
- ein responsive-optimierter Webauftritt
- und Recrutainment.

Hierbei spielt das auf Kommunikation und Informationstransfer ausgelegte Twitter eine ganz zentrale Rolle. Einerseits interagiert es intensiv mit Google und kann so große Recruiting-Wirkung entfalten. Um dies einfach auszudrücken: Die Algorithmen von Google präferieren sowohl die vorgegebenen Suchbegriffe (z. B. aus der platzierten, bezahlten Werbung, etwa durch Google Adwords) als auch andererseits die intensive Kommunikation in der Verbindung mit guten Inhalten:

- (weiter-) getwitterte und geteilte Inhalte;
- auf Twitter favorisierte Inhalte;
- Inhalte, die retweetet wurden;
- Inhalte, zu denen eine intensive Kommunikation entstand;
- Inhalte mit Bildern, Videos, wichtigen Keywords.

---

[6] http://careerbuildercommunications.com/candidatebehavior/#sthash.aN2tGYzY.dpbs, zugegriffen: 16.06.2014.

Kurz: „Content ist King". Gemeint ist damit, dass sich guter Inhalt von alleine verbreitet, verlinkt wird und auch entsprechend zu einer Interaktion und Kommunikation führt. Im Zusammenhang mit der Steuerung und einer Positionierung in Google bedeutet dies für das Twitter-Recruiting: Teilen Sie gute Inhalte, planen Sie dies sorgfältig und stimmen Sie dies mit den weiteren Maßnahmen Ihrer Recruiting-Strategie ab – aber überprüfen Sie auch die Reaktion und korrigieren Sie Inhalte und Richtung ständig. Und was gute Inhalte sind, entscheiden Ihre Follower.

Ein praktisches Beispiel wäre, wenn Sie eine Karriereseite mit einem suchmaschinenoptimierten Blog haben und ein neues Jobangebot (SEO-optimiert für Suchmaschinen und für Kandidaten) auf diese Karriereseite einstellen. Dann wird die Suchmaschine dieses neue Jobangebot schnell finden. Und bereits hoch ranken. Wenn Sie danach allerdings den Link via Twitter und anderen sozialen Netzwerken professionell posten, werden die Suchmaschinen den Rank verbessern – einen Top-Rank erhalten Sie, wenn verschieden Accounts den gleichen Link verteilen und in irgendeiner Weise kommunizieren. Je intensiver die Kommunikation, umso höher das Ranking.

Die meisten der auf Anzeigen bezogenen, rein technischen SEO-Keyword-Strategien sind sehr kostenintensiv und schon nach ein paar Tagen, spätestens nach ein paar Wochen veraltet. Auch sind die extrem Keyword-optimierten Anzeigen schwer zu lesen und selten ansprechend. Während dagegen guter Inhalt vielfach sogar dauerhaft im Web gefunden wird und zu einer entsprechenden Positionierung führt. Einzelne Tweets können dennoch hervorragend dazu beitragen, kurzfristiges Stellenanzeigen-SEO zu unterstützen, auch wenn Tweets selbst nur eine kurzfristige direkte Wirkung haben. Die Summe der Tweets, Links und Kommunikation erzeugt allerdings, kombiniert mit einer einfachen, auf Austausch ausgerichteten Strategie, sogar sehr viel wirkungsvoller (nebenbei auch kostengünstiger) dauerhafte Recruiting-Suchmaschinenoptimierung.

Recruiting-SEO findet also die Balance zwischen der rein technischen Suchmaschinenoptimierung (Google Adwords) und der Optimierung auf die Reaktion der möglichen Kandidaten.

▶   **Zusammenfassung: Twitter für die Recruiting-Suchmaschinenoptimierung**
     Stärke: Nähe zu Google, Informationsverteiler, Netzwerken, kann klassische Maßnahmen ersetzen.
     Schwäche: Kommunikation muss stetig gesteuert und überwacht werden.

9.7   Talentnetzwerk: Ihr Kandidatennetzwerk erweitern und pflegen

Wenn Ihr Unternehmen nun einen Twitter-Account hat, aber nicht viele Anhänger, gibt es Tricks für die Erweiterung Ihres Netzwerks und den Auf- und Ausbau von Beziehungen mit Kunden bzw. Kandidaten. Dazu möchte ich vorweg festhalten: Twitter ist zwar eine schnelle Plattform, die sehr gut geeignet ist zur Kommunikation, aber Twitter ausschließlich zur Pflege eines Talentpools oder einer interaktiven Talent-Community zu nutzen, ist aufgrund der mehrheitlich öffentlichen Kommunikation nicht empfehlenswert. Auch hier gilt: Twitter ist ein hervorragendes, ergänzendes Tool, besonders um Kontakte zu generieren und Kommunikation zu starten, zu informieren und einfach Ihr Netzwerk in Gang zu halten.

TRICK 1: Schnelle Suche zum Aufbau eines Netzwerkes
Führen Sie eine schnelle Suche auf Twitter (einfache Suche: search.twitter.com) zu einem für Sie und Ihr Unternehmen wichtigen Thema/Keyword durch (s. Abb. 9.18). Suchen Sie deutsche Follower, deshalb sollten sie auch ein deutsches Keyword einsetzen.

TRICK 2: Ihr Twitter-Profil
Es wird oft unterschätzt, welche Wirkung das Twitter-Profil hat – Ihre potenziellen Kandidaten überprüfen Ihren Twitter-Account und Ihr Twitter-Profil und entscheiden in nur ein paar Sekunden, ob sie weiterlesen oder vielleicht auf Ihre Nachricht, Ihr Stellenangebot, Ihre Anfrage antworten werden. Sie müssen auf einen Blick wissen, wer Sie sind und was Ihre Marke bzw. Ihre Persönlichkeit ausmacht, ob man es hier mit einem Unternehmen oder einer Persönlichkeit zu tun hat.

Twitter-Profile haben einen doppelten Vorteil: Niemand sieht, wer Ihr Profil besucht hat, und dort kann ein Kandidat mehr über die Persönlichkeit seines Ansprechpartners erfahren als auf den rein beruflichen Social-Media-Portalen wie LinkedIn oder XING oder im mehrheitlich privaten Netzwerk Facebook. Der zweite Vorteil ist das natürliche Zusammenspiel via Kommunikation von Twitter und Google, und bezüglich der Positionierung in Google ist dies sogar durchschlagend: Werden Sie gegoogelt, dann ist Ihr Twitter-Profil fast immer unter den ersten fünf Ergebnissen, selbst wenn Sie nur ein wenig twittern.

Abb. 9.18 Twitter – Einfache Suche, www.twitter.com – Screenshot vom 20.6.2014

TRICK 3: Gezielte Verlinkung

Social-Media-Portale (und auch Twitter) sind keine Inseln – im Gegenteil, sie nützen die Effizienz des Netzwerks, indem Sie die Chancen ergreifen, die sich aus der Verknüpfung der sozialen Netzwerke und Blogs ergeben. Verlinken Sie als Erstes Ihre Website mit Ihrem Twitter-Account und umgekehrt – viele Menschen werden beides verifizieren – und so steigt Ihre Online-Glaubwürdigkeit.

TRICK 4: Achten Sie auf aktuelle Trends

Überprüfen Sie konstant Ihren Twitter-Stream, und filtern Sie das für Sie Wichtige aus den Schlagzeilen heraus, um die Stimmung unter den Überschriften „das Gute, das Schlechte und das Hässliche" zu erfassen. So brauchen Sie immer weniger Zeit, um zu erkennen, welche Twitter-Schlagzeilen für Sie wichtig sind, und können Ihre Tweets und Retweets für Ihre Follower auf den aktuellen Trend abstimmen.

Denn Studien aus den USA haben gezeigt, dass Ihre Conversion-Rate von Tweets in Retweets oder Clicks sich durch einen Link im richtigen Zusammenhang um 73 % erhöht, wenn Sie eine überzeugende und derzeit attraktive Überschrift verwenden (s. Abb. 9.19).

TRICK 5: Visual Tweets

Der Vorteil der sogenannten „Visual Tweets" liegt auf der Hand oder besser: fällt ins Auge. Bei diesen Tweets werden im Strom die Bilder, ohne dass man klicken muss, angezeigt:

- Tweets mit Bildern erhalten 89 % mehr Favorits (entspricht Likes bei Facebook).
- Tweets mit Bildern erhalten 18 % mehr Klicks als solche ohne.
- Tweets mit Bildern erhalten 150 % mehr Retweets.[7]

Abb. 9.19 Tweet-Headline, www.twitter.com – Screenshot vom 16.6.2014

Gefolgt von Cornel Müller und 17 andere
ZEIT Stellenmarkt @DIEZEIT_Jobs · 44 Min.
#Job in **#Bayern** : stellvertretenden Wissenschaftlichen Koordinator (m/w):
Friedrich-Alexander-Universität Erla... bit.ly/1yi3kaT

☐ Öffnen

Z ZEIT ONLINE

Stellvertretender Wissenschaftlicher Koordinator (m/w)

Hauptaufgabe ist die Koordination und Vertretung der
Nutzerinteressen bei der Abwicklung des Neubau-
vorhabens „Interdisziplinäres Zentrum für Nanostrukturierte
Filme" des Exzellenzclusters EAM. Die...

Anzeigen auf web

Abb. 9.20 Visual Tweet Job-Beispiel – www.twitter.com – Screenshot vom 16.6.2014

Nicht jeder Tweet sollte visuell sein – doch gezielte Platzierung von Employer-Branding-Maßnahmen oder offenen Stellen ist auf diese Weise sehr effektvoll, wie Abb. 9.20 veranschaulicht.

TRICK 6: Die richtigen Hashtags

Sie sollten immer auf die hochkarätige Verwendung der richtigen #Hashtags für den richtigen Zweck achten und diese exponiert positionieren, idealerweise im ersten Drittel des Tweets (s. Abb. 9.21). Bei Hashtags ist weniger mehr!

Hashtags sind ein guter Weg, um Ihre Tweets hervorzuheben, aber auch, um Menschen auf der Suche nach allgemeinen Themen zu Ihnen zu führen. Die richtigen Hashtags zu finden, ist mehr eine Kunst als eine Wissenschaft, und diese Kunst verändert sich ständig. Umso wichtiger ist die Beobachtung Ihrer Talente zu Ihren Themen und deren Verhalten – und letztlich entscheidend sind die Hashtags, auf die Ihre Talente reagieren.

TRICK 7: Hilfen nützen

Es heißt, dass soziale Netzwerke Kommunikationsplätze sind. Deshalb ist für Vertrieb und Marketing maximal die Gesprächsanbahnung erlaubt. Ein Portal darf und sollte nicht als Marketingplattform gesehen und genützt werden. In der Konsequenz lehnen deshalb Social-Media-Puristen alle Automatisierungen ab.

Aber für das ohnehin stark durch fremde Impulse beeinflusste Recruiting sind Hilfen eine große Chance und wichtiger Support. Mit Tools wie Social Media Dashboards, z. B. Hootsuite (www.hootsuite.com) oder die größere Lösung der Inbound-Marketing-Software von Hubspot (www.hubspot.de) oder von Marketo (www.marketo.com), können Sie sich Ihre Aufgabe des Social-Media-Managements erleichtern. Sie können Konten (LinkedIn, Facebook, Foursquare etc.) synchronisieren, Posts vorausplanen und Auswertungen fahren. So aktualisieren Sie alle auf einmal – es ist eine brillante Lösung für die Verwaltung mehrerer sozialer Netzwerke.

Doch Software kann keine persönliche Kommunikation übernehmen, deshalb sollten diese Tools immer nur arbeitserleichternd und nicht als Ersatz eingesetzt werden.

Abb. 9.21 Hashtag Fachkräftemangel

TRICK 8: Pflegen Sie Ihr Netzwerk

Arbeiten Sie ständig weiter am Aufbau Ihrer Twitter-Follower. Einer der Schlüssel zum Netzwerkerfolg ist das Reziprozitätsprinzip. Wenn Sie aktiv relevanten Personen folgen, fühlen diese eine gewisse Verpflichtung, Ihnen zurückzufolgen. Der Erfolg beruht nur noch darauf, dass Sie Ihre (Key-) Follower motivieren können, Ihren wertvollen Content mit dem Link zu Ihrer Website zu teilen.

Genau wie im E-Mail-Marketing (dort heißt es „unsubscribe" – also „abmelden") gibt es auch die Möglichkeit in Twitter, durch „unfollow" Follower zu verlieren. Hier und da ein paar Follower zu verlieren ist keine Besonderheit, aber es ist wichtig zu beobachten, wie Ihr Beliebtheitsgrad unter Ihren Anhängern ist.

TRICK 9: Erwähnungen – Mentions

Die Mention-Taktik – also andere zu erwähnen, um damit Retweets zu erzeugen und im Stream wahrgenommen zu werden, ist ausgesprochen effektiv und ein wichtiges Netzwerkmedium. Dies kann zu einer sehr umfangreichen Follower-Gemeinde führen und gleichzeitig auch die Reputation deutlich steigern. Es macht Sinn, sich nicht nur auf seine potenziellen Kandidaten zu konzentrieren, sondern auch auf Empfehler und besonders beliebte Twitterer zu achten.

TRICK 10: Ein Dankeschön ist wichtig

Engagement ist ein Begriff, der oft überstrapaziert wird, häufig zu seinem Nachteil auf Social Media. Was es wirklich bedeutet, ist, dass man Menschen dankt, die Ihre Inhalte teilen (s. Abb. 9.22). So ermöglichen Sie Twitter-Gespräche, machen sich und Ihren Account interessanter – und mehr Personen hören Ihnen zu und lesen mit.

Eva Zils @eva_zils · 14. Mai
RT @sandra_petschar: Neue Analyse von @eva_zils: Marktanteile neue Jobs auf deutschen Jobbörsen online-recruiting.net/marktanteile-n... - **danke für Tweet!**

Abb. 9.22 Twitter-Danke, www.twitter.com – Screenshot vom 16.6.2014

▶ **Zusammenfassung: Twitter für das Netzwerken**
Stärke: einfaches Networking, Wissensmanagement.
Schwäche: keine Beziehungstiefe, stetiges Monitoring erforderlich.

9.8 Social Personalmarketing: offene Stellen twittern und damit im ganzen Social-Media-System verbreiten

Twitter funktioniert natürlich nicht so, dass man sich anmeldet und sofort Zulauf bekommt. Aber Übung macht bekanntlich den Meister, offene Stellen – richtig – twittern, ist ein guter Anfang.

Nach Ihren ersten Schritten auf Twitter (indem Sie Ihren Account eingerichtet und die ersten Follower geniert und Kontakte geknüpft haben) ist sicherlich Ihr nächstes Ziel als Recruiter, offene Stellen und Informationen über mögliche Vakanzen und Recruiting-Maßnahmen via Twitter zu teilen.

Zwei Dinge sind dazu wichtig: Ausschließlich Stellenangebote zu twittern, ist nicht unbedingt attraktiv. Aber über mögliche interessante Positionen zu informieren, ist ein guter Anfang. Ziel sollte ebenso sein, dass Sie nicht nur Ihre offenen Stellen möglichen Kandidaten mitteilen bzw. diese so ausschreiben, dass diese sie in Twitter finden. Sondern, dass auch Freunde dieser Follower und wiederum deren Freunde diese Stellen finden, als interessant bewerten und retweeten – idealerweise sogar über ein anderes soziales Netzwerk verbreiten. Es geht also beim „Job-Twittern" wesentlich um ein erfolgreiches Empfehlungsmanagement.

Da Sie auf Twitter nur die bekannten 140 Zeichen zur Verfügung haben, um sich mitzuteilen, macht es keinen Sinn, sich mit langen formellen Einleitungen aufzuhalten. Tweets sollten direkt sein und die wesentlichen Jobelemente enthalten.

TIPP 1: Handlungsaufforderung
Es ist klug und Erfolg versprechend, Ihren Job-Tweet mit Handlungsaufforderung(en) zu versehen – das schaffen Sie ideal mit einem Verb oder einem Imperativ, wie Abb. 9.23 zeigt.

Oder Sie bitten um Weiterleitung, indem Sie direkt sagen, was Sie suchen, und Ihren Tweet mit dem Link zur Stellenanzeige verbinden – am besten auf Ihrer Website, sodass weitere Stellenanzeigen gefunden werden können (s. Abb. 9.24).

Abb. 9.23 Tweet mit Handlungsaufforderung, www.twitter.com – Screenshot vom 18.6.2014

Telekom Karriere @TelekomKarriere · 25. Feb.

Das Cyber Defense Center sucht Dich! Werde Junior Analyst in Bonn bit.ly/1fYPlAo. #Job #bewerben #Stellenangebote #Jobsuche

↩   ♺ 2   ★ 2   •••

TIPP 2: Job-Posting-Hashtags

Mein zweiter Tipp lautet: Um Ihren Job leichter auffindbar zu machen, sollten Sie Hashtags verwenden. Obwohl man die Regel hat, Hashtags sonst an den Schluss zu stellen, hat es sich aufgrund der Lesbarkeit bei Jobs eingebürgert, die wichtigen Hashtags voranzustellen. Sie können mehr als ein Hashtag in Ihrem Tweet verwenden, aber denken Sie daran, dass Ihre Zeichen begrenzt sind, deshalb sollten Sie die Hashtags strategisch einsetzen – aber die Lesbarkeit erhalten. Abb. 9.25 zeigt ein Beispiel.

TIPP 3: Nicht zu formell!

Die Hochsprache tritt in Social Media immer mehr in den Hintergrund und macht einer neuen „Sprech-Schreib-Sprache" Platz, die persönlicher und nicht formell ist. In dieser wird sogar getwittert und damit sehr viel eher Kommunikation gestartet als mit purer sachlicher Information. Das heißt: Zu formell ist unpersönlich, aber gleichzeitig muss man unbedingt darauf achten, nicht zu persönlich zu werden, denn dies wirkt wieder unprofessionell. Abbildung 9.26 verdeutlicht, dass die richtige Mischung Erfolg auf allen Ebenen hat.

Abb. 9.24 Tweet mit Bitte um Weiterleitung, www.twitter.com – Screenshot vom 18.6.2014

Abb. 9.25 Hashtag Beispiel 1, www.twitter.com – Screenshot vom 18.6.2014

Retweeteten 64 Mal

⌐...... ⌐...⌐ @annalena · 17. Juni

Hallo! Ich hätte da einen **Job** zu vergeben. Lust auf Zeichnen? Dann hier entlang: annalenaschiller.com/illustrator-job Gerne **RT**, thx! #vizthink #jobs #HH

Schließen   ← Antworten   ⇄ Retweeten   ★ Favorisieren   ••• Mehr

RETWEETS   FAVORITEN
64   8

17:27 - 17. Juni 2014 · Details

Antwort an @annalena

@vernon_san · 17. Juni

@laburrini

"@annalena:Ich hätte da einen Job zu vergeben. Lust auf Zeichnen? Dann hier entlang: annalenaschiller.com/illustrator-job Gerne RT, thx!"

Öffnen   ← Antworten   ⇄ Retweeten   ★ Favorisieren   ••• Mehr

@ingozw · 17. Juni

Ob das was für @nessi6688 wäre? RT @annalena Ich hätte da einen Job zu vergeben. Lust auf Zeichnen? Dann hier: annalenaschiller.com/illustrator-job

Öffnen   ← Antworten   ⇄ Retweeten   ★ Favorisieren   ••• Mehr

⌐...... ⌐...⌐ @annalena · 17. Juni

@Piratenlily oh dankeschön! Das freut mich zu hören. Der Job soll ja auch so klingen, wie er ist :-)

Öffnen   ← Antworten   ⇄ Retweeten   ★ Favorisieren   ••• Mehr

@nessi6688 · 17. Juni

@ingozw @annalena Oh, muss ich mir nachher in Ruhe mal angucken, danke! Bis dahin: nessi6688.deviantart.com/gallery/

📷 Foto anzeigen   ← Antworten   ⇄ Retweeten   ★ Favorisieren   ••• Mehr

@laburrini · 17. Juni

@vernon_san @annalena Danke, ich habs mal in meine Timeline gespült. :)

Öffnen   ← Antworten   ⇄ Retweeten   ★ Favorisieren   ••• Mehr

Mehr im Gespräch anzeigen →

Abb. 9.26 Gespräch auf Twitter zur Stellenbesetzung, www.twitter.com – Screenshot vom 18.6.2014

TIPP 4: Verknüpfungen

Machen Sie sich das Social-Media- und Twitter-Leben einfach und verknüpfen Sie Ihre Social Media Posts anderer Portale wie XING, LinkedIn oder Facebook mit Ihrem Twitter-Account (s. Abb. 9.27).

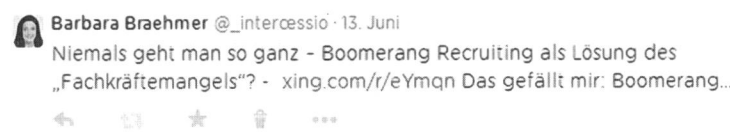

Barbara Braehmer @_intercæssio · 13. Juni
Niemals geht man so ganz - Boomerang Recruiting als Lösung des „Fachkräftemangels"? - xing.com/r/eYmqn Das gefällt mir: Boomerang...

Abb. 9.27 Weiterleitung eines Tweets aus XING, www.twitter.com – Screenshot vom 18.6.2014

Aber beachten Sie, dass, wenn Sie Ihren LinkedIn- bzw. XING-Account oder Ihre Facebook-Fanpage mit Ihrem Twitter-Account verknüpft haben, Ihr Job dann „automatisch" retweetet wird und im schlimmsten Fall dreimal hintereinander im Strom erscheint, was wie verzweifelter Spam wirken kann. Je nach Formulierung Ihres Tweets und der Zahl der Hashtags kann auch die Lesbarkeit oder die Wirkung Ihres XING-Postings oder Ihrer Facebook-Fanpage leiden.

Findmjob.com @findmjob · 18. Juni
Java Entwickler (m/w) für Anwendungen im Umfeld einer Continuous Integration bit.ly/1oC5gcg #javascript #css #jobs #hiring #careers
Öffnen

Abb. 9.28 Tweet-Beispiel für Einhaltung AGG, www.twitter.com – Screenshot vom 18.6.2014

TIPP 5: AGG

Behalten Sie das AGG (Allgemeines Gleichbehandlungsgesetz) im Auge (s. Abb. 9.28). Denken Sie daran, Ihren Stellen-Tweet, auch wenn Sie diesem die korrekte geschlechtsneutrale Stellenanzeige als Anlage beigefügt haben, geschlechtsneutral zu halten – noch gibt es keine Vorschriften oder rechtliche Klärung in Deutschland, ob Twitter als „Ausschreibung" einzuschätzen ist. Aber sicher ist sicher, denn Stellen-Tweets sollen öffentlich sein, um gefunden zu werden, und sind damit für jedermann zu lesen. Es hat sich bewährt, bei deutschen Tweets entweder das/-in nachzustellen oder das (w/m) bzw. (m/w). Im Fall von/„-in" sind es vier Zeichen, die Sie rechtssicherer machen! Und machen Sie sich keine Sorgen: In beiden Fällen kommt die Twitter-Suche damit ohne Fehler klar, Sie werden also gefunden.

TIPP 6: Die richtigen Hashtags

Nachfolgende Liste hilft Ihnen bei der Auswahl Ihrer möglichen Hashtags, die allgemein zu Jobs angewendet werden. Die derzeit gebräuchlichsten Hashtags sind auch in Deutschland mit Abstand #job und #jobs. Im deutschsprachigen Bereich hat sich bereits auch

Die 25 wichtigsten TWITTER Jobposting - Hashtags

		letzte Stunde	letzte 23 Stunden	vergang. 3 Tage	vergang. 7 Tage	Vergang. 30 Tage
1	# Job	6.609	126.181	480.000	745.728	2.575.184
2	# Jobs	5.133	102.526	597.406	2.000.000	2.200.604
3	# Hiring	607	3.403	11.400	71.926	282.214
4	# Jobsearch	243	3.127	4.943	32.237	136.158
5	# Career	273	3.086	5.123	29.988	117.349
6	# freelance	133	3.019	3.139	18.006	73.105
7	# Joboffer	74	1.852	11.116	12.885	55.531
8	# ITJobs	64	1.768	5.374	9.351	32.283
9	# Recruiting	73	1.188	3.579	6.743	30.130
10	# Praktikum	8	381	861	2.297	9.798
11	# Salesjobs	27	256	1.848	5.512	8.789
12	# Stellenangebot	2	119	1.629	5.246	7.174
13	# Karriere	4	125	714	1.056	5.022
14	# engineeringjobs	7	149	544	729	3.012
15	# Sourcing	5	94	421	707	2.953
16	# Jobsuche	2	69	259	549	2.427
17	# hoteljobs	17	245	827	1.020	2.038
18	# techjobs	8	209	619	1.143	1.927
19	# financejobs	4	64	276	363	1.725
20	# Stellenangebote	4	65	405	597	1.699
21	# Stellenanzeige	1	32	167	374	1.653
22	# adminjobs	1	49	225	340	1.274
23	# Ausbildung	1	27	266	462	1.213
24	# Bewerbung	2	17	165	271	817
25	# Ausbildungsplätze	0	0	6	39	459

Quelle: www.topsy.com, 19.06.2014   www.intercessio.de © 2014

Abb. 9.29 Aktuelle Liste der 25 wichtigsten Job-Hashtags

#hiring, #jobsearch und #joboffer durchgesetzt. Hashtags wie #jobangebot oder #stellen-markt wurden nicht mal mehr 200-mal in den letzten 30 Tagen getwittert, wir passen uns den Hashtags des englischsprachigen Marktes an und sind damit sehr erfolgreich, was Abb 9.29 verdeutlicht.

TIPP 7: Verlinkung
Interessierte Kandidaten reagieren bei Stellen-Tweets in der Regel so, dass sie direkt nach Lesen Ihres Tweets Ihre Website besuchen. Und wenn sie Glück haben, vielleicht dort so-gar die richtige Stellenausschreibung finden oder angesprochen werden, eine interessante Stelle einem Freund mitzuteilen! Sie sollten also Ihre Website als Internet-Visitenkarte pflegen – Twitter ist keine Stand-alone-Lösung, wenn es um Recruiting geht – und immer darauf achten, Links in Ihren Tweets zu setzen.

TIPP 8: Einsatz von Tools

Es gibt einige wirklich gute Tools, wie z. B. den Jobspreader von der Wollmilchsau GmbH (http://www.wollmilchsau.de/jobspreader-personalmarketing/), die das Posten von Stellen sowohl in Stellenbörsen als auch in Social Media oder auch auf Twitter mit übernehmen. Sie können sich so die Arbeit erleichtern – sich allerdings ausschließlich auf diese Automatisierung zu verlassen, wäre kontraproduktiv. Die richtige Mischung von persönlicher Kommunikation, Tweets und professioneller Information ist Ihre Erfolgsgarantie.

> ▶ **Zusammenfassung: Twitter für das Social Personalmarketing**
> **Stärke:** Vereinfachung der Prozesse, Kommunikation verkürzt die Wege, Empfehlermanagement.
> **Schwäche:** Netzwerk und Netzwerkpflege Voraussetzung, völlig andere Schwerpunkte als klassisches Personalmarketing.

9.9   Active Sourcing: gezielt Ihre zukünftigen Mitarbeiter in und mit Twitter finden

Bevor Sie direkt in das praktische Suchen und Finden von potenziellen Kandidaten auf Twitter einsteigen, sollten Sie sich einige Besonderheiten vor Augen führen:

Die beide Twitter-Suchen, die Einfache Suche und auch die Erweiterte Suche, durchsuchen nur die letzten Tweets. Ausschließlich die „Timeline"-Suche forscht auch in den sogenannten Bios. Besonders bei Standort-Suchen bzw. Filterung nach Standorten macht die Bios-Suche Sinn. Denn diese Suche ist auch qualitativ etwas besser, da die Ortsangabe des Twitter-Accounts in einem freien, zusätzlichen Feld steht und damit bei der Twitter-Suche extra durchsucht wird.

Dennoch gilt für alle Twitter-eigenen Suchen: Je mehr Suchbegriffe man eingibt, umso unzuverlässiger werden die Ergebnisse. Die sogenannten Booleschen Befehle sind in beiden Twitter-Suchen wenig effizient und wirken eher zufällig. Damit ist die Chance, effizient und gezielt Personen zu mehreren Kriterien zu filtern, indem man kurze Suchketten (Strings) mit mehreren Suchbegriffen bildet, nicht nur eingeschränkt, sondern sehr häufig sogar völlig unwirksam. Deshalb empfehle ich Ihnen, Twitter bei der gezielten Suche nach zukünftigen Mitarbeitern auf anderen Wegen zu durchsuchen bzw. die Suchmethoden gezielt zu kombinieren und Talentmining anzuwenden.

▶ **Talentmining** ist der systematische und professionelle Einsatz und die strategische Kombination der richtigen Web-Technologien (Prozesse, Methoden, Tools), um talentierte Kandidaten im Web zu finden, auszuwählen und zu gewinnen – wie CV-Database Mining, Open Web Searches, Social-Networks – Suche bzw. Social Sourcing, Boolesche Suche und Semantische Suche sowie die systematische Evaluation der Ergebnisse aus den unterschiedlichen Quellen. Talentmining ist eine Teildisziplin von Active Sourcing und Talent Sourcing und damit von Social Recruiting.

Abb. 9.30 Followerwonk, www.followerwonk.com – Screenshot vom 18.6.2014

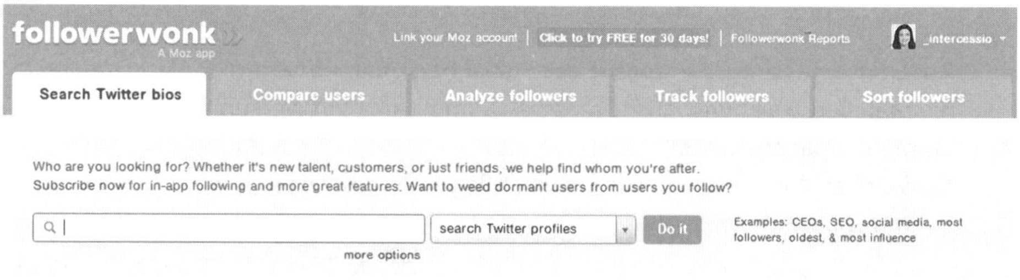

Abb. 9.31 Followerwonk-Suche, www.Followerwonk.com – Screenshot vom 18.6.2014

9.9.1 Followerwonk

Followerwonk.com ist eine kostenlose Website, mit der Sie effektiv Twitter-Bios (nicht Tweets) durchsuchen können (s. Abb. 9.30). Lange Suchketten werden aber dort auch abgebrochen und sind nicht zielführend, da ohnehin in den Kurzbeschreibungen der Bios viele Abkürzungen benützt werden. Um die Funktionalität zu erhöhen und wegen der einfacheren Bedienung empfehle ich Ihnen, sich bei Followerwonk anzumelden (s. Abb. 9.31).

9.9.2 Topsy

Im Gegensatz zu Followerwonk, das Bios durchsucht, konzentriert sich die Realtime-Suchmaschine Topsy.com auf die Tweets. Topsy ist in der Lage, auch Tweets der letzten fünf Jahre zu finden, und reagiert besonders gut und sicher auf Hashtag-Suchen (s. Abb. 9.32).

Sie haben die Möglichkeit, die Ergebnisse nach Zeitrahmen, Links, Fotos, nach Influencern (Meinungsführern) – aber auch nach Sprache – zu durchsuchen. Sie können über die Navigation auch Suchbegriffe bei der Abfrage kombinieren. Viele sind sich darin einig, dass die Suche von Topsy bezüglich Hashtags oder Suchbegriffen die besten und verlässlichsten Ergebnisse zu Tweets ergibt.

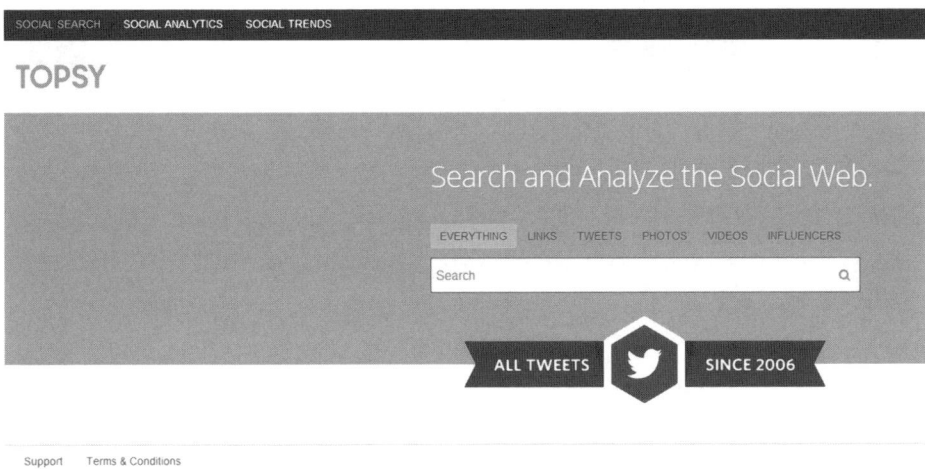

Abb. 9.32 Topsy – die Realtime-Suchmaschine, www.topsy.com – Screenshot vom 18.6.2014

9.9.3 X-Ray

Erfahrene Active Sourcer wissen, was mit der Methode „X-Ray" oder der sogenannten „Röntgentechnik" gemeint ist. Es ist der Boolesche Befehl „site", der mit entsprechenden Suchbegriffen kombiniert als Suchkette (string) bei Google oder einer anderen Suchmaschine eingegeben wird und von außen eine Website, in unserem Fall Twitter, nach diesen Suchbegriffskombinationen durchsucht. So findet man Tweets, aber auch Accounts oder Kandidatenprofile – und damit auch zum Beispiel besonders Events, die zu einem bestimmten Stichwort stattfinden oder stattgefunden haben.

In unserem Beispiel (s. Abb. 9.33) (siehe nächste Seite) suchen wir nach Orten, an denen sich Personen mit Java-Kenntnissen in Berlin aufhalten, um diese zu identifizieren. Wenn Sie die Stellenangebote anderer Recruiter auf Ihrer Ergebnisliste ausschließen möchten, können Sie die häufigsten beiden Hashtags als Keywords mit dem Booleschen Befehl NOT (auch in Form eines Minuszeichens einsetzbar) anhängen:

site:twitter.com java berlin – job -jobs

Das Ergebnis dieser Suche zeigt Abb. 9.33.

9.9.4 Hootsuite

Hootsuite (http://www.hootsuite.com) ist ein Social Media Dashboard, mit dem Sie Ihre Accounts, Ihr Netzwerk und Ihre Kommunikation aus einer Anwendung heraus steuern können Es ist fast ein Alleskönner für Ihre Social-Media-Planung und für Ihr Time-Management in Social Media – vom Auswerten vorhandener Informationen über die Vorausplanung von Postings bis hin zu einfachen Auswertungen quer über Ihre gesamten Social Media Accounts. Es wurde 2008 als Twitter-Client entwickelt und hat deshalb bis heute im Einsatz für Twitter seine besondere Stärke.

site:twitter.com java berlin -job -jobs   🎤   🔍

Web   Maps   Bilder   News   Videos   Mehr ▾   Suchoptionen

Ungefähr 41.400 Ergebnisse (0,44 Sekunden)

Tipp: Begrenzen Sie Suche auf **deutschsprachige** Ergebnisse. Sie können Ihre
Suchsprache in den Einstellungen ändern.

von Leitner-Institut (Echtzeitjava) on Twitter
https://twitter.com/Echtzeitjava ▾
The latest from von Leitner-Institut (@Echtzeitjava). Hier twittert für Sie das Social Media
Team des freien von Leitner-Instituts für verteiltes Echtzeit-Java!. **Berlin** ...

Twitter / heartbeaz: "**Java** 8 Party **Berlin**" ansehen ...
https://twitter.com/heartbeaz/.../4455676488650711... ▾ Diese Seite übersetzen
17.03.2014 - "Java 8 Party **Berlin**" ansehen http://java8-**berlin**.eventbrite.com/?aff=estw
via @eventbrite. Reply; Retweet Retweeted; Delete; Favorite ...

Twitter / bedcon: BED-Con 2014 - #**java** #**Berlin** ...
https://twitter.com/bedcon/.../399850551019450369 ▾ Diese Seite übersetzen
11.11.2013 - BED-Con 2014 - #**java** #**Berlin** Es geht bald wieder los. Schon mal April
2014 vormerken :-) Bei Interesse bitte hier: ...

Twitter / wolflook: Heute um 18:30 Uhr in **Berlin**: ...
https://twitter.com/wolflook/status/388192639494782976 ▾
09.10.2013 - Heute um 18:30 Uhr in **Berlin**: #JavaOne Technologie Update #**Java** SE, #
JavaFX und #**Java** EE, JUG **Berlin** Brandenburg ...

Java Usergroup DO (Jug_DO) on Twitter
https://twitter.com/Jug_DO ▾
The latest from **Java** Usergroup DO (@Jug_DO). ... Jug_DO Am 6.5. trifft sich die **Java**
User Group Dortmund wieder bei tyntec. Diesmal dreht .... **Berlin**, **Berlin**.

Java Magazin (JavaMagazin) on Twitter
https://twitter.com/JavaMagazin ▾ Diese Seite übersetzen
The latest from **Java** Magazin (@JavaMagazin). Der offizielle Twitter-Account des **Java**
Magazins. Frankfurt. ... **Berlin**, **Berlin**. Retweeted by **Java** Magazin.

Abb. 9.33 X-Ray – Ergebnisse, www.google.de – Screenshot vom 18.6.2014

Sie können in der kostenlosen Version derzeit drei Accounts managen, in der Basis-
version bis zu 100 Accounts organisieren. Ihren Twitter-Account verbinden Sie mit dem
Dashboard und können dann den Tweet-Strom zum Beispiel nach Hashtags, Accounts,
Twitter-Listen, nach Ihrem Netzwerk, Retweets, Favorits oder Kombinationen in jeweils
einzelnen Streams organisieren. So sehen Sie auf einen Blick die vorselektierte Kommu-

Abb. 9.34 Hootsuite-Stream-Abbildung, www.hootsuite.com – Screenshot 18.6.2014

nikation. Hootsuite bietet Ihnen die Möglichkeit, sich auch spezielle Suchen nach Suchbegriffen, Hashtags oder Kombinationen einzurichten. Und diese sogar synchronisiert von
Ihrem Smartphone zu lesen oder zu steuern. Abbildung 9.34 veranschaulicht, wie die organisierten Ströme nach der Einrichtung aussehen können.

► **Zusammenfassung: Twitter für das Active Sourcing**
   Stärke: aktuell, für bestimmte Berufsgruppen schnell, ausgezeichnete Kandi-
   dateninformationen, für Kandidaten eine wichtige Verifizierungsplattform.
   Schwäche: nicht für alle Berufsgruppen geeignet, Kontaktaufnahme via Twitter
   derzeit noch nicht sehr Erfolg versprechend.

9.10 Fazit: ein versteckter Katalysator des Social Media Recruiting

Social Recruiting funktioniert. Es gibt ausreichend Beweise, dass Social Media helfen
können, offene Stellen zu besetzen. Aber eine kluge Recruiting-Strategie alleine ist nichts
ohne funktionierende Umsetzung. Und die hängt davon ab, welche Art von Funktionen
Sie rekrutieren wollen. Der erste Schritt ist also: Sie müssen sich zuerst darüber klar werden, wer Ihre Talente sind und was Sie suchen, um dann zu überlegen, wo und wie Sie
diese finden und gewinnen können. Und dazu ist Twitter eine sehr gute Plattform: Sie
können folgen, zuhören, beobachten, aber besonders auch durch die Tipps, Links und
Empfehlungen aus diesem Social Netzwerk profitieren.

Selbst in die Kommunikation einzusteigen erfordert als nächsten Schritt, dass Sie die
„Twitter-Sprache" erlernen sollten, um professionell wahrgenommen zu werden. Sie müssen die Twitter-Regeln und -Tricks beherrschen und nachhaltig kommunizieren sowie den

Twitter-Account mit Ihren anderen Social-Media-Aktivitäten abstimmen. Nichts verhallt so schnell wie ein einzelner Tweet.

Sie werden feststellen, dass einfache Social-Media-Recruiting-Maßnahmen sehr gut für aktive Kandidaten funktionieren. Bei den aktiven Talenten müssen Sie sich „nur" an der richtigen Stelle in Stellung bringen und kommunizieren.

Aber der Austausch reicht nicht – sie müssen Ihre Talente gewinnen. Twitter eignet sich hervorragend, um mit potenziellen Talenten wie auch gleichzeitig mit möglichen Empfehlern in der Follower-Gemeinde zu netzwerken. So, dass diese Ihre Informationen in diesem Kanal oder sogar in andere Kanäle weitertragen oder direkt selbst in die Kommunikation einsteigen.

Die hohe Kunst des Social Recruiting ist es, die Mehrheit der sehr begehrten passiven Kandidaten zu identifizieren – nicht nur zu erreichen, sondern wirklich zu gewinnen. Twitter hat hierzu eine eindeutig katalysierende Wirkung. Es ist nicht nur eine Kommunikationsplattform, sondern es wird gern als Verifizierungs-Medium gesehen, welche Kultur im Unternehmen herrscht, da man dort sowohl persönliche als auch fachliche Informationen erwartet – und den Profilbesuch nicht sieht!

Gleichzeitig hält Twitter Sie als Recruiter und Interviewer fit, Sie erfahren nicht nur etwas über die Interessen der potenziellen Kandidaten und den Ort, wo diese sich aufhalten, sondern können Recruiting-Trends einfach folgen und Ihr Wissen up to date halten.

Meine Empfehlung ist deshalb: Twittern Sie, auch wenn Ihre Talente (noch) nicht selbst auf Twitter sind. „Wer schreibt, der bleibt" – bzw. wie im Englischen gesagt wird: „Tweets haben Beine." Kein Portal hat so viel Potenzial, Ihre Nachricht an die richtige Stelle zu transportieren. Und das gilt auch umgekehrt: Sie erfahren dort Dinge, die Ihnen sonst entgangen wären. Sie sind auf die einfachste Art stetig gut über alle Veränderungen informiert.

YouTube

10

Tobias Kärcher

Inhaltsverzeichnis

Zusammenfassung

Eine Milliarde Nutzer jeden Monat, vier Milliarden abgerufener Videos jeden Tag, nur Google selbst verzeichnet mehr Suchanfragen – der Blick auf die Zahlen macht aus YouTube eines der gigantischsten Netzwerke der Welt. Von Fail-Videos über atemberaubende persönliche Leistungen bis hin zur wöchentlichen Videobotschaft der Kanzlerin ist es ein Angebot für jede erdenkliche Zielgruppe. Doch auch für Personalmarketing und Recruiting?

Online-Video gehört heute in jeden Marketingmix. YouTube bietet hierfür eine hervorragende technische Grundlage. Die Nutzung als Social Network und die Interaktion mit den unterschiedlichen Nutzergruppen hingegen bleiben für Personalabteilungen schwierig: Zu groß ist die Konkurrenz innerhalb YouTubes um die Aufmerksamkeit der Nutzer. Bis jetzt.

T. Kärcher (✉)
Wollmilchsau GmbH, Rothenbaumchaussee 79, 20148 Hamburg, Deutschland
E-Mail: tk@wollmilchsau.de

© Springer Fachmedien Wiesbaden 2015
R. Dannhäuser (Hrsg.), *Praxishandbuch Social Media Recruiting*,
DOI 10.1007/978-3-658-06573-7_10

10.1 Einleitung

Viel hat sich getan in den letzten Jahren, wenn man das Thema „Bewegtbild im Internet" betrachtet. Von briefmarkengroßen Videoschnipseln, die einer Website in den 90er-Jahren das weit gefasste Prädikat „Multimedia" verleihen sollten, bin hin zu den über 60 Stunden Videomaterial, die heute jede Minute auf YouTube hochgeladen werden [1]. Vieles davon in HD-Qualität. Der Begriff „Multimedia" ist aus dem Markt weitestgehend verschwunden, viel zu selbstverständlich ist es für Internetnutzer geworden, Text in Nachbarschaft mit Bildern zu konsumieren, Audio abzuspielen und Videos online anzusehen.

Auch im Personalmarketing und Recruiting spielen Videos eine immer größere Rolle. Unternehmensdarstellungen, Mitarbeiterinterviews, Bewerbungen oder Stellenausschreibungen lassen sich hervorragend über Online-Video vermitteln – zwei Gegebenheiten vorausgesetzt: das Know-how, Videos zu produzieren, und die Infrastruktur, diese Videos zu speichern, abzuspielen und zu verbreiten. Letzteres soll Thema dieses Kapitels sein. Und da es in Sachen Online-Video einen unbestrittenen Platzhirsch gibt, können wir es uns erlauben, uns für die ersten Schritte auf diesen zu konzentrieren: YouTube.

2005 gegründet, wurde YouTube bereits im darauf folgenden Jahr von Google übernommen. Nur wenig später, im März 2008, sammelte YouTube 73 % aller Besuche von Video-Websites in den USA [2]. Dieser Erfolg war nicht nur eine Marketingleistung aus Mountain View, sondern auch das Ergebnis einer User-Experience, die sich bis heute als Standard bei Videoportalen durchgesetzt hat. Jeder Nutzer kann einen Großteil aller Videos ansehen, unabhängig davon, ob er einen eigenen Account besitzt oder nicht. Eingeloggte Nutzer haben zusätzliche Funktionen zur Verfügung: Sie können Videos kommentieren, bewerten, eigenen Playlists hinzufügen und natürlich auch eigene Videos hochladen und allen anderen Nutzern zur Verfügung stellen. Beim Abspielen von Videos bekommt der Nutzer in der Sidebar weitere Videovorschläge angezeigt, abhängig vom Inhalt des gesehenen Videos, aktuellen Trends und persönlichen Präferenzen. Dieses Prinzip findet sich heute eins zu eins umgesetzt im gesamten Netz wieder.

10.2 Nutzer, Nutzen und Nutzung

YouTube gab im März 2013 bekannt, die Marke von einer Milliarde Nutzern pro Monat erreicht zu haben [3]. Dabei darf nicht vergessen werden: „Unique Users" bedeutet nicht etwa, dass jeder von diesen aktiver YouTuber mit eigenem Konto und reger Kommentartätigkeit wäre. Vielmehr schauen sich pro Monat eine Milliarde Individuen mindestens ein YouTube-Video an. Was die Zahl aber keineswegs schwächt. Genau hier liegt nämlich die Stärke des Portals: die fast uneingeschränkte, internetweite Nutzung der Inhalte, ohne bewusster, aktiver Netzwerknutzer zu sein. Das führt zu sagenhaften vier Milliarden gesehener YouTube-Videos pro Tag.

Die Nutzungstypen selbst sind so vielfältig wie die Inhalte: Niedliche Katzenvideos stehen neben ganzen Vorlesungsmitschnitten weltbekannter Universitäten, professionelle Musicclips neben Amateurvideos, gefilmt mit wackeliger Handkamera. Ebenso unterschiedlich sind die Zugriffe: Manch einer surft auf YouTube selbst, andere auf Webseiten, die YouTube-Inhalte kuratieren. YouTube-Videos werden bei Facebook, Twitter und anderen Netzwerken gepostet und dort angesehen. Durch die verstärkte Nutzung von Smartphones und das Phänomen „Second Screen" werden die Nutzungsgelegenheiten nochmals erweitert und wahrgenommen.

Doch auch bei den aktiven YouTube-Nutzern und Kanalinhabern gibt es viele Facetten: vom einfachen Internetnutzer, der mit der Handykamera kurz seine neue Wohnung filmt, um seinen Eltern den YouTube-Link zu schicken, bis hin zu aufwendigen, professionellen YouTube-Kanälen mit regelmäßigem Content und eigenen Finanzierungsmodellen. Dazu kommen YouTube-Auftritte kleiner, mittelständischer und großer Unternehmen aller Art. Jedes der 100 führenden werbetreibenden Unternehmen in den USA fährt heute bereits YouTube-Kampagnen mit eigenen Channels [3]. Die Summe all dieser aktiven YouTube-Teilnehmer lädt in jeder Sekunde eine Stunde an Videomaterial hoch. Diese Zahl veranschaulicht nicht nur die immense Größe des Netzwerks, sie zeigt auch die Rolle von Bewegtbild in der Online-Kommunikation – und damit gleichzeitig die Gefahr, sich dieser Entwicklung zu verschließen.

Gesellschaftlich ist YouTube schon lange arriviert: Künstler aller Klassen nutzen YouTube nicht nur zur Selbstvermarktung, sondern auch zum künstlerischen Schaffen selbst. In manchen Krisengebieten sind YouTube-Videos in Verbindung mit Twitter oft die einzige, halbwegs brauchbare Quelle für ausländische Journalisten, und selbst die Bundeskanzlerin Angela Merkel wendet sich in einer wöchentlichen Ansprache via YouTube an die Bürger. Die Zeiten, in denen YouTube ein Sammelbecken von privaten Amateurvideos war, sind vorbei, ebenso aber die Zeiten, in denen sich YouTube-Nutzer mit minderer Qualität zufriedengaben.

Wie sehr sich YouTube schon heute in den Alltag vieler Onliner integriert, zeigt auch der folgende Vergleich: Gemessen an den Suchanfragen ist YouTube, nach Google, die zweitgrößte Suchmaschine weltweit [4]. Gerade viele der klassischen Suchanfragen über Produkte, Empfehlungen und Anleitungen führen zu YouTube oder werden gleich dort gestellt. Was sagt mir mehr über ein Produkt, als dieses einige Minuten gefilmt und kommentiert zu sehen? Und wo bekomme ich schneller einen Einblick in ein Unternehmen und seine Atmosphäre, als über ein solches Video? Sei es von Unternehmen selbst zur Verfügung gestellt oder einfach nur die Privataufnahme eines Mitarbeiters: Die Informationsdichte in diesem Medium ist (richtig genutzt) unübertroffen.

10.3 Personalmarketing und Recruiting bei YouTube

Der für uns relevante Hauptunterschied in der Netzwerkstruktur liegt im hohen Anteil an passiven Nutzern. Im Gegensatz zu Netzwerken wie XING, LinkedIn oder Facebook ist YouTube in seinen wesentlichen Bestandteilen nutzbar, auch ohne dass sich der Nutzer über einen eigenen Account angemeldet hat – sofern er sich die Inhalte überhaupt noch auf YouTube selbst anschaut. Das stellt das Personalmarketing vor besondere Herausforderungen und die Überlegung, wie das eigene YouTube-Engagement zu gestalten ist.

Für den Personalmarketer bieten sich dadurch im Wesentlichen zwei Arten der Nutzung: das Pflegen eines eigenen Markenauftritts auf YouTube oder die Nutzung als Infrastruktur-Tool. Dritte Option für Recruiter ist das Suchen von geeigneten Kandidaten unter den YouTube-Nutzern, also das Active Sourcing auf YouTube.

Die Entscheidung, ob man nur eigene YouTube-Videos nutzen oder eine eigene YouTube-Präsenz aufbauen möchte, will zwar wohlüberlegt sein, ist aber nicht unumkehrbar. Oft wird in Unternehmen eine Entscheidung gegen den Einsatz von Bewegtbild gefällt, aus der irrigen Annahme heraus, die Entscheidung für Online-Video käme einer Entscheidung für einen aktiv gepflegten Branded Channel gleich. Dem ist nicht so. Den meisten klein- und mittelständischen Unternehmen würde ich sogar von zu bemühten Aktivitäten innerhalb der YouTube-Community abraten. Zu gering ist der zu erwartende Rücklauf, zu beträchtlich die zu investierende Zeit und zu groß die Konkurrenz um die wertvolle Aufmerksamkeit der YouTube-Nutzer.

10.3.1 YouTube als Infrastruktur für Online-Video

Wer sich für Online-Video entscheidet, dem ist mit einem sorgfältig angelegten Basiskanal bereits gut geholfen. Das Firmenlogo, alle notwendigen Angaben und die Verlinkung auf die eigene Karriereseite reichen hier zunächst völlig aus. Wer Videos dann über die eigene Facebook-Page, das Karriere-Blog oder andere bestehende Kanäle promotet, kann sich das dort aufgebaute Publikum und dessen Netzwerkeffekte zunutze machen. Diskussionen werden so auch meist in den Kommentarfeldern der jeweiligen Netzwerke geführt und nicht bei YouTube selbst. Das macht sie leichter steuerbar und die informative Wirkung auf die eigene Zielgruppe ist höher. Eine technische Errungenschaft des Web 2.0 macht es möglich: der Embed-Code für jedermann.

Jede Website kann prinzipiell Videoinhalte anderer Seiten darstellen, selbst bei Facebook kann der Nutzer Clips anderer Herkunft direkt in seinem Newsfeed abspielen, ohne die Page verlassen zu müssen. Genau hier liegt eine der Besonderheiten von YouTube als soziales Netzwerk: Ein großer Teil der YouTube-Videos wird nicht auf YouTube selbst gesehen, sondern auf anderen Webseiten eingebettet dargestellt.

▶ **„Embedding"** Was sich zunächst wie ein sehr technischer Begriff anhört, ist eine der infrastrukturellen Feinheiten, die YouTube für Personalmarketer interessant macht: Mit einem Embed-Code wird der YouTube-Player auf einer beliebigen Website dargestellt. Sämtliche Filmdaten und Abspielfunktionen werden von YouTube zur Verfügung gestellt, die Seite stellt lediglich den Platz zur Verfügung. So erweitern Sie Ihren eigenen Online-Auftritt mit minimalem Aufwand um Videoinhalte.

Viele Videoplattformen stellen diese oder ähnliche Funktionen zur Verfügung, YouTube liefert aber technische Zuverlässigkeit, geräteübergreifende Kompatibilität und technische Features, die neuen Online-Entwicklungen stets angepasst bleiben. YouTube ist also für den Großteil aller Personalmarketing-Kampagnen, die Bewegtbild einsetzen, eine sichere

Wahl – auch wenn es nicht als Netzwerk eingesetzt wird, sondern nur als technischer Dienstleister.

10.3.2 YouTube als Social Network

Aktive YouTube-Communitys bestehen zwar viele, der Mehrwert des Austausches bleibt aber unter einer gewissen kritischen Masse sehr überschaubar. Erst ab einer größeren Gemeinde kommt es zu den viel zitierten „Synergieeffekten", die Netzwerke gerne versprechen. Ein gutes Beispiel hierfür sind Schmink- und Fashionvideos. Hier haben sich über die Jahre viele YouTube-Persönlichkeiten herauskristallisiert, die sowohl untereinander als auch mit ihren Fans und Abonnenten eine echte Community bilden. Mit gegenseitigen Erwähnungen, Videoantworten und Verlängerungen ins sogenannte „Real Life" – also User-Treffen, die natürlich auch wieder dokumentiert werden. Ein solches Netzwerk aufzubauen, wäre sicherlich der Traum von so manchem Talent-Relationship-Manager – aber gleichzeitig eine Aufgabe, die langen Atem, flexible Budgets und eine sehr aktive Kandidatenzielgruppe voraussetzt.

Beispiel für einen YouTube-Karrierechannel

Ein Paradebeispiel des ausgebauten YouTube-Karrierechannels bietet seit Jahren das Chemie- und Pharmaunternehmen Bayer. Der Konzern, der auch mit anderen Kanälen auf YouTube international sehr aktiv ist, unterhält seit Mitte 2010 den Kanal „Bayer-Karriere" und hat über diesen bis heute über 140 hochwertige Videos veröffentlicht. Auch wer Ideen sucht, was ein solcher Kanal an Inhalten bieten kann, sollte sich hier einige Inspirationen holen: Viele Interviews mit Mitarbeitern – von der Führungskraft bis zum Praktikanten – aus allen Arbeitsbereichen und Abteilungen werden vorgestellt, Interessenten bekommen Bewerbungstipps und Mitarbeiter zum 40. Firmenjubiläum einen eigenen Flashmob in der Bayer-Kantine. Alle diese Videos sind semiprofessionell produziert und vermitteln im Zusammenspiel mit dem Gesamtauftritt ein stimmiges Bild.

Doch auch der Klassenprimus hat es nicht leicht: Bayer sieht sich vereinzelt mit dem Problem konfrontiert, dass Nutzer die Karrierevideos für Angriffe gegen die Pharma- und Chemieindustrie im Allgemeinen und den Konzern im Besonderen nutzen. Und auch der Blick auf die Zahlen macht schnell die Probleme des Engagements auf der Plattform deutlich: Nach fast vier Jahren konnte der Kanal gerade mal 380 Abonnenten gewinnen – gemessen an den gesammelten Zugriffen von über 550.000 Views ist das nicht besonders viel. Auch die 650.000 Views werden schnell entzaubert, wenn man feststellt, dass davon rund 485.000 alleine von zwei Videos mit hohem Unterhaltungswert stammen. Alle fachbezogenen Videos bewegen sich meist im dreistelligen, selten im vierstelligen Bereich. Bayer promotet die Videos allerdings nur über Facebook, kaum darüber hinaus (Stand: Juni 2014).

Es darf nicht der Eindruck entstehen, als wäre YouTube als soziales Netzwerk für Personalmarketingzwecke nicht zu gebrauchen. Es sollte jedoch immer im Bewusstsein bleiben, dass man hier in direkter Konkurrenz zu Entertainment-Angeboten höchster Qualität steht und der Employer-Branding-Auftritt von Unternehmen X zwar vorübergehend interessant sein mag, eine dauerhafte Nutzerbindung aber nur sehr selten zu erreichen sein wird.

10.3.3 Active Sourcing bei YouTube

Natürlich kann YouTube – wie jedes Netzwerk – auch zum Active Sourcing genutzt werden. Viele YouTuber produzieren faszinierende Videos von ihren Leidenschaften. Grafiker zeigen ihre Fähigkeiten in Photoshop, Programmierer stellen Workarounds für spezifische Probleme vor und Profis aus allen Bereichen sprechen in Interviews über ihre Arbeit. Zum Identifizieren einzelner Talente ist YouTube allemal geeignet, allerdings gestaltet sich die gezielte Suche schwierig, da die Profilseiten selbst in der Regel keinerlei persönliche Angaben enthalten – geschweige denn berufliche. Aber zumindest die Mitarbeiterinterviews der Konkurrenz verraten immerhin einige Namen, die sich später noch einmal bezahlt machen können. Sonst bleibt einem nur das Ansehen unzähliger Videos, was sehr zeitintensiv und daher für eine organisierte Aktivsuche nur begrenzt sinnvoll ist.

10.4 Homo homini lupus: der Kommentarbereich

Nicht unerwähnt lassen möchte ich eine gewisse Dynamik in den Nutzerkommentaren, die YouTube seit Jahren einen schlechten Ruf beschert haben: In keinem anderen der großen Netzwerke finden sich so viele Kommentatoren, die ihre vermeintliche Anonymität ausnutzen. Hier wird oft beleidigt, beschimpft und gehasst, bis zu viele negative Bewertungen den Kommentar ausblenden lassen oder sich genügend wütende Gegenredner gefunden haben, die den Kommentar auf die nächste Seite schieben. Ein Umstand, der bei Entscheidern leicht einmal Widerstand gegen geplante YouTube-Aktivtäten auslösen kann. Aufgrund dieses (Fehl-) Verhaltens auf die Beschaffenheit der Zielgruppe oder gar auf die ganze Plattform zu schließen, ist allerdings etwas voreilig. Zwei Faktoren spielen bei diesem Phänomen ein große Rolle:

1. Anonymität: YouTube-Konten sind meist nicht mit persönlichen Accounts verbunden. Zwar versuchte Google dieses Problem mit der Verbindung der Google+-Profile und den YouTube-Konten zu lösen, aber da es noch viele Nutzer gibt, die entweder über keinen aktiven Google+-Account verfügen oder ihr altes Synonym behalten haben, greift diese Maßnahme noch nicht wirklich. Mittelfristig ist hier aber etwas Besserung zu erwarten.
2. Emotionen: Bei YouTube ist der Nutzer gezwungen, auf den Eindruck von Filmmaterial schriftlich zu reagieren. Eine Minute Film enthält eine Masse an visuellen und akustischen Eindrücken, die über andere Medien niemals in dieser Konzentration ver-

mittelt werden könnten. So sitzt der Nutzer vor dem Bildschirm, intensiven Eindrücken ausgeliefert, und muss seine so geweckten Emotionen in einem kurzen Text ausdrücken, sofern er den angebotenen Rückkanal nutzen möchte. Die Folge sind Entgleisungen dieser Art. Nicht zu entschuldigen, aber nachvollziehbar.

Wenn man sich allerdings die Profile dieser Nutzer genauer ansieht, fällt oft auf, dass man es hier keineswegs mit pubertierenden Jugendlichen zu tun hat. Die Favoritenliste verrät dann hin und wieder ein ausgesuchtes Interesse an geisteswissenschaftlichen Themen oder den schönen Künsten. Vom rüden Umgangston auf die Masse der Nutzer zu schließen, wäre also ein Fehler. Dennoch weht bei YouTube oft ein rauer Wind.

10.5   Fazit und Handlungsempfehlung

Der Einsatz von Online-Video im Personalmarketing, Employer Branding und Recruiting wird weiter zunehmen, kann also nur empfohlen werden. Völlig unabhängig vom Budget kann mit den ersten Experimenten nicht früh genug begonnen werden, da die Lernkurve sehr steil ist. Sowohl in der Konzeption, der Umsetzung und nicht zuletzt in der richtigen Platzierung. Selbst wenn Geld keine Rolle spielen würde, das „Was, Wann und Wo" kann nur mit ausreichender Erfahrung richtig beurteilt werden, das „Wie" gerät dann schon fast zur Nebensache. Viele teure Videoprojekte sind den Unternehmen schon vor die Füße gefallen, ohne dass sie überhaupt verstanden hätten, was schief- gelaufen ist. Für fast alle Konzepte kann ich YouTube als technischen Unterbau sehr empfehlen. Den Einsatz von YouTube als soziales Netzwerk hingegen empfehle ich derzeit nur bei einer sehr genauen Vorstellung davon, wer wie angesprochen werden soll und wie sich die langfristige Bindung gestalten soll.

Abschließend noch einige Faustregeln für Online-Video bzw. den Aufbau einer Arbeitgebermarke bei YouTube:

- Regelmäßig neuer Content! – Auch wenn es einmal nicht perfekt ist oder etwas kürzer als das letzte Video: User schätzen Kanäle, auf denen regelmäßig neue Videos veröffentlicht werden.
- Kommentieren! – Ist oft die einzige Möglichkeit, innerhalb YouTubes Aufmerksamkeit zu erregen. Ein kluger Kommentar an der richtigen Stelle, und ein paar Nutzer werden sich genauer ansehen, wer das geschrieben hat.
- Taggen, taggen, taggen! Und die Description ausfüllen! – Noch „wissen" Suchmaschinen nicht, worum es in einem Video genau geht. Also unbedingt eine detaillierte Beschreibung unter das Video setzen und alles in die Tags schreiben, was auch nur halbwegs zutrifft (auch der Name der Konkurrenz ist einen Versuch wert).
- Augen auf! – Wenn sich eine gute Gelegenheit für ein Video bietet, sollte sie so schnell wie möglich umgesetzt werden. Oft ist genau dieser Moment entscheidend. Und dann reicht die Smartphone-Kamera allemal aus.

- Nicht jeder will vor die Kamera! – Manche muss man ein wenig zwingen, anderen sollte man zugestehen, nicht vor die Kamera zu müssen. Im Zweifelsfall zählt der Wunsch des Mitarbeiters, auch im Interesse des Endergebnisses.
- Filmen will gelernt sein! – Filme zu drehen ist ein Handwerk. Eine Smartphone-Aufnahme hat ihren Charme, aber sobald es ein professionelles Video werden soll, muss hinter der Linse ein Profi stehen.
- Und da es leider immer wieder versucht wird: kein Rap! – Manche mögen Rap, manche mögen Rap nicht. Jeder, der diese Musik mag, wird sich von allem, was ihm eine Personalabteilung als Rap verkauft, höchstens auf den Arm genommen fühlen. Und für alle anderen bleibt höchstens das Gefühl, dass sich da irgendwo jemand „getraut" hat, das durchzusetzen.

Literatur

1. googlewatchblog.de, Pascal Herbert. http://www.googlewatchblog.de/2012/01/google-nutzer-laden-60-stunden-pro-minute-bei-youtube-hoch/. Zugegriffen: 15. Juni 2013. Erschienen am 23.01.2012
2. heise.de, Peter-Michael Ziegler. http://www.heise.de/newsticker/meldung/YouTube-boomt-weiter-199808.html. Zugegriffen: 15. Juni 2013. Erschienen: 15.04.2008
3. The Official YouTube Blog. http://youtube-global.blogspot.jp/2013/03/onebillionstrong.html. Zugegriffen: 15. Juni 2013. Erschienen: 20.03.2013
4. lead-digital.de, Christian Gehl. http://www.lead-digital.de/start/specials/sem_trends/youtube_bietet_hohe_reichweite_und_sichtbarkeit_bei_enorm_guenstigen_preisen. Zugegriffen: 15. Juni 2013. Erschienen: 20.08.2012

Google+: Die Kraft von Google fürs Recruiting nutzen

11

Wolfgang Brickwedde

Inhaltsverzeichnis

Zusammenfassung

Google ist bekannt und beliebt für seine Dienstleistungen, die vielen Menschen das Leben leichter machen: Google Suche, Gmail, Google Maps, Google Chrome und vieles mehr. Google hat es sogar geschafft, einen eigenen Gattungsnamen zu etablieren: Suchen im Internet heißt „googeln".

War es da ein Wunder, dass Google sich mit Google+ auch einen Teil von einem der größten (Wachstums-) Märkte im Internet – soziale Netzwerke oder auch Social Media – abschneiden wollte?

Die Notwendigkeit von Aktivitäten als Arbeitgeber auf Google+ ist abhängig von der jeweiligen Bewerbersituation für ein Unternehmen. In engen Märkten macht sicherlich der Versuch, auf Google+ nach passenden potenziellen Kandidaten zu suchen, Sinn. Es ist auf jeden Fall empfehlenswert, als Unternehmen eine „generelle" Seite zu

W. Brickwedde (✉)
ICR Institute for Competitive Recruiting, Römerstr. 40, 69115 Heidelberg, Deutschland
E-Mail: wb@competitiverecruiting.de

© Springer Fachmedien Wiesbaden 2015
R. Dannhäuser (Hrsg.), *Praxishandbuch Social Media Recruiting,*
DOI 10.1007/978-3-658-06573-7_11

eröffnen, um auf der Plattform präsent zu sein, sich mit den Funktionen auseinanderzusetzen und die Entwicklung zu verfolgen. Und nebenbei können auch noch die Rele-
vanzsteigerungseffekt bei der Google Suche mitgenommen werden.

Google ist bekannt und beliebt für seine Dienstleistungen, die vielen Menschen das Leben
leichter machen: Google Suche, Gmail, Google Maps, Google Chrome und vieles mehr.
Google hat es sogar geschafft, einen eigenen Gattungsnamen zu etablieren: Suchen im
Internet heißt „googeln".
   War es da ein Wunder, dass Google sich auch einen Teil von einem der größten (Wachs-
tums-) Märkte im Internet – soziale Netzwerke oder auch Social Media – abschneiden
wollte?

11.1 Google+: Geschichte+Hintergrund

Im Juni des Jahres 2011 war es dann so weit, Google kreierte sein eigenes soziales Netzwerk: Google+. Zunächst war der Zutritt nur geheimnisvoll mit Einladung möglich – und
wurde natürlich mit großem Medien-Tamtam begleitet. Ab September durften dann alle
über 18-Jährigen beitreten! Und in einigen Ländern, abhängig von den jeweiligen Gesetzen, später auch unter 18-Jährige. Seit dem 7. November 2011 können auch Unternehmen
eine Firmenpage eröffnen.

11.2 Google+ für das Recruiting nutzen

Wie kann man Google+ für das Recruiting nutzen?
Um Missverständnissen vorzubeugen (z. B. „auf der Plattform XYZ kann man überhaupt
nicht rekrutieren"), übersetze ich an dieser Stelle Recruiting mit Personalbeschaffung.
Diese kann sowohl kurz- als auch mittel- und langfristig ausgerichtet sein.
   Ist die Personalbeschaffung eher mittel- und langfristig ausgerichtet, dann kommen
Personalmarketing und Employer-Branding-Aspekte in den Fokus, anders gesagt: stra-
tegisches Recruiting. Ist sie kurzfristig orientiert, geht es hauptsächlich um die konkrete
Stellenbesetzung, d. h. um das operative Recruiting.
   Wie Abb. 1.1 zeigt, hat Google+ für Arbeitgeber aktuell eine geringe Bedeutung für
Recruiting-Zwecke.

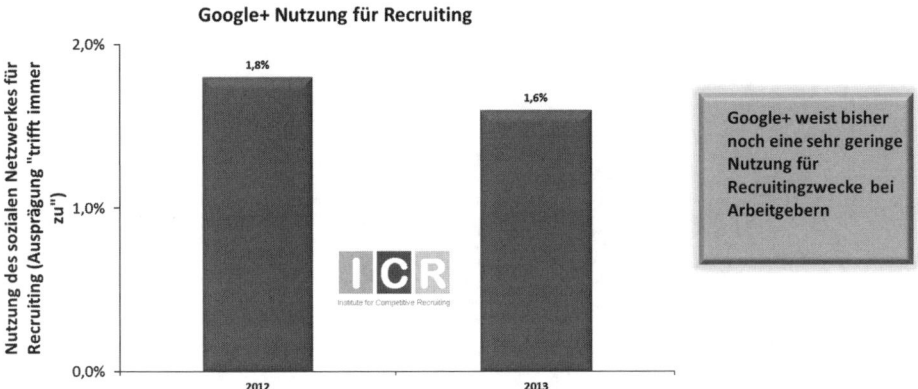

Abb. 1.1 Entwicklung der Nutzung von Google+ für Recruiting. (Quelle: ICR Social Media Recruiting Report 2013, 650+ Teilnehmer, Nutzung (Rangmittelwert 1 = trifft gar nicht zu, 5 = trifft immer zu))

11.3   Employer Branding auf Google+

Google+ fürs strategische Recruiting: die Google+-Unternehmensseite
Voraussetzung für eine Google+-Unternehmensseite ist ein Account/eine Mitgliedschaft bei Google+. Nur registrierte Mitglieder können eine Google+-Unternehmensseite erstellen. Tipps und Anleitungen für die Erstellung einer Google+-Unternehmensseite gibt Google selbst[1]. Deutschsprachige Tipps gibt es auch von externer Seite[2].

Abbildung 1.2 zeigt ein Bespiel für ein Unternehmensprofil auf Google+. Ähnlich wie bei den Facebook-Fanpages dominieren Bilder die Page. So befindet sich auch hier im oberen Bereich ein großes Profil-Imagebild. Aktuell existieren vier weitere Menüpunkte (Posts, About, Photos und YouTube). Im Bereich Posts befinden sich die aktuellen, veröffentlichten Beiträge. Derzeit können User keine eigenen Nachrichten auf der Unternehmenspage veröffentlichen. Es ist lediglich möglich, einen Kommentar auf einen bereits bestehenden Post zu veröffentlichen. Links zu weiteren Auftritten des Unternehmens sowie generelle Informationen sind unter „About" aufgeführt. Großartige Gestaltungsmöglichkeiten oder Funktionserweiterungen, wie man es von Facebook kennt, sind noch nicht möglich. Es ist allerdings davon auszugehen, dass sich hier noch einiges tun wird.

Zumindest kann man sich schon als Unternehmen im eigenen Design darstellen und eingeschränkt mit potenziellen Interessenten interagieren. Z. B. kann man sich als Arbeitgeber mit einem begrenzten Teilnehmerkreis (z. B. aus einem Talentpool) im Hangout-Bereich per Live-Videochat gemeinsam unterhalten und Pläne absprechen, egal ob es dabei um ein Projekt oder eine Nachbesprechung einer Veranstaltung geht. YouTube-Videos

---

[1] https://plus.google.com/pages/create.

[2] http://fluidmobile.de/google-unternehmensseiten-erstellen/.

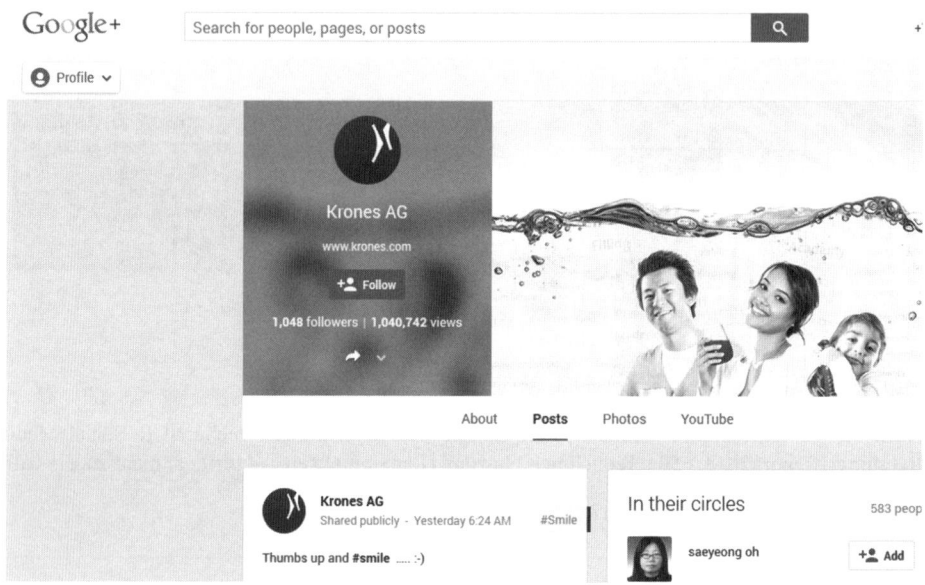

Abb. 1.2 Unternehmensprofil Krones AG

können gemeinsam angesehen werden. Sogar Angela Merkel hat bereits einen Google+-Hangout durchgeführt!

Als Bonus gibt es für eine Präsenz und die Aktivitäten bei Google+ aufgrund der Integration der „Sozialen Suche" in die Google Suche auch noch ein besseres Ranking in der Google Suche.

11.3.1 Communities (Gruppen) auf Google+

Die Gründung einer eigenen Community (s. Abb. 1.3) ermöglicht es Ihnen als Arbeitgeber, selbst Themen zu (be-) setzen und diese aktiv mit Ihrer Zielgruppe zu diskutieren. Eine Community bietet die Möglichkeit, aktiv mit den Google+-Mitgliedern über für Sie relevante Themen zu diskutieren. In der Community sollten Sie einen Mehrwert für die Zielgruppe generieren, sodass es zu einer gezielten Ansprache der Zielgruppe und einer qualitativ hochwertigen Kommunikation mit der Zielgruppe kommt.

Durch den Aufbau einer aktiven „Community mit eigenem Netzwerk" erreichen Sie, sofern die Community gut gemacht und gemanagt wird, eine nachhaltige Bindung zu potenziellen Kandidaten, quasi Ihren eigenen Talentpool, den Sie für die Besetzung zukünftig offener Stellen nutzen können.

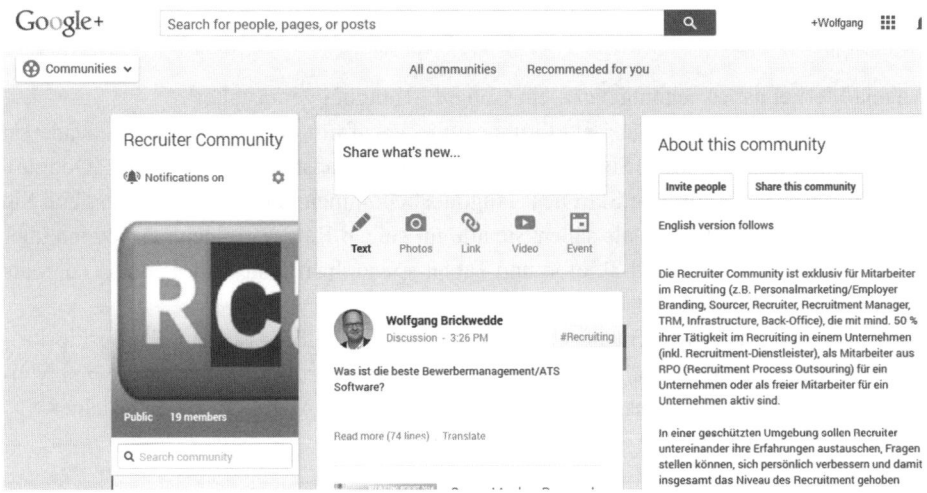

Abb. 1.3 Beispiele für Communities

11.3.2   Ihre Events auf Google+

Um Ihre Arbeitgebermarke zu stärken, können Sie, ähnlich wie bei XING, Events organisieren und kommunizieren (s. Abb. 1.4). Sind Sie z. B. präsent auf einer Messe, dann legen Sie einen Event an und laden Sie Ihr Netzwerk einfach ein.

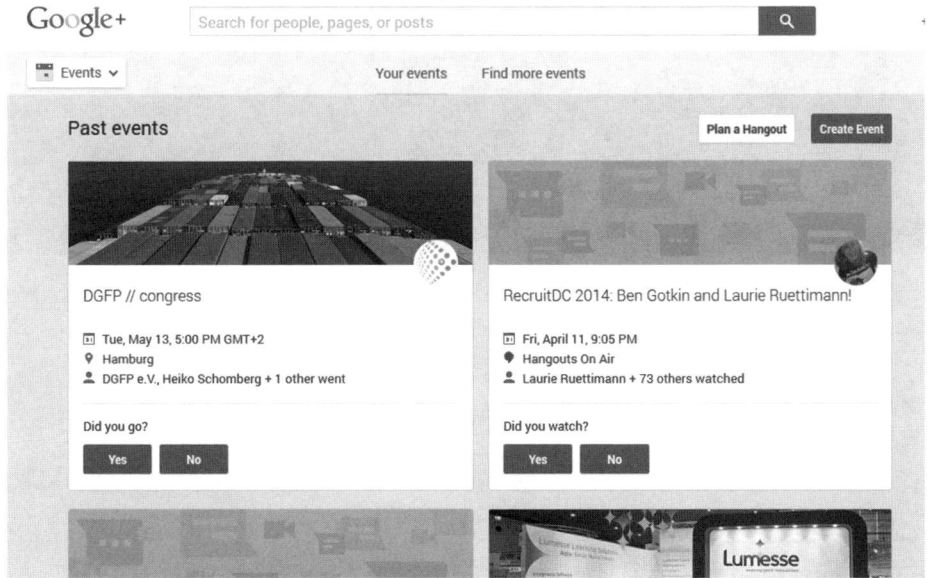

Abb. 1.4 Events auf Google+

11.3.3 Abhängen mit Kandidaten – Google+-Hangouts

Angela Merkel hat es schon getan – ein Google+-Hangout veranstaltet[3].

Was ist ein Hangout? Quasi ein Gruppenvideoanruf mit den von Ihnen eingeladenen Teilnehmern. Dafür wählen Sie beim Erstellen einer Veranstaltung die Option „Google+ Hangout" aus. Kurz vor dem Start des Hangouts bekommen alle eine Erinnerung und Sie können sich so unterhalten, als säßen Sie alle im selben Raum. Teilnehmer können über ihren Computer, ihr Android-Telefon und Tablet sowie ihr iPhone und iPad an Hangouts teilnehmen – so können alle dabei sein.

Auf diese Weise können Sie z. B. bestimmte Teilnehmer Ihres Talent-Relationship-Programmes über eine neue technische Herausforderung informieren oder kurz deren Meinung zu einem für Sie interessanten Thema erfahren – von Angesicht zu Angesicht.

11.4 Operatives Recruiting mit Google+: Potenzielle Kandidaten finden

Die Profile, sofern sie ausgefüllt sind, können gut mit XING- oder LinkedIn-Profilen hinsichtlich der Aussagekraft fürs Recruiting mithalten. Als Beispiel muss mal wieder (auch aus rechtlichen Gründen) mein eigenes herhalten (s. Abb. 1.5).

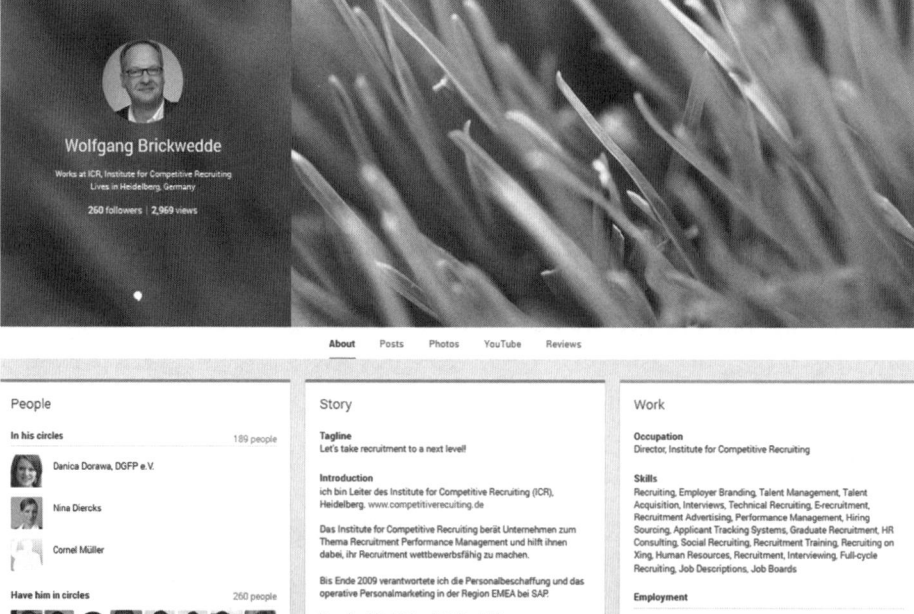

Abb. 1.5 Beispielprofil auf Google+

---

[3] https://plus.google.com/+GoogleDeutschland/posts/QoFVgWpcXv4.

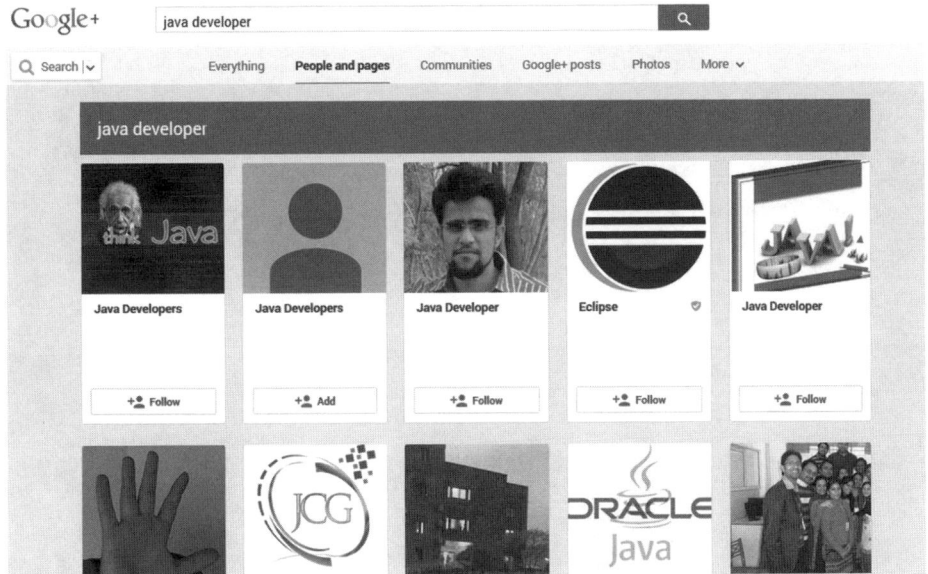

Abb. 1.6 Suchergebnisse Java Developer

Die Personensuche von Google+ ist aktuell leider nicht so gut für die Suche nach potenziellen Kandidaten geeignet. Man kann lediglich in einem Freitextfeld suchen. Die Suchergebnisse des Freitextfeldes sehen zwar optisch hübsch aus, machen es einem Recruiter
allerdings auch nicht gerade einfach, passende Kandidaten zu identifizieren. Insbesondere
die Tatsache, dass es z. B. nur eine gemeinsame Suche für Menschen und „Seiten" (bzw.
„People and Pages") gibt, führt dazu, dass die Suche sehr unscharf wird, wenn auch Unternehmensseiten bei den Suchergebnissen angezeigt werden Abb. 1.6).

Es gibt noch eine zweite Möglichkeit, nach Personen zu suchen, dies geht über die Auswahl „Personen suchen/People" in der linken Auswahlliste. Hier kann man auch nach ehemaligen Klassenkameraden oder Kollegen suchen. Diese ergibt dann bei der Suche „Java
Entwickler" auch eine größere Anzahl von u. a. deutschsprachigen Profilen (s. Abb. 1.7).

Im Vergleich zu den gewöhnten detaillierten Suchmasken bei XING und LinkedIn ist
dies für Recruiter natürlich insgesamt eher enttäuschend.

Suchen in Communities
Neben der direkten Kandidatensuche können Sie auch wie bei XING und LinkedIn in den
Gruppen, bei Google+ in Communities suchen. Geben Sie bei Communities ein Stichwort
ein und schauen Sie sich die Größe, die Beschreibung und die Aktivität (Anzahl der Posts)
der Communities an, um zu beurteilen, ob diese für Sie interessant sein könnten.

Die Profile der gefundenen Kandidaten können Sie dann in Ihre „Kreise/Circles" übernehmen, um Sie sich zu merken oder später anzusprechen.

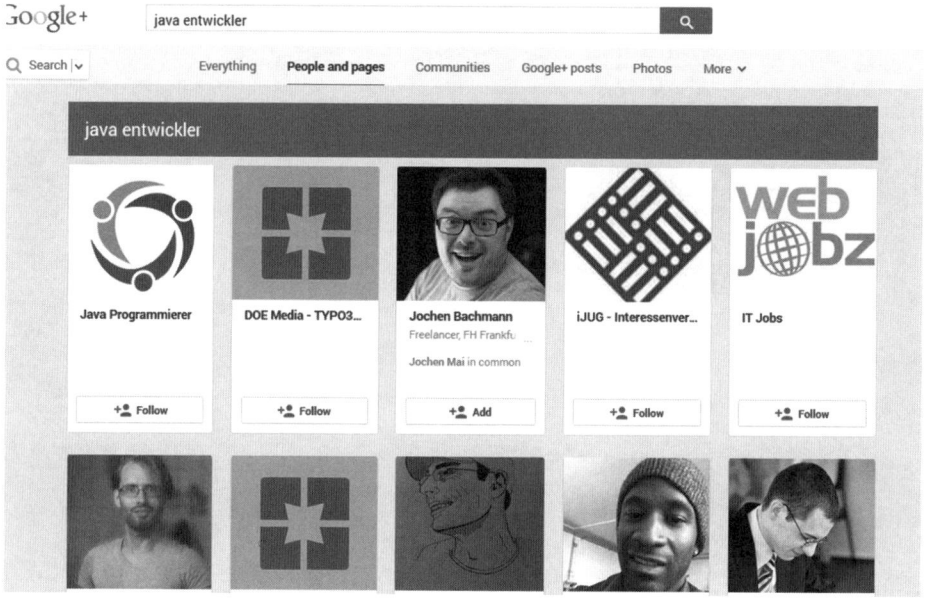

Abb. 1.7 Suchergebnisse Java Entwickler

11.5 Fazit

Google+ steht, was Nutzerzahlen angeht, mit ca. 1,1 Mrd.[4] schon auf halber Strecke zwischen LinkedIn (300 Mio., Stand Juni 2014) und auf Augenhöhe mit Facebook (eine 1,25 Mrd., Stand Juni 2014[5]). Die tatsächlich aktiven Nutzungszahlen sollen jedoch angeblich sehr stark voneinander abweichen, zuungunsten von Google+.

Die Notwendigkeit von Aktivitäten ist abhängig von der jeweiligen Bewerbersituation für ein Unternehmen. In engen Märkten macht sicherlich der Versuch, auf Google+ nach passenden potenziellen Kandidaten zu suchen, Sinn. Es ist auf jeden Fall empfehlenswert, als Unternehmen eine „generelle" Seite zu eröffnen, um auf der Plattform präsent zu sein, sich mit den Funktionen auseinanderzusetzen und die Entwicklung zu verfolgen. Noch werden Fehler und Test erlaubt. Und nebenbei können Sie auch noch die Relevanzsteigerung bei der Google Suche mitnehmen.

Ebenso kann so beobachtet werden, ob sich die relevante Zielgruppe überhaupt auf Google+ aufhält. Dies wird dann, neben den Weiterentwicklungen von Google, für Google+ auch ein Kriterium sein, zu entscheiden, ob ein Unternehmen sein Engagement als Arbeitgeber bei Google weiterführen, einstellen oder ausbauen möchte.

---

[4] http://de.statista.com/statistik/daten/studie/215589/umfrage/prognose-zu-den-weltweiten-nutzerzahlen-von-google-plus/.

[5] http://de.statista.com/statistik/daten/studie/37545/umfrage/anzahl-der-aktiven-nutzer-von-facebook/.

Online-Jobportale mit Social-Media-Anbindung in Deutschland, Österreich und der Schweiz

12

Eva Zils

Inhaltsverzeichnis

Zusammenfassung

Online-Jobportale haben den **Trend hin zum Recruiting via Social Media** erkannt. Während viele Social-Media-Berater das Ende der Jobbörsen vorhersagen und ausschließlich auf soziale Netzwerke zur Personalgewinnung setzen möchten, ist es notwendig aufzuzeigen, dass sich **Jobportale und Social Media Recruiting intelligent miteinander kombinieren** lassen.

So haben viele Online-Jobportale seit geraumer Zeit Produkte und Beratungsprojekte entwickelt, die beispielsweise die Verbreitung von Jobs in sozialen Netzwerken vereinfachen oder Kunden bei den ersten Schritten im Social Web begleiten. Diese Entwicklung hält an und wird in den kommenden Jahren weitergeführt werden.

Jedoch ist auch zu erkennen, dass sich Jobportale seit einigen Monaten weniger stark um ihre eigenen Social-Media-Präsenzen kümmern, wie ich es in einem Benchmark im Sommer 2013 festgestellt habe. [1]

Vor dem Hintergrund sozialer Medien und Personalsuche werden nach einer Einführung in das Thema Jobportale und deren Entwicklung in diesem Kapitel die verschie-

E. Zils (✉)
Online-Recruiting.net, 4 rue de Vendenheim, 67000 Strasbourg, France
E-Mail: eva.zils@online-recruiting.net

© Springer Fachmedien Wiesbaden 2015
R. Dannhäuser (Hrsg.), *Praxishandbuch Social Media Recruiting*,
DOI 10.1007/978-3-658-06573-7_12

denen Ansätze der Anbieter Monster, StepStone, JobScout24/CareerBuilder, Experteer, karriere.at, careesma.at und jobs.ch detailliert vorgestellt und anschließend einige neuere Dienste kurz erläutert, die sich auf dem Markt etablieren.

12.1 Online-Stellenportale und Social Media – Freund und/oder Feind?

12.1.1 Was haben Jobportale im Praxishandbuch Social Media Recruiting zu suchen?

Es mag auf den ersten Blick erstaunlich erscheinen, in einem Praxishandbuch zum Thema Social Media Recruiting Online-Stellenbörsen und Jobsuchmaschinen ein Kapitel zu widmen. Aber Online-Jobportale müssen tatsächlich in die Überlegungen und Strategien von Personalern und Recruitern einfließen, wenn es um webbasierte Personalsuche im Allgemeinen und um Social Media Recruiting im Speziellen geht.

▶   Jobportale & Social Media sind **zwei Disziplinen des Online-Recruiting**, die für eine erfolgreiche Personalgewinnung und Kandidatenansprache essenziell sind.

Jobbörse und Jobsuchmaschinen, welche hier der Einfachheit halber mit dem Oberbegriff „**Jobportale**" zusammengefasst werden, haben die Möglichkeiten und Trends erkannt, soziale Netzwerke und das Potenzial des Web 2.0 zu nutzen, um ihren Kunden durch eine gezielte Anbindung an Social Media und/oder entsprechende (Beratungs-) Modelle **passende Kandidaten per Internet zugänglich** zu machen.

Auf den nachfolgenden Seiten werden Sie lesen, welche Social-Media-Angebote und -Anbindungen Jobportale personalsuchenden Unternehmen für ihren Online-Recruiting-Mix zur Verfügung stellen.

Zuvor lohnt es sich zu definieren, was eine „**Stellenbörse**" ausmacht, zu beschreiben, wie „**Jobsuchmaschinen**" funktionieren, und die Unterschiede zwischen beiden aufzuzeigen.

Ein kurzer Blick auf die **Entstehung und Entwicklung** der Stellenportale sowie der sozialen Medien rundet dieses Bild ab. Dabei gehe ich ebenfalls auf die Begrifflichkeiten „Recruiting 1.0" und „Recruiting 2.0" ein.

Zahlen und Statistiken sprechen häufig für sich, sodass Sie in einem weiteren Absatz erfahren werden, wie sich Social Media und Stellenportale in der Gunst der Bewerber und Arbeitgeber hervortun. Damit können Sie für sich die Frage beantworten, ob Sie im Online-Recruiting auf das richtige Pferd setzen.

Schließlich erfahren Sie, welche Social-Media-Recruiting-Möglichkeiten Ihnen Online-Jobportale bieten können und **welches Produkt sich für welche Zwecke** am besten eignet. Dabei konzentriere ich mich in meinen Ausführungen auf Jobbörsen, da diese stärker auf eine B2B-Kultur ausgerichtet sind als Jobsuchmaschinen.

12.1.2   Definitionen: Jobbörse + Jobsuchmaschine = Jobportale

Jobbörse – Definition und Funktionsweise
Eine **Online-Jobbörse** ist ein Stellenmarkt im Internet, auf dem verschiedene Unternehmen ihre Stellenausschreibungen und – soweit angeboten – ein Firmenprofil veröffentlichen können, um idealerweise dadurch neue Mitarbeiter zu gewinnen [2].

Dank einer speziellen **Such- und Matching-Technologie** werden Jobsuchenden möglichst passende Stellenangebote anhand der eingegebenen Suchkriterien angezeigt. Hierbei kann es bei der **Qualität** der jeweils zugrunde liegenden Algorithmen große Unterschiede geben, die das Suchergebnis beeinflussen [3].

In vielen Fällen wird von den Jobbörsen darüber hinaus eine sogenannte **Lebenslaufdatenbank** angeboten, in der Unternehmen aktiv nach Lebensläufen suchen und potenzielle Kandidaten kontaktieren können. Die Lebensläufe werden von den Jobsuchenden selbst in die Datenbank der jeweiligen Jobbörse eingetragen oder mittels Technologien aus bestehenden Online-Profilen der Bewerber oder durch Hochladen direkt übertragen.

Jobbörsen-Typen
Wir unterscheiden zwischen kommerziellen und nicht kommerziellen Stellenbörsen sowie **Generalisten, regionalen und Nischen- bzw. branchenspezifischen Jobbörsen** [4], wobei in diesem Buch der Fokus auf den kommerziellen Generalisten liegt.

Kommerzielle, nicht kommerzielle Jobbörsen, Generalisten

Die kommerziellen Online-Stellenmärkte **berechnen** den personalsuchenden Unternehmen ihre Produkte (zum Beispiel Anzeigenschaltung, Zugriff auf die Lebenslaufdatenbank, Firmenprofil, besondere Hervorhebung von Jobs durch Reichweiteprodukte wie Banner, E-Mail-Marketing).

Nicht kommerzielle Plattformen bieten neben der kostenfreien Veröffentlichung von Stellenausschreibungen häufig weitere kostenpflichtige „**Premium-Services**" an, um beispielsweise die Sichtbarkeit der Jobs zu erhöhen.

Generalisten, auch allgemeine Jobbörsen genannt, bilden **Jobs aller Branchen, geografischer Regionen, Berufszweige und -funktionen** ab. Jeder Arbeitgeber kann dort alle seine zu besetzenden Positionen veröffentlichen.

Die Nutzung von Online-Jobbörsen ist **für Stellensuchende in der Regel kostenfrei**.

Beispiele kommerzieller Jobbörsen-Generalisten in der Region D-A-CH

Beispiele kommerzieller Jobbörsen-Generalisten in Deutschland, Österreich und der Schweiz sind Monster (.de,.at,.ch), Stepstone (.de,.at), stellenanzeigen.de, JobScout24/ Careerbuilder.de, Jobware.de, karriere.at, careesma.at, derStandard.at/karriere, jobs.ch und jobs.nzz.ch.

▶ **Jobsuchmaschine – Definition und Funktionsweise**

Eine **Jobsuchmaschine** – auch „Job-Aggregator" oder „Job-Vertical" genannt – unterscheidet sich von den bereits definierten Online-Jobbörsen darin, dass **potenziell alle im Internet auffindbaren Stellenausschreibungen** mithilfe eines sogenannten „Crawlers" oder „Spiders" zusammengetragen und an einem Ort im Internet, der Jobsuchmaschine, wieder ausgegeben werden [5].

Dazu wird das Internet, vor allem Karriereseiten von Unternehmen und Personalberatungen, **systematisch nach freien Stellen abgesucht.** Die aufgefundenen Jobs werden semantisch analysiert, entsprechend in Kategorien, Regionen, Branchen etc. zusammengefasst und Bewerbern zentral auf den Seiten der Jobsuchmaschine zur Verfügung gestellt.

Die Veröffentlichung von Stellenanzeigen der inserierenden Unternehmen erfolgt automatisch (viele Firmen wissen gar nicht, dass ihre Jobs über verschiedene Jobsuchmaschinen zu finden sind) und in der Regel **kostenfrei**. Es besteht jedoch die Möglichkeit, **kostenpflichtige Zusatzprodukte** zur Reichweitenerhöhung und verstärkten Sichtbarkeit mehrerer oder aller Anzeigen hinzuzubuchen.

Jobsuchmaschinen und Online-Jobbörsen – Pay-per-Click

Da Jobsuchmaschinen vor allem dank ihrer hohen Anzahl an Jobangeboten und professioneller Seitenoptimierung (SEO) sehr gut bei Suchmaschinen platziert sind – die Jobs sind dort **teilweise besser über Google & Co. aufzufinden** als bei kommerziellen Online-Jobbörsen –, dienen sie ebenfalls vielen kommerziellen Online-Stellenmärkten als sogenannte „Traffic-Lieferanten" [6].

Das bedeutet, dass viele oder gar alle Stellenausschreibungen bestimmter Jobbörsen auch bei Jobsuchmaschinen gelistet sind. Bewerber greifen beispielsweise über eine Google-Suche auf die Anzeige einer Jobsuchmaschine zu und werden anschließend direkt **zu ihrer tatsächlichen Quelle, der Stellenanzeige auf der Jobbörse, weitergeleitet.**

Dieser „Weiterleitungsservice" wird von den teilnehmenden Jobbörsen bezahlt, meist in Form eines „**Pay-per-Click**"-Modells: Pro getätigtem Bewerberklick auf eine Stellenanzeige wird der Jobbörse am Ende der Kette ein bestimmter Betrag in Rechnung gestellt.

Qualität der Suchergebnisse

Derzeit sind die **Qualität** vieler Jobsuchmaschinen und die **Aktualität** der dort aufzufindenden Jobs jedoch **fragwürdig**. Viele Unternehmen veröffentlichen beispielsweise ihre Anzeigen auf der Firmen-Homepage, platzieren sie dazu auf zwei bis drei kommerziellen Jobbörsen und beauftragen gleichzeitig eine oder mehrere Personalberatungen.

Da die „Aggregatoren" Jobs von Unternehmenskarriereseiten, Personalberatungsjobbörsen, kommerziellen und branchenspezifischen Jobbörsen und teilweise sogar von anderen Jobsuchmaschinen in ihrem Online-Sortiment einsammeln, kann es somit zu **Anzeigen-Doppelungen** (Verdrei- oder gar Vervierfachungen) ein- und derselben Anzeige auf einer einzigen Jobsuchmaschine kommen.

Offene Stellen, die eventuell von Unternehmen besetzt worden sind, aber deren **Anzeigen noch nicht von der Firmenkarriereseite entfernt** wurden, können nach wie vor über Jobsuchmaschinen gefunden werden. Dies stellt ein Problem der Anzeigenaktualität dar.

Jobsuchmaschinen-Betreiber haben die oben genannten Qualitätseinbußen erkannt und **arbeiten an einer geeigneten Lösung**. Bisher lassen sich diese Doppelungen jedoch noch nicht endgültig und effektiv technisch unterbinden.

Beispiele bekannter Jobsuchmaschinen

Beispiele einiger Jobsuchmaschinen sowohl in den deutschsprachigen Ländern als auch weltweit sind kimeta.de, jobturbo.de, icjobs.de (neuerdings unter der Domain jobbörse. com zu finden), jobrapido.com, indeed.com, simplyhired.com oder careerjet.com.

▶   Jobbörsen und Jobsuchmaschinen sind zwei Paar Stiefel – sie unterscheiden sich in ihren Funktionen und Zielsetzungen eindeutig voneinander:

Stellenbörsen stellen auf ihren Seiten Jobs zur Verfügung, die von Unternehmen gezielt dort platziert worden sind.

Jobsuchmaschinen suchen das gesamte Internet nach ausgeschriebenen Stellen ab, sammeln und kategorisieren diese und verlinken von ihrem zentralen Sammelpunkt auf die aggregierten Jobs. Sie fungieren oftmals auch als Traffic-Lieferant für Jobbörsen.

12.1.3   Über den vermeintlichen Untergang der Jobportale und die Entstehung der sozialen Netze

Viele Verfechter von Social Media Recruiting schwören ausschließlich auf die „Macht" der sozialen Netzwerke im Namen eines zeitgemäßen, innovativen, dialogorientierten und effektiven Recruiting beziehungsweise Personalmarketing und Employer Branding oder auch, um potenziell passende Kandidaten direkt anzusprechen. Diese Methode wird, sofern sie über das Internet und vor allem über soziale Medien und Lebenslaufdatenbanken und Foren erfolgt, als „**Active Sourcing**" bezeichnet.

Online-Jobbörsen, so eine verbreitete Meinung unter Adepten von sozialen Medien, gehören dem „Recruiting 1.0" an, während Social Media dem „Recruiting 2.0" zuzuschreiben seien.

▶ **Recruiting 1.0** Hierbei handelt es sich um die „klassische" Mitarbeitergewinnung durch das Veröffentlichen von Stellenanzeigen im Internet oder in der Presse. Der Recruiter erhält daraufhin in der Regel eine gewisse Anzahl an Bewerbungen, aus denen er die für sein Unternehmen passenden Kandidaten zum Gespräch einlädt. Diese Methode wird seit 2006 auch als „Post and Pray" bezeichnet [7].

▶ **Recruiting 2.0** Personalsuche durch den – meist zu den Recruiting-1.0-Methoden zusätzlichen – Einsatz von Web-2.0-Werkzeugen. Web 2.0 steht für das „Mitmach-Web", in dem jeder Nutzer durch Blogs und Netzwerke Inhalte in das Internet stellen kann. Recruiter werden aktiv und treten mit der gesuchten Bewerberzielgruppe in Kontakt. Dialog und Transparenz stehen im Mittelpunkt. Dadurch soll dem potenziellen Kandidaten ein authentischer Einblick in die Arbeitswelt des Unternehmens gewährt werden und er soll dazu animiert werden, sich dort zu bewerben.

So kommt es (leider) regelmäßig vor, dass eingeschworene Anhänger von Social Media Recruiting die Meinung vertreten, Online-Jobbörsen würden im Recruiting-Prozess zunehmend an Bedeutung verlieren. Manche gehen sogar so weit, das baldige Ende der Online-Stellenmärkte – in den kommenden fünf bis zehn Jahren – vorherzusagen [8].

Dasselbe Schicksal wurde zu Beginn des neuen Jahrtausends für Stellenausschreibungen in Print-Medien prophezeit, damals von den Jobbörsen-Pionieren. Dennoch bestehen Print-Stellenmärkte, trotz hoher Umsatzeinbußen, weiterhin und stellen noch heute den größten Anteil des gesamten nationalen Personalwerbungsmarktwerts. Die absoluten Anzeigenzahlen der Presseanzeigen haben zwar einerseits drastisch abgenommen (von 260 Print-Stellenmarkt-Seiten vor der Jahrtausendwende bis aktuell nunmehr 12 Seiten Stellenmarkt in der FAZ beispielsweise [9, 10]). Andererseits machen selbst die deutlich verringerten Anzeigenzahlen einen höheren Gesamtumsatz am Personalwerbungsmarkt aus.

Die **ersten Online-Stellenmärkte sind Anfang der 90er-Jahre in den USA** entstanden [11]. In Deutschland, Österreich und der Schweiz starten die ersten Jobbörsen ab 1995. Heute gibt es allein in Deutschland knapp **2600 Stellenportale** [12].

Social Media, zunächst beliebte Business-Netzwerke wie **XING oder LinkedIn, werden um 2003 gegründet**. Mark Zuckerbergs Facebook geht 2004 in den USA an den Start. Seit 2006 können sich neue Mitglieder ab 13 Jahren weltweit registrieren. Im Jahre 2014 zählt **Facebook mehr als 1,2 Mrd. Nutzer**. wobei die jüngere Generation zunehmend auf andere Kanäle, wie beispielsweise WhatsApp, ausweicht [13], welches übrigens seit Beginn des Jahres 2014 zu Facebook gehört.

12.1.4 Die Macht der Masse – aber welche Masse macht's?

In den meisten Umfragen und Studien, beispielsweise in den „Recruiting Trends 2013" [14], die von Monster Deutschland und dem Centre of Human Resources Information Systems (CHRIS) durchgeführt wurde, in dem durch den ICR veröffentlichten „Social Media Recruiting Report 2012" [15] und in meinen eigenen „Social-Media-Recruiting-Studien"

2011 [16] und 2012 [17] (die Ergebnisse der 2012-Studie werden in Kapitel „Trends im Recruiting – Marktdaten und Studienergebnisse" beschrieben) werden **Online-Stellenbörsen** von **Arbeitgebern** neben der firmeneigenen Karriereseite als **am häufigsten eingesetzter und wichtigster Kanal zur Bewerberansprache und -rekrutierung** genannt [18].

Auch bei **Bewerbern** erfreuen sich **Jobbörsen nach wie vor größter Beliebtheit**, wenn es um die Jobsuche im Internet geht. Laut der aktuellen Studie „Bewerbungspraxis 2013" [19] von Monster Deutschland und dem Centre of Human Resources Information Systems (CHRIS) sind Online-Jobbörsen seit zehn Jahren das effektivste Mittel, um eine neue Anstellung zu finden. Darauf folgen nach Angaben der Teilnehmer Firmen-Homepages und (soziale) Karrierenetzwerke.

Andere Studien wiederum stellen fest, dass **Social Media**, vor allem Foren, Communitys und private Netzwerke wie Facebook, **für viele Bewerber reine Privatsache sind**. So ist beispielsweise in den Ergebnissen der Social-Media-Recruiting-Studie von Kienbaum aus dem Jahre 2010 Folgendes zu lesen, was in vielen Fällen auch heute noch zutrifft:

> Private soziale Netzwerke wie Facebook, Twitter und StudiVZ sind aktuell noch dem Privatleben vorbehalten und für die Job- und Arbeitgebersuche wenig relevant. 63 % der Studenten, Absolventen und Young Professionals bewerten den Auftritt von Unternehmen auf privaten Social Networks als negativ. Sie lehnen es ab, Berufliches mit Privatem zu vermischen. Nur 8 % der regelmäßigen User privater sozialer Netzwerke haben sich bereits mithilfe von privaten sozialen Netzwerken über einen geeigneten Arbeitsplatz informiert. Das sind die Ergebnisse einer aktuellen Studie von Kienbaum Communications, an der 1155 Studenten, Absolventen und Young Professionals unterschiedlicher Fachrichtungen teilgenommen haben. Die Studie, die im Rahmen einer Masterarbeit mit der Studentin Ulrike Brand durchgeführt wurde, untersucht die Erwartungen und Präferenzen der Kandidaten-Zielgruppen an Arbeitgeberpräsenzen in privaten sozialen Netzwerken. [20]

Ein Jahr später veröffentlicht der **HR-Software-Dienstleister Sage** die Studie „**Recruitingtrends 2011**" [21], die sich auf den österreichischen Arbeits- und Jobsuchermarkt bezieht. Das Schlüsselergebnis lautet:

> 1000 Arbeitnehmer und 242 Arbeitgeber ließ der Geschäftsbereich HR-Software der Sage GmbH zu ihren Recruiting-Präferenzen von GfK Österreich befragen. Überraschendes Ergebnis: Web 2.0 ist für Bewerbungen längst nicht so akzeptiert wie gemeinhin angenommen. [22]

In der aktuellen, bereits vorab genannten Monster-/CHRIS-Studie „**Bewerbungspraxis 2013**" zeichnen sich Bewerber nach wie vor durch **Zurückhaltung gegenüber Social-Media-Recruiting-Tools** aus. Jobsuchende finden Social-Media-Aktivitäten der Unternehmen grundsätzlich gut, suchen jedoch lediglich zu 25,8 % bei XING und zu 15,1 % auf Facebook nach freien Stellen. Eine Social-Media-Verbindung zu Unternehmen streben Kandidaten zu 17,8 % auf XING und zu gerade einmal 8,9 % auf Facebook an.

Schließlich ist festzuhalten, dass das **generelle Job-Suchverhalten potenzieller Bewerber im Internet** in den meisten Fällen mit einer Meta-Suchmaschine, wie beispielsweise **Google oder Bing,** beginnt (Tendenz seit 2009 steigend): In einem Ende April 2013 gehaltenen Vortrag der Stellenbörse Stepstone.de in Kooperation mit Google Deutschland [23] berichteten die Referenten, dass **monatlich 68 Mio. Suchanfragen** mit einem auf die Jobsuche bezogenen Begriff, wie zum Beispiel „Job" oder „Jobbörse", alleine in Deutschland getätigt würden. Von diesen 68 Mio. Suchanfragen stellen knapp **41 % gezielte „Brand-Suchanfragen"** (nach genauen Jobportalnamen wie Monster, StepStone, JobScout24 etc.) dar. Diese Marken-Suchanfragen vereinen damit den größten Anteil der auf die Arbeitssuche bezogenen Internetsuchanfragen auf sich. Darauf folgen Suchworte wie „Job", „Jobsuche" oder „Stellenanzeige" etc. mit einem Anteil um 25 % des Gesamt-Suchvolumens.

Die **Suchhäufigkeit nach karriererelevanten sozialen Netzwerken wie XING oder LinkedIn** hält sich – noch (?) – in Grenzen und ist vergleichbar mit der Anzahl an Suchanfragen für kleinere bis mittlere Jobportale. Die Netzwerke platzieren sich dennoch deutlich in dem Suchbereich „White-Collar-Jobs", also Stellenanzeigen für kaufmännische und höhere Angestellte.

▶ Soziale Netzwerke punkten durchaus mit der Masse an registrierten Nutzern und damit potenziellen Bewerbern. Jedoch ist die **Masse der Bewerber aktuell stärker an Jobbörsen-** und **Internet- Jobabfragen interessiert,** die einen zunächst **unverbindlichen Kontakt** ermöglichen. Social Media sind größtenteils Privatsache. Lediglich professionelle Netzwerke wie **XING oder LinkedIn** werden zur Jobsuche genutzt, wobei hier häufig das Pflegen des eigenen Karriereprofils und des beruflichen Netzwerks im Vordergrund steht.

12.1.5 (Online-) Recruiting-Mix – die Mischung macht den Erfolg

Social Media Recruiting und Personalsuche über „traditionelle" Medien wie Stellenportale sind **miteinander vereinbar.** Aktuell steht die Nutzung von **Jobportalen** für die Jobsuche sowohl bei potenziellen Bewerbern als auch bei Arbeitgebern weiterhin **hoch im Kurs.**

Social Media haben für die Arbeits- und Personalsuche noch starkes Wachstumspotenzial, sodass die Entwicklung der Netzwerke im diesem Kontext weiter beobachtet werden muss. Jedes Unternehmen muss für sich entscheiden, wie viel und vor allem welche Medien es für die Online-Personalsuche einsetzen möchte und kann.

Für den Augenblick macht es Sinn, zwischen der reinen Rekrutierung, der passiven und aktiven Kandidatenansprache, dem Personalmarketing und Employer Branding zu unterscheiden und die für die jeweilige Teildisziplin relevanten Kanäle einzusetzen.

> ▶ **Jobportale** eignen sich zur passiven Kandidatensuche und zur Verbreitung
> von Stellenausschreibungen im Internet. Ein Beitrag zum Employer Branding
> kann mit bestimmten Zusatz- und Reichweitenprodukten auf Jobbörsen, teil-
> weise auch auf Jobsuchmaschinen, geleistet werden.
> **Soziale Netzwerke** passen gut zum Auf- und Ausbau der Arbeitgebermarke,
> für das Personalmarketing und zum sogenannten „Active Sourcing" – der pro-
> aktiven, direkten Kandidatenansprache.

Für Firmen, die das **Potenzial der sozialen Medien für die Personalgewinnung** und den
Auf-/Ausbau des Employer Branding im Rahmen einer Anzeigenschaltung in Jobportalen
kennenlernen möchten, ist es sinnvoll, sich über die einzelnen **Social-Media-Recruiting-
Produkte** der Jobportale zu informieren.

Einige der interessantesten Produkte und Möglichkeiten in diesem Umfeld präsentiere
ich Ihnen auf den kommenden Seiten.

12.2 Jobbörsen in Deutschland, Österreich und der Schweiz mit Social-Media-Anbindung

12.2.1 Teilen- und Sharing-Funktionen auf Jobbörsen: das Wunder der „Job-vermehrung"

Das neue Internet, das Web 2.0, lebt von **teilbaren Inhalten**. Bilder, Artikel, Links zu
Videos – alles, was den Nutzern interessant erscheint, wird an Bekannte weitergeleitet.
„**Sharing Economy**" ist das neue Schlüsselwort. Dies geschieht zumeist **auf Knopf-
druck**. Inhalte werden auf den angeschlossenen Netzwerken weiterverbreitet. Manche
Neuigkeiten breiten sich wie ein Virus in den Social Media aus – eine „**virale Kampagne**"
nennt sich das und wird vor allem von bekannten Marken gezielt eingesetzt, um eine Bot-
schaft, meistens jedoch ein Produkt, möglichst schnell bei möglichst vielen, potenziellen
Konsumenten zu platzieren.

Bei Stellenanzeigen funktioniert das im Prinzip genauso. Allerdings erhalten **bisher
nur sehr selten offene Stellen eine wirklich „virale" Aufmerksamkeit in Social Media**. In diesen Fällen handelt es sich meistens um besonders sensationelle Stellenausschreibungen, wie zum Beispiel „australischer Inselhüter/australische Inselhüterin" [24]
oder „professioneller Pokerspieler/professionelle Pokerspielerin".

Viele Jobportale haben jedoch die Möglichkeit erkannt, Stellenanzeigen ihrer Kunden
dank Social-Media-Verknüpfung mittels „**Share-Button**" in soziale Netze zu verlängern.

▶ **Share-Button** (engl. „to share" = teilen) ein in eine Internetseite eingebetteter Knopf
oder eine Schaltfläche mit einem verkleinerten Logo-Symbol des Netzwerks, um den Inhalt der Seite in sozialen Medien weiterzuverbreiten. Primär werden dabei die sozialen
Netze Facebook, Twitter, LinkedIn, Google +, XING und Pinterest angesteuert.

Tab. 12.1 Jobportale mit Anzeigen-Share-Buttons

Jobportal	Share-Buttons vorhanden	Kommentar
Monster (.at,.ch,.de)	Ja	Als „Action Toolbar" links
Stepstone (.de,.at)	Ja	Am linken Bildschirmrand
Jobscout24/careerbuilder.de	Ja/Nein	Oberhalb der Anzeige
Experteer.de	Ja	Oberhalb der Anzeige
Karriere.at	Nein	Exkl. E-Mail-Weiterleitung vorhanden
Derstandard.at/karriere	Ja	Unauffällig unterhalb der Anzeige
Careesma.at	Ja	Am linken Bildschirmrand
Jobs.ch	Ja	Am linken Bildschirmrand
Jobagent.ch	Bedingt	Falls in Ursprungsanzeige vorhanden
Nzz.ch	Ja	Am linken Bildschirmrand

Stellenportale mit „Share-Buttons" für jede Stellenanzeige (Stand: 2.5.2013)

Diese „Share-Buttons" werden Jobsuchenden in den meisten Fällen am linken Bildschirmrand oder oberhalb des jeweiligen Stellenangebotes angezeigt. Eine der traditionellen Teilfunktionen, das Weiterleiten der Stellenausschreibung per E-Mail an sich selbst oder einen Freund, besteht selbstverständlich nach wie vor.

Man sollte meinen, dass alle Jobportale diese Anzeigen-Verteiler-Funktion über die sozialen Netze anbieten. Das tun sie jedoch nicht zwingend. Von den hier näher betrachteten Stellenportalen bieten die in Tab. 12.1 genannten Anbieter für jede Online-Stellenanzeige „Share-Buttons" an.

Diese Buttons werden, falls angeboten, ohne weiteren Aufpreis in die Stellenausschreibungen auf dem Stellenportal eingebunden.

12.2.2 Datenimport auf Knopfdruck – Social-Media-Profildaten in Jobbörsen Lebenslaufdatenbanken hochladen

Viele Jobportale bieten Jobsuchern und Wechselwilligen an, ein Karriereprofil im Sinne eines Online-Lebenslaufs zu hinterlegen. Diese Bewerberprofile werden anschließend als buchbare Lebenslaufdatenbanken Unternehmen und Personalberatern zugänglich gemacht.

Für Jobsuchende ist es eine Herausforderung, ihre manuell erfassten Lebensläufe bei den verschiedenen Jobbörsen stets auf dem neuesten Stand zu halten. Dazu kommen seit knapp zehn Jahren Online-Profile auf XING, LinkedIn, Facebook und vielen weiteren sozialen Netzwerken hinzu, die ebenfalls gepflegt werden möchten.

Hier kann eine sogenannte „**Netzwerk-Connect**"-Funktion Abhilfe schaffen und dem potenziellen Kandidaten eine Menge Zeit einsparen. Diese „Connect"-Funktion existiert derzeit für Netzwerke, wie unter anderem Facebook, LinkedIn, Google + und Twitter.

▶ **Facebook-, LinkedIn-, Google + –, Twitter-Connect** 2008 startet Facebook als eine der ersten Plattformen mit Facebook-Connect [25]. Durch Klicken auf eine „Connect-Schaltfläche" meldet sich ein Facebook-Nutzer auf einer Facebook-fremden Seite an und kann sich mit seinen Facebook-Daten bei der anderen Seite im Handumdrehen registrieren. Einige Daten werden automatisch aus dem Facebook-Profil übernommen, weitere Angaben werden eventuell noch von der Facebook-externen Seite abgefragt und müssen manuell eingegeben werden.

Dasselbe trifft für andere soziale Netzwerke, vor allem LinkedIn und Twitter, welche die „Connect-Funktion" anbieten, zu.

Aktuell setzen **Monster** und **Careesma.at** die „**Facebook-Connect**"-Funktion ein, um eine Nutzer-Registrierung in der Jobbörsen-Lebenslaufdatenbank zu vereinfachen. Solange der auf der Jobbörse neu registrierte Bewerber in seinem Facebook-Profil Daten zu seiner Ausbildung und seinem beruflichem Werdegang eingegeben hat, werden diese bei den vorab genannten Anbietern (außer StepStone) zur Erstellung eines Online-Lebenslaufes verwendet.

Sehr sinnvoll wäre es, wenn auch eine „**LinkedIn**"- und „**XING-Connect**"-Möglichkeit geboten würde. Dies scheitert jedoch häufig daran, dass es sich bei den genannten Medien um Berufs- und Karrierenetzwerke handelt, in denen Unternehmen ebenfalls Stellenanzeigen veröffentlichen können. Daher weigern sich XING und LinkedIn, die Daten ihrer Nutzer per Knopfdruck an potenzielle **Konkurrenten** zu übermitteln [26]. Dennoch ist eine Anmeldung beziehungsweise Registrierung mit dem LinkedIn-Profil zum Beispiel bei Careesma.at möglich (s. Abschn. 12.4.2.8). Jobs.ch ermöglicht es Nutzern, nachdem sich diese auf der Jobbörse registriert haben, die beruflichen Daten per Knopfdruck von ihrem LinkedIn- oder XING-Profil zu importieren (s. Abschn. 12.4.2.9).

12.2.3   Monster

12.2.3.1   Kurzüberblick Geschichte und Entwicklung

Monster ist eine der ersten Jobbörsen, die in den 90er-Jahren in den USA gestartet worden sind. Im Jahre 2000 wird das Konzept – und damit die Jobbörse – sowohl nach Deutschland als auch in die Schweiz an die jeweiligen Märkte gebracht. 2007 kommt Österreich hinzu.

Die Marktposition wird durch die Übernahme der Jobpilot-Gruppe im Jahre 2004 ausgebaut.

Monster gehört heute weltweit zu den bekanntesten Jobbörsenmarken.

Nach mehreren finanziell schwierigen Jahren und gescheiterten Versuchen, Monster Worldwide als Gesamtunternehmen zu verkaufen [27], zeigt sich Monster Ende 2013 und vor allem seit Anfang 2014 mit neuem Elan. Das Ziel ist, die Jobbörse zu einem vollumfänglichen Service-Dienstleister für Online- Recruiting umzufunktionieren. Darin enthalten sind Services, die sowohl in den Bereich von Jobsuchmaschinen (s. Abschn. 12.4.1.2) gelangen als auch in den Bereich Social Media Recruiting und Active Sourcing [28].

12.2.3.2 Share-Buttons
Auf den Monster-Jobbörsen, wie in Tab. 12.1 beschrieben, kann von Jobsuchern jegliche Anzeige mit der „**Action Toolbar**" am linken Seitenrand über verschiedene Social-Media-Kanäle verbreitet werden. Hier stehen aktuell Facebook, Twitter und Google + zur Verfügung. Die Möglichkeit der E-Mail-Weiterleitung besteht ebenfalls.

12.2.3.3 Social-Media-Profil-Verlinkungen
Darüber hinaus ermöglicht Monster Arbeitgebern, Verlinkungen zu ihren eigenen Social-Media-Präsenzen (zum Beispiel Facebook-Seite, Twitter- oder YouTube-Kanal, XING-/LinkedIn-Firmenprofil, Kununu) in den jeweiligen Stellenausschreibungen zu platzieren. Dies ist kostenfrei.

12.2.3.4 BeKnown – das Netzwerk im Netzwerk
Im Juni 2011 startete Monster als erste Jobbörse die Facebook-Application „BeKnown", ein so- genanntes **Karrierenetzwerk im Netzwerk** [29, 30].

▶ **Facebook-Application oder -Applikation (kurz: Facebook-App)** Eine Facebook-App ist eine Anwendung, die von Facebook-externen Entwicklern programmiert wird und den registrierten Facebook-Mitgliedern kostenfrei zur Verfügung gestellt wird. Durch diese Anwendungen, die immer **auf bestimmte Profildaten des Facebook-Nutzers zugreifen** – die Erlaubnis hierfür wird vor der Installation bei den Mitgliedern durch Klick-Zustimmung eingeholt –, wird der Funktionsumfang des sozialen Netzwerks erweitert. Vergleiche [31].

Diese „App" greift nach Einverständnis des Facebook-Mitglieds auf alle seine karriere- und job-relevanten Profildaten sowie auf gewisse Informationen seiner Freunde zu. Im Einzelnen sind dies folgende Daten:

- allgemeine Informationen;
- E-Mail-Adresse;
- Ausbildung, Interesse, Ort, Webseite, bisherige Arbeitgeber;
- folgende Profilinformation der Freunde: Beschreibungen, Ausbildung, bisherige Arbeitgeber.

Anhand dieser Informationen wird ein eigenständiges **BeKnown-Karriereprofil** des Nutzers erstellt. Als Bewerbungs- beziehungsweise Profilbild kann ein anderes Foto als das, welches im Facebook-Profil hochgeladen wurde, verwendet werden.

Nun werden dem potenziellen Kandidaten aufgrund der gesammelten Informationen Jobs vorgeschlagen, die ebenfalls auf der Jobbörse Monster veröffentlicht worden sind. Alle auf Monster geschalteten Anzeigen werden auf BeKnown zugänglich gemacht. Dieser Vorgang ist automatisiert, für Firmen mit keinem weiteren Aufwand und keinen zusätzlichen Kosten verbunden.

Firmen können überdies ein Unternehmensprofil auf BeKnown anlegen, in welchem die aktuell auf Monster ausgeschriebenen Stellen eingegliedert sind. Schließlich ist es möglich, einen „Job-Tab" (Reiter mit Jobs) auf der Firmen-Karriereseite auf Facebook zu integrieren. Hier werden ebenfalls – und kostenfrei – die auf Monster veröffentlichten Jobangebote ausgegeben [32].

Seit Mai 2012 besteht eine noch engere Verknüpfung zwischen Facebook, Monster und BeKnown [33]: Monster-Nutzer können sich mit ihrem Facebook-Konto bei der Jobbörse anmelden und damit ihre **Jobinformationen von Facebook direkt in einen Monster-Lebenslauf umwandeln**. Dabei wird selbstverständlich das Anlegen eines BeKnown-Profils notwendig und dadurch die Nutzung der BeKnown-App bei Jobsuchenden verstärkt.

Diese Verknüpfung ist ebenfalls dafür gedacht, dass potenzielle Bewerber bei der Jobsuche auf Monster direkt erkennen können, ob und wer aus dem eigenen Facebook-Netzwerk bei den Unternehmen, die ihre Anzeigen auf Monster veröffentlichen, angestellt ist. Dadurch werden Kandidaten eingeladen, mit den Bekannten oder Bekannten von Bekannten Kontakt aufzunehmen, um Insider-Informationen über das personalsuchende Unternehmen zu erfragen.

Diese Applikation wird von Monster aktuell nicht mehr aktiv weiter betrieben. Es bleibt abzuwarten, inwiefern sich die neuen Übernahmen wie **TalentBin** und **Gozaik** [34] auf dieses Produkt auswirken werden.

12.2.3.5   Beratungsprojekte

Monster versteht sich als Verfechter des Social Media Recruiting. Daher ist dieses Thema Bestandteil eines jeden Online-Recruiting-Beratungsgesprächs. In **kostenlosen Workshops** erhalten Monster-Kunden und Interessierte **einführende Informationen** und Einblicke in Social Media generell und in Social-Media-Produkte von Monster.

Schließlich berät ein hausinternes Team, die **Monster Consultancy Services**, Unternehmen gezielt bei Projekten und Kampagnen mit starkem Social-Media-Fokus. Für diese Dienstleistung wird ein Honorar berechnet.

Zunehmend bewegen sich diese Services auch in Richtung direkte Kandidatenansprache, also „Active Sourcing".

▶   **Empfehlung** Dank der Beratungsprojekte, die über die Monster-eigenen Ser-
    vices hinausgehen können, sind die Leistungen von Monster im Social Recrui-
    ting als umfassend zu bezeichnen. Sie eignen sich daher für Firmen, die sich
    einen ersten Überblick zum Thema Social Media Recruiting verschaffen möch-
    ten, ohne sich direkt an eine weitere externe Beratungsfirmen wenden zu
    müssen.
    Unternehmen und Recruiter sollten sich dennoch vor Augen halten, dass Mons-
    ter-Produkte in den Beratungsgesprächen in jedem Falle eine Rolle spielen
    werden.
    Recruiter sollten aktuell keine zu hohen Erwartungen an die Facebook-Applika-
    tion BeKnown stellen und nicht auf schnelle Ergebnisse hoffen – die Nutzerzah-
    len von Facebook-Apps im Rahmen einer Jobsuche sind derzeit generell (gilt
    also auch für andere Facebook-Karriere-Apps) noch überschaubar.

12.2.4   StepStone

12.2.4.1   Kurzüberblick Geschichte und Entwicklung

Das Konzept dieser Stellenbörse stammt ursprünglich aus Norwegen, wo StepStone 1996
unter dem Namen JobShop gegründet wird.

   Die deutsche Niederlassung wird 1999 in Düsseldorf eröffnet und die deutschsprachige
Jobbörse geht ans Netz, ebenfalls mit dem damaligen Namen JobShop. Bereits ein Jahr
später wird JobShop zu StepStone umgetauft. Die Landesseite für Österreich geht an den
Start. Viele weitere Länder folgen.

2002 ist die StepStone-Gruppe maßgeblich an der Gründung des Internationalen Jobbör-
sen-Netzwerks „The Network" zusammen mit Jobs.ch und dem britischen Totaljobs beteiligt.

2004 erwirbt Axel Springer 49,9 % an der StepStone Deutschland AG, 2009 erfolgt die
hundertprozentige Übernahme der StepStone-Gesamtgruppe.

2007 übernimmt StepStone das führende österreichische Stellenportal Jobfinder [35].

2012 werden die britische Jobbörse Totaljobs und das deutsche regionale Kleinanzeigen-
portal Meinestadt.de gekauft [36, 37].

2013 kommen einige irische Online-Stellenportale hinzu [38].

Ein Börsengang der Rubrikenmärkte von Axel Springer (Jobs, Autos, Immobilien …) ist
sehr wahrscheinlich [39].

2014 kauft die zu Axel Springer gehörende Stellenbörse StepStone eine weitere britische,
marktführende Jobbörse, jobsite.co.uk [40].

Heute zählen viele der StepStone-Landesseiten zu marktführenden und reichweitenstar-
ken Stellenbörsen in Europa.

12.2.4.2   Share-Buttons

Die Teilmöglichkeit von Anzeigen in sozialen Medien ist für die Netzwerke Facebook, Twitter und Google + gegeben. Die Buttons sind an der linken Seitenhälfte zu sehen. Sobald eine Stellenausschreibung jedoch in einem eigenen Rahmen („Frame") angezeigt wird, sind diese Buttons nicht mehr zu sehen.

12.2.4.3   Facebook-Integration: Jobs im Karriere-Tab bei Unternehmen

StepStone stellt seinen Kunden eine Facebook-App (Definition s. Abschn. 12.4.2.3) zur Verfügung, die auf der jeweiligen Unternehmenspräsenz auf Facebook integriert werden kann. Dort werden automatisiert die Jobs der Unternehmen angezeigt, die auf StepStone veröffentlicht wurden.

Die einmalige Einrichtungsgebühr beträgt hierfür, Stand Mai 2013, 1.995,00 €.

12.2.5   CareerBuilder/JobScout24

12.2.5.1   Kurzüberblick Geschichte und Entwicklung

JobScout24 wird 1998 zunächst unter dem Namen Jobsuche.de gelauncht. Zwei Jahre später wird die Stellenbörse in die Scout24-Gruppe eingegliedert und erhält ihren heutigen Namen. Im Jahre 2004 kauft JobScout24 die Jobbörse Jobs.de und entwickelt daraus eine Jobsuchmaschine.

Careerbuilder.de wird als Landesseite vom US-amerikanischen Jobbörsen-Marktführer Careerbuilder.com 2007 in Deutschland gestartet. In den USA ist CareerBuilder seit 2001 aktiv.

CareerBuilder übernimmt JobScout24 im Jahre 2011.

12.2.5.2   Share-Buttons

Wie in Tab. 12.1 beschrieben, können Bewerber derzeit auf JobScout24 Stellenausschreibungen per Knopfdruck in den sozialen Netzen teilen. Diese Funktion steht (noch) nicht für CareerBuilder zur Verfügung. Die angeschlossenen Netzwerke sind Twitter und Facebook. Die Weiterleitung per E-Mail ist ebenfalls vorhanden. Die entsprechenden „Buttons" (Knöpfe/Schaltflächen) befinden sich am oberen Seitenrand oberhalb der Stellenanzeige.

12.2.5.3   Social-Media-Profil-Verlinkungen

Verlinkungen auf unternehmenseigene Social-Media-Präsenzen sind in den gestalteten Anzeigen erlaubt. Die Verlinkungen sind kostenfrei.

12.2.5.4   Facebook-Karriereseite für Unternehmen

CareerBuilder ist eine der ersten Jobbörsen, die sich **frühzeitig mit Social Media Recruiting auf Facebook** auseinandergesetzt hat. Im Careerbuilder-/JobScout24-Portfolio ist daher auch die Entwicklung einer Unternehmens-Karriereseite auf Facebook nach den CI- und Layout-Vorgaben der jeweiligen Firma enthalten.

Je nach Aufwand liegt die technische Entwicklung und Gestaltung preislich ab 2.100,00 €. Eine umfassende Beratung ist inbegriffen.

12.2.5.5 Facebook-Stellenmarkt für Unternehmen

Auf eine Facebook-Karriereseite gehört selbstverständlich ein Facebook-Stellenmarkt. Dieser wird in Form eines „**Facebook-Tabs**" (Reiter auf der Facebook-Seite) in die Seite integriert. Die Jobs der Firma werden dort ausgegeben. CareerBuilder bietet dazu ebenfalls eine Beratung inklusive an.

12.2.5.6 Twitter-Jobkanäle

CareerBuilder verbreitet die Stellenangebote der Kunden in **speziellen Twitter-Jobkanälen**. Diese sind unterteilt nach **Regionen beziehungsweise Bundesländern**, wie zum Beispiel in @jobs_hessen.

12.2.5.7 Talent Network – der eigene, internetoptimierte Bewerberpool

Mit dem „Talent Network" bieten CareerBuilder/JobScout24 eine andere Art Social-Media-Recruiting-Produkt an, denn es ist ein für das jeweilige Unternehmen eigens erstellter und stark **suchmaschinenoptimierter Kandidatenpool**. Man könnte es ebenfalls als „Job-Content-Managementsystem" mit Talentpool bezeichnen. Das eigene Bewerbermanagementsystem (z. B. Oracle/Taleo, SAP etc.) kann angeschlossen werden, um die Bewerberdaten zu übertragen.

Das Ziel des „Talent Network" ist es, die bestehende **Firmen-Karriereseite im Internet zu ergänzen** und den **Bewerber-Traffic** darauf zu erhöhen. Da die meisten Karriereseiten, die in die Standard-Unternehmensauftritte im Netz integriert werden, nur selten über Suchmaschinen wie Google oder Bing gefunden werden, wird das „Talent Network" samt Stellenausschreibungen für Internetsuchmaschinen optimiert (SEO).

▶ **SEO – Suchmaschinenoptimierung** SEO (englische Abkürzung für „Search Engine Optimization") bedeutet, dass Websites inhaltlich und technisch so aufbereitet werden, dass sie in den Suchergebnislisten einer Internetsuchmaschine (zum Beispiel Google, Bing etc.) möglichst unter den ersten zehn Ergebnissen – also auf der ersten Suchergebnisseite – erscheinen. Je weiter oben eine Website in den Suchergebnissen auftaucht, umso höher die Wahrscheinlichkeit, dass der Suchende die entsprechende Seite besucht. Vergleiche [41].

Die **Nutzer-Registrierung** wurde bei „Talent Network" bewusst stark vereinfacht gehalten, um die Abbruchquote gering zu halten. Die Darstellung der Seiten ist für **mobile Endgeräte wie Smartphones und Tablet-PCs optimiert**. Das senkt die Hemmschwelle der potenziellen neuen Mitarbeiter, sich zu registrieren, und leistet damit dem zunehmenden Gebrauch von iPhones, iPads & Konsorten Folge.

Über das Talent Network, das in diesem Sinne wie ein Bewerbermarketing-Werkzeug fungiert, können Unternehmen den registrierten Nutzern job- und karriererelevante Informationen in Form von E-Mail-Marketing zukommen lassen: zum Beispiel für bestimmte Karriere-Events, Jobangebote und Employer-Branding-Kampagnen.

Schließlich ist das **Einbinden des Talent-Network-Button auf der Facebook-Karriereseite** möglich, um Kandidaten zur Registrierung zu bewegen.

> ▶ **Empfehlung** CareerBuilder bietet mit der Erstellung einer Facebook-Karriereseite und dem Facebook-Stellenmarkt sowie den Share-Buttons einige der gängigen und typischen Social-Recruiting-Lösungen an. Unternehmen, die sich auf Facebook konzentrieren möchten und intern nicht genügend Ressourcen für die Umsetzung zur Verfügung haben, liegen hier richtig.
> Die Twitter-Jobkanäle sind ein interessanter Zusatz der Leistungen, werden jedoch in der Realität kaum den oder die gewünschten Bewerber liefern, da nur wenige Jobsuchende auf Twitter aktiv sind.
> Schließlich erscheint die internetoptimierte Bewerberdaten-Sammelstelle „Talent Network" zwar als typisches Werkzeug für eine Recruiting-Einweg-Kommunikation – dennoch kommt es hier wie auch bei anderen (Social-Media-) Recruiting-Bemühungen des Unternehmens darauf an, was das Unternehmen letztendlich daraus macht. Ein Dialog mit der Bewerber-Zielgruppe muss anvisiert werden, um mittel- bis längerfristig Erfolge nachweisen zu können.

12.2.6   Experteer

12.2.6.1   Kurzüberblick Geschichte und Entwicklung

Die Experteer GmbH mit Sitz in München wurde 2005 von der Holtzbrinck Ventures GmbH, einer Tochtergesellschaft der Verlagsgruppe Georg von Holtzbrinck, gegründet.

Der Launch der Jobplattform findet 2006 statt. Sukzessive werden weitere Länderseiten für Europa in Betrieb genommen und von München aus gesteuert.

Experteer präsentiert sich generell als Jobplattform, auf der sich höhere Angestellte – „High Executives" – über neue Karrieremöglichkeiten ab einem Jahresbruttogehalt von 60.000 € informieren.

12.2.6.2   Share-Buttons

Die ausgeschriebenen Stellen können ebenfalls von Bewerbern und Recruitern per Knopfdruck in gängige soziale Netze verlängert werden. Die notwendigen Knöpfe befinden sich am oberen Seitenrand oberhalb der jeweiligen Anzeige. Derzeit stehen die Verbreitung auf Facebook, Twitter, LinkedIn, XING, Google + und eine E-Mail-Weiterleitung zur Verfügung.

12.2.6.3   Facebook-/Twitter-Jobkanal

Auf Wunsch der Kunden werden deren Stellenausschreibungen im Experteer-Twitter-Kanal automatisiert weiterverbreitet. Dieser Service ist auch für die Experteer-Facebook-Seite vorhanden.

►   **Empfehlung** Experteer stellt sich zunehmend als Anbieter für Direct Search
    in Unternehmen auf. Studien und Arbeitsmarkt-Analysetools sollen Recruitern
    helfen, die passenden Kandidaten zu identifizieren.
    Auch hier wird vermehrt auf „Active Sourcing" gesetzt.

12.2.7 Karriere.at

12.2.7.1 Kurzüberblick Geschichte und Entwicklung

Karriere.at besteht seit 2004, die Jobbörse geht 2005 ans Netz.

Seit 2009 beteiligt sich Jobs.ch (s. Abschn. 12.4.2.9) mit 49 % an Karriere.at.

Im Herbst 2012 geht die Plattform Stellenangebote.at an den Start und konzentriert sich
auf Jobs aus den Bereichen Handwerk, Gewerbe, Handel, Gastronomie und Tourismus.
Des Weiteren gibt es die intern entwickelte Meta-Jobbörse, Jobs.at, welche zur Erhöhung
der Anzeigen-Reichweite dient.

Heute zählt Karriere.at zu den marktführenden österreichischen Jobbörsen.

12.2.7.2 Facebook-Job-Applikation

Auf der Karriere.at-Facebook-Seite sind bereits automatisch alle auf der Jobbörse selbst
veröffentlichten Stellenausschreibungen verfügbar. Darüber hinaus haben Firmen die
Möglichkeit, die Jobangebote, die sie auf Karriere.at geschaltet haben, über eine separate
Facebook-App auf ihrer Facebook-Karriere-Präsenz den Bewerbern zugänglich zu machen.

12.2.7.3 Twitter-Spartenkanäle

Karriere.at betreibt **spezielle Twitter-Konten je nach Berufsgruppe und -sparte**. Demnach werden Jobs automatisch eingeordnet und auf Twitter-Kanälen verbreitet, die sich
zum Beispiel auf die Bereiche IT (@karriere_at_it) oder Marketing (@k_at_marketing)
etc. beziehen.

12.2.7.4 branding.solution – Arbeitgeberprofile mobiltauglich

Das Anfang 2013 neu auf den Markt gebrachte Produkt „branding.solution" [43] fungiert
als neuartiges **Arbeitgeberprofil**. Darin können Videos, Informationen zum Unternehmen selbst, Verlinkungen zu Jobs etc. integriert werden.

Der Vorteil dieser Lösung ist, dass die Arbeitgeberauftritte **für mobile Endgeräte optimiert** sind und damit das Design und die Inhalte zum Beispiel auf Tablet-Computern
angepasst dargestellt werden.

Das Unternehmensprofil kann auf Wunsch als eigener Reiter beziehungsweise als eigene Applikation in **bestehende Facebook-Karriereseiten eingebunden** werden.

►   **Empfehlung** Da bisher nur sehr wenige Firmen ihre eigene Karriere-Website
    für Smartphones und Tablets optimiert haben [44], ist die branding.solution

eine gute Anlaufstelle für Unternehmen, die noch nicht über eine für mobile Endgeräte optimierte Karriereseite verfügen und nicht planen, dies in der unmittelbaren Zukunft zu tun.

Die Tatsache, dass das Profil darüber hinaus in Facebook-Karriereseiten einge-bunden werden kann, ist ebenfalls interessant.

12.2.8   Careesma.at

12.2.8.1   Kurzüberblick Geschichte und Entwicklung
Careesma.at gehört neben weiteren internationalen Jobbörsen wie InfoJobs.it, infoJobs.net oder der Jobsuchmaschine JobisJob (jobisjob.com) zu der spanischen „Grupo Intercom".

Die österreichische Jobbörse Careesma.at geht im Jahre 2006 an den Start.

Seit 2012 beteiligt sich das österreichische Nachrichtenportal oe24.at an Careesma.at. In diesem Rahmen besteht eine Kooperation mit oe24.at, um Stellenanzeigen außerhalb der eigentlichen Jobbörse weiterzuverbreiten.

12.2.8.2   Share-Buttons
Die Schaltflächen zum Verbreiten der Stellenangebote auf Careesma.at stehen Bewerbern für die Netzwerke LinkedIn, Facebook und Twitter zur Verfügung. Eine E-Mail-Weiterlei-tung von Jobs ist ebenfalls möglich.

12.2.8.3   Twitter-Spartenkanäle
Auch Careesma.at (s. Abschn. 12.4.2.7) hat verschiedene **Twitter-Kanäle je nach Be-rufskategorie** eingerichtet, wie beispielsweise Sales, IT etc. Dort werden die Stellenan-gebote automatisch an die Twitter-Follower „getweetet".

12.2.8.4   Beratung
Careesma.at berät seine Kunden bei der Auswahl der geeigneten Online-Kanäle. Social Media gehören ebenfalls in das Beratungsportfolio. In den vergangenen Jahren hat sich Careesma.at zunehmend auf die **Vermittlung von Auszubildenden/Lehrlingen speziali-siert** und berät Kunden auch in dieser Richtung.

12.2.8.5   Jobverbreitung mittels weiterer sozialer Netze und Blogs
Auf Twitter werden die Stellenanzeigen automatisch veröffentlicht. Bei anderen sozialen Netzen (Facebook, Twitter, Google +, XING, LinkedIn, Flickr) wird dies manuell bewerk-stelligt.

Bestimmte Jobs werden zudem ebenfalls für die jeweils passende Zielgruppe (abhän-gig von der Blog-Thematik) auf den **unterschiedlichen Careesma.at-Blogs gepostet**.

▶ **Empfehlung** Careesma.at eignet sich für Unternehmen, die keine eigenen
   Social-Media-Präsenzen haben und von der Verlängerung ihrer Jobs in öster-
   reichischen Medien profitieren möchten.
   Besonders eignet sich diese Stellenbörse für die Rekrutierung von
   Auszubildenden/Lehrlingen.

12.2.9 Jobs.ch

12.2.9.1 Kurzüberblick Geschichte und Entwicklung

Die Schweizer Jobbörse Jobs.ch geht im Jahre 2000 in Zürich an den Start. Heute gibt es
neben dem Züricher Standort ebenfalls eine Niederlassung in der Romandie, in Genf. Jobs.
ch gehört darüber hinaus zu den Gründungsvätern des internationalen Jobbörsen-Netz-
werks „The Network" im Jahr 2002 (neben StepStone und dem britischen Totaljobs.com).

Die Schweizer Marktführerschaft wird 2006 erlangt und wird seither erfolgreich vertei-
digt. 2009 beteiligt sich Jobs.ch mit 49 % an der österreichischen Jobbörse Karriere.at (s.
Abschn. 12.4.2.7). 2011 wird die Kader-Jobbörse Topjobs.ch von der Schweizer Scout24-
Gruppe übernommen, die Kunden von JobScout24 werden ebenfalls von Jobs.ch betreut
[45].

2012 übernehmen die Schweizer Verlagshäuser Tamedia und Ringier den Schweizer Jobbörsen-Marktführer zu jeweils 50 % [46].

12.2.9.2 Share-Buttons

Auf Jobs.ch sind die Schaltflächen zum Verbreiten von Stellenangeboten in den sozialen Medien per Knopfdruck für Facebook, Twitter, XING und LinkedIn am linken Bildschirmrand zu finden. Eine E-Mail-Weiterleitung von Jobs ist möglich.

12.2.9.3 Jobs.ch-Facebook-App

Diese Facebook-Job-und-Karriere-App funktioniert auf ähnliche Weise wie die Applikation „BeKnown" von Monster (s. Abschn. 12.4.2.3): Für Facebook-Nutzer wird nach
erfolgreicher Installation ein eigenständiges Jobs.ch-Karriereprofil angelegt, das aus den
relevanten beruflichen Daten und Informationen (Arbeitsort, Profilinformationen der jeweiligen Freunde, Ausbildung, Aufenthaltsort, E-Mail-Adresse) des ursprünglichen Face-
book-Profils besteht. Das dadurch neu entstandene Karriereprofil kann im Nachhinein
bearbeitet und ergänzt werden.

Im Gegensatz zur Monster-Applikation Monster kann das Foto des Nutzers jedoch nicht
separat ausgetauscht werden. Es wird **standardmäßig das Facebook-Bild** verwendet.

Wie bei Monster auch können Bewerber in der Jobs.ch-Facebook-App sehen, ob und **welche Mitarbeiter sie bei einer bestimmten Firma kennen** (könnten). Dafür werden die Daten ihrer Freunde und der Freunde ihrer Freunde (also Netzwerkkontakte ersten und zweiten Grades) eingesetzt. Diese Funktion ist vor allem dann sinnvoll, wenn der Ausgangsnutzer selbst ein großes Netzwerk hat [47].

Alle Stellenangebote, die auf Jobs.ch veröffentlicht worden sind, sind ebenfalls über die Facebook-App zu finden. Nennenswert sind die regelmäßigen, aber nicht eindringlichen **E-Mails an die Nutzer mit möglichst zu dem Profil passenden Jobvorschlägen**.

Darüber hinaus kann man als Jobsuchender **einzelnen inserierenden Unternehmen über diese Applikation auf Facebook „folgen"** und sehen, welche Jobs aktuell zur Verfügung stehen und welche Kontakte aus dem engeren und weiteren Bekanntenkreis dort angestellt sind. Hierfür gibt es auch regelmäßige E-Mails, die den Bewerber über freie Stellen der gefolgten („abonnierten") Firmen informieren.

12.2.9.4   Jobintegration auf Kununu
Alle veröffentlichten Stellenausschreibungen sind ebenfalls auf dem Stellenmarkt des Arbeitgeberportals Kununu zu finden.

> ► **Empfehlung** Jobs.ch versteht sich als Full-Service-Provider im schweizerischen Online-Recruiting. Die hier vorgestellten Social-Media-Recruiting-Lösungen eignen sich für Firmen jeder Art. Von besonderem Nutzen werden sie vor allem für diejenigen sein, die keine eigene Facebook-Präsenz haben und dies auch in nächster Zukunft nicht planen, die jedoch das Potenzial von Social Media Recruiting testen oder einfach ihre Anzeigen über weitere Kanäle stärker streuen möchten.
> Recruiter sollten aktuell keine zu hohen Erwartungen an die Facebook-Applikation stellen und keine schnellen Ergebnisse erhoffen – die Nutzerzahlen von Facebook-Apps im Rahmen einer Jobsuche sind derzeit generell (gilt also auch für andere Facebook-Karriere-Apps) noch überschaubar.

12.2.10   Zum Schluss erwähnt

12.2.10.1   Silp.com – Social Sourcing nach passiv Jobsuchenden
Das Facebook-Karrierenetzwerk „Silp" (der Name hat nach Aussagen des Gründers keine besondere Bedeutung [48]) startet im August 2012. Nachdem innerhalb von drei Wochen bereits eine Million Nutzer gewonnen worden sind, wird das Wachstum bewusst gestoppt, um die Technologie und ein Arbeitgeberprodukt weiterzuentwickeln. Im März 2013 steigen die Betreiber der Schweizer Jobsuchmaschine Jobagent.ch, die x28 AG, mit einer Beteiligung in nicht genannter Höhe ein. [49].

Silp ist eine Facebook-Anwendung (Applikation) und richtet sich an **latente beziehungsweise passive Kandidaten**. Diese App baut auf das Empfehlungsmarketing innerhalb des
eigenen und erweiterten Freundeskreises. Dazu benötigt sie bei der Installation in das
Facebook-Profil Zugang sowohl zu den Daten des Erstnutzers als auch zu beruflich relevanten Daten seiner/ihrer Facebook-Freunde.

Die eigenen Daten zur Erstellung des Silp-Karriereprofils können nach dem Facebook-Im-
port nachbearbeitet werden. Darüber hinaus können Nutzer ihre Daten zu einem späteren
Zeitpunkt automatisch auf einen neuen Stand bringen, sollten sie an ihrem Facebook-Profil etwas Karriererelevantes verändert haben. Das Datum des letzten Imports wird jeweils
angegeben.

Das Ziel von Silp ist es, das eigene Netzwerk des ersten und zweiten Grades zu Karriere-
zwecken einsetzen zu können. Hier verfolgt Silp einen sogenannten „**Push-Ansatz**": Silp-
Nutzer erhalten ausschließlich dann eine Nachricht, wenn ein auf das eigene Profil oder
das Profil eines Freundes passender Job vorliegt. Dieser passende Job wird in Anlehnung
an eine **potenzielle Karriereentwicklung** des Bewerbers ermittelt. Hierfür sammelt Silp
große Datenmengen von ähnlichen Profilen und wertet diese aus. Anhand der vergangenen Karriereschritte dieser Kandidaten stellt Silp fest, welche Richtung die zukünftige
Jobreise wahrscheinlich nehmen wird. Dementsprechend werden passende Jobs versendet, die diesen Schritt ermöglichen.

Die Anwender müssen also nicht regelmäßig zur Silp-Plattform zurückkehren, um nach
einer freien Stelle zu suchen oder um neue Kontakte einzuladen. Sie können jedoch ihren
Bekannten die eventuell passende Arbeitsstelle weiterempfehlen (Empfehlungsmarketing) [50].

Arbeitgeber präsentieren sich in Form eines **Silp-Employer-Branding-Profils**, das gebucht werden kann. Dieses ist für alle möglichen Darstellungsarten (Desktop-PC, Tablet-
PC, Smartphone) optimiert und wird mit relevanten Stichworten versehen, um die Google-Platzierung zu verbessern (s. Definition SEO in Abschn. 12.4.2.5).

12.2.10.2 Firstbird.eu – vergütete Job-Weiterempfehlungen
Mit diesem Ansatz soll die Job-Weiterempfehlung an eine Person aus dem eigenen, persönlichen Netzwerk monetarisiert werden und damit eigene Mitarbeiter anregen, **das In-
serat an passende Bekannte und Freunde weiterzugeben**.
Firstbird bietet damit eine externe Mitarbeiter-werben-Mitarbeiter-Plattform an.
In einem Leserkommentar zu meiner ersten Erwähnung [51] dieses Dienstes beschreibt
einer der Gründer Firstbird folgendermaßen:

Zum Unterschied zu Whizper setzt firstbird nicht auf einen offenen Empfehlungskanal, bei dem jeder User die Möglichkeit hat, über eine Website einen Kandidaten für einen Job zu empfehlen, und bei erfolgreicher Einstellung eine Prämie erhält. Wir glauben, dass dieses Prinzip eines „offenen Empfehlungssystems" sich nicht durchsetzen wird, da wesentliche Parameter eines erfolgreichen (Mitarbeiter-) Empfehlungsmarketing-Prozesses unberücksichtigt bleiben.

Firstbird wurde als innerbetriebliches Mitarbeiter-Empfehlungsprogramm konzipiert. D. h., Empfehler sind die eigenen Mitarbeiter, die einerseits die Unternehmenskultur gut kennen, andererseits den empfohlenen Kandidaten (der dann entscheidet, ob er sich bewirbt oder nicht).

In zahlreichen österreichischen Unternehmen sind Mitarbeiter-Empfehlungsprogramme im Einsatz, bei denen – auch ohne Auszahlung von Prämien – bis zu 20 % bis 30 % der offenen Positionen über Empfehlungen der eigenen Mitarbeiter besetzt werden können. Bei firstbird setzen wir nicht auf Prämien als einzigen ‚Motivator', sondern bieten Unternehmen an, keine oder auch nicht monetäre Anreizsysteme über firstbird auszuloben.

Wir glauben, dass Faktoren wie eine auf Vertrauen basierende Unternehmenskultur und ein für alle Beteiligten transparenter, klarer Empfehlungsprozess wesentliche Erfolgsfaktoren für ein funktionierendes Mitarbeiter-Empfehlungsprogramm sind. Prämien können einen Anreiz darstellen, müssen es aber nicht. [52]

12.2.10.3   Facebook-Jobbörse

Im November 2012 launcht Facebook seine eigene und lange erwartete **Stellenbörsen-Applikation**, die sogenannte „**Social Jobs Partnership**". Zu Beginn sind dort 1,7 Mio. Stellen zu finden, die dank Kooperationen mit Anbietern wie Monster, Work4Labs, Jobvite, BranchOut und der US-amerikanischen DirectEmployers Association auf Facebook zugänglich sind. Vergleiche [53].

Aktuell (Mai 2013) sind dort knapp 2,4 Mio. Jobs gelistet [54], die über die oben genannten Partner aggregiert und ausgegeben werden. Diese beziehen sich derzeit (Mai 2013) **ausschließlich auf den US-amerikanischen Arbeitsmarkt**. Jobsuchen für Städte, wie beispielsweise „Paris" oder „Berlin", liefern keine Ergebnisse für die Länder Frankreich oder Deutschland.

Darüber hinaus ist die Jobsuche auf der Facebook-Social-Jobs-App umständlich: Für jeden oben genannten Kooperationspartner steht ein individueller Reiter unterhalb des Suchfelds zur Verfügung. Jobsuchende sind gezwungen, jeden einzelnen Reiter anzuklicken, um zu erfahren, ob dieser oder jener Kooperationspartner einen passenden Job ausweist.

Branchenexperten zerreißen die Facebook-Jobbörse seit ihrer Einführung in der Luft [55]. Bisher wurde an den ursprünglichen Stellschrauben jedoch noch nichts verändert.

Online-Jobportale und Social Media als zusammenwachsende Instrumente im Online-Recruiting

Die in diesem Kapitel präsentierten Social-Media-Recruiting-Lösungen von Jobbörsen bestätigen die Sinnhaftigkeit von sozialen Netzwerken im Personalbeschaffungsprozess. Würden Jobbörsen die sozialen Medien als uneffektiv für ihre Kunden ansehen, gäbe es keine Produkte in dieser Richtung.

Die Mehrheit der Jobbörsen begrenzt ihre Produkte auf die Verbreitung von Jobs in den sozialen Netzen über entsprechende technische Anbindungen an diese Medien. Damit soll in erster Linie die Reichweite der Stellenangebote erhöht werden. Viele Anbieter konzentrieren ihre Bemühungen und Entwicklungen auf Facebook, da dort theoretisch eine kritische Masse an potenziellen Bewerbern erreicht werden kann.

Da sich jedoch die Facebook-Nutzer überwiegend zu privaten Zwecken in diesem Netzwerk tummeln, wird das effektive Potenzial des Social Media Recruiting über Facebook gemindert. Jobbörsen behalten die weiteren Trends in der Entwicklung der Facebook-Nutzung zur Karriereplanung und Jobsuche im Auge und werden zukünftig weitere Produkte entwickeln. Diese werden sich zusätzlich und zunehmend um die optimale Darstellung von jobrelevanten Inhalten auf mobilen Endgeräten (Smartphones, Tablet-PCs) drehen.

Literatur

1. http://en.online-recruiting.net/benchmarking-german-speaking-job-boards-for-social-media-strategy/. Zugegriffen: 29. Mai 2014
2. http://www.online-recruiting.net/jobboersen-stellenangebote-jobsuche-weltweit/#jobboersen-definition. Zugegriffen: 29. Mai 2014
3. http://www.crosswater-systems.com/ej5003_monster_job_koch.htm. Zugegriffen: 29. April 2013
4. http://www.online-recruiting.net/jobboersen-stellenangebote-jobsuche-weltweit/#jobboersen-typologie. Zugegriffen: 29. Mai 2014
5. http://www.online-recruiting.net/jobboersen-stellenangebote-jobsuche-weltweit/#definition-jobsuchmaschine. Zugegriffen: 29. Mai 2014
6. http://www.online-recruiting.net/jobboersen-stellenangebote-jobsuche-weltweit/#definition-CPC. Zugegriffen: 29. Mai 2014
7. http://wordspy.com/words/postandpray.asp. Zugegriffen: 29. April 2013
8. http://www.staffingtalk.com/job-boards-theyre-still-dying/. Zugegriffen: 29. April 2013
9. http://www.reif.org/blog/print-stellenmarkt-der-f-a-z-am-samstag-in-der-ubersicht/. Zugegriffen: 2. Mai 2013
10. http://www.reif.org/blog/print-stellenmarkt-2012-der-faz-am-samstag-erodiert-weiter/. Zugegriffen: 2.Mai 2013
11. http://www.internetinc.com/job-board/. Zugegriffen: 2. Mai 2013
12. http://crosswater-job-guide.com/jobborsen-von-a-z. Zugegriffen: 2. Mai 2013
13. http://www.tagesspiegel.de/weltspiegel/soziale-netzwerke-facebook-gehen-die-jungen-user-aus/9341890.html. Zugegriffen: 29. Mai 2014
14. http://arbeitgeber.monster.de/hr/personal-tipps/markte-analysen/studien/recruitingtrends.aspx. Zugegriffen: 2. Mai 2013
15. http://www.competitiverecruiting.de/RecruitingReport2012.html. Zugegriffen: 2. Mai 2013
16. http://www.socialmedia-recruiting.com/SocialMediaRecruitingStudie_2011-download.pdf. Zugegriffen: 2. Mai 2013
17. http://www.socialmedia-recruiting.com/Downloads/SocialMediaRecruitingStudie_2012-DE-download.pdf. Zugegriffen: 2. Mai 2013

18. http://community.netigate.net/de/social-media-recruiting-2012-entwicklungen-und-trends-in-deutschland-und-der-schweiz-3704.html. Zugegriffen: 2. Mai 2013
19. http://arbeitgeber.monster.de/hr/personal-tipps/markte-analysen/studien/bewerbungspraxis-201388534.aspx. Zugegriffen: 3. Mai 2013
20. http://crosswater-job-guide.com/archives/10071. Zugegriffen: 3. Mai 2013
21. http://www.dpw.at/DE/NewsundEvents/Pressespiegel/ungeliebtes_web_recruiting.aspx. Zugegriffen: 3. Mai 2013
22. http://www.dpw.at/uploads/110501PresseRecruitingtrendsSage_1647_DE.pdf. Zugegriffen: 3. Mai 2013
23. http://www.online-recruiting.net/suchverhalten-von-bewerbern-im-internet/. Zugegriffen: 3. Mai 2013
24. http://www.t-online.de/reisen/australien/id_17366442/insel-ranger-australien-vergibt-traum-job-am-great-barrier-reef.html. Zugegriffen: 6. Mai 2013
25. http://de.wikipedia.org/wiki/Facebook#Connect. Zugegriffen: 6. Mai 2013
26. http://techcrunch.com/2011/07/01/linkedin-cuts-off-api-access-to-branchout-monsters-beknown-and-others-for-tos-violations/. Zugegriffen: 7. Mai 2013
27. http://www.online-recruiting.net/niemand-kauft-monster/. Zugegriffen: 29. Mai 2014
28. http://www.online-recruiting.net/das-monster-imperium-schlaegt-zurueck/. Zugegriffen: 29. Mai 2014
29. http://www.internetworld.de/Nachrichten/Medien/Social-Media/Monster-startet-Facebook-App-BeKnown-Berufliche-Kontakte-im-sozialen-Netzwerk-knuepfen. Zugegriffen: 7. Mai 2013
30. http://www.therecruiterslounge.com/2011/06/25/first-look-monster-wants-to-give-you-a-professional-face-on-facebook-with-beknown/. Zugegriffen: 7. Mai 2013
31. http://www.onlinemarketing-praxis.de/glossar/facebook-app. Zugegriffen: 7. Mai 2013
32. http://arbeitgeber.monster.de/online-recruiting/beknown-social-recruiting.aspx. Zugegriffen: 7. Mai 2013
33. http://blog.prospective.ch/2012/05/jobportal-monster-fuhrt-umfangreiche-facebook-verknupfung-ein/. Zugegriffen: 7. Mai 2013
34. http://www.online-recruiting.net/beknown-in-den-talentbin-monster-kauft-social/. Zugegriffen: 29. Mai 2014
35. http://www.online-recruiting.net/jobfinderat-becomes-stepstoneat-looks-like-monster-to-me/. Zugegriffen: 8. Juni 2014
36. http://www.online-recruiting.net/internationale-strategie-stepstone-kauft-totaljobs-com/. Zugegriffen: 8. Juni 2014
37. http://www.online-recruiting.net/online-shopping-la-axel-springer-allesklar-com-ag/. Zugegriffen: 8. Juni 2014
38. http://www.online-recruiting.net/nun-doch-stepstone-uebernimmt-grossteil-der-saongroup/. Zugegriffen: 8. Juni 2014
39. http://www.online-recruiting.net/axel-springers-digital-classifieds-an-die-boerse/. Zugegriffen: 8. Juni 2014
40. http://www.online-recruiting.net/stepstone-kauft-jobsite-co-uk-von-dmgt/. Zugegriffen: 8. Juni 2014
41. http://de.wikipedia.org/wiki/Suchmaschinenoptimierung. Zugegriffen: 17. Mai 2013
42. http://de.wikipedia.org/wiki/Gamification. Zugegriffen: 17. Mai 2013
43. http://www.karriere.at/blog/karriere-at-neu.html. Zugegriffen: 17. Mai 2013
44. http://www.wollmilchsau.de/atenta-mobile-recruiting-studie-2013/. Zugegriffen: 17. Mai 2013
45. http://www.online-recruiting.net/jobs-ch-uebernimmt-topjobs-ch-und-die-vertragskunden-von-jobscout24-ch/. Zugegriffen: 20. Mai 2013

46. http://www.online-recruiting.net/ringier-und-tamedia-planen-jobs-ch-uebernahme/. Zugegrif-fen: 20. Mai 2013

47. http://blog.prospective.ch/2013/05/jobs-ch-mit-eigener-facebook-app/. Zugegriffen: 20. Mai 2013

48. http://www.nzz.ch/aktuell/digital/silp-dominik-grolimund-interview-facebook-recrui-ting-1.17481711. Zugegriffen: 21. Mai 2013

49. http://netzwertig.com/2012/03/20/jobsuche-silp-erschliest-das-karrierepotenzial-des-persoenli-chen-social-graphs/. Zugegriffen: 21. Mai 2013

50. http://www.deutsche-startups.de/2012/10/05/mit-silp-vom-neuen-job-gefunden-werden/. Zuge-griffen: 21. Mai 2013

51. http://www.socialmedia-recruiting.com/einer-geht-einer-kommt-whizper-und-firstbird/. Zuge-griffen: 29. Mai 2014

52. http://www.socialmedia-recruiting.com/einer-geht-einer-kommt-whizper-und-firstbird/com-ment-page-1/#comment-1613. Zugegriffen: 29. Mai 2014

53. http://t3n.de/news/facebook-launcht-426735/. Zugegriffen: 22. Mai 2013

54. https://www.facebook.com/socialjobs/app_417814418282098. Zugegriffen: 22. Mai 2013

55. http://www.talenthq.com/2012/11/the-facebook-job-board-debacle/. Zugegriffen: 22. Mai 2013

Social Media Recruiting für Fortgeschrittene

13

Wolfgang Brickwedde

Inhaltsverzeichnis

Zusammenfassung

In den bisherigen Kapiteln wurde hauptsächlich eine Variante des Active Sourcings beschrieben, die des Direct Sourcings in sozialen Netzwerken. Bei diesem „klassischen" Ansatz werden die verschiedenen erweiterten Suchmöglichkeiten innerhalb der sozialen Netzwerke genutzt, um zunächst eine gewisse Anzahl von potenziell passenden Kandidatenprofilen zu identifizieren, diese Zahl dann mit entsprechenden Filtern weiter zu reduzieren, um dann die am besten passenden anzusprechen. Dies kann bei einigen sozialen Netzwerken und Business-Netzwerken noch ergänzt werden um die Nutzung von Booleschen Operatoren (siehe auch das Kapitel zu LinkedIn), mit deren

W. Brickwedde (✉)
ICR Institute for Competitive Recruiting, Römerstr. 40, 69115 Heidelberg, Deutschland
E-Mail: wb@competitiverecruiting.de

© Springer Fachmedien Wiesbaden 2015
R. Dannhäuser (Hrsg.), *Praxishandbuch Social Media Recruiting,*
DOI 10.1007/978-3-658-06573-7_13

Hilfe die Profile von innerhalb des Netzwerkes oder von außerhalb durchsucht werden können. Dies geschieht allerdings noch eher selten. Zunächst wollen wir jedoch einen Blick auf die Evolution des Active Sourcing werfen.

Entwicklung des Active Sourcings Obwohl das Active Sourcing als Profession noch recht jung ist, haben sich doch bereits drei unterscheidbare Evolutionsstufen herausgebildet.

Erste Evolutionsstufe

Ein typischer Start im Active Sourcing sieht so aus: Der Sourcer/Recruiter/Personaler gibt Schlüsselwörter aus einer Stellenbeschreibung in eine Suchmaske bei z. B. XING oder Linkedin ein.

Die gefundenen Ergebnisse werden dann auf passende Kandidaten durchsucht. Suchfilter werden kaum genutzt. Manchmal findet man zu wenige Kandidaten und ist frustriert. Manchmal sind es zu viele und der Recruiter muss sich durch die Menge der Profile zeitintensiv durcharbeiten.

Zweite Evolutionsstufe

Die zweite Stufe sieht schon etwas komplexer aus: Mit Hilfe von sogenannten Booleschen Operatoren (AND, OR, NOT etc., siehe auch Kapitel über Linkedin) werden aus Schlüsselwörtern mit ihren Synonymen (z. B. Vertriebsleiter, Sales Director, Head of Key Account Management, brancheninterne Spitznamen etc.) und Variationen (Vertriebsleiterin!, andere Sprachen) komplexe Suchketten zusammengebaut, die dann deutlich mehr und besser passende Kandidaten liefern als die einfache Suche. Auf diese Weise kann man z. B. bei XING auf gut und gerne das 5–6-fache der Ergebnisse kommen.

Die Suchketten können auch außerhalb von XING und Linkedin, z. B. direkt in Suchmaschinen genutzt werden. Praktiziert wird dieses Vorgehen in Deutschland erst von einer kleinen Minderheit (unter 10 %) der Active Sourcer. Im Gegensatz zu den angelsächsischen Ländern, wo diese Suchform bereits sehr verbreitet ist.

Der Sprung von Stufe Eins zu Stufe Zwei ist vielleicht vergleichbar mit einem Fußgänger, der jetzt gelernt hat Fahrrad zu fahren. Aber jetzt steht bereits das Auto vor seiner Tür.

Dritte Evolutionsstufe

Jetzt wird es nämlich spannend, vor allem für die Einsteiger und Semi-Profis im Active Sourcing. Statt sich Schlüsselwörter zu überlegen oder mühsam manuell die o. a. komplexen Suchketten aufzubauen, können Active Sourcer z. B. mit dem XING-Talentmanager oder anderen Tools einfach eine Stellenanzeige hochladen, diese wird automatisch ausgelesen und auf Basis der Anforderungen der Stelle macht XING automatisch eine Reihe von Vorschlägen für passende Kandidatenprofile.

Darüber hinaus gibt es neuartige Software für die Semantische Suche. Diese neue Art von Software zur Suche von Kandidaten kann soziale und geschäftliche Netzwerke wie Facebook, XING und Linkedin von außen durchsuchen und nimmt einem Recruiter damit einen Großteil der Sucharbeit ab. Die gesuchten Schlüsselwörter werden dabei automatisch um evtl. Synonyme und Varianten ergänzt. Dies führt zu einer Erweiterung der An-

Abb. 13.1 Unterschiede in den Suchergebnissen um den Faktor 20+

zahl der Suchergebnisse aus demselben Datenpool wie in der ersten Evolutionsstufe um den Faktor 20-25.

Abbildung 13.1 zeigt die drei Evolutionsstufen des Active Sourcing mit der jeweiligen Anzahl der Suchergebnisse.

Arten des Active Sourcings Die Arten des Active Sourcings lassen sich zur Zeit in vier Varianten einteilen. Das Direct Sourcing in sozialen Netzwerken (s. o.), das Direct Sourcing in Suchmaschinen, das indirekte oder Netzwerk Sourcing und das Sourcing mittels einer Umfeldanalyse. Da das Active Sourcing noch eine relativ neue Aktivität in Deutschland ist, werden sich im Laufe der Zeit sicherlich noch weitere Formen herausbilden.

13.1 Direct Sourcing in sozialen Netzwerken

Unter Direct Sourcing in sozialen Netzwerken versteht man die Direktakquise von potenziellen Kandidaten meist über Business-Netzwerke, wie z. B. XING und LinkedIn, die „quasi" als Telefonbuch genutzt werden, das Kontaktieren dieser potenziellen Kandidaten, das sich daran anschließende Screening und die Qualifizierung und Interessengenerierung bei den anvisierten potenziellen Kandidaten.

13.2 Direct Sourcing in Suchmaschinen

Funktioniert genauso wie das Direct Sourcing in sozialen Netzwerken, nutzt allerdings Online-Suchmaschinen wie Google oder Bing mit dem Ziel, Kandidaten zu finden, die (noch) nicht in den Business-Netzwerken Mitglied sind.

13.3 Indirektes oder Netzwerk Sourcing

Bei der Variante des Netzwerk Sourcings stellt sich ein Active Sourcer zu Beginn die Frage: „Wer könnte meinen idealen Kandidaten kennen?" Dann schließen sich die Kontaktaufnahme der indirekten Kontakte, die Generierung von Empfehlungen, Kontaktaufnahme mit den potenziellen Kandidaten und wieder die Qualifizierung und Interessengenerierung bei den anvisierten potenziellen Kandidaten an. Das Netzwerk Sourcing weist im Vergleich zum Direct Sourcing eine geringere Kontaktzahl mit potenziellen Kandidaten, aber durch die vorgeschalteten Empfehlungen eine höhere Qualität der Kontakte auf.

13.4 „Goldfische klonen" mit der Umfeldanalyse

Falls nicht nur eine ähnliche Vakanz zu besetzen ist, sondern vielleicht mehrere oder Hunderte von ähnlichen Positionen gefüllt werden sollen, sind die beiden o. a. Varianten zu einzelfallorientiert.

Hier bietet sich eine Umfeldanalyse von bereits adressierten und qualifizierten potenziellen Kandidaten an, das „Klonen" der „Goldfische" sozusagen.

Anwendungsfelder hierfür sind Schlüsselfunktionen mit hohem Einfluss auf den Unternehmenserfolg, kombiniert mit engen Märkten für derartige Kandidaten; oder es sollen neue oder bisher noch nicht erschlossene Talentpools (z. B. Batterieexperten in der Automobilindustrie) angezapft werden. Nicht zuletzt ist dieser Ansatz sehr sinnvoll, wenn sich ein Unternehmen über die gezielte Qualitätsverbesserung der Einstellungen einen Wettbewerbsvorteil erarbeiten möchte.

Startpunkte für diesen Ansatz sind Top-Performer und/oder bekannte Namen in der Branche, sehr gute Kandidaten, die in letzter Sekunde abgesprungen sind, kürzlich im eigenen Unternehmen eingestellte „Super-Kandidaten" oder Kandidaten, die man gerne im Unternehmen hätte.

Dieser „ideale Bewerber" kann Ausgangspunkt für eine Umfeldanalyse sein.

► **Tipps für das „Klonen von Goldfischen"** Das Vorgehen ist dabei wie folgt:
   1. Suchen Sie jemanden heraus, den oder die sie sehr gerne einstellen würden (z. B. einen Redner auf einer Konferenz o. ä., auch wenn Sie davon ausgehen, dass Sie ihn/sie niemals bekommen würden).
   2. Finden Sie heraus, wo er/sie jetzt arbeitet und wo er/sie vorher gearbeitet hat, in welchen Gruppen/Foren er/sie sich austauscht. Das können gute Quellen für ähnliche Bewerber sein.

3. Schauen Sie sich sein oder ihr Profil in den sozialen Netzwerken an. Falls deren Kontakte einsehbar sind, haben Sie das Umfeld gefunden! Denken Sie daran, Talente ziehen Talente an!
4. Suchwerkzeuge: soziale Medien, Suchmaschinen, Online-Datenbanken.

13.5 Warum sollten Sie außerhalb von XING und LinkedIn Kandidaten suchen?

Im deutschen Arbeitsmarkt sind insgesamt ca. 42 Mio. Arbeitskräfte aktiv[1]. Davon kann man grob gesagt ca. 20 Mio. als Fach- und Führungskräfte oder auch Professionals[2] bezeichnen. XING hat in Deutschland über fünf Millionen Mitglieder. Ca. 80 % davon haben eine weiterführende Schule besucht, die Hochschulreife oder einen Fach- oder Hochschulabschluss, d. h., wir können von der Gesamtheit der Mitglieder ca. vier Millionen gedanklich zurücklegen für spätere Überlegungen. LinkedIn liegt bei ungefähr 3,5 Mio. Mitgliedern, wobei es sicherlich einen hohen Prozentsatz an Überschneidungen mit XING gibt. Nehmen wir eine ähnlich Struktur der Bildungsabschlüsse an und rechnen der Einfachheit halber mit 50 % Überschneidungen, kommen wir insgesamt auf vier Millionen plus 1,4 Mio., also auf ca. 5,4 Mio. Fach- und Führungskräfte, die wir über XING und LinkedIn erreichen können.

Dies sind zusammen ungefähr 27 % der gesamten Fach- und Führungskräfte in Deutschland. Dass diese sogenannte Penetrationsrate auch deutlich andere Größen aufweisen kann, zeigt Abb. 13.2 für ausgewählte Länder.

Das bedeutet aber auch, dass es noch ca. dreimal so viele Fach- und Führungskräfte außerhalb der beiden Business-Netzwerke gibt.

Wie kann man als Unternehmen diese finden und ansprechen?
Eine Möglichkeit ist es, sich an den Personalberater des Vertrauens zu wenden, der sein persönliches Netzwerk nutzen kann oder eine Zielfirmenansprache durchführt oder beides im Rahmen einer Direktansprache macht. Das kostet allerdings im Durchschnitt 26 % des geplanten Jahresgehaltes.

Falls man als Unternehmen dieses Budget nicht hat oder nicht ausgeben will, gibt es noch eine weitere nutzbare Quelle: Suchketten in Online-Suchmaschinen!

Mit Suchketten in Online-Suchmaschinen wie Google oder Bing wird versucht, die anderen 70 % des Arbeitsmarktes der Fach- und Führungskräfte zu erreichen.

Diejenigen Recruiter, denen XING und LinkedIn nicht reichen, suchen direkt in diesen Suchmaschinen nach Kandidatenprofilen, Lebensläufen, Listen von Kongressen und Vereinigungen etc.

In Google kann neben der bekannten, einfachen Eingabe von Suchbegriffen die Suche durch die Verwendung von sogenannten Suchketten die Qualität der Suchergebnisse signifikant gesteigert werden. Diese Suchketten beinhalten sogenannte Boolesche Basisoperatoren (AND, OR, NOT) und Ergänzungsoperatoren sowie eine Kombination aus Stichwor-

---

[1] Eurostat.

[2] Eurostat, Personen mit höherer sekundärer und tertiärer Ausbildung.

Reach: Percentage of professionals* reachable via Linkedin
(gives an indication whether a social network is suitable for proactive candidate sourcing in a specific country)

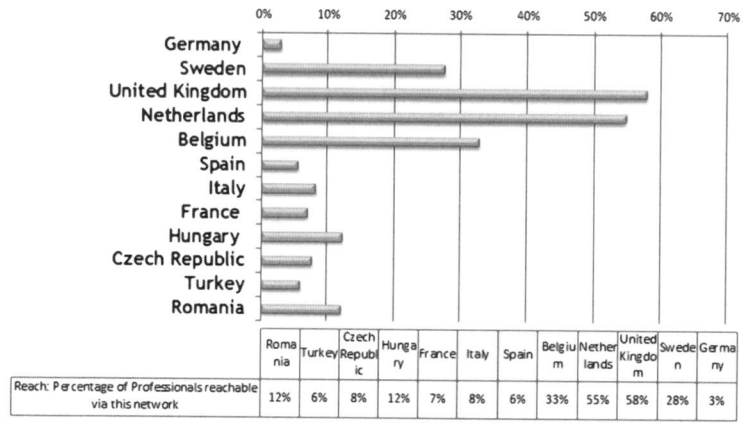

	Roma nia	Turkey	Czech Republ ic	Hunga ry	France	Italy	Spain	Belgiu m	Nether lands	United Kingdo m	Swede n	Germa ny
Reach: Percentage of Professionals reachable via this network	12%	6%	8%	12%	7%	8%	6%	33%	55%	58%	28%	3%

☐ Reach: Percentage of Professionals reachable via this network

Abb. 13.2 InternetWorldStats, Eurostats, LinkedIn, Calculation & Graphics: ICR

ten und Ergänzungen, die dabei helfen, Informationen (Lebensläufe, Konferenzbesuche, Auszeichnungen, Teilnehmerlisten etc.) über mögliche passende Kandidaten zu finden, um auch diese ansprechen zu können.

13.6   Kandidaten finden, die nicht bei LinkedIn oder XING sind

Falls eine „normale Suche" in Google nicht die gewünschten Ergebnisse liefert, kann man einen Suchoperator oder mehrere Suchoperatoren in Kombination verwenden. Die Suchbegriffe im Google-Suchfeld können durch diese Suchoperatoren ergänzt werden, um die Ergebnisse genauer festzulegen.

Sie möchten innerhalb einer Website oder Domain suchen? Röntgen Sie Websites!
Eine Methode, mit der man innerhalb einer bestimmten Website suchen kann, nennt sich X-Raying. Damit können Dokumente und Webseiten gefunden werden, die nicht direkt über Links auf der Unternehmens-Homepage zugänglich sind. Mit Hilfe von X-Raying können Recruiter, abhängig von den Sicherheitseinstellungen der Website, die Homepages von Mitarbeitern der Zielunternehmen oder Mitarbeiterverzeichnisse finden. X-Raying ist insbesondere dann sinnvoll, wenn ein Unternehmen kürzlich eine größere Anzahl von neuen Mitarbeitern von einem bestimmten Unternehmen eingestellt hat und nun noch mehr davon haben möchte.

Beispiel: Um etwas auf der SAP-Seite über „software engineer" zu finden, es kann ein Dokument oder eine Erwähnung innerhalb eines Dokuments sein, hilft eine Eingabe in die Google Suche: site:www.SAP.de AND software engineer.

Sie möchten nach Personen suchen, die eine Verbindung zu einem Unternehmen haben?
Diese Methode, auch Flipping genannt, ist effektiv, um die Beziehungen zwischen Webseiten zu finden. Diese Technik ist besonders hilfreich, um Personen zu finden, die Verbindungen zu dem Unternehmen haben oder die für ein bestimmtes Unternehmen gearbeitet haben. Diese Verbindungen können häufig wertvolle weitere Informationen über latente Kandidaten liefern. Zum Beispiel verlinken Mitarbeiter oft ihre persönlichen Homepages mit der Homepage ihres Arbeitgebers oder zu Netzwerken, in denen Sie Mitglied sind.

Mittels Flipping kann ein Recruiter diese Links bis zur persönlichen Homepage oder dem Social-Media-Profil eines potenziellen Kandidaten zurückverfolgen.

Beispiel: Ziel ist es, einen „Software Entwickler" zu finden – es kann ein Dokument oder eine Erwähnung innerhalb eines Dokuments sein, das auf SAP verlinkt.
In der Google-Suche: **link:www.sap.de AND „software entwickler".**

Sie möchten einen Joker setzen?
Falls Ihre Suchkette nicht unnötig lang werden soll, Sie aber alle möglichen Endungen oder Wortbeginne mit einschließen möchten, dann verwenden Sie ein Sternchen (*) in einer Suchanfrage als Platzhalter für alle unbekannten Begriffe. So findet z. B. die Suchanfrage „Personalreferent" nicht diejenige, die „Personalreferentin" in ihrem Profil hat, eine Suche mit „Personalreferent*" schon.
In der Google-Suche: **„Personalreferent*".**

Sie möchten nach einem genauen Wort oder einer genauen Wortgruppe suchen?
Dann verwenden Sie Anführungszeichen, um nach diesem genauen Wort oder einer Gruppe von Wörtern in einer bestimmten Reihenfolge zu suchen, z. B. „ Ingenieur Elektrotechnik" oder „Leiter Softwareentwicklung".

Tipp: Verwenden Sie diesen Operator nur, wenn Sie nach einem ganz bestimmten Wort oder einer bestimmten Wortgruppe suchen möchten, da ansonsten hilfreiche Ergebnisse ausgeschlossen werden könnten.

Sie möchten nach einem Profil suchen, das entweder diese Bezeichnung oder jene Bezeichnung beinhaltet?

Wenn Sie Profile finden möchten, die irgendeinen von mehreren Begriffen enthalten, fügen Sie den Operator OR (in Großbuchstaben) zwischen den Begriffen ein. Ohne OR enthalten Ihre Ergebnisse typischerweise nur Seiten, auf denen beide Begriffe vorkommen.
In der Google-Suche: **Softwareentwickler OR „software entwickler".**

Sie möchten bestimmte Begriffe oder Bezeichnungen von den Suchergebnissen ausschließen?

Falls Sie nach bestimmten Profilen suchen, aber z. B. nicht auf Ihre eigenen Mitarbeiter stoßen möchten, dann nutzen Sie ein Minuszeichen (-) direkt vor einem Wort (z. B. Ihr Firmenname) oder einer Website. Alle Ergebnisse mit diesem Wort bzw. von dieser Website werden aus der Suche ausgeschlossen.

In der Google-Suche: **Softwareentwickler – SAP**.

Sie möchten auch ähnliche Begriffe (Synomyme) in Ihre Suchergebnisse einschließen?

Wichtig beim Active Sourcing ist die Kenntnis von möglichst vielen genutzten Synonymen Ihrer gesuchten Schlüsselwörter. Synonyme können Sie z. B. finden unter **www.synonyme.woxikon.de** oder **www.openthesaurus.de** oder **www.wie-sagt-man-noch.de**. Normalerweise nutzen Sie diese Synonyme in Ihrer Suchkette. Diese Arbeit können Sie sich manchmal auch vereinfachen: Fügen Sie ein Tildezeichen (~) direkt vor einem Wort hinzu, um sowohl nach diesem Wort als auch nach weiteren Synonymen zu suchen.

▶   **Kombinieren hilft** Diese o. a. Strategien können Sie im Aufbau Ihrer Suchketten auch miteinander kombinieren!
Falls Sie z. B. nach Java Entwicklern (ohne Personalberater etc.) bei LinkedIn suchen (ja, da funktioniert das meiste davon auch), würde Ihnen diese Suchkette:
(java OR javaspring OR EJB OR Maven OR GWT OR Liferay OR Struts OR JSF OR JEE OR j2ee OR jspring OR junit OR javabeans OR bean) -berater -Recruiter -sales -Personalberatung -Personalberater -Stellenangebote -stellenangeboten mehr als 37.600 Ergebnisse für Deutschland liefern!

13.7   Selbst rechnen oder Taschenrechner nutzen? Wie man sich das Sourcen vereinfachen kann

Nachdem wir bisher quasi die „Grundrechenarten" des Sourcings gelernt haben, wird es jetzt Zeit, den „Taschenrechner" vorzustellen: den RecruitingBar (s. Abb. 13.3).

Wie kann der RecruitingBar Ihnen die Arbeit erleichtern?

Nehmen wir einmal an, Sie hätten bei den „Grundrechenarten" nicht so gut aufgepasst oder wollten sich das Ganze auch gar nicht so genau anschauen. Dann hilft Ihnen der Recruiting Bar, indem Sie bei ihm nur die Platzhalter (ENTER KEYWORD) mit den für Sie relevanten Schlüsselwörter ersetzen, und schon baut der kostenfreie RecruitingBar eine vordefinierte Suchkette auf und sucht für Sie in z. B. Google, sozialen Netzwerken (ohne, dass Sie da Mitglied sein müssen) oder einfach nach Mitgliederlisten von Verbänden, Teilnehmern an Konferenzen etc.

Von diesen vordefinierten Suchketten gibt es mittlerweile über 300 – und es werden immer mehr.

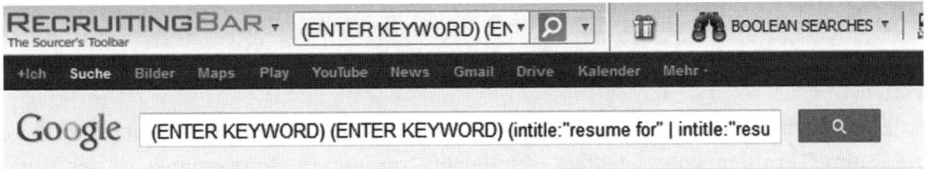

Abb. 13.3 Ausschnitt aus Firefox Browser Anzeige von Wolfgang Brickwedde, 27.5.2013

13.8 Selbst machen oder machen lassen? Automatisierung des Sourcings

Sourcing lässt sich mittlerweile auch teilweise automatisieren, d. h., statt dass ein Mensch manuell verschiedene Quellen nach potenziell passenden Kandidaten durchsucht, wird diese Aufgabe mit Unterstützung von Software durchgeführt. Eine bereits dargestellte Möglichkeit ist die Nutzung einer sogenannten „Recruiting Toolbar"[3], einer Erweiterung des jeweils genutzten Browsers um eine Applikation, die bereits voreingestellte kombinierte Suchketten beinhaltet, die dann nur noch um die entsprechenden Schlüsselwörter ergänzt werden müssen, um dann auf eine Vielzahl von Quellen, darunter auch die o. a. Suchmaschinen und soziale Netzwerke, angewendet werden zu können.

Darüber hinaus sind mittlerweile auch Programme[4] verfügbar, in die ein Recruiter das gewünschte Profil eingeben kann, die Software durchsucht dann diverse Quellen und kehrt mit den Ergebnissen (passenden Lebensläufen) zurück. Diese Lebensläufe oder Profile sind dann bereits aus den Quellen extrahiert und stehen für eine Weiterbearbeitung im Rahmen eines Talent-Relationship-Ansatzes oder für eine konkreten Stellenbesetzung zur Übertragung in ein Bewerbermanagementsystem bereit.

13.8.1 Überblick über Kandidaten-Suchmaschinen

Aktuell den Gipfel der Automatisierung stellen Kandidaten-Suchmaschinen dar, die z. T. automatisch aus den verschiedenen vorhandenen Daten in diversen sozialen Netzwerken einen Lebenslauf erstellen, der vollständig, teilweise inkl. einer Telefonnummer, ist, sodass der Nutzer den potenziellen Kandidaten umgehend direkt kontaktieren kann.

---

[3] http://www.booleanbar.com/.

[4] Z. B. http://www.avaturecrm.com/de/.

**Eine Übersicht über einige der aktuell verfügbaren Angebote und ihre Besonder-
heiten finden Sie hier:**
Entelo[5]

Entelo sammelt Daten aus einer Vielzahl von Social Media Communitys und baut diese
zu Sammel-Profilen von „latenten" Kandidaten zusammen. Schwerpunkt ist der High-
tech-Sektor. Das interessanteste Feature nennt sich Sonar. Es versucht vorherzusagen, wie
hoch die Wahrscheinlichkeit ist, dass ein latenter Kandidat auf eine Anfrage eines Recruiters reagiert. Es nutzt dafür bis zu 70 verschiedene Signale je nach Verfügbarkeit. Sonar
kann für Recruiter eine große Hilfe auch im Sinne der Produktivität sein.

TalentBin[6]

Die Plattform verbindet sich mit Facebook, LinkedIn und anderen sozialen Netzwerken,
um Empfehlungen und potenzielle Kandidaten für eine Einstellung zu finden. Die Talent-
Bin „Talent Suchmaschine" kreiert „implizite Lebensläufe", die sich den „Datenmüll"
zunutze machen, den wir alle als Mitglieder in sozialen Netzwerken und im Internet hinterlassen. Die Bedeutung von TalentBin zeigt sich auch darin, dass es im Frühjahr 2014
von Monster aufgekauft wurde.

Diese beschriebenen Plattformen gehen dabei unterschiedliche Wege. Entelo und Talent-
Bin konzentrieren sich auf Interessen der Netzwerk-Nutzer als Prädiktoren für eine Passung für eine Stelle. Sie arbeiten mit der Vorstellung, dass ein Ausdruck von Interesse,
etwas zu tun, auch die Fähigkeit, dieses zu tun, impliziert.

Alle sind noch relativ neu im Markt und aktuell nur auf Englisch erhältlich, zeigen aber
sehr schön auf, wo der Markt hingehen kann.

13.9   Fazit

Aktuell ist es für die meisten Recruiter und Personaler in Unternehmen vollkommen ausreichend, wenn sie sich zur Besetzung ihrer Positionen im Social Media Recruiting auf
die beiden Business- Netzwerke XING und LinkedIn beschränken. Über sieben Millionen Nutzer bei XING bzw. über 3,5 Mio. Nutzer bei LinkedIn bieten eine große und
wachsende Quelle für potenzielle Kandidaten. Einige wenige, die bereits diesen beiden
Netzwerken „entwachsen" sind, können bei den fortgeschrittenen Methoden für Social
Media Recruiting bzw. im engeren Sinne Active Sourcing noch ergänzende Werkzeuge
und Mittel finden.

Ein Blick über den großen Teich zeigt aber schon, dass die manuelle Suche nach potenziellen Kandidaten nur eine vorübergehende Phase ist, bis die innovativen Plattformen für
die automatische Suche noch weiter ausgereift und praktikabel sind. Vielleicht werden
wir dann auch analog zu CAD (Computer Aided Design) von CAR „Computer Aided
Recruiting" sprechen?

---

[5] www.entelo.com.

[6] www.talentbin.com.

Recruiting-Erfolge messen und managen

14

Wolfgang Brickwedde

Von „die Dinge richtig tun" zu „die richtigen Dinge tun"

Inhaltsverzeichnis

Zusammenfassung

Nur was gemessen wird, kann gemanagt werden. Da ist das Recruiting, d.h. die Personalbeschaffung in ihrer Gesamtheit, keine Ausnahme. Ein Recruitment-Verantwortlicher, der proaktiv und strategisch agieren will und seine Zukunft und die seiner Abteilung gestalten möchte, ist gut beraten, rechtzeitig benchmarkfähige Erfolgsmessgrößen festzulegen, zu implementieren, zu monitoren und zu managen. Statt zu warten, bis der Vorstand oder die Geschäftsführung, inspiriert durch eine neue Idee oder aus Angst um die Fachkräfteversorgung, zu ihm oder ihr kommt und Zahlen über die Wettbewerbsfähigkeit der Talent-Pipeline verlangt (... und zwar gestern!), sollten der Prozess und die Qualität des Outputs so schnell wie möglich aktiv gestaltet werden.

W. Brickwedde (✉)
ICR Institute for Competitive Recruiting, Römerstr. 40, 69115 Heidelberg, Deutschland
E-Mail: wb@competitiverecruiting.de

© Springer Fachmedien Wiesbaden 2015
R. Dannhäuser (Hrsg.), *Praxishandbuch Social Media Recruiting,*
DOI 10.1007/978-3-658-06573-7_14

Doch was genau muss getan werden, welche Recruiting-Kanäle sind effektiver und effizienter als andere und sollten daher ausgebaut werden, wie viel Zeit wird für eine Einstellung benötigt und wie kann man diese verkürzen? Wie kann man die Qualität der Einstellungen erhöhen und gleichzeitig die Kosten in den Griff bekommen? Ein magisches Dreieck des Recruiting-Erfolges aus Zeit, Kosten und Qualität kann und muss gemanagt werden.

Nur was gemessen wird, kann gemanagt werden. Da ist das Recruiting, d. h. die Personalbeschaffung in ihrer Gesamtheit, keine Ausnahme. Ein Recruitment-Verantwortlicher, der proaktiv und strategisch agieren will und seine Zukunft und die seiner Abteilung gestalten möchte, ist gut beraten, rechtzeitig benchmarkfähige Erfolgsmessgrößen festzulegen, zu implementieren, zu monitoren und zu managen. Statt zu warten, bis der Vorstand oder die Geschäftsführung, inspiriert durch eine neue Idee oder aus Angst um die Fachkräfteversorgung, zu ihm oder ihr kommt und Zahlen über die Wettbewerbsfähigkeit der Talent-Pipeline verlangt (… und zwar gestern!), sollten der Prozess und die Qualität des Outputs so schnell wie möglich aktiv gestaltet werden.

Nur so können Erfolge rechtzeitig auch in der internen Kommunikation nachweisbar und glaubwürdig „verkauft" werden und der Vorstand kann diesen Punkt beruhigt abhaken und sich wieder anderen Herausforderungen zuwenden. Nur wer auch mit Zahlen die „Sprache" der Geschäftsführung oder des Vorstandes spricht, kann sich aus der „Kostenecke" in die gedankliche „Investitionsecke" voranbewegen. Die Recruitment-Verantwortlichen stehen also vor ganz besonderen Herausforderungen. Denn zum einen muss der Recruiting-Bereich seinen Wertbeitrag messen und belegen. Zum anderen wird von ihm zunehmend gefordert, auf Basis klarer Fakten vorausschauend zu handeln.

Die Relevanz dieser Herausforderungen belegen exemplarisch zwei eng miteinander verbundene Themen, die das personalwirtschaftliche Handeln zunehmend bestimmen werden: der Wettbewerb um Talente und der demografische Wandel. Denn Unternehmen können ihre Ziele nur erreichen, wenn sie dafür stets die richtigen Mitarbeiter haben – gleichzeitig wird der Personalmarkt jedoch enger. Wer in diesem Kontext jetzt nicht handelt, wird später das Nachsehen haben. Doch was genau muss getan werden, welche Recruiting-Kanäle sind effektiver und effizienter als andere und sollten daher ausgebaut werden, wie viel Zeit wird für eine Einstellung benötigt und wie kann man diese verkürzen? Wie kann man die Qualität der Einstellungen erhöhen und gleichzeitig die Kosten in den Griff bekommen? Ein magisches Dreieck des Recruiting-Erfolges aus Zeit, Kosten und Qualität muss gemanagt werden. Die Reihenfolge der Prioritäten im Recruiting kann Abb. 14.1 entnommen werden.

14.1 Status der Erfolgsmessung aktuell

Wie sieht der aktuelle Status des Controllings im Recruiting aus? Können die Controlling- und Reportingaktivitäten den o. a. Zielen gerecht werden? Dies hat das Institute for Competitive Recruiting, ICR, Heidelberg mit Hilfe einer Befragung von über 10.000 Unterneh-

Abb. 14.1 Prioritäten im Recruiting. (Quelle: ICR Recruiting Report 2013)

men im Jahre 2013 untersucht. Die hier im Folgenden angegebenen Daten beruhen auf den Ergebnissen des ICR Recruiting Controlling Reports 2013 mit mehr als 650 Teilnehmern:

Wie wichtig ist die Erfolgsmessung im Recruitment?

Falls man so gefragt wird, lautet die Antwort: „Kurz gesagt, sehr wichtig!" Fast 90 % der teilnehmenden Unternehmen halten die Erfolgsmessung im Recruiting und Employer Branding für wichtig (41,2 %) oder sehr wichtig (48,4 %).

Nur etwa jedes zehnte Unternehmen geht davon aus, dass es weniger wichtig oder gar unwichtig ist, Erfolge im Recruitment zu messen und zu steuern.

Nun sitzt ein Recruitment-Verantwortlicher nicht den ganzen Tag da und zählt und misst die Erfolge der Abteilung. Da gibt es auch noch etwas anderes zu tun. Wenn man die Wichtigkeit des Themas Erfolgsmessung im Recruiting im Strauß der anderen Recruiting-Themen erfragt, dann ergibt sich das in Abb. 14.2 dargestellte Bild:

Welche Herausforderung die Professionalisierung des Recruitments darstellt, wird durch den dritten Platz auf der Rangliste der wichtigen Themen belegt. Da Reporting ein Unterthema der Professionalisierung des Recruitments ist, wird die Bedeutung hier schon angerissen.

Das Thema Reporting/Controlling selbst findet sich auf Platz 5 der Wichtigkeit direkt hinter dem aktuellen Hype-Thema Social Media Recruiting.

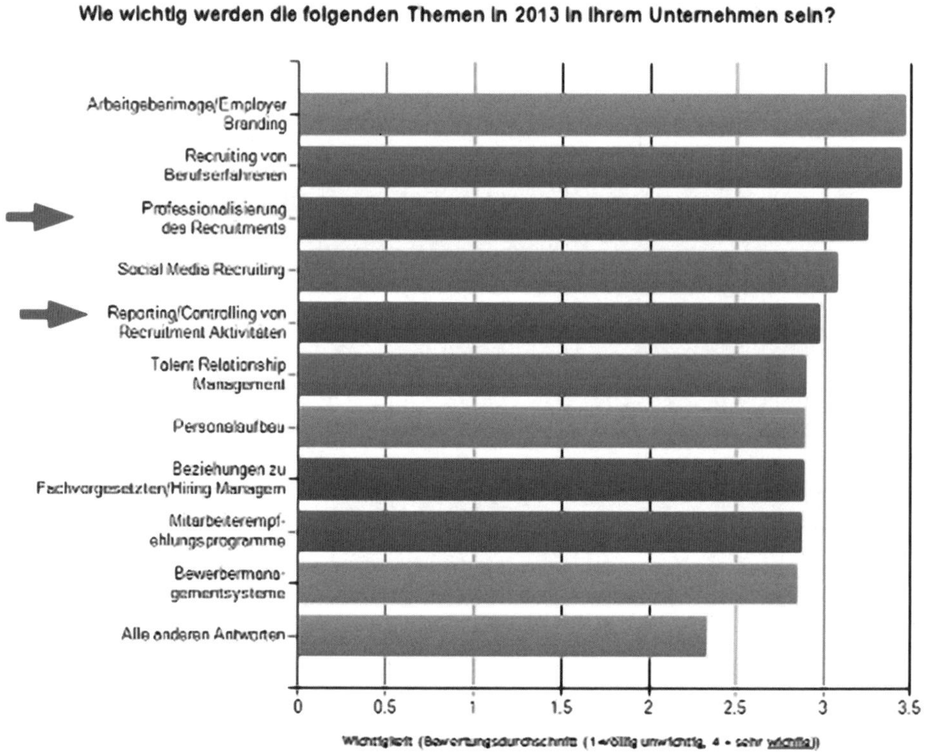

Wie wichtig werden die folgenden Themen in 2013 in Ihrem Unternehmen sein?

Abb. 14.2 Einordnung der Erfolgsmessung in alle Recruitingthemen. (Quelle: ICR Recruiting Report 2013)

Recruiting (inkl. Employer Branding) im Social-Media-Umfeld stellt neue Anforderungen an die Erfolgsmessung. Die Fachwelt grübelt: Mit welchen Kennzahlen lässt sich der Web-2.0-Erfolg monetär messen? Ist das Engagement überhaupt nach klassischer Auffassung analog zum sonstigen Recruiting-Controlling messbar? Mit Kennzahlen unterlegte Social-Media-Strategien im Personalmarketing und Recruiting sind daher noch sehr selten. Parallel zum noch gängigen Ausprobieren sollte daher gleich zu Beginn ein Controllingsystem aufgesetzt werden, mit dem der prognostizierte Nutzen später bewiesen werden kann. Ein Modell hierzu finden Sie im weiteren Text.

Wie sehen sich die Unternehmen zum Thema Erfolgsmessung im Recruiting aufgestellt?

Im Thema Reporting/Controlling sehen sich die Unternehmen vergleichsweise schlecht aufgestellt. Im Durchschnitt reicht es nur für eine mittelmäßige Einschätzung der Qualität zu diesem Thema.

In der Leistungs- bzw. Statusbewertung des Recruitments in ihrem Unternehmen in Bezug auf die Aussage „Wir unterhalten ein Controllingsystem für Recruitment, dessen

KPI über Effizienzmessungen hinaus die Qualität und Produktivität messen und Verbesserungsfelder aufzeigen" können sich nur 6 % der Unternehmen ein „sehr gut" geben.

Werden Erfolge im Recruitment gemessen?

Kurz gesagt, eher nein! Fast 50 % der teilnehmenden Unternehmen an der ICR-Befragung nutzen keine Key-Performance-Indikatoren in der Erfolgsmessung im Recruiting und Employer Branding.

Nur etwas über 50 % geben an, dass sie Erfolge im Recruitment mit Key-Performance-Indikatoren messen und steuern.

Hier liegt eine große Diskrepanz zwischen angegebener Wichtigkeit und tatsächlicher Umsetzung vor.

Werden Erfolge speziell im Social Media Recruitment gemessen?

Über die verschiedenen Aktivitäten von Arbeitgebern wird zwar viel geschrieben und gesprochen, die Messung der Erfolge dieser Aktivitäten lässt noch zu wünschen übrig: Weniger als die Hälfte der Unternehmen misst den Erfolg ihres Social-Media-Engagements, ein gutes Drittel misst hierzu nichts, und rund jedes fünfte Unternehmen plant die Messung der Erfolge.

Welche Erfolgskennzahlen (Key-Performance-Indikatoren oder kurz KPI) sind/wären wichtig?

Bei der Auswahl von Messkennzahlen für die Erfolgsmessung im Recruiting kann man zunächst einmal fragen, welche KPI von den Unternehmen für wichtig gehalten werden, welche sie also gerne verwenden würden (s. Abb. 14.3).

Die ersten fünf Plätze werden bei der Betrachtung der Antworten auf diese Frage von qualitativen KPI beherrscht. Die Qualität der Bewerber, die Zufriedenheit der neu eingestellten Mitarbeiter sowie der Bewerber stehen auf den ersten drei Plätzen. Erst auf Platz 6 wird diese Qualitätsdominanz vom KPI „Anteil derjenigen, die das Unternehmen innerhalb von sechs Monaten wieder verlassen" und der „Zeit bis zur Einstellung" kurz unterbrochen, um dann mit weiteren qualitativen KPI fortzufahren. Qualität steht also absolut an erster Stelle bei der Wichtigkeit.

Das hört sich doch schon ganz gut an. Qualität ist wichtig, insbesondere, dass alle Teilnehmer im Recruiting-Prozess zufrieden sind. Wie sind diese hehren Wünsche aber in die Praxis umgesetzt worden?

Bei der tatsächlichen Nutzung sieht es leider ganz anders aus. Mit „Zufriedenheit der Fachvorgesetzten" taucht erst auf Platz 7 der Rangliste ein qualitativer KPI auf, alle Plätze davor werden von quantitativen KPI beherrscht.

Es besteht in der Praxis also eine große Lücke zwischen dem Anspruch, Qualität messen zu wollen, und der tatsächlichen Messung von Quantität (s. Abb. 14.4).

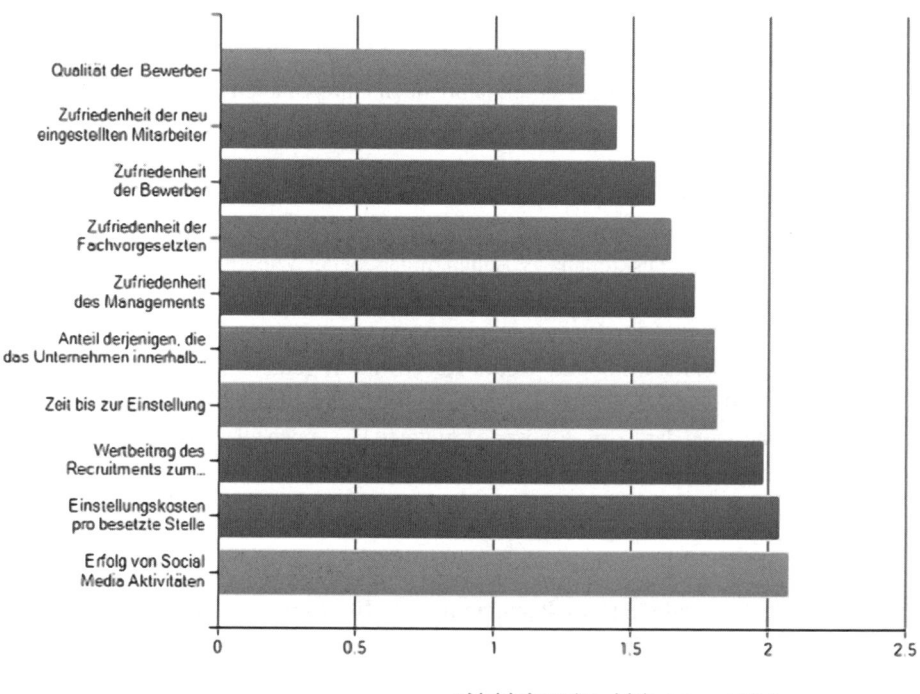

Abb. 14.3 Einschätzung der Wichtigkeit der Erfolgskennzahlen im Recruiting. (Quelle: ICR Recruiting Controlling Report 2013)

14.2 Erste Schritte beim Aufbau einer Erfolgsmessung im Recruiting mit Kennzahlensystem

Heutzutage zählen nicht mehr nur die Kosten, sondern auch der Nutzen, den das Recruitment seinen Zielgruppen bietet. Die Bedeutung des Recruitment-Bereichs misst sich an seinem Wertbeitrag.

Erfolg kann man messen. Insgesamt steht der Recruiting-Bereich vor der Herausforderung, Effektivität und Effizienz miteinander in Einklang zu bringen.

In Sachen Effektivität geht es darum, ob man „die richtigen Dinge tut": Tragen die Themen, Programme und Maßnahmen zum Erfolg des Unternehmens bei? Ist etwa das Recruiting so konzipiert, dass die gewünschte Zahl qualifizierter Mitarbeiter gewonnen wird?

In Bezug auf die Effizienz geht es hingegen darum, ob man „die Dinge richtig tut". Hier stehen Kosten und Wirtschaftlichkeitsgrößen der Programme im Mittelpunkt bzw. die Qualität der Strukturen und Prozesse.

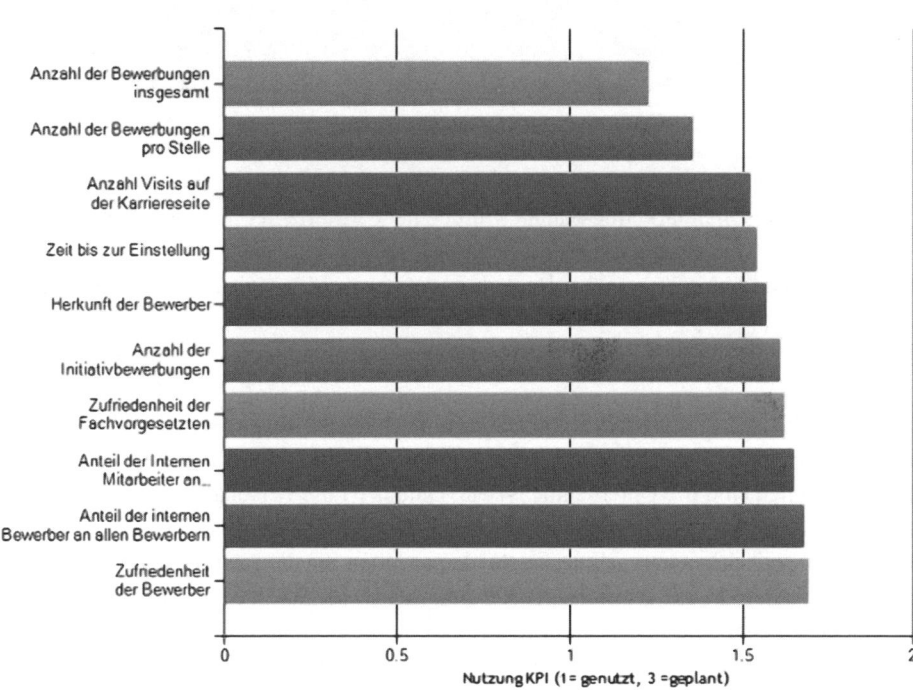

Abb. 14.4 Nutzung von Erfolgskennzahlen im Recruiting. (Quelle:ICR Recruiting Controlling Report 2013)

Beide Seiten der Leistungskraft des Recruiting-Bereichs, seine Effektivität und seine Effizienz, können nur gemeinsam betrachtet werden. Niedrige Kosten ohne den erhofften Nutzen sind genauso wenig wünschenswert wie eine hervorragende Wirkung, die zu teuer erkauft werden muss. Es geht für das Recruitment darum, „die richtigen Dinge richtig zu tun". Um diese Aufgabe nicht der Beliebigkeit und dem Bauchgefühl zu überlassen, muss ein Weg gefunden werden, Effektivität und Effizienz zu objektivieren, sie messbar und vergleichbar zu machen – sie also in praktikable Zahlen zu fassen.

Mögliche Fragen, die sich stellen:
Was kostet uns die Einstellung eines neuen Mitarbeiters (Cost-per-Hire)?
Wie viel Zeit benötigen wir, um einen neuen Mitarbeiter einzustellen (Time-to-Fill)?
Wie viele Besucher haben wir auf unserer Karriereseite?
Wie viele Bewerbungen erhalten wir?
Über welche Kanäle kommen die meisten Bewerber?
Wie viele Bewerbungen erhalten wir pro Ausschreibung?
Wie viele Mitarbeiter gewinnen wir aus unserem Talentpool?

Abb. 14.5 Ableitung Recruiting-Ziele aus Unternehmenszielen

Über welche Personalmarketing-Kanäle wurden neue Mitarbeiter auf unser Unternehmen
  aufmerksam?
Wie erleben und beurteilen unsere Bewerber und neuen Mitarbeiter unseren Recruiting-
  Prozess?
Wie erleben und beurteilen unsere Fachvorgesetzten unseren Recruiting-Prozess?

Worauf ist beim Aufbau einer Erfolgsmessung im Recruiting zu achten?
Basis für die Ziele einer Erfolgsmessung im Recruiting und die daraus abzuleitenden Erfolgskennzahlen sind die Unternehmensziele. Daraus ist die Personalstrategie und daraus
wiederum die Recruiting-Strategie abzuleiten. In der Praxis bestimmen Sie also zunächst
Ihre drei strategischen Unternehmensziele, daraus leiten Sie die entsprechenden Personal-
ziele und die sich daraus ergebenden Recruiting-Ziele ab. Welche sind daraus abgeleitet
die fünf geeignetsten Messgrößen für Ihre Recruiting-Aktivitäten (s. Abb. 14.5 und 14.6)?

  Beim weiteren Aufbau einer Erfolgsmessung für das Recruiting sollten Sie sich folgende Fragen stellen und Hinweise beachten:

- **Was soll beim Recruiting gemessen werden? Effizienz (Prozesse) vs. Effektivität**
  In diesem Schritt legen Sie fest, was Sie messen wollen. Wollen Sie messen, wie schnell
  Sie eine Vakanz besetzen können oder welcher Recruiting-Kanal der beste ist?
- **Wie soll gemessen werden?**
  Hier legen Sie fest, ob die Daten aus automatischen Reporting-Systemen kommen sol-
  len oder ob Sie alles manuell erheben wollen/müssen. (Je automatisierter die Erhebung,
  umso einfacher, vergleichbarer und verlässlicher sind die Zahlen.)
- **Aufbau von Recruiting-Kennzahlen**

Abb. 14.6 Definition
Unternehmensziele

Erste Schritte für die Ermittlung der Kennzahlen

Übung: Reporting in der Praxis

-   Ableitung der KPI aus strategischen Vorgaben
-   Was sind Ihre 3 strategischen Unternehmensziele?

- _____
- _____
- _____

Der Aufbau von Recruiting-Kennzahlen unterliegt, sofern man sie vergleichbar und benchmarkfähig möchte, einer gewissen Struktur. Diese sollten Sie sich anschauen und möglichst für Ihr Unternehmen anwenden. Der Aufbau wird im Weiteren im Detail erläutert.

- **Der Teufel steckt im Detail**
  Bei der Auswahl und Ausgestaltung der KPI werden Sie feststellen, dass der Teufel oft im Detail steckt. Wollen Sie z. B. in Kalendertagen oder in Werktagen messen? Wann beginnen Sie mit der Zählung und wann hören Sie auf? Darüber kann man intern lange diskutieren oder man schaut sich die internationalen Beispiele an und nutzt diese gleich mit.
- **Wer soll welche Ergebnisse wie und wann bekommen?**
  Bei der Konzeption der Ergebnismessung berücksichtigen Sie am besten gleich zu Beginn, dass Sie unterschiedliche Berichte für unterschiedliche Zielgruppen benötigen: z. B. für Ihre Abteilung selbst und für die Personalleitung, die Geschäftsleitung oder den Vorstand. Für sich selbst benötigen Sie eher die prozessbezogenen Messgrößen, damit Sie messen können, ob Sie die „Dinge richtig tun". Für die Personalleitung, den Vorstand oder die Geschäftsleitung ist es interessanter, ob Sie die „richtigen Dinge tun", also die Effektivität. Berücksichtigen Sie dies bei der Zusammenstellung der KPI. Danach stellt sich die Frage, wie die Daten kommuniziert werden sollen. Schicken Sie einfach die Rohdaten per E-Mail, erstellen Sie eine Präsentation oder ein PDF in einer ansprechenden Form mit Grafiken. Oder Sie können gar auf ein online verfügbares Dashboard verweisen, in dem der Adressat auch interaktiv Vergleiche über die Zeit vornehmen kann.
  Damit das Ganze nachhaltig, d. h. auch noch in sechs Monaten oder einem Jahr in vergleichbarer Form durchgeführt werden kann, legen Sie zu Beginn die Verantwortlichkeit und die Datenquellen fest.

14.3 Erfolgsmessung in der Praxis – Auswahl und Aufbau von KPI

Zur Auswahl und zum Aufbau von KPI kann man eine unternehmensinterne Arbeitsgruppe einsetzen, die sich dann in mühevoller Kleinarbeit in das Thema einarbeitet und so „das Rad neu erfindet". Oder man schaut sich mal um, ob sich dieser Aufgabe bereits jemand angenommen hat. Tatsächlich stehen aus internationalen Quellen für die Auswahl von KPI über 200 ausführlich definierte Messkennzahlen zur Verfügung, die auch auf die Unternehmensspezifika angewandt werden können.

Die für ein Unternehmen passenden KPI ergeben sich einerseits aus denjenigen, die einen Wertbeitrag messen, sich also aus der o. a. Ableitung der Recruiting-Ziele aus den der Personalstrategie, die wiederum aus der Unternehmensstrategie abgeleitet wurde, herleiten, andererseits will auch der Recruiting-Prozess, also die Produktion von neuen Mitarbeitern, gemessen werden – die Effizienz. Die hier zu wählenden KPI sind abhängig von der Aufstellung des Recruitments im Unternehmen.

Indikatorübersicht für einen Beispielindikator

Beschreibung	Beschreibung der Kennzahl in Worten, um ein einheitliches Verständnis für alle Beteiligten sicher zu stellen
Berechnungsformel	Hier wird im Detail die Formel zur Berechnung der Kennzahl angegeben
Anwendung	Da nicht jede Kennzahl für alle Unternehmen gleich geeignet ist, da dies von unterspezifischen Prozessen und Aufstellungen des Personalbeschaffungprozesses abhängig ist, wird hier erläutert für welche Unternehmen die Anwendung der Kennzahl relevant sein kann.
Begrenzungen	Hier wird erläutert welche Informationen man nicht durch diese Kennzahl erhält und welche Aussagen nicht mit Hilfe dieser Kennzahl getroffen werden können.
Angrenzende Kennzahlen	Die Kombination verschiedener Kennzahlen, die im engen Zusammenhang mit einander stehen, erlaubt die Ableitung unternehmensspezifischer Maßnahmen. Daher werden hier die angrenzenden, evtl. relevanten Kennzahlen aufgeführt.
Datenquelle	Um eine Konsistenz der Aussagen sicher zu stellen, werden hier die genauen Datenquellen angegeben. Falls z.B. ein mit der Erfolgsmessung betrauter Mitarbeiter das Unternehmen verläßt, kann der Nachfolger die Kennzahl ebenfalls sauber erheben.

Abb. 14.7 Übersicht Beispielindikator

Alle professionellen Erfolgsmessgrößen zeigen einen einheitlichen Aufbau, der sich im Aufbau einer Indikatorübersicht niederschlägt (s. Abb. 14.7):

1. Zweck und Bezug
   Hier werden der Sinn und Inhalt der Kennzahl beschrieben, damit für alle Beteiligten ein einheitliches Verständnis erreicht wird.
2. Berechnung (Formel)
   Hier werden mögliche Missverständnisse und das Problem „Der Teufel steckt im Detail" ausgemerzt, indem z. B. Anfangs- und Endpunkte von Messungen eindeutig angegeben werden.
3. Anwendung
   Hier wird die geplante Anwendung im Unternehmen beschrieben.
4. Zielwert und Benchmark
   Um zu vermeiden, dass im Anschluss an die Messung Diskussionen entstehen, ob die mit diesem KPI gemessene Größe jetzt „gut oder schlecht" ist, wird hier ein Zielwert definiert und eine, soweit vorhanden, Benchmarkgrößen angegeben.
5. Begrenzungen
6. Verantwortlichkeit und Datenquelle

Wenn mit Benchmark-Daten gearbeitet wird, kommt es entscheidend darauf an, interne Kennzahlen und externe Größen in einen schlüssigen Zusammenhang zu bringen.

Die jeweiligen Werte müssen vergleichbar gemacht werden. Bleibt dieser Schritt aus, wird der eigene Standort falsch eingeschätzt. Aus einer unzutreffenden Analyse können jedoch keine konstruktiven Maßnahmen abgeleitet werden.

14.4   Erfolgsmessung im Social Media Recruiting – oder „geht nicht, gibt's nicht"

Social Media Recruiting ist ein noch relativ neuer, aber bereits sehr erfolgreicher Kanal für Einstellungen. So wird 2013 bereits mehr als jede zehnte Stelle mithilfe von sozialen Netzwerken besetzt[1]. Bisher konnte sich dieser Kanal allerdings einer Erfolgsüberprüfung entziehen, dabei sein war alles. Mittlerweile aber wird vermehrt nachgefragt, ob das „Ganze überhaupt etwas bringt" oder ob man sein Recruiting-Budget nicht auch anderswo einsetzen sollte.

Damit ein Recruitment-Verantwortlicher nicht Gefahr läuft, dass ihm oder ihr das bisher verfügbare Budget für Social Media Recruiting wieder entzogen wird, sollte auch hier eine begleitende Erfolgsmessung aufgebaut werden.

In der Vergangenheit sahen sich ein Engagement und die Erfolgsmessung der Aktivitäten in den sozialen Netzwerken besonderen Herausforderungen gegenüber:

Besondere Herausforderungen beim Aufbau eines Erfolgs-Controllings im Social Media Recruiting

Social Media Recruiting wird oft erst einmal „auf kleiner Flamme" getestet.
Laut einer Studie von Eva Zils[2] haben 75 % der Unternehmen weniger als 5000 € für ihre Social-Media-Recruiting-Aktivitäten zur Verfügung. Wie so oft, wenn etwas neu ist, bestehen in vielen Unternehmen und vor allem in den Köpfen der Entscheider noch erhebliche Widerstände gegen Social Media Recruiting. Oft geht es nur mit einer kleinen Lösung ohne große Strategie los, die oft sogar als Alleingänge von engagierten Mitarbeitern gestartet werden: „Man kann es ja mal versuchen, es kostet ja nicht viel!" und „Wir müssen irgendwie dabei sein, die anderen sind es ja auch", so lautet oft die Devise.

Social-Media-Recruiting-Interaktionen stehen nicht im direkten Zusammenhang mit Stellenbesetzungen.
Die sozialen Netzwerke werden von den Mitgliedern dazu genutzt, um sich über einen Arbeitgeber zu informieren, einen Eindruck zu bekommen, Fragen zu stellen und hoffentlich auch Antworten zu erhalten oder um sich mit anderen Interessenten auszutauschen. Einstellungen finden entweder vorher oder nachher statt, können aber in der Regel nicht direkt oder nur schwierig zugeordnet werden (die technischen Lösungen werden aber besser).

---

[1] ICR, Social Media Recruiting Report 2013.
[2] http://www.competitiverecruiting.de/WaskostetSocialMediaRecruiting.html.

Social Media Recruiting nutzt Unternehmensressourcen, die bereits für andere Aufgaben auch genutzt werden.

Zumindest kurzfristig bekommt das Social Media Recruiting so nicht genügend Ressourcen, denn es ist ja angeblich kostenlos.

Was kann man tun, um die Probleme bei der Messung des Social-Media-Recruiting-Erfolges gleich am Anfang zu vermeiden?

Die Messung der Anzahl der Follower, Fans und Gruppenmitglieder und die anvisierten Zielgrößen bilden hier nur eine erste Basis. Ist ein Netzwerk hinsichtlich Quantität und Qualität zufriedenstellend, gilt es zu überprüfen, inwieweit es Bewegungen aus Social Media zur Karriereseite des Unternehmens gibt, d. h., wie viele der Follower sich bewerben und wie viele schließlich eingestellt werden. Anschließend können auf der Basis der Bewerberherkunft Vergleiche mit anderen Beschaffungswegen hinsichtlich Kosten und Zeit angestellt werden.

Auch diese Größen sind aber schlussendlich monetär zu bewerten, um diejenigen Beschaffungskanäle zu fördern, die bei gegebener Qualität schneller und günstiger zu Einstellungen führen. Recruiting in Social Media sind dann abseits vom Hype – „wir sind dabei, weil die anderen es auch sind" – rechenschaftspflichtig für den Erfolg und im Wettbewerb mit anderen Recruiting-Kanälen.

Ansatz für eine Erfolgsmessung beim Social Media Recruiting (vgl. Abb. 14.8)

Da auch die Investitionen in Social Media Recruiting sich dem Wettbewerb der sonstigen Recruiting-Kanäle stellen müssen, gilt es, gleich zu Beginn die Grundlage für eine Erfolgsmessung zu legen.

Auf der einen Seite stehen die Investitionen in Personal und/oder der Aufwand für Agenturen bzw. Zugänge zu den jeweiligen Social Networks (z. B. für den Talent Manager von XING oder den Linkedin Recruiter für ein professionelles Active Sourcing).

Durch die Aktivitäten in Social Media ergeben sich zunächst ein gewisser Output an Inhalten und eine gewisse Reichweite, hoffentlich bei der angestrebten Zielgruppe (Verlosungen und Gewinnspiele sind nicht immer zielgruppenförderlich).

Die durch die verschiedenen Aktivitäten entstehenden Wirkungen kann man in direkte und indirekte unterteilen.

Die direkte Wirkung zeigt sich in der Anzahl der Besucher/Nutzer/Friends/Follower/ Kontakte etc., d. h., die Wahrnehmung steigt. Wenn die Quantität der Nutzer dann auch noch mit Engagement – ReTweets/Likes/Kommentare etc. (wird regelmäßig z. B. für Facebook-Karrierefanpages von HumanCaps gemessen[3]) – begleitet wird, umso besser. Die Wirkungen hinsichtlich Quantität und Qualität der Aktivitäten lassen sich auch im Vergleich zu den Wettbewerbern, für viele verschiedene Social-Media-Netzwerke auch über Ländergrenzen hinweg, in einem übersichtlichen Ranking im sogenannten „Social-Recruitment-Monitor" einer niederländischen Firma[4] messen und verfolgen.

---

[3] http://www.personalmarketingblog.de/benchmarking-employer-brand-fanpages-april-2013-nur-durchschnitt.

[4] www.socialrecruitmentmonitor.com.

Abb. 14.8 Erfolgsmessungsmodell für Social Media Recruiting (ICR, Institute for Competitive Recruiting, Heidelberg)

Nach einer gewissen Zeit sollte man auch einmal überprüfen, ob die „Fans" auch der Zielgruppe entsprechen oder ob man evtl. ganz andere „bespaßt". Fans und Follower sind noch lange keine Bewerber!

Nach dieser Phase kann man auch schon einmal hingehen und, sofern man die Herkunft der Einstellungen als KPI nutzt, schauen, ob die Aktivitäten auch eine indirekte Wirkung z. B. auf das Arbeitgeberimage, die Passung der Bewerber zum Unternehmen (Cultural Fit) oder eine bessere Bewerberqualität haben und man eine Steigerung nachweisen kann.

Als letzten Schritt gilt es zu überprüfen, ob und welches Ergebnis die Aktivitäten im Social Media Recruiting haben, insbesondere die Wirkungen auf strategische und/oder finanzielle Zielgrößen, d. h. den Leistungsprozess, und auf materielle und/oder immaterielle Ressourcen, d. h. die Kapitalbildung.

Konkret bedeutet das, zu prüfen, ob

- die Rekrutierungskosten und/oder die Rekrutierungszeit sich reduzieren,
- der Rekrutierungsprozess effizienter, schneller und kostengünstiger wird.

Abbildung 14.9 zeigt eine Beispielrechnung zur Erfolgsmessung des Active Sourcing.

Rechenbeispiel Erfolgsmessung Active Sourcing

Einstellungen p.a. über Personalberater:	5
Durchschnittliches Gehalt der 5 Einstellungen	60.000
Honorar für Personalberater: 25% (15.000 x 5)	**75.000**

Alternative mit Active Sourcing:	
Kosten für einen Mitarbeiter:	50.000
Kosten für Zugang zu Netzwerken:	6.500
Summe	**56.500**

$$ROI = \frac{75.000 - 56.500}{56.000} = 33\%$$

Abb. 14.9 Beispiel ROI im Active Sourcing

14.5 Zusammenfassung und Ausblick

Recruiting steht vor großen Herausforderungen. Nicht nur die Prozesse müssen effizienter werden, auch die Aktivitäten müssen sich die Frage nach der Wirksamkeit gefallen lassen. Aktuell ist die Erfolgsmessung im Recruiting noch nicht auf dem gewünschten und erwarteten Stand. Die Recruitment-Verantwortlichen wollen zwar die Qualität messen, tatsächlich messen sie aber hauptsächlich die Quantität. Es werden zwar bereits einige Kennzahlen erhoben, aber eine Zielableitung aus Unternehmens- und Personalzielen fehlt in den meisten Fällen. Das Controlling der Social-Media-Recruiting-Aktivitäten liegt noch stärker im Argen. Dort wird aktuell nur nach der Devise gehandelt: „Dabei sein ist alles." Aber früher oder später wird jemand die Frage stellen, ob das Ganze etwas bringt. Wer erst dann beginnt zu messen, agiert nicht sehr professionell.

Nur ein systematisches Recruiting-Controlling erlaubt es insgesamt, die Effektivität und die Effizienz der Recruiting-Maßnahmen und -Prozesse zu evaluieren und zu optimieren – und zwar stets in Bezug auf die Ziele des Unternehmens.

Der Erfolg der Erfolgsmessung steht und fällt damit, wie gut seine Zielgruppen das Recruiting Controlling anwenden können und welchen spezifischen Nutzen sie davon haben. Die Relevanz für die Praxis ist die zentrale Anforderung.

Unternehmen können mit einem systematischen Controlling den Beitrag des Recruitings zu den Geschäftsergebnissen messen und managen.

In der internen Diskussion kann der Recruiting-Bereich nur dann eine maßgebliche Rolle spielen, wenn er Kosten und Wertbeitrag der Personalarbeit in ihrem Zusammenhang transparent macht.

Steigerung des Wirkungsgrades durch Social Recruiting in der Praxis

15

Barbara Braehmer und Ralph Dannhäuser

Inhaltsverzeichnis

Zusammenfassung

In diesem Kapitel erfahren Sie, mit welchen Stufen Sie Schritt für Schritt Ihren persönlichen Wirkungsgrad mit Social Recruiting deutlich steigern können. Durch die Erklärung und Definition der einzelnen Stufen können Sie durch eine Art Selbstreflexion eruieren, wo Sie stehen, über welches Wissen sowie Anwendungskönnen Sie bereits verfügen und wo es noch Lern- und Entwicklungsbedarf gibt.

B. Braehmer (✉)
Intercessio Personalberatung GmbH, Bundeskanzlerplatz 2–10, 53113 Bonn, Deutschland
E-Mail: b.braehmer@intercessio.de

R. Dannhäuser
on-connect Ralph Dannhäuser e. K., Uhuweg 20, 70794 Filderstadt, Deutschland
E-Mail: rd@erfolgreich-netzwerken.de

© Springer Fachmedien Wiesbaden 2015
R. Dannhäuser (Hrsg.), *Praxishandbuch Social Media Recruiting*,
DOI 10.1007/978-3-658-06573-7_15

Die Fünf-Stufen-Methode basiert auf der praktischen Anwendung und Schulung des „Recruiting-Führerscheins" der beiden Autoren. Das finale Ziel: Steigerung der Effizienz und Erhöhung der Effektivität im Recruiting! Das Buchkapitel ist für folgende Zielgruppen sowie für folgende Know-how- und Anwenderlevel geeignet:

- Personaldienstleister (Zeitarbeitsfirmen etc.);
- Personalberater (Personalvermittler, Staffing-Agenturen, Headhunter etc.);
- Corporate-Recruiter (Personalbeschaffer in Unternehmen, Personalabteilung).

Wir haben für die Level „Einsteiger, Fortgeschrittene und Profis" jeweils Beispiele und Übersichten zusammengestellt, um Ihnen pragmatisch aufzuzeigen, wie Sie sich weiterentwickeln und Ihren jeweiligen Wirkungsgrad steigern können.

Wir werden zunächst die aktuelle Situation, wie wir sie wahrnehmen, beschreiben und danach den sogenannten „Kittelbrennfaktor" der einzelnen Zielgruppen in den jeweiligen Stufen wiedergeben. Mit dem „Kittelbrennfaktor" meinen wir, wo drückt der jeweiligen Zielgruppe der Schuh und wo ist konkreter Handlungsbedarf? Im Hauptteil werden wir Lösungsansätze mit dem einen oder anderen Praxisbeispiel und Interviewpartner untermauern. Am Ende unseres Kapitels fassen wir die sechs kritischen Erfolgsfaktoren für Social Recruiting für Sie noch einmal zusammen.

15.1 Ausgangsituation

Wie bereits im Vorwort des Herausgebers erwähnt, ist der Bedarf an Fach- und Führungskräften allgegenwärtig. Dies spüren wir zum einen durch ein „Mehr" an Recruiting-Aufträgen, mit denen uns unsere Mandaten betrauen, und zum anderen durch eine steigende Nachfrage nach Trainings- und Coachingmaßnahmen, die gerade in den letzten zwei Jahren massiv zugenommen haben. Dies liegt nicht nur daran, dass herkömmliche Wege nicht mehr so funktionieren, wie es früher immer der Fall war, sondern auch an neuen Recruiting-Lösungen, wie zum Beispiel dem „XING-Talentmanager" oder dem „LinkedIn-Recruiter", die von immer mehr Unternehmen und externen Personalbeschaffern für den schnellen Erfolg angeschafft werden. Allerdings heißt „kaufen" nicht automatisch „erfolgreich anwenden" können, wie wir feststellen. Interessant ist dabei, die große Wissens- und Könnenbandbreite der Nutzer zu beobachten. Die Spange geht enorm auseinander.

Selbstüberschätzung und Schrotflinten-Prinzip
Die Erfahrungen aus dem Tagesgeschäft zeigen leider auch, dass viele Recruiter wenig Berufserfahrung haben oder an „Selbstüberschätzung" leiden und denken, dass sie alles können. Manche sind sehr ungeduldig und wollen einfach nur eine neue achtspurige Recruiting-Autobahn mit glattem Fahrbahn-Belag, die keiner außer ihnen kennt, mit Tempo 250 auf der linken Spur befahren, um als Erste am Ziel anzukommen.

Abb. 15.1 Die Know-how-Pyramide für das Social Recruiting

Erschwerend kommt hinzu, dass manche sogenannte „Recruiter" nach dem Schrotflinten-Prinzip arbeiten und alles angehen, was nur irgendwie nach möglichem Kandidaten riecht und nicht bei „Drei auf den Bäume sitzt". Im Sinne eines vollen „Vertriebs- und Recruiting-Trichters" sind Engagement und Fleiß grundsätzlich ein guter Weg, allerdings werden durch stümperhaftes Vorgehen viele Kandidaten verprellt und für Anfragen abgestumpft. Die Folge: Die wertvollen Keywords werden aus den Profilen gelöscht, die Profile nach außen „dicht gemacht" oder die Nutzung der Social Media Kanäle geht komplett zurück. Gerade bei Engpasszielgruppen.

Dabei übersehen sie die Grundlagen von Social Recruiting und wollen am liebsten von Anfang an mit dem ganz großen Sportwagen losfahren. Also ist der erste Unfall vorprogrammiert. Es passieren Pannen und die Aussichten auf Recruiting-Erfolg sinken unweigerlich! Dabei ist es wie beim normalen Führerschein: Erst kommt die Theorie und dann die Praxis. Unser Ziel ist es, Sie auf dem Weg zum „Recruiting-Führerschein" zu begleiten und den Spaß am Recruiting-Erfolg zu vermitteln!

Die Fünf-Stufen-Methode und der Social-Recruiting-Führerschein

Aus den zuvor genannten Gründen sind wir auf die Idee gekommen, die Wissens- und Könnenlevel sowie die Bedarfsfelder in Pyramidenstufen einzuteilen, um gemäß einem guten pädagogischen Ansatz ein optimales Recruiter-Training oder Sourcing-Coaching zu bieten. In Abb. 15.1 zeigen wir Ihnen die Fünf-Stufen-Methode im Überblick. In den nachfolgenden Absätzen gehen wir detailliert auf die Wissenstiefen und Herausforderungen ein, möchten aber vorab betonen: Wichtig ist in unserem Modell auf jeden Fall die Abhängigkeit der Ebenen voneinander. Sie können nur erfolgreich den Wirkungsgrad steigern, wenn die jeweiligen Prozesse der vorherigen Stufe eingeführt sind, aber auch das entsprechende Know-how vorhanden ist und Tools der vorherigen Stufe beherrscht werden.

15.1.1   Stufe 1: Grundlagen des Social Recruiting

Die Stufe 1 befasst sich mit dem Ziel, Social Media und das Web für das Recruiting zu verstehen, und mit den Möglichkeiten und Chancen für einen Start eines wirkungsvollen Social Recruiting.

> Der Anfang ist die Hälfte des Ganzen (Aristoteles)

Wissenstiefe Die grundsätzlichen Möglichkeiten und Chancen, mit Social Media Fachkräfte zu finden und zu gewinnen (zum Beispiel Karriceresites, Job-Postings) sowie Employer Branding, Wertewandel, Social-Media-Regeln, Gefahren und Gefahrenabwehr.

Herausforderung In der Regel ist es so, dass ein Unternehmen, das mit Social Recruiting startet, in den Social-Media-Kanälen noch nicht so bekannt ist und deshalb auch testen kann. Doch um Streuverluste zu vermeiden und den Wirkungsgrad schnell zu erhöhen, macht es Sinn, ein solides Fundament zu legen. Dazu sollte das Unternehmen die richtige Auswahl der notwendigen Tools treffen. Auf diese Weise sollten Starter in der ersten Stufe versuchen, eine Mini-Max-Lösung zu implementieren.

15.1.2   Stufe 2: Social-Recruiting-Interviewer und Hiring-Manager

Im Zentrum der Stufe 2 stehen Fachbereiche, Hiring-Manager und Führungskräfte, die am Recruiting-Prozess beteiligt sind, um erfolgreiche Gespräche und Interviews mit Kandidaten aus dem Web 2.0 zu führen und diese Kandidaten im Prozess zu halten. Besonders wichtig ist auch die Rolle, die sie bei erfolgreichem Social Recruiting übernehmen müssen, um wirkungsvoll mit Talenten online zu netzwerken.

> Dialog bedeutet Kompromiss: Wir lassen uns auf die Meinung des anderen ein (Dalai Lama)

Wissenstiefe Erfolgreiche, werbende Kommunikation mit Kandidaten. Professionelle und moderne Interviewführung. Effizienter Einsatz von webbasierten Tools und Social-Media-Kanälen. Zeit- und Aufwandsersparnis durch moderne Prozesse und Methoden im Recruiting.

Herausforderung Heutige Kandidaten sind oftmals mehr Interessenten – beziehungsweise am Anfang noch keine Bewerber. Sie haben besondere Erwartungen und Verhaltensweisen und müssen gewonnen und gehalten werden. Wer nicht schnell und richtig reagiert, verliert diese Kandidaten. Hinzu kommt, dass die Wahrheit im Internet sehr gedehnt und uminterpretiert wird. Deshalb muss auch mit Bewerbungsinformationen und damit mit Bewerbern aus dem Web heute anders umgegangen werden, wenn man seine offenen Stellen erfolgreich und dauerhaft besetzen möchte. Dies machen auch neue Tools wie Videointerviews und neue Informationsquellen wie Social Media möglich.

15.1.3 Stufe 3: Professionelles Social Recruiting für erfahrene Recruiter

Die Stufe 3 ist Maximierung des Erfolgs und des Nutzens Ihrer Social-Recruiting-Prozesse, -Methoden und -Tools, indem Sie bisherige Verfahren verbessern und zusätzliche auswählen sowie implementieren. Ihr Ziel, systematischer und sogar einfacher Kandidaten zu finden und zu gewinnen, erreichen Sie optimal, wenn Sie bisher parallele Prozesse der Realen Welt und des Social Recruiting nun besser verbinden, aufeinander abstimmen und gleichzeitig durchführen.

> Je klarer die Zielvorstellung, desto klarer der Erfolg (Vera F. Birkenbihl)

Wissenstiefe Der Social-Recruiting-Profi beherrscht die Prozesse, Methoden und Tools von der Pflege eines erfolgreichen Recruiter Branding und Personal Branding hin bis zur aktiven Talent Acquisition. Effizientes Recruiting-SEO, Social Job-Posting und die aktive punktuelle und direkte Kontaktaufnahme zu passiven Kandidaten sind für ihn Tagesgeschäft. Er hat angefangen, systematisch fachlich zu netzwerken, pflegt sein eigenes Empfehler-Netz und ist im ständigen Erfahrungsaustausch mit anderen HR-Spezialisten. Seine Recruiting-Bemühungen konzentrieren sich nicht nur auf externe Talente, sondern er sichert mit seinem Wissen auch das fundierte Onboarding, um die neuen Mitarbeiter bestmöglich ins Unternehmen zu integrieren.

Herausforderung Die Herausforderungen sind so vielfältig wie der Social-Recruiting-Baukasten und die stetige Veränderung der Social-Media-Landschaft: Zusammenhänge erkennen und nutzen, Arbeitserleichterungen und Prozessoptimierungen implementieren und weiterentwickeln, die richtige Auswahl der Medien und Medienkombinationen treffen, Nachhaltigkeit und Systematik professionalisieren, die richtigen Tools und Methoden implementieren und Wissen auf dem neuesten Stand halten. Professionelles Social-Recruiting-Time-Management.

15.1.4 Stufe 4: Active Sourcing

Das Ziel der Stufe 4 ist es, Engpass-Vakanzen durch professionelles proaktives Suchen, Finden und Auswählen, das sogenannte Active Sourcing, zu besetzen. Active Sourcing ist ein systematischer Prozess und eine besondere Kompetenz, die es ermöglicht, Suchbegriffe wie Programmierbefehle in entsprechenden Suchbegriffskombinationen zusammenzusetzen und damit Suchmaschinen zu Kandidaten zu steuern. Die Besonderheit dieses Prozesses ist auch der gleichzeitige Ablauf von Suchen, Finden und Vorauswählen und nicht die sequenzielle Folge des Recruiting, das einen Schritt nach dem anderen geht.

Gerade dieser prinzipielle Unterschied zum klassischen Recruiting-Ablauf sowie die technologischen und methodischen Kenntnisse erfordern ein Umdenken und neues Mindset des Active Sourcers. Um wirkungsvolle Erfolge mit Active Sourcing zu erzielen, muss dieses Know-how erlernt, trainiert und ständig weiterentwickelt werden. Dazu gehört auch der effiziente Einsatz von wichtigen Sourcing-Tools, wie zum Beispiel dem „XING-Talentmanager" oder dem „Recruiter" von LinkedIn, die den „Sourcer" in die Lage versetzen, Suchmaschinen noch viel zielsicherer, aber auch einfacher zu den passenden Kandidaten zu steuern.

> Wer dauerhaften Erfolg haben will, muss sein Vorgehen ständig ändern (Niccolò Machiavelli)

Wissenstiefe Erfolgreiches Active Sourcing setzt voraus, dass Sie die wichtigen Suchmaschinen kennen, die wesentlichsten Sources beherrschen, die Semantischen Suche verstehen und in der Lage sind, die passenden und richtigen Suchbegriffe zielsicher zu finden sowie zu kombinieren. Sie können die wesentlichen, unterschiedlichen Suchmethoden von der Booleschen Suche über Talentmining bis zu Peersearch erfolgreich einsetzen. Zielorientiertes Social Sourcing durch präzise Identifikation von passenden Kandidaten (XING & LinkedIn) ist für Sie ebenso wenig ein Problem, wie Lebensläufe im Web zu finden und die richtigen Kandidaten zu filtern.

Herausforderung Die Herausforderung ist das Erlernen der Gedankenwelt – des „Mindsets" – eines Sourcers und erfolgreiches Kombinieren mit Social-Recruiting-Maßnahmen. Des Weiteren das Beherrschen der Semantischen Suche und der Suchmaschinen, gezieltes Finden der passenden Talente, Konzentration auf die Shortlist-Ergebnisse und wertschätzende Ansprache sowie ständige Wissensanpassung durch Veränderungen der Suchmaschinen.

15.1.5 Stufe 5: TRM – Talent Sourcing

Das ehrgeizige und visionäre Ziel des Talent Sourcings in der Stufe 5 ist es, ein erfolgreiches „Talent Relationship Management" aufzubauen, um ein funktionierendes und stabiles Talentnetzwerk zu schaffen. Am Ende sind nur noch wenige bis keine Anzeigen, ist kein umfangreiches Personalmarketing und auch kein Active Sourcing mehr nötig, um offene Stellen mit den besten Talenten zu besetzen.

Voraussetzung hierfür ist es, nicht nur einen guten Talentpool durch professionelles Sourcing zu schaffen, sondern diesen auch zu pflegen und die Beziehung zu Kandidaten so zu strukturieren, dass hohe „Conversion-Rates" (Beziehungszahl zwischen Kontakten und Einstellungen) ebenso wie niedrige „Time-to-Hire-Rates" (Zeitspanne bis zur Stellenbesetzung) erreicht werden können.

Aufgaben	Social Recruiting Basics | Grundlagen	Social Recruiting Interviewer	Social Recruiting Professionals	Active Sourcing Basics | Excellence	Talent Sourcing Talent Management
	STUFE 1	STUFE 2	STUFE 3	STUFE 4	STUFE 5
Contact	Start	Start	Hoch	Exzellent	Multilevel
Conversation	Start	Start	Hoch	Hoch	Exzellent
Content	Start	Start	Hoch	Hoch	Exzellent
Community	-	-	Talentpipeline	Talentpool	Talent Netzwerke
Commerce	Start	Start	Hoch	Exzellent	Exzellent
Competition	Start	Start	Hoch	Exzellent	Exzellent
Conversion	Start	Start	Hoch	Exzellent	Exzellent
7-C-Regel SOCIAL RECRUITING	RECRUITER 2.0	INTERVIEWER 2.0	Recruiter 3.0	Recruiter 4.0	Recruiter 5.0

Abb. 15.2 Auf einen Blick: Recruiter 1.0 bis Recruiter 5.0/Talentmanager

Das wichtigste Talent der Zukunft wird sein: das Talent, Talente zu entdecken (Karl Pilsl)

Wissenstiefe Hinter der allgemeinen Beschreibung von Talent Relationship Management, dem „Management des Talentpools auf Basis wertschätzender Beziehungspflege von und mit Talenten", verbirgt sich der systematische und unternehmensindividuelle Prozess, der sowohl interne wie externe Talente betrifft. TRM bzw. Talent Sourcing definiert das Identifizieren der richtigen Talente, das systematische, aufeinander abgestimmte aktive und passive Suchen und Finden, das Halten der Talente im Entwicklungsprozess mit professionellen Talententwicklungs-, Recruiting- und Selektionstools sowie -methoden.

Herausforderung Die Herausforderungen des praktischen TRM sind extrem hoch und umfassend. Es geht nicht um die Beherrschung einer Software oder einen Rollout eines einmaligen Umsetzungsplanes, sondern um die dauerhafte Integration der TRM-Prozesse in bestehende Abläufe sowie das Training, die Veränderung und die Begleitung der beteiligten Menschen. Also sowohl der Mitarbeiter auf der Managementseite als auch der internen und externen Talente. Voraussetzung dafür ist das Beherrschen, Abstimmen und Professionalisieren aller Recruiting- und Sourcing-Maßnahmen. Eine weitere Voraussetzung ist der praktische Auf- und Ausbau eines Talentnetzwerkes, zum Beispiel in einem oder mehreren Talentpools. Professionelles Talent Relationship Management bindet Elemente des Empfehlungs-Recruitings-Sourcings ein und integriert das Mobile Recruiting. Die Auswahl und der Einsatz unterstützender passender Technologien sind nachrangig zu entscheiden.

Was bedeutet dies für Ihre Social-Recruiting-Entwicklung?
Wir haben eine gute und eine schlechte Nachricht für Sie als Recruiter und Recruiterin. Die schlechte ist, dass, trotz enormer, unterstützender Wirkung der modernen Techno-

logien, diese immer nur die Funktionen von Tools übernehmen können, die Ihnen das Beziehungsmanagement von und mit Talenten erleichtern. Auch wenn in den USA viele vom sogenannten „Robot-Hiring" sprechen, dem vollautomatisierten Recruiting – von der Veröffentlichung der Vakanz bis zur Einstellung –, ist und bleibt dieses ein Traum. Und das ist die gute Nachricht für Sie als Social-Recruiting-Experte: Wenn Sie die neuen Methoden, Prozesse und Tools beherrschen, diese klug mit der Realen Welt verbinden und sich bezüglich der Innovationen fit und up to date halten, ist nicht nur Ihr Arbeitsplatz sicher, sondern Sie werden hocherfolgreich!

Bitte verstehen Sie die Stufen der Know-how-Pyramide auch so, dass diese Ihre persönliche Weiterentwicklung wiedergibt, Ihre Karriere als Social Recruiter oder Sourcer. Je mehr Sie sich in die Veränderungen einbringen, je mehr Sie trainieren und lernen, desto höher steigen Sie in der Know-how-Pyramide für das Social Recruiting. Und werden nicht nur zum „Recruiter Next Generation" (RNG), sondern sogar zum Recruiter 5.0, der kein Recruiter mehr ist, sondern Talentmanager. Und sorgen nebenbei für Ihre Employability. Die Entwicklung des Recruiter 1.0 zum Talentmanager veranschaulicht auch Abb. 15.2.

Die 7-C-Regel des Social Recruiting

Unsere Welt wird internationaler, wächst zusammen – auch in Social Media übernehmen wir viele Begriffe aus der englischen Sprache in unseren Wortschatz. Teilweise deshalb, weil einige Sachverhalte in Englisch kurz und präzise ausgedrückt werden können, die wir im Deutschen länger umschreiben oder sogar definieren müssten. Da nicht alles Verkürzte selbsterklärend ist, fassen wir Ihnen unsere Interpretation der „7 C" des Social Recruiting zusammen.

Die „7 C" sind die Säulen und das Fundament des Social-Recruiting-Wirkungsgrades und helfen Ihnen, Ihre Strategieentwicklung, Planung und Ziele oder Ihren Methodeneinsatz Ihrer Recruiting-Aktivitäten im Social Web auszurichten, zu qualifizieren oder auch weiterzuentwickeln. Diese Säulen sind als Leitlinien gedacht. Je nach persönlichem und unternehmerischem Umfeld sollte individuell ein Schwerpunkt gelegt werden. Allerdings darf keiner der „7 C" in einer erfolgreichen Social-Recruiting- Strategie fehlen. Je nach Stufe und Wirkungsgradziel können Sie Akzente setzen.

Contact (Kontakt aufnehmen) = Im heutigen von Bewerbern dominierten Arbeitsmarkt steuern wir auf eine Vollbeschäftigung zu. Deshalb ist es für den erfolgreichen Recruiter unabdingbar, alles zu unternehmen, um erfolgreich, aktiv und möglichst direkt zu seinen potenziellen Kandidaten den Kontakt aufzunehmen und sie dort abzuholen, wo sie derzeit sind. Nur solitäre Online-Marketingkampagnen zu schalten, steigert heute den Recruiting-Wirkungsgrad nicht mehr.

Conversation (Dialoge führen) = Hat man den Kontakt zu einem möglichen Kandidaten, ist es einfach, seinen Wirkungsgrad durch wertschätzende Kommunikation zu steigern. Allerdings bedeutet Konversation keine Einbahnstraße, sondern Gespräche, die auch nicht nur rein sachlich sein dürfen. So muss ein erfolgreicher

Social Recruiter sich heute auch Meinungen, Kritik und Ideen, somit Veränderungen stellen. Dafür ist ein positiver und interessanter Meinungsaustausch fast magisch anziehend für Ihre Leser, die wiederkommen und Ihre Seite oder Ihr Unternehmen auch empfehlen werden. So, dass Sie ein Empfehlernetzwerk aufbauen können, was Sie mittelfristig viel schneller und wirkungsvoller zu Ihren Kandidaten führt.

Content (wertvollen Inhalt anbieten) = Im Gegenteil zur landläufigen Meinung, dass im Internet der Schein erfolgreich ist, hat nur nachhaltiger und wertvoller Inhalt sowohl bei Ihren Lesern als auch bei Suchmaschinen eine dauerhafte Wirkung. Wollen Sie sich als Wunscharbeitgeber positionieren oder als seriöser Recruiter, ist die Basis Ihrer Kommunikation für Ihre Leser wertvoller Inhalt, nach dem bekannten Prinzip: „Content is King". Nur so kommen Besucher wieder auf Ihre Website zurück, nehmen Ihr Profil wahr oder empfehlen Ihre Stellenanzeigen weiter, damit diese nicht ins Leere laufen. Achtung: Ausschließlich dauerhaftes Platzieren (Posten) von offenen Stellen in Social Media wird nicht als interessant empfunden.

Commerce = (geschäftliche Ziele verfolgen) = Was gern übersehen wird: In Social Media ist es verpönt direkt zu verkaufen, auch in den Business-Netzwerken ist dies nicht erlaubt und erwünscht. Dennoch halten sich letztlich in den Business-Netzwerken die Menschen zu geschäftlichen Zwecken auf. Dadurch haben sich neue Regeln entwickelt, die beachtet werden müssen, um erfolgreich zu sein. Auch privat haben die meisten heute nichts gegen inhaltlich interessante Werbeinformationen, die nicht aufdringlich sind. Dies eröffnet viele neue Chancen, die ein Recruiter nutzen kann. Zum Beispiel Online-Preisausschreiben, Wettbewerbe, Online-Veranstaltungen oder Diskussionen gehören dazu. Dafür hat sich sogar ein eigener Begriff etabliert: Recruitainment.

Competition (aktiv am Wettbewerb teilnehmen) = Wirkungsvolles Social Recruiting erfordert von den Recruitern eine starke vertriebliche Komponente, um sich dauerhaft vom Wettbewerb abzuheben und den Wettkampf um die wenigen guten, talentierten Mitarbeiter durch aktive Maßnahmen zu gewinnen. Distanzierte Marketingmaßnahmen, Einmalaktionen und Marketingkampagnen können Ihr Wirken unterstützen, sind aber ohne die extrovertierten Verkaufskomponenten von Social Recruiting nicht von Dauer und nur noch selten erfolgreich. Der neue Wettbewerb im Social Web um die besten Mitarbeiter hat auch zu einer Kehrseite geführt. Das Miteinander bedarf auf vielen Ebenen noch Regelungen. So entstehen immer neue Gesetze und Auslegungen, die sich weiterentwickeln. Anpassungsfähig zu bleiben und gleichzeitig das Wissen aktuell zu halten, das sind wichtige Erfolgsfaktoren.

Conversion (erfolgreiche Umsetzung Ihrer Recruitingziele) = Je besser, schneller und einfacher eine Position unter Zuhilfenahme der Web-2.0-Technologien besetzt wurde, umso höher ist die sogenannte Conversion-Rate. Eine ausgezeichnete Conversion-Rate, also die Verhältniszahl zwischen Aufwand bzw. Kontakten zu und mit möglichen Kandidaten und der tatsächlichen Stellenbesetzung, ist das Ziel aller Social-Recruiting-Maßnahmen und drückt den tatsächlichen Wirkungsgrad aus.

15.2 Wie lege ich das wirkungsvollste Social- Recruiting-Fundament?

Die meisten wissen, dass der „War for Talents" durch die Beziehungspflege zu den Schlüsselkandidaten entschieden wird, und haben in der Realen Welt ihre Mittel und Wege gefunden, ihre Netzwerke zu pflegen. Unter dem Wettbewerbs-, Zeit- und Kostendruck entsteht immer mehr die große Frage, wie Unternehmen die Tools und Methoden des Internets zur Unterstützung ihrer Recruiting-Bemühungen erfolgreicher und gezielter einsetzen können.

Denn heute tritt immer mehr das Wort „Media" aus „Social Media Recruiting" in den Hintergrund. Immer mehr Menschen haben verstanden, dass das Ziel von Recruiting das geschäftliche Netzwerken mit möglichen Kandidaten ist – nicht nur in der Realen Welt, sondern auch online.

Es wird Zeit darüber nachzudenken, das Internet entsprechend professionell für das Recruiting einzusetzen – schon, um den punktuellen Fachkräftemangel zu besiegen. Eigentlich ist es fast erstaunlich, dass wir Personaler es auf der einen Seite als ganz normal ansehen, dass in der Realen Welt eine zweijährige Ausbildung eines Azubis zur „Fachkraft Automatentechnik" ca. 600 h dauert und eine dreijährige Ausbildung eines „Vermessungstechnikers/einer Vermessungstechnikerin" mit rund 850 h veranschlagt wird.

Im Gegensatz dazu versuchen ausgerechnet Recruiter, Mitarbeiter und Führungskräfte von Personalabteilungen selbst, das extrem komplizierte Web – mit den Tausenden von Online-Stellenbörsen, Hunderten von Plattformen, einer Vielzahl an Netzwerken, einer unübersichtlichen Zahl an Gesetzen und komplexen Technologien – weiterhin „intuitiv" im Trial-and-Error-Verfahren zu nutzen. Und das sogar geschäftlich.

Vergleichen wir die Situation mit der Erfindung des Automobils. Am Anfang fuhren die ersten Autos einfach zwischen den Pferdekutschen. Dies war auch noch problemlos möglich – so wie auch das Surfen im statischen Web 1.0 (dem Internet) – und autodidaktisch machbar. Aber auch damals entwickelte sich die Zahl der modernen Verkehrsmittel ebenso rasch wie deren Geschwindigkeit und die Qualifikation und der Ehrgeiz der Fahrer, die mit immer unterschiedlicheren Interessen, Zielen und Fahrzeugen am Verkehr teilnahmen. Umso mehr stieg die Unfallgefahr und damit der Regelungs- und Lernbedarf. Schließlich kam, was kommen musste: Man führte ein Qualitäts- und Regelungsmanagement des Miteinanders auf den Straßen ein. Gleichzeitig auch die Führerscheinprüfungen in Theorie und Praxis für die unterschiedlichen Verkehrsteilnehmer.

Im Grunde stehen wir derzeit bereits an dieser Stelle bezüglich Recruiting: Ohne ein Qualitätslevel bleibt der Erfolg aus. Nicht selten bricht bei Fachkräftemangel operative Hektik aus und es werden immer mehr Stellenanzeigen in immer mehr Online-Portalen verteilt und in Social Media gepostet. Teure Personalmarketingkampagnen werden Unternehmen durch Mediaagenturen verkauft, die, weil sie einmal auf Social Media gepostet werden, angeblich social und wirkungsvoll sein sollen. In Unkenntnis der Realität, verlassen sich alle darauf. Immer wieder werden komplizierte Websites und Karriere-Pages aufgesetzt, die außer dem Link zur Facebook-Seite mit Social Media nichts zu tun haben, während gleichzeitig in den Social-Media-Profilen der Recruiter kein Bild veröffentlicht ist und diese so kaum zur Kontaktaufnahme einladen.

Die Internet Dreieinigkeit

Der Erfolg im Web ist immer abhängig von der richtigen Kombination des Netzwerks + des Contents + kommerzieller Ziele

Die richtige Kombination ist auch der Erfolgsfaktor des Social Recruitings.

Community

Sowohl Talente wie Arbeitgeber müssen an der Kommunikation arbeiten und sich aktiv einbringen, sich austauschen und sich gegenseitig einbeziehen. Das Prinzip der Gegenseitigkeit ist ein Grundsatz.

Content

Die Ausgewogenheit des Inhalts und die Art der Kommunikation sowohl von Talenten und Arbeitgebern sind entscheidend. Für den Erfolg müssen beide den Content erstellen bzw. bearbeiten – das Engagement entscheidet mit.

Commerce

Die Übergänge zwischen privaten und wirtschaftlichen Interessen und Handlungen werden immer fließender – sie erfordern immer höhere Umsicht – und völlig neue Prozesse, Methoden und Tools.

www.intercessio.de © 2014

Abb. 15.3 Die drei wesentlichen Erfolgsvoraussetzungen des Social Recruiting

Leider vergessen viele eines: Bereits 74 % der Kandidaten googeln sich ihren neuen Job [1]. Und was in Google steht, sehen viele als die Wahrheit an – und weiter als auf die erste Google-Seite scrollt nur ein kleiner Teil. Und es ist nicht mehr so, dass Keyword-Kampagnen alleine für eine gute Reputation sorgen können. Alle Keyword-Kampagnen sind kurzfristiger Natur und in der Regel dann verpufft, wenn sie abgesetzt werden. Sie können auch niemals langfristige Platzierungen im Ranking der Websites schlagen. Und selbst wenn Sie es schaffen, mit einer guten Keyword-Kampagne auf Nr. 1 zu Ihrem Stichwort zu kommen – Ihr Kandidat wird auch die Nr. 2 oder 3 der Google-Liste lesen. Und wenn da keine guten Nachrichten über Ihr Unternehmen zu lesen sind, nützt Ihnen die tollste Keyword-Kampagne nichts.

Wer sich heute im Web 2.0 erfolgreich bewegen möchte, muss sich mit dem Wunsch seiner Zielgruppe (**Community**) auseinandersetzen, lernen, was diese Gruppe interessiert und über welche Inhalte sie erreichbar ist (**Content**). Danach kann man dann indirekt starten, um ein Business-System (**Commerce**) aufzubauen, das diesen beiden ersten Punkten Rechnung trägt. Dies gilt auch für das erfolgreiche Social Recruiting. Die wesentlichen Erfolgsfaktoren des Social Recruiting fasst noch einmal Abb. 15.3 zusammen.

Auch wenn der Schwerpunkt der einzelnen Recruiting-Methoden der Realen Welt auf dem Bereich Auswahl zu liegen scheint, gibt es dennoch viele verschiedene Verfahren,

Abb. 15.4 Der Social-Recruiting-Baukasten im Überblick

die nicht durch das neue Medium Social Media außer Kraft gesetzt werden. Im Gegenteil, durch Social Media und das Web entstanden eine große Zahl zusätzlicher Verfahren,
die die bisherigen Methoden ergänzen, sogar verbessern, aber auch ersetzen können (s.
Abb. 15.4).

In unserem ersten Interview mit einem Praktiker möchten wir Ihnen Tipps und Ratschläge zur Einführung von Social Recruiting und für die richtigen Grundlagenentschei-
dungen geben. Sie erfahren, wie Sie Social Webs erfolgreich verbinden und worauf besonders Recruiter achten müssen, damit ihnen der Social-Recruiting-Start gelingt.

Interview mit Henrik Zaborowski

Er ist erfahrener Recruiting-Coach, anerkannter Social-Recruiting-Experte und verbindet 13 Jahre operative Recruiting-Erfahrung mit einem ganzheitlichen Blick auf den
gesamten Recruiting-Prozess und die neuesten (technologischen) Entwicklungen der
Branche. Als Impulsgeber, Consultant und Blogger (http://www.hzaborowski.de/) über
die Entwicklungen des Recruiting ist er eingebunden in ein Netzwerk namhafter Hu-
man-Resources-Experten aus Industrie, Beratung und Wissenschaft. Sowohl Start-ups
als auch Konzerne gehören zu seinen Kunden.

Herr Zaborowski, worauf sollte ein Unternehmen Ihrer Meinung nach achten, wenn es mit dem Thema „Social Recruiting" starten möchte?

Zaborowski: Die wichtigste Grundlage für den Start und späteren Erfolg ist das richtige Verständnis von „Social Recruiting" im gesamten Unternehmen. Oder zumindest in der Personalabteilung und dem Management. „Social Recruiting" heißt ja nicht, „einen Job auf meiner Facebook-Seite posten" oder „ein paar Mitglieder in einem Netzwerk mit meinen Jobangeboten anschreiben". „Social Recruiting" heißt, ich mache mich als Arbeitgeber mit meinen offenen Stellen, aber eben auch mit meinen Mitarbeitern, meinen Werten und meinen Geschäftsaktivitäten „sicht- und ansprechbar".

Natürlich ist es so, dass sich an offenen Stellen Interessierte auf Ihrer Karriereseite oder in Online-Jobbörsen informieren können. Aber Sie sollten sich heute besonders auch auf die größere Gruppe der sogenannten „Passiven Bewerber" konzentrieren, die augenblicklich nicht aktiv eine neue Herausforderung sucht. Und sich fragen, wie Sie diese erreichen und auf sich aufmerksam machen. Denn abgesehen von Stellenanzeigen ist es für potenzielle Bewerber doch noch viel interessanter, welche sogenannte Arbeitgebermarke Ihr Unternehmen hat. Denn Ihre zukünftigen Kandidaten stellen sich folgende Fragen, deren Antworten Sie vorbereitet haben sollten: Wie ist das Unternehmen als Arbeitgeber und was für Menschen arbeiten dort? Wie ticken sie? Worauf legt das Management Wert? Was macht das Unternehmen eigentlich genau? Wie sieht der Arbeitsalltag in meiner Abteilung X aus? Wo ist eigentlich der Sitz des Unternehmens bzw. meines möglichen Arbeitsplatzes? Haben die auch einen Job in meiner Nähe? Oder in meiner Traumstadt? Arbeitet da schon irgendjemand, den ich kenne und fragen kann?

Und in der Vorbereitung der Antworten auf diese Fragen liegt die große Stärke von „Social Recruiting". Sie können sich als Recruiter in Social Media mit der Information positionieren: Ich kann Dir diese Einblicke und Informationen geben. Und zwar zusätzlich und gerade persönlich, außerhalb der Karriereseite, deren Inhalte und deren Darstellung vielleicht durch ein Corporate Design oder andere Restriktionen vorgegeben sind. Denn in den sozialen Netzwerken oder einem eigenen – von der Karriereseite losgelösten – Corporate- oder auch Fach-Blog können Sie freier und dennoch professionell agieren und für sich durch Persönlichkeit werben. Natürlich auch durch „offizielle" Statements und Berichte, aber eben vor allem durch „echte" Stimmen von echten Mitarbeitern, die auf verschiedenen Kanälen über ihren Job oder ihren Arbeitgeber berichten. Und ganz wichtig: Sie müssen einen Dialog anbieten und diesen auch pflegen! Mein Rat ist: Wer das nicht möchte, sollte „Social Recruiting" am besten gleich sein lassen, denn ohne diesen Austausch auf Augenhöhe nützt auch die beste Online-Marketingkampagne nichts.

Unternehmen sind ja nichts anderes als „soziale Wesen". Eine Organisationsform, die stark vom Management geprägt, aber im „Klein-Klein des Alltags" von den einzelnen Mitarbeitern gelebt wird. Wenn ein Unternehmen erfolgreiches „Social Recruiting" implementieren möchte, ist das also mehr, als ein paar offizielle PR-Statements zu twittern oder eine Verlosung auf Facebook zu promoten. Unternehmen müssen erlebbar werden. Und das geht am besten mit Offenheit, Authentizität und vielen engagierten Mitarbeitern, die ansprechbar sind und gerne „Rede und Antwort" stehen. Und die dies nicht nur dürfen, sondern sogar gefördert und bestärkt werden, damit deren Offenheit auch die der anderen Mitarbeiter aktiviert. Mit diesem Verständnis ist der richtige Grundstein gelegt, um wirklich erfolgreich zu werden.

Besonders meine mittelständischen Kunden fragen mich immer: Wie soll das praktisch gehen? Sie zucken oft zurück und denken: „Oh nein, Dialog. Ich soll mich mit Massen potenzieller Bewerber beschäftigen, die vielleicht gar nicht passen? Meine Zeit ist sowieso schon begrenzt." Ich höre dann auch Einwände wie: „Das geht nicht, wenn am Ende meine Mitarbeiter irgendwelche Fragen im Netz beantworten und ich das nicht kontrollieren kann!"

Soweit dies ihre größte Angst war, konnte ich meine Kunden immer beruhigen. Denn wenn Sie nicht gerade für einen namhaften Konzern oder einem hippen Branchenprimus mit Zigtausenden Facebook-Fans und „laut schreiender Online-Präsenz" arbeiten, sondern eher für einen (noch) unbekannteren, bodenständigen Mittelständler, dann habe ich eine gleichzeitig gute und schlechte Nachricht aus der Praxis: Die Wahrnehmung Ihrer ersten Social-Recruiting-Aktivitäten durch den „Bewerbermarkt" wird anfangs sehr gering sein. Das ist die harte Wahrheit. Und Ihre Chance, denn Sie können erst einmal nichts falsch machen und Ihre Vorgehensweisen testen.

Sie sollten nur nicht aufgeben, wenn es nicht gleich zum erwünschten Erfolg kommt. Denn nach dem Start kommt der entscheidende, zweite Schritt: Sie sollten schnell selbst aktiv werden und gezielt erste Kontakte knüpfen bzw. auf sich aufmerksam machen. Aber natürlich immer in der praktischen Abstimmung sowohl on- wie auch offline. Die Erfolgsvoraussetzung Ihrer Social-Recruiting- Bemühung ist, selbst aktiv zu werden. Zum Beispiel über das sogenannte „Active Sourcing" in einem Business-Netzwerk wie XING, in dem Sie dort selbst den Kontakt zu guten Kandidaten aufnehmen können. Oder über gezielte Hochschul-Events, Fachgruppen/-foren (in die Sie bitte Ihre Fachbereiche schicken). Auch Sponsoring und ehrenamtliches Engagement in Ihrer Region machen Sie bekannt. Es geht darum, die Online-Welt mit dem Recruiting der sogenannten „Realen Welt" praktisch zu verbinden. Ein hervorragendes Beispiel sind auch Fachartikel Ihrer Experten in einschlägigen Kanälen (online und in Print-Form), die auch Ihre zukünftigen Mitarbeiter interessant finden werden.

Wenn Sie diese Maßnahmen und die Ansprache richtig wählen, werden die passenden Personen auf Ihr Unternehmen aufmerksam. Und genau darum geht es: Sie fragen sich: „Wer ist denn eigentlich die ‚Firma X'? Habe ich ja noch nie gehört. Da muss ich mal googeln." Und schon haben Sie aktive Interessenten gewonnen. Denn jetzt finden diese potenziellen Kandidaten zahlreiche Nachrichten über Ihr Unternehmen im Netz. Und haben die Möglichkeit, sich zu informieren, und so können Sie die erste Neugier in Interesse wandeln – und der Interessierte kann zum Kandidaten werden. Denn dieser fängt an, Ihren Blog zu lesen, Ihre Unternehmensneuigkeiten zu abonnieren. Er prüft Ihre Präsenzen in den sozialen Netzwerken – besonders, ob er nicht irgendeinen Ihrer Mitarbeiter kennt oder einer seiner Freunde einen Ihrer Mitarbeiter kennt. Wenn Sie es geschickt machen, wird er dann von Ihrer Social-Media-Präsenz auf Ihre (hoffentlich gut sichtbare) Karriereseite mit noch weiteren interessanten, offenen Stellen geleitet. Dort kann er sogar einen interessanten Job-Newsletter bei Ihnen abonnieren (diesen haben Sie doch, oder?). Nun ist es nur noch ein kleiner Schritt bis zur Bewerbung.

Sie merken, die gute Vorbereitung macht sich schnell bezahlt. Allerdings kommt jetzt die Königsdisziplin, in der sich der Schüler vom Meister unterscheidet: Wie geht es jetzt weiter? Wenn Sie jetzt Anfragen aus dem Netz ignorieren oder auf Standardprozesse hinweisen („bewerben Sie sich bitte online"), dann vernichten Sie Ihre ganze Arbeit. Mein Ratschlag für Sie als Social-Recruiting- Starter ist: Sie haben als „Mensch" angefangen – machen Sie nicht als „Prozess" weiter!

Wenn Ihre Social-Recruiting-Vorbereitung gut läuft, dann werden Sie schnell sichtbar. Konsequenterweise werden nicht nur Sie, sondern auch Mitarbeiter aus den Fachbereichen Anfragen über XING oder LinkedIn bekommen. Und das ist eine ganz besondere Gefahr von Social Recruiting: Es ist eine Teamdisziplin. Sie müssen sich nun folgende Fragen stellen und dafür auch die Lösungen mit Ihren Kollegen erarbeiten: Achten Sie und die Fachbereiche auf ihr eigenes XING-Postfach? Und reagieren Sie? Zeitnah? Persönlich? Denn das sollten Sie auf jeden Fall tun. Mein Rat ist auch: Akzeptieren Sie Kontaktanfragen, wenn sie nicht direkt mit Ihren offenen Stellen zu tun haben. Antworten Sie, wenn ein Spezialist Ihnen schreibt, er hätte Interesse an einem Austausch – und werfen Sie auf jeden Fall einen Blick auf sein XING-Profil – und sein Netzwerk. Stellen Sie im Zweifelsfall den Kontakt zu den Fachbereichen her, wenn ein Spezialist eine fachliche Frage hat.

Und noch ein praktischer Rat: Lösen Sie sich vom Konzept der „vollständigen klassischen Lebensläufe" und akzeptieren Sie auch aussagekräftige Online-Profile. Schreiben Sie nicht an Ihre zukünftigen Kandidaten „Bitte bewerben Sie sich mit Ihren kompletten Unterlagen". Besonders im Stadium des Lesens Ihrer Internet-Präsenz ist dieser maximal ein Interessent und hat Ihnen noch gar nichts von „Bewerben" geschrieben. Auch die oben erwähnte Kontaktanfrage zum fachlichen Austausch meint sehr wahrscheinlich auch nur „Austausch".

Es werden sich durch Ihre Social-Recruiting-Aktivitäten auch Bewerber initiativ melden, für die Sie gerade keine Stelle offen haben. Es ist sehr zu empfehlen, auch diese wertschätzend zu behandeln und ihnen eine nette Antwort zu schreiben. Am besten mit der ehrlichen Erklärung, warum es gerade nicht passt. Und wenn Sie sich nicht sicher sind, ob dieser Bewerber vielleicht passen könnte, sollten Sie Ihren Fachbereich bitten, einmal einen Blick auf die Unterlagen zu werfen. Ich habe oft erlebt, dass das dann genau der Kandidat war, auf den der Fachbereich schon immer gewartet hat, und sogar Stellen geschaffen wurden. Die Dankbarkeit beider, des Kollegen und des neuen Mitarbeiters, ist Ihnen dann sicher. Und wenn nicht, haben Sie nun durch Social Recruiting noch weitere, unkomplizierte Möglichkeiten, mit Bewerbern in Kontakt zu bleiben: über eine XING- oder LinkedIn-Vernetzung. Oder Sie verlinken den Bewerber mit Ihrem Fachbereich. Mein Rat: Taggen Sie den Kontakt so, dass Sie ihn später auch wiederfinden.

Ich möchte nochmals zusammenfassen: Sie als Recruiter können vieles anstoßen und den Social- Recruiting-Ball im Spiel halten und die Prozesse professionalisieren. Doch Sie brauchen für den Erfolg Ihre Fachbereiche. Es wäre fatal, wenn Ihre ganzen

Bemühungen an Ihren Kollegen scheitern – deshalb binden Sie besonders die Fachbereiche ein, für die Sie rekrutieren werden.

Spätestens an dieser Stelle wird das „Social" in „Social Recruiting" deutlich. Das Problem kann sein: Sie haben jede Menge Arbeit, die aber niemand sieht – und von der Sie vielleicht punktuell kurzfristig, in größerem Umfang aber vor allem langfristig profitieren. Deswegen auch mein unbedingter Rat: Denken Sie langfristig! Oder starten Sie besser nicht mit „Social Recruiting".

Welche Rolle spielt für Social-Recruiting-Anfänger die Beziehung zwischen der direkten Personalbeschaffung und dem Reputationsmanagement?
Zaborowski: Im „(Social) Recruiting" sollte idealerweise zwischen direkter Personalbeschaffung und dem Reputationsmanagement „kein Blatt" passen. Beide hängen sehr stark voneinander ab. Wenn Sie Recruiter eines Arbeitgebers mit einem schlechten Image sind (öffentlich nachlesbar z. B. auf Kununu oder in diversen Foren), haben Sie heute immer ein Problem. Denn entweder bewirbt sich niemand bei Ihnen, weil das schlechte Image abschreckend wirkt – oder Sie müssen im direkten Kandidatengespräch oder bereits sogar bei der ersten Ansprache gleich „gegen" das schlechte Image ankämpfen.

Umgekehrt gilt dies aber auch. Denn das direkte Recruiting hat großen Einfluss auf die Reputation des gesamten Arbeitgebers – und auch der Arbeitgebermarke. Es nützt nichts, wenn das Management offiziell die gelebte Diversity, die hohe Mitarbeiterorientierung, die tollen Recruiting-Prozesse im eigenen Unternehmen lobt, aber „unten an der Recruiting-Basis" kein Ansprechpartner für den Bewerber genannt wird (oder ein Ansprechpartner, der nie erreichbar oder auch gar nicht da ist), wenn keine Eingangsbestätigung erfolgt oder Absagen erst nach Monaten verschickt werden, versprochenes Feedback nicht gegeben wird, Termine kurzfristig verschoben, keine Absagegründe genannt und Bewerbungsgespräche nicht wertschätzend geführt werden. All diese Erfahrungen finden sich im Zweifel später auch in den sozialen Netzwerken wieder. Mit entsprechendem Imageschaden für den Arbeitgeber.

Von daher muss sich ein Unternehmen, das heute erfolgreich Personal beschaffen möchte, bezüglich seines Reputationsmanagements klar an die Devise halten: Offiziell nur das versprechen, was die Recruiting-Basis auch halten kann, um wertschätzend mit potenziellen neuen Mitarbeitern umgehen zu können. Und wenn das „Ist" zu wenig ist, um die gewünschten Ziele zu erreichen, dann ist es oberste Aufgabe des Managements, das Recruiting so aufzustellen und zu befähigen, dass die Prozesse das Unternehmen auch online repräsentieren können. Das sind oft nur Kleinigkeiten. Aber sie haben in der direkten Personalbeschaffung einen großen Hebel. Denn gut behandelte Bewerber berichten darüber und empfehlen diesen Arbeitgeber gerne weiter. Und was in Google steht, wird heute häufig von Bewerbern als Ihre Reputation schlechthin gesehen.

Herr Zaborowski, welchen Rat geben Sie Social-Recruiting-Anfängern bezüglich einer nachhaltigen „Social-Recruiting-Strategie"?

Zaborowski: Es müssen aus meiner Sicht vier Punkte erfüllt sein, damit „Social Recruiting" funktionieren kann:

Langfristig denken: „Social Recruiting" anzufangen und nach einem Jahr die Früchte ernten zu wollen – das kann funktionieren, greift aber zu kurz.

Rückendeckung vom Management: Das Management muss dahinterstehen und der „Beauftragte" muss kompetent und anerkannt sein! Denn echtes „Social Recruiting" betrifft im Idealfall das ganze Unternehmen, ist nicht linear messbar und erfordert eine offene Unternehmenskultur. Ein Werkstudent in HR wird das weder nach innen durchsetzen noch nach außen hin kompetent vertreten können.

Nicht verzetteln: Lieber klein, mit zwei Schwerpunkten oder Kanälen anfangen, als „überall dabei sein zu wollen" und nichts richtig zu machen.

Mensch sein: „Social Recruiting" lebt vor allem von authentischen Menschen und ihren Meinungen, Berichten, Kommentaren, Antworten und dem persönlichen Engagement.

Vielen Dank, Herr Zaborowski, dass Sie uns einige praktische Gedankenanstöße sehr anschaulich zusammengefasst haben!

Zusammenfassung der Inhalte der Stufe 1: Social-Recruiting-Beginn

Wenn Sie erfolgreich Social Recruiting einführen und implementieren wollen, sollten Sie sich auf diese Themen konzentrieren:

1. Erstellen Sie Ihr strategisches Projektpapier: Was wollen Sie in Bezug auf Recruiting in Social Media tun? Für wen wollen Sie es tun? Was wollen Sie erreichen? Und wie wollen Sie es messen?
2. Welche Möglichkeiten zur Personalsuche haben Unternehmen im Web 2.0 und in Social Media und welche davon sind für uns die passendsten?
3. Was sind die grundsätzlichen Möglichkeiten, über Social Media Fachkräfte zu gewinnen (zum Beispiel Karrieresites, Job-Postings sowie Employer Branding), und welches ist die beste Lösung für uns?
4. Welches sind die grundsätzlichen Möglichkeiten, im Web 2.0 bzw. via Social Media Talente zu finden und (aktiv) zu kontaktieren, und für welche Lösung werden wir uns entscheiden?
5. Wie können wir die sechs wichtigsten Plattformen: XING, LinkedIn, Facebook, Twitter, YouTube und Google+ in unsere Social-Recruiting-Strategie und in unser Employer Branding bestmöglich integrieren?
6. Welche Gesamtstrategie zur Einführung und Umsetzung von Social Recruiting haben wir, wer trägt diese mit? Wie sind die Zeit- und Kostenaufwendungen sowie Rollen und Aufgaben verteilt?

15.3 Wieviel Social-Recruiting-Wissen muss ein Interviewer und Fachbereichsleiter besitzen?

Alles geht online. Nicht nur die E-Mails und Stellenanzeigen, sondern auch Interviews sowie Auswahlverfahren. Immer mehr der Kommunikation mit Bewerbern und möglichen Kandidaten verlagert sich auf unterschiedliche Kommunikationswege ins Web. Nicht zuletzt die mobilen Endgeräte haben das Verhalten völlig verändert.

Und wie wir wissen, sind bereits in der bisherigen Welt des Internets eigene Regeln entstanden, die sich rasend schnell im Web 2.0 weiterentwickeln und nachgehalten werden wollen. Was oftmals aber nicht beachtet wird, ist, dass Menschen am Desktop und nun sogar am mobilen Endgerät ein anderes Wahrnehmungs- und damit Leseverhalten zeigen. Und damit auch ein anderes Klick- bzw. Kommunikationsmuster. Wer heute erfolgreich die besten Kandidaten online nicht nur erreichen und von sich überzeugen möchte, muss folglich sein Verhalten, seine Tools und seine ganze Kommunikation gegenüber den möglichen neuen Mitarbeitern anpassen. Medienkonzepte sind nicht einfach so erfolgreich übertragbar. Auch nimmt der im Web gewonnene Kandidat seine Wertewelt mit in die Reale Welt, also auch mit in sein erstes Interview – und an den Arbeitsplatz.

Nun ist das Recruiting mittels Social Media oder Web-Technologien keine Stand-alone-Lösung, schließlich arbeiten und leben wir alle in der Realen Welt. Hierzu ist es notwendig, dass man den zukünftigen Mitarbeiter persönlich und „Face-to-Face" kennenlernt.

▶   Dadurch ist es eine besonders wichtige und neue gemeinsame Aufgabe des Recruiters und auch desjenigen, der die Gespräche mit den potenziellen Mitarbeitern führt, diese Talente zu Bewerbern zu machen und am Ende auch für sich zu gewinnen.

Und hierzu gehört die zentrale Herausforderung, Ihre potenziellen Mitarbeiter zu unterstützen. Den Weg von der Online-Welt und ihren dort entwickelten Vorstellungen und Erwartungen zu dem vakanten Arbeitsplatz bei Ihrem Unternehmen in der Realen Welt überhaupt zu gehen – und letztlich dann dort auch bleiben zu wollen.

▶   So hat sich eine besondere Herausforderung von Social Recruiting herauskristallisiert: Das neue, größte Erfolgsrisiko des Social Recruiting ist der Verlust der besten Kandidaten im eigenen Haus, zum Beispiel durch Interviewer, Hiring-Manager oder Führungskräfte.
    Beispiele hierfür sind in Tab. 15.1 dargestellt.

Tab. 15.1 Gegenüberstellung der Konsequenzen der Verhaltensweisen von Interviewern, Hiring-Managern und Führungskräften

Kapitale Fehler der Interviewer, Hiring-Manager, Führungskräfte, die zum Verlust von Talenten führen	*Unterstützende Verhaltensweisen* durch Interviewer, Hiring-Manager, Führungskräfte, die zur Einstellung des Kandidaten beitragen
Keine rechtzeitige Rückmeldung an den Recruiter und damit an den Kandidaten	Schneller Einstellungs- und Entscheidungs-Prozess ist ein Wettbewerbsvorteil
Konservative Lebenslaufbewertung von Form, Inhalt, Sprache, Darstellung	Social-Media-Profile haben die Sichtweise auf Lebensläufe komplett geändert – der Lebenslauf hat dadurch an Bedeutung verloren
Konservative Abfragetechniken, z.B. Stressinterviews mit Kandidaten	Offene, wertschätzende Kommunikation mit den Kandidaten gewinnt und bindet, Stichwort: „Dialog auf Augenhöhe!"
Negative Äußerungen über Social Media, obwohl der Kandidat über Social Media gewonnen wurde	Motivierende und gewinnende Begleitung des Prozesses, des zuerst nur interessierten Kontaktes und später zukünftigen Mitarbeiters
Konservative Bewerberbeurteilung nach Erfahrung	Durch moderne kompetenzbasierte Interviews erfährt man viel mehr über die Kandidaten und kann viel bessere Zukunftsprognosen abgeben
Eintöniges Vortragen der Stellenanforderungen und Erwartungen an den Kandidaten	Dialog mit dem Kandidaten führen und seine Erwartungen berücksichtigen, abholen und offen darauf eingehen und möglichst flexibel reagieren, Stichwort: „lebenszyklusorientiert"
Negative Uneinigkeit mit dem Recruiter oder einem anderen Gesprächsteilnehmer im Bewerbungsprozess	Bereits im Vorstellungsgespräch zeigen und beweisen, dass die Arbeitgebermarke hält, was sie verspricht, und es ein gutes Gefühl ist, bei Ihnen zu arbeiten, Stichwort: „Mit einer Zunge sprechen!"
Mit negativer Stimmung in das Bewerbungsgespräch gehen oder schlecht über andere sprechen	Konzentration auf den Gesprächspartner, seine mögliche Integration ins Unternehmen und den Abgleich seiner Erwartungen bei gleichzeitiger positiver Imagepflege des eigenen Unternehmens
Fixierung auf ein am Markt nicht realisierbares Stellenprofil	Moderne Stellenprofile sind kürzer, auf das Wesentliche konzentriert; Raum geben für Persönlichkeit und Entwicklung des (neuen) Mitarbeiters
Mauern, wenn Kandidat Informationen möchte	Zu keiner Zeit vergessen, dass Unternehmen heute sich genauso beim Talent bewerben und professionell vertrieblich agieren müssen; offene Kommunikation!

In unserem nächsten Praxisbeispiel wollen wir uns Gedanken zu der Implementierung einer guten Social-Recruiting-Strategie machen. Was ist bei der Umsetzung in die Reale Welt wichtig und worauf sollten Sie unbedingt achten?

Seit 15 Jahren ist Hans Fenner selbstständiger Unternehmensberater der Capita-Consulting GmbH und bildet Manager aller Kulturen in 25 Ländern in den Bereichen moderner Unternehmens- und Menschenführung aus. In seine Beratung bringt er seine umfangreiche Erfahrung aus unterschiedlichen Managementfunktionen kleiner und globaler Unternehmen, mit einer Umsatzverantwortung von bis zu 400 Mio. €, ein. Seine internationale Verantwortung umfasste die Bereiche: Geschäftsführung, Entwicklung, Produktion, Qualitätsmanagement, Kommunikation, Marketing, Vertrieb und Weiterbildung, für die er Fachkräfte für viele Länder rekrutierte und für deren professionelle Einarbeitung, Weiterentwicklung und Kontinuität er sorgte.

Herr Fenner, welche Erfahrungen haben Sie, wie sich besonders für mittelständische Unternehmen der persönliche Kontakt zu Kandidaten durch Social Media ändern wird?
Fenner: Die Kunden, mit denen ich zu tun habe, kann ich in drei Kategorien teilen. Diese Kategorien haben nichts mit der Unternehmensgröße zu tun, sondern ausschließlich mit der Einstellung der verantwortlichen Personen und mit deren Geschäftsbereichen und Märkten.

Konservative mittelständische Kunden
sind oftmals kleine, regionale Kunden, die im Markt als Lieferanten etabliert sind (keine Start-ups), die mit bewährten Vorgehensweisen gute Erfahrungen gemacht haben und sich gegenüber neuen Methoden, wie Social Media Recruiting, eher abweisend verhalten. Diese Kunden sind häufig in etablierten Märkten aktiv und wenden bewährte Methoden an, die sie immer weiter verfeinern, wie etwa: Produktionsprozesse, Qualitätsmanagement. Ihre Innovationsbemühungen beziehen sich vorwiegend auf ihre Produkte, Dienstleistungen und das Kostenmanagement, um zu überleben. Das Kostenmanagement wird perfektioniert und deshalb ist man am Markt über das Preis-Nutzen-Verhältnis erfolgreich. Investitionen für Innovationen und Veränderungen werden lange und skeptisch sowie zögerlich bewertet und entschieden. Diese Unternehmen arbeiten oft mit einem lokalen, festen Mitarbeiterbestand und deshalb sind die Social-Media-Netzwerke für sie im Moment kein Thema. Zusätzlich führten die NSA-Enthüllungen zu einer Verunsicherung und bestätigen sie in ihrer Meinung, von den Social-Media-Netzwerken die Finger zu lassen. Nachwuchsleute, die intern Social-Media- Netzwerke nutzen wollen, werden, zum Teil durch Verbote, daran gehindert.

Social-Media-Einfluss
Diese konservativen mittelständischen Unternehmen werden sich in Zukunft schwertun, die besten Leute im Markt zu interessieren und zu finden, weil ihre innovativen Mitbewerber die Social Media nutzen werden, um sich bekannt zu machen (Employer Branding), überregional die interessantesten Kandidaten zu finden und die besten Mitarbeiter auszuwählen, einzuarbeiten und langfristig zu halten. Die Mitarbeiter machen den Unterschied und nicht die Technik – und wer zu spät kommt, den bestraft das Leben! Möglicherweise wird die nächste Führungsgeneration, die in vielen Unternehmen

bereit steht, neue Wege gehen. In vielen konservativen mittelständischen Unternehmen ist der Generationswechsel ein großes Problem und deshalb auch die Veränderung.

Social Media Recruiting verkaufen

Diese Kunden kann man nur über Insider-Wissen und Vertrauen gewinnen. Im nächsten Schritt müssen die Probleme, Chancen, Nutzen und Kosteneinsparungen dargestellt werden, um zu überzeugen (Kostenmanagement).

Offene mittelständische Kunden

sind oftmals mittelgroße Kunden mit begrenzter internationaler Ausrichtung, die weitgehend etablierte Vorgehensweisen nutzen und sich gegenüber neuen Methoden, wie Social Media Recruiting, interessiert und aufgeschlossen zeigen. Diese Kunden sind in verschiedenen Märkten aktiv und wenden bewährte Methoden an, sind aber an Innovation in allen Bereichen interessiert. Ihre Innovationsbemühungen beziehen sich auf ihre Produkte, Dienstleistungen, das Kostenmanagement und viele andere Geschäftsbereiche. Aber sie sind interessiert und aufgeschlossen, auch in anderen Unternehmensbereichen innovativ zu sein, wenn dies hilft zu überleben. Das Kostenmanagement ist wichtig, aber man möchte im Markt als kundenorientiert angesehen werden und zeigt sich flexibel und innovativ. Investitionen für Innovationen und Veränderungen werden mit dem Blick auf den Markt- und Kundennutzen bewertet und entschieden. Diese Unternehmen arbeiten mit einem Mitarbeiterbestand aus dem weiteren Umfeld und einer gewissen Fluktuation und deshalb sind die Social-Media-Netzwerke für sie ein Thema, wenn auch nicht das dominierende Thema im Unternehmen. Die NSA-Enthüllungen führten dazu, dass die Schutzmaßnahmen verbessert wurden, deshalb werden die Social-Media-Netzwerke im Unternehmen genutzt. Das interne Nutzen von Social-Media-Netzwerken ist durch strenge Vorschriften geregelt.

Social-Media-Einfluss

Für diese offenen mittelständischen Unternehmen werden sich in Zukunft gute Leute im Markt interessieren, weil sie die Social-Media-Netzwerke nutzen, um sich bekannt zu machen (Employer Branding), um überregional die interessantesten Kandidaten zu finden, die besten Mitarbeiter auszuwählen, einzuarbeiten und langfristig zu halten. Die nächste Führungsgeneration ist bereits in mittleren Führungspositionen aktiv – und dies wird als Chance verstanden, neue Wege zu gehen.

Social Media Recruiting verkaufen

Diese Kunden kann man über ihr Interesse, durch Innovation ihren Mitbewerbern voraus zu sein, gewinnen. Im nächsten Schritt muss der Zusammenhang zwischen Social Media Recruiting und ihren Unternehmenszielen dargestellt werden, um zu überzeugen.

Innovative mittelständische Kunden sind

oftmals große Kunden mit umfangreicher internationaler Ausrichtung.

Sie nutzen weitgehend innovative Vorgehensweisen und treiben neue Methoden voran. Sie wollen in vielen Geschäftsbereichen führend sein. Diese Kunden sind international aktiv und wissen, dass sie mithilfe von sinnvollen Innovationen ihre Marktführerschaft halten können. Ihre Innovationsbemühungen beziehen sich auf alle Geschäftsbereiche, um jeden Vorsprung als Marktführer nutzen zu können. Sie sind nicht nur interessiert, sondern treiben die Innovation mit viel Einsatz, Pilotprojekten und Investitionen an. Bei diesen Unternehmen stehen die Innovationskraft und die Marktführerschaft im Vordergrund. Durch hohe Umsätze und Margen kann man die Kosten tragen. Investitionen für Innovationen und Veränderungen sind zentrale Bestandteil der Unternehmensphilosophie und der Unternehmensziele. Diese Unternehmen arbeiten mit einem Mitarbeiterbestand aus dem internationalen Umfeld und einer gewissen Fluktuation und deshalb sind die Social-Media-Netzwerke für sie ein wichtiges Thema. Die NSA-Enthüllungen führten dazu, die Schutzmaßnahmen zu verbessern, deshalb werden die Social-Media-Netzwerke im Unternehmen genutzt. Das interne Nutzen von Social-Media-Netzwerken ist durch strenge, internationale Vorschriften geregelt und nur bestimmten Personen erlaubt.

Social-Media-Einfluss

Für diese innovativen, mittelständischen Unternehmen werden sich in Zukunft die besten Leute im Markt interessieren, weil sie die Social-Media-Netzwerke international und professionell nutzen, um sich bekannt zu machen (Employer Branding), um überregional die interessantesten Kandidaten zu finden, die besten Mitarbeiter im internationalen Umfeld auszuwählen, einzuarbeiten und langfristig zu halten. Die Führungsriege wird kontinuierlich entwickelt und die Generationswechsel werden im besten Interesse des Unternehmens gesteuert.

Social Media Recruiting verkaufen

Diese Kunden braucht man von Social Media Recruiting nicht zu überzeugen, weil sie es schon umfassend nutzen. Eventuell kann man sich als Dienstleister anbieten, wenn es an HR-Personal mangelt, um alle Anfragen abzuarbeiten etc. Verbesserungsbedarf gibt es auch in vielen großen Unternehmen im Bereich der Zusammenarbeit zwischen Corporate Communication, Marketing und HR, um das Employer Branding zu optimieren. Und die Fachbereichsleiter zu trainieren, damit sie Social Media Recruiting kennenlernen und ihre HR-Manager beim Auswählen und Einstellen neuer Mitarbeiter optimal unterstützen können.

Im nächsten Schritt muss der Zusammenhang zwischen Social Media Recruiting und ihren Unternehmenszielen dargestellt werden, um zu überzeugen.

Start-ups zählen

teilweise ebenfalls zum Mittelstand, müssen aber sehr individuell betrachtet werden. Die meisten Start-ups sind sehr innovativ, interessiert und offen für neue Vorgehensweisen, aber sie haben oft sehr begrenzte Ressourcen. Social-Media-Netzwerke sind für sie etwas völlig Normales, mit dem sie aufgewachsen sind. Teilweise geht man mit Social Media im Unternehmen sehr sorglos um, weil es noch keine Policies gibt.

Social-Media-Einfluss

Diese Start-ups setzen die Social-Media-Netzwerke spielerisch ein, um ihre Ziele zu erreichen. Alles ist denkbar und alles wird probiert, um erfolgreich zu sein, aber mit minimalen Mitteln.

Social Media Recruiting verkaufen

Diese Kunden braucht man von Social Media Recruiting nicht zu überzeugen. Dienstleistungen müssen ins knappe Budget passen, sonst sind sie nicht geeignet. Employer Branding könnte ein großes Thema sein, weil sie sich zwar präsentieren, aber oft nicht professionell.

Wie kann ein für die Einstellungen verantwortlicher Mitarbeiter (Hiring-Manager) diese Herausforderungen meistern, Herr Fenner?
Fenner: Wenn Menschen sich durch Komplexität überfordert fühlen, greifen sie auf Altbewährtes und ihre Gefühle zurück und die sind immer rückwärts gerichtet. Rückwärts gerichtete Entscheidungen helfen selten die Zukunft zu meistern, deshalb müssen sich die Hiring-Manager diesem Thema stellen. Je nach Art des Unternehmens sollte der Hiring-Manager das interne Nutzen der Social-Media-Netzwerke konstruktiv und zielorientiert bewerben. Das heißt die anderen Manager überzeugen, dass der Nutzen die Risiken überwiegt, und sie informieren, wie man eventuelle Risiken minimieren wird und wie sie mithilfe des Social Media Recruiting ihre individuellen Geschäftsziele erreichen werden. Die Business-Manager werden nur für das Erreichen ihrer persönlichen Geschäftsziele bezahlt, nicht für das Social Media Recruiting! Betonen, dass das Social Media Recruiting im Moment eine ergänzende und an Bedeutung zunehmende Recruiting-Methode ist.

Beim Bewerben des Social Media Recruiting Geduld aufbringen, nicht überziehen, sonst werden Abwehrhaltungen provoziert. Zusätzlich muss der Recruiting-Manager, im eigenen Interesse, die anderen Manager ins Boot holen, um nach außen und innen ein geschlossenes Unternehmensbild abzugeben (Employer Branding, Job Description, Recruiting, Einarbeitung etc.) Das Nutzen von Social-Media-Netzwerken im Unternehmen muss voll und ganz in die Unternehmensabläufe integriert werden mit allen Konsequenzen. Das IT-Management einbeziehen wegen der Sicherheit, Nutzungsrechte, Spielregeln klären etc. Der Hiring-Manager muss Social-Media-Recruiting-Erfolge nachweisen und, im eigenen Interesse, transparent machen. Die Hiring-Manager sollten ihre Business-Manager besser verstehen und sie als Dienstleister mit Insider-Wissen unterstützen. Denn die Hiring-Manager stehen im Wettbewerb mit externen Dienstleistern, denen sie überlegen sind, wenn sie ihre Insider-Kenntnisse nutzen.

Klare Spielregeln verabschieden:
- Wer nutzt es – und wer nicht?
- Wofür nutzen wir es – und wofür nicht?
- Wie nutzen wir es – und wie nicht?
- Wie schaffen wir die notwendige Sicherheit?

Abschließend die Frage, Herr Fenner, welchen Rat geben Sie Personal- und Fachbereichsverantwortlichen in der Zusammenarbeit mit Hiring-Managern?
Fenner: Die Personal- und Fachbereichsverantwortlichen sollten sich für den wichtigen Erfolgsfaktor Recruiting interessieren. Dazu gehört, sich in die Recruiting-Thematik voll und ganz einzuarbeiten und sie zu verstehen, auch den gesetzlichen Rahmen. Zusätzlich sollten sich die Personal- und Fachbereichsverantwortlichen für den schnel-

len Wandel des Arbeitsmarktes interessieren und sich fit halten, damit sie jederzeit bereit sind, ihre Stellen zu definieren und optimal zu besetzen. Das Recruiting sollte bei den Personal- und Fachbereichsverantwortlichen bereits beim Employer Branding beginnen.

Die Personal- und Fachbereichsverantwortlichen sollten sich für den Nachwuchs interessieren, bevor sie Stellen besetzen müssen. Manche Unternehmen gehen in die Schulen, Universitäten, um sich vorzustellen. Zusätzlich bieten sie Praktikantenstellen an, um schon im Vorfeld zukünftige Talente zu erkennen und frühzeitig an sich zu binden. Dann sollten die Personal- und Fachbereichsverant-wortlichen klare Stellen- und Aufgabenbeschreibungen erstellen, die aktuell sind. Die Recruiting-Manager können in größeren Unternehmen nicht alle Stellen und Aufgaben im Detail kennen. Deshalb müssen die Personal- und Fachbereichsverantwortlichen den Recruiting-Managern optimal zuarbeiten, damit diese die offene Stelle intern und extern professionell und korrekt ausschreiben können, in den Social Media die richtigen Stichworte verwenden und während des ersten Bewerbungsgesprächs die Fragen der Bewerber sachlich richtig beantworten können.

Vor der Bewerberauswahl sollten sich die Personal- und Fachbereichsverantwortlichen mit den Recruiting-Managern detailliert abstimmen. Die Bewerbungsgespräche müssen strukturiert geplant und ausgewertet werden, um ein sachliches Auswahlverfahren zu garantieren und dem Allgemeinen Gleichstellungsgesetz Rechnung zu tragen. Neben dem Bauchgefühl für einen Bewerber müssen genügend Fakten und Kriterien für die endgültige Entscheidung herangezogen werden. Gute Leute haben Optionen! Die Personal- und Fachbereichsverantwortlichen können helfen, die Recruiting-Prozesse zu beschleunigen, damit die besten Bewerber nicht bei einem anderen Arbeitgeber unterschreiben, bevor sie eine konkrete Antwort erhalten.

Während der Einarbeitungszeit müssen die Personal- und Fachbereichsverantwortlichen Sorge tragen, dass der neue Mitarbeiter effizient eingearbeitet wird, damit das Unternehmen so bald wie möglich die Talente des neuen Mitarbeiters nutzen kann. Sollten während der Einarbeitung Mitarbeiterschwächen zutage treten, die nicht akzeptabel sind, müssen die Personal- und Fachbereichsverantwortlichen umgehend mit den Recruiting-Managern gemeinsame Lösungen erarbeiten. Um die besten Mitarbeiter im Unternehmen zu halten, sollten die Personal- und Fachbereichsverantwortlichen mit den Recruiting-Managern kooperieren, um die Interessen der Mitarbeiter mit den Interessen des Unternehmens optimal zu verknüpfen und die besten Talente langfristig an das Unternehmen binden zu können. Dazu gehören auch moderne Beurteilungs-, Vergütungs- und Beförderungssysteme.

Bemerkung:

Nur die Mitarbeiter machen letztendlich den Unterschied im Markt, alle technischen Hilfsmittel kann man kaufen! Das haben viele Manager noch nicht begriffen!

Lieber Herr Fenner, haben Sie vielen herzlichen Dank für das sehr ausführliche und praxisnahe Experteninterview mit Ihnen.

> **Zusammenfassung der Inhalte der Stufe 2: Social Recruiting für Interviewer und Hiring-Manager**
>
> Erfolgreiches Social Recruiting setzt die Zusammenarbeit von Recruiting und Fachbereichen voraus. Um dies praktisch umzusetzen, sollten Sie sich auf diese Themen konzentrieren:
>
> 1. Wie können wir gemeinsam für unser Unternehmen praktische Talent Acquisition der Realen mit der Online-Welt verbinden und so Kandidaten erfolgreich überzeugen und gewinnen?
> 2. Wie können wir unser Beziehungsmanagement zu Bewerbern an die durch Social Media veränderten Verhaltensweisen und Erwartungen von Bewerbern auch in der Realen Welt anpassen (zum Beispiel durch neue Interviewformen oder andere Korrespondenz)?
> 3. Wie maximieren wir durch die Zusammenarbeit mit den Fachbereichen die Teamwirkung der Social-Recruiting-Maßnahmen, wie z. B. bei Job-Postings oder in einem Firmen-Blog?
> 4. Wie können wir unser Talentnetzwerk und unser Talentempfehlungsnetzwerk gemeinsam mit den Fachbereichen und Hiring-Managern verbessern und maximal erfolgreich machen?
> 5. Welche Aufgabenverteilung im Social Recruiting leben wir gemeinsam im Unternehmen, und welche Prozesse können wir sogar outsourcen oder anderen übertragen? Für welche Prozesse gibt es welche technischen Tools, die uns unterstützen?

15.4 Wie kann ein Recruiting Professional seinen Wirkungsgrad maximieren?

Es gibt keine bessere Lösung, ein Problem aus der Welt zu schaffen, als es anzupacken. Deshalb sind nicht nur wir der Meinung, dass heutiges, erfolgreiches Talentmanagement und modernes Recruiting ein aktives Kontaktaufnehmen, ein systematisches Suchen und ehrgeiziges Finden – also ein konsequentes Handeln – erfordern. Das moderne Gewinnen von Talenten geschieht unter dem Motto:

„Posten Sie schon online oder werben Sie gedanklich noch offline?"

Die Talent Acquisition hat es jetzt mit ganz neuen Herausforderungen zu tun: In Zeiten, in denen genügend Bewerber auf dem Markt waren, konnte man sich genüsslich (manchmal sogar etwas überheblich) unter einer Vielzahl von Bewerbern diejenigen aussuchen, von denen man glaubte, dass es die richtigen seien. Heute und künftig wird der Bewerber zum

Abb. 15.5 Maximieren des Social-Recruiting-Wirkungsgrades

Kunden eines an ihm interessierten Unternehmens. Dieser erwartet, entsprechend pfleg-
lich behandelt zu werden.

Effizientes Social Recruiting erfordert ein Umdenken vom passiven Anbieten einer Stelle
(Stellen posten und warten, bis die Bewerber kommen, die man dann auswählen kann)
hin zur aktiven, interaktiven Individualisierung des Recruiting-Prozesses (von der Profil-
festlegung bis zum Onboarding). Wie Sie Ihren Social-Recruiting-Wirkungsgrad erhöhen
können, verdeutlicht Abb. 15.5.

Die erste Herausforderung ist dabei, das richtige Netzwerk oder die passenden Plattformen zu finden und dann die adäquate und sinnvolle Kommunikation zu starten.

Sie können die Stellen weiterhin in Jobboards ausschreiben. Derzeit gibt es laut Statistik über 1700 Jobbörsen [2]. Aber Achtung: Man spricht bereits von einer „Job-Pollution"
[3]. „Seine" Talente auf Jobbörsen zu finden, ist unter dem Druck, eine konkrete Stelle
besetzen zu müssen, kein einfaches Unterfangen, wenn man nicht selbst sicherstellt, dass
die eigene Vakanz von interessierten Kandidaten oder ihren Empfehlern auch in Suchmaschinen durch das sogenannte Recruiting-SEO gefunden wird.

▶ **Recruiting-SEO** (Recruiting-Suchmaschinenoptimierung) optimiert Ihren Web-Con-
tent für Suchmaschinenergebnisse:

1. Organische Optimierung, zum Beispiel:
  - Jeder Job als neuer Seitentitel bzw. Blogpost
  - Die richtigen Keywords im Seitentitel
  - Suchmaschinenoptimierte Inhalte Ihrer Anzeige
  - Anzeige für Social Media optimieren
  - Job-Posting strategisch planen und gezielt umsetzen
  - Meta-Tag-Beschreibung optimieren

2. Bezahlte Optimierung, zum Beispiel:
  - – Durch Google Adwords
  - – Real-Time-Marketingmaßnahmen
  - – Cost-per-Click

In Stufe 3 geht es darum, wie Recruiter Professionals ihren Wirkungsgrad erhöhen können. Für uns ein Anlass, einen weiteren Experten in diesem Themenkomplex zu Wort kommen zu lassen.

Wir sprechen mit Robindro Ullah

Robindro Ullah ist einer der führenden Social- Recruiting- und Employer-Branding-Experten Deutschlands – und das, obwohl er als studierter Wirtschaftsmathematiker das Personalmanagement erst Mitte 2007 für sich entdeckt hat. Nach einem Trainee-programm übernahm er bereits 2008 das Thema Social Media im Kontext HR der DB Fernverkehr AG. Unter seinem Management entfaltete sich HR-Social-Media im gesamten DB-Konzern so positiv, dass sich seine Karriere schnell weiterentwickelte und er die Leitung für das Personalmarketing und Recruiting des Bereichs Süd der Deutschen Bahn übernahm. Social Responsibility lebt er auch im betrieblichen Umfeld stetig vor. So gründete Herr Ullah 2009 einen Bereich zur Beschäftigungssicherung älterer Mitarbeiter. Seit Mitte 2013 leitet er den Bereich „Employer Branding and HR Communication" bei der VOITH GmbH und entfaltet nun ebenso im Mittelstand außergewöhnliche Innovationskraft mit durchschlagendem Erfolg. Herr Ullah lässt seine Personalkollegen an seinem Know-how teilhaben und bloggt unter www.robindroullah.de.

Herr Ullah, wo spüren Sie den „War for Talents" und wie hat sich Voith auf diesen eingestellt?
Ullah: Den „War for Talents" spüren wir insbesondere in Ballungszentren wie Stuttgart oder München. Man kann diesen nicht pauschalisieren, dennoch: Er ist in einigen Berufsbildern bereits seit Jahren Realität. Hier geht es um Fachkräfte und Spezialisten, die von vielen Unternehmen gesucht werden. Aber ebenso, wie sich der „War for Talents" in verschiedenen Regionen und Berufsbildern unterschiedlich darstellt, muss auch die Antwort auf diesen sehr flexibel ausfallen. Die Antwort kann daher nicht lauten: „Jetzt scheren wir alles über einen Kamm." Ganz im Gegenteil – für uns bedeutet dies, die Ansprache stärker zu individualisieren. Das fängt recht trivial bei der Auswahl der Ansprachekanäle an, deren individueller Zuschnitt auf Zielgruppen den meisten noch sehr nachvollziehbar erscheint. Die Recruiter aber beispielsweise auf verschiedene Zielgruppen zu spezialisieren, wird häufig nicht direkt als logische Ableitung der Entwicklungen am Markt wahrgenommen.

Die Antwort, die ich für uns als Gegengewicht in den Ring werfe, ist die grundsätzliche Professionalisierung des Recruitings. So stellen wir uns auf den „War for Talents" ein. Darunter verstehe ich im Übrigen nicht nur die nachhaltige Ausbildung der Recruiter entsprechend den ihnen zugeordneten Zielgruppen. Ein ganzer Blumenstrauß von Themen schließt sich bei der Professionalisierung in unserem Bereich an: das Arbeiten mit Kennzahlen und Qualitätsstandards; schlanke, effektive Prozesse, die den Kandidaten (nicht den Bewerber) im Fokus haben; Service Level Agreements und vor allem langfristige Strategien in den Basisdisziplinen Employer Branding, HR-Marketing und Recruiting.

Was für uns zudem noch eine wichtige Rolle spielt, ist „das Beschreiten neuer Wege". Im Kampf um die Talente geht es auch ein Stück weit darum, sich vom Markt abzuheben. Dies funktioniert natürlich sehr gut über den professionellen Umgang mit den Kandidaten. Diesem Umgang, den ich als Standard erachte, allerdings dann noch ein wenig Gewürz einzuhauchen, ist dann das i-Tüpfelchen, mit dem man als Unternehmen die Nase vorn haben kann.

Eine unserer kürzlich umgesetzten Innovationen verdeutlicht dies vielleicht. Im vergangenen Jahr haben wir begonnen zu überlegen, unsere Stellenanzeigen zeitgemäßer zu gestalten, und sind in diesem Zuge auf die Idee gekommen, Vine Videos in einige unserer Anzeigen zu integrieren. Vine ist das Kurz-Videoportal des Microblogging-Dienstes Twitter, auf dem Videos maximal eine Länge von sechs Sekunden haben können.

Die Herleitung dieser Idee erfolgte über die grundsätzliche Strategie der Mobilisierung von Recruiting, d. h., mobile Endgeräte stärker in die Betrachtung unserer Aktivitäten einzubeziehen, ist ein wesentlicher Strang unserer globalen Recruiting-Strategie. Dies bezieht zum Beispiel die Mobilisierung unserer Karriereseite mit ein, aber eben auch die Anpassung unserer einzelnen Recruiting-Bausteine. Zu Letzterem zählen wir die Stellenanzeigen, die wir mit der Integration von Vine-Videos aufgepeppt und somit vor allem interessanter für den Stellensuchenden gemacht haben, der mobil auf der Suche ist.

Zusammenfassend kann man sagen, dass wir uns auf den „War for Talents" vorbereiten, indem wir uns neben den Standards eben auch um Nischen und Innovationen Gedanken machen, auf die bislang noch keine anderen Unternehmen gekommen sind.

Welche Wirkung hat hierbei die Kombination von Employer Branding und Social Recruiting?

Ullah: Diese Frage zu beantworten, ist nicht ganz trivial. Zunächst ist davon auszugehen, dass ein Social Recruiting nie ohne Employer Branding stattfindet. Ob dieses gut oder schlecht erfolgt, sei mal dahingestellt. Fakt ist aus meiner Sicht, dass auch im Social Recruiting stets ein Bild der Employer Brand durch den Recruiter vermittelt wird, unabhängig davon, ob dieser über die Employer Value Proposition informiert ist oder nicht.

Für mich bedeutet dies, dass eine positive Wirkung der Kombination beider Disziplinen erst dann erfolgen kann, wenn beide professionell umgesetzt werden. Letztlich folgt dies aus der konsequenten Umsetzung einer Professionalisierung des Recruitings. Alles entsteht aus einem Guss und ist somit aufeinander abgestimmt. Die positive Wirkung, die Sie damit dann erzielen können, ist meiner Meinung nach enorm. Das Employer Branding hilft dem Social Recruiting, sich auf einer sehr soften Ebene vom Markt zu differenzieren. Ein wertschätzender, respektvoller Umgang mit professionellen Prozessen – „das kann jeder" und damit ist dies nicht zwangsläufig differenzierend. Erst die Einflechtung von Employer-Branding-Elementen gibt den Kandidaten eine durchgehende einheitliche Candidate Experience. Es ist also nur konsequent, die Botschaften und Versprechen aus dem Employer Branding über das HR-Marketing in das Social Recruiting zu integrieren.

Hierzu müssen die Recruiter entsprechend ausgebildet sein. Streben Sie ein professionelles Social Recruiting an, so werden Sie über kurz oder lang Netzwerk-Magneten beschäftigen. Je besser Ihre Recruiter werden, je größer das Netzwerk ist, welches diese aufbauen, desto wichtiger wird die Einflechtung des Employer Branding. Ihre Recruiter entwickeln sich Schritt für Schritt zu Influencern – sowohl außerhalb des Unternehmens als auch innerhalb – und werden damit reichweitenstarke Markenbotschafter. Die Antwort auf die eingangs gestellte Frage, welche Wirkung die Kombination aus Employer Branding und Social Recruiting haben kann, verändert sich zunehmend parallel zur Professionalisierung Ihrer Rekrutierungsorganisation. Kurz zusammengefasst: Die Wirkung kann enorm sein!

Welchen Rat geben Sie aus Ihrer Erfahrung Social-Recruiting-Anfängern, um ihr Recruiting zu professionalisieren, und worauf sollten sie achten, Herr Ullah?
Ullah: Ich denke, der wohl wichtigste Rat ist, seine Hausaufgaben ordentlich zu machen. D. h., achten Sie bei sich im Unternehmen darauf, dass die Voraussetzungen für eine professionelle Social-Recruiting-Organisation vorhanden sind. Alles im Detail aufzuführen, würde den Rahmen sprengen, aber ich möchte gern ein paar Beispiele nennen, die schnell vergessen werden.

So beginnt es bereits mit dem Equipment der Recruiter. Da sprechen wir noch gar nicht davon, ob die Kultur Ihres Unternehmens es hergibt, dass Recruiter Smartphones besitzen. Nein, es beginnt bereits viel früher. Wir sprechen von einfachen technischen Anforderungen: Steht den Recruitern die notwendige Software zur Verfügung? Ein iE 7 als einzig möglicher Browser wäre ein Indiz für ein „Nein, das Equipment steht nicht zur Verfügung".

Ist ihre Karriereseite der Mittelpunkt ihrer Online-Recruiting-Strategie? Ein weiterer Punkt, der häufig vernachlässigt wird, meiner Meinung nach aber heutzutage unerlässlich ist. Wir entwickeln uns immer schneller in Richtung einer mobil tickenden Welt. Die Optimierung Ihrer Karriereseite für den Gebrauch von mobilen Endgeräten ist aber nur einer von vielen kleinen Bausteinen, der im Kontext einer Online-Recruiting-Strategie zum Vorschein kommt.

Was ebenfalls nicht vergessen werden darf, ist eine saubere Personalplanung, eine daraus abgeleitete Bedarfsplanung und Ihre daraus wiederum folgende Zielgruppenanalyse. Wen suchen wir überhaupt? Zahlen Ihre Maßnahmen auf die von Ihnen zu rekrutierenden Zielgruppen ein? Eine Frage, die ggf. etwas merkwürdig anmutet, aber ich kann Ihnen versichern: Das habe ich alles schon gesehen.

Versuchen Sie zudem Prozessbremsen zu identifizieren und herauszunehmen. Ihnen hilft der schnellste Prozess nach Direktansprache oder Bewerbungseingang nichts, wenn Sie nicht die volle End-to-End-Verantwortung haben und den entsprechenden Handlungsspielraum.

Es ist leicht, direkt an der Front beim Bewerber einen auf „Social Recruiting" zu machen. Aber können Sie das, was Sie automatisch mit dieser sehr modernen Art des Recruitings versprechen, auch halten? Innen im Unternehmen mit der Professionalisierung zu beginnen, ist daher, wie eingangs bereits geschrieben, mein wichtigster Rat.

Lieber Herr Ullah, haben Sie vielen Dank für das kurzweilige, interessante Interview mit Ihnen!

Zusammenfassung der Inhalte der Stufe 3: professionelles Social Recruiting
Wenn Sie den Wirkungsgrad Ihres bestehenden Social Recruiting maximieren und auch Ihren Nutzen und Ihren persönlichen Einsatz optimieren wollen, sollten Sie sich auf diese Themen konzentrieren:

1. Wie können wir noch mehr gute Kandidaten auf uns aufmerksam machen und unsere aktive Talent Acquisition verbessern? Und wie können wir unser reales Recruiting noch besser mit dem Online-Recruiting verbinden?
2. Wie können wir den Effekt, dass die meisten Kandidaten sich heute ihren Job „googeln", durch effiziente Recruiting-Suchmaschinenoptimierung (Recruiting-SEO) und geschicktes Social Job- Posting für uns optimal nutzen?
3. Welche der Social-Recruiting-, Employer-Branding- und weiteren technischen Tools wie Online-Selektionsverfahren, Bewerbermanagement-Software oder CV-Parsing-Tools können wir einsetzen und wie helfen sie uns?
4. Wie können wir unsere Prozesse in den jeweiligen Schritten von der Kontaktaufnahme (Vorauswahl), dem Screening bis zur Einstellung effektiver gestalten? Wie können wir zum Beispiel auch mit neuen Methoden, wie Kandidatenansprache mit Active Sourcing, unsere Erfolgsrate steigern?
5. Wie können wir unser Beziehungsmanagement von und mit Talenten systematisieren, um besser fachlich und persönlich zu netzwerken? Wie können wir Talente in der Talentpipeline oder gar im Talentpool damit für uns interessiert halten?

15.5 Wann macht Active Sourcing Sinn und wie ist es am effektivsten?

Die Königsdisziplin des Online-Recruitings ist die Kompetenz, Mitarbeiter im Web zu finden, auszuwählen und gleichzeitig zu gewinnen. Diese wird Active Sourcing genannt. Voraussetzungen für erfolgreiches Active Sourcing sind eine gute und fundierte Planung, der Aufbau einer klugen Strategie, das Wissen um die Vorgehensweise, die Fähigkeit der Mitarbeiter und das Know-how, die Methoden, Prozesse und Tools virtuos einzusetzen.

Sourcing-Prozesse sind vergleichbar mit den Fachkompetenzen bei einem Autorennen. Wer einen solchen Wettbewerb gewinnen möchte, muss nicht nur wissen, wie man Auto fährt, sondern sich sowohl ebenso Fahrerfahrung unter Rennbedingungen aneignen als auch das spezielle Rennfahrzeug, die Rennstrecke und die Regeln beherrschen.

Profi-Sourcer legen – wie auch Rennfahrer – besonderes Augenmerk auf den Start und die Grundlagen. Jeder Sourcing-Prozess wird zu einer Sisyphusarbeit, wenn folgende Voraussetzungen als Fundament nicht vorhanden sind:

- Wissen
- Fähigkeit
- Strategie
- Tools
- Prozesse

Sie sparen sich mühevolle Geduldsarbeit sowie sinnlosen Suchaufwand, wenn Sie lernen, die versteckten Vorteile zu nutzen, um die „Denkwelt" der Suchmaschinen für sich gewinnbringend einsetzen zu können.

▶ Die Suchmaschinen-Generationen entwickeln sich weg von der sogenannten **Suchbegriffs-Suche** hin zur sogenannten **Semantischen Suche**. Heute suchen bereits alle gängigen Suchmaschinen, auch die der Business-Portale XING und LinkedIn, „semantisch".

Was ist die „Semantische Suche"?
Semantik heißt die „Lehre von der Bedeutung der Zeichen, Worte und ihrer Zusammenhänge". Auf Suchmaschinen bezogen bedeutet das, dass diese so programmiert sind, dass sie aufgrund der gesammelten Daten Verknüpfungen von Suchbegriffen erstellen und so bedeutungsorientierte Suchergebnisse ausgeben. In einfachen Worten: Das semantische Suchsystem möchte Ihnen die Suchaufgabe erleichtern und hilft unter der Überschrift „Meinten Sie?" zum Beispiel auch ähnliche Textstellen oder Worte zu finden und Ihre Tippfehler zu korrigieren.

Sie hat das Ziel, „Ähnliches" zu finden. Folglich bietet die Semantische Suche durch die Interpretation Ihrer Eingaben die Möglichkeit, Ihnen nur die vom Suchmaschinenanbieter gewollten Ergebnisse anzuzeigen, und öffnet damit Tür und Tor für „Manipulation" (s. Abb. 15.6).

Gleichzeitig herrscht geradezu ein grundsätzlicher Wettbewerb der Suchmaschinen-Programmierer, wer die Semantische Suche technologisch am erfolgreichsten und zielorientiertesten voranbringt. So arbeiten die Programmierer im Hintergrund auch innerhalb der Unternehmen konstant an den Algorithmen. Und diese Entwickler von Google, Bing, XING oder LinkedIn sind ehrgeizig, fleißig und visionär: Sie achten auch darauf, dass

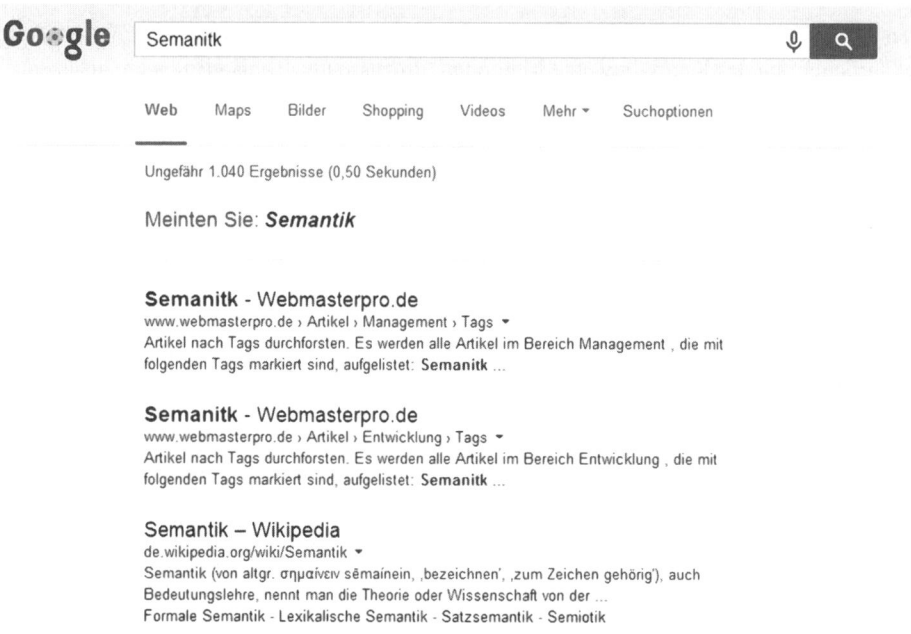

Abb. 15.6 Screenshot einer Autovervollständigung durch Google

dieses System immer stärker selbstlernend ist. Der Anwender hat in seinen Ergebnissen die Widerspiegelung der unbewussten, aber ständigen Interaktion mit anderen Suchen und Suchenden. Und sieht immer öfter unterschiedliche Ergebnisse bei absolut gleichen Sucheingaben.

Alle heutigen Suchergebnisse sind somit ein Mix zwischen kommerziellen, technischen Zielen und der Interaktion der Suchenden. Schlimmstenfalls heißt das also auch für den personalsuchenden Active Sourcer: Er erhält auf seine Suchanfrage viele, ausschließlich „ungefähr passende" Kandidaten – und nicht einen einzigen guten.

Denn der Vorteil der Semantischen Suche ist gleichzeitig der extreme Nachteil
Irgendwelche (ähnlichen) Kandidaten findet diese Suche immer.

Somit ist die bisherige, klassische Stichwortsuche überholt und passé. Wenn man heute gezielt Kandidaten mit Active Sourcing finden möchte, muss der erfolgreiche Sourcer erlernen, diese neue semantische Suchmaschinen-Generation

- durch die richtigen Suchmaschinenkombinationen,
- durch die richtige Zahl an Suchbegriffen,
- in der richtigen Suchmaschine,
- an den richtigen Stellen der Suchmaschinen
- und mit den richtigen Tools sowie
- mit den richtigen Suchmethoden

gezielt zu seinen Talenten zu steuern.

Übersicht Active Sourcing Methoden Teil 1

Methoden	Kurzbeschreibung	Social Business Netzwerke	Private Social Media Netzwerke	Web-Such-maschinen Google | Bing
Open Web-Search	Im Grunde meint diese Suche das einfache Googeln und ist zum Beispiel zur Überprüfung der aktuellen Schreibweisen von Keyworten sinnvoll.			X
Karrierepage	Vielfach unterschätzte Sourcing-Methode, – Wichtig ist, eine Karriereseite so zu gestalten, dass Sie dort Dialoge beginnen: Zum Beispiel Likes zu Kontakten konvertieren oder Eintrag in einen Newsletter ermöglichen.	X	X	X
Profile-Mining	Keywordsuche in Suchmaschinen der Social Media Portale.	X	(X)	
CV-Database-Search	Keywordsuche in Portalen, die das Durchsuchen nach und ganzer Lebensläufe ermöglicht wie in Karriereportalen z.B. Stepstone oder Monster.	X		
Boolsche Suche	Das professionelle Kombinieren von Keyworten mit den ‚Boolschen Operatoren' in sogenannten Suchketten (Strings), die wie Programmierbefehle Suchmaschinen zu Kandidaten steuern	X	(X)	X
Harvesting	Bezeichnet eigentlich einen Prozess: Das systematische und präzise Filtern einer Quelle (Source) nach möglichen Kandidaten mit einer der vorherigen Methoden.	X	(X)	X
Flipping	Ist eine besondere Anwendung der Keywordsuche, indem die Reihenfolge der Suchbegriffe systematisch nach einer bestimmten Regel gespiegelt bzw. geändert werden, um eine Quelle zu durchleuchten.	X	(X)	X
X-Ray-Search	Ist der professionelle Einsatz des Boolschen Feldkommandos 'site:' mit dem man von außen Quellen mit Hilfe verschiedener Suchmaschinen 'röntgen' kann. Hier gibt es entsprechende Regeln und Erfahrungswerte zu beachten und Systeme anzuwenden.			X
Talentmining	Ist im Grunde keine Methode, sondern ein Prozess. Es ist die Kombination aller anderen Verfahren, um gezielt die besten und passenden Kandidaten zu finden, zu filtern und zu gewinnen.	X	(X)	X

Abb. 15.7 Übersicht – Tabelle Active-Sourcing-Methoden

▶ Kurz: **Sourcing** ist ein Prozess, bei dem der Sourcer die passenden Suchketten (Strings) so schreibt und professionell mit den richtigen Methoden an der richtigen Stelle in der geeigneten Suchmaschine eingibt, dass er die Suchmaschine gezielt zu den wenigen passenden Kandidaten steuert. Dieser Prozess kann auch durch den gezielten Einsatz von Tools effizienter gestaltet werden.

Aus dem einfachen „Keywords in Suchmasken" eingeben haben sich viele verschiedene Methoden entwickelt, wie Abb. 15.7 zeigt. (Abb 15.8).

Übersicht Active Sourcing Methoden Teil 2

Methoden	Kurzbeschreibung	Social Business Netzwerke	Private Social Media Netzwerke	Web - Such-maschinen Google | Bing
Peer-Sourcing	(englisch: ein Gleichrangiger, Ebenbürtiger, Gleichaltriger) Peer-Sourcing nützt die Ergebnisse der Semantischen Suche und fahndet gezielt nach ‚Ähnlichen Profilen' oder ‚dieses Profil könnte Ihnen noch gefallen'. Besonders Businessnetzwerke wie z.B. LinkedIn oder XING bieten hierzu Services.	X	(X)	
Semantische Suche	Korrekter wäre die englische Bezeichnung ‚Contextual Search', das heißt die gezielte Suche von Kandidaten im Kontext bzw. via Wortbedeutungen. Es beschreibt den Prozess des professionellen Einsatzes spezieller semantischer Suchbegriffskombinationen, um die Semantischen Suchmaschinen zu Ihren Kandidaten(profilen) zu steuern.	X	X	X
Peeling-Back	Diese Methode ist zur Durchleuchtung von einzelnen Websites nach möglichen Kandidaten sinnvoll, indem man ‚rückwärts' und systematisch durch die (Unter-)Verzeichnisse blättert.			X
Empfehlungs-Sourcing	Empfehlungssourcing kann und sollte mit jeder anderen Sourcingmethode kombiniert werden. Sie hat das Ziel sowohl Talente wie auch Empfehler zu finden und so zu gewinnen, dass Sie Kandidaten vorgeschlagen bekommen , aber ebenso Talenten empfohlen werden.	X	X	X
Recrutainment-Sourcing	Recrutainment wird als Sourcing-Methode oft unterschätzt, da gedanklich im Employer Branding angesiedelt. Indem man mögliche Kandidaten systematisch anzieht und mit Ihnen in Kontakt tritt, sie unterhält und bindet, erhöht man die Chance empfohlen zu werden und erhält man Informationen. Diesen Prozess gezielt mit dem Fokus der Konvertierung in Kandidaten zu planen und durchzuführen, ist proaktives Sourcing.	X	X	X
Talent Networking	Ist die Kurzbezeichnung für ‚Talent Relationship Management', also das Beziehungsmanagement von und mit Kandidaten. Das Ziel und Ergebnis ist ein funktionierendes Talent Netzwerk, das so stabil ist, dass keine Anzeigen, kein Personalmarketing und auch kein Active Sourcing mehr nötig ist. Talent Networking ist keine direkte ‚Methode', sondern ein Prozess, der, wenn er professionell implementiert und durchgeführt wird, direktes Active Sourcing sogar unnötig macht.	X	X	X

Abb. 15.8 Übersicht – Tabelle Active-Sourcing-Methoden

Sourcing und Recruiting sind unterschiedliche Prozesse und erfordern auch ein unterschiedliches Mindset. Während der Inhouse-Recruiter wie auch der Personalberater oder Personalvermittler sequenziell alle Prozesse **nacheinander** durchführt (Anzeigenformulierung oder Zielfirmenliste erstellen, Bewerbungseingang abwarten oder Identifikation von möglichen Kandidaten, Vorauswahl entsprechend Unterlagen, Einladung zum Interview usw.), arbeitet der Sourcer ganz anders.

Er bereitet seine Suche akribisch durch Strukturanalyse und Suchbegriffsabgleich vor, setzt Stringteile zusammen und testet diese in unterschiedlichen Portalen, um deren letzten Entwicklungsstand und die Reaktion abzuprüfen, und plant seinen Talentmining-Prozess.

Erst dann startet der Sourcer, allerdings mit dem Ziel, nur die am besten passenden Kandidaten zu finden. Und das geht schnell. Im Sourcing läuft faktisch das Finden und Auswählen parallel ab. Talent Acquisition ist ein ganz wichtiges Ziel des Profi-Sourcers. Sein Anspracheerfolg ist deshalb extrem hoch – er muss sich in der Regel in durchschnittlichen Projekten nicht mit mehr als 40 bis 50 Kontakten beschäftigen und ist selten mehr als drei bis vier Stunden pro Projekt beschäftigt, bis er seine Talente gefunden und kontaktiert hat.

Sourcing ist Social Recruiting, auch wenn es ein anderer Prozess als der des klassischen Recruitings ist. Ob Linien-Recruiter der Unternehmen oder Research in der Personalberatung oder Kontakter in der Staffing-Agentur/Personalvermittlung, sie alle werden niemals die maximal Sourcing-Effizienz erreichen, wenn sie das Wissen und das Know-how der vorherige Stufe des Social Recruitings versuchen zu überspringen.

Wir empfehlen Ihnen, Active Sourcing im Unternehmen nur mit einem soliden Social-Recruiting- Fundament zu implementieren und besonders auf die Lösung der Probleme der Stufe 2 zu achten: die Gefahr der gläsernen Decke durch Hiring-Manager oder auch bei Personalberatungen durch die zuständigen Berater bzw. bei Personalvermittlern durch den Key Account oder Vertrieb. Wenn diese sich nicht bewusst sind, dass die Kandidaten, die aus Social-Recruiting-Maßnahmen/Sourcing-Maßnahmen stammen, anders behandelt werden und dass sie den Prozess mittragen müssen, ist das ganze Projekt „Active Sourcing" im Unternehmen zum Scheitern verurteilt.

▶   Unserer Erfahrung nach sind **80 %** aller Sourcing-Projekte durch **professionelles Social Sourcing** – das heißt das Suchen und Finden in Social-Media-Portalen – zu besetzen. Es ist somit nicht für alle Professionen und Unternehmen notwendig, das komplette Methoden-Arsenal des Active Sourcings zu beherrschen, um erfolgreich zu rekrutieren.

Das Thema „Active Sourcing" befindet sich in unserem Pyramidenmodel auf Stufe 4. Zu diesem Thema wollen wir uns mit zwei sehr unterschiedlichen Experten über die Praxis austauschen. Beide sind sehr erfahren in der Anwendung von Active Sourcing.

Wir sprechen mit Jan Hawliczek

Er ist seit drei Jahren verantwortlich für Social Media, hat sich zum Active-Sourcing-Experten entwickelt und ist eingebunden in alle strategischen und operativen Recruiting-Aufgaben des HR-Teams der stark expandierenden BFFT GmbH, Gaimersheim, einem strategischem Partner der Automobilindustrie in Ingolstadt. 2011 hat er als Werkstudent bei BFFT im Recruiting und verantwortlich für Social Media das Licht der Berufswelt erblickt, übernahm früh und sehr erfolgreich das Innovationsmanagement zum Thema Active Sourcing und weitere Projektverantwortungen im Recruiting. Als Digital Native bzw. Kind der Generation Y bringt er alles mit, was man auf Pinterest, Facebook, Google+, Snapchat, XING, LinkedIn und Co. benötigt. Er gehört zu den Bloggern des bekannten und innovativen HR-Blogs „*die grünen 3*" (http://www.diegruene3.de/) und sieht sich selbst als Kopfballungeheuer.

Herr Hawliczek, Sie haben zu einem sehr frühen Zeitpunkt bei der BFFT GmbH Active Sourcing eingeführt. – Was hat bei der BFFT GmbH zu dieser Entscheidung geführt?
Hawliczek: Wir haben uns bereits im Jahr 2007 bei der BFFT GmbH für Active Sourcing entschieden, um damals schon den Veränderungen auf dem Arbeitsmarkt, den Zielgruppen und technologischen Neuerungen gerecht zu werden. Zwar haben wir es noch nicht so genannt. Doch war schon damals unser Ziel, nicht auf die Ergebnisse von Anzeigen zu warten, sondern die Kontaktaufnahme selbst in die Hand zu nehmen, um schnell mit unseren möglichen Bewerbern zu sprechen. Auch war uns klar, dass die besseren Kandidaten nicht diejenigen sind, die selbst suchen, sondern die passiven Kandidaten, die wir durch unser gutes Angebot nur überzeugen können, wenn wir die Möglichkeit haben, mit ihnen zu sprechen.

Wir spüren gerade in unserem Segment (MINT-Studiengänge), dem Automotive Umfeld und an unserem Standort in Süddeutschland den seit drei Jahren sehr umkämpften Arbeitsmarkt besonders. Um unsere Ziele erreichen zu können, bedeutet dies für uns vor allem Schnelligkeit in der Stellenbesetzung. Allerdings ist es für uns gleichzeitig genauso wichtig, eine sehr gute Vorauswahl bezüglich der Passgenauigkeit der Kandidaten zu erzielen, die diesem Schnelligkeitskriterium entspricht.

So war es für uns nur konsequent, dass wir die bisherige Ebene des Social Recruitings verlassen haben und innovative Wege gegangen sind.

Können Sie uns über Ihre Erfahrungen mit Active Sourcing berichten?
Hawliczek: Wir haben die Erfahrung gemacht, dass Active Sourcing gerade durch die Kombination der Punkte Schnelligkeit bei der Suche bei gleichzeitiger hoher Passgenauigkeit der Kandidaten einen entscheidenden Vorteil für uns bringt. Diese Schnelligkeit und damit auch der Erfolg kann jedoch nur garantiert werden, wenn einige Prozesse in der HR-Abteilung und im Unternehmen an das Recruiting-Team, sprich an das Active Sourcing, angepasst werden.

Das Know-how des Recruiting-Teams bzw. der einzelnen Personen im Team ist zudem ein entscheidender Erfolgsfaktor. Unsere Recruiter haben alle Active Sourcing gelernt und können sich gegenseitig vertreten. Sie sind also sogenannte RNG (Recruiter Next Generation oder wie in den USA gesagt wird: Sourcer-Recruiter), da sie nicht nur recruiten, sondern auch sourcen können und ihr Know-how in beiden Disziplinen täglich erfolgreich unter Beweis stellen.

Jeder Sourcer entscheidet eigenständig, auf welcher Plattform und wie er dort Kandidaten sucht und anspricht. Sollte das Sourcing erfolgreich verlaufen und der Sourcer hält den Lebenslauf in seinen Händen, entscheidet er anhand der Unterlagen und des Telefoninterviews, zuerst einmal ohne die entsprechende Fachabteilung, ob und für welches Projekt der Kandidat passen würde.

Dann erst wird die entsprechende Fachabteilung zum persönlichen Vorstellungsgespräch hinzugezogen. Das bedeutet für uns große Zeit- und Ressourcenersparnis. Dies ist aber nur durch die ausgezeichneten Fach- und Organisationskenntnisse in Kombination mit professionellen Sourcing-Kenntnissen unseres Recruiting-Teams möglich, und nur so können wir Wissen/Know-how, Geschwindigkeit und Qualität auf diesem hohen Level halten.

Um auf diese professionelle Ebene zu gelangen, hat der Know-how-Aufbau in allen Bereichen, die für erfolgreiches Active Sourcing notwendig sind, eine wesentliche Rolle gespielt, zum Beispiel Boolesche Suche, die Sozialkompetenz, sich im eigenen Unternehmen und in Social Media sicher zu bewegen, oder in Bezug auf Kommunikationsstrategien mit potenziellen Kandidaten hat für uns auch eine entscheidende Rolle gespielt. Wir arbeiten stetig an unserer Wissenserweiterung und unserem Know-how-Ausbau besonders der fachlichen Themen, um uns diesen Vorsprung zu sichern.

Unsere Erfahrung ist, dass eine Active-Sourcing-Strategie langfristig nur mit einem praktischen und systematischen Talent Relationship Management (TRM) funktioniert. Einerseits lassen sich nicht alle Personalbeschaffungs-Ziele mit einer Ad-hoc-Active-Sourcing-Strategie umsetzen. Andererseits ist, auf lange Sicht gesehen, ein guter eigener Talentpool eine große Arbeitserleichterung und Effizienzsteigerung.

Herr Hawliczek, welchen Rat geben Sie anderen Unternehmen, die Active Sourcing einführen möchten?

Hawliczek: Unser Erfolg beruht einerseits auf einer ganz pragmatischen Talent-Management-Strategie – das heißt, wir haben genau definiert, welche Qualifikationen und welche Persönlichkeiten Kandidaten brauchen, um für unser Unternehmen als Talente zu gelten, damit sie fachlich und persönlich zu uns passen. Wir wissen also, wen wir suchen. Das ist die Basis von erfolgreichem, zielgerichtetem Sourcing: schnell zu erkennen, ob ein Kontakt ein potenzieller Kandidat sein wird. Deshalb empfehle ich jedem Unternehmen, mit dieser Definition anzufangen und keine Zeit mit allen „vielleicht guten" Kandidaten zu verlieren.

Andererseits setzen wir uns unsere Ziele in der Personalgewinnung langfristig und investieren in eine gute fachliche und persönlichkeitsbildende Ausbildung unserer Recruiter/Sourcer. Wir achten darauf, dass sie „Recruiter Next Generation" werden und bleiben. Wir schaffen zudem den notwendigen strukturellen Rahmen, in dem sich unsere Teammitglieder frei bewegen können. Innerhalb des Rahmens entscheiden die Recruiter/Sourcer individuell, um den für sie besten Weg zu finden. Es hat sich herauskristallisiert, dass diese Organisation für unser Team und unser Unternehmen die beste Lösung ist. Da es eine Musterlösung für eine Active-Sourcing-Organisation nicht gibt, ist meine Empfehlung für andere Unternehmen, stetig organisatorisch offen und flexibel zu bleiben und nach einer eigenen Organisationsform zu suchen.

Lieber Herr Hawliczek, wir bedanken uns für Ihre spannenden Einsichten in eine so innovative Recruiting-Organisation.

Nachfolgend möchten wir das Thema Active Sourcing aus Sicht der Personalberatung beleuchten.

Sie ist Gründerin und Inhaberin der rise Personalberatung in Königswinter bei Bonn. Diese 2010 gegründete bundesweit tätige Personalberatung richtet sich vor allem an mittelständische Unternehmen, betreibt einen aktiven Talentpool und ein mitarbeiterzentriertes Employer Branding stellvertretend für ihre Mandanten. Seit 2012 bloggt Frau Seidel zu Themen aus Arbeitswelt, Gesellschaft, Karriere und Jobstart im unternehmenseigenen Blog. http://risepersonalberatung.blogspot.de/

Was ist aus Ihrer Sicht der Unterschied zwischen Active Sourcing und dem klassischen Research?
Seidel: Im klassischen Research werden Kandidaten aus der Bedarfssituation heraus angesprochen, der so entstehende Kontakt wird projektbezogen gepflegt. In der Regel stützt sich die Arbeit auf Inserate. Das Recruiting ist tendenziell passiv; es arbeitet die in Reaktion auf Inserate eingehenden Bewerbungen ab. Die Arbeit des klassischen Researchs ist weitgehend durch die je Vakanz definierten Projekte strukturiert, der Kandidat wird aufgefasst als ein bestimmtes Kompetenzprofil, das im Allgemeinen nicht weiter erklärungsbedürftig sein sollte.

Active Sourcing dagegen bedeutet ein proaktives Zugehen auf Bewerber und latent Wechselwillige – im Zweifelsfall schon vor dem Bekanntwerden einer konkreten Vakanz. Active Sourcing holt Kandidaten dort ab, wo sie sich aufhalten, wo sie freiwillig und offen kommunizieren: in den sozialen Netzwerken, Internet-Communitys und Foren. Deutlich stärker als im klassischen Research beinhaltet es ein Aktivieren des Wechselinteresses. Dort, wo der Fachkräftemangel hoch ist, ist dieser Weg fast unausweichlich, denn die Zahl wechselbereiter Experten ist gering.

Die Recherchearbeit zu XING, LinkedIn, Google & Co. zu verlegen, ist nicht gleichbedeutend mit Active Sourcing. Zwar gewinnt der Recruiter durch die Arbeit in den Social Media Zeit und den Zugang zu einer hohen Kandidatendichte; für Wechselwillige sind diese Netzwerke inzwischen schon Pflicht bei der Jobsuche. Active Sourcing heißt aber vor allem, eine andere Qualität in der Beziehung zum Kandidaten zu erzeugen:

- Das suchende Unternehmen muss sehr viel akzentuierter präsentiert werden; hier kommt eine Employer Brand ins Spiel, die aktiv durch den Recruiter präsentiert wird und die Perspektive des internen Mitarbeiters einnimmt. Die anonyme Kurzvorstellung der klassischen Inserate reicht nicht mehr, um als Arbeitgebermarke attraktiv zu sein und zu überzeugen.
- Auch das um den Kandidaten aufzubauende Wissen geht viel weiter: Wie sind seine aktuellen Karriereziele beschaffen, wie schreitet seine Zielerreichung voran, wie ist sein Standing in der aktuellen Position, bis hin zu seiner privaten Situation. Das Wissen um den Kandidaten umfasst im Active Sourcing also viel mehr als nur das Wissen um das oben genannte Kompetenzprofil. Dabei ist der Personalberater aus Kandidatensicht aber nicht nur Datenbank, er bietet dem Kandidaten neben einer auf seine Karriereziele zugeschnittenen Auswahl potenzieller Arbeitgeber im Gegenzug auch Mehrwert durch Beratung im Bewerbungsprozess.

Im Grunde ist die Personalberatung für ein erfolgreiches Active Sourcing sogar besser aufgestellt als die interne HR-Abteilung, vor allem im Mittelstand. Employer Branding ist ein teures Geschäft mit nur schwer messbarer Erfolgsrate. Diese Kosten lassen sich durch die Zusammenarbeit mit einer Personalberatung deutlich minimieren bei gleichzeitig höherer Effizienz.

Ein Personalberater vertritt eine ganze Reihe von Unternehmen und kann deswegen für sich reklamieren, eine weitgehend unabhängige dritte Stimme zu sein. Unternehmenspräsentationen werden so vergleichbar, gewinnen an Glaubwürdigkeit. Das vielfältig gesammelte Wissen um eine Vielzahl von Kandidaten ermöglicht einen besseren Service für das suchende Unternehmen, was gerade im Fachkräftemangel ein höheres Erfolgspotenzial in der Besetzung mit sich bringt. Aber auch die Kandidaten profitieren – hier liegt die Basis für eine vertrauensvolle, dauerhafte Beziehung zwischen dem Personalberater und Kandidaten. Der Active Sourcer wird so auch zum Berater des Kandidaten.

Als unabhängige dritte Stimme ist eine von der Personalberatung vorgestellte Employer Brand für Bewerber durchaus glaubwürdiger als die direkt vom einzelnen Unternehmen bezogene. Auch kann eine Personalberatung die Employer Brand akzentuierter darstellen, den Mehrwert für den einzelnen Kandidaten besser herausarbeiten. Für kleine und mittelständische Unternehmen ist die Zusammenarbeit mit einem so arbeitenden Personalberater ein echter Marktvorteil, wenn es um ein effizientes, zeitnahes Recruiting geht. Hier wird sich ein neues Betätigungsfeld für Personalberater ergeben. Diese Aufgabe verzahnt die Personalberatung eng mit Unternehmensstrategie und Personalmarketing, sie bietet dadurch erhebliches neues Marktpotenzial für Personalberatungen. Der Schwerpunkt der Tätigkeit nimmt Züge einer Managementberatung an.

Kann eine Personalberatung heute erfolgreich professionelles Active Sourcing ohne Social Recruiting durchführen?
Seidel: Zuerst einmal ist Active Sourcing ein Konzept zur Identifizierung, Ansprache und Bindung von High Potentials, die Kanäle der Kommunikation sind dadurch nicht zwingend festgelegt. Man könnte Active Sourcing theoretisch auch über persönlichen Kontakt, Telefon und E-Mail betreiben, was aber schon wegen des hohen Zeitbedarfs ineffizient wäre. Gerade in einem leergefegten Markt wird das kaum zum gewünschten Erfolg führen. Bei Besetzungen in IT-Berufen, von Ingenieurs- und vielen Vertriebspositionen sind die sozialen Interaktionen und technischen Möglichkeiten des Web 2.0 wesentlich, um effizient zu arbeiten.

Identifizierung und Ansprache von High Potentials über Social Media allein ist aber noch kein Active Sourcing. Der Einsatz von Suchmaschinen, sozialen Netzwerkplattformen und Bewerberdatenbanken ist die technische Methode und damit lediglich der erste Schritt im Prozess.

Wirklich spannend wird es, wenn aus dem initialen Kontakt über LinkedIn & Co. tatsächlich eine langfristige Bindung wird. Hier genau liegt der große Vorteil des Social Recruitings, allerdings auch der größte Aufwand. Das Web 2.0 bietet fachbezogene Communitys, Foren, Blogs, Chats, in den Social-Media-Plattformen eingebauten direkten Nachrichtenaustausch und vieles mehr. Durch attraktiven Content, den der aktiv sourcende Personalberater in diesen Kanälen platziert, ändern sich die Verhältnisse grundlegend: Unabhängig von einer aktuellen Wechselbereitschaft entstehen themenzentrierte Kommunikationskanäle, durch die sich Talente langfristig binden lassen, bis ein konkreter Recruiting-Fall eintritt, der die Interessenlage beider Seiten zusammenführt. So wird der Recruiting-Prozess verkürzt, sein Erfolgspotenzial steigt. In einer aufkeimenden Wechselabsicht wird der High-Potential-Bewerber sich zuerst an den Personalberater wenden, der durch geschicktes Bedienen der Social-Media-Kanäle seine Aufmerksamkeit geweckt und sein Vertrauen gewonnen hat. Ist dieses Vertrauen erst einmal aufgebaut, stehen die Chancen gut, dass die Talente während der Rekrutierungsphase bei der Stange bleiben.

Solch attraktiver Content können Botschaften aus dem Employer Branding sein – als umfassende Arbeitgeberdarstellung aus der internen Mitarbeiterperspektive, News aus dem Unternehmensalltag oder als neue Job-Postings. Auch denkbar sind Themen aus der Arbeitswelt, relevante gesellschaftliche Aspekte, Beruf, Bewerbung, Karriere. Das Angebot muss unaufdringlich und gleichzeitig so interessant sein, dass die Zielgruppe aus sich heraus motiviert ist, es regelmäßig abzurufen.

Wie sieht für Sie die erfolgreiche Personalberatung 2.0 aus, und welchen Rat geben Sie Personalberatungskollegen, wie sie sich auf die Veränderungen vorbereiten können?
Seidel: Das klassische Headhunting, das primär exponierte Führungspositionen besetzt, wird es wohl auch in Zukunft geben. Es wird relativ unverändert seine von Diskretion, intensiver Marktkenntnis und gezielter Direktansprache dominierte Tätigkeit weiterführen können. Überall dort, wo der Markt mangeldominiert ist, müssen Personalberatungen umdenken.

Bisher gibt es im Beziehungsgefüge der Personalberatung ein Kundenende: die mandatierenden Unternehmen. Weil der Arbeitsmarkt aktuell bewerberdominiert ist und es auch absehbar bleiben wird, ist es unbedingt erforderlich, auch die zu vermittelnden Kandidaten als Kunden zu sehen. Hier ist eine mindestens genauso intensive Vertriebsarbeit erforderlich. Das drückt sich auch in der Wortwahl aus: Der Kandidat (passiver „Anwärter" auf eine bestimmte Verwendung) wird zum Talent, in dessen Mittelpunkt das in ihm liegende Potenzial steht – selbst wenn es erklärungsbedürftig ist. Der Fokus der Arbeit eines Personalberaters verschiebt sich damit von der Vermittlung von Kompetenzen zur Erkennung dieses Potenzials; er wird zum Talent-Scout.

Ein Newsletter-Versand und die regelmäßige Grußbotschaft zum Geburtstag sind in vielen Personalberatungen übliche Vertriebsarbeit in Richtung Kandidaten. Als Basis für eine Interaktion im Sinne des Active Sourcing ist das zu wenig.

Die Arbeit des Personalberaters wandelt sich von einer auf das Vakanz-Projekt abgestellten Arbeit hin zu Aufbau und Betrieb eines Talentpools. Ähnlich der Sales-Pipeline baut der Active Sourcer eine Basis an Talenten auf, deren Karriereziele, Kompetenzen und Interessen sich mit den bestehenden und kurzfristig zu erwartenden Vakanzen seiner Mandanten decken. Die Informationen zu diesen Talenten führt er in einem Talentpool zusammen. Er identifiziert High Potentials, die für ein möglichst breites Mandantenspektrum interessant sein können. Neben den aktiv wechselbereiten gehören latent Suchende, aber auch aktuell Nichtsuchende dazu. Ein Talentpool ist nicht für den Moment geschaffen, er ist auf Dauer angelegt und die Datenbasis eines Talentnetzwerkes. Er ist so angelegt, dass er jederzeit Statusinformationen liefern kann und über Interaktionsbedarf Auskunft gibt. Er ist die Datenbasis, mit deren Hilfe die Beziehung zu Talenten im Fluss gehalten wird.

Das Ergebnis ist eine hohe Bindung von auf den Branchenfokus der Personalberatung passenden Talenten. Aus der Bindungsqualität resultiert eine effiziente, schnelle und verlässliche Rekrutierung. Für Mandanten bedeutet dies in der Konsequenz eine hohe Passgenauigkeit in der Besetzung, für Kandidaten zahlt sich die langfristige Zusammenarbeit durch die fundierte Arbeitgeberauswahl ebenfalls aus. Der Personalberater wird zum Mediator eines Netzwerks, das sich aus Talenten und Mandanten gleichermaßen zusammensetzt.

Ein guter Personalberater hat seit jeher eine hohe Vertriebskompetenz. Je geringer die Erfolgsquote der inserategestützten Kandidatensuche ausfällt, umso wichtiger werden neue Kompetenzen, um als Active Sourcer erfolgreich zu sein. Diese sind vor allem: Sicherheit in der Bedienung von Social- Media-Kanälen und in der suchmaschinengestützten Recherche, aber auch Erfahrung im Blogging und Sicherheit im Auftreten in Internet-Communitys. Der erfolgreiche Personalberater wird dort aktiv, wo sich die Talente aufhalten – er versteht sich darauf, die Medien des Web 2.0 als regelmäßiges Kommunikationsinstrument zur Beziehungspflege zu nutzen.

Besten Dank für Ihre interessanten Einschätzungen und Erfahrungswerte, liebe Frau Seidel!

Zusammenfassung der Inhalte der Stufe 4: Active Sourcing
Wenn Sie noch effektiver und gezielter Kandidaten finden und auswählen und somit erfolgreiches Active Sourcing betreiben wollen, dann sollten Sie sich auf diese Themen konzentrieren:

1. Welches sind unsere Engpassfunktionen und wo halten sich die entsprechenden möglichen Talente online oder offline auf?
2. Welche Active-Sourcing-Prozesse und -Methoden gibt es, welche passen in unsere Personalbeschaffung und wer wird diese durchführen? Wie kombinieren wir Active Sourcing mit Recruiting in unserem Unternehmen erfolgreich?
3. Wie führen wir Active Sourcing ein? Wie integrieren wir die aus dem Sourcing stammenden Talente und Kontakte in unsere Recruiting-Prozesse?
4. Welche Active-Sourcing-Techniken, -Tools, -Methoden und -Prozesse sind für uns die richtigen? Wie entwickeln wir diese weiter? Wie archivieren wir unser Know-how zum Beispiel in einer Sourcing-Bibliothek?
5. Wie können wir uns auf nur die wesentlichen Kandidaten konzentrieren und noch effektiver sourcen? Welche Möglichkeiten haben wir, die Informationen aus dem Sourcing-Prozess zur erfolgreichen Kontaktaufnahme und zum zielorientierten Dialog mit Talenten einzusetzen? Wie steigern wir nicht nur unsere Response-Rate, sondern auch unsere Conversion-Rate?

15.6   Durch welche Maßnahmen erreicht ein Unternehmen den maximalsten Wirkungsgrad im Social Recruiting und Talent-Management?

Talent-Management ist weder Talentpool-Management noch ein Datenbanken-Management und kann schon gar nicht alleine von einer Software ausgeführt werden. Es geht nicht darum, möglichst viele Kandidatenunterlagen zu sammeln, zu archivieren und darauf zu hoffen, dass zu diesen Kandidaten passende Personalbeschaffungsprojekte kommen werden.

Wesentliches Merkmal eines wirkungsvollen Talent-Managements ist das Beziehungsmanagement zu den Talenten.

Gutes Talent-Management zeichnet sich folgendermaßen aus:

- Zukünftige Talentbedarfe richtig einschätzen
- Geeignete Sourcing-Kanäle identifizieren und planen
- Talente auf sich aufmerksam machen (Talent Attraction)
- Prozesse, Methoden und Tools der Kandidatengewinnung integrieren (Talent Acquisition)
- Gezieltes Finden, Vorauswählen und Gewinnen von Kandidaten (Active Sourcing)

Das Ergebnis ist Ihr tragfähiges und solides Talentnetzwerk (Talent Network). Sie sollten dabei bei allen Maßnahmen und Aktivitäten das zentrale Ziel nicht aus den Augen verlieren: die proaktive Auseinandersetzung mit den möglichen und tatsächlichen internen und externen Talenten.

In diesem Sinne ist Talent-Management bzw. Talent Relationship Management ein strategischer Geschäftsprozess, der alle unterschiedlichen Personalbeschaffungsinstrumente integriert. Der Erfolg basiert immer auch auf der Abstimmung mit parallelem, gutem Employer Branding. Die Beziehung zwischen Talent Sourcing und Employer Branding kann als gegenseitige Unterstützung definiert werden: Eine stabile Arbeitgebermarke katalysiert die Beziehungspflege zu und mit Talenten und umgekehrt stärkt das positive Beziehungsmanagement das Arbeitgeberimage am Arbeitsmarkt. Aber Talent Relationship Management gibt einem flexiblen Employer Branding bzw. auch dem Markengedanken des Unternehmens zentral wichtige Informationen aus dem internen und externen Talentmarkt, der wiederum für die weiteren Geschäftsprozesse über Human Resources hinaus unverzichtbare Informationen liefert.

Talent Relationship Management ist folglich mehr als das professionelle Managen der Beziehungen zu potenziellen Kandidaten, die in nicht allzu weiter Zukunft entstehende Vakanzen besetzen könnten. Es ist auch viel mehr als ein goldfischteichähnlicher, vorselektierter, interner und externer Talentpool. Im Grunde kann erfolgreiches Talent Relationship Management sogar auf Talentpools komplett verzichten, da anstelle dieser einzelnen Gruppen das Netzwerk funktioniert.

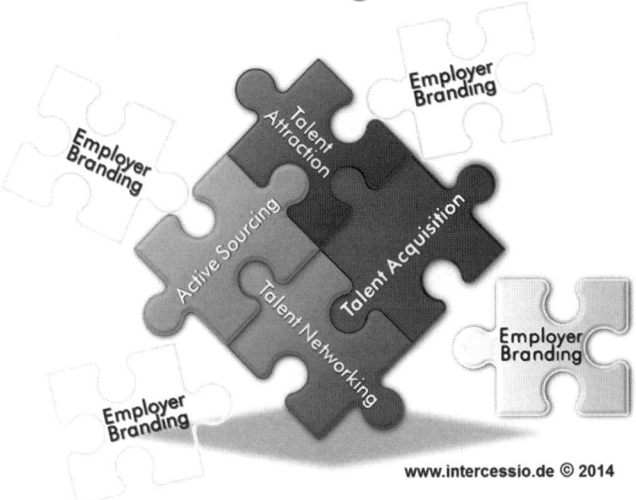

Abb. 15.9 Zusammenhang Social Recruiting, Talent Sourcing und Employer Branding

Das ist allerdings aus heutiger Sicht mutig und noch visionär und entspricht dem Gedankenmodell des Cloud Sourcing [4]: für Human Resources.

In jedem Fall sind die Gewinner-Unternehmen in der Zukunft diejenigen, die agil bleiben und sich einen flexiblen Zugang zu Toptalenten erarbeiten und diesen virtuos halten werden. Diese werden es schaffen, die Erwartungen und Wünsche sowohl aktiver als auch passiver Kandidaten zu erfüllen, und selbst auf ihre Talente zugehen. Sie sind gleichzeitig in der Lage, weitere, parallele Trends und Innovationen erfolgreich und proaktiv zu meistern, wie beispielsweise Technologietrends aus Social Media, andere Webtechnologien (mobile Technologien) oder die demografische Entwicklung. Den Zusammenhang zwischen Social Recruiting, Talent Sourcing und Employer Branding zeigt Abb. 15.9

Wir sprechen mit Birger Meier

Birger Meier arbeitet seit 2013 beim Pharmaunternehmen Boehringer Ingelheim im Bereich Talent Acquisition & Global Employer Branding. Sein Studium „International Business Studies" mit Schwerpunkt Marketing und Marktforschung hat er an der Universität Paderborn und der Universität Malaga absolviert. Seit 2005 beschäftigt er sich beruflich mit Themen wie Employer Branding, Sourcing, Social Recruiting, Talent Acquisition, Brand Management, HR- Communication und Talent-Management. Nach einigen Jahren als Berater bei der milch & zucker AG in Bad Nauheim mit Zuständigkeit für Employer Branding, Personalmarketing und Recruiting wechselte er 2011 auf die Unternehmensseite. Bei der E-Plus Gruppe in Düsseldorf war er verantwortlich für das

Employer Branding und Personalmarketing. Birger Meier verbindet mit den Themen Social Recruiting und Talent-Management Leidenschaft und Expertise, hält Trainings und Seminare und ist gefragter Referent. Er bloggt auch mit im Team eines der meist gelesenen HR-Blogs Deutschlands unter www.personalblogger.net.

Herr Meier, was sind für Sie aus Ihrer Erfahrung heraus die zentralen Voraussetzungen, um erfolgreiches Talent-Management zu betreiben?
Meier: Gutes – oder besser – wirklich erfolgreiches Talent-Management ist gelebtes Talent Relationship Management. Das Wichtigste ist, die Beziehung zu den Talenten aufzubauen, zu pflegen, zu halten und am besten auch weiterzuentwickeln. Es zeichnet sich durch eine umsichtige Strategie und Planung auf Basis eines soliden Fundaments sowie Nachhaltigkeit in der Umsetzung aus.

Talent-Management bzw. Talent Relationship Management basiert deshalb im Wesentlichen auf drei Faktoren:

Erstens ist es wichtig, die richtigen Talente anzusprechen, zu gewinnen und sich auf diese auch zu fokussieren. Dies klingt einfach, ist aber der schwerste Teil des Talent-Managements: einerseits festzulegen, wer für das Unternehmen ein Talent ist und anschließend, wie jeweils dieses Talent bzw. die Talentgruppe betreut, begleitet und gewonnen wird.

Viele Talent-Management-Systeme scheitern bereits an diesem Punkt, da sie zum Beispiel alle Mitarbeiter oder alle Bewerber einbeziehen. Talent-Management konzentriert sich auf die für das Unternehmen besonders wichtig definierten Personen und Talente. Talente können für das Unternehmen zum Beispiel besonders wichtige Mitarbeiter/-innen sein, aber ebenso Kandidaten/Kandidatinnen, die Eigenschaften und Know-how mitbringen, die das Unternehmen dringend benötigt.

Talent-Management konzentriert sich gleichermaßen auf interne wie externe, besonders qualifizierte Personen. Es kann aber auch zusätzlich auf Talente abzielen, die für das Unternehmen eine kritische Rolle spielen, da sie jetzt oder später am externen Markt besonders schwer zu besetzen sind (Wettbewerbsgründe) oder in Zukunft (zum Beispiel wie bei Azubis aus demografischen Gründen) fehlen. Hier spielt auch der räumliche Faktor eine ganz wesentliche Rolle: Wenn die Lage des Unternehmens oder der Wettbewerb vor Ort äußerst problematisch ist, kann jede externe Neubesetzung oder Wiederbesetzung kritisch werden.

Hat das Unternehmen definiert, wer ein „Talent" ist, ist der nächste Schritt, intern und extern Talente zu finden. Diesem „Talent Scouting" kommt heute eine immer größere Bedeutung zu, da man durch klassische Auswahlverfahren einerseits viele besondere Talente nicht erkennt und andererseits die bisherigen standardisierten Verfahren oft einen mehr abschreckenden als gewinnenden Charakter für Talente entwickeln und man diese so verlieren kann.

Talent Scouting erfordert einen Paradigmenwechsel der Beteiligten aus der Personalabteilung sowie der Fachbereiche. Sie müssen zum Beispiel mehr Flexibilität bezüglich der Stellenprofile entwickeln, im gesamten Recruiting, aber auch in Personalentwicklungsmaßnahmen und in den Onboarding-Prozessen. Die Auswahl durch

Talent Scouting erfolgt mehr nach Performance und Potenzial als nach Lebensläufen und vollständigen Bewerbungsunterlagen. Wir sprechen hier natürlich nicht über eine komplette Verschiebung und die Abkehr von Fach-Know-how und Expertenwissen. Aber diese Schwerpunktverlagerung ist eine wesentliche Säule von erfolgreichem Talent-Management.

Sie können Ihre Talente selbstverständlich im nächsten Schritt bezüglich der Betreuung in Gruppen zusammenfassen, wie zum Beispiel in Talentpipelines oder Talentpools je nach Berufsgruppen. Aber diese Systematisierung hat enge Grenzen. Erfolgreiches Talent-Management beziehungsweise Beziehungsmanagement ist und bleibt individuell. Und so sind Gruppierungen nur dort sinnvoll, wo ein dauerhafter Personalbedarf besteht. Zum Beispiel macht für ein Unternehmen, das ständig Praktikanten sucht, ein entsprechender Talentpool großen Sinn. Dennoch warne ich vor zu hoher Automatisierung.

Die **zweite tragende Säule** des gelebten und erfolgreichen Talent Relationship Managements ist die Talent Acquisition in Verbund mit einer starken Arbeitgebermarke.

Für effiziente Talent Acquisition ist es wichtig, als interessanter und attraktiver Arbeitgeber wahrgenommen zu werden. Hierzu sollte sich jedes Unternehmen folgende Fragen beantworten:

1. Wer bin ich als Arbeitgeber (Identität)?
2. Wofür stehe ich als Arbeitergeber (Positionierung)?
3. Was habe ich als Arbeitgeber zu bieten (harte Faktoren wie Arbeitgeberleistungen, weiche Faktoren wie Unternehmenskultur, Werte)?
4. Wer sind meine Zielgruppen (Talente, Jobprofile, kritische Profile)?
5. Was sind die Wünsche meiner Zielgruppen (Erwartungen)?
6. Wie bekannt bin ich als Arbeitgeber bei meinen Zielgruppen (Bekanntheit, Image)?

Für die Beantwortung all dieser Fragen gibt es das Employer Branding, die Arbeitgebermarke. Eine hohe Anziehungskraft einer Arbeitgebermarke, eine solide Positionierung und eine Differenzierung am Jobmarkt sind im Grunde das Fundament jeder Kontaktaufnahme, ob aktiv oder passiv. Die Arbeitgebermarke sollte stetig überprüft werden, und es ist notwendig, sowohl die externe Sichtweise als auch die Meinung der eigenen Mitarbeiter einzubeziehen. Ein starkes Markenversprechen (Employer Value Proposition [EVP] = zentrale Attribute, die Mitarbeiter und Kandidaten mit dem Unternehmen verbinden) kann alle Prozesse des Recruitings – von der Ansprache bis zur Vertragsunterschrift – wie auch alle Prozesse der Personalbetreuung positiv verstärken und vereinfachen.

Die **dritte erfolgsrelevante Säule** ist die Abstimmung der Prozesse und interner Talent-Management-Abläufe. Wirkungsvolles Talent-Management erfordert, dass die Vorgehensweisen miteinander koordiniert und stetig überprüft und angepasst werden. Ähnlich wie im Fall des „Findens von Talenten" klingt dies einfach und selbstverständlich, erfordert aber einigen Einsatz, Aufwand, vielfach systematische Umorganisation. Und vor allem ein neues Mindset der Beteiligten. Recruiter müssen sich von Checklisten trennen (und bekommen keine neuen) und lernen, Kandidaten anzusprechen;

Fachbereiche dürfen sich nicht mehr zurücklehnen, sondern sind gefordert, sich in den Recruiting-Prozess einzubringen und Kandidaten zu werben.

Deshalb empfehle ich allen Unternehmen, die Talent-Management einführen möchten oder ihr bestehendes Talent Relationship Management ausbauen wollen, zuerst einmal für eine bestimmte Gruppe von Jobprofilen (idealerweise mit einem guten Mix an internen und externen, neuen Mitarbeitern) und am besten mit einem offenen Fachbereich für ca. ein halbes Jahr eine Testphase durchzuführen, um in einem In-house-Best-Practice-Beispiel zu beweisen und zu zeigen bzw. erlebbar zu machen, dass es möglich ist.

An dieser Stelle möchte ich auch den Ratschlag geben, dass zuerst die Prozesse stehen müssen, bevor man an die Integration großer IT-Lösungen denkt. EDV ist keine Lösung und kein Ersatz für Beziehungsmanagement. Einfach monatlich einen Newsletter an qualifizierte Kandidaten zu verschicken, ist zwar besser als keine Kommunikation mit Kandidaten, aber kein erfolgreiches Talent Relationship Management. Stattdessen empfehle ich darüber nachzudenken, welche Mehrwerte man Talenten bieten und wie man sie besser ans Unternehmen binden kann.

Wie leben und meistern Sie die Herausforderungen des Themas Talent-Management von Talent Acquisition bis Talent Sourcing in Ihrem Unternehmen?
Meier: Wir nutzen in unserem Unternehmen ein umfassendes Talent-Management. Das Talent-Management umfasst die Personalplanung, also die Klärung des Bedarfs an Kompetenzen und Kapazitäten, die Suche und Auswahl, Einstellung, Einführung, Ausbildung und Entwicklung von Mitarbeitern mit passenden Kompetenzen und das Ausstiegsgespräch für Mitarbeiter, die das Unternehmen verlassen.

Wir unterscheiden im Rahmen der Talent Acquisition zwischen „High Volume Recruiting" und „High Intensity Recruiting". Unter High Volume Recruiting verstehen wir die Beschaffung von Talenten mit einem ähnlichen Jobprofil und einer hohen Bedarfsanzahl, wie zum Beispiel Praktikanten oder Produktionsmitarbeiter. High Intensity Recruiting zielt auf bestimmte Jobprofile ab, die sehr spezielles Fachwissen benötigen und die es nicht so häufig am Jobmarkt gibt, wie zum Beispiel aus dem Bereich Forschung & Entwicklung.

Die größte Talent-Management-Herausforderung für das Unternehmensmanagement besteht darin, das aktuelle Angebot an Arbeitgeberleistungen regelmäßig mit den Erwartungen und Wünschen der Mitarbeiter zu matchen. Jedes Unternehmen hat einen Blumenstrauß an Arbeitgeberleistungen und Benefits. Die Frage ist aber, ob diese Angebote auch zu den Bedürfnissen der Belegschaft passen. Dies können Angebote zur Vereinbarkeit von Privatleben und Beruf sein, wie zum Beispiel flexible Arbeitszeiten, Homeoffice oder Kita-Plätze. Das Ziel heutzutage muss sein, eine lebenszyklusorientierte Personalpolitik zu betreiben und dem Mitarbeiter ein Arbeitsumfeld zu schaffen, in dem er bestmögliche Leistung erbringen kann.

Jeder HR-Mitarbeiter und jeder Hiring-Manager sollte wissen, was die Arbeitgebermarke ist und wofür diese steht. Ein gutes Employer Branding kann das Talent-Management und die Talent Acquisition unterstützen, indem es Antworten in Form von Key Messages auf die Fragen liefert:

1. Wer bin ich als Arbeitgeber?
2. Warum soll jemand bei mir arbeiten?
3. Wie fühlt es sich an, hier zu arbeiten?

Die Kommunikation gegenüber allen relevanten Zielgruppen nach innen (Mitarbeiter) und außen (Talente und Ex-Mitarbeiter) ist Teil der Arbeitgebermarkenkommunikation.

Herr Meier, welchen Rat geben Sie abschließend aus Ihrer Erfahrung anderen Unternehmen?
Meier: Nachfolgend habe ich drei praktische Ratschläge für Sie:

- Das Beste in einem Business Case ist, direkt und möglichst handfest zu zeigen, dass Talent Relationship Management funktioniert, und zwar im eigenen Unternehmen. Wählen Sie dieses Beispiel klug und begleiten Sie es auch intern kommunikativ positiv.
- Auf jeden Fall sollten Sie die Fachbereiche und Hiring-Manager gewinnen! Es geht nicht ohne deren Beteiligung und Unterstützung.
- Meine Empfehlung ist, mit Talent-Management – und auch nur mit einem Business Case – bloß dann zu starten, wenn ein solider Auftrag des Topmanagements dahintersteht und ein „Sponsor" oder vielleicht sogar ein entsprechender „Mentor" das Projekt entsprechend unterstützt.

Ich möchte die Gelegenheit nützen und einen weiteren wichtigen Ratschlag an die Kollegen im Recruiting geben: Die Zukunft des Recruitings gehört dem Recruiter oder der Recruiterin „Next Generation" (RNG). Um diesen Wandel zu erfolgreich zu begleiten, aber auch damit Sie in Ihrem Beruf weiterhin erfolgreich arbeiten können, müssen Sie nicht nur neues technisches Know-how erlernen. Sondern Sie müssen auch durch ein neues Rollen- und Persönlichkeitsbild den Erwartungen und Anforderungen an sich selbst gerecht werden.

Ich persönlich glaube nicht, dass das ohne fundierte Recruiting-Erfahrung geht, Sie sollten also mindestens zwei bis drei Jahre praktisch gelernt haben, wie man Interviews führt oder Eignungsdiagnostik-Verfahren einsetzt, Anzeigen formuliert, wie man mit Fachvorgesetzten zusammenarbeitet und wie Vertragsverhandlungen geführt werden. Um als RNG (Recruiter Next Generation) erfolgreich zu sein, sollten Sie noch folgende Eigenschaften besitzen: Sie sollten

- große Lust und Spaß daran haben, sich in das Thema Social Recruiting und Talent Relationship Management einzuarbeiten;
- sehr kommunikativ und extrovertiert sein;
- sich und Ihr Unternehmen „verkaufen" können;
- Treiber sein und Initiative zeigen
- und last but not least: eine hohe Dienstleistungs- und Servicementalität besitzen.

Lieber Herr Meier, ganz herzlichen Dank für die Ausführungen und vielen Ratschläge.

Zusammenfassung der Inhalte der Stufe 5: Talent Sourcing und Talent Relationship Management

Wer ein funktionierendes Talent Relationship Management (TRM), ein professionelles Talent Sourcing und einen gut strukturierten Talentpool hat, ist am Ziel angekommen und dessen Talent-Management ist perfekt. Wenn Sie den Ehrgeiz haben, Ihr Recruiting und TRM auf diese letzte und höchste Ebene zu heben, dann sollten Sie sich auf diese Themen konzentrieren:

1. Stimmt unser Fundament, das wir gelegt haben? Haben wir alle Prozesse so aufgestellt, alle Mitarbeiter so ausgebildet, alle Tools so implementiert und beherrschen wir unsere Methoden so einwandfrei, dass wir die nächste Stufe starten können? Wenn nicht, welche Verbesserungen sind noch notwendig?

2. Wie können wir unsere bestehende Talentpipeline zu einem noch besseren Talentpool ausbauen, die Kandidaten mit besonderen Qualifikationen oder Eigenschaften, die wir kennen, nicht nur erfolgreicher kontaktieren, noch besser betreuen und engagiert im Prozess halten?

3. Welche Talent-Sourcing-Strategie streben wir an? Welche Talente wollen wir im Talentpool pflegen und über welche Talentpools sprechen wir? Welche Zeit-, Kosten- und Aufwandplanung ist unser Ziel und welche Tools stehen uns zur Verfügung bzw. passen zu uns? Wie führen wir diese ein und setzen sie um?

4. Wie wandeln wir unsere bestehende Datenbank in ein effektives Talentnetzwerk um? Wie gehen wir in unserem Unternehmen mit HR-Big-Data technisch, rechtlich und prozessorientiert um?

5. Wie bleiben wir flexibel, wettbewerbsfähig und beziehen alle modernen Entwicklungen mit ein, wie Empfehlungs-Sourcing, Cloud Sourcing und Mobile Recruiting?

15.7 Fazit

Wir hoffen, dass wir Ihnen einen umfassenden Überblick über die verschiedenen Know-how-Level von den Basics bis hin zur Kür im Social Recruiting geben konnten!

Für uns beiden Experten ist Social Recruiting ein machtvolles Instrument. Wir erleben es tagtäglich in der Praxis, dass es aus den Kinderschuhen herausgewachsen ist. Viele Erfolge der letzten Jahre sind validiert und dokumentiert.

Die Breite der Möglichkeiten, die Zahl der Methoden, Prozesse und Kombinationen mit den Verfahren des bestehenden Recruitings bieten für jedes Personalbeschaffungsproblem die Lösung und auch für jedes Unternehmen die Chance, sich für die Zukunft vorzubereiten, um erst gar nicht vom Fachkräftemangel betroffen zu werden.

Social Recruiting ermöglicht Ihnen Wettbewerbsvorteile und sichert Ihnen somit auch den Unternehmenserfolg. Sie werden schneller zu Kandidaten gelangen und diese für sich interessieren und gewinnen, bevor es andere tun.

Unsere sechs kritischen Erfolgsfaktoren im Social Recruiting sind:

1. Strategische Planung von Anfang an
2. Strukturierte Arbeitsweise im Projekt- und Prozessmanagement
3. Absolute Web-Affinität und Offenheit für neue Technologien
4. Nachhaltigkeit in der Durchführung durch regelmäßiges Training
5. Permanente Lern- und Veränderungsbereitschaft
6. Hohe wertschätzende, kommunikative Fähigkeiten in der Offline- und Online-Welt

Wir Autoren, Barbara Braehmer und Ralph Dannhäuser, wünschen Ihnen viel Erfolg mit Social Recruiting!

Literatur

1. Careerbuilder (Hrsg.) Candidate behavior study 2013. http://careerbuildercommunications.com/candidatebehavior/#sthash.aN2tGYzY.dpbs, zugegriffen: 16. Juni 2014
2. Crosswater Job Guide (Hrsg,) Jobbörsen nach Zielgruppen. http://crosswater-job-guide.com/job-borsen-von-a-z/nach-zielgruppen-brancheberuf, zugegriffen: 16. Juni 2014
3. TalentHQ.com (Hrsg.) Online recruiting and job pollution. http://www.talenthq.com/2010/05/online-recruiting-and-job-pollution/, zugegriffen: 30. Juni 2014
4. Human Resources Executive Online (Hrsg,) Fast forward on HR innovation. http://www.hreon-line.com/HRE/view/story.jhtml?id=534356203, zugegriffen: 29. Juni 2014

Erfolgsfaktoren Social Media Recruiting in Unternehmen

16

Hans Fenner

Inhaltsverzeichnis

Zusammenfassung

Recruiting ist nicht neu, aber das Recruiting hat sich immer den Marktveränderungen und den Veränderungen der Gesellschaftsstrukturen angepasst oder anpassen müssen. Dennoch wurden manche Recruiting-Methoden bis heute beibehalten. Dieses Kapitel soll dem Social Media Recruiter helfen, die Zusammenhänge zwischen den Marktveränderungen, den Anforderungen und den Recruiting-Methoden zu verstehen, eine Standortbestimmung zu machen und festzulegen, welche nächste Entwicklungsstufe er oder sie persönlich anstreben.

16.1   Recruiter 1.0 versus Recruiter 2.0

Weil die Unternehmensführung, durch Globalisierung und zunehmenden Wettbewerb, immer komplexer wird und sich immer mehr differenzieren lässt, kann man auch die Recruiting-Methoden differenzieren. Dem einzigen großen Arbeitgeber am Ort werden viele

H. Fenner (✉)
Capita-Consulting GmbH, Grünlingweg 6, 70599 Stuttgart, Deutschland
E-Mail: hans.fenner@capita-consulting.de

© Springer Fachmedien Wiesbaden 2015
R. Dannhäuser (Hrsg.), *Praxishandbuch Social Media Recruiting*,
DOI 10.1007/978-3-658-06573-7_16

Kandidaten zulaufen. Wenn man einen Spezialisten braucht, von denen es in der Welt nur wenige gibt, stellt sich eine ganz andere Herausforderung, vor allem, wenn der Standort von diesem Spezialisten nicht als attraktiv wahrgenommen wird. Man kann diese unterschiedlichen Anforderungen auch mit einem „situativen" Recruiting meistern, d. h. genau diejenigen Dinge zu tun, die für die einzelne Stellenbesetzung in diesem Moment notwendig und gerechtfertigt sind, um diese Stelle effizient und erfolgreich zu besetzen.

Wenn ein Unternehmen die Effizienz in allen Bereichen steigern muss, um mit den begrenzten Ressourcen und Budgets die Wachstums- und Profitziele zu erreichen, dann werden auch die Recruiter effizientere Lösungen finden müssen. Das heißt allerdings nicht, dass man es sich als Recruiter immer so einfach wie möglich machen sollte, vielmehr muss man wegen der sich rasch ändernden Geschäfts- und Marktbedingungen vorausschauend denken und handeln. Wenn bestimmte Spezialisten für die Umsetzung der Unternehmensstrategie von essenzieller Bedeutung sind, dann kommt auch dem Recruiting dieser Spezialisten eine strategische Bedeutung zu.

Unternehmensstrategien werden grundsätzlich für die Zukunft entwickelt und orientieren sich deshalb an den Annahmen über die zukünftige Marktentwicklung, mit allen Chancen und Risiken und nicht an der Vergangenheit. Unternehmen brauchen deshalb Manager und Recruiter, die in der Lage sind zukünftige Aufgaben und die dazu notwendigen Kompetenzen und Fähigkeiten zu definieren, die richtigen Spezialisten für die zukünftigen Aufgaben zu finden und fit zu machen, damit sie die Unternehmensstrategie effizient umsetzen können. Prof. Otto Scharmer fordert in seinem Buch „Leading From the Emerging Future", dass die Manger ihre Entscheidungen auf die Zukunft ausrichten sollen und nicht an dem Bewährten der Vergangenheit. Je rascher sich die Geschäftswelt verändert, desto flexibler müssen die Manager agieren, um Marktchancen zu generieren oder umgehend zu nutzen. Offensichtlich reichen altbewährte Aufgabenbeschreibungen, Kompetenzen, Fähigkeiten und Vorgehensweisen nur bedingt um die Ziele der Unternehmen erreichen zu können.

In der Vergangenheit wurden die Menschen eher zwangsrekrutiert, weil nicht nur die materiellen Besitztümer, sondern auch die Menschen als Besitz der Obrigkeit angesehen wurden. Manchmal hat man den Eindruck, dass einige Personen sich von dieser Ansicht noch immer nicht lösen können, obwohl die Geschichte lehrt, dass man mit Zwangsrekrutierten in den seltensten Fällen etwas Nachhaltiges entwickeln kann. Der Begriff „Recruiter" wurde im militärischen Bereich für die Beschaffung von Soldaten verwendet. Diese Rekrutierung geschah in den meisten Fällen unter Zwang, und deshalb brauchten die damit befassten Recruiter auch keine besonderen Fähigkeiten außer einem autoritären Messen und Wiegen, eine Methode, die sich auf manchen Personalmärkten bis heute erhalten hat.

Später brauchte auch das aufblühende Handwerk mehr Leute, als man im engeren Familienkreis finden konnte, und man begann zuerst im lokalen Umfeld zu suchen. Die Dombauschulen waren die ersten organisierten und strukturierten Ausbildungsstätten, die geschaffen wurden, um den Nachwuchs mit genau denjenigen Fähigkeiten heranzuziehen, die man für den Bau eines Doms brauchte. Unser heutiges Ausbildungssystem geht auf diese Dombauschulen zurück. Nur so konnten die angestrebten Ziele, zum Teil über große Zeiträume, erreicht werden. Weil es keinen Fachkräftemarkt gab, mussten die Recruiter die Kandidaten finden, einstellen, integrieren, ausbilden und möglichst lange auf der Baustelle halten.

Frühzeitig Nachwuchs ausbilden

Die Hohe Domkirche St. Petrus (Kölner Dom) wurde über eine Zeitspanne von ca. 600 Jahren (1248 bis 1880), mit vielen Unterbrechungen, gebaut. Wenn man davon ausgeht, dass jede Generation ca. 30 Jahre Zeit hatte, dann haben 20 Generationen diesen Dom erbaut. Um dieses Ziel zu erreichen, musste man auch den Nachwuchs auswählen, ausbilden und das Fachwissen, auf praktische Art und Weise, an die nächste Generation weitergeben.

Mit der Industrialisierung mussten viele zuverlässige und fleißige Mitarbeiter angeworben werden, die vorwiegend aus der Landwirtschaft kamen. Die meisten Unternehmen hatten zu Beginn nur einen einzigen Standort, und deshalb war es für die Recruiter opportun, Kandidaten im Umfeld des Unternehmens und der Belegschaftsfamilien zu suchen. Mit den Vettern und Basen fleißiger Leute ging man ein geringeres Risiko ein als mit fremden Kandidaten. Die Zugehörigkeit zu einer bestimmten Gruppe oder Religion war wichtiger als besondere Fähigkeiten, die man ohnehin erst in der oft einzigartigen Unternehmenspraxis entwickeln konnte. Für diese Recruiter war es besonders wichtig, ein Beziehungsgeflecht zu haben, um die Menschen kontaktieren und persönliche Auskünfte über Kandidaten einholen zu können. In Familienunternehmen spielt diese Recruiting-Methode noch immer eine gewisse Rolle, weil das Vertrauen in eine Person für ein kleines, offenes Arbeitsteam im Vordergrund steht.

Die westlichen Märkte der 50er- und 60er-Jahre waren durch eine enorme Nachfrage geprägt, die durch die Hersteller und Lieferanten zunächst kaum befriedigt werden konnte. Die Kunden nahmen lange Lieferzeiten in Kauf, Qualitätsmängel wurden genauso akzeptiert wie fehlende Produktalternativen oder Serviceleistungen. Die Wirtschaft produzierte und verteilte die Waren und konnte nicht genügend Arbeitskräfte finden. Schließlich warben die Politik und die Wirtschaft Gastarbeiter aus südlichen Ländern an, um die Produktion ankurbeln zu können. Auch die ersten Gastarbeiter wurden auf diese Weise aus ihren Heimatländern rekrutiert.

Die folgenden Jahrzehnte waren gekennzeichnet durch eine stetig zunehmende Marktsättigung, weil der enorme Nachholbedarf der Nachkriegsjahre nachließ und sich die nationalen Märkte nach außen öffneten. Produkte aus Billiglohnländern drängten in die Westmärkte und erzwangen einen immer härter werdenden Verdrängungswettbewerb um die Gunst der Kunden. Viele Firmen, mit zum Teil jahrzehntelangen Erfolgsgeschichten, stellten sich nicht rechtzeitig auf diese veränderte Wettbewerbssituation ein und gingen unter. Häufig fehlte es den Firmenlenkern an der Erkenntnis, dass sich der Markt innerhalb einer kurzen Zeit von einem Nachfrage- und Verteilermarkt in einen Angebots- und Verkaufsmarkt verwandelt hatte und die Macht der Märkte von den Produzenten auf die Kunden übergegangen war. Die Produkte und Produktionstechnologien wurden immer komplexer und erforderten gut ausgebildete Fachleute, Techniker und Ingenieure. Die Unternehmen sorgten für fundierte Aus- und Weiterbildungsmöglichkeiten, um ihren Bedarf an Fachleuten decken zu können. Der Staat und die Verbände sorgten ihrerseits für die Schaffung einer strukturierten Ausbildungs- und Zertifizierungskultur, um die Industrie zu unterstützen, möglichst vielen qualifizierten Menschen Arbeit zu verschaffen und dadurch auch die Steuereinnahmen zu steigern und das Gemeinwohl zu verbessern.

▶ **Recruiter 1.0** Der Recruiter 1.0 versteht sich als Administrator und Dienstleister, der die Kandidaten mithilfe von generellen Anforderungsprofilen sucht und auswählt, wenn danach gefragt wird. Diese Anforderungsprofile sind auch die Basis für interne und externe Stellenausschreibungen. Die Kandidaten werden in Printmedien oder online auf eine eher passive Art und Weise gesucht. Die Kandidaten für die zu besetzende Stelle zu interessieren fällt schwer, weil die Aufgaben und das Arbeitsumfeld dem Recruiter 1.0 oft nicht im Detail bekannt sind. Die Vorauswahl der Kandidaten führt der Recruiter 1.0 ebenfalls anhand der Anforderungsprofile durch.

Die Bewertung der Kandidaten stellt sich ebenfalls oft als schwierig dar, weil das Anforderungsprofil nicht auf dem neuesten Stand ist und wichtige Zusatzqualifikationen fehlen, die für die Abteilung wichtig sind, wie zum Beispiel das Beherrschen einer neuen Software oder Testmethode etc. Die Bewerbungsgespräche dauern gewöhnlich sehr lange wegen der Unschärfe der Anforderungen und Unsicherheit der Kandidatenbewertung. Der Recruiter 1.0 hat oftmals Schwierigkeiten, den Kandidaten zu gewinnen, weil er sich an Standardverträge gebunden fühlt und deshalb weniger flexibel auftritt, er versteht sich als Dienstleister für den Manager, der eine Stelle zu besetzen hat. Der Recruiter 1.0 leistet die Vorarbeit, überlässt jedoch die endgültige Entscheidung dem Manager, der allerdings oft weniger Recruiting-Erfahrung hat.

In unserer Beratungspraxis werden wir häufig mit dem Recruiting 1.0 konfrontiert. Oft arbeiten diese Recruiter 1.0 einem Manager zu, der eine Stelle zu besetzen hat, ohne die Stellenanforderungen im Detail zu verstehen und ohne die Arbeitswelt und die Vorlieben der Kandidaten zu kennen. Wir erleben sehr oft, dass die Kommunikation zwischen dem Manager und dem Recruiter lückenhaft oder voller Missverständnisse ist. In manchen Unternehmen übernimmt ein Recruiter individuell die Vorauswahl der Kandidaten, und ein zweiter Recruiter führt dann zusammen mit dem Manager die zweiten Bewerbungsgespräche durch, ohne sich über den Verlauf der ersten Bewerbungsgespräche informiert zu haben. Diese Recruiting-Einstellung und -Vorgehensweise mag für wenige, einfache Funktionen im Unternehmen vorübergehend noch ausreichen, aber keinesfalls für die Fachleute, um die sich die Unternehmen einen Wettbewerb liefern und die von strategischer Bedeutung für das Unternehmen sind. Bei einem Fachkräfteüberangebot, das wir während gewisser Krisenzeiten erlebten, steht zwar die Fähigkeit, die richtigen Leute auszuwählen, im Vordergrund, aber in Zeiten des Fachkräftemangels geht es in erster Linie darum, die richtigen Leute zu finden, zu interessieren, zu entwickeln und langfristig an das Unternehmen zu binden – und das erfordert ein neues Denken und Handeln im Recruiting.

Innovation und Qualität verkauften sich nicht mehr von selbst. Die Kunden stellten plötzlich individuelle Wünsche an die Massenprodukte, sie hatten plötzlich viele in- und ausländische Produkt- und Servicealternativen und wurden immer qualitäts- und preisbewusster und von den Lieferanten umgarnt. Die Kunden waren plötzlich die Könige und nicht mehr die Abhängigen, denen man Waren zuteilte. Dieses Zuteilen von Waren gibt es auch heute noch, wenn die Wirtschaftsgüter knapp sind.

Beispiele hierfür sind Wartezeiten für Telefonanschlüsse, medizinische Behandlungen, Rohstoffe, Bauelemente etc. Diejenigen Firmen, die es verstanden haben, die aktuellen Kundenbedürfnisse zu analysieren und mit Wertschätzung zu erfüllen, „blühten" auf, und die anderen Firmen verschwanden selbst mit guten Produkten von den Märkten oder wurden von erfolgreichen Konzernen übernommen. Wie ist es zu erklären, dass in den gleichen Märkten, mit den gleichen Kundenanforderungen und Marktchancen, manche Firmen explosiv wachsen und die anderen Firmen in den Ruin getrieben werden?

„Made in Germany"

Deutsche Markenprodukte eroberten in den 60er- und 70er-Jahren die Weltmärkte und machten aus der negativen Nachkriegsbrandmarke „Made in Germany" ein Gütesiegel. Bis einige japanische Unternehmen Produkte noch besserer Qualität zu günstigeren Preisen anboten. Beispiele sind vor allem Fotoapparate, Kameras, Fernseh- und Radio-geräte.

Mit diesen Marktveränderungen änderte sich auch der Arbeitsmarkt. Die Unternehmen stellten sehr hohe Anforderungen an die Fachleute, um wettbewerbsfähiger zu werden, und gleichzeitig gab es nicht genügend Fachkräfte. Diese Situation verschärft sich über viele Jahre, einerseits durch einen steigenden Bedarf und andererseits durch die sinkenden Geburtenzahlen. Gleichzeitig änderte sich das Interesse der Studenten für die angebotenen Fachrichtungen der Hochschulen und Universitäten, was sich an den Über- und Unterbe-legungen mancher Ausbildungsgänge ablesen lässt. An diese Marktveränderungen musste sich auch das Recruiting anpassen, denn in den boomenden Jahren hatten sich die Perso-nalmärkte verändert. Nicht nur Kunden, auch manche Berufsgruppen und Spezialisten mussten wie Könige behandelt werden, weil sie von Unternehmen umworben wurden und auf viele Alternativangebote zurückgreifen konnten.

Marktstudie Erfolgsfaktoren

Prof. Jim Collins aus den USA untersuchte mit 100 Wissenschaftlern über einen Zeitraum von fünf Jahren hinweg, ohne eine Hypothese zu haben, ob es Unternehmen gibt, die mindestens 30 Jahre lang ihre Wettbewerber ohne Unterbrechung überflügeln konnten. Er identifizierte elf Unternehmen, die diese Kriterien erfüllten, und untersuchte dann deren Erfolgsfaktoren. Interessant an diesem Studienergebnis ist die Tatsache, dass alle diese elf Unternehmen die richtigen Fachleute auswählten und die richtigen Fachleute an den richtigen Stellen im Unternehmen einsetzten. Er kommt sogar zu dem Ergebnis, dass die Produkte und die eingesetzten Technologien nicht für den Erfolg ent-scheidend waren, sondern nur, wie er es beschreibt, dass die richtigen Leute im Bus sitzen, auf den richtigen Plätzen im Bus sitzen und die falschen Leute aus dem Bus entfernt werden. Interessant ist auch, dass in zehn von elf dieser erfolgreichen Unternehmen der Vorstandsvorsitzende ein Eigenge-wächs des Unternehmens war und kein Seiteneinsteiger. Diese Studie beweist, dass dem Recruiting, dem Finden und der Ausbildung der richtigen Leute sowie ihrer langfristigen Bindung an das Unter-nehmen eine größere Bedeutung zukommt als allen anderen Faktoren im Unternehmen. Die Fachleute dieser elf Unternehmen haben es über 30 Jahre hinweg und allen Krisen zum Trotz geschafft, kontinuierlich zu wachsen, Profit zu erwirtschaften, den Wettbewerb dauerhaft zu überflügeln – und das mit einer großen Nachhaltigkeit über Generationen hinweg.

Nur die Menschen machen den Unterschied!

Alle anderen Dinge wie Gebäude, Einrichtungen, Produktionstechnik, Werkzeuge, Hardware und Software etc. kann jeder kaufen und in jedem Land der Erde einsetzen. Deshalb schenken erfolgreiche Unternehmen den Menschen, sowohl innerhalb des Unternehmens wie auch außerhalb des Unternehmens, ihre ganze Aufmerksamkeit, um sich zu differenzieren und ihre Ziele zu erreichen. Viele in Schwierigkeiten geratene Unternehmen wurden von Großkonzernen oder Investmentgruppen übernommen. Die vielen Firmenübernahmen gipfelten in Megafusionen, die den Anschein erweckten, dass über kurz oder lang nur große Konzerne Überlebenschancen hätten. Große Konzerne hinterlassen jedoch auch viele Nischen durch unzufriedene Kunden, die für Kleinunternehmer lukrativ sein können. So entstanden während der letzten 20 Jahre viele neue Kleinunternehmen, teilweise einem „Goldrausch" ähnlich, aufgrund neuer Produkt- und Serviceideen und Kundeninteressen. In den Bereichen Software, Internet und Biotechnologie gab es gute Einstiegsmöglichkeiten und enorme Wachstumchancen. Viele dieser sogenannten „Start-up-Unternehmen", auch kurz „Start-ups" genannt, lockten über die Börsen riesige Kapitalbeträge für Investitionen an und schienen mit ihrem Wachstum die etablierten Unternehmen und deren konservative Philosophie vorzuführen. Die Börsenwerte des sogenannten „Neuen Aktienmarkts" überschlugen sich förmlich, und einige Start-ups erzielten Börsenwerte, die aus kaufmännischer Sicht kaum zu erklären waren, weil den Börsenwerten nur Wachstumsphantasien, aber keine vergleichbaren Umsatz- oder Gewinngrößen gegenübergestellt werden konnten.

Die jungen Nachwuchskräfte fanden den jugendlichen Arbeitsstil und die raschen Aufstiegsmöglichkeiten in diesen Start-ups so interessant, dass die etablierten Großunternehmen immer mehr Schwierigkeiten sahen, Nachwuchskräfte, mit entsprechender Ausbildung und mit dem gewünschten Entwicklungspotenzial, für sich zu gewinnen. Selbst hohe Gehälter und soziale Sicherheiten konnten diesem Trend nicht entgegenwirken. Zu diesem Zeitpunkt wurde der Slogan: „War for Talents" geprägt, der den weltweiten Wettbewerb, talentierte Arbeitskräfte anzulocken, charakterisiert, die entsprechend den neuen beruflichen Anforderungen adäquat ausgebildet sind und ein hohes Entwicklungspotenzial und Engagement mitbringen. Die Start-ups warben mit Arbeitsplätzen, die viele Freiräume, einen unkonventionellen Arbeitsstil, rasche Aufstiegsmöglichkeiten sowie traumhafte Aktienoptionen boten. Diesen Angeboten stellten die etablierten Unternehmen ihr strahlendes Markenimage und eine hohe Arbeitsplatzsicherheit gegenüber, die aber oft auch mit zähen Aufstiegsmöglichkeiten und einer abschreckende Bürokratie erkauft werden mussten. Der Recruiting-Stil innerhalb der Start-ups war ebenso informell wie der Stil und die Arbeitsweise der damaligen Start-up-Generation.

Marktstudie Mitarbeiter

Das Gallup-Institut analysiert seit Jahrzehnten die internationale Arbeitswelt, die Managementmethoden, das Engagement der Mitarbeiter und deren Loyalität dem Arbeitgeber gegenüber. In der Vergangenheit haben die Mitarbeiter in vielen Ländern die bekannten und großen Marken als Arbeitgeber bevorzugt. Die Studien der letzten Jahre zeigen, dass Google in dieser Statistik alle Champions der großen, traditionellen Arbeitgeber überholt hat und in vielen Ländern als der beliebteste Arbeitgeber gesehen wird. Und das hat einfache Gründe, weil Google sich voll und ganz auf die Bedürfnisse der jungen Mitarbeiter einstellte, um sie zu bekommen, um ihre Talente zu nutzen und sie langfristig an das Unternehmen zu binden und dadurch einen Wettbewerbsvorteil zu erzielen.

Ist das ein strategisches Recruiting und geht das über das eigentliche Recruiting hinaus? Recruiter, die ihren Unternehmen helfen die Strategien effizient umzusetzen, sind besonders nützlich!

Der Arbeitsmarktwettbewerb für junge Nachwuchskräfte dürfte sich für die etablierten Unternehmen vorerst nur deshalb entspannt haben, weil die dramatischen Kurseinbrüche am Neuen Aktienmarkt die Start-ups zu einer Wachstumspause und Konsolidierung zwangen. Umgehend entwickelte sich die Einsicht, dass die etablierten Firmen in der Vergangenheit doch nicht „alles falsch" gemacht hatten, und an der riskanten, euphorischen Vorgehensweise vieler Start-ups, wurde plötzlich massive Kritik geübt. Die Chance der Kurseinbrüche haben viele Großunternehmen genutzt und sich kränkelnde Start-ups einverleibt, um vor allem von deren Ideen und neuen Produkten zu profitieren oder für gewisse Zukunftstechnologien gerüstet zu sein. Viele unkonventionelle Mitarbeiter der Start-ups wurden inzwischen in konservative Unternehmenskulturen integriert und so gezwungen, im Unternehmen den internen Gepflogenheiten entsprechend aufzutreten.

Für die nächsten Jahre prognostizieren manche Recruiter in der westlichen Welt wegen dieser Unternehmens- und Marktentwicklungen und wegen eines Geburtenrückgangs früherer Jahrgänge einen ernsten Führungskräftemangel. Andere Recruiter glauben, dass es genügend Fachkräfte gibt und sich die Suchenden Recruiter und Fachkräfte nur noch nicht finden, trotz vieler Vermittlungsportalen im Internet und trotz den Personaldienstleistern. Viele Konzerne setzen bereits gezielte Talentsuchstrategien ein, um talentierte Nachwuchskräfte schon während deren Schulzeit und während deren Studienzeit für das Unternehmen zu interessieren, zu beobachten und die Besten zu verpflichten. Wurden früher die Investitionen für ein strahlendes Firmenimage ausschließlich für die Kundenwerbung und die Kundenbindung eingesetzt, wird heute auch ganz gezielt in ein verlockendes Arbeitgeberimage investiert. Es gibt in Deutschland eine Reihe mittelständischer Unternehmen, die Weltmarktführer und hochattraktive Arbeitgeber mit Zukunftspotenzial sind, aber vielen jungen Nachwuchskräften völlig unbekannt sind.

Die Personal- und Unternehmensberater sind sich darin einig, dass in der nahen Zukunft nicht mehr in erster Linie die Faktoren Produktion oder Kapital die entscheidenden Erfolgsfaktoren sein werden, sondern die Faktoren: talentierte, zufriedene Mitarbeiter und firmentreue Kunden. Mit Produktionsanlagen und Kapital alleine kann man heute weder die besten Talente anwerben noch langfristig im Unternehmen halten. Umgekehrt kann man mit den besten Talenten und deren Ideen oft auch das für den Erfolg benötigte Kapital anwerben. Ein Unternehmensimage von hoher Strahlkraft aufzubauen dauerte früher viele Jahrzehnte, aber die neuen Medien erlauben es heute, ein solches Image in wenigen Jahren zu entwickeln, allerdings auch über Nacht wieder zu zerstören, wenn schlimme Fehler gemacht werden. Die Transparenz der Unternehmen nimmt stetig zu und es liegt in der Hand der Unternehmenslenker, wie ihr Unternehmen nach außen wirken und wahrgenommen werden soll. Welches Arbeitgeberimage ließe sich erzielen, wenn das Management dafür Sorge tragen würde, dass die Mitteilungen der Mitarbeiter nach außen positiver Natur sind!

Konsequenzen

Aus den Nachfragemärkten wurden Angebotsmärkte, aus reinen Produktionsbetrieben wurden Marketing- und Vertriebsorganisationen mit Produktionseinheiten in Billiglohnländern. Aus den Arbeitgebermärkten wurden Arbeitnehmermärkte für Führungskräfte und eine Reihe von Spezialisten. Trotz der vielen Veränderungen blieben drei Marktkonstante übrig: der zunehmende Wettbewerb, die zunehmende Komplexität und die steten Marktveränderungen. Als Konsequenzen dieser Veränderungen entwickelten führende Unternehmen die folgenden Zukunftsstrategien:

Talentwettbewerb

Die besten Talente anzulocken, auszubilden und langfristig im Unternehmen zu halten, das erfordert neue Unternehmens- und Führungskulturen und neue, marktgerechte Recruiting-Methoden, die den Talenten und ihren Bedürfnissen ebenso Rechnung tragen wie den Unternehmen selbst.

Prozessverbesserung

Die Verbesserung der Arbeitsprozesse und der Effizienz der Arbeitskultur wird unterstützt durch die Planung und Messbarkeit der Maßnahmen, die Sensibilität, die Qualitätsvorgaben, die Flexibilität und die Fähigkeit, bessere Produkte oder Dienstleistungen als die der Mitbewerber schneller in die Märkte zu bringen. Dieses Ziel erfordert eine Belegschaft, die kompetent, erfahren, engagiert und gewillt ist, fortwährend an Detailverbesserungen zu arbeiten.

Kundennutzenfokus

Die Unternehmen versuchen den Kundennutzen stetig zu erhöhen, um die Kunden effektiv zu werben und durch hervorragende Leistungen langfristig zu binden. Über gute Kundenkontakte kann man viele Leistungen verkaufen. Ohne adäquate Kundenkontakte hingegen lassen sich selbst die innovativsten Produkte nicht absetzen. Dieses Ziel erfordert Mitarbeiter, die sich von ihrer eigenen Sicht des Produktnutzens lösen können und sich ganz darauf einlassen, wie die Kunden die Produkte nutzen und diesen Kundennutzen werten.

Kreativität und Innovationskraft

Kreativität und Innovationskraft bedeutet, in kreative und innovative Produktentwicklungen und Dienstleistungen zu investieren, um den Mitbewerbern voraus zu sein und damit die Treue der Kunden langfristig zu erhalten. Dieses Ziel erfordert Führungskräfte, die ein Klima für gezielte Kreativität und Innovation schaffen können, um dadurch das Potenzial der Mitarbeiter, im besten Interesse des Unternehmens, auszuschöpfen.

Strategische Allianzen

Die Unternehmen suchen nach effizienten Partnerschaften mit Spezialisten, um sich komplementär zu verstärken und damit Wettbewerbsvorteile durch einen erhöhten Kundennutzen zu erzielen. Diese Spezialisten sind heute oft nur noch in Form individueller Selbstständiger (Freelancer) zu haben, weil diese Spezialisten so viele Angebote bekommen, dass sie sich sicher genug fühlen, ihren eigenen Weg zu gehen, und ihr Leben nach Belieben gestalten, indem sie einzelne Kundenprojekte bearbeiten, am besten an einem Ort ihrer Wahl.

Ausführen der Strategien

Häufig werden hervorragende Firmenstrategien entwickelt, aber nicht umgesetzt, weil man sie entweder unverständlich kommuniziert oder die verantwortlichen Personen nicht adäquat ausbildet und unterstützt. Die erfolgreichsten Unternehmen kreieren einfache Strategien, die für die gesamte Belegschaft verständlich und umsetzbar sind. Alle diese Strategien stellen sehr hohe Anforderungen an alle Führungskräfte, die direkt oder indirekt mit dem Recruiting befasst sind und die sich neben fachspezifischen Kompetenzen auch eine Reihe zusätzlicher Kompetenzen aneignen müssen, die über ihre persönlichen Fachgebiete hinausgehen. Sie müssen in der Lage sein, die notwendigen zukünftigen Profile für die Fachkräfte zu definieren, eine effektive Suchstrategie, eine treffende Auswahlmethode, effiziente Einarbeitungs- und Entwicklungsmaßnahmen zu entwickeln, um die besten Fachkräfte langfristig an das Unternehmen zu binden.

Recruiting-Methoden

Viele Unternehmen werden alle ihre Chancen nutzen, um an die erforderlichen Fachkräfte heranzukommen, damit sie ihre Ziele erreichen können. Das Social Media Recruiting ist neu, aber die meisten anderen Recruiting-Methoden wiederholen sich mit dem Wandel der Arbeitswelt und nach den Gesetzen von Angebot und Nachfrage. Das internationale Recruiting wird zunehmend als eine Option angesehen, die erforderlichen Fachkräfte zu finden, zumal große globale Unternehmen in über 150 Ländern Niederlassungen unterhalten, die ihnen den Zugang zu ausländischen Fachkräften erleichtert.

▶ **Recruiter 2.0** Der Recruiter 2.0 sieht sich als ein Insider, Berater und Verkäufer, der das Recruiting proaktiv angeht.

Insider bedeutet: Der Recruiter ist informiert über die Strategie seines Unternehmens und deren Umsetzung. Er kennt die Anforderungen an die zukünftigen Fachkräfte und den

Personalmarkt. Er informiert sich ständig über den Finanzmarkt und kennt die finanzielle Situation seines Unternehmens. Er kennt die Positionierung und Differenzierung seines Unternehmens im Wettbewerb der Produkte und der Dienstleistungen.

Beraten bedeutet: Die auftragsgebenden Manager zu beraten, wie sie ihre Stellenanforderungsprofile für die zukünftigen Aufgaben erstellen und mit den aktuellen Qualifikationsanforderungen ergänzen können. Der Recruiter hilft dem Unternehmen Mitarbeiter zu finden, die für die Zukunft geeignet sind und die Strategie des Unternehmens professionell umsetzen können. Dadurch mutiert der Recruiter zu einem Strategen mit einer Schlüsselfunktion für das Unternehmen. Der auftragsgebende Manager schätzt den Recruiter 2.0 als kompetenten Berater und Partner, der ihm hilft, die offene Stelle bestmöglich, effizient und im Rahmen der aktuellen Situation des Unternehmens, zu besetzen.

Verkaufen bedeutet: Der Recruiter 2.0 macht sich persönlich ein umfassendes Bild von der Arbeitsstelle, den aktuellen und zukünftigen Aufgaben und Anforderungen, dem Arbeitsteam und dem Arbeitsumfeld, um für die Bewerbungsgespräche gerüstet zu sein und dem Bewerber die Aufgabe und die Chancen attraktiv darstellen (verkaufen) zu können. In der Stellenausschreibung fokussiert der Recruiter 2.0 vor allem auf die Leistung und die Ergebnisse, die vom Bewerber erwartet werden, und nicht so sehr auf die Fähigkeiten und Kompetenzen, die er mitbringt. Der Recruiter 2.0 identifiziert sich voll und ganz mit seinem Unternehmen, so dass der Funken überspringt, wenn er mit potenziellen Kandidaten spricht. Die Recruiter senken gemeinsam mit den Fachbereichsleitern und weiteren Kollegen die Schwelle für die Bewerber sich für das Unternehmen zu entscheiden, um Wettbewerbsvorteile für das Unternehmen zu sichern.

Proaktiv bedeutet: Die Kandidatensuche erfolgt aktiv und vorausschauend in allen zielgruppenadäquaten Kanälen, die es gibt. Und er studiert die Zielgruppe, ihre Interessen, Vorlieben und ihre bevorzugten Plattformen, bevor er mit der Suche beginnt. Metapher: „Der Wurm sollte dem Fisch schmecken und nicht dem Angler." Dies ist besonders wichtig zu beachten, wenn der Recruiter aus einer anderen Generation stammt als die Zielgruppe. Recruiter, die der gleichen Generation wie die Zielgruppe angehören, kennen die Charakteristika der Zielgruppe oft aus ihrem eigenen privaten Umfeld und tun sich leichter. Wenn Senioren junge Auszubildende einstellen sollen, gibt es oft schon sprachliche Missverständnisse, die eher zu Divergenz als zu Konvergenz führen können.

Für die Auswahl der Kandidaten nutzt der Recruiter 2.0 diagnostische Methoden und Instrumente, um die Anforderungen mit den Qualifikationen der Bewerber möglichst objektiv abzugleichen und untereinander zu vergleichen, um eine endgültige Entscheidung zu treffen. Der Recruiter 2.0 weiß auch, welches Wissen, welche Fähigkeiten und Erfahrungen essenziell für die Zielerreichung der Aufgabe sind. Und er weiß, welche Fähigkeiten im Unternehmen in absehbarer Zeit und mit einem angemessenen Aufwand vermittelt werden können, um bei einem Mangel an Wunschkandidaten sich spontan für die zweitbeste Lösung entscheiden zu können und damit dem Wettbewerb zuvorzukommen.

Die Bewerbungsgespräche sind eher kurz, weil er sich sehr schnell ein Bild vom Kandidaten machen kann, indem verhaltensbasierte und situationsbasierte Fragen verwendet werden, die sich auf die Stellenanforderungen beziehen. Den Bewerbern werden die gewünschten Antworten nicht in den Mund gelegt, indem die Art der Fragen die vom Recruiter erwünschten Antworten suggeriert. Das Ziel dieser Vorgehensweise ist es, sich ein möglichst objektives und wahrheitsgetreues Bild von den typischen Verhaltensmustern der Bewerber im Arbeitsumfeld machen zu können. Der Recruiter 2.0 gewinnt die besten Kandidaten, weil er bei essenziellen Stellenbesetzungen die notwendige Flexibilität aufbringt und die Arbeitsverträge im Rahmen des Möglichen optimiert, um dem Wettbewerb zuvorzukommen.

Was nutzen ausgefeilte Arbeitsverträge, wenn die erwünschten Fachleute, die man braucht, um die Unternehmensziele zu erreichen, am Ende den Vertrag nicht unterschreiben?

Märkte und Methoden werden sich, wie die Vergangenheit zeigt, stetig ändern, und die Veränderungsgeschwindigkeit wird noch zunehmen! Seit es Märkte gibt, gibt es Gewinner und Verlierer, obwohl beide die gleichen Marktchancen nutzen konnten oder auch die gleichen Krisen zu bewältigen hatten. In den erfolgreichen Unternehmen wurden offensichtlich die treffenderen Entscheidungen getroffen, im Vergleich zu den weniger erfolgreichen Unternehmen.

Falsche Annahmen führen zu falschen Entscheidungen

Vor 15 Jahren war für viele Unternehmen das Heimbüro undenkbar, weil man die Sorge hatte, die Menschen würden zu Hause nicht ernsthaft arbeiten. Heute ist das Heimbüro weitverbreitet und die Produktivität ist dadurch gestiegen und nicht gesunken. Falsche Annahmen führen zu 60 % zu falschen Entscheidungen, wie Professor Diedrich Dörner in seinem Buch: „Die Logik des Misslingens" 2003 beschreibt. Ein weiterer Punkt ist, das Recruiting rechtzeitig auf die neuen Marktentwicklungen vorzubereiten, anstatt sich von Marktveränderungen überraschen zu lassen und den Wettbewerbern das Feld zu überlassen. Erfolgreiche Wettbewerber machen es besser, obwohl sie die gleichen Voraussetzungen im Markt vorfinden.

In Zukunft werden diejenigen Unternehmen erfolgreicher sein, die den Recruiting-Prozess umkehren. Statt abzuwarten, bis sich eine Vakanz auftut, analysiert die Recruitment-Abteilung die unternehmenskritischen Stellenprofile, sucht aktiv in allen entsprechenden Quellen nach passenden potenziellen Bewerber, spricht diese an, versucht sie grundsätzlich für das Unternehmen, seine Ziele und seine Kultur zu interessieren, qualifiziert die potenziellen Bewerber weiter und pflegt regelmäßige Kontakte, um über die beruflichen (und ggf. privaten) Entwicklungen auf dem Laufenden zu bleiben. Und wenn sich dann aus der Fachabteilung eine Vakanz ergibt, kann der Recruiter innerhalb kürzester Zeit vorqualifizierte und kalibrierte Kandidaten anbieten. Dies spart Zeit und Geld und steigert die Qualität. (Wolfgang Brickwedde)

Studie Insolvenzen
Prof. Jim Collins aus den USA untersuchte während der Bankenkrise 2008, warum so viele große Unternehmen insolvent wurden, obwohl sie über Jahrzehnte sehr erfolgreich waren. Er beschreibt in seinem Buch „How the Mighty Fall" die fünf Phasen des Abstiegs und für jede Phase die typischen

Indikatoren. Interessanterweise waren arrogante und überhebliche Verhaltensmuster gegenüber Mitarbeitern, Investoren und Kunden der erste Frühindikator in allen untersuchten Fällen. Arroganz gegenüber den drei wichtigsten Märkten eines Unternehmens führte nach einiger Zeit zu weiteren Symptomen, zum Umsatzeinbruch und schließlich zum Zusammenbruch. Es scheint sehr menschlich zu sein, dass langanhaltender Erfolg zu einer gewissen überheblichen und arroganten Haltung führen kann. Diese Erkenntnisse sollten uns sensibilisieren, arrogante Aussagen oder arrogantes Verhalten in unserem Unternehmen frühzeitig zu erkennen und mit Nachdruck in eine angemessene Bescheidenheit und Marktorientierung umzuwandeln, um das Fortschreiten dieser „Krankheit" zu verhindern.

> **Reflexion**
> Wie werden sich der Kundenbedarf und der Wettbewerb entwickeln?
> Welcher Fachkräftebedarf wird sich als Konsequenz daraus ergeben?
> Wie wird sich der Arbeitsmarkt für diejenigen Fachkräfte entwickeln, die wir dringend brauchen?
> Welche bevorzugten Kontaktmedien werden sich im Arbeitsmarkt durchsetzen?
> Wie werden sich die Anforderungen an die Recruiter in der Zukunft ändern?
> Welche Entscheidungen werden Sie treffen, um Ihre:
> - Unternehmensstrategie erfolgreich umsetzen zu können,
> - Unternehmensziele über lange Zeiträume zu erreichen,
> - Wettbewerber meilenweit hinter sich zu lassen,
>   benötigte Fachkräfte zu interessieren, auszuwählen, zu integrieren, zu entwickeln und langfristig an Ihr Unternehmen zu binden,
> - Recruiting-Ziele auf eine möglichst effektive und effiziente Art und Weise zu erreichen?

16.2 Personalmarketing

Personalmarketing ist ein sehr komplexes Thema, über das es umfangreiche Abhandlungen gibt und das mit vielen Disziplinen, wie z. B. Marketing, Verkauf, Kommunikation, Psychologie und Betriebswirtschaft, zu tun hat. Dieses Kapitel soll dem Social Media Recruiter auf praktische Weise helfen, das Personalmarketing im Unternehmen als wichtigen Recruiting-Erfolgsfaktor zu sehen und zu fördern.

Viele Manager sehen sich und ihre Unternehmen einem Wettbewerb in drei völlig unterschiedlichen Märkten ausgesetzt, die sie nur teilweise kennen, für die sie nur teilweise ausgebildet sind und für die sie nur geringe oder keine Einflussmöglichkeiten sehen. Deshalb konzentriert sich die Mehrzahl dieser Manager auf ihren Produkt- und Dienstleistungsmarkt, der ihnen am besten vertraut ist, und hoffen so, ihre persönlichen Ziele und ihre Abteilungsziele langfristig erreichen zu können. Unternehmen, die langfristig erfolgreich sein wollen, müssen für die folgenden drei Märkte die notwendigen Strategien und Kompetenzen entwickeln, effiziente Maßnahmen ergreifen und mit Ideen flexibler und schneller als andere im Markt agieren oder reagieren. Mit Ideenreichtum, Experimentierfreude und Flexibilität haben sich manche Unternehmen aus ihrer gefühlten „Opferrolle" im Markt befreit und sich in eine „Täterrolle" oder Marktführerrolle hinein entwickelt, um den Markt aktiv zu gestalten und eher ihren Wettbewerbern die „Opferrolle" zu überlassen.

Markenaufbau durch die richtige Kundenansprache

Zu einem Zeitpunkt, als sich namhafte Computerhersteller aus dem PC-Markt verabschiedet haben, weil sie das Geschäft als unrentabel einschätzten, hat Apple mit Innovation, Kundenähe, Engagement und Image-Bildung bis dahin unvorstellbare Verkaufspreise erzielt, die höchsten Profite unter den Wettbewerbern erwirtschaftet und den höchsten Unternehmenswert geschaffen.

Produkt- und Dienstleistungsmarkt

Für die unternehmensspezifischen Produkt- und Dienstleistungsmärkte fühlen sich viele Fachleute am besten gerüstet, weil sie speziell dafür ausgebildet wurden und weil sie in diesem Markt ihr ganzes Wissen, ihre Fähigkeiten und ihre Erfahrung einbringen können. Dies gilt in besonderem Maße für die Unternehmensbereiche Forschung, Entwicklung, Produktion, Marketing, Vertrieb, Logistik und Service. In ihrem Zielmarkt sehen diese Fachkräfte auch viele Differenzierungsmöglichkeiten, sich vom Wettbewerb zu unterscheiden und bei ihren Kunden mehr Interesse gewinnen zu können, wie zum Beispiel durch Produkte, Dienstleistungen, Innovation, Technologie, Qualität, Image, Kundenorientierung, Kooperationen, Preisvorteile, Nutzenvorteile, Werbung, Vergleichsstudien, Referenzen etc. Sich auf andere Märkte einzulassen, die ihnen fremd sind, empfinden viele Fachleute als schwierig und aussichtslos. Das ist so, als wollte ein Spitzensportler in einer ihm fremden Disziplin plötzlich einen Wettbewerb gewinnen. Für die Bewerber sind die Produkte oft ein entscheidendes Kriterium, sich für einen Arbeitgeber zu entscheiden, und das ist gut so, denn wenn sich die Mitarbeiter mit dem Produkt identifizieren, fördert das die Leistung und das Engagement nachhaltig.

Finanzmarkt

Nur die wenigsten Unternehmen finanzieren sich mit eigenem Kapital. Zahlreiche institutionelle und private Anleger investieren in Unternehmen, um von den Renditemöglichkeiten und der finanziellen Sicherheit ihres Investments zu profitieren. Bei einer sinkenden Ertragskraft tendieren viele Anleger dazu, ihre Einlagen oder Aktien abzustoßen und in andere Unternehmen zu investieren, die mehr Rendite und Sicherheit bieten. Deshalb müssen die fremdfinanzierten Unternehmen für ihre Investoren attraktiver sein als andere Unternehmen, um im Wettbewerb das notwendige Investorenkapital gewinnen zu können. Um Investoren zu einer langfristigen Anlage zu motivieren, bedarf es auf vielen Ebenen des Unternehmens einer professionellen Steuerung der Geschäftsaktivitäten. Für Unternehmen ist es überlebenswichtig, durch diszipliniertes Denken, Planen, Durchführen, Überwachen und Transparenz das Vertrauen der Investoren in das Unternehmen, die Unternehmensführung, die Berechenbarkeit der Geschäftsentwicklung und die daraus resultierende Zielerreichung zu gewinnen. Investoren investieren besonders in Menschen, die von einer Idee besessen scheinen und weniger in bloße Technik und Einrichtungen.

Andere von der eigenen Idee überzeugen

Manche Investoren setzen riesige Summen auf Menschen, die geniale Ideen haben, wie z. B. der Facebook-Gründer Mark Zuckerberg, der mit seiner Idee und mit seiner Persönlichkeit Investoren anlockte, die es ihm ermöglichten, seine Ideen in kürzester Zeit in die Realität umsetzen zu können.

Ca. 80 % der Ideen scheitern im ersten Anlauf, und das liegt nicht an der Qualität der Ideen oder ihr Marktpotenzial, sondern daran, dass man sie geschickt verkaufen muss, um die Investoren zu begeistern. Leider sind viele brillante Erfinder oft nicht die besten Verkäufer. Brillante Mitarbeiter haben nicht nur gute Ideen, sondern verstehen es auch, um die limitierten Budgets im Unternehmen zu werben, indem sie den Managern nicht nur ihre Ideen vortragen, sondern auch eine Nutzen-Risiko-Abschätzung abliefern, um zu überzeugen.

Arbeitsmarkt

Der wichtigste Unterschied zwischen Konkurrenzunternehmen besteht in der Leistung und dem Engagement der Mitarbeiter und nicht so sehr in der eingesetzten Technologie, wie die Studie von Prof. Jim Collins belegt. Durch das Einstellen der fähigsten Mitarbeiter schafft ein Unternehmen bessere Produktdesigns, höhere Fertigungsstandards, kreativere Marketing- und Vertriebsideen und kundenorientierte Dienstleistungen. Deshalb ist es für die Unternehmen besonders wichtig, die besten Mitarbeiter auf dem Arbeitsmarkt zu gewinnen, sie effektiv zu integrieren, zu fördern, auszubilden, sie zu fordern, ihre Talente optimal zu nutzen, sie zu beteiligen und ihnen Aufstiegsmöglichkeiten anzubieten, um die besten Mitarbeiter langfristig an sich zu binden und dadurch den größtmöglichen Nutzen aus dieser gesamten Personalinvestition zu ziehen. Nicht zuletzt brauchen Talente gewisse Freiräume, damit sie sich entfalten und dem Unternehmen nutzen können.

Das richtige Team macht den Unterschied

Apple hatte dieselben Technologien, Einrichtungen und Lieferanten zur Verfügung wie alle anderen Wettbewerber und konnte sich dennoch deutlich im Markt differenzieren, weil sie ein Team hatten, das den Unterschied auf allen Ebenen machte, vom Design, der Entwicklung, über die Produktion bis hin zur Vermarktung. Wenn ein Unternehmen so erfolgreich und so präsent ist wie Apple, werden sich die Bewerber scharenweise aktiv bewerben und dem Unternehmen große Auswahlmöglichkeiten bescheren.

Nur die Menschen machen den Unterschied in einem Unternehmen und nicht die Technologie! Jedes Gebäude, jede Einrichtung, alle Arbeitsgeräte und Arbeitsprozesse können jederzeit und an jedem Ort der Welt eingekauft, installiert und in Betrieb genommen werden. Die besten

Forscher entwickeln die besten Lösungen, die besten Entwickler schaffen die erforderlichen Produkte und Designs, die besten Produktionsleute produzieren die zuverlässigsten Produkte, die besten Marketing- und Vertriebsleute gewinnen mehr Kunden und die besten Serviceleute sorgen für die höchste Kundenzufriedenheit im Vergleich zu allen anderen Wettbewerbern. (Bill George: Harvard Professor, Buchautor und CEO Medtronic Inc AD)

Unternehmensimage

Manche Unternehmen haben ein Image entwickelt, das für viele Bewerber attraktiv erscheint, aber wenn diese Unternehmen nur auf ihr Image alleine hoffen und sich nicht um andere Faktoren kümmern, die den Mitarbeitern wichtig sind, werden sie langfristig nicht erfolgreich sein. Führende Unternehmen sind manchmal nur ein Sprungbrett für Karrieresuchende. Unternehmen bilden diese Mitarbeiter aus und müssen sie dann ziehen lassen – damit verlieren sie nicht nur Mitarbeiter oder gar Talente, sondern auch die Ressourcen, die man in diese Personen investiert hat. Unternehmen mit einer Fluktuationsrate von 20 % pro Jahr müssen statistisch gesehen alle fünf Jahre die gesamte Belegschaft austauschen, alle fünf Jahre die gesamte Belegschaft neu einstellen, einarbeiten und ausbilden. Dieses Vorgehen bindet so viele Ressourcen, die dem eigentlichen Wettbewerb verloren gehen und oftmals einem Wettbewerber nutzt mit wenig Aufwand an gut ausgebildete Fachkräfte zu kommen.

Studie Mitarbeiter

Eine Mitarbeiterstudie, die vom Gallup-Institut 2012 durchgeführt wurde, zeigt, dass ca. 80 % der Angestellten in Deutschland ihre Arbeitsstelle wechseln würden, wenn sie eine adäquate Alternative finden würden. Wenn wir während unserer Seminare mit Mitarbeitern sprechen, bestätigt sich dieser Eindruck bis hin zu den höchsten Führungsebenen. (Gallup-Institut für Meinungsforschung in USA)

Die erfolgreichsten Unternehmen sind in allen drei Märkten erfolgreich, sie haben ein überragendes Image, eine Führungsrolle im Produkt- und Dienstleistungsmarkt, sie können sich das notwendige Investmentkapital leicht beschaffen und sie sind attraktiv für die Arbeitsuchenden aller Qualifikationen.

Selbst dann, wenn die Wettbewerber über Fachkräftemangel klagen, können sie ihre offenen Stellen besetzen oder haben sogar die Wahl, und ihre Fluktuation ist weit unter dem Marktdurchschnitt. Der überragende und andauernde Erfolg dieser Unternehmen ist weder ein Zufallsprodukt, noch kommt dieser Erfolg durch eine einzelne Maßnahme zustande, sondern ist die Folge einer Reihe von Plänen und Aktivitäten, wie zum Beispiel langfristige immaterielle Ziele und Werte, die passende Strategie, eine solide Planung, eine disziplinierte Umsetzung der Strategie und eine engagierte Belegschaft, die diese Dinge glaubwürdig umsetzt und lebt.

Authentisch sein

Wenn wir von anderen Menschen als ehrliche Person eingestuft werden wollen, hilft es uns nicht, ständig zu betonen, dass wir ehrlich sind, sondern wir müssen dies durch unser Verhalten und unsere Taten fortwährend beweisen. Es geht dabei nicht um die Perfektion. Fehler werden akzeptiert, wenn wir uns bemühen, stets das Richtige zu tun und zu unseren Fehlern stehen.

Wie kann man ein Unternehmen und eine Arbeitsstelle für die Bewerber nachhaltig attraktiv machen?

Wenn man Studenten befragt, welche Unternehmen als Arbeitgeber auf ihrer Wunschliste stehen, dann sind das oft Unternehmen, die bereits ein strahlendes Image entwickelt haben oder die reizvolle Produkte anbieten. Die anderen Unternehmen erscheinen gar nicht auf dem Unternehmensradar der Studenten, selbst dann nicht, wenn diese Unternehmen sehr erfolgreich sind. Das Image eines Unternehmens zu entwickeln, kann natürlich nicht die Aufgabe eines Recruiters sein, aber jede einzelne Person im Unternehmen trägt direkt oder indirekt dazu bei, den Wert des Unternehmens kontinuierlich zu steigern oder auch zu zerstören. Früher war es vor allem eine Marketingaufgabe, eine Marke zu entwickeln, heute ist die Markenbildung häufig ein strategisches Element der Unternehmensführung, weil Untersuchungen zeigen, dass starke Marken nicht nur auf Kunden eine sehr positive und fördernde Wirkung haben, sondern auch auf die Mitarbeiter und die Bewerber.

> **Persönliche Nachrichten wiegen bei der Entscheidung der Bewerber stark**
>
> Wenn ein Unternehmen 10.000 Mitarbeiter beschäftigt und jeder dieser Mitarbeiter tauscht sich mit zehn Familienmitgliedern, zehn Freunden und fünf Vereinskollegen über seinen Arbeitsplatz aus, dann haben ca. 250.000 Menschen im Umfeld des Unternehmens entweder Zugang zu positiven oder auch negativen Nachrichten über dieses Unternehmen. Diese Nachrichten werden potenzielle Bewerber entweder motivieren, sich zu bewerben oder diesen Arbeitgeber von ihrer Wunschliste zu streichen. Untersuchungen der Neuro-Marketingexperten zeigen, dass Kunden ihre Kaufentscheidungen bis zu 80 % gefühlsbezogen treffen. Wenn wir dieses Verhalten auf die Entscheidungen der Bewerber spiegeln, wird deutlich, wie wichtig es ist, neben den reinen Fakten des Unternehmens auch die Gefühlswelt der Bewerber anzusprechen.

Die sozialen Medien haben einen großen Einfluss auf das Image eines Unternehmens, weil durch diese Medien die Unternehmen transparent werden wie nie zuvor. Konnten Marketing und die Unternehmenskommunikation in der Vergangenheit noch direkt steuern, wie die Marke nach außen hin dargestellt und wahrgenommen werden soll, können heute alle diese Bemühungen mit wenigen negativen Einträgen in sozialen Medien zunichte gemacht oder sogar ins Gegenteil verkehrt werden.

Beispiele sind Bestechungsskandale, Produktfehler, Mobbing etc., die oft von betroffenen Insidern über das Internet ans Tageslicht gebracht werden. In den letzten Jahren sind immer wieder peinliche Insiderinformationen ans Tageslicht gekommen, von denen heute nicht einmal der Geheimdienst verschont bleibt. Beispiel: Wikileaks-Veröffentlichungen, die vorwiegend durch Insider ermöglicht wurden. Wer sich heute im Internet über ein Produkt informiert, findet auch Blog-Einträge von Kunden, die mit dem Produkt zufrieden waren oder auch nicht. Das sind alles Quellen, die die Unternehmen scheinbar nicht beeinflussen können, die aber von großer Bedeutung für das Image der Unternehmen sein können.

Wie können Unternehmen indirekt die öffentliche Kommunikation in den Internetforen beeinflussen?

Indem die Unternehmen sich auf ihre eigenen Werte besinnen und alle Mitarbeiter diese Werte nach innen und außen, in ehrlicher und glaubhafter Art und Weise, vertreten. Unternehmen werden nicht mehr an der Perfektion ihrer Broschüren, ihrer Werbung und ihrem Internetauftritt alleine gemessen, sondern an ihren Taten und an ihren fortwährenden Bemühungen, ihre Werte sichtbar und spürbar zu leben. Je größer die Differenz zwischen dem eigenen Werteanspruch und der sichtbaren Realität ist, desto eher wird dies als unethisches Geschäftsgebaren in Internetforen kommuniziert und angeprangert.

Jedes Unternehmen gibt nach außen und innen, direkt oder indirekt, ein Markenversprechen ab, das es um jeden Preis einzuhalten gilt, um glaubwürdig und interessant zu sein.

Studie Entscheidungskriterien

Die Studien des Gallup-Instituts während der letzten Dekaden zeigen, dass sich die Wichtigkeit der Entscheidungskriterien der Bewerber verändert hat. Bei der sogenannten Generation X, den Babyboomern der 60er-Jahre, stand die materielle Belohnung noch weiter oben auf der Wunschliste als bei der nachfolgenden Generation Y, die häufiger auf das Arbeitsklima achtet. Von internen Untersuchungen globaler Unternehmen über die Motive der neuen Mitarbeiter standen bei Fachkräften die Karrierechancen ganz oben auf der Liste, gefolgt von den Weiterbildungsmöglichkeiten, der internationalen Ausrichtung, den herausfordernden Aufgaben, dem Standort und der Reputation des Unternehmens sowie einer attraktiven Vergütung.

(Gallup-Institut für Meinungsforschung in USA)

Die Generation X hatte oft nicht die große Auswahl an Stellenangeboten und hat sich erst später durch Aufstieg oder Arbeitgeberwechsel ihren eigentlichen Vorlieben angenähert. Die Generation Y hat heute die Qual der Wahl, und manche Studenten oder Bewerber würden gerne einmal wissen, wie es sich anfühlt, in einem bestimmten Unternehmensbereich zu arbeiten, bevor sie eine endgültige Entscheidung über ihre Berufswahl oder den zukünftigen Arbeitgeber treffen.

Werbemaßnahmen

Viele Unternehmen bieten heute jungen Menschen an, als Schüler oder Studenten ein Praktikum zu machen, und bieten duale Ausbildungsmöglichkeiten, die sehr gerne angenommen werden. Meistens müssen die Unternehmen für diese Angebote Ressourcen aufwenden, die sich allerdings in mehrfacher Hinsicht bezahlt machen. Die Manager können sich ein Bild über die kommende Generation machen und sich auf deren Interessen und Vorlieben einstellen, und sie können Talente frühzeitig identifizieren und versuchen diese an sich zu binden, bevor sie sich im Arbeitsmarkt umsehen. Für die Praktikanten ist es eine hervorragende Möglichkeit, Arbeitsfelder von ihrer Liste zu streichen und andere höher einzustufen, bevor sie eine endgültige Entscheidung über ihre zukünftigen Fachgebiete treffen. Das sollte auch im Interesse der Arbeitgeber liegen, denn neue Mitarbeiter, die nach drei Monaten wieder gehen, weil sie es sich anders vorgestellt hatten, kosten Ressourcen, die das Unternehmen besser einsetzen kann.

Manche Unternehmen gehen auch in die Schulen und Universitäten, um sich proaktiv vorzustellen und dadurch auf die Auswahllisten der nächsten Generation zu kommen oder in der Rangfolge unter den Wettbewerbern zu steigen. Vor allem der große Mittelstand nimmt diese Chancen erfolgreich war, um gegenüber den großen Marken aufzuholen. Einige mittelständische Unternehmen können alle Positionen für Ingenieure besetzen, wohingegen viele große Unternehmen nicht wissen, wie sie die Lücken in ihren Ingenieurteams schließen sollen. Sie behelfen sich mit Leiharbeitskräften (Freelancer), die teuer sind und sich oft nicht so leicht ins Team integrieren lassen.

Arbeitsstelle verkaufen

Die Definition des Recruiter 2.0 enthält das Wort „Verkäufer", weil der Recruiter im ersten Bewerbergespräch die Chance hat, das Unternehmen, die Arbeitsstelle und die Chancen so darzustellen, dass der Bewerber sich vorstellen kann, diese Stelle anzutreten. In unseren Seminaren für professionelle Bewerbungsgespräche erleben wir selbst bei manchen erfahrenen Recruitern und Managern, dass sie sich nicht darauf vorbereiten, die Stelle schmackhaft zu machen, und manchmal sogar eher negativ wirkende Begriffe verwenden, die Bewerber abschrecken und zögern lassen.

Wir haben nur eine einmalige Chance, einen ersten Eindruck zu vermitteln und der erste Eindruck hat am meisten Gewicht und haftet am längsten. Deshalb ist es sehr wichtig, den Empfang des Bewerbers gut vorzubereiten, um den besten ersten Eindruck zu machen. Viele Unternehmen halten für die Bewerbungsgespräche oft unschöne Räumlichkeiten bereit. Warum für den Empfang den Hintereingang wählen, wenn ein Ausstellungsraum mit Produkten etc. vorhanden ist? Wir sehen manchmal Gebäude und Räume, die wohl für keinen anderen Zweck mehr verwendet werden als für die vielen Bewerbergespräche und eher den Eindruck von kahlen, medizinischen Untersuchungsräumen hinterlassen. Nicht dass diese Räume nichts taugen würden, aber Entrümpeln und Bebildern mit eigenen Produktpostern kostet nicht die Welt und erzeugt eine positive Stimmung. Die Marketingkollegen haben oft gute Ideen und Produkt- oder Imageposter zur Verfügung, um die Räume mit wenig Aufwand zu optimieren.

In unseren Management-, Marketing-, Verkaufs- und Recruiting-Seminaren bitten wir die Teilnehmer, sich selbst und ihr Unternehmen kurz, treffend und ansprechend vorzustellen. Obwohl alle Seminarteilnehmer sich in ihrer Tätigkeit sehr häufig vorstellen, erleben wir sehr selten eine wirklich professionelle Vorstellung. Viele Verantwortliche scheinen diesem Moment nicht die Bedeutung beizumessen, die er in der Realität nachweislich hat. Alle Beteiligen sollten sich die Zeit nehmen eine professionelle und mitreißende Vorstellung des Unternehmens vorzubereiten.

Die wichtigsten Vorlieben und Bedürfnisse der Menschen sind sehr individuell, aber teilweise auch spezifisch für eine Alters- oder Berufsgruppe. Jedes Unternehmen hat eine ganze Reihe von Werten, Eigenschaften und Vorteilen für die Belegschaft. Diese Werte und Vorteile sollten in der Vorbereitung für die Vorstellung des Unternehmens alle aufgelistet sein, damit der Recruiter sie zur Hand hat. Menschen lassen sich jedoch eher von den drei Vorteilen überzeugen, die für sie besonders relevant sind, als von der Summe einer langen Vorteilsliste, die ihre Entscheidung nur verkompliziert. Deshalb sollten bei der Vorstellung des Unternehmens nur diejenigen drei Vorteile angesprochen werden, die für diese Person am wichtigsten sind oder sein könnten.

Dieses Vorgehen setzt voraus, dass der Recruiter die Berufsgruppe oder Altersgruppe genau studiert und herausfindet, was ihnen wichtig ist und welche Vorlieben sie haben oder weshalb sie wechseln wollen. Wir haben auch gute Erfahrungen damit gemacht, die Bewerber zu fragen, was ihnen persönlich wichtig ist, um dann die passenden Vorteile und den Wechselnutzen gegenüberzustellen. Der Wurm muss dem Fisch schmecken, nicht dem Angler! Ein häufiger Fehler, den wir immer wieder sehen, ist, dass der Recruiter sein Unternehmen aus der Brille seiner eigenen Vorlieben und Bedürfnisse darstellt. Bei einigen Bewerbern kann diese Vorgehensweise zum Erfolg führen, aber bei der Mehrzahl der Bewerber nicht, vor allem dann nicht, wenn zwischen dem Recruiter und dem Bewerber ein großer Altersunterschied besteht. Der Recruiter könnte besonders an der Sicherheit des Arbeitsplatzes interessiert sein, der Bewerber könnte jedoch vor allem an den Zukunftchancen interessiert sein. Die beste Lösung ist es genau zu verstehen was dem Bewerber wichtig ist und nur diejenigen drei Vorteile zu benennen, die für diesen Bewerber von Interesse sind.

Coaching-Frage an den Recruiter

Wenn Sie durch eine professionelle Vorstellung Ihrer Person und Ihres Unternehmens einen einziges Talent pro Jahr mehr gewinnen könnten, wie viel Zeit wären Sie bereit zu investieren, um eine professionelle Vorstellung zu entwickeln? Die Kollegen aus Marketing und Kommunikation werden gerne helfen, eine professionelle Vorstellung zu entwickeln, denn es ist ihre tägliche Arbeit und sie haben vielleicht etwas, das der Recruiter direkt verwenden kann.

Sinnvoll ist es auch, für die Bewerber Dinge vorzubereiten, die sie anfassen können, um ihre taktilen Sinne anzusprechen, wie Produktmodelle und Broschüren. Die meisten Menschen werden zu Hause auf das Gespräch angesprochen, und deshalb ist es sehr wichtig, wirkungsvolle und ansprechende Unterlagen in einer Mappe mitzugeben. Zu Hause werden diese Unterlagen dafür sorgen, dass das Umfeld sich ebenfalls begeistern lässt und die Entscheidung unterstützt. Und zusätzlich kann sich der Bewerber täglich mit diesen Bildern beschäftigen, und sein Unterbewusstsein beginnt sich so mit dieser neuen Situation vertraut zu machen und die Entscheidung zu unterstützen.

Studien zeigen, dass Kunden ihre Kaufentscheidungen zu ca. 80 % mit ihrem Gefühl und nur zu 20 % rational treffen, auch wenn das viele Kunden nicht wahrhaben wollen. Unser Unterbewusstsein entscheidet und unsere Ratio versucht diese Entscheidung nachträglich zu erklären.

Reflexion
Wie wird sich das Personalmarketing verändern?
Welche Marketingkanäle werden besonders wichtig werden?
Wie werden die Fachkräfte auf dieses Personalmarketing reagieren?
    Welche Entscheidungen werden Sie treffen, um:
- Ihr Personalmarketing im Unternehmen zu beeinflussen,
- Ihre Wettbewerber im Personalmarketing hinter sich zu lassen,
- Ihre eigenen Personalmarketing-Maßnahmen zu gestalten?

16.3   Bewerbungsgespräche

Kommunikation ist an sich schon ein sehr umfangreiches Thema und die Bewerbungsgespräche im Besonderen, weil noch viele Aspekte hinzukommen. Mit diesem Kapitel
wollen wir vor allem praktische Erfahrungen aus unserer Beratungs- und Seminarpraxis
teilen, um die Social Media Recruiter für einige Punkte der Bewerbungsgespräche zu
sensibilisieren.

Gesprächsatmosphäre
Wir müssen in unserer Beratungspraxis immer wieder erleben, dass die Räume, in denen die
Bewerbungsgespräche stattfinden, oft lustlos und kahl ausgestattet sind, obwohl man sehr an-
sprechende Produkte oder Produktposter zur Verfügung hat, die man ohne großen Aufwand
aufhängen oder ausstellen kann, um eine einladende Gesprächsatmosphäre zu schaffen.
Wenn die Räumlichkeiten schon ein unbehagliches Gefühl auslösen, wird es für die Bewer-
ber schwer, sich wirklich zu öffnen. Je freundlicher die Umgebung und je freundlicher der
Ton, desto eher wird der Bewerber dem Recruiter vertrauen und mehr von sich preisgeben.

Verhörmethoden
In der Vergangenheit wurden die Bewerbungsgespräche teilweise wie Verhöre geführt,
mit dem Verdacht, dass die Bewerber etwas zu verbergen hätten, das es zu entdecken gilt.
Oder „die Leiche im Keller zu finden", wie manche Recruiter zu sagen pflegten. Dieses
Gesprächsverhalten wurde wegen des damaligen Überangebots an Arbeitskräften von den
Bewerbern toleriert, hat sich aber teilweise bis heute erhalten. In vielen Bereichen fehlen
die Fachleute und die Unternehmen müssen ihre Bewerbungsgespräche ändern, um die
besten Kandidaten nicht zu vertreiben.

Misstrauen
Bewerbungsgespräche gehören für viele Menschen zu den Situationen, an die sie sich
nicht so gerne erinnern und die sie auch nicht suchen, und das hat viele Gründe. Inzwischen gibt es sowohl für Recruiter als auch für Bewerber eine umfangreiche Liste an
Literatur, die sich mit diesem Thema beschäftigt. Die Recruiter haben Fragetechniken
entwickelt, um ihre Fehlerquote zu drücken, und die Bewerber wurden aufgeklärt, welche Absichten hinter welchen Recruiter-Fragen stecken und welche Antworten sie geben
sollten. Das führte nicht gerade zu einem partnerschaftlichen Dialog, sondern eher zu
einem gegenseitigen Misstrauen und zu Verteidigungsverhalten. In vielen Unternehmen
wird ohnehin eher ein Misstrauens-Management praktiziert; weil das Management davon
ausgeht, dass alle Mitarbeiter überwacht werden müssen, weil sie sonst nicht das tun, was
sie tun sollen, oder ihr Unternehmen gar betrügen. Wahrscheinlich gibt es überall ein paar
schwarze Schafe, aber das ist kein Grund, der gesamten Belegschaft zu misstrauen. Misstrauen wird von Menschen gespiegelt und führt zu beiderseitigem Misstrauen, deshalb ist
das keine Lösung für ein wettbewerbsfähiges, konstruktives Arbeitsklima. Das Gleiche
gilt für die Bewerbungsgespräche! Wer will schon in einem Unternehmen arbeiten, in dem

das Misstrauen herrscht, das sich bis in die Bewerbergespräche hineinzieht? Wie kann man jemanden als zukünftigen Partner betrachten, dem man von vornherein misstraut?

Vom Verhör zum Dialog
Manche Unternehmen haben ihre Bewerbungsgespräche bereits auf einen partnerschaftlichen Dialog umgestellt, denn beide Seiten können gewinnen oder auch verlieren, deshalb müssen beide Seiten die Gelegenheit bekommen, das Angebot zu prüfen, um eine langfristige Entscheidung treffen zu können. Beide Seiten haben das gleiche Recht und Interesse, Fragen zu stellen und ehrliche Antworten zu bekommen, bevor sie eine langfristige und endgültige Entscheidung treffen.

Partnerschaftlicher Dialog

Vor kurzem bat mich ein exzellenter, junger Diplomingenieur, ihn auf sein erstes Bewerbungsgespräch bei einem sehr erfolgreichen Weltkonzern vorzubereiten. Nach diesem Bewerbungsgespräch kam er strahlend zurück und sagte: „Ich musste mich gar nicht bewerben, die haben sich ja die ganze Zeit über bei mir beworben!"

Fragen und Antworten
Mitarbeiter haben viele Fragen an ihre zukünftigen Vorgesetzen und Arbeitgeber. Diese Mitarbeiterfragen lassen sich auf fünf wesentliche Fragen reduzieren. Vorgesetzte, die diese Fragen beantworten, werden ihre Mitarbeiter eher zufriedenstellen als andere. Die Recruiter können sich diese Erkenntnis zunutze machen, indem sie die Antworten für diese fünf Fragen vorbereiten und während der Bewerbungsgespräche teilweise auch proaktiv beantworten. Diese Vorgehensweise demonstriert ein gewisses Einfühlungsvermögen und schafft Vertrauen. Manche Bewerber trauen sich ohnehin nicht, alle Fragen zu stellen, die ihnen auf dem Herzen liegen.

Mitarbeiterfragen
1. Welche Werte und langfristigen immateriellen Ziele strebt dieses Unternehmen an?
   Mitarbeiter wollen sich mit dem Sinn und Zweck des Unternehmens identifizieren.
2. Was ist genau meine Aufgabe, welche Verantwortung habe ich und was wird von mir erwartet?
   Mitarbeiter wollen Klarheit über ihre Verantwortung und ihren Beitrag für das Unternehmensziel.
3. Wer hilft mir meine Arbeitsziele zu erreichen und mich weiterzuentwickeln?
   Mitarbeiter wollen sich weiterentwickeln und ihr Potenzial nutzen, um Erfüllung zu in der Arbeit finden.
4. Wer gibt mir Feedback über meine Leistung und meine Entwicklung?
   Mitarbeiter wollen ihre Leistung selbst einschätzen und mit ihren Vorgesetzen abgleichen.

5. Was habe ich materiell und immateriell davon, mich zu engagieren?
   Mitarbeiter wollen wissen, wie ihr Engagement im Unternehmen anerkannt und belohnt
   wird.

Manche dieser Fragen können für das Unternehmen generell beantwortet werden. Die
anderen Fragen sollten eher abteilungs- oder aufgabenspezifisch beantwortet werden und
mit dem Abteilungsleiter abgestimmt werden.

Verhaltensbasierte oder situationsbasierte Fragen

In vielen Unternehmen wurden die Fragen nach den Fähigkeiten der Bewerber, die häufig
die gewünschten Antworten suggerieren, bereits durch verhaltensbasierte Fragen ersetzt,
die nach dem typischen Verhalten des Bewerbers während bestimmter Arbeitssituationen
fragen. Der Bewerber kann aufgrund der Frage nicht einschätzen, wie die Antworten für
diese Arbeitsstelle gewertet werden. Je besser der Recruiter das Umfeld der Arbeitsstelle
kennt, desto einfacher kann er verhaltensbasierte Fragen zu realen Arbeitssituationen stellen, um heraus zu finden, ob der Kandidat die gewünschten Verhaltensmuster zeigt oder
nicht.

Zusätzliche Fragen

Wichtig ist es auch zu fragen, welche persönlichen Ziele ein Bewerber hat, um zu identifizieren, ob diese Ziele vom Unternehmen unterstützt werden können oder nicht. Oder
ob die Ziele der Person und des Unternehmens sich optimal ergänzen. Wenn man die
persönlichen Ziele eines Mitarbeiters kennt und unterstützt, ergeben sich hervorragende
Chancen, die intrinsische Motivation der Mitarbeiter zu nutzen und zu fördern.

Emotionen

Worte lösen Emotionen aus, deshalb ist es sehr wichtig, wie man etwas sagt und nicht
nur, was man sagt. Der Tonfall hat oft eine größere Wirkung als die Worte! Während
des Bewerbungsgesprächs geht es nicht um Perfektion, sondern darum, eine vertrauensvolle Beziehung herzustellen. Dies wird durch eine positive Körpersprache und positive
Worte verstärkt. So wie ethische Verkäufer bei ihren Kunden vorgehen, um ihre Ziele zu
erreichen. Wenn unsere Einstellung zu unserem Unternehmen, zu unserer Aufgabe und
dem Bewerber gegenüber positiv ist, brauchen wir uns über unsere Körpersprache keine
Gedanken zu machen, sie drückt nur unsere Einstellung aus und wird deshalb ganz von alleine positiv wirken. Und es stellt sich zwischen dem, was wir sagen und wie wir es sagen,
eine Harmonie ein, die überzeugend wirkt. Sollte unsere Einstellung in irgendeinem Punkt
negativ belastet sein, dann wird sich in unserer Kommunikation eine Disharmonie einstellen, die unglaubwürdig wirkt und beim Gegenüber einen Alarm auslöst: Dem kannst Du
nicht trauen! Menschen haben für diese Disharmonien die feinsten Antennen, deshalb ist
der einfachste Weg für den Recruiter, immer offen, ehrlich und ethisch zu sein, genau das,
was er von einem Bewerber auch erwartet.

Wortwahl

Die gewählten Worte und die Sprache sollten dem Image des Unternehmens gerecht werden und der angestrebten Position des Bewerbers. Entsprechende Umgangsformen sind selbstverständlich.

Jedes Unternehmen verwendet interne Abkürzungen, Projektnamen, Fachbegriffe oder einen Unternehmensjargon, mit dem die Außenseiter nicht vertraut sein können. Wer solche Begriffe oder den Jargon verwendet, schließt den Bewerber von seiner Kommunikation aus. Wer will sich in einer solchen Situation schon die Blöße geben und ständig nachfragen, was damit gemeint ist. Man kann in diesem Fall von einer exklusiven oder auch ausschließenden Kommunikation sprechen, die eher dem eigenen Ego dient als einem offenen Dialog.

Auf die richtige Wortwahl kommt es an

Während eines Bewerbungsgesprächs wurde die folgende Formulierung verwendet: „Wir befinden uns gerade in einem Chaos und suchen einen Ingenieur, der das verkraften kann."

Selbst dann, wenn man das wirklich so empfindet, kann man mit solchen Aussagen den letzten verbliebenen Kandidaten vertreiben und das Bewerbungsgespräch ist eine reine Zeitverschwendung. Marketingleute würden es vielleicht so ausdrücken: Wir befinden uns gerade in einer Reorganisation, die viele Chancen bietet und uns manchmal auch herausfordert, aber wir werden Sie intensiv einarbeiten und Ihnen einen erfahrenen Kollegen zur Seite stellen, damit Sie Ihre angestrebten Ziele erreichen können.

Abstimmung Recruiter und Fachbereichsleiter

Wenn verschiedene Kollegen und Kolleginnen mit einem Bewerber unabhängig voneinander Gespräche führen, ist es sehr wichtig, sich zuvor über die Gesprächsführung abzustimmen und jeden Gesprächsinhalt so zu dokumentieren, dass die Kollegen und Kolleginnen sich darauf beziehen können. Das gilt besonders für alle Absprachen, Zusagen und Vereinbarungen, die für die Bewerber und für das Unternehmen schriftlich festgehalten werden müssen.

Abstimmung zwischen Fach- und Personalabteilung

Kürzlich suchte ein Abteilungsleiter einen erfahrenen Konstruktionsingenieur für eine spezielle Aufgabe, die eine sehr lange Einarbeitungszeit erfordert. Der Abteilungsleiter wollte diesen Ingenieur mindestens für zehn Jahre an diesem Arbeitsplatz halten, damit sich die Investition der Integration für ihn und seine Abteilung auszahlt. Der Recruiter wusste davon nichts und bot dem Ingenieur internationale Aufstiegsmöglichkeiten innerhalb der nächsten fünf Jahre an, weil Auslandsaufenthalte der Ingenieure von der oberen Geschäftsleitung erwünscht sind.

Interkulturelle Aspekte

In großen Städten leben inzwischen 20 bis 40 % Menschen mit einem Migrationshintergrund, die zum Teil sehr gut ausgebildet sind. Selbst dann, wenn diese Menschen in Deutschland aufgewachsen sind, wurden sie durch die Werte ihrer Eltern und ihrer Kultur geprägt. Dies gilt es zu berücksichtigen, wenn wir typisch deutsche Gespräche führen, die auf andere Kulturen oft sehr direkt wirken. Besondere Sensibilität ist gefragt, wenn Fachkräfte im Ausland angeworben werden, und dieses Recruiting wird kontinuierlich zunehmen. Wer sich auf interkulturelle Bewerbergespräche vorbereiten möchte, dem sei Prof. Geert Hofsteede empfohlen, der zu diesem Thema sehr einfache Lösungen im Internet oder per iPhone- und Android-App kostenlos zur Verfügung stellt. Anhand einfacher kultureller Dimensionen kann man innerhalb einer Minute feststellen, wie sich die eigene Kultur und die des Bewerbers unterscheiden und worauf man achten sollte, um interkulturelle Missverständnisse zu minimieren. Eine bewährte Methode ist es auch, eine vertraute Person aus dem Unternehmen, die aus dem gleichen Kulturkreis stammt, hinzuzuziehen.

Die kulturellen Unterschiede brauchen wir nicht zu werten, sie sind wie sie sind, und jede Kultur hat ihre eigenen Werte und vergleicht andere Kulturen mit ihren Werten. Zudem helfen die Menschen mit Migrationshintergrund den deutschen Unternehmen auch auf Kunden anderer Kulturkreise professionell zugehen und sie gewinnen zu können. Diese „ausländischen Kunden" sind eine zunehmend wichtige Kundengruppe für viele Unternehmen,

---

Interkulturelle Kompetenz beweisen

In Deutschland haben wir die Gewohnheit, sehr schnell und direkt zum eigentlichen Gesprächsthema zu kommen, dies wird von Menschen aus südeuropäischen Ländern als unhöflich empfunden. In Deutschland tendieren wir dazu, auf eine direkte Art und Weise Fragen zu stellen, ohne den notwendigen Kontext und ohne diese Fragen zu begründen, dieses Verhalten wird zum Beispiel in Südamerika als sehr unhöflich und respektlos empfunden.

Was bedeutet das für den Recruiter? Wer sich auf Menschen anderer Kulturen einstellen kann, ohne zu werten, wird auch gute Fachkräfte aus anderen Ländern gewinnen können, und dadurch wird diese Recruiting-Fähigkeit zu einem Wettbewerbsvorteil. Der Ruf Deutschlands im Ausland ist in den letzten Jahren immer besser geworden und das eröffnet den Unternehmen die Chance, zusätzliche Personalmärkte zu erschließen. Wegen der Auswirkungen der Wirtschaftskrise in anderen Ländern sind immer mehr ausländisch Kandidaten bereit in Deutschland eine Arbeitsstelle anzutreten. Diejenigen Menschen, die sich im Ausland bewerben, zeigen eine große Einsatzbereitschaft und Flexibilität, die für jedes Unternehmen einen Wettbewerbsvorteil schaffen können.

Rückmeldung

Ein Problem, das uns immer wieder berichtet wird, ist das der verschleppten Rückmeldung an die Bewerber. Manche Recruiter oder Personalabteilungen lassen sich mit der Vorauswahl oft so lange Zeit, dass die besten Bewerber, die viele Alternativen haben, bereits bei einem anderen Unternehmen einen Arbeitsvertrag unterschrieben haben. Diese Auswahlprozesse müssen deutlich verkürzt werden, wenn man den Wettbewerbern die besten Kandidaten nicht kampflos überlassen möchte. Es ist sehr wichtig, dass sich der Recruiter mit dem Abteilungsleiter abspricht, wer den nächsten Schritt macht und wer mit dem Bewerber der engeren Wahl telefoniert oder essen geht, um ein frühzeitiges Abspringen zu verhindern.

> **Reflexion**
> Wie werden sich die Bewerbungsgespräche verändern?
> Wie viele Kandidaten aus fremden Kulturen werden wir einbeziehen?
> Welche Personen werden in diese interkulturellen Gespräche einbezogen werden?
> Wie werden die Fachkräfte auf diese Veränderungen regieren?
> Welche Entscheidungen werden Sie treffen, um:
> - Ihre Bewerbungsgespräche in positiver Atmosphäre zu gestalten,
> - Ihre Bewerbungsgespräche professionell vorzubereiten,
> - Ihre Bewerbungsgespräche partnerschaftlich zu gestalten um
> - fremdländische Kandidaten zu gewinnen?

16.4   Bewerberauswahl

Die Bewerberauswahl ist sehr einfach, wenn man eine Auswahl hat und wenn die Arbeitsplatzbeschreibung stimmig ist. Wenn man zu wenige Bewerber findet und diese nicht die idealen Kandidaten sind, stellt sich die Frage, welchen Kompromiss man bereit ist einzugehen. Mit diesem Kapitel wollen wir dem Recruiter helfen, sich auf alternative Lösungen vorzubereiten.

Idealbesetzung oder bestmögliche Alternativen
Wenn die Arbeitsplatzbeschreibung nicht nur aktuell ist, sondern sich bereits an den zukünftigen Anforderungen orientiert und der Recruiter ein klares Verständnis für die zukünftigen Aufgaben und das Arbeitsumfeld hat, sollte die Bewerberauswahl nicht schwerfallen. In vielen Unternehmen werden allerdings die Einarbeitungsmaßnahmen weder geplant noch angesprochen – und das ist ein Fehler. Erfolgreiches Recruiting bedeutet nicht nur, Mitarbeiter zu werben, zu suchen, zu finden und einzustellen, sondern auch zu integrieren, zu betreuen, zu entwickeln und sich dafür einzusetzen, diese Mitarbeiter langfristig an das Unternehmen zu binden. Alle diese Maßnahmen bilden den vollständigen Recruiting-Prozess ab, der im besten Interesse des Unternehmens und seiner zukünftigen Entwicklung ist, weil die Ressourcen optimal genutzt werden. Was nützt es dem Unternehmen, wenn die neuen Mitarbeiter ineffizient sind und das Unternehmen bald wieder verlassen und beim Wettbewerb einsteigen?

Erfolgreiches Recruiting erfordert einen abgestimmten Einarbeitungsplan

In einem internationalen Technologiekonzern bekam ich auf meine Frage nach der Einarbeitung neu eingestellter Entwicklungsingenieure zur Antwort: Da gibt es keinen Plan, weil wir weder ein Budget noch die personellen Ressourcen für die Einarbeitung der neueingestellten Ingenieure haben. Und die Ingenieure brauchen einige Jahre, bis sie selbstständig und effizient konstruieren können.

Ingenieure, die geraume Zeit ineffizient arbeiten, belasten die Ressourcen am meisten, deshalb sollte die Selbstintegration neuer Mitarbeiter keine wirkliche Alternative sein. Dieses Unternehmen muss entweder einen Ingenieur finden, der exakt auf diese Stelle passt und sich in kurzer Zeit selbst integriert und effizient arbeiten kann. Oder das Unternehmen motiviert einen seiner Freelancer, der bereits eingearbeitet ist, mit dem Preis, viele Zugeständnisse machen zu müssen, die auch zu Neid im Team führen können. Oder es stellt einen Ingenieur ein, der dem gewünschten Profil am nächsten kommt, und stellt die notwendigen Ressourcen bereit, um ihm die fehlenden Fähigkeiten so schnell wie möglich beizubringen, damit er effizient arbeiten kann. Eine weitere Lösung ist es, keinen neuen Ingenieur einzustellen und die Arbeit auf weniger Schultern zu verteilen mit dem Preis, die Fluktuation in die Höhe zu treiben, weil die Mitarbeiter frustriert sind und viele Alternativen außerhalb des Unternehmens haben.

Vor 30 Jahren haben die großen Technologieunternehmen in Deutschland sehr viele Fachkräfte als Berufsanfänger eingestellt. Damals war es üblich, diese Fachkräfte über einen Zeitraum von zwei Jahren zu integrieren, in der Breite auszubilden und selbstständig werden zu lassen. Heute ist die Technologie noch viel komplexer als jemals zuvor geworden und die Spezialisierung dieser Fachkräfte ist weit vorangeschritten, deshalb bleibt nur, entweder einen Spezialisten zu finden, der exakt passt, oder man wählt eine Fachkraft, deren Profil den Anforderungen am nächsten kommt, und bildet diese Fachkraft entsprechend aus.

Um die Idee der Dombauschulen nochmals aufzugreifen, gibt es auch die Möglichkeit, die Ausbildung der Nachwuchsfachkräfte oder deren Ausbildung im Unternehmen über das duale System zu fördern. In der Medizintechnik waren wir es gewohnt, unsere Fachleute selbst auszubilden, weil es keine öffentliche Ausbildung gab, die unsere Anforderungen erfüllen konnte. Wir hatten dafür erfahrene Trainer, Mentoren, Coaches und Kollegen eingesetzt, um unsere Ziele zu erreichen. Zusätzlich wurden diese neuen Fachkräfte betreut, beraten, nach der Einarbeitung mit einem professionellen Performance-Management-Programm zur Leistungssteigerung unterstützt und zweimal jährlich beurteilt, ebenso wurde das persönliche Entwicklungsprogramm vereinbart und umgesetzt. Im Laufe der Zeit wurden die besten Leistungsträger und Talente mit hohem Potenzial auch in ein Talentmanagement-Programm aufgenommen, um auch Nachwuchs für die oberen Funktionen zu entwickeln und nicht auf Seiteneinsteiger angewiesen zu sein. Dieses System verhalf dem Unternehmen zu Mitarbeitern, die mit dieser fundierten Ausbildung nicht auf dem Personalmarkt zu finden waren, und das zu einer sehr niedrigen Fluktuationsrate führte.

Verhandlung

In einigen traditionellen Unternehmen wird vieles durch interne Vorschriften festgelegt, die zum Teil mit dem Betriebsrat und den Gewerkschaften ausgehandelt wurden und für alle Mitarbeiter bindend sind. Die Gehaltsfenster für bestimmte Positionen sind teilweise so gelegt, dass man über das Gehalt während des Bewerbungsgesprächs gar nicht reden muss oder kann, weil es kaum Flexibilität gibt. Die Ziele für diese Vorgehensweise sind soziale Fairness und Gleichbehandlung.

Der Fairness-Gedanke lässt sich in Unternehmen noch problemlos umsetzen, aber die Gleichbehandlung ist schon viel schwieriger, weil sie subjektiver Natur ist. So fühlen sich ungleiche Menschen oft deshalb ungleich behandelt, weil man sie in derselben Art und Weise behandelt! Die meisten Menschen plädieren für eine leistungsbezogene Bezahlung, aber auf welcher Basis?

Viele große Unternehmen in Deutschland, die diesen Zwängen unterliegen, haben kaum die Chance, in den internationalen Wettbewerb um Top-Fachleute zu treten, weil diese im Unternehmen alle Rahmenvereinbarungen sprengen würden. In diesem Fall ist das obere Management gefordert zu entscheiden was Priorität hat: Talente für die Zukunft einzustellen und den Talentpreis zu bezahlen, oder dem Durchschnitt zu gefallen und dadurch selbst ein durchschnittlicher Wettbewerber zu bleiben.

> Nur die Menschen machen den Unterschied!
> Die richtigen Menschen in den Bus und auf den richtigen Sitz im Bus! (Prof. Jim Collins)

Fachwissen und Engagement sind entscheidend

Ein junger Mann, der nur einen Hauptschulabschluss hat, aber sein junges Leben lang vor dem PC saß, wird von großen Internetunternehmen umworben, weil sie von ihm wettbewerbsfähige Lösungen erwarten. Er wechselte in den letzten Jahren zweimal und bekleidet jetzt eine internationale, leitende Position mit einer sehr hohen Vergütung, die in traditionellen Unternehmen jedes Gehaltsgefüge sprengen würde. Zusätzlich bieten ihm diese Internetunternehmen große Abwerbungssummen an, die bezahlt werden, sobald er den Arbeitsvertrag unterschreibt. Mit einem Minimum klassischer Ausbildung und einem hochspezifischen Fachwissen und Engagement schafft er es viele lukrative, internationale Angebote zu erhalten.

Die Recruiter sind hier aufgefordert den Spagat zu schaffen, einen Wunschkandidaten zu verpflichten und die gegebenen Spielräume kreativ zu nutzen, im besten Interesse des Unternehmens, und die Standardverträge hin und wieder beiseitezulegen. Für viele Recruiter sind die Standard-Arbeitsverträge das Einfachste, aber wenn sie den Bewerber damit nicht zur Unterschrift bewegen können, kann das auch nicht im besten Interesse des Unternehmens sein.

In der Verhandlungstechnik sprechen wir von Feilschen, wenn zwei Parteien zwischen zwei Gehaltspunkten auf einer Linie verhandeln. Das Feilschen kann man umgehen, indem man verschiedenen Zusatznutzen anbietet, die das Unternehmen nicht viel kosten, aber vom Bewerber als sehr wertvoll angesehen werden. Zum Beispiel: Auslandsaufenthalte, Weiterbildungen, Talentmanagement-Programme, Aufstiegsmöglichkeiten, interessante Projekte, flexible Arbeitszeiten, flexible Urlaubsregelungen, Sabbaticals, Heimbüroarbeit etc., was immer für dieses Individuum von besonderem Interesse ist.

Integration

Wenn die Unternehmen Fachkräfte einstellen und bezahlen, sollten diese auch so schnell wie möglich selbstständig und effizient arbeiten können, um dem Unternehmen den größten Nutzen zu bringen. Um dieses Ziel zu erreichen, sollte die Integration neuer Mitarbeiter vorbereitet und mit den entsprechenden Ressourcen ausgestattet sein. Wenn die Arbeitsplatzbeschreibung auf dem neuesten Stand ist und der Recruiter die erforderlichen Anforderungen kennt, dann kann er sich auch ein Bild darüber machen, welche Integrationsmaßnahmen notwendig sind, welche Personen dazu beitragen werden und wie lange die Integration dauern wird. Mit diesen Informationen kann der Recruiter einen ersten Entwicklungsplan erstellen und mit dem Kandidaten besprechen und vereinbaren. Die Kandidaten wollen von Anfang an wissen, was von ihnen erwartet wird, welche Unterstützung sie erhalten und ab wann man von ihnen selbstständiges und effizientes Arbeiten erwartet und wie ihre Leistung gemessen wird. Wenn dieser Integrationsplan vereinbart wurde, dient er dem Kandidaten, dem Vorgesetzten und den Unterstützern als Einarbeitungsplan. Für die Integration werden die notwendigen Ressourcen bereitgestellt und die Unterstützer informiert; der Fortschritt wird durch den Vorgesetzten engmaschig überwacht. Der Vorgesetzte beginnt die neue Fachkraft in einer direktiven Art und Weise zu führen und geht mit der fortschreitenden Entwicklung der Fachkraft zu einem delegierenden Führungsstil über. Dieser Führungsstil ist situativ auf den neuen Mitarbeiter abgestimmt, um die Effizienz des neuen Mitarbeiters so schnell wie möglich zu steigern und seine intrinsische Motivation zu fördern und zu nutzen.

Integration Best Practice

In einem großen globalen Unternehmen haben wir kürzlich für eine Division ein Kompetenzmodell entwickelt und mithilfe dieser Kompetenzen die Arbeitsplatzbeschreibungen definiert. Danach wurde jede Kompetenz der Arbeitsplatzbeschreibung in Form von Verhaltensmustern beschrieben, die sich wie eine schrittweise Arbeitsanleitung auf Verhaltensebene lesen. Diese Vorgehensweise ist aufwendig, hat aber den Vorteil, dass der Recruiter detaillierte Unterlagen über die Aufgaben und Verantwortlichkeiten hat und die passenden verhaltensbasierten Fragen stellen kann. Ein weiterer Vorteil liegt darin, dass der neue Mitarbeiter mithilfe dieser detaillierten Verhaltensbeschreibung exakt weiß, was von ihm erwartet wird und wie er die Aufgaben zu erledigen hat, und den Erfüllungsgrad seiner Arbeit sehr gut selbst einschätzen kann. Der Vorgesetzte oder Coach kann das beobachtete Verhalten des neuen Mitarbeiters mit dieser Verhaltensbeschreibung vergleichen, punktuelles Feedback geben und die Mitarbeiterleistung sowie den Weiterbildungsbedarf beurteilen und vereinbaren.

Performance-Management

In regelmäßigen Abständen führen die Fachkräfte mit dem Vorgesetzten und den Unterstützern einen IST-SOLL-Leistungsvergleich durch, um bei eventuellen Abweichungen sofort Korrekturmaßnahmen ergreifen zu können und die Integrationsziele dennoch zu erreichen. Die Kontrollen und Entwicklungsgespräche dienen dazu, für die zufriedenstellenden Punkte ein bestätigendes Feedback und für diejenigen Punkte, die noch verbessert werden können, ein korrigierendes Feedback zu geben. Performance-Feedback bezieht sich immer auf das beobachtete Arbeitsverhalten und die Fakten und niemals auf Annahmen oder Interpretationen von Verhalten.

Talentmanagement

Wenn sich eine neue Fachkraft durch eine schnelle Einarbeitung, durch Leistung und ein hohes Potenzial auszeichnet, sollte man nach der Einarbeitungszeit überlegen, ob man sie für das Talentmanagement-Programm des Unternehmens empfehlen sollte. Dadurch kann man das Potenzial dieser Fachkraft für das Unternehmen optimal nutzen, die Person findet einen höheren Erfüllungsgrad durch die Arbeit und kann nicht so leicht von Wettbewerbern abgeworben werden.

Reflexion

Wie werden sich die Integrationsanforderungen verändern?

Welche Integrationsmaßnahmen werden komplexere Technologien erfordern?

Welche Integrationsmaßnahmen wird die interkulturelle Situation erfordern?

Welche Entscheidungen werden Sie treffen, um:

- Ihre Integrationsphasen zu strukturieren und zu gestalten,
- Ihre Integrationsmaßnahmen zum Erfolg zu führen

  die notwendigen Integrationsressourcen bereitzustellen?

Weiterführende Lieratur

Management

1. Collins J (2009) How the mighty fall. Random
2. Collins J (2011) Good to great. Harper
3. Collins J (2011) Der Weg zu den Besten. Campus Verlag
4. Hamel G (2014) Worauf es jetzt ankommt. Wiley
5. Scharmer O (2013) Leading from the emerging future. Berret-Koehler

Performance Management

6. Jetter W (2004) Strategien umsetzen, Ziele realisieren, Mitarbeiter fördern, 2. Aufl. Schäffer-Poeschel
7. Dörner D (2003) Die Logik des Mißlingens, 11. Aufl. rororo

Talent Management

8. Ritz A (2011) Talent Management: Talente identifizieren, Kompetenzen entwickeln, Leistungsträger erhalten, 2. Aufl. Springer Gabler
9. Trost A (2012) Talent Relationship Management: Personalgewinnung in Zeiten des Fachkräftemangels. Springer Gabler

Personal-Marketing

10. Geadt M (2014) Mythos Fachkräftemangel. Wiley
11. Parment A (2012) Die Generation Y – Mitarbeiter der Zukunft: Herausforderung und Erfolgsfaktor für das Personalmanagement. Springer Gabler
12. Stritzke C (2010) Marktorientiertes Personalmanagement durch Employer Branding: Theoretisch-konzeptioneller Zugang und empirische Evidenz. Springer Gabler

Stellenausschreibung

13. Steinmetz H, Scheel A (2012) Erfolgreiche Personalsuche im Social Web. Data Becker
14. Wilk G (2011) Stellenbeschreibungen und Anforderungsprofile. Haufe-Lexware

Bewerbungsgespräche

15. Blath M (2005) Das Bewerbungsgespräch. Stark
16. Eßmann E (2005) 111 Arbeitgeberfragen im Vorstellungsgespräch: Absichten erkennen – Pluspunkte sammeln – Stolpersteine vermeiden. Goldmann Verlag
17. Püttjer C, Schnierda U (2010) Das überzeugende Bewerbungsgespräch für Hochschulabsolventen: Diplom – Magister – Bachelor – Master – Staatsexamen – Promotion, 9. Aufl. Campus Verlag

Verhandlungstechnik

18. Fischer R, Ury W, Patton B (2009) Das Harvard-Konzept, 23. Aufl. Campus Verlag

Kommunikation

19. Gordon T, Kober H (2013) Gute Beziehungen: Wie sie entstehen und stärker werden. Klett-Cotta
20. O'Connor J, Seymour J (2010) Neurolinguistisches Programmieren: Gelungene Kommunikation und persönliche Entfaltung, 20. Aufl. Vak-Verlag
21. Rosenberg MB (2012) Gewaltfreie Kommunikation: Eine Sprache des Lebens, 10. Aufl. Junfermann
22. Schulz von Thun F (2008) Miteinander reden 1–3, Rowohlt
23. Watzlawick P (2011) Menschliche Kommunikation: Formen, Störungen, Paradoxien, 12. Aufl. Huber

Interkulturelle Zusammenarbeit

24. Hofsteede G (1994) Cultures and organizations: the successful stategist. Profile
25. Hofsteede G (2011) Lokales Denken, globales Handeln: Interkulturelle Zusammenarbeit und globales Management, 5. Aufl. Deutscher Taschenbuch Verlag

Im Web

26. http://geert-hofstede.com
27. http://geert-hofstede.com/mobile-apps.html

Auf dem Weg zum Enterprise 2.0: Digitalisierung, Demografie und Wertewandel als Treiber für Change-Management und Kulturwandel

Gero Hesse

Inhaltsverzeichnis

Zusammenfassung

Die Arbeitswelt der Zukunft wird sich mittelfristig deutlich von der heutigen unterscheiden. Vor dem Hintergrund stabiler konjunktureller Verhältnisse wird es in florierenden Volkswirtschaften aufgrund des demografischen Wandels und zunehmender Transparenz durch die Digitalisierung zu massiven Machtverschiebungen zwischen Arbeitgebern und Arbeitnehmern kommen. Dies bedeutet, dass Recruiting strategisch gedacht und gelebt werden muss. Die Unternehmen werden dazu gezwungen sein, in die Beziehung zu Talenten sehr frühzeitig und langfristig zu investieren. Das heißt: Der Fokus auf junge Zielgruppen – auch Schüler – wird zunehmen. Über den gesamten Berufslebenszyklus werden Unternehmen Kontakte und Pools zu relevanten Zielgruppen aufbauen. Talent Relationship Management wird die Überschrift zu den Themen Employer Branding, Personalmarketing und Recruiting sein. Unternehmen müssen flexibler auf die Erwartungen ihrer Mitarbeiter/-innen eingehen. Das bedeutet für diese

G. Hesse (✉)
medienfabrik Gütersloh GmbH, Carl-Bertelsmann-Straße 29,
33311 Gütersloh, Deutschland
E-Mail: gero.hesse@bertelsmann.de

© Springer Fachmedien Wiesbaden 2015
R. Dannhäuser (Hrsg.), *Praxishandbuch Social Media Recruiting*,
DOI 10.1007/978-3-658-06573-7_17

auch im Hinblick auf Führung und Organisationsstrukturen erhebliche Veränderungen. Kontinuität liegt in der Zukunft im Wandel – noch mehr als heute!

17.1 Gesellschaftliche Trends mit Bedeutung für das Thema Recruiting

Es gibt nur wenige Themenfelder, die sich so schnell und nachhaltig durch das Internet verändert haben, wie das Thema Recruiting. Die Welt der Recruiter hat sich im Laufe der letzten 15 Jahre radikal gewandelt und ist deutlich komplexer geworden. Schauen wir einmal auf die Entwicklung des Themas Mitarbeitersuche seit Ende der 90er-Jahre (s. Abb. 17.1).

Man erkennt, dass der technische Wandel dazu geführt hat, dass der Online-Kanal wichtig für die Mitarbeitergewinnung geworden ist. Print ist entgegen vielerlei Aussagen zwar nicht tot, führt aber inzwischen eher ein Nischendasein im Kontext der Rekrutierung. Noch Ende der 90er-Jahre gab es in erster Linie Print, hier stellvertretend durch das FAZ-Logo dargestellt. Zehn Jahre später, Anfang der 2000er-Jahre, kamen dann die unternehmenseigenen Karriere-Websites auf, verbunden mit ganz neuen Fragestellungen, insbesondere dem Thema, wie man offene Stellen darauf publizieren kann. Danach wurden die externen Jobbörsen wie StepStone oder JobStairs populär – Reichweitenplattformen, die in erster Linie das Schalten von Stellenanzeigen ermöglichen, gefolgt von Social Media, bei denen die Kommunikation in Form von Dialogen im Vordergrund steht. Die Nutzung von Facebook, XING und Co. für die Mitarbeitergewinnung geht darum deutlich über das Reichweitenthema hinaus, denn die Art und Weise, wie kommuniziert wird, erlaubt bereits deutliche Einblicke in die Unternehmenskultur.

Aktuell stehen die Themen Active Sourcing, Mobile Recruiting und Augmented Reality beim Recruiting im Vordergrund. Diese Entwicklung führt zu einer immer individuelleren Beziehung zwischen den potenziellen Kandidaten und dem Arbeitgeber. Das Stichwort der Zukunft ist darum Personalized Recruiting: die individuelle Kandidatenansprache. In einem individuellen Dialog sind Authentizität und Transparenz gefragt. Themen, mit denen sich viele Unternehmen jedoch immer noch schwertun.

Es lässt sich erkennen, dass die Welt der Recruiter zunehmend komplexer geworden ist. Die „alten" Kanäle sind nicht gänzlich ersetzt worden, zusätzlich sind allerdings eine ganze Reihe weiterer Anforderungen für Personalverantwortliche entstanden. Heute ist es selbstverständlich, dass die Stellenanzeigen auf der eigenen Karriereseite, auf Jobbörsen, auf Social-Media-Plattformen und teilweise auch immer noch in Printpublikationen veröffentlicht werden. Dazu kommen inzwischen Karrierenetzwerke, Augmented Reality und Bewegtbild.

Auf den ersten Blick scheint diese Entwicklung ausschließlich technische Gründe zu haben. Neue Technologien ermöglichen eben eine andere Art des Umgangs mit Informationen. Geht es also für Recruiter und Unternehmen lediglich darum, die technischen Innova-

Veränderung des Recruitings seit Ende der 90er Jahre

Abb. 17.1 Veränderung des Recruitings seit Ende der 90er-Jahre

tionen zu berücksichtigen und technisch „am Puls der Zeit" zu agieren? Oder gehen die Anforderungen und Konsequenzen von Social Media Recruiting – wenn man diesen Begriff
weit fasst und das Thema Employer Branding einbezieht – vielmehr weit darüber hinaus?

Meine These ist:

Gesellschaftliche Entwicklungen führen zum größten Wandel der Arbeitswelt seit der industriellen Revolution und zwingen Unternehmen zum Change-Management und zum Kulturwandel. Allerdings gilt dies nur unter der Prämisse stabiler Volkswirtschaften.

In vielerlei Hinsicht hat dieser Wandel mit dem Thema Mitarbeitergewinnung und mittelbar auch mit dem der Mitarbeiterbindung zu tun. Gerade an diesen beiden Komplexen lässt sich sehr schön absehen, dass zukunftsorientierte Unternehmen ihr Handeln radikal ändern müssen.

In den folgenden Kapiteln wird die These eingehender zu begründen sein.

17.1.1 Digitalisierung und Authentizität

Die zunehmende Digitalisierung betrifft uns alle. Schauen wir einmal auf einige ausgewählte aktuelle Kennzahlen, um die Bedeutung der digitalen Revolution zu untermauern [6]:

- Mehr als eine Milliarde Menschen nutzen Facebook.
- Die Nutzung von Social Media-Plattformen ist die Nummer-eins-Aktivität im Web.
- Eines von fünf Paaren lernt sich online kennen.
- In jeder Sekunde gewinnt LinkedIn zwei neue Mitglieder.
- In jeder Minute werden 72 h neue Videoinhalte auf YouTube hochgeladen.
- Wäre Wikipedia ein Buch, hätte es mehr als 2,25 Mio. Seiten.
- 93 % aller Marketingverantwortlichen setzen Social Media für ihre Zwecke ein.

Ich denke, die Botschaft ist klar: Social Media verändern alle Märkte und insbesondere die Art und Weise, wie über Produkte gedacht wird. Natürlich vertraue ich als Verbraucher Empfehlungen von Freunden mehr als der Werbung. Und dieses Vertrauen in Mund-zu-Mund-Propaganda verändert die Produktkommunikation grundlegend. Produzenten sind dazu gezwungen, transparenter und authentischer zu kommunizieren. Dies betrifft insbesondere das Thema Personalmarketing, das sich in verschiedenen Punkten vom Produktmarketing unterscheidet [3]:

- Produktmarketing richtet sich nahezu ausschließlich an externe Zielgruppen, Personalmarketing wirkt in weitaus stärkerem Ausmaß intern. Von daher muss ich als Personalmarketer und Recruiter so kommunizieren, dass meine Botschaft nicht nur bei externen Zielgruppen als attraktiv wahrgenommen und angenommen wird, sondern auch bei internen Zielgruppen glaubwürdig wirkt. Denn wenn die intern vorhandenen Mitarbeiter zu kritisch über das eigene Unternehmen reden oder gar die eigenen Personalmarketingbotschaften als unglaubwürdig bezeichnen, lassen sich auch externe Zielgruppen nur schwer überzeugen.

- Produktmarketing kreiert emotionale Erlebniswelten. **Für Konsumenten ist darum oft weniger das Produkt als vielmehr der dazugehörige Markenwert kaufentscheidend.** Im Personalmarketing ist die Notwendigkeit von Transparenz und Authentizität deutlich höher als im Produktmarketing, denn es betrifft mich als Person direkt und hat Einfluss auf mein Leben, ob ich in einer Firma arbeite und ob deren Kultur meinen eigenen Erwartungen und Bedürfnissen entspricht. **Der dazugehörige Markenwert ist dabei zwar nicht unwichtig, wird aber von Bewerbern mit Sicherheit stärker hinterfragt als der von Produkten durch die Konsumenten.**
- Personalmarketing muss emotional treffen, aber auch unter rationalen Aspekten glaubwürdig und attraktiv sein.

Social Media führen also dazu, dass Unternehmen transparenter und glaubwürdiger über ihre Eigenschaften als Arbeitgeber kommunizieren müssen. Durch die Tatsache, dass Social Media keine Push-Kommunikation in Form von Monologen, sondern eine Push- und-Pull-Kommunikation in Form von Dialogen darstellen, erhöht sich die Notwendigkeit einer transparenten und glaubwürdigen Kommunikation. Arbeitgeberbewertungsportale wie Kununu oder Karrierenetzwerke wie LinkedIn oder XING machen es potenziellen Bewerbern sehr leicht, sich einen Eindruck über einen Arbeitgeber, unabhängig von dessen Hochglanzbroschüren, zu verschaffen.

Fazit:

Durch die zunehmende Digitalisierung ist es für Bewerber leichter geworden, sich einen authentischen Arbeitgeberüberblick zu verschaffen. Die Möglichkeit, über Social Media in den Dialog mit Unternehmen zu treten und auch kritische Fragen zu stellen, führt dazu, dass Unternehmen sich intensiv mit ihren Stärken und Schwächen als Arbeitgeber auseinandersetzen müssen und intern sowie extern glaubwürdige Argumente präsentieren sollten, um sich als attraktiver Arbeitgeber zu positionieren. Bunte Bilder und Broschüren reichen heute dafür definitiv nicht mehr aus.

17.1.2   Demografie und Fachkräftemangel

Seit Jahren reden in Deutschland die Personalverantwortlichen zwar vom Fachkräftemangel, doch bis vor Kurzem hat dies nur wenige Entscheidungsträger im Topmanagement auch interessiert. Diese Einstellung ändert sich zunehmend, denn es gibt Branchen und Zielgruppen, in denen dieses Problem inzwischen bereits kritisch wird. Als Beispiel sei die Gesundheitsbranche genannt. Sowohl im ärztlichen als auch im pflegerischen Bereich herrscht gerade in ländlichen Regionen inzwischen häufig ein Personalnotstand. In manchen Krankenhäusern mussten schon Abteilungen geschlossen werden, nicht weil die Patienten ausblieben, sondern weil es nicht ausreichend Personal zur Absicherung der Versorgung gab.

Ganz so kritisch sieht es in der Wirtschaft zwar noch nicht aus, aber betrachtet man bestimmte Zielgruppen, so wandelt sich das Bild auch hier immer bedrohlicher. So ist

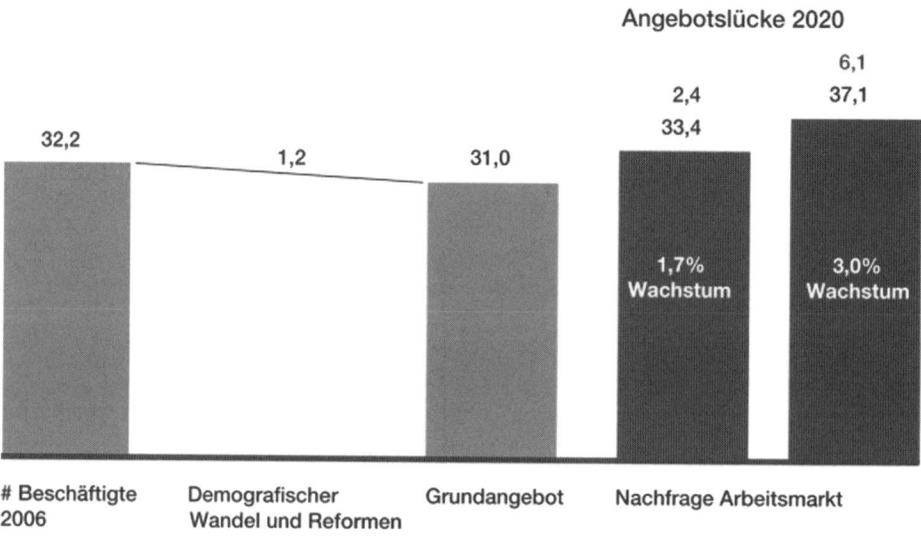

Abb. 17.2 Demografische Lücke basierend auf McKinsey Studie. (Modifiziert nach [4])

der Bedarf an Studienabgängern in den sogenannten MINT-Fächern (Mathematik, Informatik, Naturwissenschaften, Technik) schon seit Jahren höher als die tatsächliche Anzahl der Absolventen. So erscheint es nur folgerichtig, dass Recruiter in so manchen mittelständischen Unternehmen, welche eine weitaus geringere Arbeitgebermarkenbekanntheit besitzen als die großen DAX-Konzerne, große Probleme auf sich zukommen sehen. Und auch die DAX-Konzerne intensivieren ihre Bemühungen um diese Zielgruppen ganz erheblich, haben sie in der Regel doch einen ganz anderen quantitativen Bedarf als kleine und mittlere Unternehmen.

Nach einer Studie von McKinsey aus dem Jahr 2008 mit dem inzwischen nicht mehr allzu fern klingenden Namen Deutschland 2020 beträgt die Lücke auf dem deutschen Arbeitsmarkt je nach Wirtschaftswachstum zwischen 2,4 und 6,1 Mio. Arbeitskräften [4] (s. Abb. 17.2).

Auch die Boston Consulting Group hat das Thema des Fachkräftemangels differenziert untersucht und kommt in branchenbezogenen Betrachtungen größtenteils zu dem Urteil, dass der Fachkräftemangel kein Konstrukt der Employer-Branding- und Recruiting-Industrie ist [1], sondern eine Tatsache. Vor diesem Hintergrund befinden wir uns momentan noch branchen- und zielgruppenabhängig und in den nächsten Jahren immer weiter um sich greifend in einer deutlichen Veränderung: Aus Arbeitgebermärkten werden Arbeit-

Wie Employer Branding, Personalmarketing und Recruiting zusammenhängen

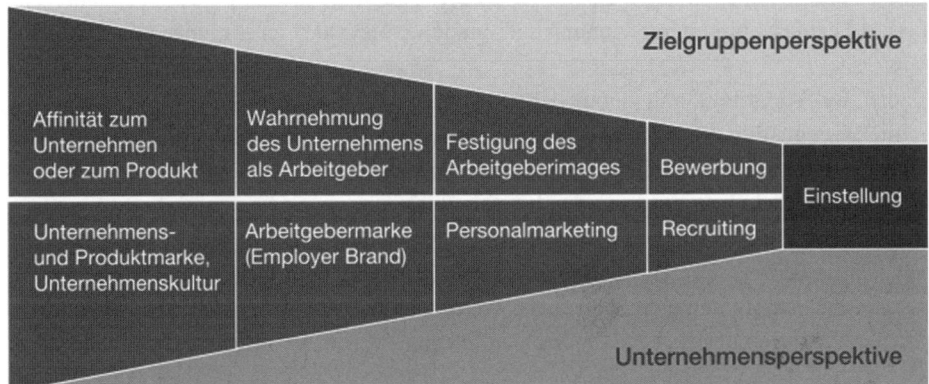

Abb. 17.3 Zusammenhang Employer Branding, Personalmarketing und Recruiting

nehmermärkte. Konnten bislang die Arbeitgeber aus einer quantitativ wie qualitativ gut zusammengesetzten Gruppe von Arbeitnehmern die für sie geeigneten Mitarbeiter auswählen, so verkehrt sich dies zukünftig in sein Gegenteil. Dies gilt insbesondere für Engpasszielgruppen und High Potentials.

Wichtig in diesem Kontext: Individuelle Gründe sind entscheidend, nicht die allgemeine Arbeitgeberattraktivität. Aus der Zielgruppenperspektive bedarf es zunächst einmal einer grundsätzlichen Bekanntheit, einer gewissen Affinität zum Unternehmen oder zum Produkt, um das Unternehmen überhaupt als möglichen Arbeitgeber wahrzunehmen. Über das Personalmarketing wird sich dann ein bestimmtes Arbeitgeberimage festigen. In diesem Kontext sind alle Kanäle relevant. Das Thema Social Media spielt durch den Dialog mit potenziellen Bewerbern und durch Empfehlungen von Freunden eine besondere Rolle. Sofern die Arbeitgeberattribute individuell zu passen scheinen, kommt es schließlich zur Bewerbung (Abb. 17.3).

Fazit:

Der demografische Wandel und der daraus resultierende Fachkräftemangel führen im Kontext mit dem durch Social Media entstehenden Zwang zu mehr Transparenz und Authentizität dazu, dass Unternehmen umdenken und neben ihrer Arbeitgeberkommunikation auch ihre internen Rahmenbedingungen der Arbeitsorganisation deutlich anpassen müssen, wenn sie weiterhin Mitarbeiter in genügender Qualität und Quantität gewinnen und halten wollen. Die Entscheidungsgewalt liegt in vielen Bereichen bereits heute eher bei den zukünftigen Mitarbeitern als beim Unternehmen. Diese Situation wird sich in den nächsten Jahren deutlich verschärfen: Gut qualifizierte Kandidaten und Mitarbeiter werden mehr und mehr zu einem raren Gut und können so mit einem ganz anderen Selbstbewusstsein in Bewerbungsgespräche und Gehaltsverhandlungen gehen.

17.1.3 Generationswechsel und Erwartungsänderungen

Grundsätzlich lassen sich bezüglich der Geburtsjahrgänge seit Mitte der 40er-Jahre vier
für das Thema Mitarbeitergewinnung und -bindung relevante Generationen unterscheiden:

- die „**Babyboomers**" mit Geburtsjahren zwischen 1946 und 1964,
- die „**Generation X**" mit Geburtsjahren zwischen 1965 und 1980,
- die „**Generation Y**" mit Geburtsjahren zwischen 1981 und 2002,
- die „**Generation Z**" mit Geburtsjahren ab 2003.

Vor dem jeweiligen Hintergrund der ökonomischen und historischen Entwicklungen haben diese Generationen unterschiedliche Wertvorstellungen und müssen aus Arbeitgeberperspektive auch entsprechend unterschiedlich angesprochen werden:

- „**Leben, um zu arbeiten**" – so könnte man das Credo der Generation der Babyboomers – also der geburtenstarken Jahrgänge nach dem Zweiten Weltkrieg und vor dem
  sogenannten Pillenknick – beschreiben. Es handelt sich um die Generation, die derzeit
  in den Unternehmen führend ist und sich teilweise darauf vorbereitet, in den Ruhestand
  zu gehen. Das Bekenntnis zu hartem Arbeitseinsatz dient quasi als Voraussetzung für
  Belohnung. Es ist eine Generation, die vor dem Hintergrund der Folgen des Zweiten
  Weltkrieges aufgewachsen ist und zumindest teilweise noch echte existenzielle Sorgen
  erlebt hat. Vor diesem Hintergrund spielt Arbeit für diese Generation der aktuellen Entscheider in Unternehmen eine ganz andere Rolle als für die nachfolgenden Generationen. Arbeit ist für sie Lebenszweck. Ihre strenge Arbeitsethik stellt das Thema oft vor
  alle anderen Lebensbedürfnisse.
- „**Arbeiten, um zu leben**" – so könnte man das Denken zum Thema Arbeit in der Generation X beschreiben. Hart zu arbeiten gilt als akzeptabel und ist ein Mittel zum Zweck,
  um sich ein (materiell) schönes Leben leisten zu können. Diese Generation hat – zumindest wenn sie gut ausgebildet und in Deutschland beheimatet ist – keine wirklichen
  existenziellen Sorgen erlebt. Ihr relativ gesichertes Lebensgefühl ist von ausgeprägtem
  Wohlstand bestimmt, aber auch von der Sorge, den Wohlstand der Eltern möglicherweise nicht erreichen zu können.
- „**Erst leben, dann arbeiten**" – so schön pauschal auf den Punkt gebracht ist die Einstellung der Generation Y oder Millennials, die aktuell auf den Arbeitsmarkt strömt.
  Damit ist keineswegs gemeint, dass die junge Generation nicht gewillt wäre, auch hart
  zu arbeiten, aber nach eigenen Gesichtspunkten. Diversity und Work-Life-Balance
  spielen dabei eine wichtige Rolle, zunehmend aber auch die Frage, ob Unternehmen
  sich ethisch und moralisch korrekt verhalten. Dem Thema Corporate Social Responsibility kommt so eine höhere Bedeutung zu. Wichtig erscheint auch, dass die Millennials
  mit dem Internet aufwachsen. Informationen sind zu jeder Zeit und überall verfügbar,
  sodass Geschäftsprozesse eine ganz andere Dynamik entfalten können. Für die „Digital Natives" der Generation Y ist dies Bestandteil ihres ganzen Lebens, nicht nur des
  Arbeitslebens.

- **„Mein Leben, meine Arbeit"** – das Thema Individualisierung ist sicherlich der große Trend in unserer heutigen Gesellschaft und wird vermutlich insbesondere für die Generation Z besonders zentral sein – mehr noch als für die Generation Y. Egal ob Musik, Mode oder politische Einstellung: Es gibt kaum mehr große übergreifende Trends. Das Individuum steht mit seinen Vorlieben und Ideen im Zentrum. Auf das Thema Arbeit bezogen stellen sich damit ganz neue Herausforderungen: Die technisch mögliche Flexibilisierung von Arbeitszeit und -raum kann zwar individuelle Bedürfnisse nahezu komplett befriedigen, aber aus Arbeitgeberperspektive ist es dann doch notwendig, dass Teams gemeinsame Zeiten und Orte für gemeinsame Arbeit finden. Das Aushandeln von Kompromissen, in denen sich das Individuum einer Idee unterordnet, wird immer mehr zu einem zentralen Thema in der Arbeitswelt werden. Und diese Unterordnung erfolgt nicht durch hierarchische Zwänge, sondern eher auf der Basis von Überzeugungen. Überzeugt ist man in der Regel dann, wenn man einen Sinn im eigenen Handeln und Tun erkennt.

Oftmals wird proklamiert, dass die individuellen Werte der unterschiedlichen Generationen womöglich gar nicht so verschieden sind, sondern Erwartungen an Arbeitgeber einfach nur anders – nämlich fordernder und lauter – geäußert werden. Letzten Endes ist es meines Erachtens jedoch unerheblich, ob die Werte grundsätzlich verschieden sind oder ob es die gleichen Werte sind, die heutzutage jedoch anders kommuniziert werden.

Tatsache ist: In einer florierenden Volkswirtschaft unter relativ stabilen Rahmenbedingungen, wie wir sie derzeit in Deutschland vorfinden, liegt ein gewisser Handlungsdruck aufseiten der Unternehmen, wenn sie vor dem Hintergrund der technologischen Entwicklung authentisch und transparent kommunizieren wollen, um rare Zielgruppen mit immer individuelleren Erwartungen als Mitarbeiter gewinnen und binden zu können.

Die grundlegende Herausforderung für viele Unternehmen ist: Entscheidungsträger im Topmanagement kommen meistens aus den Generationen der Babyboomer oder der Generation X. Da deren Lebenswelten aufgrund ihres Alters aber gänzlich andere sind als die der Generationen Y und Z und sie auch anders sozialisiert sind, laufen viele Unternehmen Gefahr, den Anschluss an jüngere Zielgruppen zu verlieren.

Aus meiner Sicht ist es dringend erforderlich, dass sich die Unternehmen intensiver mit den Erwartungen und Bedürfnissen der Generationen Y und Z auseinandersetzen, als es bislang geschieht. Für viele Angehörige von Engpasszielgruppen ist es kein Ideal mehr, sich einer typischen Corporate-Kultur unterzuordnen. Die Selbstständigkeit oder das Arbeiten in Start-ups ist für diese Berufstätigen deutlich attraktiver.

Fazit:

Die Kombination aus Social Media, Fachkräftemangel und Wertewandel ist für Unternehmen in wirtschaftlich prosperierenden Volkswirtschaften ein Grund, bisherige Ansichten radikal zu überdenken. Change-Management und die Weiterentwicklung der eigenen Unternehmenskultur sind vor diesem Hintergrund keine Schönwetterthemen, sondern notwendige Schritte, um auch zukünftig Mitarbeiter in gewünschter Qualität und Quantität ins Unternehmen zu holen und dort zu halten.

17.2   Handlungsempfehlungen für die Arbeitswelt von morgen

Vor dem Hintergrund der Bestandsaufnahme aus Kap. 17.1 „Gesellschaftliche Trends mit
Bedeutung für das Thema Recruiting" lassen sich für Unternehmen eine ganze Reihe von
Handlungsempfehlungen ableiten. Die folgenden Empfehlungen besitzen nicht den An-
spruch auf Vollständigkeit, sondern liefern erste konkrete Ideen, wie man sein Unterneh-
men für potenzielle Bewerber, insbesondere aus den Zielgruppen der Generationen Y und
Z, attraktiver machen kann.

**Aber Vorsicht: Viele der Empfehlungen setzen voraus, dass das Topmanagement
versteht, warum sie sinnvoll sind. Denn die Unterstützung der Entscheidungsträger
ist für fast alle diese Vorschläge eine unbedingte Voraussetzung.**

Empfehlenswert ist es daher, in jedem Fall eine Bestandsaufnahme der spezifischen
Situation in der eigenen Branche und im eigenen Unternehmen vorzunehmen, bevor dem
Topmanagement Vorschläge und Lösungsansätze wie unten skizziert unterbreitet werden.

In der Beratung empfehle ich in der Regel folgendes Vorgehen:

- Durchführung einer Analyse des Unternehmens: Wo liegen die Stärken und Schwächen
  der eigenen Arbeitgeberattraktivität?
  Oft empfiehlt sich in diesem Kontext die Durchführung einer Mitarbeiterbefragung,
  um von den eigenen Mitarbeitern zu erfahren, wie sie ihr Unternehmen wahrnehmen.
  Darüber hinaus sollten Kennzahlen rund um die Themen Mitarbeitergewinnung und
  -bindung analysiert werden – im Idealfall über einen längeren Zeitraum zurück, um
  Trends feststellen zu können.
- Analyse der eigenen Branche und der Hauptkonkurrenten auf dem Arbeitgebermarkt,
  idealerweise natürlich auch ergänzt um Kennzahlen aus Marktstudien.[1]
- Entwicklung einer Arbeitgeberpositionierung (Employer Branding), mit der sich das
  Unternehmen von seinen Wettbewerbern unterscheidet, um intern wie extern die eige-
  nen Stärken authentisch kommunizieren zu können.

Wenn diese Grundlagenarbeit getan ist, können die eigenen Stärken kommuniziert und
weiter ausgebaut werden. Gleichzeitig gilt es, identifizierte kritische Schwächen mit langfristig angelegten Change-Management-Prozessen zu bearbeiten und so einen Wandel
herbeizuführen. Solche Prozesse laufen nicht kurzfristig ab – es erscheint daher erforderlich, einen langfristigen Veränderungsplan zu entwickeln und Meilensteine einzubauen,
um festzustellen, ob sich das Unternehmen auf dem richtigen Weg befindet.[2]

---

[1] Eine umfassende Sammlung zu Studien rund um die Themen Employer Branding, Personalmarketing und Recruiting findet man auf www.saatkorn.com.
[2] Für Change-Management-Prozesse sei das Buch von Klaus Doppler und Christoph Lauterburg
„Change Management: Den Unternehmenswandel gestalten" empfohlen (s. [2]).

17.2.1   Handlungsempfehlungen für Unternehmen im Kontext der Mitarbeitergewinnung

17.2.1.1   Dialog auf Augenhöhe

Viele Entscheidungsträger denken immer noch, dass Berufseinsteiger keinen größeren Wunsch haben, als in ihrem Unternehmen zu arbeiten. Und so ist dann auch oft ihr Auftreten auf Recruiting-Messen und die Kommunikation in Richtung Bewerber: arrogant und von oben herab. Bewerber werden oft immer noch als Bittsteller behandelt.

Meines Erachtens sind diese Zeiten für die allermeisten Unternehmen jedoch lange vorbei. Bewerber sind keinesfalls Bittsteller, sondern Kunden. Und so sollten sie auch behandelt werden.

Einerseits ist dies im wörtlichen Sinn zu verstehen: Bewerber sind tatsächlich oft potenzielle Kunden der Unternehmen, bei denen sie sich bewerben. Und eine schlechte Kundenerfahrung spricht sich heutzutage schnell über Social Media herum.

Andererseits ist dies auch im übertragenen Sinn zu verstehen. Denn auch eine schlechte Behandlung als Kunde im Bewerbungsprozess spricht sich herum. Dann findet man entsprechende Einträge auf den gängigen Arbeitgeberbewertungsportalen, die man als Recruiter lieber nicht lesen möchte.

Ganz grundsätzlich geht es darum, Bewerber partnerschaftlich und mit Respekt zu behandeln. Gefragt ist ein Dialog auf Augenhöhe. Das ist allerdings für den Arbeitgeber weniger einfach, als es auf den ersten Blick erscheinen mag: Denn für Bewerber gibt es eine ganze Reihe von Berührungspunkten zum Unternehmen, und es ist eine anspruchsvolle Aufgabe, diese Berührungspunkte entsprechend aufeinander abzustimmen:

- Bewerberkommunikation in Stellenanzeigen,
- Bewerberkommunikation auf der Karriere-Website,
- Berührungspunkte auf Recruiting-Events und -messen,
- die Art und Weise, wie Bewerbergespräche geführt werden – und zwar sowohl auf der Ebene der Personalabteilung als auch auf der der Fachabteilung,
- dialogorientierte Kommunikation über Social Media.

Dies sind nur einige Beispiele, die verdeutlichen sollen, dass es nicht genügt, allein in der Personalabteilung entsprechend zu denken und zu kommunizieren. Es gibt viele Schnittstellenthemen: Bei der Stellenanzeige ist die Fachabteilung involviert, bei der Karriere-Website oft die Kommunikationsabteilung. In Interviews können von der Geschäftsleitung über die Fachabteilungen diverse Ansprechpartner mit einbezogen sein. Alle Beteiligten müssen das Verständnis mitbringen, dass Bewerber nicht wie Bittsteller, sondern wie Kunden zu behandeln sind.

Für die Kommunikation in Richtung Zielgruppe empfiehlt es sich, diese selbst einzubeziehen. Wenn beispielsweise die Zielgruppe der Auszubildenden auf der Karriere-Website eines Unternehmens angesprochen werden soll, erscheint es zweckmäßig, Auszubildende auch bei der Gestaltung mitwirken zu lassen.

Im eigenen Unternehmen besteht oft eine Divergenz zwischen der Personal- und der Kommunikationsabteilung. Während erstere den direkten Kontakt zu den Bewerbern hat und dementsprechend authentisch und zielgruppenorientiert kommunizieren möchte, gehen viele Kommunikationsabteilungen weiter davon aus, dass die Kommunikation gesteuert und kontrolliert werden kann. Abgesehen davon, dass dies noch nie wirklich möglich war und es nur nicht weiter aufgefallen ist, wenn sich jemand in seinem Freundeskreis negativ über das betreffende Unternehmen geäußert hat, so ist dies in Zeiten von Social Media grundsätzlich anders. Unter Umständen erfährt heute eine viel größere Anzahl von Menschen – und in erster Linie aus der Zielgruppe selbst – von der privat geäußerten Kritik. Insofern sollten in Stellenanzeigen und auf der Karriere-Website möglichst keine von der Public-Relations-Abteilung „glattgebügelte" Werbebotschaften stehen, sondern authentische, in der Sprache und inhaltlichen Erwartungshaltung der jeweiligen Zielgruppe verfasste Texte – ein Ziel, welches in vielen Unternehmen nur langfristig und durch intensive interne Auseinandersetzungen zu erreichen ist.

Die Einbindung von Fachabteilungen ist in diesem Kontext eine weitere große Herausforderung. Angehende Ingenieure möchten nun einmal lieber mit Ingenieuren als mit Personalverantwortlichen sprechen. Insofern kommt der Personalabteilung im Recruiting immer mehr die Rolle zu, die richtigen Experten aus dem eigenen Unternehmen mit den entsprechenden Bewerbern zusammenzubringen. Man könnte sagen, dass Personalabteilungen zunehmend eher als Makler agieren als selbst zu kommunizieren (s. Abb. 17.4).

Auch das will in der Personalabteilung erst verstanden und gelernt sein. Der größere Schritt aber besteht darin, in den eigenen Fachabteilungen diejenigen Mitarbeiter zu identifizieren, die kommunikativ in der Lage sind, auf Augenhöhe mit Bewerbern zu sprechen und diese für den eigenen Job zu begeistern. Es macht durchaus Sinn, diese kommunikativen Fachleute entsprechend zu schulen und auf die Bedeutung der Kommunikation auf Augenhöhe hinzuweisen.

Die Kommunikation über Social-Media-Kanäle erfordert Kompetenz und Schnelligkeit. Auch hier ist natürlich die richtige Haltung gefragt. Dazu kommt aber noch, dass Antworten auf Fragen, die von Bewerbern auf diesen Kommunikationsplattformen gestellt werden, keine langwierigen internen Abstimmungsprozesse erlauben. Eine schnelle und authentische Reaktion ist erforderlich. Entsprechend wichtig ist es, dass jene Mitarbeiter, welche die Social-Media-Kanäle bedienen – beispielsweise auf Basis einer Richtlinie und entsprechenden Trainings –, in der Lage sind, schnell zu reagieren.
Fazit:
Dialog auf Augenhöhe ist mehr, als auf den ersten Blick hineininterpretiert werden kann, und setzt für viele Unternehmen eine intensive Auseinandersetzung mit den eigenen Kommunikationsprozessen und -haltungen voraus.

17.2.1.2 Redefinition von Recruiting-Kriterien

Trotz des allgemeinen Gleichbehandlungsgesetzes stößt man immer wieder auf Entscheider, die noch ein sehr antiquiertes Recruiting-Verständnis haben. Der ideale Kandidat sollte in ihren Augen männlich, unter 25, örtlich und zeitlich vollkommen flexibel sein und natürlich zu den oberen 15% der Topabsolventen gehören. Zudem erscheint es immer

Die Personalabteilung auf dem Weg
vom Kommunikator zum Broker

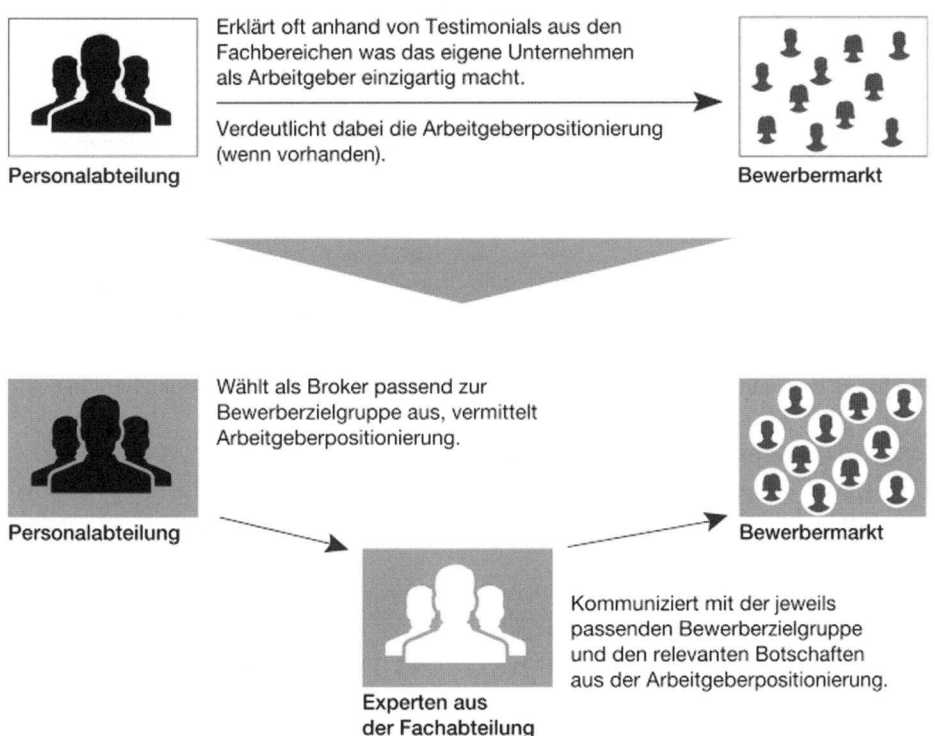

Abb. 17.4 Die Personalabteilung auf dem Weg vom Kommunikator zum Broker

noch für viele von ihnen als wichtig oder zumindest als gute Referenz, wenn die Eltern selbst Unternehmer oder mindestens Akademiker sind.

Ungeachtet rechtlicher Bestimmungen ist dies auch aufgrund der demografischen Entwicklung eine ziemlich unzeitgemäße und verschrobene Sicht der Dinge. Die aktuellen Rahmenbedingungen führen dazu, dass viel offener gedacht werden sollte, was in vielen Unternehmen auch schon geschieht. Dies bezieht sich auf eine Vielzahl von Themen, zum Beispiel:

- Offenheit für die Rekrutierung von Zielgruppen im besten Diversitätssinn: Geschlecht, Alter, soziale und regionale Herkunft sollten keine Rolle spielen.
- Abkehr vom Notenwahn. Um nicht missverstanden zu werden: Noten werden sicherlich immer ein Entscheidungskriterium unter vielen sein, aber die aktuell oft noch vorzufindende Überbewertung von Noten als Einstellungsvoraussetzung sollte abnehmen. Auch hier hat man als Recruiter mit vielen Vorbehalten gerade aus Fachabteilungen zu kämpfen.

- Fokus auf den Kandidaten selbst – und nicht auf sein Umfeld: Warum Eltern im Ideal-fall Unternehmer oder Akademiker sein sollten, lässt sich nicht nachvollziehen. Viel-mehr sollte der Bewerber als Person gesehen werden.
- Als Unternehmen räumlich und zeitlich flexibler sein: Da wir uns in vielen Zielgruppen auf dem Weg von Arbeitgeber- zu Arbeitnehmermärkten befinden, ist es nur konse-quent, die früher vielfach von Bewerbern geforderte Flexibilität angesichts der neuen technologischen Möglichkeiten anzubieten: Homeoffice an bestimmten Tagen sowie zeitliche Flexibilität und Bezahlung nach Leistung statt Anwesenheit könnten attraktive Argumente für potenzielle Mitarbeiter sein.

Auch in diesen Themenfeldern ist also eine neue Flexibilität auf Unternehmensseite er-forderlich. Die einzelnen Punkte klingen zunächst einfach, sind aber oftmals nicht umzu-setzen – es sei denn, die Entscheidungsträger erkennen, dass sich die Zeiten ändern. Dies ist eine echte Change-Management-Aufgabe, insbesondere für die Personalabteilung.

17.2.1.3   Talent Relationship Management

Dem Thema Talent Relationship Management – also dem Aufbau und der Pflege langfris-tiger Beziehungen zwischen Talenten und Arbeitgebern – wird eine immer größer werden-de Bedeutung zukommen.

Bislang regiert im Recruiting-Kontext das Prinzip Post and Pray: Man nehme eine Vakanz, formuliere dazu eine passende Stellenausschreibung und veröffentliche sie auf di-versen Kanälen. Traditionell sind das Print- und seit Anfang der 2000er-Jahre zunehmend Online-Kanäle wie die eigene Karriere-Website, Social-Media-Plattformen, Karrierenetz-werke und Jobbörsen. Wenn die Stellenanzeige möglichst weitverbreitet ist, werden sich schon die passenden Kandidaten bewerben, so die landläufige Meinung.

Dieses Denken ist immer noch sehr weitverbreitet und wird auch niemals völlig ver-schwinden. Allerdings wird diese Vorgehensweise zunehmend schwieriger, denn:

- Es gibt weniger potenzielle Kandidaten.
- Die Qualität der noch vorhandenen Kandidaten wird wohl oftmals schlechter eingestuft als in der Vergangenheit. Hier ist definitiv die Bildungspolitik gefragt, aber das soll in diesem Artikel nicht im Fokus stehen.
- Die Post-and-Pray-Denkweise ist sehr kurzfristig und ad hoc gesteuert. Um die eigene „Recruiting-Pipeline" allerdings nachhaltig mit der richtigen Qualität und Quantität zu füllen, muss in den betroffenen Branchen angesichts des Fachkräftemangels viel lang-fristiger gedacht werden.
- Die Post-and-Pray-Denkweise setzt viel zu spät an, denn sie richtet sich erst an Absol-venten. Allein mit Post and Pray wird man keine Schüler dazu bewegen können, sich für technische und naturwissenschaftliche Studiengänge zu interessieren (Abb. 17.5).

Die Unternehmen müssen sich im Grunde viel eher um die für sie relevanten Zielgruppen bemühen. Dazu gehört eine strategische Personalplanung, die sich aus der Gesamtstrate-

Wie sieht das Recruiting von morgen aus?

Klassisch „Post & Pray"

Zukünftig „Candidate Relationship Management."

Abb. 17.5 Post and Pray versus Talent Relationship Management

gie des jeweiligen Unternehmens ableiten muss. Sinnvoll ist der Aufbau von Kandidatenpools, die langfristig mit exklusiven Inhalten gefüllt werden und sicherstellen, dass – sobald es Kontakte zwischen der Zielgruppe und dem Unternehmen gibt – diese nicht wieder ergebnislos bleiben, sondern durch ein systematisches Beziehungsmanagement vertieft werden.

Am einfachsten lässt sich das an Praktikantenbindungspools erklären: Wenn jemand ein Praktikum in einem Unternehmen erfolgreich absolviert hat, so ist es für das betreffende Unternehmen essenziell, diesen Kontakt aufrechtzuerhalten, denn die Chance eines späteren Berufseinstieges des ehemaligen Praktikanten ist natürlich um ein Vielfaches höher als von Kandidaten, die keinerlei Beziehung zum Unternehmen haben.

Neben Praktikantenpools lassen sich – je nach den spezifischen Unternehmensbedürfnissen – natürlich beliebige weitere Pools definieren. Diese können auf verschiedenen Spezifika beruhen, beispielsweise:

- dem Status der Zielgruppen im Berufsleben; Auszubildende, Praktikanten, Absolventen, Young Professionals, Professionals,
- Berufsbildern wie Ingenieure, Betriebswirtschaftler, Juristen oder andere,
- auf Recruitingkanälen mit spannenden Kandidaten aus Event X oder von der Landingpage Y.

Letzten Endes müssen die Pools den Bedürfnissen des jeweiligen Unternehmens entsprechen.

Das Management solcher Pools ist aufwendig und kostspielig, denn Auszubildende müssen mit anderen Inhalten versorgt werden als beispielsweise Professionals. Allerdings zahlt sich der Aufbau strategischer Talent-Relations langfristig aus, da die Aufwendungen für Post-and-Pray-Aktivitäten mittelfristig deutlich zurückgehen und ein ganz direkter und persönlicher Kontakt zur relevanten Zielgruppe aufgebaut wird.

Der Aufbau und Betrieb solcher Talent-Relationship-Maßnahmen stellt viele Unternehmen zunächst vor große Herausforderungen, denn sie erfordern langfristige Investitionen.

Die Entscheidungsträger davon zu überzeugen, dass solch eine vorausschauende Herangehensweise mit Vorabinvestitionen verbunden ist, erfordert erneut Überzeugungsarbeit und Veränderungsprozesse. Budgets müssen vorsichtig umgeschichtet werden, man muss sich mit der Produktion von zielgruppenrelevanten Inhalten befassen und die eigenen Fachabteilungen in das Talent Relationship Management einbeziehen, weil angehende Ingenieure lieber mit den Ingenieuren im Unternehmen als ausschließlich mit der Personalabteilung Kontakte aufbauen. Schließlich benötigt man entsprechende IT-Systeme, die Talent-Relationship ermöglichen.

Angesichts der demografischen Entwicklung, aber auch der Erkenntnisse aus dem Produktmarketing, in dem das Beziehungsmanagement zu relevanten Zielgruppen schon lange gepflegt wird, gibt es meines Erachtens mittelfristig keine Alternative zu der Verlagerung von Ressourcen und Budgets: weniger Post and Pray und mehr systematisches Talent Relationship Management.

In den Fachabteilungen muss sich ein Verständnis dafür entwickeln, dass es nicht das Versagen der Personalabteilung ist, wenn Post and Pray nicht mehr in ausreichendem Maße funktioniert. Gefordert ist die Erkenntnis, dass die Arbeitgeber- und Arbeitnehmermärkte sich radikal verändern und nicht nur für die Personalabteilung, sondern für die gesamte Organisation Handlungsbedarf besteht. Hier schließt sich der Kreis zum Thema Change-Management und Kulturwandel.

17.2.2 Handlungsempfehlungen für Unternehmen im Kontext der Mitarbeiterbindung

17.2.2.1 Führung 2.0

Die Rolle der Führungskräfte in Organisationen ist absolut zentral. Wird neues Denken vom Topmanagement nicht eingefordert und selbst gelebt, sind viele der skizzierten Ansätze zum Scheitern verurteilt. Es stellt sich darüber hinaus die Frage, ob durch die Digitalisierung und die entsprechenden neuen Tools und technischen Möglichkeiten nicht auch andere Erwartungen an Führungskräfte gestellt werden.

In der Vergangenheit wurden oft diejenigen mit dem größten Fachwissen mehr oder weniger automatisch zu Führungskräften. Heutzutage wird Wissen durch das Internet immer allgemeiner zugänglich, weshalb der Führung mehr als in der Vergangenheit eine Moderations- und Coachingrolle zukommt. Eine gute Führungskraft muss also nicht unbedingt das größte Fachwissen besitzen – was angesichts immer komplexer werdender Problemstellungen und Lösungsansätze, die Spezialwissen erfordern, auch immer unrealistischer wird –, sondern sie muss in der Lage sein, diverse Fachspezialisten ihren jeweiligen Stärken und Fähigkeiten entsprechend am besten einzusetzen und zu managen.

Die Frage, ob sich Führung angesichts von Social Media, Web 2.0 und Enterprise 2.0 verändern muss, ist meines Erachtens völlig berechtigt. Was sind also die Erwartungen an die „Führungskraft 2.0"? Prof. Dr. Thorsten Petry von der Hochschule RheinMain hat dies im Frühjahr 2013 mit einer Online-Befragung von 235 Führungskräften und Personalver-

Erwartungen an eine Führungskraft im Social Media Zeitalter

Abb. 17.6 Erwartungen an eine Führungskraft im Social-Media-Zeitalter Nach [5]. (Quelle: Prof. Dr. Thorsten Petry, Wiesbaden Business School, Hochschule RheinMain)

antwortlichen im deutschsprachigen Raum untersucht. Die zentralen Erwartungen an eine Führungskraft im Social-Media-Zeitalter sind in Abb. 17.6 ersichtlich.

Offene Kommunikation, regelmäßiges offenes Feedback an die Mitarbeiter, Offenheit für Kritik der Mitarbeiter, das Fördern von Selbststeuerung und -organisation sowie Authentizität und aus Lernerfahrungen heraus die Akzeptanz von Fehlern sind danach die wichtigsten Erwartungen an eine Führungskraft. Lediglich 17 % der Befragten gaben an, dass viele der Führungskräfte im eigenen Unternehmen diese Erwartungen erfüllen. Es gibt offensichtlich einen recht großen Unterschied zwischen Anspruch und Wirklichkeit.

17.2.2.2   Flexibilisierung von Arbeitszeit und -ort
Eine weitere Herausforderung, die Unternehmen zu ganz erheblichen Veränderungsprozessen führt, ist die Flexibilisierung von Arbeitszeit und -ort. Zumindest in der Theorie ist für Wissensarbeiter ein erheblich flexibleres Arbeiten möglich, als gemeinhin praktiziert wird. Selbstverständlich müssen betriebliche Abläufe daran angepasst werden und in den meisten Fällen kann es aufgrund der Notwendigkeit von Teamstrukturen keine vollkom-

mene Freiheit geben. Arbeitgeber und -nehmer müssen hier Kompromisse aushandeln. Doch die Möglichkeit, Arbeitsprozesse erheblich flexibler zu gestalten, ist durchaus vorhanden.

Neben der eigentlichen Organisation der Tätigkeit stellt sich die Frage, wie flexibel arbeitende Mitarbeiter in betriebliche Abläufe eingebunden werden können. In diesem Kontext entstehen durch Social Business Tools, die herkömmliche Intranets zunehmend ablösen, neue Möglichkeiten. Wissen kann über digitale Plattformen geteilt werden, der Zugriff ist jederzeit und von überall her gewährleistet. Standortübergreifende Teams können damit gemeinsam an Dokumenten arbeiten, virtuelle Teamstrukturen sind technisch möglich. Am Ende stellt sich die Frage, ob entsprechende Prozesse und Strukturen in der Praxis implementiert werden, um von den neuen Technologien profitieren zu können.

Neben der technischen Entwicklung, die ganz klar eine treibende Kraft der Flexibilisierung von Arbeit ist, ergibt sich auch vor dem Hintergrund des Fachkräftemangels ein deutlicher Handlungsdruck in diese Richtung. Das Stichwort in diesem Kontext lautet Diversität. Unternehmen müssen umdenken und familienfreundliche Strukturen etablieren. Auf Basis der technologischen Entwicklung ergeben sich neue und flexible Ansätze – sofern Unternehmen ihre Strukturen und Prozesse entsprechend anpassen und das Topmanagement diese Entwicklungen fördert. Frauen und Männer mit Familie, der Einsatz bislang wenig beachteter Zielgruppen wie Best Ager, kurz das ganze Thema Diversität rückt immer stärker in den Fokus und zwingt Unternehmen dazu, sich zu verändern. Dies wirkt sich natürlich auch auf die Unternehmenskulturen aus.

17.2.2.3   Schaffung einer Vertrauenskultur

Allein mit Flexibilität wird man den Anforderungen jedoch nicht gerecht. Was zunächst für Wissensarbeiter verheißungsvoll erscheint – örtlich und zeitlich weitgehend flexibles Arbeiten –, kann in der täglichen Praxis durchaus zu einer Herausforderung für Arbeitnehmer werden. Denn theoretisch kann ein Wissensarbeiter immer tätig sein. Wo werden aber die Grenzen zwischen Arbeits- und Berufsleben gesteckt, wenn zumindest aus technischer Perspektive jederzeit gearbeitet werden kann und in der Unternehmensrealität beispielsweise auch oft eine direkte Antwort auf E-Mails verlangt wird?

Einerseits ist hier natürlich die Selbstdisziplin jedes Mitarbeiters gefragt. Sich selbst Grenzen setzen, nicht rund um die Uhr verfügbar sein, ein eigenes Regelwerk aufstellen: Das sind unbedingte Voraussetzungen, um langfristig erfolgreich arbeiten zu können und nicht Gefahr zu laufen, irgendwann auszubrennen.

Andererseits haben Unternehmen auch ihren Teil an Verantwortung zu übernehmen. Durch Regelwerke und Vereinbarungen sollte ein gesundes Arbeitsklima sichergestellt werden. Neben einer Social Media Guideline und Richtlinien für den Umgang mit E-Mails ist letzten Endes ein intensiver ständiger Dialog zwischen dem Management, dem Betriebsrat und den Mitarbeitern gefragt.

Gerade in hektischen Phasen, beispielsweise vor Abschluss eines wichtigen Projekts, lassen sich Überstunden und ständige Verfügbarkeit oft nicht vermeiden. Es muss aber sichergestellt sein, dass es Ausgleichszeiten gibt und dass über zu hohe Belastungen ein offener und konstruktiver Dialog geführt werden kann.

Auch in diesem Kontext ist klar erkennbar: Die Enterprise − 2.0-Welt zwingt Unternehmen, sich mit den Themen Vertrauenskultur und Gesundheitsmanagement intensiv auseinanderzusetzen.

17.3   Zwei Beispiele aus der Praxis

17.3.1   Mitarbeitergewinnung und Talent Relationship Management über Careerloft

Das im März 2012 gegründete Karrierenetzwerk Careerloft bringt Toparbeitgeber und Talente auf Augenhöhe zusammen und schafft langfristige Beziehungen. Als Tool von Talent Relationship Management bietet Careerloft seinen Partnerunternehmen die Möglichkeit, sich als attraktiver Arbeitgeber zu positionieren und gleichzeitig auch Recruiting zu betreiben. Partnerunternehmen von Careerloft sind: Audi, BASF, Bertelsmann, die Boston Consulting Group, die Commerzbank, die Deutsche Telekom, Ernst & Young, Fresenius, Hogan Lovells, Linklaters, Merck, die METRO GROUP und SAP (Abb. 17.7).

Für die Zielgruppe der Topstudenten und -absolventen bietet Careerloft exklusive Inhalte, direkten Kontakt zu Partnern aus den Personal- und Fachabteilungen der beteiligten Partnerunternehmen sowie exklusive Veranstaltungen und Events. Darüber hinaus gibt es das Careerloft-Förderprogramm, welches talentierte Studenten und Absolventen mit karriererelevanten Prämien, wie beispielsweise Sprachtrainings, Karrierecoaching, Zeit-

Abb. 17.7 Careerloft aus der Sicht von Unternehmen und Studenten

Warum careerloft am Puls der Zeit agiert

Abb. 17.8 Warum Careerloft am Puls der Zeit agiert

schriftenabos, Zugriff auf Wissensdatenbanken oder einem umfassenden Mentoring-Programm unterstützt.

Die Ausgangssituation ist klar: Wir leben in einer Zeit, in der es für Unternehmen zunehmend schwieriger wird, die richtigen Mitarbeiter zu gewinnen. Ursachen hierfür sind:

- der sich immer stärker bemerkbar machende Fachkräftemangel, der den Arbeitsmarkt von einem Angebots- zu einem Nachfragemarkt umgestaltet,
- der Wertewandel, Stichwort Generation Y, mit Bewerbern, die sich ihres Wertes durchaus bewusst sind und ihre Erwartungen an Arbeitgeber viel deutlicher kommunizieren als bisherige Bewerbergenerationen,
- ein sich rasant veränderndes Mediennutzungsverhalten, das stark durch Social Media geprägt ist.

Careerloft ist vor dem Hintergrund dieser Trends entwickelt worden und bietet den Partnerunternehmen einen ganzheitlichen und umfassenden Lösungsansatz für die zunehmenden Herausforderungen im Kontext der Mitarbeitergewinnung. Folgende drei Argumente sind die zentralen Erfolgsfaktoren für Careerloft: (Abb. 17.8)

- **Kommunikation auf Augenhöhe**

  Früher waren Bewerber Bittsteller. Sie sind es heute manchmal immer noch, aber diese Zeiten nähern sich rasant ihrem Ende. Bei Careerloft findet eine ernsthafte Auseinandersetzung mit den Erwartungen der Generation Y statt. Das geht so weit, dass Careerloft nicht nur eine Plattform im Internet ist. Mit dem Careerloft in **Berlin-Kreuzberg** wurde ein Ort der Begegnung und des Austausches für Studenten und Absolventen sowie die Careerloft-Partnerunternehmen geschaffen.

  Im Loft wohnen stets zwei Social-Media-affine Förderprogrammmitglieder, welche die Careerloft-Partnerunternehmen zu Events einladen oder diese vor Ort besuchen und dann ihre Eindrücke im Careerloft-Blog festhalten sowie über alle relevanten Social-Media-Kanäle, wie beispielsweise Facebook, Twitter und YouTube, kommunizieren. Der zentrale Gedanke ist hierbei, die Zielgruppe, für die Careerloft konzipiert wurde, direkt in die Weiterentwicklung der Plattform zu integrieren.

  Flankiert werden die beiden Loftbewohner von dem Careerloft-Studentenbeirat, der quasi als eine Art Aufsichtsrat mithilft, das redaktionelle Angebot und die Careerloft-Events sowie sämtliche Marketingaktivitäten streng auf die Bedürfnisse der Zielgruppe hin anzupassen. Die Zielgruppe entwickelt somit ihr eigenes Angebot.

  In Bezug auf die Unternehmenspartner ist Careerloft ebenso klar positioniert, nämlich nicht als verlängerter Arm der jeweiligen Public-Relations-Abteilung, sondern als konstruktiv-kritische Plattform der Generation Y.

- **Bewerbungsprozess umgedreht**

  Warum sollte man sich als gut qualifizierter Student x-mal durch diverse Online-Bewerbungsformulare arbeiten, wenn man sich auch einmal bei Careerloft registrieren kann? – Bei Careerloft sind die Bewerber keine Bittsteller, sondern Kunden. Und: Der Kunde ist König. Die Careerloft-Datenbank ist für die Partnerunternehmen als Active-Sourcing-Plattform konzipiert, sodass die Unternehmen vollständigen Zugriff auf alle Daten haben, sich die spannendsten und für sie am besten passenden Profile heraussuchen und sich bei den Careerloft-Mitgliedern bewerben können.

  Aus Bewerbersicht ist diese Verkehrung des sonst üblichen Prozesses angenehm, erfährt er doch die Wertschätzung, die man Kunden stets entgegenbringen sollte.

- **Attraktives Förderprogramm**

  In einer Zeit, in der Arbeitgeber- zu Arbeitnehmermärkten werden, muss man der Zielgruppe mehr bieten als nur exklusive Inhalte. Als Careerloft-Mitglied kann man sich auf das Careerloft-Förderprogramm bewerben. Bei Aufnahme erhält man umfangreiche Unterstützung in Form materieller Vorteile bei der Karriereentwicklung. Wie oben erläutert wurde, bietet Careerloft beispielsweise Sprachtrainings, ein umfangreiches Mentoring-Programm, Zeitschriftenabos oder kostenlosen Zugriff auf Recherchedatenbanken.

  Einerseits dient das Förderprogramm dazu, neue potenzielle Mitglieder auf Careerloft aufmerksam zu machen. Andererseits – und das ist der relevantere Grund – verhindert das Förderprogramm, dass Careerloft zu einem Datenfriedhof wird. Denn von den Vorteilen profitiert das Fördermitglied nur, wenn es seine eigenen Daten in regelmäßigen Abständen aktualisiert.

Careerloft agiert crossmedial: Studenten finden es nicht nur auf der entsprechenden Internetseite, sondern bleiben auch über die Social-Media-Kanäle wie Facebook, Twitter, YouTube, Pinterest, auf XING und LinkedIn in Kontakt.

Über den Careerloft-Studentenbeirat besteht ein direkter Zugang zu aktuell 16 strategisch ausgewählten Hochschulen, an denen auch Careerloft-Veranstaltungen stattfinden. Darüber hinaus pflegt Careerloft inzwischen vielfältige Kooperationen, unter anderem mit der Bonding Studenteninitiative e. V., der Deutschlandstiftung Integration oder AIESEC.

Die Präsenz in der realen Welt mit einem Loft in Berlin, das als Kommunikationsort und Treffpunkt für Talente und Partnerfirmen dient, ist im Hinblick auf die Kommunikation ebenfalls von zentraler Bedeutung: Im Loft werden Events mit den Mitgliedern und Partnern veranstaltet, zudem berichten die Loftbewohner immer aktuell von ihren Erfahrungen und Erlebnissen im Blog.

Im März 2012 gegründet, zählt Careerloft heute (Mai 2013) bereits über 18.000 Mitglieder, von denen mehr als 4500 Talente in das Förderprogramm aufgenommen wurden. Das rasante Wachstum und die außerordentliche Qualität dieser baldigen Berufseinsteiger – knapp ein Viertel plant ihren Einstieg in 2013 – zeigt die Abb. 17.9.

Der strategische Fokus von Careerloft liegt aktuell in der Austarierung des Fachrichtungsmixes in Richtung naturwissenschaftlich-technischer Studiengänge. Obwohl Careerloft insgesamt rasant wächst, nimmt die Mitgliederzahl aus den beiden Zielgruppen der Ingenieure und Informatiker überproportional zu. Zielsetzung ist es, gerade in diesen beiden Gruppen ein noch stärkeres Wachstum zu erzielen, da viele der Careerloft-Partnerunternehmen ebenfalls darauf fokussiert sind. Darüber hinaus sind die Erhöhung des Frauenanteils auf Careerloft und die anstehende Internationalisierung zentrale Themen für die Weiterentwicklung des Programms.

Durch die direkte Einbeziehung der Zielgruppe aus der Generation Y und eine transparente und authentische Kommunikation über Social Media hilft Careerloft den Partnerunternehmen, langfristige Beziehungen zur Engpasszielgruppe der High Potentials aufzubauen. Die Firmen können sich als attraktive Arbeitgeber positionieren und direkt über die Careerloft-Datenbank Kandidaten rekrutieren.

17.3.2 Mitarbeiterkommunikation über das Social Business Tool iKom in der Medienfabrik Gütersloh GmbH

Neue technologische Möglichkeiten zwingen zu Veränderungen in Unternehmen, so die These. In der Praxis kann ich dies als Mitglied der Geschäftsleitung der Medienfabrik Gütersloh GmbH, der Marketing- und Kommunikationsagentur des Bertelsmann-Konzerns, unter anderem mit der Einführung des Social Business Tools iKom in unserem Unternehmen belegen. Die zentrale Grundidee dahinter war, das private Kommunikationsverhalten der jungen Belegschaft in der Medienfabrik aufzugreifen.

Innerhalb der Medienfabrik wurde vor der Einführung von iKom im Jahr 2011 ausschließlich über E-Mail kommuniziert. Informationen konnten einer statischen Homepage entnommen werden. Ein dialogorientiertes Tool gab es nicht. Mithin lief die Kommunika-

Erfolgreiche Entwicklung von careerloft seit März 2012

Mitgliederentwicklung
Anzahl Mitglieder und
Fördermitglieder zum Quartalsende

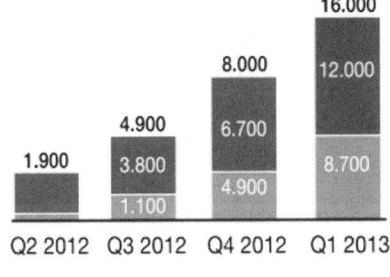

Q2 2012   Q3 2012   Q4 2012   Q1 2013

■ Mitglieder

▨ Fördermitglieder

Merkmale Fördermitglieder

• 91% mit drei oder mehr Monaten **Praxiserfahrung**

• **Herausragende akademische Leistungen:**
Studiennote: Ø 1,7
Abiturnote: Ø 1,6
92% haben an einer Universität studiert

• **Internationalität:**
71% mit drei oder mehr Monaten Auslandserfahrung
89% sprechen fließend Englisch
durchschnittliche Kenntnisse in 3,34 Sprachen
9% haben nicht Deutsch als Muttersprache

• **Fachübergreifende Kriterien:**
Gesellschaftliches Engagement;
Auszeichnungen & Stipendien; Leistungssport

• **35% weiblich, 65% männlich**

• Mind. **23% suchen Einstieg** in 2013

Anzahl von Bewerbungen auf
das Förderprogramm pro Woche

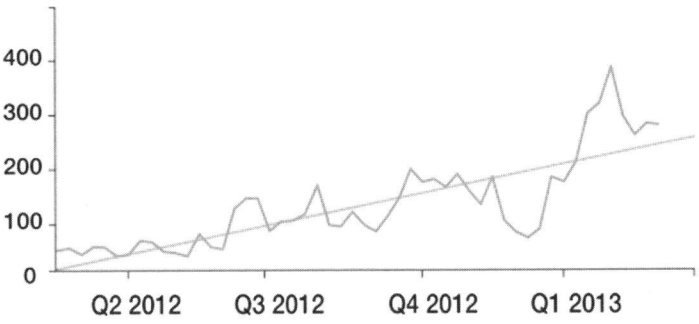

Abb. 17.9 Erfolgreiche Entwicklung von Careerloft seit März 2012

tion monolog- und push-orientiert. Das Einstellen von Informationen war nur einem kleinen Kreis möglich – im Grunde genommen war das Intranet nicht mehr als ein Schwarzes Brett.

Anfang 2011 wurde beschlossen, das klassische Intranet durch ein Unternehmens-Wiki – ein internetbasiertes Informations- und Kommunikationssystem – zu ersetzen. Das Ziel bestand darin, sämtliche Mitarbeiter direkt in die Kommunikation miteinzubeziehen und Social-Media-Elemente zu integrieren. Auf diese Weise sollte eine dialogorientierte, transparente Kommunikationskultur entwickelt werden. Dass eine technische Lösung dies eben nur technisch abbilden kann und sich das Unternehmen darüber hinaus ebenfalls ändern muss, war den Verantwortlichen bewusst. Und auch heute, zwei Jahre später, ist der Change-Prozess dazu noch nicht völlig abgeschlossen. Aber durch iKom haben wir eine technische Grundlage, ohne die wir diesen Wandel nur erheblich schwerer herbeiführen könnten.

Heute kann jeder Nutzer Daten einstellen, teilen, ändern oder kommentieren – ähnlich, wie man es von Social-Media-Plattformen wie Facebook kennt. Alle relevanten Firmeninformationen werden veröffentlicht. So können die Mitarbeiter sich aktiv an der Kommunikation beteiligen.

Mit iKom konnten wir neben der Beschleunigung von innerbetrieblichen Informationsströmen und der Vereinfachung von Arbeitsabläufen den Transfer von Informationen und Daten fördern und die Kommunikation unter den über 400 Mitarbeitern massiv vereinfachen. Ein Unternehmens-Wiki für eine papierlose Verwaltung und Online-Bibliothek nach dem Prinzip von Wikipedia ist der zentrale Gedanke dahinter.

Mehrere Funktionen fördern die Interaktion untereinander und minimieren den Verwaltungsaufwand:

- schnelle, direkte und standortübergreifende Kommunikation zwischen Kollegen,
- Archivierung von Dateien und gleichzeitiger abteilungsübergreifender Austausch,
- Aufhebung bestehender Kommunikationsbarrieren, auch zwischen Hierarchieebenen,
- Entlastung von Ansprechpartnern durch interne Dokumentation,
- direkte Abfrage aller Mitarbeiterkontaktdaten und Sicherstellung der Datenaktualität,
- integrierte Funktionen wie Urlaubsplanung und -freigaben oder Projektplanung und Ressourceneinsatz.

Das Tool iKom wurde auf Basis von Confluence, einer einfach zu bedienenden und leistungsstarken Wiki-Software, erstellt. Inhalte werden damit schnell und unkompliziert erstellt, gepflegt, geteilt, verwaltet und bearbeitet. Somit ist eine reibungslose Zusammenarbeit innerhalb der Projektgruppen sichergestellt.

Wir haben iKom im Frühjahr 2011 mit einer internen Kampagne eingeführt. Das Beispielposter daraus in Abb. 17.10 verdeutlicht den Geist, der in iKom steckt und der für die offene Kommunikationskultur der Medienfabrik steht.

Das Tool iKom entspricht der offenen Kommunikationskultur der Medienfabrik und bedeutet eine erhebliche Arbeitserleichterung durch schnelle Informationsbeschaffung und sofortiges Feedback der Kollegen. Die Nutzung neuester Technologie mit iKom verschafft den Mitarbeitern einen entscheidenden Kompetenzvorsprung – auch im Vergleich zur Konkurrenz.

Natürlich gibt es eine ganze Reihe weiterer Herausforderungen. Die Nutzung solcher Technologien in der gesamten Belegschaft und nicht nur in einem Kreis, der ohnehin von Social Media geprägt ist, sowie die Schaffung des Bewusstseins, dass mit einem derartigen Tool aus Informationsbringschuld umgehend eine Informationsholschuld für jeden Mitarbeiter wird, sind zwei aktuelle Themen, mit denen wir uns befassen.

Abb. 17.10 iKom-Kampag-
nenbeispiel

ikom Kampagne Beispiel

17.4   Fazit

Social Media und die Digitalisierung treiben – insbesondere in Kombination mit dem aus
der demografischen Entwicklung resultierenden Fachkräftemangel für viele Branchen –
grundlegende Veränderungsprozesse in Organisationen voran. Gerade die Themen Mitarbeitergewinnung und -bindung sind massiv davon betroffen.

Um wettbewerbsfähig bleiben und auch in Zukunft die richtigen Mitarbeiter gewinnen
und halten zu können, werden sich Organisationen in den nächsten Jahren erheblich de-
mokratischer und mitarbeiterorientierter aufstellen müssen als bislang. Aus der eingangs
geäußerten These:

> **Gesellschaftliche Entwicklungen führen zum größten Wandel der Arbeitswelt seit der
> industriellen Revolution und zwingen Unternehmen zum Change-Management und
> Kulturwandel. Allerdings gilt dies nur unter der Prämisse stabiler Volkswirtschaften**

ergeben sich bezogen auf die Themen Fachkräftemangel, Digitalisierung und Wertewandel aus meiner Sicht folgende Handlungsempfehlungen für Organisationen:

* Dialog auf Augenhöhe statt Top-down-Kommunikation,
* Diversität in der Rekrutierung anstelle von antiquierten Recruiting-Kriterien,
* Aufbau langfristiger Talent-Relations statt kurzfristigem Post and Pray,
* Führung 2.0 statt Befehlsgewalt von oben,
* flexible Arbeitszeiten und -orte statt Anwesenheitspflicht und Stechuhr,
* Vertrauens- statt Misstrauenskultur.

Es gibt darüber hinaus natürlich noch jede Menge weiteren Veränderungsbedarf, wie beispielsweise das Thema Incentivierungsmechanismen, die Fragestellung, wie man nachhaltiges Gesundheitsmanagement umsetzt, oder die Frage, wie Wissensmanagement in
Organisationen betrieben werden sollte. Dies würde in diesem Kontext allerdings zu weit
führen.

Literatur

1. BCG analysis (o. J.) Wahrscheinlicher Fachkräftemangel 2020 bis 2030. http://pinterest.com/
   pin/177047829070960188/. Zugegriffen: 5. Juni 2013
2. Doppler K, Lauterburg C (2009) Change Management: Den Unternehmenswandel gestalten.
   Frankfurt a. M.: Campus-Verlag
3. Hesse G (2011) Wie unterscheiden sich eigentlich Produktmarketing und Personalmarketing?
   http://www.saatkorn.com/2011/08/21/wie-unterscheiden-sich-eigentlich-produktmarketing-
   und-personalmarketing/. Zugegriffen: 5. Juni 2013
4. McKinsey (2008) Deutschland 2020. Zukunftsperspektiven für die deutsche Wirtschaft. http://
   www.erfahrung-deutschland.de/uploads/cms/elfinder/PDF/pdf_10.pdf. S. 6. Zugegriffen: 5. Juni
   2013
5. Petry T (2013) Web 2.0, Enterprise 2.0 … Führung 2.0? – Eine aktuelle Studie zu veränderten
   Erwartungen an Führung. (Interview). http://www.saatkorn.com/2013/05/15/web-2-0-enterpri-
   se-2-0-fuhrung-2-0-eine-aktuelle-studie-zu-veranderten-erwartungen-an-fuhrung/. Zugegriffen:
   5. Juni 2013
6. Qualman E (2013) Social media revolution. http://www.youtube.com/watch?v=3SuNx0UrnEo.
   Zugegriffen: 5. Juni 2013

Zusammenfassung und Ausblick

18

Ralph Dannhäuser

Inhaltsverzeichnis

Zusammenfassung

Liebe Leserin, lieber Leser,

wie Sie an vielen interessanten Beispielen in den einzelnen Kapiteln nachvollziehen konnten, kann Social Media Recruiting eine sehr sinnvolle, effiziente und effektive Maßnahme zur Rekrutierung von Engpasszielgruppen und Wunschkandidaten in Ihrem Recruiting-Mix sein. Allerdings gibt es auch hier strukturelle, inhaltliche und rechtliche Hausaufgaben zu machen und zu beachten! Ich bin überzeugt und erlebe es in der täglichen Praxis, dass dieser Weg ein Erfolg versprechender Kanal ist, der aber mit Fingerspitzengefühl und mit der richtigen Strategie angegangen werden muss. Nebenbei und ohne die notwendige Unterstützung der internen Stakeholder beziehungsweise des Managements betrieben, werden sich sehr schnell Negativerlebnisse und -ergebnisse einstellen.

Liebe Leserin, lieber Leser,

wie Sie an vielen interessanten Beispielen in den einzelnen Kapiteln nachvollziehen konnten, kann Social Media Recruiting eine sehr sinnvolle, effiziente und effektive Maßnahme zur Rekrutierung von Engpasszielgruppen und Wunschkandidaten in IhremRecrui-

R. Dannhäuser (✉)
on-connect Ralph Dannhäuser e. K., Uhuweg 20, 70794 Filderstadt, Deutschland
E-Mail: rd@erfolgreich-netzwerken.de

© Springer Fachmedien Wiesbaden 2015
R. Dannhäuser (Hrsg.), *Praxishandbuch Social Media Recruiting,*
DOI 10.1007/978-3-658-06573-7_18

ting-Mix sein. Allerdings gibt es auch hier strukturelle, inhaltliche und rechtliche Haus-aufgaben zu machen und zu beachten! Ich bin überzeugt und erlebe es in der täglichen Praxis, dass dieser Weg ein Erfolg versprechender Kanal ist, der aber mit Fingerspitzen-gefühl und mit der richtigen Strategie angegangen werden muss. Nebenbei und ohne die notwendige Unterstützung der internen Stakeholder beziehungsweise des Managements betrieben, werden sich sehr schnell Negativerlebnisse und -ergebnisse einstellen.

18.1 Dazu möchte ich Ihnen das Geheimnis meines Erfolgs mit Social Media Recruiting in fünf einfachen Punkten verraten

1. Authentisch bleiben
2. Pragmatische und zielorientierte Vorgehensweise leben
3. Langen Atem haben und durchhalten
4. Netzwerkgedanke pflegen: „Geben ist seliger denn Nehmen"
5. Permanent lern- und veränderungsbereit sein

Vor allem der letzte Punkt ist nicht zu unterschätzen. Social Media unterliegen der perma-nenten Veränderung und sind sehr dynamisch im Alltag. Was gestern noch funktionierte und aktuell war, muss morgen gegebenenfalls schon überdacht und angepasst werden. Erleben wir doch gerade beim Erstellen dieses Fachbuches genau diese Herausforderung!

Bereits jetzt bedanke ich mich auch im Namen meiner Koautoren für Ihr geschätztes Interesse an diesem Fachbuch und wünsche Ihnen, liebe Personalverantwortliche, Ge-schäftsführer und Recruiter, mindestens den gleichen Erfolg, den wir bereits mit Social Media Recruiting haben!

18.2 Ausblick

Abschließend möchte ich mit den Fachexperten einen Blick in die Zukunft des Social Media Recruiting in den jeweiligen Bereichen wagen.

> **Daher die Frage: Wohin geht die Reise mit Social Media Recruiting und der Personal-beschaffung?**

Barbara Braehmer:
Wir steuern in den Industrieländern immer weiter auf eine Vollbeschäftigung zu – in Zukunft werden alle arbeitswilligen, ausgebildeten Menschen unter mehreren Jobs wählen können. Dies führt zu einer drastischen Änderung des Job-Sicherheitsgefühls und Selbstbewusstseins: Mitarbeiter haben keine Angst mehr vor der Arbeitslosigkeit. Folglich werden die bisherigen Managementstrategien, die Firmenbedürfnisse in den Mittelpunkt zu stellen, zunehmend zu kurz greifen. Auch das tayloristische Denken der Arbeitsteilung geht in Rente, da Technik dem Menschen dienen soll. Seine Mitarbeiter

gewinnt und bindet ein erfolgreiches Unternehmen bereits heute nur, wenn es auf deren Erwartungen eingeht und mit ihnen wertschätzend kommuniziert. –So wird der Recruiting Erfolg in Zukunft davon abhängen, wie erfolgreich und für seine Arbeitnehmer passend das Unternehmen die Gegebenheiten der Realen Welt mit den Möglichkeiten der Social Webs gestaltet und diese Veränderungen und Innovationen steuert und nachhält. Die Konsequenz ist, dass es immer weniger passende Recruiting-Konzepte, Strategien und Methoden von der Stange geben wird und dem Personalwesen eine zentrale Aufgabe zukommt, diese Vielzahl der Innovationen und Change-Prozesse tatkräftig in jeweils maßgeschneiderten Talent Management Systemen zu organisieren.

Wolfgang Brickwedde:

Schon heute wird eine von zehn Stellen mit Social Media Recruiting besetzt. Diese Zahl steigt seit vier Jahren stetig an und Social Media sind 2013 bereits auf den dritten Platz der Einstellungsquellen geklettert. Man muss daher gar kein Prophet sein, um vorherzusagen, dass beim Recruiting in sozialen Netzwerken aus ersten Fehlern gelernt wurde und das Ganze etwas strategischer angegangen werden muss. Die Automatisierung wird steigen und insbesondere die Ausprägung des „Active Sourcings" wird sich zu einem sehr erfolgreichen Recruiting-Kanal weiterentwickeln.

Daniela Chikato:

XING ist ein mächtiges Recruiting-Instrument, das Sie im „Kampf um die besten Talente" strategisch sowie operativ sehr zielgerichtet und erfolgreich einsetzen können. Mit knapp acht Millionen Mitgliedern in Deutschland, Österreich und der Schweiz ist es ein wahres Eldorado für berufliche Kontakte. Gerade weil immer mehr Recruiter und Personaler die Plattform für sich als effektiven Kanal entdecken, fangen die ersten Kandidaten aus Engpasszielgruppen bereits an, ihre Profile zu „entschärfen", sodass sie nicht auf Anhieb über die Suchbegriffe gefunden werden. Der Grund sind die übermäßigen, zum Teil auch unqualifizierten, flachen und somit „nervigen" Anfragen.

Hier gilt es gerade in der Zukunft, mit der optimalen Suchstrategie systematisch und effizient die passenden Talente zu finden und professionell sowie nachhaltig zu agieren, um sich von anderen Talentfindern abzuheben.

Hans Fenner:

Viele Manager fokussieren auf die sogenannten harten Faktoren wie Kapital und Produktion und werten das Unternehmensklima als Softfaktor ab. Die Social-Media-Kanäle führen zu einer durchleuchtungsartigen Transparenz der Unternehmen und ihrer Arbeitgeberkultur, im Positiven wie im Negativen. Recruiting wird sehr einfach, wenn ein Unternehmen ein positives Arbeitgeberimage entwickelt, das sich in allen Social Media widerspiegelt. Die besten Mitarbeiter sind sehr gut informiert, haben viele Alternativen und sind weniger durch Geld zu motivieren als frühere Generationen, wie die Studien des Gallup-Instituts belegen. Ein wesentlicher Recruiting-Erfolgsfaktor ist die Qualität der Einstellungsgespräche, die auf die verschiedenen Bewerbergruppen abgestimmt sind. Viele Recruiter tendieren immer noch dazu, Bewerber zu verhören, wie zu Zeiten des Fachkräfteüberhangs. Erfolgreiche Recruiter analysieren ihre Bewerber, deren Interessen und Vorlieben und stellen sich im Bewerbungsgespräch völlig auf sie ein, um am Ende, trotz eines Fachkräftemangels im Markt, eine eigene Auswahl treffen zu können.

Eine namhafte Softwarefirma plant viele Autisten einzustellen, die für die Fehlersuche in komplexen Softwarestrukturen besondere Fähigkeiten entwickeln. Das ist ein sehr gutes Beispiel dafür, wie ein Unternehmen agieren kann, um die besten Mitarbeiter für bestimmte Aufgaben zu finden, auszuwählen und auch dafür zu sorgen, dass diese Fachkräfte nicht davonlaufen, wenn das Bewerbungsgespräch nicht optimal auf ihre Erwartungen und Vorlieben ausgerichtet wird. Dasselbe gilt für die spätere Integration dieser Mitarbeiter im Unternehmen und deren kontinuierliche Entwicklung, um ihr Potenzial voll und ganz zu nutzen.

Prof. Dr. Martin Grothe:
Facebook ist weiterhin das mitgliederstärkste soziale Netzwerk in Deutschland. Auch für Arbeitgebermarken ist ein Engagement mittlerweile selbstverständlich. Die Zahl der Karriere-Fanpages steigt unaufhörlich – auch KMU sind vermehrt mit eigenen Präsenzen vertreten. Recruiting auf Facebook impliziert eine Vielzahl von Chancen und Möglichkeiten, z. B. die Verzahnung von Offline- und Online-Aktivitäten. Ein Engagement auf Facebook bedeutet für die teilnehmenden Arbeitgeber jedoch in erster Linie, sich auf die Kultur des Social Web einzulassen. Die Herausforderung in Zukunft besteht in erster Linie darin, Kommunikationsprozesse für das Employer Branding im digitalen Raum anzupassen. Ein systematisches und strategiebasiertes Agieren und Teilnehmen im Social Web ist erforderlich, um die eigene Dialogfähigkeit zu stärken und potenzielle Bewerber für das Unternehmen zu begeistern.

Gero Hesse:
Die Arbeitswelt der Zukunft wird sich mittelfristig deutlich von der heutigen unterscheiden. Vor dem Hintergrund stabiler konjunktureller Verhältnisse wird es in florierenden Volkswirtschaften aufgrund des demografischen Wandels und zunehmender Transparenz durch die Digitalisierung somit zu massiven Machtverschiebungen zwischen Arbeitgebern und Arbeitnehmern kommen. Dies bedeutet, dass Recruiting strategisch gedacht und gelebt werden muss. Die Unternehmen werden dazu gezwungen sein, in die Beziehung zu Talenten sehr frühzeitig und langfristig zu investieren.

Talent Relationship Management wird die Überschrift zu den Themen Employer Branding, Personalmarketing und Recruiting sein. Unternehmen müssen flexibler auf die Erwartungen ihrer MitarbeiterInnen eingehen. Das bedeutet auch im Hinblick auf Führung und Organisationsstrukturen erhebliche Änderungen. Kontinuität liegt in der Zukunft im Wandel – noch mehr als heute!

Tobias Kärcher:
Wenn sich Kommunikation und Medienkonsum einer Zielgruppe ändern, muss sich die Ansprache an diesen Wandel anpassen. Social Media werden immer mehr zum festen Bestandteil im Personalmarketingmix; so sehr, dass die Grenzen zwischen den Disziplinen „Klassik", „Online" und „Social" nach und nach verschwimmen. Recruiting- und Employer-Branding-Kampagnen werden in Online-Netzwerke übernommen oder gleich auf diese zugeschnitten. Die soziale Komponente moderner Medien wird

in wenigen Jahren selbstverständlich sein und dieses Buch dann vielleicht sogar ein kleines Kuriosum vergangener Zeiten.

Nick Reuter:

Wagt man nun den Blick in die Zukunft, so wirken die zwei Megatrends „Transparenz" und „Shareconomy" wie ein Katalysator für einen Veränderungsprozess, der mit voller Wucht die um rare, gut ausgebildete Mitarbeiter werbenden Arbeitgeber trifft. Neben Gehalt, Sozialleistungen, Work-Life-Balance und anderen wichtigen Benefits wird der gute Ruf als Arbeitgeber kein Begeisterungsfaktor mehr sein, sondern zum entscheidenden Hygienefaktor. Die Unternehmen bzw. deren für Rekrutierung verantwortliche Personen sollten sich deshalb so schnell es nur geht auf diese Veränderungen vorbereiten, sich damit eingehend beschäftigen und ihre Aktivitäten kanalisieren. In Zukunft wird nicht mehr die Größe des Personalmarketingbudgets im Kampf um gut ausgebildete Mitarbeiter entscheidend sein, sondern die Reputation als Arbeitgeber. Reputation wird also zur Ersatzwährung. Und diese Währung ist nicht durch Gold, sondern Vertrauen gedeckt.

Michaela Schröter-Ünlü:

Die Bedeutung von Blogs in der Arbeitgeberkommunikation wird steigen. Sie wird steigen müssen. Denn ein Blog stellt den Startpunkt der allgemeinen Social-Media-Überlegungen dar. Hier wird die Arbeitgebermarke positiv aufgeladen: mit Geschichten, die jedes Unternehmen zu erzählen hat, und Menschen, die diese transportieren. Frischer und regelmäßig neuer Content bringt zudem gute Platzierungen in den Suchmaschinen – Rankings, die man über die statischen Inhalte der Karriere-Website nie erreichen wird.

Eine integrierte Arbeitgeberkommunikation mit einem Blog als Herzstück der Social-Media-Strategie wird in Zukunft den Wettbewerb um Talente entscheiden. Bewerber kaufen nicht mehr die Katze im Sack! Sie möchten vor dem Einreichen der Bewerbung einen lebendigen Eindruck der Unternehmenskultur erhalten. Die Präsenz wird in Zukunft entscheiden, ob Unternehmen von ihren Wunschkandidaten „gewählt" werden.

Dr. Carsten Ulbricht:

Social Media Recruiting bietet Unternehmen im Bereich Bewerberrecherche und -akquise einige neue interessante Optionen. Ein zentraler Aspekt, der nicht immer hinreichend Beachtung findet, ist die Einhaltung der (datenschutz-)rechtlichen Vorgaben. Nicht zuletzt aufgrund einiger zweifelhafter Vorkommnisse bei der Videoüberwachung von Arbeitnehmern ist gerade das Thema Arbeitnehmerdatenschutz verstärkt in den Fokus der Öffentlichkeit und auch des Gesetzgebers gerückt. Das Thema Recherche nach Bewerbern in sozialen Medien findet sich deshalb auch mit ausdrücklichen Vorgaben in einem aktuellen Gesetzesentwurf. Unternehmen sind deshalb gut beraten, die Rechte etwaiger Bewerber, aber auch der Arbeitnehmer entsprechend zu achten, um sich in einem enger werdenden Bewerbermarkt nicht selbst zu schaden, vor allem aber Rufschäden und Bußgelder vom Unternehmen fernzuhalten. Mit einigen elementaren Hinweisen lässt sich Social Media Recruiting dann auch problemlos rechtskonform betreiben.

Eva Zils:

Jobbörsen und Social Media Recruiting schließen sich nicht gegenseitig aus. Jobbörsen sind genauso wenig vom Aussterben bedroht wie Social Media Recruiting das ewige Leben vorhergesagt werden kann. Beide Medienarten haben ihre Rolle und Wichtigkeit im (Online-)Recruiting-Mix und werden auch in Zukunft maßgeblich bei der Personalsuche eingesetzt werden. Jobbörsen haben schon sehr lange erkannt, dass sie dem „Hype", den Social Media erfahren, gerecht werden müssen und diese in ihre Technologie und Entwicklungsstrategie einbauen müssen. Viele der bisherigen Lösungsansätze erscheinen aktuell als noch nicht sehr ausgereift und technisch wenig innovativ. Dies wird sich in den kommenden Monaten und Jahren ändern. Dazu kommt, dass sich alle technologischen Anbieter verstärkt mit dem Phänomen „Mobile Recruiting" auseinandersetzen müssen, da die Nutzung von mobilen Endgeräten in allen Lebensbereichen sehr viel mehr zunimmt als die Verwendung von Social Media. Vielmehr: Social Media werden immer häufiger über mobile Endgeräte genutzt. Für Recruiting-Technologie-Anbieter wie beispielsweise Jobportale wird es eine große Herausforderung darstellen, diesen sich schnell wandelnden Gegebenheiten Rechnung zu tragen.

Sachverzeichnis

© Springer Fachmedien Wiesbaden 2015
R. Dannhäuser (Hrsg.), *Praxishandbuch Social Media Recruiting*,
DOI 10.1007/978-3-658-06573-7

Printing: Ten Brink, Meppel, The Netherlands
Binding: Ten Brink, Meppel, The Netherlands